国家科学技术学术著作出版基金资助出版

亚洲大地构造与大型矿床

万天丰　著

高等教育出版社·北京

内容提要

本书以亚洲大陆岩石圈板块的构造单元划分、构造演化历史与大型矿床、矿田的构造成矿作用为主要内容，认为自古元古代晚期以来，由28个大地块和数以百计的小地块经过14次以上的汇聚、碰撞、拼合而形成亚洲大陆岩石圈。这种板块或地块之间的以水平运移作用为主的方向多变的和强度各异的俯冲、碰撞及其远程效应，造成了亚洲大陆内部发育着相当强烈的多期次的陆陆碰撞带和大面积的板内变形，它们不断地形成各种矿产，同时也可破坏有用元素的聚集，控制了地貌演化与盆山地形的变换，改变着大陆内各地区的生态环境，并在亚洲大陆岩石圈内部造成许多构造滑脱面，形成两个特殊的岩石圈结构类型——东亚较薄的陆壳洋幔型岩石圈与青藏-帕米尔增厚型大陆岩石圈。

作者还认真收集了亚洲现在已知的242个大型或超大型矿集区、矿田或矿床的资料，进行了构造成矿作用的研究，认识到在亚洲大陆岩石圈内“板内拉张成矿作用”是主要的构造成矿作用，而“造山带成矿作用”则为相对次要的；并进而对如何从构造成矿作用的角度来进行深部、外围以及在已知成矿带内未知地区的找矿工作，提出了一些意见，供读者参考。

本书适合在亚洲从事构造地质、区域地质及找矿，矿产普查与勘探，地震地质，环境地质和灾害地质等方面的科研、教学人员与野外地质工作者使用，也是一本适合研究生使用的专业参考书。

图书在版编目(CIP)数据

亚洲大地构造与大型矿床／万天丰著.--北京：高等教育出版社,2018.4

ISBN 978-7-04-049348-1

Ⅰ.①亚…　Ⅱ.①万…　Ⅲ.①大地构造-亚洲②矿床-地质构造-亚洲　Ⅳ.①P563②P613

中国版本图书馆CIP数据核字(2018)第014002号

策划编辑　柳丽丽　　责任编辑　柳丽丽　　封面设计　张　楠　　版式设计　范晓红
插图绘制　黄云燕　　责任校对　刁丽丽　　责任印制　赵义民

出版发行	高等教育出版社	咨询电话	400-810-0598
社　　址	北京市西城区德外大街4号	网　　址	http://www.hep.edu.cn
邮政编码	100120		http://www.hep.com.cn
印　　刷	北京中科印刷有限公司	网上订购	http://www.hepmall.com.cn
			http://www.hepmall.com
开　　本	787mm×1092mm　1/16		http://www.hepmall.cn
印　　张	26	版　　次	2018年4月第1版
字　　数	620千字	印　　次	2018年4月第1次印刷
购书热线	010-58581118	定　　价	169.00元

物 料 号　49348-00
审 图 号：GS（2017）653号
YAZHOU DADI GOUZAO YU DAXING KUANGCHUANG

前 言

笔者通过系统研究亚洲大地构造单元划分与构造演化的大量实际资料，结合本人长期的实践经验，认识到亚洲大陆岩石圈构造具有许多特殊性，与全球其他板块有着很多不同的演化特征。许多板内构造变形和成矿作用的特征都是几十年前板块构造学说刚提出来时所没有认识到的。

笔者认为，亚洲大陆，自古元古代晚期以来，是由28个大地块和数以百计的小地块经过14次以上的汇聚、碰撞、拼合而成的亚洲大陆岩石圈（欧亚大陆的主体）。这种板块和地块之间的以水平运移作用为主的、方向多变的和强度各异的俯冲、碰撞及其远程效应，造成了亚洲大陆内部发育着相当强烈的、多期次的陆陆碰撞带和大面积的板内变形，它们不断地形成并可破坏有用元素的聚集，控制了地貌演化与盆山地形的变换，改变着大陆内各地区的生态环境，并在亚洲大陆岩石圈内部造成了许多构造滑脱面，形成了两个特殊的岩石圈结构类型——东亚较薄的陆壳洋幔型岩石圈与青藏-帕米尔增厚型大陆岩石圈。

应该说，运用以水平运动为主导的岩石圈板块构造学说来认识地球表层的亚洲大陆岩石圈的构造区划、演化和构造成矿作用是可行的、合理的，也是完全适用的。以为从研究洋底构造起家的板块构造学说一“登陆”就不适用的观点，企图使用大陆内部极为有限的垂直位移作为动力来源，来解释大陆岩石圈板块的大量的构造变形、变位，盆山演化和其他地质现象，看来是不妥当的，也是不符合事实的。这种陈旧的、至今还相当流行的观点阻碍了亚洲大陆构造的深入研究。这是令人十分遗憾的。

在上述研究的基础上，笔者还认真收集了亚洲现在已知的242个大型或超大型矿集区、矿田或矿床的资料，进行综合分析，对亚洲大陆内、外生矿床在各个地质构造时期的形成及其分布特征进行了分析；进行了构造成矿作用的研究，认识到亚洲大陆岩石圈内主要的成矿作用是“板内拉张成矿作用”，而“造山带成矿作用”则为相当次要的；并进而对于如何从构造成矿作用的角度来进行深部、外围以及在已知成矿带内未知地区的找矿工作，提出了一些现在来看也许还是比较合理的意见，供读者参考。

由于我们——亚洲地质工作者是在一个很有特色的、全球最为巨大的大陆岩石圈上，从事着前人所不知道的，而且也还有很多前人都没有做过的事情，其难度是可想而知的。因而，我们必须敞开思想，切忌盲从，破除迷信，踏踏实实地在这片充满神奇和机遇的大地上努力工作，不断地学习和进取，认真地修正错误，以期获得更多的相对真理。

近年来，中国被号称为“世界的工厂”，这对于近一百多年来一直处于贫穷落后的国家来说，似乎是很值得骄傲的事情。但是，其实这是一种不合理的现象。大量消耗中国的矿产资源与能源,在中国造成了比较严重的生态环境污染,以满足全球人民的多方面的需求,这种局面是不能长久维持的,也是一种不合理的配置。

合理地开发全球的矿产资源、能源以及其他各种自然资源,恰当地布局各国的工矿企业,有效合理地控制环境污染,共同预防重大地质灾害,使全球人民都能过上有保障的幸福安康的生活,这才是合乎情理的。不过要真正做到这一点,还有很长的路要走,需要在全球真正建成一个"大同世界"时才能实现。现在,当各国都只是在维护本国、本地区自身局部利益的时候,是很难做到的。

作为地质工作者应该努力加强全球的地质矿产资源、能源、生态环境与预防地质灾害的研究,为造福全人类做好基础的研究。本书所讨论的亚洲地质构造与矿产资源问题,只是在这一方面迈出了很小的一步。当前世界上一些国家出现停办地质学系,取消地球科学的研究,其实是一种利益驱动的短视行为。虽然从局部利益来看,自然也有他们一定的道理。

愿有更多年轻的地球科学工作者能来为全球地质、矿产资源、生态环境和预防重大地质灾害等课题的研究做出崭新的重大贡献!地球科学是一门与全球人类社会共存的应用学科。只要生活在地球上的人类社会还存在,人们就必须研究地球,就必须掌握地球变化的各种规律,地球科学就必然有其存在的必要性。当然,随着人类社会的进步与发展,一定会对地球科学提出许多崭新的课题,出现许多新的挑战。只热衷于定性描述和模式化的地球科学研究是不能满足社会需求的。另外,如果仅仅把地球科学当作一种精致的、有趣的纯科学来研究,不考虑其对社会是否有用处,或者只把它当作一种赚钱谋生或"向上爬"的手段,这显然是没有前途的!这也是一种危险的错误倾向。

在当前这个大数据时代,地球科学应该从定性描述走向定量研究,必须要在定量预测方面做出更大的贡献,必须努力实现对深部成矿作用进行定量预测;一定要对各地区生态环境变化做出实事求是的定量预测,而不是不负责任地以很少的、局部的、片面的资料为依据发表一些耸人听闻的"预测意见";必须以大量地质、地球物理和地球化学的综合观测数据和资料为基础,实现强震的临震预报和其他重大自然灾害的预报和预防;必须与其他基础理论与应用学科相结合,开拓新思路,开创地球学科的新局面。

在本书中,限于笔者的研究水平,肯定还存在不少的瑕疵与错误。笔者愿意热忱地与读者进行有益的讨论,欢迎批评指正。

目　　录

1

绪　论

亚洲大陆是地球上最大的一个大陆岩石圈板块——欧亚板块的主要部分，面积巨大，构造演化历史漫长，板内构造变形复杂，矿产资源丰富，生态环境多变。因而，对于资源和环境起到控制作用的亚洲大地构造，确实是一个很值得研究的、也是很有趣的课题。随着社会经济的发展，对于矿产资源的开发，从岩石圈板块构造学说的角度来重新认识亚洲大地构造的演化及其与大型矿床（含超大型、特大型与大型矿集区、矿田或矿床）形成的关系，就成为一个十分重要的、有趣的和紧迫的任务。

从 20 世纪 60 年代晚期以来，由研究洋底构造起家的板块构造学说（Wilson，1970；Le Pichon et al.，1973；Press and Siever，1974）得到了进一步的发展，在研究大陆构造中积累了丰富的实际资料，如何从板块构造学说的角度进一步认识亚洲大陆岩石圈构造，显然具有很大的理论意义与应用价值（金振民和姚玉鹏，2004；郭安林等，2004；张国伟等，2006；万天丰，2014）。笔者准备在研究中国大陆岩石圈构造的基础上（Wan，2011；万天丰，2011），进一步扩展到探讨亚洲大地构造及其相关的主要矿产资源形成的构造背景问题。

对于中国大陆岩石圈的构造研究，本书主要依据中国大部分地区比例尺为 1∶20 万的区域地质调查和石油地质调查的原始资料，新疆与西藏地区则以 1∶100 万区域地质调查资料为主，适当补充了近年来 1∶25 万区域地质调查的关键性重要成果（万天丰，2011；Wan，2011）。在近年来的研究中，笔者进一步收集了亚洲大地构造的相关资料和 242 个大型或超大型矿集区、矿田或矿床的资料，探讨了构造与成矿作用的关系，指出了它们的形成与分布的构造控制因素，尝试着讨论并提出进一步的找矿建议。

关于亚洲大地构造研究及其图件的编制，早在 1982 年，以李春昱为首的中国地质科学院地质研究所就编制了《亚洲大地构造图》（1∶8 000 000），该图是在《亚洲地质图》（中国地质科学院，1980）的基础上，进行了地质构造演化历史的综合分析，汇集了 20 世纪 80 年代以前的亚洲地质构造资料进行综合分析与编制的。该成果是中国首次采用板块构造学说的观点来研究亚洲大陆构造并编制了《亚洲大地构造图》（李春昱等，1982）。该项成果及其后续研究是本次研究工作的重要参考资料（李春昱，2004）。然而，受时代与研究程度的局限，有关亚洲大陆内部古板块划分原则与方法还有一些不够明确的地方，大陆碰撞带标志性地质构造特征的研究当时尚属起步阶段，因而，现在看来存在一些不足与缺陷是难免的。

2008 年，Petrov，Leonov，Li Tingdong，Tomurtogoo，Hwang 共同主编了《中亚及邻区地质图》（*Atlas of Geological Maps of Central Asia and Adjacent Areas*）（1∶2 500 000），在该图内，特别附上了“中亚及邻区构造区带图”（Tectonic Zoning of Central Asia and Adjacent Areas）（1∶20 000 000）。该图作者否定了长期以来认为存在“哈萨克斯坦板块”的说法，并指出中亚地区是由一系列古生代碰

撞带组成,其间夹杂了许多古老小地块。他们的重新划分,可能比较合理。本书对中亚地区构造单元的划分就参考了他们的意见。

西亚与中东地区的构造资料,除了参考李春昱等(1982)和中国地质科学院《亚洲地质图》编图组(1980)的研究成果之外,还参考了 Pubellier(2008)以及网上公布的许多西亚地质资料及相关文献,进行了必要的补充与修改。

中国大陆、东西伯利亚、朝鲜半岛、日本列岛以及中南半岛的构造资料,基本上都利用了笔者的专著(Wan,2011;万天丰,2011)和 Karsakov 等(2008),Parfenov 等(1995),Parfenov 等(2009)的文献,以及 20 世纪 90 年代笔者在参与 IGCP 224 与 IGCP 321 国际地质对比计划项目研究时,与国内外同行们一起在亚洲各国研讨与实地考察的成果。对于许多构造特征的认识是比较新的,可能也是相对比较合理的意见。不过这也仅仅是笔者的一点心得体会,特提出来供同行们讨论。中南半岛地质资料及结晶基底的年代数据主要依据 Lan 等(2003)、陈永清等(2010)和 Ridd 等(2011)的研究成果。马来半岛的地质构造资料主要依据 Hutchson 和 Tan(2009)的最新专著。菲律宾-巽他群岛的构造资料主要参考了 Hall 等(2011)主编的论文集,Pubellier(2008)的图件,以及 Smyth 等(2007)的论文。大洋地区的洋底地质年代资料,则主要参照了 Pubellier(2008)的资料。

对于亚洲大陆很多基础地质资料(结晶基底、侵入体、火山岩、蛇绿岩套及中新生代沉积盆地等界线)则主要参考了李春昱(1982)、中国地质科学院《亚洲地质图》编图组(1980)、马丽芳(2002)、中国地质科学院地质研究所(2004)、中国地质调查局(2004)、李廷栋等(2008)、任纪舜(2013)等所编制的各种中国或亚洲地质图件及其相关的文字资料。

至于,还有一些新编的、涉及亚洲大地构造的图件和区划意见(如苗培实和周显强,2010;商岳男等,2011),他们的一些学术思想和认识,与现在多数学者所公认的事实有较大的出入,与笔者的认识也有许多不同,对于他们的成果仅作参考。

总之,笔者共查阅了 30 余年来关于亚洲大地构造与成矿作用研究成果中的 900 多篇中、英文专著及论文,进行了综合分析和对比研究,以便尽量更准确地认识各板块(地块)与碰撞带的主要特征、划分依据与构造演化,以及大型(含超大型)矿床、矿田或矿集区的形成机制及其与构造控制作用之间的关系,从而对亚洲大地构造及其相关的构造成矿作用获得了一些新认识,在此一并提出,供同行们分析与讨论。应该说,很多认识都还不够成熟,热忱地欢迎读者批评、指正。

本书英文版的主要附图,亚洲大地构造单元图(比例尺为 1∶10 000 000)的地理底图采用国际通用的 ArcGIS 10.0 软件编制,选用等积斜方投影(Lambert Azimuthal Equal Area),图件以 90°E 作为中央经线,40°N 作为中央纬线。地理底图上不标注国界,主要标注地理要素,如海岸线、大河流、大湖泊、大山脉等,以及各国首都及部分重要的地名。

在漫长的地质演化历史中,构造单元的划分应该是随时间而变化着的,不宜于编制一张适合于整个地质演化历史的综合性的构造图件。但是,在实际工作中,有时又常常需要一张能较好地反映主要构造特征的地质构造背景底图。为此,经过反复的思考与讨论,笔者编制了一张亚洲大地构造单元图。此图不表示构造演化的过程与细节,而只是将各地质时期所形成的主要构造单元在一张图件上展现出来。构造演化过程的讨论则另附插图,并进行讨论。在亚洲大地构造单元图(图 1-1)中,笔者将亚洲大陆内部的构造单元划分为两大类:① 构造活动性较弱的地块或板块;② 构造活动性较强的碰撞带。

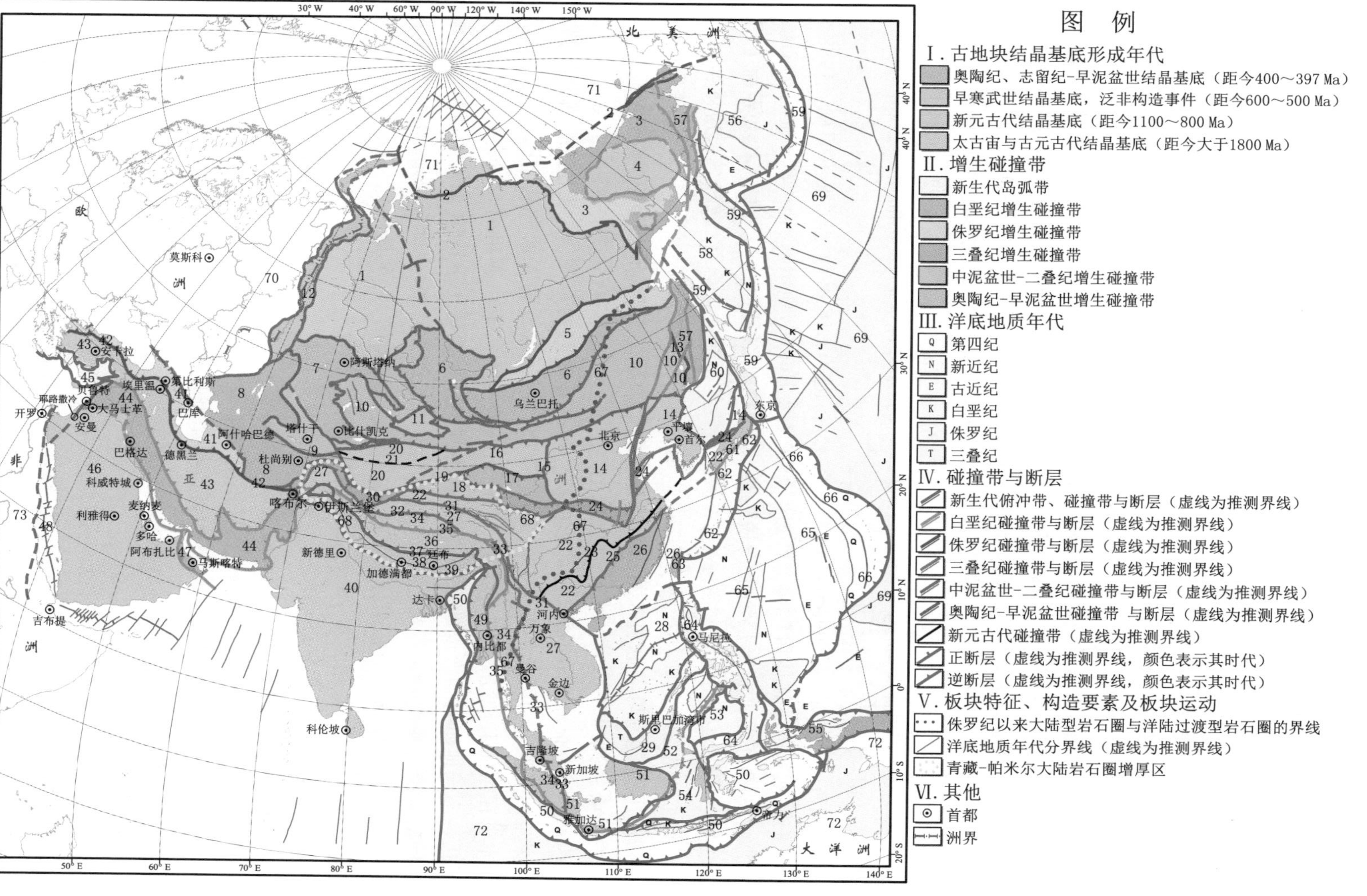

图 1-1 亚洲大地构造单元图

各构造单元名称、序号与本书目录和正文内的序号均一致。黄色点线区为增厚型大陆岩石圈，深蓝色点线以东地区为陆壳洋幔型岩石圈，其他地区为普通的大陆岩石圈分布区。

在地质演化历史中,岩石圈板块(lithosphere plate)形成后,其构造活动性是相对较弱的。在整体发生较强的岩浆、变质-变形作用并形成统一结晶基底之后,也即形成板块以后,该区的构造活动性就趋于比较稳定。在板块学说建立的早期,曾经以为板块都是“刚性”的。然而,近40年来,世界各国大陆地质学家研究的结果表明:岩石圈板块形成以后,可能发生相当幅度的位移,还可发生相对较强的板内构造变形、沿断裂带可造成局部的岩浆活动和动力变质作用(Wan,2011;万天丰,2011),也可以在岩石圈板块内的一些构造界面,如区域性断层,沉积岩系内的软弱岩层,结晶基底的顶面,中地壳低速高导层(低速地震波,高导电率),莫霍面附近和岩石圈底面上发生构造滑脱作用(张文佑,1984)。岩石圈板块的边界则一定是能切穿岩石圈底面、到达软流圈的岩石圈断裂,也即陆陆碰撞带或洋陆俯冲带,大洋岩石圈板块的基本滑脱面则都在岩石圈底部(万天丰,2011;Wan,2011)。亚洲大陆的许多较古老地块,其实很可能都是“微板块”。当资料缺乏时,不能证明该地区边界的断层是切穿整个岩石圈的时候,也不知道微板块是否存在岩石圈底面滑脱时,笔者就使用了国际上通用的一个中性术语,将这个较稳定的地质体称之为“地块”(block)。即使地块在后期断陷成为“沉积盆地”,考虑到其基底的资料尚不充分,仍以地块相称。

笔者认为不宜使用“地体”(terrain)这个构造术语,因为该术语的定义很不明确。1988年,笔者与同行们在南京国际地体研讨会上曾追问原定义人Howell,他承认:地体既不是在岩石圈底面上滑脱的地块,也不是逆掩断层面上滑脱的地块,那么什么是地体?它们在什么界面上滑脱呢?他无法指出地体的确切概念。实际上,有微板块或推覆体的概念就已经足够,地体实在是一个多余的术语。不久之后,20世纪90年代初,以他为首申请的关于研究环太平洋地体的国际合作项目,也遭到国际地科联与教科文组织评审委员会的否决。从此,在国际构造地质学界内,关于“地体”的术语,就很少有人使用了。

板块的划分就以板块形成时期,也即形成统一结晶基底时的范围,作为主要的划分依据,其边界则一定是切穿整个岩石圈的断裂——碰撞带或俯冲带,岩石圈下面的软流圈就是其重要的滑脱层。本书在图面上,使用类似于国际地质图上各地质年代单位通用的较浅色彩来表示板块的形成时代。不同地质时期形成的板块,常具有不同的区域地球化学特性。因而,就有可能聚集和形成不同的矿产资源组合。看来,采用不同时期形成的结晶基底,也即板块形成时的界线来划分构造单元是相对比较有利于矿产分布图或成矿规律图编制的,它可概略地反映不同地块成矿作用的特征。在本书中,共划分了28个板块、地块或断陷盆地。

按说板块或地块在地质历史时期是各自独立,并分离得较远,在编制古构造图件时,应该用古地磁资料编制一系列的大陆地块的古构造复原图才对。然而,由于完全缺乏古大洋的资料,而且其分布面积很大,造成图面上大面积的空白,如尹安和聂上游(Yin and Nie,1996)所编制的图件。就现有资料来看,古大陆的构造复原图只适合编制比例尺很小的图件(如本书第3部分所示)。想要反映各板块内部的构造特征就只好仅仅表示古大洋消减后的状态,用碰撞带或者仅仅用一条断层带来表示之。

大陆上两个板块之间的拼接带,也就是陆陆碰撞带,简称碰撞带(collision zone)。有的碰撞带很窄(宽度一般小于20 km),内部结构相对简单一些,基本上就是一条岩石圈断裂带,在1∶10 000 000的图件上用一个粗线条来表示即可。但是,有的碰撞带形成历史较复杂,或多期次地发生俯冲、碰撞、汇聚或走滑作用,在碰撞带内包含了其两侧古老地块的许多碎块与大洋壳幔的断片，总宽度远大于 20 km，实际上形成了一个复杂的增生-混杂岩带。笔者将此命名为“增生碰撞带”(accretion collision zone)。在碰撞带内，如形成大量花岗质岩浆的侵入，因而岩石平均密度较低，在重力均衡作用下，后来就可隆升、形成山带，此时称为“造山带”似乎也还说得过去。但是，若没有很多花岗质岩浆的侵入，那么碰撞带就不见得都能形成山脉，也就是说不见得都能出现“造山”的特征，如金沙江-红河碰撞带，班公错-怒江碰撞带和绍兴-十万大山碰撞带等。

国内外有不少大陆地质学者将所有碰撞带都称之为“造山带”，笔者认为这样其实并不太妥当。“造山带”这一术语是原来“地槽-地台假说”中所使用的。他们把狭长的浅海、长期凹陷的“地槽”(geosyncline)(由美国地质学家霍尔 J. 与丹纳 J. D.于 1859 年和 1873 年先后提出)，经褶皱回返后形成的、强构造变形，后来隆升成山脉，称之为“造山带”(Stille，1924)。其地质含义与板块学说中的碰撞带的概念是完全不同的。碰撞带或增生碰撞带是两个板块(可能是大洋或大陆板块)经过长距离的水平运移、汇聚和俯冲，其间存在着古大洋和边缘海，最后发生陆陆碰撞作用的构造混杂带。碰撞带或增生碰撞带内，可以包含了许多不同时期形成的、大小不等的构造岩块(或岩片)，含有两盘的从大陆、浅海、岛弧到大洋深处的结晶基底的变质岩系，沉积物或各类岩浆岩，形成蛇绿岩套，可发育强烈的构造-岩浆活动和高压、超高压变质作用，以致有的也可隆升成山。故本书不采用“造山带”的术语。

部分欧亚地质学者喜欢用“陆内造山带”(intracontinental orogen)的术语(Hsu et al.，1988；葛肖虹，1989；葛肖虹和马文璞，2014；赵宗溥，1995；Neves and Mariano，2004；Shu et al.，2008；Shao et al.，2007)。当两个陆块发生碰撞之后，这个碰撞带就必定保存在拼接后的大陆之内。所以，所有地质历史时期形成的两个大陆之间的碰撞带或者所谓的“造山带”，现在都是保存在大陆内部的。看来，坚持使用“陆内造山带”的术语，实际上是新版本的槽台假说，不宜提倡。

至于还有学者(如宋鸿林，1999)把造山带的概念进一步扩大化，将俯冲-碰撞带划分为：俯冲造山带、碰撞造山带和陆内(板内)造山带等。这样的结果实际上就是把凡是存在较强构造变形的地区统统都称之为“造山带”，反而模糊了板块运动中碰撞作用的特征，与原来造山带的概念也完全不同，是不必要的创新和概念的扩展。

不同时期形成的碰撞带或增生碰撞带都是以主碰撞期的地质年代或同位素年代来确定和划分的，它们分别使用不同的、类似于国际地质图上地质年代通用的较深色彩来表示。碰撞带或增生碰撞带的区域地球化学特征是两盘板块岩石化学特征的混杂，由此也可以形成一些特征性的、兼有两盘板块特征的矿产资源组合。

新生代以来，洋陆或洋洋之间的俯冲带，则一般仍采用“俯冲(海沟)-岛弧带”的构造单元来表示。需要说明的是，在板块学说初创时期，曾很流行“沟-弧-盆体系”的说法(许靖华，1980；Hsu，1988)。但是，许靖华等学者所认为的全球发育最典型的“沟-弧-盆体系——西太平洋地区，经过深入的研究，已经证明日本海和中国南海海盆都不是西太平洋沟-弧体系的“弧后盆地”，而是大陆边缘伸展盆地(详见本书第 2 部分有关日本海与南海的论述；中国科学院南海研究所构造研究室，1988；Yoon，2001；Tamaki et al.，1992；Jolivet and Tamaki，1994)。所以，在国际构造地质学界，现在一般只讨论“沟-弧体系”，而不再把“弧后盆地”当作一个必然出现的构造单元。遗憾的是，不少沉积古地理学者，至今还以为岛弧之后，就一定都有“弧后盆地”。

在本书内，板块的另外两种边界——裂谷带及转换断层也将单独列出。大洋盆地内，一般都使用洋底岩石的地质年代来划分的。

总之,在本书中,共划分了 38 个构造活动性较强的碰撞带、俯冲带或裂谷带。本书附图所列的亚洲大地构造单元图件主要展示了大陆上各个古板块与碰撞带形成时期构造单元的划分(见图 1-1)。但是,由于没有反映结晶基底形成之后的多期次的构造事件,因而仅用此图,对于进一步找矿工作的指导作用很有限,还必须研究板块和碰撞带形成之后的构造演化及其与成矿作用的关系(详见本书第 3 部分)。

为了便于归纳,笔者将结晶基底形成时代相近或构造演化关系较密切的一些构造单元称之为构造域(tectonic domain)。本书第 2 部分中就概略地说明各构造域和构造单元的划分依据和主要特征。本书对亚洲大陆地区,共划分了 6 个构造域及 68 个构造单元(另外,还有 5 个构造单元是亚洲大陆之外的板块)。在本书中,构造单元的编号与图 1-1 上所示的均一致,都放在方括弧内。碰撞带与板块结晶基底形成的同位素年龄或地质年代也就列在构造单元名称之后的括弧内。

近些年来,Sengör 等(1993)和 Xiao 等(2009)也对亚洲大地构造单元的划分,提出了他们的意见。有一些意见与本书是相近似的,如西伯利亚板块的划分。不过,还有不少不同的见解:① 他们特别提出建立中亚(或阿尔泰)造山带[Central Asian Orogenic Belt(CAOB)or Altaids],这实际上等于本书所述的阿尔泰-中蒙古-海拉尔早古生代增生碰撞带、卡拉干达-吉尔吉斯斯坦早古生代增生碰撞带、西天山晚古生代增生碰撞带和巴尔喀什-天山-兴安岭晚古生代共 4 个碰撞带。鉴于它们形成时代不同,并且即使原来可能是处在类似的构造单元内,但现在已经明显断开,笔者认为还是将它们分开为宜。② 他们把从中朝板块向西,经塔里木地块到土兰-卡拉库姆板块和里海中部,命名为“中间单元”(intermediate unite)。其主要问题在于塔里木以西,相对稳定的地块——土兰-卡拉库姆板块的结晶基底(可能为早古生代末期定型)与其以东的、具有古元古代结晶基底的中朝构造域差异很大,故不宜合在一起。③ 他们将印度和阿拉伯板块单独列出,而将其以北的和“中间单元”以南的所有地区都划归为“特提斯边缘区”(Tethysides)。这个划分方案问题较大,混淆了形成于新元古代中期(850 Ma)的板块——扬子-印支板块与许多形成于新元古代末期-早寒武世(~509 Ma 以前)泛非构造事件定型的冈瓦纳大陆的许多地块,以及它们之间的很多碰撞带。不过,他们的论文主要是论述“中亚造山带”,其余部分可能并不是他们研究和关注的重点。

与笔者上述大地构造单元划分方案相类似的是,近年来,刘训等(2012)将笔者所述的一级构造单位——构造域,称之为“板块”,而其次级的构造单位则称之为“微陆块”“盆地”或“造山带”。应该说,在定义上或范围的具体界定上,还存在一些不同的认识。他们所说的“板块”其实就是笔者所说的一些古地块群及其间的碰撞带所组成的,并非一个完整的板块,本书采用了“构造域”的术语。他们所述的“微陆块”或“盆地”就相当于本书所述的“小板块”或“地块”。他们所述的“造山带”就是本书所述的“碰撞带”或“增生碰撞带”。不过,可喜的是彼此的认识正在靠拢。

根据笔者的研究,亚洲大陆所有地块或板块,根据结晶基底最后定型的年代,都发育于以下四个时期:古元古代末期(1800~1600 Ma),新元古代中期(~850 Ma),新元古代末期-早寒武世(570~509 Ma),早古生代末期-早泥盆世(419~410 Ma)(表 1-1,见图 1-1),它们就是形成亚洲大陆岩石圈板块的核心与基础。

表 1-1　亚洲各地块变质结晶基底定型时期

地块	变质结晶基底定型时期			
	419 Ma 以前	509 Ma 以前	850 Ma 以前	1600 Ma 以前
西伯利亚(1600 Ma)[1],中朝(1800 Ma)[14],敦煌-阿拉善[16],柴达木[18],松嫩[10],准噶尔[11],南、北塔里木[20];此外还有波罗的[69],北美[70]				
科雷马-奥莫隆[4],扬子[22],印支[27],东兴都库什-喀喇昆仑-北羌塘[32],阿曼[47],鄂霍次克[58]				
南羌塘-中缅马苏[34],冈底斯[36],喜马拉雅[38],印度[40],土耳其-伊朗-阿富汗[43],阿拉伯[46],西缅甸[49],巽他[51],苏拉威西[53],东爪哇[54],小地块:阿尔泰-中蒙古-海拉尔)[6],卡拉干达-佳木斯-布列雅特[7];此外有澳大利亚[71],非洲[72]				
土兰-卡拉库姆[8],华夏[26],中国南海[28],巴拉望-曾母暗沙[29]				

古元古代末期(1800~1600 Ma)形成了西伯利亚板块(1600 Ma)[1]、松嫩地块[10]、准噶尔地块[11]、中朝构造域的中朝[14]、敦煌-阿拉善[16]、柴达木[18]和塔里木[20](1800 Ma)等板块或地块,以及印度板块内的一些古陆块。此外还有亚洲以外的许多板块等,它们分别形成了统一的结晶基底,此时也即全球哥伦比亚大陆各板块群开始形成的主要时期(Rogers and Santosh,2002,2004)。在中元古代,北美的 Mackenzie 岩墙群、西伯利亚板块、中朝板块和印度板块内基性岩墙群的发育(侯贵廷,2012)就是哥伦比亚超级大陆开始裂解的表现。不过,由于该时期至今未能获得较可靠的古地磁数据,其古大陆的复原目前主要依靠同位素年代数据、构造岩性特征的对比,因而尚有多解性和不确定性。

应该说明的是,在古元古代末期以前结晶地块内也曾多次发生过汇聚与碰撞作用,但是,鉴于露头较少,资料尚不够充足,目前研究程度不够,在最后构成统一结晶基底之前的多次大面积的碰撞作用及其特征,本书暂不讨论,将留待今后进一步深入研讨。

新元古代中晚期(~850 Ma)形成了西伯利亚东部的科雷马-奥莫隆[4]、鄂霍次克[58]板块,与扬子构造域的扬子[22]、印支[27]和东兴都库什-喀喇昆仑-北羌塘[32]等地块,以及位于阿拉伯半岛东南端的阿曼[47]碰撞带内的小地块。在 10 亿年左右,罗迪尼亚大陆在西半球发生拼合。在 8.5 亿年时期,罗迪尼亚大陆在西半球开始解体;但是在东半球却形成上述的一些结晶基底,并有一些局部的汇聚和碰撞作用(如南、北扬子之间,南、北塔里木之间)。不过,由于受古地磁与同位素年龄研究精度的限制,新元古代及以前时期的古大陆再造方案至今争议颇多,暂时还没有一种比较公认的意见。

新元古代末期-早寒武世(570~509 Ma)是冈瓦纳大陆最后形成统一结晶基底的时期,也称"泛非构造事件"(Kennedy,1964),现代地表普遍发育着绿片岩相的变质岩系,在亚洲大陆形成了南羌塘-中缅马苏[34]、冈底斯[36]、喜马拉雅[38]、印度[40]、土耳其-伊朗-阿富汗[43]、阿拉伯[46]、西缅甸[49]、巽他[51]、苏拉威西[53]、东爪哇[54]等地块或板块。另外,在远离上述地块的、靠近西伯利亚板块的古生代增生碰撞带内还包裹了数十个小的结晶地块(分布在阿尔泰、伊犁、巴尔喀什、中蒙古、海拉尔、卡拉干达、库鲁克塔格、吐鲁番-星星峡、红石山、雅干、巴彦淖尔北、托托尚-锡林浩特、松嫩、佳木斯和布列雅特等地),它们都有 509 Ma 左右或更古老的绿片岩相或角闪岩相的结晶基底,均散布在阿尔泰-中蒙古-海拉尔早古生代增生碰撞带[6]和卡拉干达-天山-兴安岭晚古生代增生碰撞带[7]内(详见图 2-7)。它们原来可能都是在冈瓦纳大陆边部形成结晶基底的一部分,后来被裂解了,在古生代时期随西伯利亚板块从南半球运移到北半球,并被古生代增生碰撞带所包裹、固结(Wan,2011;万天丰,2011)。不过由于这些变质结晶地块很难进行古地磁测定,所以至今还没有对此进行准确的、能够被公认的古大陆构造位置的复原。

早古生代末期(419~410 Ma,可以持续到早泥盆世)形成结晶基底的地块,在亚洲大陆内只有华夏板块[26]、中国南海[28]、巴拉望-曾母暗沙[29]与土兰-卡拉库姆板块[8]。由于这两个地块最后形成结晶基底的年代较新,剥蚀得较浅,目前这些地块都出露着以低绿片岩相为主的岩石。土兰-卡拉库姆板块大部分面积为沙漠所覆盖,研究程度较差,此板块就是过去所谓的"哈萨克斯坦板块"的一部分。现在俄罗斯学者(Petrov et al.,2008)已经将原来的哈萨克斯坦板块解体,把其中的增生碰撞带部分单独列出,仅留下面积较小的土兰-卡拉库姆板块。有一些学者认为此期的构造事件是一种造山事件(Faure et al.,2009;向磊和舒良树,2010),当然也不能说他们的认识都是错误的,只不过此时许多与碰撞作用相关的变质结晶作用区域的面积很大,呈面状分布;而古地块(小陆核)面积则很小,很零散。按照前寒武纪地质学研究的习惯,此时仍将其称之为"形成统一结晶基底"为好,而不宜将其称作为"造山带"或"增生碰撞带"。

关于增生碰撞带,按照各增生碰撞带形成年代来划分,亚洲大陆所有增生碰撞带新元古代以来都形成于下列八个时期:新元古代中期(~850 Ma 以前)、早古生代晚期(~419 Ma 以前)、晚古生代(~252 Ma 以前)、三叠纪末期(~201 Ma 以前)、侏罗纪末期-早白垩世(~135 Ma 以前)、古新世末期(~56 Ma 以前)、渐新世末期(~23 Ma 以前)、新近纪-早更新世(23~0.78 Ma)。另外还有中更新世以来的俯冲带(表 1-2,见图 1-1)。有关它们形成与后期构造演化的特征将在第 2 部分与第 3 部分内分别详细讨论之。

下面归纳一下,本书所划分的六个构造域及其分别包含的相对稳定的地块数与构造活动带(碰撞带与俯冲带)数,见图 1-2。

本书内,各构造-地层单位的同位素年龄,均按照国际地层委员会 2013 年编制的《国际年代地层表》进行修订(Cohen et al.,2013)。

本书第 2 部分详述了各个构造域与构造单元的主要特征。

表 1-2 亚洲各增生碰撞带形成时期

增生碰撞带	碰撞时期							
	23~0 Ma	56~23 Ma	56 Ma 以前	135 Ma 以前	201 Ma 以前	252 Ma 以前	419 Ma 以前	850 Ma 以前
塔里木中部[21],皖南-赣东北-雪峰山-滇东[23]								■
阿尔泰-中蒙古-海拉尔[6],卡拉干达[7],祁连山[17],阿尔金[19]							■	
西天山[9],巴尔喀什-天山-兴安岭[10],乌拉尔[12],贺兰山-六盘山[15]						■		
秦岭-大别-胶南-飞驒外带[24],绍兴-十万大山[25],西兴都库什-帕米尔-西昆仑[30],金沙江-红河[31],双湖[32],昌宁-孟连-清莱-中马来亚[33]					■			
东西伯利亚南缘[2],维尔霍扬斯克[3],外贝加尔[5],完达山[13]				■				
班公错-怒江-曼德勒-巴里散[35],高加索-厄尔布尔士[41],安纳托利亚-德黑兰[42],阿曼[47],东加里曼丹-苏禄[52],锡霍特-阿林[57],日本中央构造线[61]			■					
雅鲁藏布江-密支那[37],阿留申-堪察加-千岛-日本东北[59],本州南-四国南-琉球[62],伊豆-小笠原-马里亚纳[66]		■						
喜马拉雅南主边界[39],扎格罗斯-喀布尔[44],托罗斯[45],红海裂谷[48],阿拉干-巽他[50],北新几内亚[55],台东纵谷[63],菲律宾-马鲁古[64]	■							

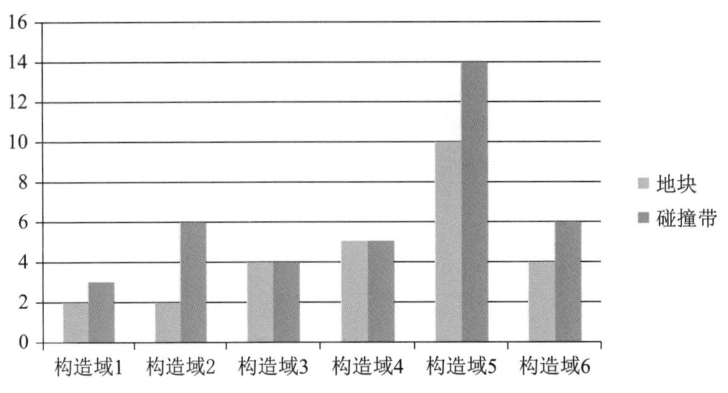

图 1-2 亚洲各构造域的地块数与碰撞带数

构造域 1—西伯利亚构造域(地块 2 个,碰撞带 3 个);构造域 2—中亚-蒙古构造域(地块 2 个,碰撞带 6 个);构造域 3—中朝构造域(地块 4 个,碰撞带 4 个);构造域 4— 扬子构造域(地块 5 个,碰撞带 5 个);构造域 5—冈瓦纳构造域(地块 10 个,碰撞-俯冲带 14 个,岩石圈类型分界线 1 个);构造域 6—西太平洋构造域(地块 4 个,碰撞带 6 个,岩石圈类型分界线 1 个)。

第 3 部分阐述了亚洲大陆岩石圈的构造演化,概述了所经历的 14 次构造事件,讨论了亚洲大陆地块群如何在周边板块运移、挤压或俯冲-碰撞作用的影响下逐渐聚合并发生板块内部的构造变形、相关的岩浆、变质作用及其对于地形、环境的改造。最后讨论了亚洲大陆岩石圈板块形成与演化的几个重要理论问题:亚洲大陆是如何生长的,在亚洲大陆内部发生大范围构造变形的机制,亚洲大陆存在的三种岩石圈类型(普通型、陆壳洋幔型与大陆增厚型)以及它们形成的原因,陆内盆山演化的动力学机制,最后依据现有的资料,探讨了中生代以来全球岩石圈板块构造形成与运动变化的动力学机制问题。

第 4 部分论述了各构造单元所赋存的 242 个大型、超大型矿集区、矿田或矿床的主要构造地质特征,各构造域所具有的矿种特征,各构造时期的主要构造成矿作用,最后对于构造成矿作用的几个问题进行了讨论:构造断裂对于内生金属成矿作用的影响,构造变形与矿床储集空间的关系,后期构造作用、适度的抬升或沉降对矿床保存条件的影响。笔者认为,亚洲大陆最主要的构造成矿作用是板内拉张成矿作用,最后从构造成矿作用的角度,提出了进一步找矿的建议,供读者参考。

第 5 部分为亚洲各构造单元大型矿床资料的附表和致谢。

参 考 文 献

陈永清,刘俊来,冯庆来,等. 2010. 东南亚中南半岛地质及与花岗岩有关的矿床. 北京:地质出版社,1-192.

葛肖虹. 1989. 华北造山带的形成史. 地质论评,35(3):254-261.

葛肖虹,马文璞. 2014. 中国区域大地构造学教程. 北京:地质出版社,1-466.

郭安林,张国伟,程顺有. 2004. 超越板块构造——大陆地质研究新机遇评述. 自然科学进展(7):10-14.

侯贵廷. 2012. 华北基性岩墙群. 北京:科学出版社,1-177.

金振民,姚玉鹏. 2004. 超越板块构造——我国构造地质学要做什么? 地球科学(6):644-650.

李春昱. 2004. 板块构造论文选集. 北京:地质出版社,1-279.

李春昱,王荃,刘雪亚,等. 1982. 亚洲大地构造图(1:800 万,附说明书). 北京:中国地图出版社.

李廷栋,Uzhkenov B S,Mazorov A K,等. 2008. 亚洲中部及邻区地质图(1∶2 500 000). 北京:地质出版社.

刘训,李廷栋,耿树方,等. 2012. 中国大地构造区划及若干问题. 地质通报,31(7):1024-1034.

马丽芳. 2002. 中国地质图集. 北京:地质出版社.

苗培实,周显强. 2010. 全球构造体系图(1∶2500 万,附说明书、英文摘要). 北京:地震出版社.

任纪舜. 2013. 亚洲地质图(1∶500 万). 北京:地质出版社.

商岳南,康永尚,岳来群,等. 2011. 东亚地区区域构造演化与构造域划分. 地质力学学报,17(3):211-222.

宋鸿林. 1999. 燕山式板内造山带基本特征与动力学探讨. 地学前缘,6(4):309-316.

万天丰. 2011. 中国大地构造学. 北京:地质出版社,1-497.

万天丰. 2014. 关于我国构造地质学研究中几个问题的探讨. 地学前缘(21):132-149.

向磊,舒良树. 2010. 华南东段前泥盆纪构造演化:来自碎屑锆石的证据. 中国科学 D 辑:地球科学,40(10):1377-1388.

许靖华. 1980. 碰撞型造山带的薄皮板块构造模式. 中国科学 B 辑:化学,(11):1081-1089.

张国伟,郭安林,姚安平. 2006. 关于中国大陆地质与大陆构造基础研究的思考. 自然科学进展,(10):12-17.

张文佑. 1984. 断块构造导论. 北京:石油工业出版社,1-385.

赵宗溥. 1959. 论燕山运动. 地质论评,19(8):339-346.

中国地质调查局. 2004. 中华人民共和国地质图(1∶250 万,附说明书). 北京:中国地图出版社.

中国地质科学院. 1980. 亚洲地质图. 北京:中国地图出版社.

中国地质科学院地质研究所. 2004. 中国地质图(1∶400 万). 第 2 版. 北京:地质出版社.

中国地质科学院《亚洲地质图》编图组. 1980. 亚洲地质资料汇编. 地质部情报研究所内部资料.

中国科学院南海海洋研究所海洋地质构造研究室. 1988. 南海地质构造与陆缘扩张. 北京:科学出版社.

Cohen K M, Finney S, Gibbard P L. 2013. International Chronostratigraphic Chart, International Commission on Stratigraphy,2013/01.http://www.stratigraphy.org/CSchart/ChronostratChart2013-01.pdf.

Faure M,Shu L S, Wang B, et al. 2009. Intracontinental subduction: a possible mechanism for the Early Palaeozoic Orogen of SE China. Terra Nova:1-10. DOI:10. 1111/j.1365-3121.2009. 00888.x

Hall R,Cottam MA and Wilson M E J(eds.). 2011. The SE Asian gateway: history and tectonics of Australia-Asia collision. Geological Society of London,Special Publication,355:1-381.

Hsu K J.1988. Relict back-arc basins:principles of recognition and possible new examples from China,New Perspective in Basin Analysis. In Kleinpell K L and Paola C eds. New York:Springer Verlag,245-263.

Hsu K J,Sun S,Li J L,et al. 1988. Mesozoic overthrust tectonics in South China. Geology,16:418-821.

Hutchison C S and Tan D N K(eds.). 2009. Geology of Peninsular Malaysia. Kuala Lumpur:Murphy. The University of Malaya and the Geological Society of Malaysia,1-479.

Jolivet L and Tamaki. 1994. Japan Sea,opening history and mechanism:a synthesis. Journal of Geophysical Research, 99:22237-22259.

Karsakov L P,Zhao C J,Malyshev Y,et al. 2008. Tectonics,Deep Structure,Metallogeny of the Central Asian-Pacific Belts Junction Area(Explanatory Notes to the Tectonic Map Scale of 1∶1 500 000). Beijing:Geological Publishing House,1-213.

Kennedy W Q. 1964. The structural differentiation of Africa in the Pan-African(500 m.y.)tectonic episode. Res.Inst.Ar. Geol.,University of Leeds,8th Ann.Rep.,48-49.

Lan C Y,Chung S L,Long T V,et al. 2003. Geochemical and Sr-Nd isotopic constraints from the Kontum massif,central Vietnam on the crustal evolution of the Indochina block. Precambrian Research,122:7-27.www.elsevier.com/locate/precamres.

Le Pichon S,Francheteau J,Bonin J. 1973. Plate Tectonics. New York:Elsevier Publishing Company,1-300.

Neves S P and Mariano G. 2004. Heat-producing elments-enriched continental mantle lithosphere and Proterozoic Intracontinental orogens: insights from Brasiliano/Pan-African Belts. Gondwana Research, 7(2): 427-436.

Parfenov L M, Prokopiev A V, Gaiduk V V. 1995. Cretaceous frontal thrusts of the Verkhoyansk fold belt, eastern Siberia. Tectonics, 14(2): 342-358. DOI: 10.1029/94TC03088.

Parfenov L M, Badarch G, Berzin N A, et al. 2009. Ogasawara Mand Yan H, Summary of Northeast Asia geodynamics and tectonics, Stephan Mueller Spec. Publ. Ser.: 4, 11-33. www.stephan-mueller-spec-publ-ser.net/4/11/2009.

Petrov O, Leonov Y, Li T D, Tomurtogoo O, Hwang J H. 2008. Tectonic Zoning of Central Asia and Adjacent Areas (1 : 20 000 000). In: Atlas of Geological Maps of Central Asia and Adjacent Areas (1 : 2 500 000). VSEGEI Cartographic Factory.

Press F and Siever R. 1974. Earth. New York: W H Freeman and Company, 1-613.

Pubellier M. 2008. Structural Map of Eastern Eurasia (1 : 12 500 000). Paris: CGMW.

Ridd M F, Barber A J, Crow M J. 2011. The Geology of Thailand. London: The Geological Society, 1-626.

Rogers J J W, Santosh M. 2002. Configuration of Colunbia: a Mesopreterozoic supercontinent. Gondwana Research, 5: 5-22.

Rogers, J J W, Santosh M. 2004. Continents and Supercontinents. New York: Oxford Press, 1-289.

Sengör A M C, Nal'in B A, Burtman U S. 1993. Evolution of the Altaid tectonic collage and Paleozoic crustal growth in Eurasia. Nature, 364: 209-304.

Shao J, He G and Zhang L. 2007. Deep crustal structures of the Yanshan intracontinental orogeny: a comparison with pericontinental and intercontinental orogenies. Geological Society, London, Special Publications, 280: 189-200. DOI: 10.1144/SP280.9.

Shu L S, Faure M, Wang B, et al. 2008. Late Palazoic-Early Mesozoic geological features of South China: response to the Indosinian collision events in Southeast Asia. Tectonics, 340: 151-165.

Smyth H R, Hamilton P J, Hall R, et al. 2007. The deep crust beneath island arcs: inherited zircons reveal a Gondwana continental fragment beneath East Java, Indonesia. Earth and Planetary Science Letters, 258: 269-282. www.sciencedirect.com.

Stille W H. 1924. Grundfragen der Vergleichenden Tektonik. Berlin: Borntraeger, 1-443.

Tamaki K, Suyehiro K, Allan J, et al. 1992. Tectonic synthesis and implications of Japan Sea ODP drilling. Proc. Ocean Drill. Program Sci. Results, 127-128: 1333-1348.

Wan T F. 2011. The Tectonics of China—Data, Maps and Evolution. Beijing, Dordrecht Heidelberg, London and New York: Higher Education Press and Springer, 1-501.

Wilson J T. 1970. Continents Adrift: Readings from Scientific American. San Francisco: W.H.Freeman and Company.

Xiao W J, Kröner A, Windley B F. 2009. Geodynamic evolution of Central Asia in the Paleozoic and Mesozoic. International Journal of Earth Sciences, 98: 1185-1188. DOI: 10.1007/s00531-009-0418-4.

Yin A and Nie S Y. 1996. A Phanerozoic plainspastic reconstruction of China and its neighboring regions. In: Yin, A. and Harrison M. (eds.) The Tectonic Evolution of Asia, Cambridge University Press, 442-485.

Yoon S. 2001. Tectonic history of the Japan Sea region and its implications for the formation of the Japan Sea. Journal of Himalayan Geology, 22(1): 153-184.

2

亚洲大陆构造域与构造单元的划分和主要特征

2.1 西伯利亚构造域

西伯利亚构造域(图 2-1),位于亚洲大陆的北部,包括了以西伯利亚板块[1]为中心的周边碰撞带与地块,它们是东西伯利亚海南缘侏罗纪(200~135 Ma)碰撞带[2]、维尔霍扬斯克-楚科奇侏罗纪(200~135 Ma)增生碰撞带[3]、科累马-奥莫隆板块[4]和外贝加尔侏罗纪(140 Ma)增生碰撞带[5]。西伯利亚板块[1]与其东北侧的北美板块、东侧的科累马-奥莫隆板块[4],在侏罗纪时期发生了很强烈的碰撞与拼合作用,使它们聚合到一起。西伯利亚板块[1]也与其东南侧的中亚-蒙古构造域发生碰撞,形成外贝加尔(或蒙古-鄂霍次克)侏罗纪增生碰撞带[5]。

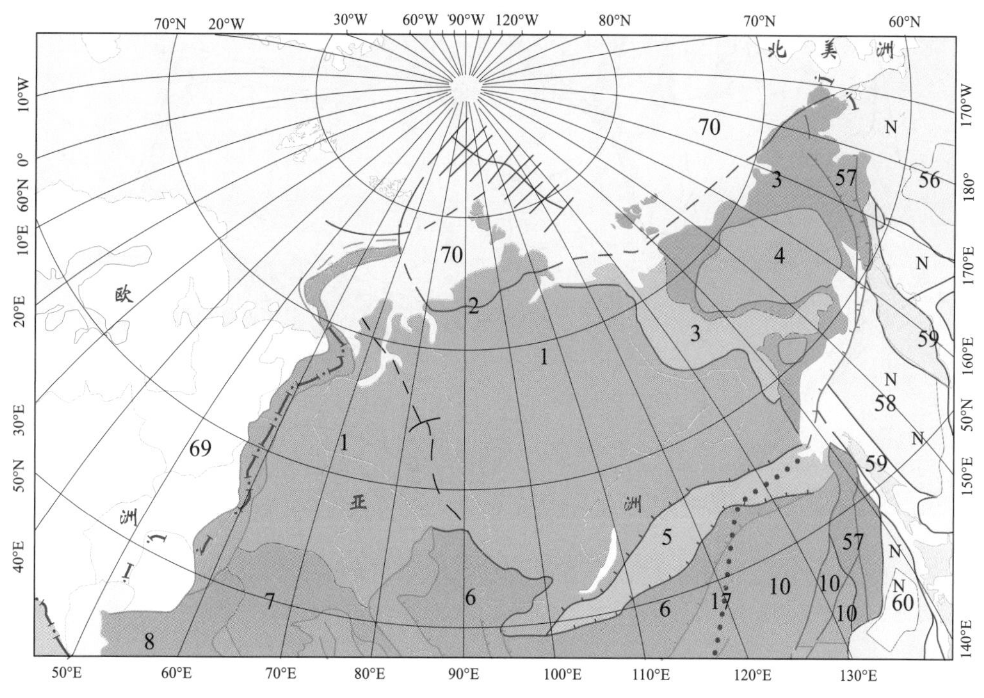

图 2-1　西伯利亚构造域 [1~5]

各构造单元名称、编号与本书正文及目录一致,全书同。

2.1.1　西伯利亚板块(1600 Ma,Siberian Plate)[1]

此板块包括东西伯利亚与西西伯利亚两个地块(图 2-1),广泛分布太古宙与古元古代的变质岩系。东西伯利亚地块(图 2-2)由 Kheta-Olenek(Ⅰ),Vilyui(Ⅳ)和 Angara(Ⅴ)陆核及其东部的 Olenek(Ⅱ),Tyung(Ⅲ)和 Aldan-Stanovik(Ⅵ)陆核所组成。Aldan-Stanovik 陆核由 3.3~2.8 Ga 的花岗质麻粒岩-绿岩带和 3.5~2.7 Ga 的高级变质岩区所组成。此外,在其南部还有贝加尔(Baikal)隆起出露。在上述地块内赋存着一些前寒武纪镁铁质侵入岩。随金伯利岩喷发过程而形成的、由地幔分异出来的榴辉岩包体,为太古宙演化提供了的重要线索(Pearson, et al., 1994),因为其玄武质组分可能是 40 亿年前岩浆洋的残留物,太古宙洋壳的俯冲的产物,或者是后来结晶的高压地幔熔体。在西伯利亚 Udachnaya 金伯利岩管内含金刚石的榴辉岩中,得到 Re-Os 同位素数据,表明它们形成于中太古代[(2.9±0.4) Ga],此年龄数据对于地球早期分异、残留的榴辉岩而言似乎太年轻,但是此数据与西伯利亚阿尔丹(Aldan)和阿那巴(Anabar)陆核的地壳形成与克拉通固结的年龄(2.85~3.2 Ga)大体吻合。上述数据与具有 3.1 Ga 的 Re-Os 模式

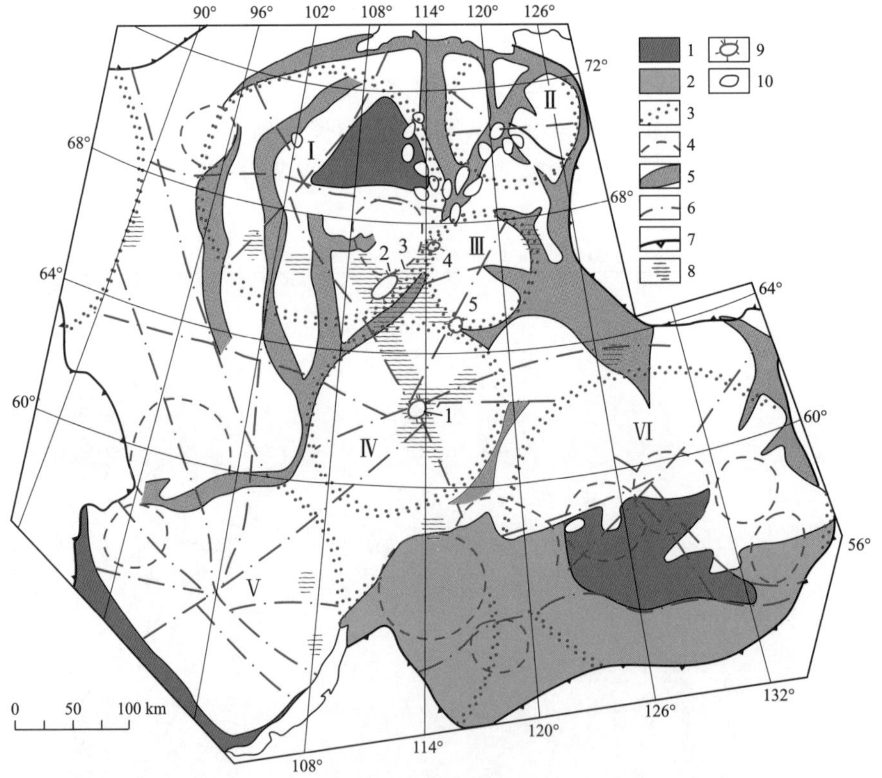

图 2-2　西伯利亚克拉通金伯利岩矿田与主要的基底穹窿构造(据 Moralev and Glukhovsky, 2000, 经改绘)

1—具地盾与基底穹窿的早前寒武纪杂岩;2—被元古宙或显生宙构造-热事件所改造的早前寒武纪杂岩;3—同生的陆核边界;4—主要的太古宙与古元古代花岗片麻岩穹窿边界;5—新元古代(里菲期)裂谷;6—主要的断层;7—西伯利亚克拉通边界;8—在壳幔边界的高密度岩块($V_p \geq 8.4$ km/s)分布区;9—含金刚石的金伯利岩管;10—其他的金伯利岩管。陆核:Ⅰ—Kheta-Olenek;Ⅱ—Olenek;Ⅲ—Tyung;Ⅳ—Vilyui;Ⅴ—Angara;Ⅵ—Aldan-Stanovik。含金刚石的金伯利岩分布区:1—Malobatuoba;2—Alakit;3—Daldyn;4—Mun;5—Nakyn。

年龄的、含金刚石 Udachnaya 纯橄榄岩数据都表明:中太古代西伯利亚岩石圈的厚度至少为150 km,因为这是形成金刚石的最低限度。在西伯利亚板块,15%的金伯利岩内含有金刚石。根据壳幔附近的地震探测,发现几乎在所有已知的含金刚石金伯利岩管都产在高密度的(也即超镁铁质的)太古宙岩块之上,金伯利岩管在晚古生代(360 Ma)或白垩纪(127~90 Ma)最后就位,并受板内裂谷岩浆作用的控制。绝大多数情况下,含金刚石金伯利岩管的超镁铁质岩和榴辉岩包体的同位素年龄均为3.5~3.2 Ga 到2.0 Ga(太古宙-古元古代)。一般认为,下地壳或上地幔的高密度岩块是早前寒武纪高压含金刚石榴辉岩和纯橄榄岩经过部分熔融后的残留体,它们显然是含金刚石金伯利岩的主要来源。从矿田的空间分布看来,它们是受硅铝质陆核的中心式放射状断裂构造所控制,相信它们是最古老的大陆地壳构造残片。看来,前寒武纪地球动力学的“陆核模式”是最适于用来解释西伯利亚含金刚石金伯利岩矿田空间分布规律的(Moralev and Glukhovsky,2000;见图2-2)。

古元古代末期(2.50~1.60 Ga),整个西伯利亚最后形成统一的结晶基底,也即形成西伯利亚板块,也有学者称之为“安加拉板块”。在古元古代,大量的岩浆作用、变质作用与构造变形,也就是一次很强烈的构造-热事件改造了古老的太古宙地壳(Glukhovsky,2009)。一般认为西伯利亚板块与中朝板块太古宙与古元古代的演化特征是不大相同的,但最后形成统一结晶基底的时期比较接近。

在新元古代(1000~541 Ma,文德期),东西伯利亚地块内部陆核之间多发生新元古代的裂谷(见图2-2之图例5)。在东西伯利亚地块的南缘与西缘产生了大规模的张裂与断陷,出现洋壳、蛇绿岩套和岛弧增生楔等,这是西伯利亚板块东部与西部构造特征开始发生明显差异的时期(Khain et al.,2003)。

新元古代以后,西西伯利亚地区大量玄武岩喷发,发生断陷,以后一直为古生代与中、新生代基性火山岩系与沉积岩系所覆盖,沉积岩系的厚度最大达14 km。由于大量高密度基性火山岩的存在,在重力均衡作用下,使西西伯利亚成为长期沉陷的地区(图2-3之浅黄色区域)。在二叠纪晚期(252 Ma),在西伯利亚相对稳定地块的西部,再次发生大规模的大陆溢流玄武岩喷发,形成大火山岩省,分布甚广,从西伯利亚北部的诺里尔斯克(Norilsk)、泰梅尔(Taimyr)、通古斯卡(Tunguska),到西部的乌拉尔(Ural)东侧均有分布(见图2-3;Saunders and Reichow,2009),古玄武岩流至今仍保持基本水平的产状,据估算岩浆岩的体积达$(2\sim5)\times10^6\ km^3$(Dobretsov et al.,2008)。对于此大火山岩省的形成机制,通常认为是由地幔羽(超临界流体)带来的热量所造成的。岩石学与地球化学的成果表明,热地幔的熔融温度超过1600℃,它可使岩浆与岩石圈相互作用,地幔羽的头部直接作用到相对稳定的岩石圈,只有少量物质向上造成岩石圈底部的底侵作用,在岩石圈局部地区或在其边缘发生张裂,以致形成岩浆的喷发或侵入(Dobretsov et al.,2008)。有学者(Xiao et al.,2009)将西西伯利亚地块划归为“中亚晚古生代造山带”,可能欠妥。

Ernst 和 Baragar(1992)、Ernst 和 Buchan(2003)根据大火山岩省内岩墙群的分布来指示岩浆上升与侵位中心的原理,认为元古宙以来大火山岩省的中心是在西伯利亚克拉通以北地区,与加拿大地区 Mackenzie 岩墙群所指示的地幔羽活动中心几乎相同(侯贵廷,2012;详见图3-2)。Czamanske 等(1998)认为,岩浆活动的中心在西伯利亚北部靠近北极的诺里尔斯克地区(见图2-3)。他们的见解可以解释为什么大火山岩省并没有造成西伯利亚板块的裂解。

不过,上述分析未采用古地磁资料来复原。另外,由于西伯利亚地区的地震学研究至今尚未完成,因而其侵入岩的分布、地壳与岩石圈的详细内部结构还不十分清楚,暂时尚不宜做最后的定论。

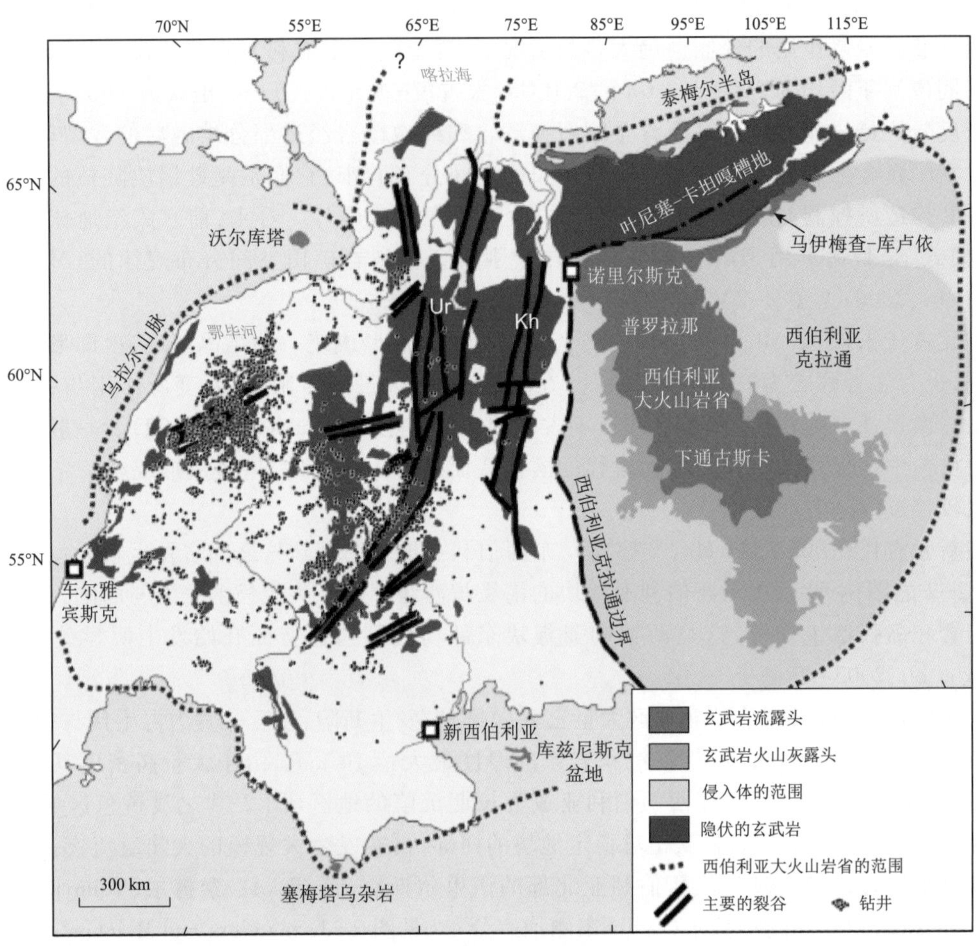

图 2-3 西伯利亚大火山岩省大陆玄武岩流的分布(据 Saunders and Reichow,2009,经改绘)

根据古地磁的研究,早古生代以前,西伯利亚板块的中心地区是处在南纬 31°以南,古生代末期运移到北纬 40°附近(详见图 3-6 至图 3-8,图 3-10 至图 3-12),在位移过程中西伯利亚板块海相沉积物的厚度不大。三叠纪末期西伯利亚板块的中心参考点到达北纬 64°(详见图 3-15)。从古生代开始到三叠纪(~3.1 亿年),它几乎以 4 cm/yr 的平均纬度变化速度向北运移,以后一直在北半球的高纬度地区做幅度较小的运移或转动(详见图 3-16,图 3-20,图 3-24,图 3-27,图 3-32,图 3-34;Khramov et al.,1981;Wan,2011)

西伯利亚板块南缘的贝加尔-图瓦地区(Baikal-Tuva region)受新生代以来的构造作用、地震活动与全球气候变化的影响较大,控制了该区水下的沉积、新构造特征以及多个盆地的形成(Gladkochub and Donskaya,2009)。新近纪的区域性缩短、挤压方向为 NNE 向,也即与贝加尔湖主体的走向一致,发生近东西向的伸展、张裂,使其主要的边界断裂呈现为正断层的特征,这是贝加尔湖张裂的主要阶段。但是,在中更新世以来,区域的最大主压应力方向转变为近 E-W 向(详见图 3-35)。具有张剪性的活动断层和近代地震主要发育在贝加尔湖南北两端的近东西向的地带(也即两条西伯利亚铁路沿线),而贝加尔湖东西两侧的断层活动性反而较小(Bulgatov,1990,私人通讯)。这样就可以解释为什么现在的西伯利亚铁路与其北侧的第二西伯利亚铁路沿线现代地震活动性均较强的现象。

西伯利亚板块自 1600 Ma 定型以来,经过较长时期的稳定发展,从南半球运移到北半球的高纬度地区。在晚古生代晚期在其西侧形成乌拉尔碰撞带之后,也即与波罗的(北欧)板块拼合之后,就成为潘几亚大陆的一部分。在三叠纪,潘几亚大陆裂解后,就一直处在欧亚大陆的北部。侏罗纪时期受北美板块朝西南方向的挤压、碰撞作用的影响发生地块转动,在西伯利亚边部发生板内构造变形。

2.1.2 东西伯利亚海南缘侏罗纪碰撞带(200~135 Ma, Southern Margin of East Siberian Sea Jurassic Collision Zone)[2]

这是北美板块[70]与西伯利亚板块[1]、维尔霍扬斯克-楚科奇侏罗纪增生碰撞带[3]以及科累马-奥莫隆板块[4]之间的碰撞带,它是北美构造域与西伯利亚构造域之间的重要界线(见图 1-1)。有关此碰撞带的资料较少,但是从新西伯利亚群岛到白令海峡一带断断续续的蛇绿岩套和强构造变形的露头表明,此侏罗纪碰撞带的存在是确凿的。

日本与美国一些学者认为,西伯利亚板块以东的维尔霍扬斯克-楚科奇侏罗纪增生碰撞带[3]和科累马-奥莫隆板块[4]都属于北美板块。这可能与他们不了解存在东西伯利亚海南缘侏罗纪(200~135 Ma)碰撞带有关,也与他们不了解科累马-奥莫隆板块和鄂霍次克地块的统一结晶基底都形成于 800 Ma 左右有关,这是北美板块结晶基底所完全不具备的特征。

北美板块[70](见图 1-1)在古元古代末期(1600 Ma)形成统一结晶基底,为哥伦比亚大陆的主要部分,以后就发生裂解(Rogers and Santosh,2002,2004;详见图 3-1,图 3-2)。中元古代晚期(1000 Ma)北美板块参与了罗迪尼亚大陆的聚合,以后北美板块就以加拿大地盾为核心长期处于相对稳定的状态,大面积地形成产状几乎水平的沉积盖层(Condie,1994,1997)。古生代及以后较明显的板内变形,仅限于板块的边缘地带(宽 200~300 km),板块内部的构造活动性则一直都十分微弱,主体部分几乎未变形(Bally and Albert,1989)。北美板块的西部边缘存在许多原属冈瓦纳大陆的微板块(约上百块),它们是后期向北运移并拼贴所造成的。

早古生代晚期,北美板块与波罗的板块[68]发生碰撞,形成阿巴拉契亚-加里东碰撞带,从而使上述两板块拼合在一起(Brenchley and Rowson,2006;Gee et al.,2008;详见图 3-8)。晚古生代晚期的华力西、乌拉尔[12]和巴尔喀什-天山-兴安岭[10]等晚古生代碰撞带的形成,使西伯利亚板块、北美板块与波罗的板块等多数大陆板块都拼合到潘几亚超级大陆中(详见图 3-12)。

然而,从三叠纪开始,随着大西洋的裂解-张开作用(Condie,2001),北美板块又和欧亚大陆板块、非洲大陆呈放射状地分离(详见图 3-15),北美板块朝西北方向运移。看来正是北美板块西北部在侏罗纪时期朝西偏南的方向、向西伯利亚板块[1]和科累马-奥莫隆板块[4]的东北缘运移、挤压,从而形成东西伯利亚海南缘侏罗纪碰撞带(200~135 Ma)[2]和维尔霍扬斯克-楚科奇侏罗纪增生碰撞带(200~135 Ma)[3],并使西伯利亚板块发生逆时针的转动并适度地向南运移(Wan,2011),与早古生代定型的阿尔泰-中蒙古-海拉尔(541~419 Ma)增生碰撞带[6]发生拼接、碰撞,最后形成外贝加尔(或蒙古-鄂霍次克)侏罗纪增生碰撞带(140 Ma)[5](详见图 3-21,图 3-40)。东西伯利亚海南缘侏罗纪碰撞带在向西运移过程,除挤压、碰撞之外,还带有左行走滑的特征,其明显的表现为使近南北向乌拉尔碰撞带的北段——新地岛一带,发生挠曲(见图 2-1)。侏罗纪以后,西伯利亚构造域趋于稳定。

2.1.3 维尔霍扬斯克-楚科奇侏罗纪增生碰撞带(200~135 Ma,Verkhojansk-Chersky Jurassic Accretion Collision Zone)[3]

维尔霍扬斯克-楚科奇侏罗纪增生碰撞带是西伯利亚板块[1]与科累马-奥莫隆板块[4]、鄂霍次克板块[58]之间的碰撞带(见图 2-1),它对于西伯利亚地区东部和东亚大陆的板内变形产生巨大的影响。Parfenov 等(2009)将此碰撞带称为西伯利亚克拉通的边缘带。根据沉积学与生物古地理的资料(该区缺少火山喷发作用),具有大量的大洋与岛弧的沉积建造,在较薄的大陆地壳上堆积了新元古代-古生代的浅海碳酸盐岩及细碎屑沉积相,泥盆纪、石炭纪裂谷型的陆源沉积岩系,三叠纪-侏罗纪的碱性玄武岩流、岩床与岩墙,形成了维尔霍扬斯克盆地的沉积组合,其最大沉积厚度达 20 km。此碰撞带的西部为侏罗纪形成的,其东部为白垩纪构造带。维尔霍扬斯克-楚科奇增生碰撞带是在中、晚侏罗世由具绿片岩相的蛇绿岩套、泥砾层与逆掩断片和推覆体所组成的。在晚侏罗世末期,形成与碰撞作用有关的逆掩断层与走滑断层。在维尔霍扬斯克南部花岗岩带的同位素年龄为 157~93 Ma(Parfenov et al.,2009;Oxman,2003)。

此碰撞带是由北美板块[70]、科累马-奥莫隆[4]和鄂霍次克板块[58]朝西偏南方向运移、挤压所造成(可能是三叠纪的北大西洋地区的板块放射状张裂,使北美板块的北部向西偏南运移、挤压,以及南半球特提斯洋向东北方向扩张、俯冲共同作用的远程效应),从而导致东亚大陆地壳发生显著的逆时针转动,使西伯利亚地块发生 36.2°的逆时针转动(Khramov et al.,1981),华北、朝鲜半岛和华南地区发生 20°~30°的逆时针转动(Wan,2011;详见图 3-20),此后,侏罗纪以来,东亚地区(包括西伯利亚板块)的古磁北方位就与现代的磁北方位几乎一致。与此同时,造成东亚地区相当广泛的板内变形,这对于亚洲东部内生金属矿床的形成具有重要的影响(Wan,2011)。

在此碰撞带内的南部 Aniuy(阿尼亚河)地区还包含了一个太古宙-古元古代的小地块(Parfenov et al.,2009),它可能原来是西伯利亚板块边部的碎块,此微地块在白垩纪成为维尔霍扬斯克-楚科奇碰撞带的一部分。此碰撞带将奥莫隆(Omolon)与原来的科累马地块(Pre-Kolyma blocks)分隔开来,南部的 Aniuy 古大洋的张开造成了三叠纪-侏罗纪中生代太平洋的边缘,并形成了维尔霍扬斯克-科累马(Verkhoyansk-Kolyma)褶皱带(Parfenov et al.,1995)。最后,俄罗斯东北部镶嵌状构造在早白垩世定型,这也是西太平洋沟弧带与南部 Aniuy 古大洋碰撞的结果,于是就在科累马地块边角上的中生代维尔霍扬斯克系(Verkhoyansk system)内造成强烈变形的杂岩系,形成了逆掩断层与推覆构造(Parfenov et al.,2009)。

2000—2003 年运用地震反射与折射剖面的资料(Gebhardt et al.,2006),在楚科奇首次发现了一个直径 18 km 的完整的埃尔几几津陨击坑(El'gygytgyn crater),它具有 5 层结构:表面为水所覆;其下为湖相沉积物;在一个碗形陨击坑内,上部为坠落的角砾岩,它具有 3 km/s 左右的 P 波速度;其下为角砾岩化的基岩(P 波速度大于 3 km/s);底部具有很特别的背斜构造,它具有与其他大陆或月球陨击坑相似的规模。此陨击坑不仅具有完好的地貌特征,而且也是一个在结晶岩石内形成的典型的陨击坑。可惜该地区矿床的赋存情况,笔者没有查到,有待进一步研究。

2.1.4 科累马-奥莫隆板块(850 Ma,Kolyma-Omolon Plate)[4]

科累马-奥莫隆板块(见图1-1)与鄂霍次克板块[58]原来可能为同一个板块,都具有太古宙结晶变质岩系的岩块,在新元古代文德期(~850 Ma)形成了统一的结晶基底(Parfenov et al.,2009),此特征与扬子板块十分相近(杨明桂等,1994;刘伯根等,1995;唐红峰和周新民,1997),而与北美板块(Engebretson et al.,1985)的演化特征很不相同。以后,此板块发育较多的早古生代沉积,该区具有两种大陆边缘类型:被动的和过渡型的大陆边缘,在志留纪-泥盆纪大洋与岛弧组合的大陆增生过程中,形成了科累马海湾。科累马火山带则具有硅镁质岛弧与边缘海复合的特征。

此板块尽管在侏罗纪向西南方向运移、碰撞,形成维尔霍扬斯克-楚科奇侏罗纪增生碰撞带[3]。据$^{40}Ar/^{39}Ar$测年的结果,科累马-奥莫隆板块向西南方向俯冲碰撞的年龄为160~140 Ma和143~138 Ma。此板块北部边界的碰撞年龄为130~123 Ma,即科累马-奥莫隆板块直到白垩纪才完全与维尔霍扬斯克-楚科奇增生碰撞带拼合在一起。而在106 Ma和92 Ma还发生了与近东西向伸展作用相关的岩浆侵入(Parfenov et al.,2009)。

另外,在其东侧形成了锡霍特-阿林-科里亚克(Sikhote-Alin-Koriak)白垩纪增生碰撞带[57](Layer et al.,2001),它是白垩纪太平洋板块向北运移、俯冲所派生的俯冲-岛弧带,并在古近纪变成增生碰撞带。古近纪以后才定型,成为欧亚大陆东北部的地区。

2.1.5 外贝加尔(蒙古-鄂霍次克)侏罗纪增生碰撞带[170 Ma,Transbaikalia (or Mongolia-Okhotsk) Jurassic Accretion Collision Zone][5]

外贝加尔增生碰撞带(见图2-1)分布在东西伯利亚板块[1]的东南缘,也有学者称之为蒙古-鄂霍次克碰撞带或雅布洛诺夫-斯塔诺夫(Jablonov-Stanov)碰撞带(中国过去称之为“外兴安岭地区”),其中心部位在赤塔(Chita)附近,向西南延伸到蒙古的北部与东部。在西伯利亚板块[1]与阿尔泰-中蒙古-海拉尔早古生代(541~419 Ma)增生碰撞带[6]之间,侏罗纪时期才形成一个规模较大的外贝加尔增生碰撞带(图2-4,图2-5;Zolin et al.,2001)。侏罗纪之后,由于外贝加尔增生碰撞带的形成,西伯利亚板块才与阿尔泰-中蒙古-海拉尔早古生代、天山-兴安岭晚古生代增生碰撞带和中朝板块完全连在一起。

此增生碰撞带出露了较少的太古宙-古元古代结晶基底岩石,部分地区上覆了新元古代沉积盖层,主要出露了古生代与侏罗纪地层,它们都发生了强烈的变形,发育了逆掩断层与褶皱,并有大量晚古生代花岗质岩浆和超浅成岩体侵入,以及火山喷发岩。在此增生碰撞带的南北两侧的许多地段均发现了蛇绿岩套。

根据古地磁学的研究,蒙古与西伯利亚之间的古大洋,在早二叠世到早侏罗世一直都存在着(属于特提斯洋的一部分),但在逐渐缩小,西伯利亚板块略向东南运移,阿尔泰-中蒙古-海拉尔早古生代增生碰撞带的各地块则逐渐北移到北纬50°~60°的地区(详见图3-6至图3-8,图3-10至图3-12)。在晚侏罗世(140 Ma),西伯利亚板块才与阿尔泰-中蒙古-额尔古纳早古生代增生碰撞带发生碰撞,形成外贝加尔增生碰撞带(Zolin et al.,2001;图2-4,图2-5)。Parfenov等(2009)认为:此碰撞作用可从中侏罗世(175 Ma)延续到白垩纪(96 Ma)。到此时为止,西伯利亚构造域才和中亚-蒙古构造域完全连接在一起。

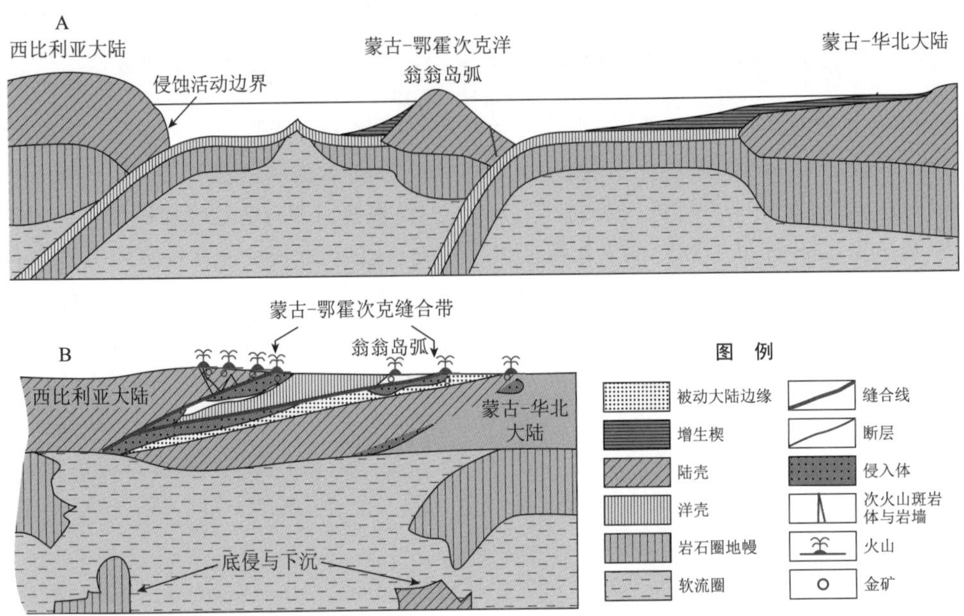

图 2-4 外贝加尔(蒙古-鄂霍次克)侏罗纪增生碰撞带的演化模式图(据 Zolin et al.,2001,经改绘)

A—晚二叠世-早侏罗世碰撞前的模式图；B—中-晚侏罗世碰撞时的模式图。

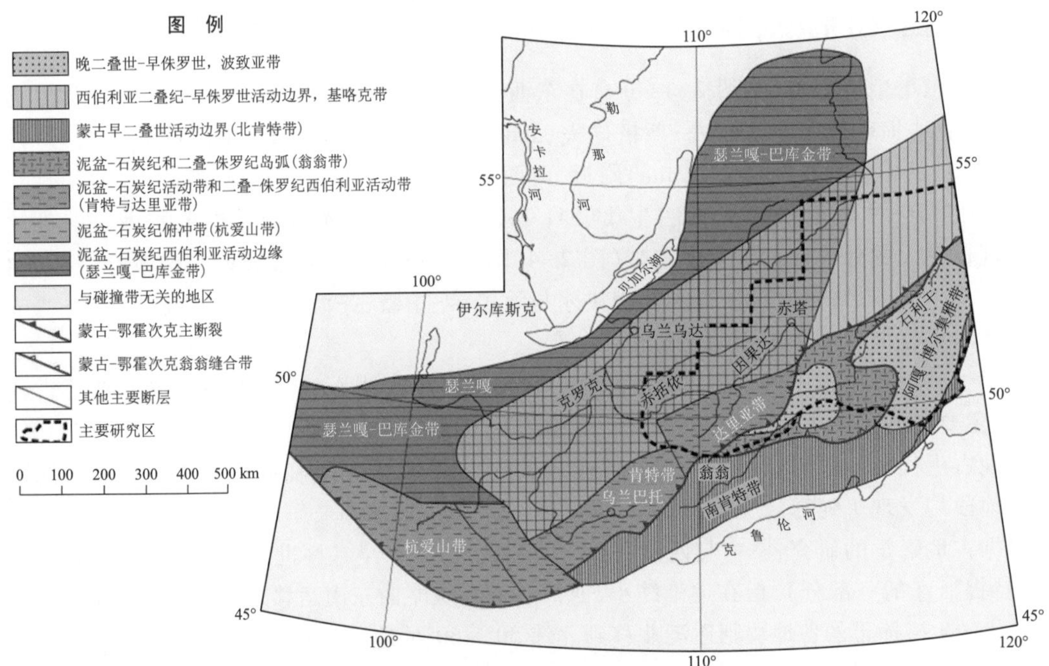

图 2-5 外贝加尔(蒙古-鄂霍次克)碰撞带西段及其邻区构造图(基于西伯利亚-蒙古地学大断面的研究,据 Zolin et al.,2001,经改绘)

此图中央部分在泥盆纪-早侏罗世为活动大陆边缘,部分叠置到泥盆纪-石炭纪沉积地区之上。

参 考 文 献

侯贵廷. 2012. 华北基性岩墙群. 北京:科学出版社,1-177.

刘伯根,郑光财,陈时淼,等. 1995. 浙西前寒武纪火山岩中锆石 U-Pb 同位素定年及其含义. 科学通报,40(21):2015-2016.

唐红峰,周新民. 1997. 江南古陆东段两类玄武岩成因的地球化学制约. 中国科学 D 辑:地球科学,27(4):306-311.

杨明桂,王砚耕,李镰,等. 1994. 华南地区区域地质特征. 程裕淇主编. 中国区域地质概论. 北京:地质出版社,313-384.

Bally,Albert W. 1989. Allison R.Palmer(ed.) The Geology of North America:an Overview.Boulder,Colo.:Geological Society of America:1-629.

Brenchley P J and Rowson P E. 2006. The Geology of England and Wales. 2nd Edition. The Geological Society of London.

Condie K C(ed.). 1994. Archean Crustal Evolution. Amsterdam:Elsevier Scientific Publishers.

Condie K C. 1997. Plate Tectonics and Crustal Evolution. 4th ed. Oxford,UK:Butterwoth-Heinemann,1-282.

Condie K C. 2001. Mantle Plumes and Their Record in Earth History. New York,Cambridge University Press,1-306.

Czamanske G,Gurevitch E,Fedorenko V,et al. 1998. Demise of the Siberian plume:paleogeographic and paleotectonic reconstruction from the prevolcanic and volcanic record,north-central Siberia. International Geology Review,40:95-11.

Dobretsov N L,Kirdyashkin A A,Kirdyashkin A G,et al. 2008. Modelling of thermochemical plumes and implications for the origin of the Siberian traps. Lithos,100:66-92.

Engebretson D C,Cox A,Gordon R G. 1985. Relative motions between oceanic and continental plates in the Pacific basin.The Geological Society of America,Special Paper,206:1-59.

Ernst R E and Baragar W R A. 1992. Evidence from magnetic fabric for the flow pattern of magma in the Mackenzie giant radiating dyke swarm. Nature,356:511-513.

Ernst R E and Buchan K. 2003. Recognizing Mantle Plumesinthe Geological Record. Annual Review of Earth and Planetary Sciences,31:469-523. DOI:10. 1146/annurev.earth.31. 100901. 145500

Gebhardt A C,Niessen F,Kopsch C. 2006. Central ring structure identified in one of the world's best-preserved impact craters. Geology,34:145-148.

Gee D G,Fossen H,Henriksen N,et al. 2008. From the Early Paleozoic plateforms of Baltica and Laurentia to the Caledonide orogen of Scandinavia and Greenland. Episodes,31(1):44-51.

Gladkochub D P and Donskaya T. 2009. Overview of geology and tectonic evolution of the Baikal-Tuva. Progress in Molecular and Subcellular Biology,47:3-26.

Glukhovaky M Z. 2009. Paleoproterozoic thermotectogenesis:a rotation-plume model of the formation of the Aldan Shield. Geotektonika,(3):51-78.

Khain E V,Bibikova E V,Salnikova E B,et al. 2003. The Palaeo-Asian ocean in the Neoproterozoic and early Palaeozoic:new geochronologic data and palaeotectonic reconstructions. Precambrian Research,122:329-358.

Khramov A N,Petrova G N,Peckersky D M.1981. Paleomagnetism of Soviet Union. In McElhinny M W,Valencio D A eds. Paleoconstruction of the Continents,Geodynamic Series. Boulder,Colorado:Geological Society of America,177-194.

Layer P W, Newberry R, Fujita K. 2001. Tectonic setting of the plutonic belts of Yakutia, northeast Russia, based on $^{40}Ar/^{39}Ar$ geochronology and trace element geochemistry. Geology, 29: 167.

Moralev V M and Glukhovsky M Z. 2000. Diamond-bearing kimberlite fields of the Siberian Craton and the Early Precambrian geodynamics. Ore Geology Reviews, 17(3): 141-153.

Oxman V S. 2003. Tectonic evolution of the Mesozoic Verkhoyansk-Kolyma belt (NE Asia). Tectonophysics, 365(1-4): 45-76.

Parfenov L M, Prokopiev A V, Gaiduk V V. 1995. Cretaceous frontal thrusts of the Verkhoyansk fold belt, eastern Siberia. Tectonics, 14(2): 342-358. DOI: 10. 1029/94TC03088.

Parfenov L M, Badarch G, Berzin N A, et al. 2009. Summary of Northeast Asia geodynamics and tectonics, Stephan Mueller Spec. Publ. Ser., 4: 11-33. www.stephan-mueller-spec-publ-ser.net/4/11/2009/.

Pearson D G, Snyder G A, Shirey S B, et al. 1994. Archaean Re-Os age for Siberian eclogites and constraints on Archaean tectonics. Nature, 374: 711-713. DOI: 10. 1038/374711a0.

Rogers J J W, Santosh M. 2002. Configuration of Colunbia: a Mesopreterozoic supercontinent. Gondwana Research, 5: 5-22.

Rogers, J J W, Santosh M. 2004. Continents and Supercontinents. New York: Oxford Press: 1-289.

Saunders A and Reichow M. 2009. The Siberian Traps and the End-Permian mass extinction: a critical review. Chinese Science Bulletin, 54(1): 20-37.

Wan T F. 2011. The Tectonics of China—Data, Maps and Evolution. Beijing, Dordrecht Heidelberg, London and New York, Higher Education Press and Springer, 1-501.

Xiao W J, Kröner A, Windley B F. 2009. Geodynamic evolution of Central Asia in the Paleozoic and Mesozoic. International Journal of Earth Sciences, 98: 1185-1188. DOI: 10. 1007/s00531-009-0418-4.

Yn An and Nie Shangyou. 1996. A Phanerozoic palinspastic reconstruction of China and its neighboring regions//Yin, A. and Harrison, M. (eds.). The Tectonic Evolution of Asia. Cambridge, Cambridge University Press, 442-485.

Zolin Y A, Zorina L D, Spiridonov A M. 2001. Geodynamic setting of gold deposits in Eastern and Central Trans- Baikal (Chita Region, Russia). Ore Geology Reviews, 17: 215-232.

2.2 中亚-蒙古构造域

中亚-蒙古构造域，这是一个以古生代增生碰撞带为主的构造域（图 2-6），其中包含了许多大小不等的结晶地块（图 2-7）和不同时期形成的碰撞带。它是由下列构造单元所组成：阿尔泰-中蒙古-海拉尔早古生代（541～419 Ma）增生碰撞带[6]、卡拉干达-吉尔吉斯斯坦早古生代（541～419 Ma）增生碰撞带[7]、土兰-卡拉库姆地块[8]、西天山晚古生代（385～260 Ma）增生碰撞带[9]、巴尔喀什-天山-兴安岭晚古生代（385～260 Ma）增生碰撞带[10]、准噶尔地块[11]、完达山侏罗纪（200～135 Ma）碰撞带[13]，以及乌拉尔晚古生代（400～260 Ma）增生碰撞带[12]等。

最近，肖文交等（Xiao et al., 2015）把本书所说的中亚-蒙古构造域和西伯利亚构造域南缘的外贝加尔（或蒙古-鄂霍次克）侏罗纪增生碰撞带，一起命名为中亚南部造山带（South Central Asian Orogenic Belt），也即把西伯利亚板块（克拉通）与中朝-塔里木板块（克拉通）之间的早-晚古生代和侏罗纪的增生碰撞带都归结在一个造山带内,似乎也未尝不可,但形成时间的跨度太大,从早古生代一直持续到侏罗纪。不过,他们把西西伯利亚板块的南部和乌拉尔碰撞带也都划为“中亚造山带”的一部分则可能欠妥,范围有点过大。

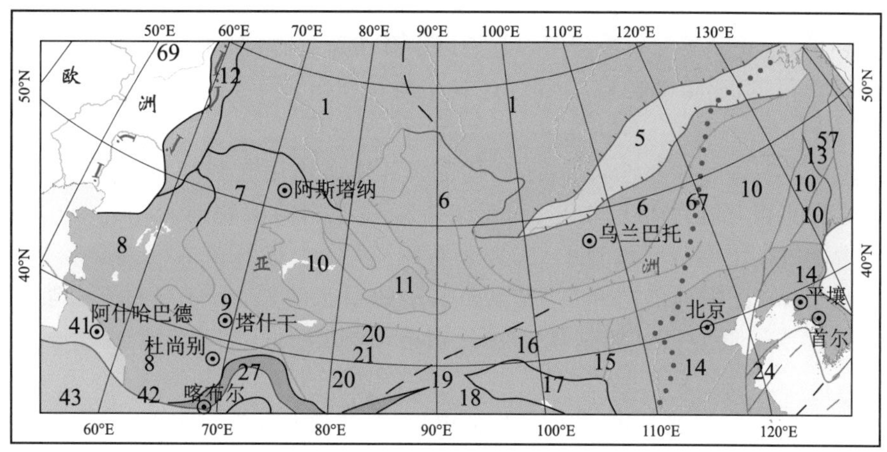

图 2-6 中亚-蒙古构造域 [6 ~13]

各构造单元名称、编号与本书目录及正文一致。

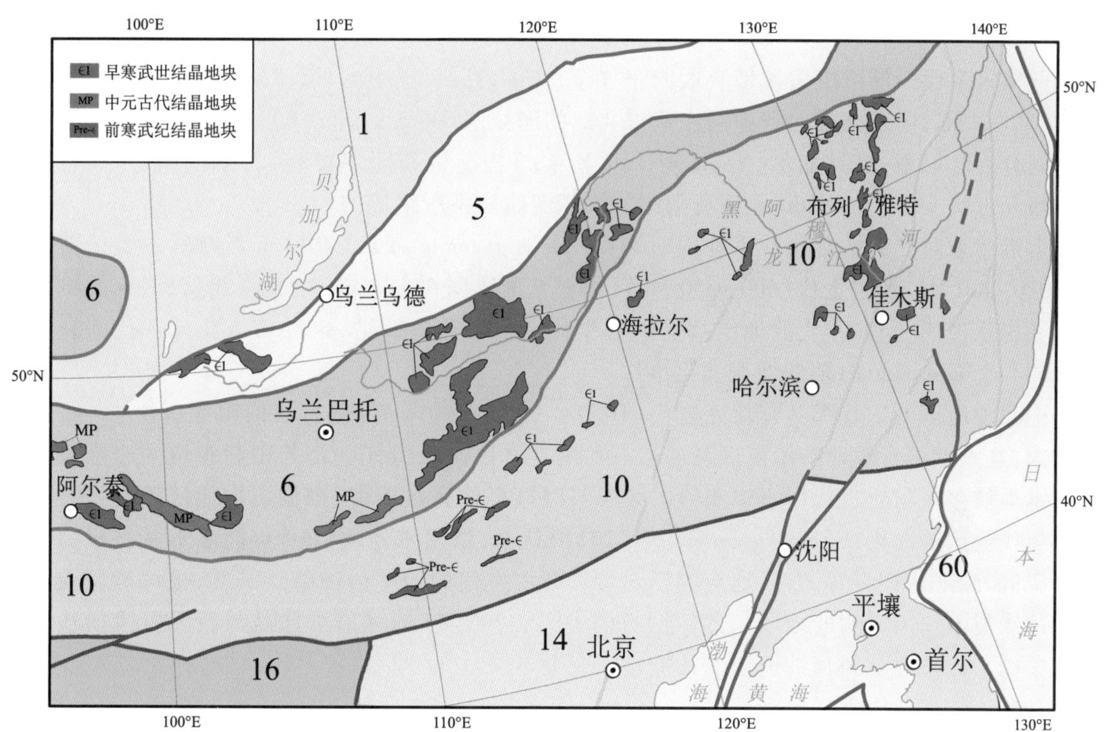

图 2-7 中亚-蒙古构造域东部前寒武纪结晶小地块的分布

各构造单元名称、编号与本书目录及正文一致。

在中亚-蒙古构造域内，含有许多小结晶地块，如布列雅特、佳木斯、松嫩、托托尚-锡林浩特、海拉尔、中蒙古、阿尔泰等地的早寒武世及更古老的结晶地块，以及巴彦淖尔北、雅干、红石山、吐鲁番-星星峡、库鲁克塔格等不同时代形成的前寒武纪地块等（图 2-7），原来它们可能都在西伯利亚板块附近形成，它们随西伯利亚板块一起从南半球运移到北半球中、高纬度地区，在早古生代或晚古生代先后发生碰撞作用。它们可以看作是西伯利亚板块边缘的古生代增生地块群（Wan，2011）。不过，近年来也有学者对这些小地块测出较年轻的同位素年龄，值得进一步探讨。

正是这些大小不等的结晶地块，对于此构造域的成矿作用起到了重要的作用。由于较老的变质结晶地块的岩石强度相对较高，而后来古生代形成的沉积与火山岩系的强度显著较低，因而，此构造域在增生碰撞过程中，应力分布很不均匀，容易在岩性差异较大的部位（例如结晶地块的边缘）派生局部的断层，尤其是其中的横张断裂，十分有利于岩浆或含矿流体的大规模地贯入或聚集。很可能这就是在此构造域内形成许多超大型内生金属矿床的重要原因。

至于，三叠纪以来的构造演化，此构造域的中、东部就和亚洲大陆东部一起经历了活动特征与强度各不相同的六个板内变形期，其活动特征将在第 3 部分中一并阐述。正是在三叠纪以后，此处形成了大量的内生金属矿床（详见第 4 部分），这一点值得引起格外的重视。

2.2.1 阿尔泰-中蒙古-海拉尔早古生代增生碰撞带（541 ~ 419 Ma，Altay-Middle Mongolia-Hailar Early Paleozoic Accretion Collision Zone）[6]

此早古生代弧形增生碰撞带自西向东分布在哈萨克斯坦、中国、俄罗斯和蒙古边界的阿尔泰山，经蒙古中部，向东北延伸到中国内蒙古北部的海拉尔地区（见图 2-6）。Parfenov 等（2009）将此带划分为叶尼塞-外贝加尔（Yenisey-Transbaikal）构造带和阿尔泰-温都尔汗构造带，它们都是由新元古代文德纪（Vendian）到奥陶纪的沉积变质岩系所组成的。

据近年来对碎屑锆石年龄系列的研究（Rojas-Agramonte et al.，2011），其峰值主要在新元古代（1020 ~ 700 Ma）和古生代（600 ~ 350 Ma），也有少量数据在太古宙-中元古代（2570 ~ 1240 Ma）之间。中元古代-新元古代的地层都受到古生代白云石化的改造，也经历了新元古代的裂谷作用与相当于 Grenville 时期的地壳演化事件。

中蒙古地区的锆石都具有新元古代（1020 ~ 700 Ma）的峰值，这与西伯利亚板块[1]是完全不同的，这一点可有效地指示该区基底岩石的潜在源区。此特征倒是与中朝板块的边缘裂陷或塔里木地块存在新元古代（~850 Ma）的裂谷与碰撞事件有点相似，根据蒙古地区碎屑锆石与包裹体年代测试的结果，Rojas-Agramonte 等（2011）认为，塔里木地块[20]可能是本区沉积物质的主要源区，后来才被裂开，以微地块的形式参与到古生代的增生碰撞带。其实，也可能是受中朝板块边缘裂陷作用影响的结果。此区锆石的 1020 ~ 700 Ma 的峰值可能是与新元古代构造热事件相关的。此事件与冈瓦纳地区的构造特征完全不同。

在此早古生代增生碰撞带的大部分地区，从阿尔泰，蒙古西部、中部到中国的海拉尔地区，原来可能存在许多西伯利亚板块[1]的小地块，并残存了许多新元古代-早寒武世（670 ~ 510 Ma）的洋壳证据（见图 2-8，图 2-9；Khain et al.，2003；陈炳蔚和陈廷愚，2007），后来还残留了许多早寒武世末期的变质结晶基底小地块，在蒙古（从西侧的阿尔泰，经乌兰巴托）到中国海拉尔地区残留了许多早寒武世的变质结晶小地块（周建波等，2011；见图 2-7）。过去黄汲清和尹赞勋（1965）曾称之为“兴凯运动”。从阿尔泰向西到卡拉干达地块[7]一带则散布了中元古代的变质结晶小地块群。上述所有的这些小地块，原来应该都可能是在西伯利亚板块附近，在寒武纪早期它们都处在南半球冈瓦纳大陆附近，可能是在新元古代-早寒武世泛非构造事件作用下，构成统一结晶基底的（周建波等，2011；Wan，2011）。

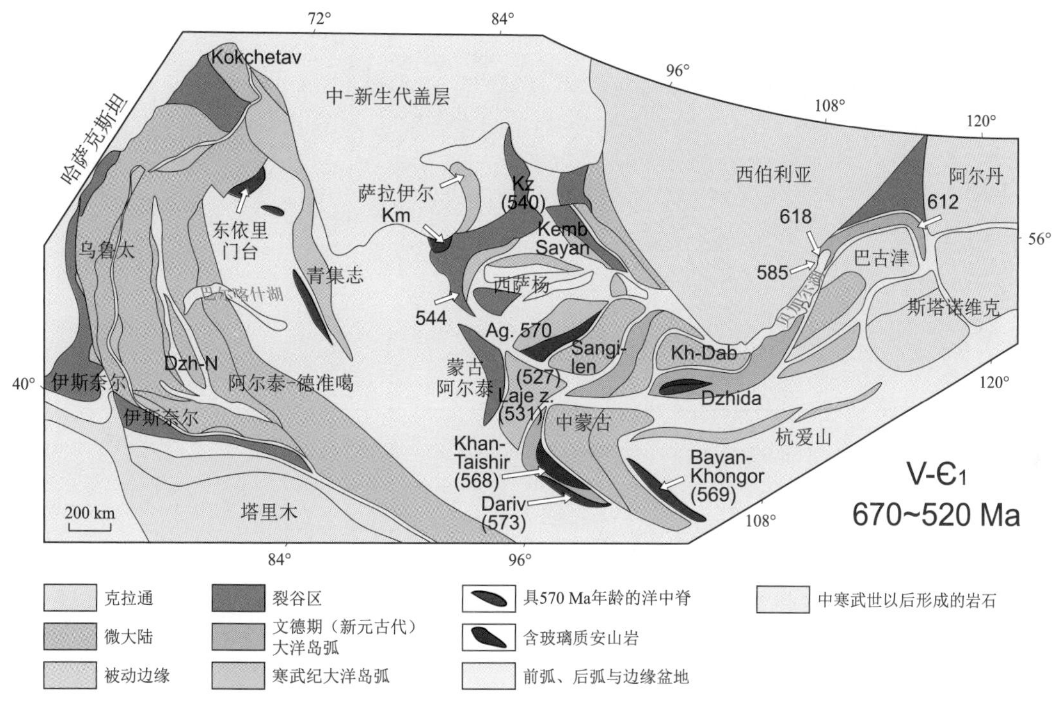

图 2-8　蒙古西部-阿尔泰新元古代-早寒武世（670～520 Ma）洋壳构造（据 Khain et al.，2003，经改绘）

在小地块上覆盖了已经变形的奥陶-志留系-下泥盆统等沉积岩系，其生物群组合都属于西伯利亚的特征，并有早古生代花岗质岩浆的侵入（450～400 Ma）。在温都尔庙地区，志留纪碎屑岩系不整合面之下的花岗闪长岩内，测得碰撞作用形成的 U-Pb 年龄为 466 Ma。在盆地南部边缘地区测得其碰撞作用年龄为 435～415 Ma（晚志留世；Parfenov et al.，2009）。此后还有晚古生代花岗质岩浆的侵入。沿此带的南北两侧及其内部的主要断层均发育着蛇绿岩套（见图 2-8，图 2-9）。在早古生代时期，上述小结晶地块才随西伯利亚板块[1]一起，运移到北半球的中高纬度地区，并在早泥盆世（～393 Ma）最后形成阿尔泰-中蒙古-额尔古纳增生碰撞带[6]。

Sengör 等（1993）认为，阿尔泰碰撞带在晚古生代泥盆纪晚期（359 Ma）使亚洲大陆产生增生弧-杂岩系，形成了面积相当大的新生陆壳，其面积达 215×10^{6} km^{2}，平均生长速率为 0.3 km^{3}/yr。该认识得到了一些 Sr-Nd-O 同位素数据的支持。

阿尔泰-中蒙古-海拉尔早古生代（541～419 Ma）增生碰撞带，在中国境内的分布很局限，仅分布在新疆北部的阿尔泰与东北地区西北角的海拉尔地区，形成强构造变形区。阿尔泰-中蒙古-海拉尔早古生代（541～419 Ma）增生碰撞带的多数地区都经历了晚古生代构造作用的改造，

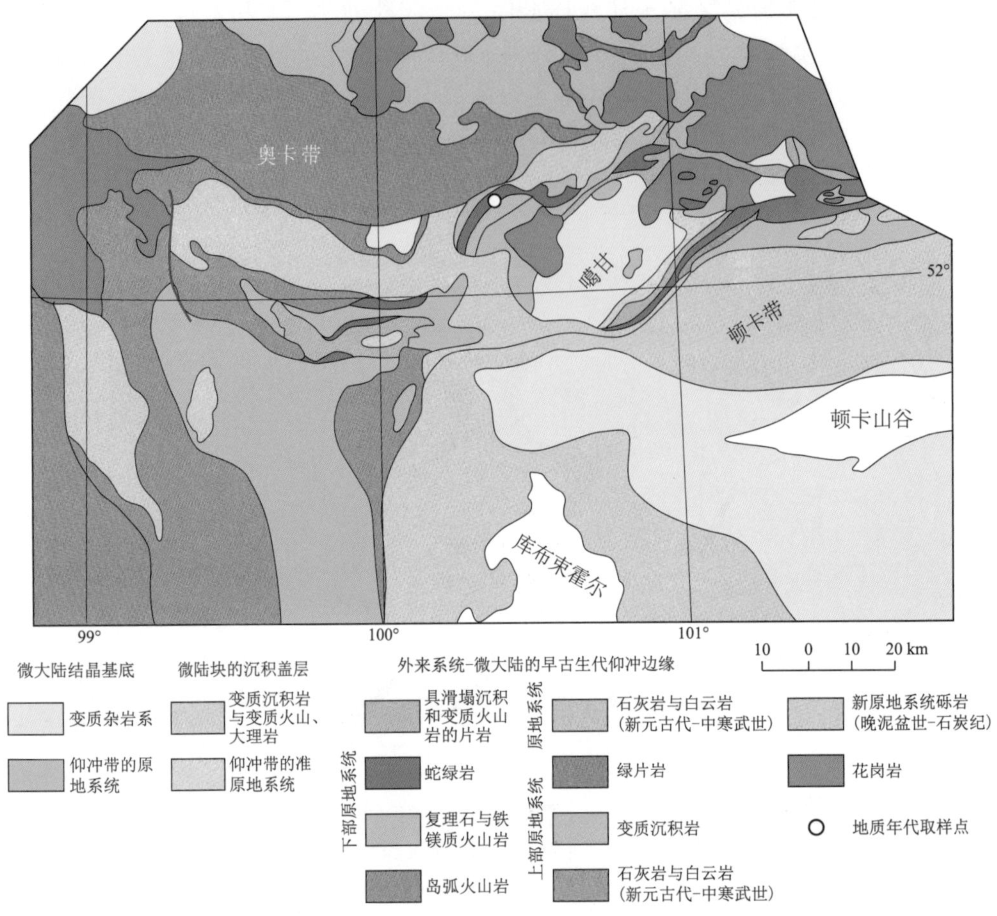

图 2-9 萨彦岭东南部早古生代碰撞带的构造-岩性图(据 Khain et al.,2003,经改绘)

也即受到巴尔喀什-天山-兴安岭晚古生代碰撞带碰撞作用的影响,进一步受到近南北向(按现代磁方位来说)挤压作用的改造,形成的矿床大多是在晚古生代,甚至于三叠纪(详见第 4 部分)。晚古生代-三叠纪的构造作用,比早古生代碰撞期的可能要微弱一些,但是对于含矿流体的储集反而比较更为有利(详见第 4 部分)。

最近,Safonova(2014)对于俄罗斯南部-哈萨克斯坦-阿尔泰地区的构造演化进行了总结,她认为该区存在三个主要的构造区:① 阿尔泰-蒙古地块;② 俯冲-增生地块带,包括 Rudny 阿尔泰、Gorny(戈壁)阿尔泰和 Kalba-Narym 碰撞带;③ Kural,Charysh-Terekta,North-East Irtysh 和 Char 剪切缝合带。她还认为:在该地区经历了五个主要的构造阶段:① 新元古代晚期-早古生代在古大洋内的俯冲增生阶段;② 奥陶-志留纪时为被动边缘阶段;③ 泥盆-石炭纪时为活动边缘与碰撞阶段;④ 晚古生代古大洋关闭,形成碰撞岩浆作用阶段;⑤ 中生代后碰撞构造变形与岩浆作用阶段。按照她的认识,哈萨克斯坦-阿尔泰地区的板块碰撞作用主要发生在晚古生代,而不是早古生代,此问题还值得进一步探讨之。

在亚洲大陆地区,早古生代另外一个重要的强构造变形区则为西域板块的拼合、碰撞,即阿拉善、塔里木与柴达木等地块在祁连山-阿尔金一带形成碰撞带(详见图 3-9)。此时中国大陆地块群与亚洲南部地块的大部分，几乎都处在特提斯洋之中，呈离散状态，也几乎没有什么构造变形(Wan,2011)。在早古生代晚期，只是扬子板块的南部(按现代磁方位来说)和西部存在较弱的构造变形，过去曾称之为“广西运动”(黄汲清和尹赞勋,1965)。另一个较强构造变形区则发生在华夏板块[26]，详情将在后面阐述之。

2.2.2 卡拉干达-吉尔吉斯斯坦早古生代增生碰撞带[541~419 Ma,Karaganda-Kyrgyzstan(Qirghiz) Early Paleozoic Accretion Collision Zone][7]

卡拉干达-吉尔吉斯斯坦早古生代增生碰撞带(见图2-6)分布在西西伯利亚地块[1]的南缘，其地层出露的特征与阿尔泰-中蒙古-额尔古纳早古生代增生碰撞带[6]十分相近，很可能它们原来都属于同一个增生碰撞带，只是受到后来的巴尔喀什-天山-兴安岭晚古生代(385~260 Ma)增生碰撞带[10]的破坏、改造与扭曲，使之看起来像是一个独立的增生碰撞带(李廷栋等,2008)。过去很长时期，学者们都以为，这是一块稳定的地块——“哈萨克斯坦板块”，近年来多数学者(Sengör et al.,1993;李廷栋等,2008;Petrov et al.,2008;Xiao et al.,2009;Safonova,2014)已经否定了此种认识。

从额尔古纳、中蒙古到卡拉干达出露的中元古代和早寒武世(~513 Ma)变质结晶基底小地块，推测它们原来可能都是西伯利亚板块或冈瓦纳大陆边部构造变形-变质作用的产物。鉴于在寒武纪时期，西伯利亚板块[1]位于南半球的中纬度地区，离冈瓦纳大陆很近，此构造事件与东冈瓦纳的泛非构造事件的特征十分相近。有可能它们都是泛非构造事件所形成的结晶基底，在碎裂后，被裹挟到早古生代的增生碰撞带内。但是由于至今还没有办法获得这些小结晶地块的古地磁数据，暂时还难以进行准确的古构造复原。

卡拉干达-吉尔吉斯斯坦早古生代增生碰撞带的多数地区都经历了晚古生代构造作用的改造，也即受到西天山和巴尔喀什-天山-兴安岭晚古生代碰撞作用的影响，进一步受到近南北向(按现代磁方位来说)挤压作用的改造，以及乌拉尔碰撞带向东挤压的远程效应的影响。形成的矿床则大多是在晚古生代，甚至于三叠纪(详见第4部分)。

2.2.3 土兰-卡拉库姆板块(~420 Ma,Turan-Karakum Plate)[8]

土兰-卡拉库姆板块(见图2-6)现在的主要部分均被沙漠所覆盖，东北部为克齐尔库姆沙漠(也即咸海地区)，南部为卡拉库姆沙漠。根据其边部地层出露的特征来推测，此板块结晶基底形成于早古生代晚期(~400 Ma)，其上不整合地覆盖了晚古生代(石炭-二叠纪)与中、新生代海相沉积地层，后期构造变形较弱(李廷栋等,2008)。过去曾将此板块与哈萨克斯坦附近的地区都划为哈萨克斯坦板块，现在将其中的碰撞带都划出去了，仅留下这个较小的、构造上较为稳定的土兰-卡拉库姆板块。此板块可以看作是周邻(卡拉干达-吉尔吉斯斯坦[7]、西天山[9]、乌拉尔[12]、喀喇昆仑山[32]和高加索-厄尔布尔士[41])板块与增生碰撞带对此板块破坏后的残留地块。由于沙漠的覆盖，对于此板块的深部构造研究至今还缺乏资料。

Brookfield(2000),Garzanti 和 Gaetani(2002),以及罗金海等(2005)也都认为卡拉库姆板块的结晶基底是由多个微地块拼接起来的，是在早古生代晚期完成拼合的。三叠纪末期曾遭受较强的构造改造作用。真正的盆地演化阶段是从侏罗纪开始的,形成了中-新生代海相含油气岩系,其生油潜力远大于塔里木盆地。

不过,Petrov 等(2008)和成守德等(2010)仍认为此板块与塔里木地块原来是同一地块,以为它们都有前寒武纪结晶基底,后来才裂开来的。从构造部位上来看,两者似乎有点相近似。不过从本书所列举的资料来看,它们的结晶基底肯定是不同时代定型的,尽管中-新生代形成的沉积盆地与构造部位倒有点相近,然而,看来还是不能将它们都当作同一个地块为妥。

2.2.4 西天山晚古生代增生碰撞带(385~260 Ma, Western Tianshan Late Paleozoic Accretion Collision Zone)[9]

西天山(塔什干-卡腊山)晚古生代增生碰撞带(见图 2-6),可理解为天山-兴安岭晚古生代增生碰撞带[10]的西延部分,位于费尔干纳右行走滑断层以西(李廷栋等,2008;Brookfield,2000)。西天山和巴尔喀什-天山-兴安岭晚古生代增生碰撞带原来应该是同一增生碰撞带,后被费尔干纳右行走滑断层所切断。西天山晚古生代增生碰撞带处在土兰-卡拉库姆板块[8]的东北侧,此带总体走向为 NW 向。此碰撞带的北部——卡腊山一带出露一些古元古代结晶岩系和中、新元古代的沉积岩系,其他地区主要发育晚古生代岩系。晚古生代及以前的老岩系均发生较强烈的构造变形,然而在此增生碰撞带的两侧尚未发现蛇绿岩套。

2.2.5 巴尔喀什-天山-兴安岭晚古生代增生碰撞带(385~260 Ma,Balkhash-Tianshan-Hingganling Late Paleozoic Accretion Collision Zone)[10]

巴尔喀什-天山-兴安岭晚古生代增生碰撞带(见图 2-6)包含了一系列的古地块,其中含有许多结晶基底的小地块,自西向东有:巴尔喀什-伊犁、准噶尔、吐鲁番-星星峡、库鲁克塔格、红石山、雅干、巴彦淖尔北、托托尚-锡林浩特、松嫩,以及佳木斯-布列雅特地块等(见图 2-7;周建波等,2011;Wan,2011),它们在地表大多被二叠纪以后的沉积盖层所不整合地覆盖。其中以松嫩和准噶尔地块[11] 为最大。

肖荣阁等(1995)在内蒙古托托尚-锡林浩特微地块(见图 2-7)西部的花特敖包、昌特敖包和阿木乌苏发现了高级变质岩系,测得其 Rb-Sr 等时线年龄为 17 亿年~19 亿年,属于古元古代的产物。近年来,通过大比例尺填图和详细构造解析发现,在锡林浩特微地块内发现了不同岩类、不同变质程度、不同构造样式和形成时代的地质体。葛梦春等(2011)建议将其解体,对其中被厘定的表壳岩“锡林浩特岩群”,即达到角闪岩相变质的夹有火山岩和磁铁石英岩的富铝质的泥质碎屑岩进行了测年,其锆石的变质核年龄集中在 1005~1026 Ma 之间,该岩系被变辉长岩(SHRIMP U-Pb 年龄为 739.6 Ma)和奥陶纪“S”形片麻状电气石二云母花岗岩所侵入。结合区域和研究区地质构造演化年表分析,将锡林浩特岩群的形成时代推定为中元古代。该地块可能原来属于中朝板块构造域边部的小地块。

在此带内,中国东北地区的佳木斯-布列雅特地块(见图 2-7)的结晶基底是早寒武世[~513 Ma 以前,过去黄汲清和尹赞勋(1965)曾称之为“兴凯运动”]形成的,近年来的测试结果较多(Wan,2011)。佳木斯-布列雅特地块结晶基底的形成时期与海拉尔-中蒙古[6]和巴尔喀什-天山-兴安岭等增生碰撞带[10]内出露的结晶基底地块(见图 2-7)有很多是早寒武世(~513 Ma)形成的(Wilde et al.,2003),在佳木斯地块花岗质岩体内测得 525~515 Ma 的

SHRIMP 锆石同位素年龄。这些小的结晶地块可能都具有相类似的成因，即原来都是冈瓦纳大陆泛非构造事件的产物，后随西伯利亚板块一起运移到北半球，并碎裂成许多小地块，有些则是中朝板块的边缘碎块，它们一起在晚古生代被再拼接起来，成为上述增生碰撞带的一部分。不过由于一些小地块上均已覆盖了中寒武世以后的沉积盖层，肯定是早古生代早期的产物，但其确切的同位素年代和古地磁资料，目前尚缺乏足够的研究。

Parfenov 等(1995,2009)将佳木斯-布列雅特的小地块扩大到中国东北的绝大部分地区，把巴尔喀什-天山-兴安岭增生碰撞带[10]东部地区统统都划归佳木斯-布列雅特地块，吉林大学的一些学者近年来也有类似的看法，不过这种假设可能问题较多，很值得商榷。因为至今我们得到的资料，那里的结晶地块都是小地块，其周围基本上都是晚古生代碰撞带的产物。想要否认那里存在分布较广泛的晚古生代碰撞作用造成的岩系，可能欠妥。

在此增生碰撞带内，最大的地块为松嫩地块（其上部赋存着大庆油气田），其结晶基底形成时代，就目前钻探所发现的深部变质岩和盖层沉积岩中碎屑锆石的资料来看，很可能是形成于古元古代，后来又经历了多期构造-热事件（裴福萍等，2006；章凤奇等，2008）。其他很多小地块则还缺乏准确的结晶基底形成年代。

上述小地块都具有岩石强度较大的结晶基底，形成于早寒武世或新元古代以前的构造阶段（见图 2-7），而在其旁侧则均为晚古生代形成的浅变质的褶皱岩系，岩石的强度明显较弱。因而，在两者的结合部位，由于存在物性上的显著差异，就容易导致断裂和裂隙带的发育，它们就可能成为隐伏矿床寻找的重要潜在远景区。这一点在内蒙古沙漠地区寻找隐伏矿床时，应该给予特别的关注。

巴尔喀什-天山-兴安岭晚古生代增生碰撞带为一条大型的弧形构造带，其西段（巴尔喀什-天山）构造线的走向以 WNW 为主，中段（中蒙边境附近）为近东西向，东段（兴安岭）为 NE 向。此碰撞带在中国境内出露较完整，呈现为一个弧形的强构造变形带（见图 2-6，详见图 3-13）。在天山-阿尔泰地区有大量的晚古生代 A 型花岗岩侵入，其 ε_{Nd} 正值表明它们均来自幔源（韩宝福等，1999），岩浆活动的高潮集中在晚古生代晚泥盆世-早石炭世（385~323 Ma）和晚石炭世-早二叠世（323~260 Ma）两个阶段（图 2-10，图 2-11），这也是该区最强烈的两次构造-热事件。它是在晚古生代绕西伯利亚板块拼贴、增生和碰撞而形成的。因而，在晚泥盆世-早石炭世（385~323 Ma）碰撞带的形成时期，其最大主压应力方向在西段主要为 NE 向，中段为近南北向，而东段则为 NW 向。

在巴尔喀什-天山-阿尔泰地区，晚古生代的碰撞所造成的构造变形带宽度可达数百千米，其较早的构造事件为晚泥盆世-早石炭世（385~323 Ma），其碰撞作用造成区域性走向为北西的 Charysh-Terckta 和塔拉斯-费尔干纳（Talas-Ferganan）等断层均呈现为右行走滑活动，而对于近东西向的区域性断层，则都公认，当时主要表现为逆断层的特征（肖序常等，1992，2010；Allen et al.，1992；车自成等，1994；李锦轶等，2002；Buslov et al.，2004；Charvet et al.，2007；Wang et al.，2008；图 2-10）。近年来，林彦篙等（2011）也测出中天山碰撞带北缘石榴子石黑云母片岩中锆石 U-Pb 年龄为 385~360 Ma。综合上述资料，看来泥盆世-早石炭世（385~323 Ma）时期的构造作用可能是由于阿尔泰-天山陆块群相对向北运移和碰撞作用所造成的（以现代磁方位为准；Wan et al.，2015）。

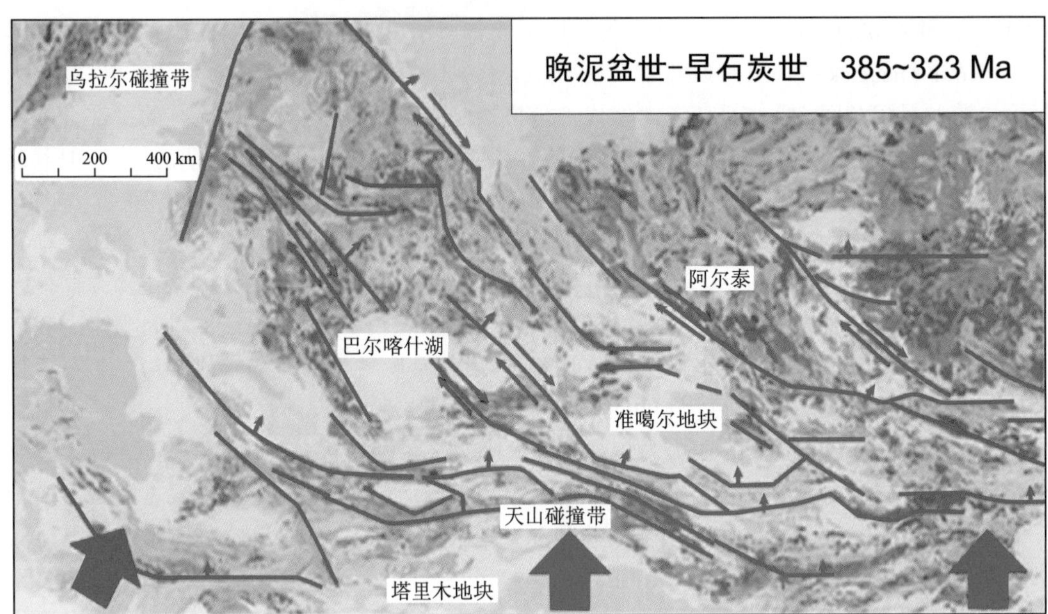

图 2-10 巴尔喀什-天山-阿尔泰地区主碰撞阶段晚泥盆世-早石炭世区域应力状态与断层的活动性质
（据 Buslov et al.,2004,Wang et al.,2008;李锦轶等,2002;肖序常等,2010,经综合编绘）
红色粗箭头示区域挤压与缩短方向,有红色小箭头的断层示逆断层,有红色细长箭头的示断层的右行走滑活动。

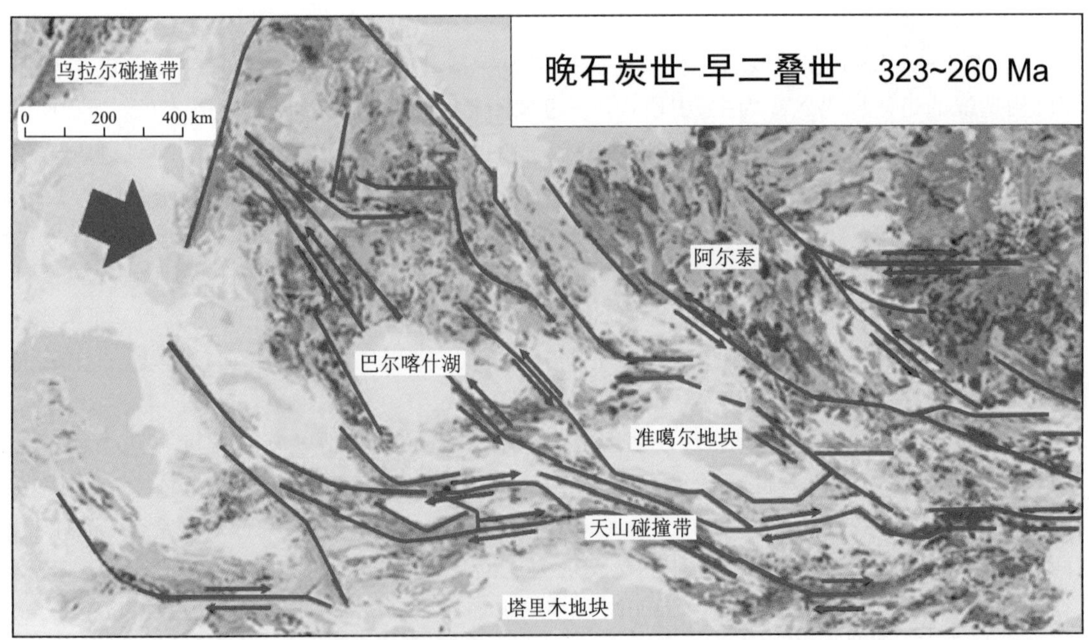

图 2-11 巴尔喀什-天山-阿尔泰地区后碰撞阶段、晚石炭世-中二叠世区域应力状态与断层的走滑
（据 Buslov et al.,2004;Wang et al.,2008;李锦轶等,2002;Han et al.,2011,经综合编绘）
红色粗箭头示区域性挤压与缩短方向,红色细长箭头示走滑断层,近东西向断层为右行走滑,NW 向的断层为左行走滑。巴尔喀什湖西北侧的地质体即为“巴尔喀什山弯构造”（Xiao et al.,2003,2009a,2009b;Xiao and Santosh,2014）。此图东南角吐鲁番-哈密地区的卫星影像见图 2-12。

但是,在晚石炭世-早二叠世(323～260 Ma)的构造作用却造成多数 NW 向断层(如 Chara, Irtysh 和 Krail Kuznetsk-Teletsk-Bashkauss,巴尔喀什以及阿尔泰地区东北部的断层)呈现出大幅度左行走滑的特征(图 2-11;Buslov et al.,2004)。而李锦轶等(2002),王瑜等(Wang et al., 2008)和 Han 等(2011)对于天山地区构造的研究发现,在晚石炭世-二叠纪(323～260 Ma)走向近东西的断层却都是右行走滑活动的(图 2-11,图 2-12)。将两者联系起来加以研究,这正好指示了在晚石炭世-早二叠世区域最大主压应力方向应该在这两组断层面夹角的等分线附近,即 WNW-ESE 向。此动力作用显然不能用来源于南北向碰撞作用来解释,而很可能是乌拉尔晚古生代碰撞带[12]形成时的远程效应,应力作用在晚石炭世向东传递到巴尔喀什-天山地区,使之产生 WNW-ESE 向挤压与缩短,以致使 NW 向断层转变为左行走滑,而东西向断层则发生右行走滑的特征(万天丰,2013;Wan et al.,2015)。近年来,刘飞等(2011)对北天山沙湾地区火山岩系的流纹岩进行 LA-ICPMS 锆石的 U-Pb 测年,得到其年龄为(310±2) Ma,并确定此火山岩原始岩浆产出于大陆板内拉张环境,而非碰撞作用的结果。

图 2-12　新疆吐鲁番-哈密南部地区卫星影像,示近东西向断层最终为右行走滑的特征
(由王小牛提供)

在中亚地区的构造研究中,一直存在一些疑惑:为什么在近南北向汇聚、碰撞作用下,形成的阿尔泰-中蒙古-海拉尔、卡拉干达-吉尔吉斯斯坦早古生代增生碰撞带和巴尔喀什-天山-兴安岭晚古生代增生碰撞带,在它们的西段哈萨克斯坦和巴尔喀什附近出现与整体构造线方向极不协调的

弯月形构造带(构造线方向由 NW 向转为近 NS-NE -近 EW),形成了肖文交等(Xiao et al.,2003,2009a,2009b;Xiao and Santosh,2014)所说的“哈萨克斯坦山弯构造”和“巴尔喀什山弯构造”(Kazakstan and Balkash Orocline;见图 2-11)。据他们的研究,这两个山弯构造均开始形成于石炭纪,主要定型于中二叠世到早三叠世。这就是说,很可能在石炭-二叠纪 WNW- ESE 向的挤压作用使地层弯曲成近 NNE-NE 向的褶皱,而三叠纪区域性近南北向的缩短作用,使它们进一步变成弯月状。

对于上述构造作用,如果把晚石炭世-早二叠世的 NW 向断层转为左行走滑活动,E-W 向断层转为右行走滑活动,哈萨克斯坦和巴尔喀什山弯构造的形成联系起来进行分析,用乌拉尔晚古生代碰撞作用[12]所派生的 ESE 向挤压作用的远程效应来解释,就显得十分合理(Wan et al.,2015)。这种几乎向东挤压的远程效应,过去常常被人忽视,经常只是以为巴尔喀什-天山碰撞带存在着两期近南北向缩短的“造山幕”或者是多次增生、造山作用的产物。前人的研究中,常常忽视了晚石炭世-早二叠世近东西向挤压的构造作用,而正是此种构造作用对于巴尔喀什-天山-阿尔泰地区大规模成矿作用产生了极其重要的影响。

不过,这毕竟是乌拉尔晚古生代碰撞作用的远程效应,作用力相对来说是不太强的,不足以广泛地形成新的褶皱岩系;它没有使整个地区的叶理面发生根本性的变化,而主要只是沿断层面和叶理面发生滑移,改变了先存断层的滑动方向,在局部地区派生了一些新的弧形褶皱(如哈萨克斯坦和巴尔喀什山弯构造),从而对于内生金属矿床的形成起到很大的作用。

由于发生在泥盆-石炭纪的乌拉尔碰撞带,距离巴尔喀什-天山-阿尔泰地区约有上千千米的距离,因而这个朝东南东方向的挤压作用,对巴尔喀什-天山-阿尔泰地区的影响滞后到晚古生代晚期(323~260 Ma)。笔者粗略地估算,此强构造应力作用向东的迁移、传递速度约为 2.5~3.0 cm/yr,看来是比较缓慢的。根据笔者对于古近纪太平洋板块向西俯冲、挤压所造成的板内强构造变形带逐渐向西迁移资料的计算,其迁移的速度约为 65 cm/yr(Wan,2011),大约为乌拉尔碰撞带向东挤压所造成的强变形带迁移速度的 20 倍左右。看来,由乌拉尔碰撞带所造成的向东挤压是在大陆地壳内部发生的、不太强烈的构造作用,只是使岩石产生适度的破碎,改变了断层的活动性质,使其发生适度的构造变形,从而对巴尔喀什-天山-阿尔泰形成大量内生金属矿床创造了十分有利的构造条件。

在此,还有一个问题还值得探讨:中国西南天山的构造活动性问题。近十年来,西南天山地区获得了许多晚石炭世-二叠纪蛇绿岩套、榴辉岩、蓝闪石和其他变质岩的同位素年龄数据(张立飞等,2005;Han et al.,2011),一些学者就认为西南天山的主碰撞时期发生在晚石炭纪-二叠纪,甚至到三叠纪。张招崇等(2009)认为,上述特征应该是与碰撞作用相关的、发生在 326~308 Ma 和 263~243 Ma 的两期变质热事件。笔者认为,这两期变质热事件都是在天山主碰撞期之后发生的,都是在中国南、北天山之间的地块向东挤压、嵌入作用下所派生的。由于西南天山构造带与主干断层均呈 ENE 或 WNW 走向,在晚石炭世-二叠纪,受到乌拉尔碰撞带向东挤压的远程效应影响,因而 ENE 或 WNW 向一系列断裂带都表现为压-剪性的特征,它们既可形成类似于碰撞-挤压作用所构成的变质-岩浆岩系,也有右行或左行走滑的构造特征,这是巴尔喀什-天山构造带主碰撞作用之后的板内构造变形。巴尔喀什-天山碰撞带的主碰撞作用都发生在晚泥盆世-早石炭世(385~323 Ma),是以近南北向的汇聚-缩短作用为主要特征的。认为西南天山的碰撞作用主要发生在晚石炭世-二叠纪的认识(张招崇等,2009),恐怕很值得商榷。最近,鞠伟和侯贵廷(Ju and Hou,2014)也认为西南天山构造演化阶段中的晚泥盆世-晚石炭世为碰撞阶段,早二叠世为碰撞后的岩浆活动与裂谷发育阶段,晚二叠世-三叠纪为板内造山阶段,他们的意见与笔者相近。

经过晚泥盆世-早石炭世的近南北向碰撞作用和晚石炭世-早二叠世的近东西向挤压-剪切作用的改造,巴尔喀什-天山-阿尔泰地区的构造格局就基本定型了。在三叠纪和侏罗纪时期,该区经历了较弱的南北向挤压,也可发生进一步的构造变形(近东西走向的逆断层活动)、岩浆侵入活动和内生成矿作用(左国朝等,2011;王志良等,2006)。白垩纪-古近纪该区地壳比较稳定、未发现明显的构造变形。中新世该区曾受到较为微弱的东西向挤压。

而使塔里木和准噶尔地块朝天山之下俯冲,并造成天山地区大幅度隆升成山的作用过程,则主要发生在上新世以来的阶段,是印度板块向北运移、碰撞作用的远程效应结果(Wan,2011)。天山地区走向近东西的活动断层,现在均为正断层(柏美祥,1993)。Sun 等(2009)通过构造岩浆作用和沉积岩系的综合研究,认为天山的大幅度隆升主要发生在 6.5 Ma 以来的时期。值得注意的是,巴尔喀什-天山-阿尔泰地区中、新生代的构造变形特征与古生代的是完全不相同的。

2.2.6 准噶尔地块(~1400 Ma,Junggar Block)[11]

准噶尔地块(见图 2-6)是夹在巴尔喀什-天山-兴安岭增生碰撞带内的一个较大的地块,在其东北、西北与南侧都存在蛇绿岩套。在准噶尔地块内部,曾打过一深钻井,底部仍为石炭纪的岩石,至今没有任何学者获得其结晶基底岩石的直接证据。但是在钻孔及地块边部所得的碎屑锆石资料表明:存在许多 2.5~ 0.7 Ga 的数据。

关于准噶尔盆地的基底性质与形成时代、演化过程,一直存在着争论。有人认为存在洋壳(江远达,1984;Carroll et al.,1990;胡霭琴和韦刚键,2003)、陆壳或双层基底(赵俊猛等,2008)以及岛弧体系拼合体(王方正等,2002;李涤等,2012)。韩宝福等(1999)、高山林和马庆佑(2013)依据准噶尔盆地周缘石炭-二叠纪花岗岩的地球化学特征、年轻的模式年龄等证据,提出盆地基底主要为年轻地壳。这些不同观点都有一些证据做支持。

但李亚萍等(2007)研究了盆地东缘的碎屑锆石年龄分布后,认为存在前奥陶纪的变质基底,并指出是以中新元古代为主。苏玉平和唐红峰(2010)在三个泉凸起三参 1 井的石炭系巴塔玛依内山组火山岩中发现有奥陶纪、晚寒武世的岩浆锆石也证实了这一点。西准噶尔不同地区的火山岩中陆续发现大量的元古宙锆石(朱永锋等,2007;樊婷婷等,2012),表明西准噶尔同样存在着元古宙基底。

最近,杨甫等(2014)对于准噶尔陆梁隆起中北部 Db1 井和 Y1 井巴塔玛依内山组火山碎屑岩中的锆石进行了 U-Pb 定年、微量元素以及 Lu-Hf 同位素分析。锆石内部结构、Th/U 值、稀土配分模式显示:① Db1 井和 Y1 井锆石样品最小年龄分别为 303 Ma 和 306 Ma,可代表巴塔玛依内山组的形成时代;② 锆石 U-Pb 年龄显示有中、新元古代的 1447~1410 Ma,885~559 Ma 的年龄记录,为准噶尔盆地中北部存在前寒武纪古老结晶基底提供了依据,还有古生代早中期 536~420 Ma,401~360 Ma,359~303 Ma 的年龄记录,指示准噶尔盆地中北部前二叠纪基底经历了多阶段陆壳演化过程;③ 锆石微量元素分析表明,盆地中北部的前二叠纪基底主体具有由花岗岩、正长岩、玄武岩和辉绿岩所组成的花岗岩和中基性岩侵入型活动陆壳;④ 锆石 Hf 同位素分析显示,锆石年龄都具有正的 $\varepsilon_{Hf}(t)$ 值(+4.6~+19.0),推测锆石母岩主要源于软流圈地幔或亏损岩石圈地幔熔融作用,岩浆上升侵位过程中混染了古老基底物质组分。

看来长期以来,不少学者认为,准噶尔地区没有结晶基底,是洋壳或岛弧拼贴而成的,或者是后来地幔底垫作用等假说,这些推断和假设就显得不大妥当。笔者同意杨甫等(2014)的认识,认为准噶尔地块存在前寒武纪结晶基底的可能性比较大，也即与塔里木地块或中朝板块类似，只是后期显然受到早古生代和晚古生代早期碰撞作用的影响较大。

在准噶尔地块南缘，存在走向近东西的逆掩-推覆断层带，切断了三叠纪或早中侏罗世的岩系，推测它们也是在中侏罗世末期形成的（图 2-13），为近南北向缩短作用的产物。克拉玛依油田内的逆断层也是中侏罗世末期形成的（详见第 4 部分）。过去对于天山-准噶尔地区的构造研究，常常只关注晚古生代的构造，而不大注意三叠纪和中侏罗世末期的构造变形作用，看来这一点是值得重视的。这与东亚大陆地壳在侏罗纪时期的逆时针转动有关，根据古地磁的研究成果，在准噶尔地块则表现为地块逆时针转动了 30°，地块发生了相对向南的位移（李永安等，1991）。只不过此时期的构造作用力不如古生代的强烈。整个来看，准噶尔地块侏罗纪以后的构造活动性较弱，古生代形成的山脉已被夷平。白垩纪-古近纪时期，准噶尔与塔里木、柴达木地区构成一个统一的沉积盆地（王鸿祯，1984；殷鸿福，1988），构造变形微弱。近些年来在准噶尔的南部与西部发现中新世晚期-上新世形成轴向近南北的微弱褶皱，吐哈油田南部也发育有近南北向褶皱（郑亚东，私人通讯）；另外，伊犁砂岩铀矿侏罗系内也存在轴向近南北的中新世晚期-上新世的宽缓褶皱（详见图 4-19），它们都可能是太平洋板块向西挤压、俯冲作用的远程效应。

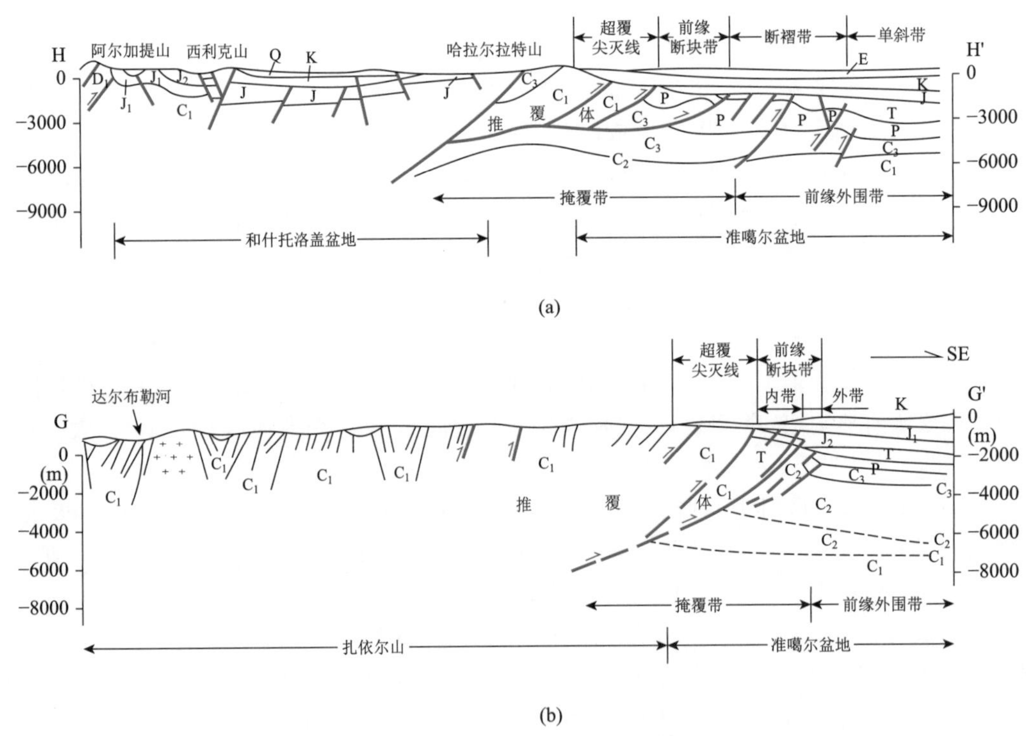

图 2-13　准噶尔南缘构造剖面（据邓勇等，2011）

2.2.7　乌拉尔晚古生代增生碰撞带（400～260 Ma，Ural Late Paleozoic Accretion Collision Zone）[12]

由乌拉尔晚古生代增生碰撞带（见图 2-6）所造成的乌拉尔山脉，为亚洲与欧洲的界山，北起北冰洋喀拉海,南至哈萨克斯坦草原地带,绵延 2000 多千米,介于东欧平原和西伯利亚平原之间。现代的乌拉尔山的地势一般不太高,平均海拔 500~1200 m。

乌拉尔晚古生代增生碰撞带,为波罗的板块[69]与西伯利亚板块[1]之间的增生碰撞带(Dobretsov,2003;Bea et al.,2002)。

波罗的板块(1600 Ma,Baltica Plate)(见图 1-1),也称东欧板块,是以北欧斯堪的纳维亚半岛的太古宙-古元古代结晶陆块为核心所构成的大陆板块。在早古生代,欧洲的东部、中部与北部的大部分地区都属于此板块(详见图 3-1,图 3-3,图 3-6,图 3-7,图 3-8),形成了较薄的沉积盖层。早古生代末期,波罗的板块与其西侧的北美板块[69]发生碰撞拼合,形成加里东碰撞带(详见图 3-8),从而形成了巨大的劳亚大陆(Gee et al.,2008)。晚古生代在其南缘形成海西增生碰撞带(Ferrara et al.,1978;Kroner and Willner,1998),而在其东缘则与西伯利亚板块[1]碰撞,形成乌拉尔增生碰撞带[12],至此,它们就都拼合起来成为潘几亚大陆的一部分(详见图 3-12)。三叠纪末期,潘几亚大陆开始裂解,使北美、南美、非洲和增生后的潘几亚大陆板块分离,开始形成古大西洋(详见图 3-15)。古近纪以来,波罗的板块与南部的非洲板块碰撞,形成阿尔卑斯-喀尔巴阡增生碰撞带,遂形成现代的欧洲大陆(Cavazza et al.,2004;详见图 3-27)。

乌拉尔晚古生代增生碰撞带碰撞与挤压的方向主要为近东西向(按现代磁方位来说)。此增生碰撞带与波罗的板块南缘的华力西(Variscan,或称海西 Hercinian)增生碰撞带(Ferrara et al.,1978;Kroner and Willner,1998),以及西天山[9]、巴尔喀什-天山-兴安岭晚古生代增生碰撞带[10]几乎同时形成(详见图 3-12,图 3-13)。

根据古构造资料来分析,乌拉尔地区,从中元古代到古生代末期的二叠纪晚期(1600~252 Ma)都存在古大洋的环境。在上述地质时期内,还存在着大约 30 Ma 的同构造脉动周期,表现为岛弧的重新排列和发生局部的碰撞事件,形成特征的榴辉岩和蓝闪石片岩(Dobretsov,2003)。

Bea 等(2002)在乌拉尔碰撞带内、车里雅宾斯克(Chelyabinsky)侵入岩体内测得的锆石 Pb-Pb 蒸发年龄为 360~330 Ma,可大致上代表碰撞作用的年龄。在乌拉尔山脉增生系列形成过程中,构造-岩浆活动的主要转变时期,均发生在 Alexandrinka 岩系的形成过程中,由 13 个矿床内 Re/Os 测年数据来确定,均为晚泥盆世-石炭纪-早二叠世(347~288 Ma)(Tessalina et al.,2000),他们的测定结果,可信度较高。这些测年结果表明乌拉尔碰撞带的形成过程与巴尔喀什-天山-兴安岭地区的南北向碰撞作用,以及后期的向东滑移作用几乎同时。

在欧洲的华力西(也称海西)增生碰撞带形成的同位素年龄:在德国南部据 $^{207}Pb/^{206}Pb$ 同位素年龄为 340~341 Ma(Kroner and Willner,1998),在 Sardinia 东北部测得的 Rb/Sr 年龄为 340 Ma(Ferrara et al.,1978)。这说明华力西增生碰撞带形成的主要时期为晚泥盆世,相当于乌拉尔碰撞带与巴尔喀什-天山-兴安岭碰撞带形成的早期阶段。

综上所述,可以看出,欧亚陆块群在晚泥盆世-早石炭世主要发生了近南北向的汇聚作用,而乌拉尔碰撞带大致向东的挤压作用则主要发生在晚石炭世-早二叠世。前面所述的巴尔喀什-天山-兴安岭、乌拉尔和华力西三个晚古生代(晚泥盆世-早石炭世)碰撞和增生作用是组成全球性潘几亚(Pangea)超级大陆(Wegener,1912;详见图 3-12,图 3-13)的关键构造事件。

但是,为什么在晚古生代晚期能使全球多数大陆地块形成潘几亚超级大陆?其形成的动力学机制,至今尚缺乏足够证据,也还没有比较合理的解释。Steinberger 和 Torsvik(2012)、Torsvik 等(2014)、Domeier 和 Torsvik(2014)等学者,用非洲大陆深部存在地幔羽来解释潘几亚超级大陆的形成与解体,看来问题还较多,解释上也存在一些不大好克服的矛盾。在地幔羽上部促使岩石圈张裂,可能比较合理。但是为什么能在地幔羽上方汇聚成超级大陆呢?这就很难解释。

2.2.8　完达山侏罗纪碰撞带(170~135 Ma, Wandashan Jurassic Collision Zone)[13]

完达山侏罗纪碰撞带(见图 2-6),原来此碰撞带应该属维尔霍扬斯克-楚科奇侏罗纪增生碰撞带[3]的南延段落,后来被锡霍特-阿林-科里亚克白垩纪增生碰撞带[57]所错断(Karsakov,2008),成为残留在中国东北地区唯一的侏罗纪碰撞带,为近东西向碰撞挤压作用所致。在完达山带内,发育着饶河蛇绿岩套,以基性枕状熔岩和堆晶杂岩等为主体,代表了三叠纪(228 Ma)俯冲洋壳或洋岛(田东江,2007),此外还有石炭-二叠纪的石灰岩,三叠纪的层状燧石,中侏罗世的硅质页岩以及晚侏罗-早白垩世的陆相砂岩、页岩等,代表了古大洋板块的表层沉积物及其后的相关沉积岩石(田东江,2007)。多数学者都认识到:完达山的饶河地区存在早侏罗世(188~173 Ma)的大洋型沉积系列,将完达山碰撞带确定为中、晚侏罗世-早白垩世早期形成的认识,可能是比较合理的(邵济安等,1991;邵济安和唐克东,1995;赵春荆等,1996;田东江,2007)。在碰撞带内的饶河花岗岩的测年数据为 130 Ma,此花岗岩乃碰撞作用结束后所形成的。完达山侏罗纪碰撞带,被一些日本学者(Mizutani et al., 1986; Kojima, 1989)称为那丹哈达(Nadahada)碰撞带,此命名欠妥,不能全部代表此碰撞带的分布区。邵济安和唐克东(1995),Mizutani 等(1986)曾推断:此碰撞带内的地块,古生代时期是处在南半球的,后运移到此。此推断当时曾引起很多学者的关注和震惊。现在知道,从俄罗斯的布列雅特、中国佳木斯附近和中蒙边界一带的许多小地块都是随西伯利亚从南半球运移到北半球的,完达山内的地块大位移并非特例。

参考文献

柏美祥. 1993. 中国天山新构造特征. 纪念袁复礼教授诞辰 100 周年学术讨论会论文集(1993 年 12 月 21—23 日,北京)北京:地震出版社,179-184.

车自成,刘洪福,刘良. 1994. 中天山造山带的形成与演化. 北京:地质出版社,1-135.

陈炳蔚,陈廷愚. 2007. 横贯亚洲巨型构造带的基本特征和成矿作用. 岩石学报,23(5):865-876.

成守德,刘通,王世伟. 2010. 中亚五国大地构造单元划分简述. 新疆地质,28(1):16-21.

邓勇,吕焕通,于宝利,等. 2011. 准噶尔盆地南缘复杂构造地震资料处理解释攻关及效果. 中国石油勘探(Z1):31-36,+8.

樊婷婷,周小虎,柳益群. 2012. 准噶尔盆地西北缘和布克赛尔玄武岩锆石 U-Pb 年龄及其地质意义. 西北大学学报(自然科学版),42(6):989-994.

高山林,马庆佑. 2013. 准噶尔卡拉麦里奥塔乌克尔希花岗岩体 LA-ICPMS 锆石 U-Pb 年龄与地球化学特征. 新疆地质,31(1):1-5.

葛梦春,周文孝,于洋,等. 2011. 内蒙古锡林郭勒杂岩解体及表壳岩系年代确定. 地学前缘,18(5):182-195.

韩宝福,何国琦,王式洸,等. 1998. 新疆北部后碰撞幔源岩浆活动与陆壳纵向生长. 地质论评,44(4):396-406.

韩宝福,何国琦,王式洸. 1999. 后碰撞幔源岩浆活动、底垫作用及准噶尔盆地基底的性质. 中国科学 D 辑:地球科学,29(1):16-21.

胡霭琴,韦刚键. 2003. 关于准噶尔盆地基底时代问题的探讨——根据同位素年代学研究结果. 新疆地质,21(4):398-406.

黄汲清,尹赞勋. 1965. 中国地壳运动命名的几点意见(草案). 地质论评,23(增刊):2-4.

李涤,何登发,樊春,等. 2012. 准噶尔盆地克拉美丽气田石炭系玄武岩的地球化学特征及构造意义. 岩石学报,28(3):981-992.

李锦轶. 1995. 布列亚特-佳木斯古板块的构成及演化. 地学研究,第 28 号:96-98.

李锦轶,王克卓,李文铅,等. 2002. 东天山晚古生代以来大地构造与矿产勘查. 新疆地质,20(4):295-301.

李亚萍,李锦轶,孙贵华,等. 2007. 准噶尔盆地基底的探讨:来自原泥盆纪卡拉麦里组砂岩碎屑锆石的证据. 岩石学报,23:1577-1590.

李廷栋,Uzhkenov B S,Mazorov A K,等. 2008. 亚洲中部及邻区地质图(1∶2 500 000). 北京:地质出版社.

李永安,李强,张慧. 1991. 准噶尔地块侏罗纪-白垩纪古地磁研究. 中国地球物理学会第七届学术会议论文集,171. http://cpfd.cnki.com.cn/Area/CPFDCONFArticleList-ZGDW199110001.htm

林彦篙,张泽明,贺振宇,等. 2011. 中天山北缘华力西期造山作用- 变质岩锆石 U-Pb 年代学限定. 中国地质,38(4):820-828.

刘飞,杨经绥,李天福,等. 2011. 新疆北天山沙湾地区晚石炭世火山岩地球化学特征及其地质意义. 中国地质,38(4):859-889.

罗金海,周新源,邱斌,等. 2005. 塔里木-卡拉库姆地区的油气地质特征与区域地质演化. 地质论评(4):409-415.

裴福萍,许文良,杨德彬,等. 2006. 松辽盆地基底变质岩中锆石 U-Pb 年代学及其地质意义. 科学通报,51(24):2881-2887.

邵济安,王成源,唐克东. 1991. 乌苏里地区构造新探索. 地质论评,38(1):33-39.

邵济安,唐克东. 1995. 中国东北地体与东北亚大陆边缘演化. 北京:地震出版社,1-185.

苏玉平,唐红峰. 2010. A 型花岗岩的微量元素地球化学. 矿物岩石地球化学通报,24(3):245-251.

田东江. 2007. 完达山造山带的地质-地球化学组成及其演化. 吉林大学硕士学位论文,1-77.

万天丰. 2013. 新编亚洲大地构造区划图. 中国地质,40(5):1351-1365.

万天丰,王亚妹,刘俊来. 2008. 中国东部燕山期和四川期岩石圈构造滑脱与岩浆起源深度. 地学前缘,15(3):1-35.

王方正,杨梅珍,郑建平. 2002. 准噶尔盆地岛弧火山岩地体拼合基底的地球化学证据. 岩石矿物学杂志,21(1):1-10.

王志良,毛景文,张作衡,等. 2006. 新疆天山斑岩铜钼矿地质特征、时空分布及其成矿地球动力学演化. 地质学报(7):21-33.

肖荣阁,隋德才,罗照华,等. 1995. 内蒙古北部早元古代变质岩系的发现及其岩石学研究. 现代地质(2):140-148.

肖序常,何国琦,徐新,等. 2010. 中国新疆地壳结构与地质演化. 北京:地质出版社,1-317.

肖序常,汤耀庆,冯益民,等. 1992. 新疆北部及其邻区构造演化. 北京:地质出版社,1-169.

杨甫,陈刚,侯斌,等. 2014. 准噶尔盆地钻井岩芯火山碎屑岩锆石 U-Pb 定年、微量元素及 Hf 同位素研究. 地质学报,88(6):1068-1080.

殷鸿福. 1988. 中国古生物地理学. 武汉:中国地质大学出版社,1-329.

章凤奇,陈汉林,董传万,等. 2008. 松辽盆地北部存在前寒武纪基底的证据. 中国地质,35(3):421-428.

张立飞,艾永亮,李强,等. 2005. 新疆西南天山超高压变质带的形成与演化. 岩石学报,21(4):1029-1038.

张招崇,董书云,黄河,等. 2009. 西南天山二叠纪中酸性侵入岩的地质学和地球化学:岩石成因和构造背景. 地质通报,28(12):1827-1839.

赵春荆,彭玉鲸,党增欣,等. 1996. 吉黑东部构造格架及地壳演化. 沈阳:辽宁大学出版社,1-186.

赵俊猛,黄英,马宗晋,等. 2008. 准噶尔盆地北部基底结构与属性问题探讨. 地球物理学报,51:1767-1775.

朱永锋,徐新,魏少妮,等. 2007. 西准噶尔克拉玛依 OIB 型枕状玄武岩地球化学及其地质意义. 岩石学报,23:1739-1748.

周建波,张兴洲,Wilde S A. 2011. 中国东北~500 Ma 泛非期孔兹岩带的确定及其意义. 岩石学报(4):345-355.

左国朝,刘义科,张招崇,等. 2011. 中亚地区中-南天山造山带构造演化及成矿背景分析. 现代地质,25(1):1-13.

Allen M,Windley B,Zhang C. 1992. Paleozoic collisional tectonics and magmatism of the Chinese Tianshan, Central Asia. Tectonophysics,220:89-115.

Bea F, Fershtater G B, Montero P. 2002. Granitoids of the Uralides: Implications for the Evolution of the Orogen // Mountain Building in the Uralides:Pangea to the Present Geophysical Monograph. 132. The American Geophysical Union. 211-232.

Brookfield M E. 2000. Geological development and Phanerozoic crustal accretion in the western segment of the south Tien Shan(Kyrgyzstan,Uzebekistan and Tajikistan). Tectonophysics,328:1-14.

Buslov M M,Watanabe T,Fujiwara Y,et al. 2004. Late Paleozoic faults of the Altai region,Central Asia:tectonic pattern and model of formation. Journal of Asian Earth Sciences,23:655-671.

Carroll A R, Liang Y H, Graham S A, et al. 1990. Junggar basin, northwest China: trapped Late Paleozoic ocean. Tectonophysics,18:1-14.

Cavazza W,Roure F M,Spakman W,et al. 2004. The Transmed Atlas-The Mediterranean Region,From Crust to Mantle. Berlin,Heidelberg:Springer,1-141.

Charvet J,Shu L S,Laurent-Charvet S. 2007. Paleozoic structural and geodynamic evolution of eastern Tianshan(NW China):welding of the Tarim and Junggar plates. Episodes,30:163-186.

Dobretsov N L. 2003. Evolution of structures of the Urals,Kazakhstan,Tien Shan,and Altai-Sayan region within the Ural-Mongolian fold belt (Paleoasian Ocean). Russian Geology Geologica and Geophysics, 44 (1-2): 5-27. UDC 551. 242. 51.

Domeier M and Torsvik T H. 2014. Plate tectonics in the late Paleozoic. Geoscience Frontiers,5(3):303-350.

Ferrara G,Ricci C A,Rita F,et al. 1978. Isotopic age and tectono-metamorphic history of metamophic basement of North-Eastern Sardinia. Contribution of Mineral and Petrology,68:99-106.

Garzanti E,Gaetani M. 2002. Unroofing history of Late Paleozoic magmatic arc within the "Turan Plate" (Tuarkyr, Turkmenistan). Sedimentary Geology,151:67-87.

Gee D G, Fossen H, Henriksen N, et al. 2008. From the Early Paleozoic plateforms of Baltica and Laurentia to the Caledonide orogen of Scandinavia and Greenland. Episodes,31(1):44-51.

Han B F,He G Q,Wang X C,et al. 2011. Late Carbonniferous Collision between the Tarim and Kazakhstan-Yili terranes in the western segment of South Tian Shan Orogen,Central Asia,and implications for the Northern Xinjiang,western China. Earth-Science Reviews,109:74-93.

Ju W and Hou G T. 2014. Late Permian to Triassic intraplate orogeny of the southern Tianshan and adjacent regions NW China. Geoscience Frontiers,5(1):83-93.

Karsakov L P. 2008. Petrology of the Early Mesozoic ultramafic-mafic Luchina massif(southeastern periphery of the Siberian craton). Russian Geology and Geophysics,49(8):570-581. DOI:10. 1016/j.rgg.2007. 12. 008.

Khain E V, Bibikova E V, Salnikova E B, et al. 2003. The Palaeo-Asian ocean in the Neoproterozoic and early Palaeozoic:new geochronologic data and palaeotectonic reconstructions. Precambrian Research,122:329-358.

Kojima S. 1989. Mesozoic terrane accretion in Northeast China, Sikhote-Alin and Japan regions. Palaeogeography, Palaeoclimatology,Palaeoecology,69:213-232.

Kröner A and Willner A P. 1998. Time of formation and peak of Variscan HP-HT metamorphism of quartz- feldspar rocks in the Erzgebirge,Saxony,Germany. Contributions to Mineralogy and Petrology,132(1):1-20.

Mizutani S,Kojima S,Shao J A,et al. 1986. Mesozoic radiolarians from the Nadanhada area,Northeast China. Proc. Japan Acad.,62(B):337-340.

Parfenov L M,Badarch G,Berzin N A,et al. 2009. Summary of Northeast Asia geodynamics and tectonics, Stephan

Mueller Spec. Publ. Ser.,4,11-33. www.stephan-mueller-spec-publ-ser.net/4/11/2009/.

Parfenov L M,Prokopiev A V,Gaiduk V V. 1995. Cretaceous frontal thrusts of the Verkhoyansk fold belt,eastern Siberia. Tectonics,14(2):342-358. DOI:10. 1029/94TC03088.

Petrov O,Leonov Y,Li T D,et al. 2008. Tectonic Zoning of Central Asia and Adjacent Areas(1 : 20 000 000)// Atlas of Geological Maps of Central Asia and Adjacent areas(1 : 2 500 000). VSEGEI Cartographic Factory.

Rojas-Agramonte, Kröner A, Demoux A, et al. 2011. Detrital and xenocrystic zircon ages from Neoproterozoic to Palaeozoic arc terranes of Mongolia: significance for the origin of crustal fragments in the Central Asian Orogenic. Gondwana Research,19(3):751-763.

Safonova I. 2014. The Russian-Kazakh Altai orogeny: an overview and main debatable issues. Geoscience Frontiers,5(4):537-552.

Sengör A M C,Nal' in B A,Burtman U S. 1993. Evolution of the Altaid tectonic collage and Paleozoic crustal growth in Eurasia. Nature,364:209-304.

Steinberger B and Torsvik T H. 2012. A geodynamic model of plumes from the margins of Large Low Shear Velocity Provinces. Geochem. Geophys. Geosyst,13(1):1-17. Q01W09. DOI:10. 1029/2011GC003808.

Sun J M,Li Y,Zhang Z Q,et al. 2009. Magnetostratigraphic data on Neogene growth folding in the foreland basin of the southern Tianshan Mountains. Geology,37(11):1051-1054. DOI:10. 1130/G30278A.

Tessalina S,Guerrot C, Gannoun A, et al. 2000. Isotopic Indicators of Subduction Process in South Urals. Journal of Conference Abstracts,Cambridge Publications,5(2):993.

Torsvik T H,Van der Voo R,Doubrovine P V,et al. 2014. Deep mantle structure as a reference frame for movements in and on the Earth. PNAS,Cross Mark// Suppe J,Taiwan University,Taipei,Taiwan,and approved May 8,2014.

Wan T F. 2011. The Tectonics of China—Data, Maps and Evolution. Beijing, Dordrecht Heidelberg, London and New York:Higher Education Press and Springer,1-501.

Wan T F,Zhao Q L, Wang Q Q. 2015. Paleozoic Tectono-Metallogeny in Tianshan-Altay Region, Central Asia. Acta Geologica Sinica(English Edition),89(4):1801-1814. http://www.geojournals.cn/dzxben/ch/ index.aspx.

Wang Y, Li J Y and Sun G H. 2008. Post-collision eastward extrusion and tectonic exhumation along the eastern Tianshan orogen, central Asia: constraints from dextral strike-slip motion and $^{40}Ar/^{39}Ar$ geochronological evidence. Journal of Geology,116:599-618.

Wegener A. 1912. Die Entstehung der Kontinente. Geologische Rundschau(in German). 3(4):276-292. Bibcode: 1912GeoRu...3..276W. DOI:10. 1007/BF02202896.

Wilde S A,Wu F,Zhang X. 2003. Late Pan-African Magmatism in Northeastern China:SHRIMP U-Pb zircon evidence from granitoids in the Jiamusi Massif. Precambrian Research,122:311-327.

Xiao W J, Kröner A, Windley B F. 2009a. Geodynamic evolution of Central Asia in the Paleozoic and Mesozoic. International Journal of Earth Sciences,98:1185-1188. DOI:10. 1007/s00531-009-0418-4.

Xiao W J, Santosh M. 2014. The western Central Asian Orogenic Belt: a window to accretionary orogenesis and continental growth. Gondwana Research,25:1429-1444.

Xiao W J,Sun M,Santosh M. 2015. Continental reconstruction and metallogeny of the Circum-Jungger areas and termination of the southern Central Asian Orogenic Belt. Geoscience Frontiers,6(2):137-140.

Xiao W J, Windley B F, Hao J, et al. 2003. Accretion leading to collision and the Permian Solonker suture, Inner Mongolia,China. Tectonics,22(6):1069. DOI:10. 1029/2002TC001484.

Xiao W J,Windley B F,Huang B C,et al. 2009b. End-Permian to mid-Triassic termination of the accretionary processes of the southern Altaids: implications for the geodynamic evolution, Phanerozoic continental growth, and metallogeny of Central Asia. International Journal of Earth Sciences,98:1189-1287. DOI:10. 1007/s00531-008-0407-z.

2.3　中朝构造域

中朝构造域(图 2-14)是以中朝板块[14]为主,包括了贺兰山-六盘山晚古生代碰撞带[15]、阿拉善-敦煌地块[16]、祁连山早古生代(541~400 Ma)增生碰撞带[17]、柴达木地块[18]、阿尔金早古生代(543~397 Ma)左行走滑-碰撞带[19]、塔里木地块[20],以及塔中新元古代碰撞带[21]等构造单元。

此构造域西起塔里木地块[20],东至中朝板块的东端、日本的飞驒半岛,北界为巴尔喀什-天山-兴安岭晚古生代(380~260 Ma)增生碰撞带[10]的南缘,南以扬子构造域的秦岭-大别-胶南-飞驒外带三叠纪(250~200 Ma)增生碰撞带[24]、扬子板块[22]西部和西兴都库什-帕米尔-西昆仑晚古生代-三叠纪(360~200 Ma)增生碰撞带[30]为界(图 2-14)。

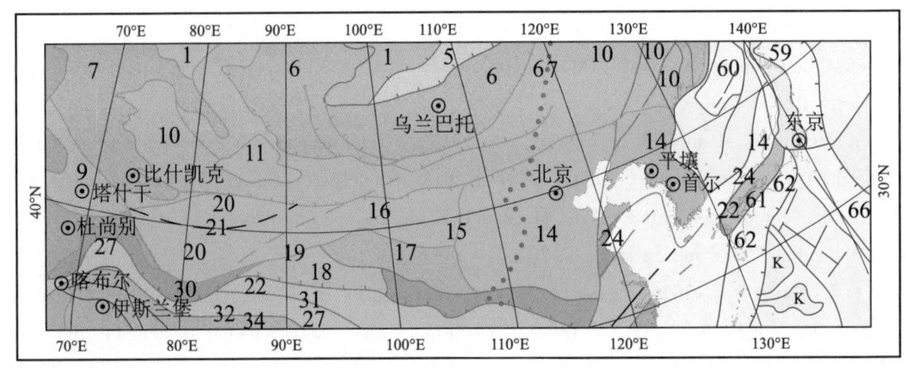

图 2-14　中朝构造域[14~21]

中朝板块构造域内所有的地块都具有>1800 Ma 的结晶基底。它们当时曾经可能是一个古老的大板块(王鸿祯,1979;李春昱等,1982;杨鑫等,2014)。现在多数学者公认的中朝板块构造域形成统一结晶基底的时期,或者说古陆核拼合、碰撞的主要时期为~1.8 Ga(程裕淇,1994;白瑾等,1996;Wang et al.,1995,1997;全国地层委员会,2000,2002;王泽九等,2014;乔秀夫等,2014)。只不过塔里木地块在新元古代开始就与中朝板块分离,并张裂成南、北塔里木两个地块,而它们又在新元古代中期(850 Ma)重新拼合起来,形成了塔中碰撞带[21],从而构成了塔里木地块[20](吴根耀等,2006)。

塔里木地块[20]和柴达木地块[18]在新元古代-古生代的生物组合具有显著的扬子构造域的特征,阿拉善-敦煌地块[15]从中寒武世以后到志留纪也具有显著的扬子构造域的生物组合特征(彭善慈,2003,私人通讯;卢衍豪,1976;穆恩之,1983)。塔里木、柴达木和阿拉善-敦煌地块在早古生代晚期发生拼合,形成祁连山早古生代增生碰撞带[17]和阿尔金早古生代左行走滑-碰撞带[19],它们一起构成西域板块(高振家等,1983;详见图 3-8,图 3-9)。整个构造域在晚古生代晚期向北、与天山-兴安岭碰撞带[10]拼合在一起,遂使亚洲大陆的一半左右面积都拼合到潘几亚(Pengea)大陆中去(详见图 3-12,图 3-13)。

三叠纪时期,受扬子构造域向北碰撞、拼合作用的影响,中朝构造域的元古界-三叠系都发育了较宽缓的轴向近东西的板内褶皱(按现代地磁方位;详见图 3-15,图 3-16)。以后,在侏罗纪以来的构造演化中,此构造域就经历了活动特征与强度各不相同的、五次板内变形时期,其活动特征将在下一节和本书第 3 部分中一并阐述。

2.3.1 中朝板块(1800 Ma,Sino-Korean Plate)[14]

中朝板块(见图 1-1,图 2-14)在古元古代末期(1800 Ma)形成了统一的结晶基底。近年来,测出形成高压麻粒岩的峰期为 1950~1900 Ma,而 1900~1800 Ma 为碰撞后抬升过程中的中压麻粒岩相和角闪岩相退变作用过程(张华锋等,2009)。地幔大规模上涌,下部地壳整体抬升至地表附近,伴随强烈的混合岩化的六个古陆核(片麻岩穹窿)及其周围的韧性剪切带(白瑾等,1996;万天丰,2011;图 2-15)。几乎与此同时,有些学者提出类似的划分方案。其中影响较大的是 Widle 等(2002),赵国春等(Zhao et al.,1998,2001,2002,2004,2005,2007,2014;Faure et al.,2007)所提出的划分方案,他们最早将中朝陆块划分为东、西两大块,此认识在国内外影响很

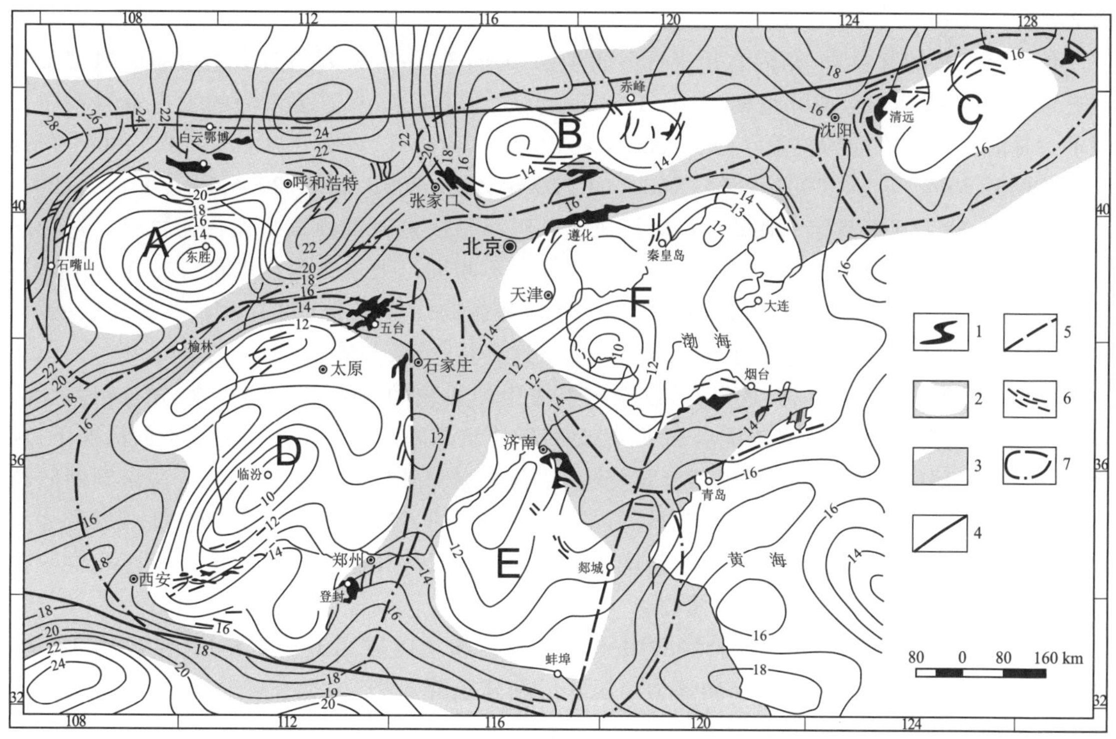

图 2-15 中朝板块华北地区太古宙陆核分布与深层磁性界面等深度图(单位:km)
(据白瑾等,1996,深层磁性界面深度资料,据管志宁等,1987)

1—绿岩带;2—深层磁性界面的隆起区,呈面状分布,可能是古陆核;3—深层磁性界面的凹陷区,呈条带状分布,可能是古拼接带;4—中朝古陆块群的边界;5—古拼接带露头良好的分布带;6—古裂谷带;7—推断的陆核分界线。A—东胜陆核;B—赤峰陆核;C—辽吉陆核;D—临汾陆核;E—济宁陆核;F—渤海陆核。

大。从露头分布情况来看,以恒山-五台山-太行山一带结晶基底岩石出露得最好,拼接带的特征最明显,自然给人印象很深,但是不等于他们的意见就是正确的。后来他们自己又发现了问题,将古陆核划分为4块或5块,正在逐渐地朝白瑾等(1996)的方案靠拢。关于中朝板块内陆核或陆块群的划分,近年来还许多提出了多种划分方案:王鸿祯等(Wang and Mo,1995)和吴家善(1998)将其划分为5个陆块,邓晋福(1999)分为10块,翟明国(2000)仍划分为6块,尽管他们的认识不完全一样,但是基本轮廓还是比较接近的。

白瑾等(1996)根据区域地质以及航磁延拓资料所推算的深层磁性界面等深线(管志宁等,1987)的成果,参照太古宙的构造样式,将中朝陆块的中国部分(即华北地区)划分为6个陆核(continental nucleus),分别命名为:东胜、赤峰、辽吉、临汾、渤海和济宁陆核(图2-15)。每一个陆核的中部都与深层磁性界面的隆起区(界面的深度为10~18 km)相对应,深层磁性界面的凹陷区(界面的深度为16~24 km)则成为陆核的边界,即碰撞带或称拼接带(图2-15)。太古宙麻粒岩-片麻岩区分布在陆核(深层磁性界面的隆起区)的中部。

至于陆核的形成,现在一般推测是由大规模陨石撞击作用所诱发,造成热地幔大规模上涌,下部地壳整体抬升至地表附近,并伴随强烈的混合岩化而形成古陆核(片麻岩穹窿)(白瑾等,1996;万天丰,2011)这种形成机制可能与东西伯利亚板块内形成陆核的机制相类似(见图2-2)。

各陆核中部的麻粒岩-角闪岩相岩石形成于阜平期(3.0~2.8 Ga);其周边散布的绿岩带都在五台期(2.7~2.5 Ga)或滹沱期(2.5~1.8 Ga)形成。近年来,在过去以为的太古宙岩系中发现了大量的古元古代的同位素年龄(Guan et al.,2002;Liu et al.,2002;Santosh et al.,2006;Wang et al.,2003;Wilde et al.,2002,2004;Xia et al.,2006;Zhao,2001,2007,2014;Zhao et al.,2002,2004,2005),使大家更坚信中朝陆块最后形成统一结晶基底的时期应该是在古元古代。这种陆核之间的碰撞与后来板块之间的拼合、俯冲的特征大不相同。太古宙绿岩带都分布在各个陆核的周边。每一个大的陆核及其次级陆核边部的片麻理或韧性剪切带的叶理面都具有环状、弧形旋转的特征,这表明陆核可能是在碰撞过程中发生过旋转运动,并最后聚合起来的。

根据白瑾等(1996)的研究成果,可以看出组成中朝板块的拼接带是很多的,分布在六个陆核的四周,白瑾等(1996)研究的优点在于:在中朝板块结晶基底露头出露面积较小的情况下,利用能够反映深部结晶基底特征的航磁延拓资料、结合大量野外实际地质资料的方法来判断陆核与古拼接带的分布。这目前是一种相对可行的、比较现实的方法,这比仅用地质露头观察和岩石化学资料来试图圈定古陆核的方法,可信度要更高一些。当然其他学者在岩石地球化学、同位素年代学等方面的研究也还是很有成绩的。

在华北多处出露高压麻粒岩岩墙的中压麻粒岩相和角闪岩相退变质作用,年龄为1820~1800 Ma和1790~1760 Ma,*P-T-t*轨迹为等温降压和降温降压型,少量有自变质结构,此类高压麻粒岩-麻粒岩岩墙不具有大陆碰撞变质的特征。华北结晶基底抬升之后,就发生裂谷事件,河南熊耳-安沟-晋南中条裂谷和燕山裂谷可能属于同一时期的张裂。熊耳群火山岩最早的喷发为(1791±20) Ma,晋南西阳河群和豫西熊耳群火山岩系底界的年龄均在1776~1800 Ma之间(赵太平等,2004;He et al.,2009)。山西吕梁山小两岭组火山岩的锆石LA-ICP-MS U-Pb年龄为(1779±20) Ma(徐勇航等,2007),近年来在中元古界小两岭组火山岩底部采用锆石SHRIMP测年得到了(1778±20) Ma的数据(乔秀夫和王彦斌,2014)。

所以,中国许多学者(程裕淇,1994;白瑾等,1996;Wang and Mo 1995;Wang et al.,1997;全国地层委员会,2000,2002;翟明国,2004,2007,2010;王泽九等,2014;乔秀夫和王彦斌,2014)将中元古代的底界定为 1800 Ma 的意见是比较合理的;看来国际地层委员会(Cohen et al.,2013,International Commission on Stratigraphy)将中元古代的底界定为 1600 Ma 的意见,并不适合于中朝板块构造演化的特征。

1800~1600 Ma 已是中朝板块沉积盖层形成的时期,也是克拉通的裂陷时期(乔秀夫和王彦斌,2014)。翟明国(2004,2007,2010)一直认为:中朝(华北)板块在 1850~1600 Ma 为基底的裂解阶段,而不是碰撞、造山过程。而到 1600~1400 Ma 时期,就转化为较广阔的陆表海盆地的沉积时期(乔秀夫等,2007;乔秀夫和王彦斌,2014)。

赵国春(Zhao,2007)认为华北板块具有板块活动特征的起始时期为 2560 Ma(以五台花岗岩的侵入为标志),此时华北的东、西两地块发生汇聚。不过,多数学者认为真正具有板块活动特征的起始时期,也即形成统一结晶基底的时期可能应该是古元古代末期(~1800 Ma;翟明国,2004,2007,2010)。

关于中朝板块的分布范围,现在认识到:它包括了从敦煌-阿拉善[16]、柴达木[18]、塔里木[20]、华北-辽宁,北黄海到整个朝鲜半岛以及日本飞驒半岛等地块。从中元古代到寒武纪,塔里木[20]、柴达木[18]和敦煌-阿拉善[16]等地块逐渐与中朝板块主体分离。整个朝鲜半岛和日本的飞驒半岛则一直是中朝板块的一部分(Wan,2011)。中朝板块的北部以天山-兴安岭晚古生代增生碰撞带[10]的南侧为界,南边以秦岭-大别-胶南-济州岛-飞驒外带三叠纪增生碰撞带[24],北侧和扬子板块西北缘东昆仑地块北侧为界,西界为塔里木盆地的西缘,其东端为本州岛的棚仓左行走滑断层(在日本,习惯上称之为 Tanakura Tectonic Line,IGCP 321 现场考察的共识)所截断,在其东侧为日本东北部岛弧带(即阿留申-堪察加半岛-千岛群岛-库页岛-日本东北部新生代俯冲-岛弧带[59]的南段。部分日本学者以为此带已属于北美板块,恐怕根据不足,并不见得妥当)。日本飞驒地块可以看作是中朝板块东部受扬子板块[22]和后期菲律宾海板块[65]朝北挤压、日本海张裂等作用而残留下来的小地块。

在中朝板块的北缘,内蒙古温都尔庙到白乃庙一带分布了一系列中、新元古代变质岩系(吴泰然等,1998)。白乃庙群原岩为中基性-酸性火山岩组合,具有双峰式火山岩特征,Sm-Nd 同位素等时线年龄为(1107±28) Ma。在其北侧的乌拉乌苏角闪岩系,原系基性火山岩夹碎屑岩组合,其 Sm-Nd 同位素等时线年龄为(607±46) Ma。在温都尔庙以东的德言其庙,发育着混合岩化角闪岩系,其原岩也是基性火山岩夹碎屑岩,Sm-Nd 同位素等时线年龄为(638±14) Ma。它们都是中朝板块在中、新元古代边缘张裂作用所形成的火山-变质岩系建造。彭润民等(2010)在内蒙古狼山发现新元古代酸性火山岩,其锆石 U-Pb 年龄为 805~849 Ma。总之,不能以为在东亚地区见到中新元古代的岩浆岩,它一定就是扬子板块或冈瓦纳大陆的特征(如 Li et al.,2003),这是在过去同位素年龄数据不多时的一种误解。上述事实再次证明中朝板块的北部边缘确实存在着新元古代边缘张裂作用所派生的岩浆活动。

中朝板块南界的东延部分,长期以来存在争议,过去不少学者(如 Huang 1945;黄汲清,1960;任纪舜等,2000)曾以为中朝板块的南界是从山东诸城-荣成断裂一直向东延伸,直指朝鲜半岛中部的临津江一带。近些年来,很多学者通过多次野外考察与研究,已经认识到临津江地区不存在任何碰撞带(翟明国等,2007),朝鲜半岛北部和南部的结晶基底与华北地区都是一样的,其古生代的沉积和古生物组合特征也与华北十分类似,完全可以对比(Wan and Zeng,2002;翟明国等,2007)。近十年来,在韩国西南海岸,新发现含榴辉岩的高压变质岩块(Oh et al.,2005;Oh,2006),叶理面走向 NNE,可能是在碰撞带附近形成的,而后经黄海东缘右行走滑断裂活动所错断过来的岩块,残留在黄海东岸(Wan and Hao,2010)。

在中朝板块的南部边缘地区,新元古代发育了栾川群下部的白术沟组,为黑色页岩、砂岩、千枚岩、片岩以及板岩的组合,按照河南省地矿局(1989)的资料,其 Rb-Sr 同位素年龄约为 902 Ma。该组主要分布在河南栾川县、卢氏县杜关和陕西洛南县,可能是大陆边缘张裂作用所造成的裂陷盆地内的沉积,后来发生了浅变质作用。

近十年来,韩国 Kim 和 Cho(2003),Kwon 等(2003)在朝鲜半岛南端的岭南地块东北部花岗岩体内测得 1900 Ma 的年龄数据。Sagong 等(2003)在朝鲜半岛南部的京畿与岭南地块内,使用 Sm-Nd 和 U-Pb 法测得石榴子石变质年龄都在 1989~1835 Ma 之间。这些数据与中国华北地区结晶基底年龄都能很好地对比,因而他们一致认为朝鲜半岛与中国华北地区应该都属于中朝板块。经过最近 20 多年的反复争论,现在看来,过去许多学者一直认为存在中朝地台或板块的认识是比较正确的(翟明国等,2007)。国内一些学者,为避免对朝鲜半岛的构造归属发表意见,只谈"华北板块(地块)",看来是不必要的。

不过,Lee 等(2003)报道了在朝鲜半岛南部京畿地块变质花岗岩体内存在 742 Ma 的变质年龄,此构造事件的年龄数据与扬子板块(晋宁期,860~750 Ma)完成南北拼合事件的年龄似乎比较相近。因而,Li 等(2003)认为:在新元古代京畿地块应具有澳大利亚板块的特征。但是,从古生代到中生代,朝鲜半岛南部地区的沉积与古生物特征又完全与华北地区十分类似。如果再考虑到中朝板块在中、新元古代曾经存在边缘张裂作用,并派生一系列 1100~700 Ma 的,与边缘裂陷作用相关的构造-岩浆事件,形成一系列浅变质的海相沉积岩系,在朝鲜半岛南部出现新元古代的岩浆侵入活动就一点也不奇怪,很可能这也是中朝板块东部边缘张裂作用的一种表现。看来,单凭几个新元古代的年龄数据是不能说:朝鲜半岛南部属于冈瓦纳大陆的澳大利亚板块,或者说是具有扬子板块的特征。这可能与他们不了解整个中朝板块内部与边部构造-岩浆事件、变质作用以及生物地层的特征有关。近来,王涛等(2014,私人通讯)对朝鲜半岛南部的花岗岩进行了研究,也获得了 2154~1530 Ma 与 920~730 Ma 的年龄数据,它们与中朝板块北部边缘地区岩浆活动的时期完全可以对比,支持了朝鲜半岛南部仍属于中朝板块的认识。

中朝板块在古元古代末期结晶基底定型之后,在中元古代-古生代就长期处于相对稳定的构造环境,进入了板块构造演化阶段,处在古特提斯洋内,基本上没有与其他板块碰撞,在结晶基底之上沉积了较厚的中元古代-古生代的碳酸盐岩-碎屑岩系,期间在周边地块构造活动的影响下,中朝板块有一些中新元古代的边缘裂陷作用所造成的岩浆活动,也多次发生一些大范围的隆起与沉降作用,从而形成不少沉积间断和地层平行不整合的接触关系,如中元古界西山系下马岭组(1368 Ma)与骆驼岭组(930 Ma)之间沉积间断(乔秀夫等,2007;Gao et al.,2009);新元古界景儿峪组与下寒武统馒头组之间的沉积间断;下奥陶统马家沟组与中石炭统本溪组之间的平行不整合接触(万天丰,2011a)等。

在中朝板块西部的塔里木地块,在新元古代早期,其实存在着南、北塔里木地块,在塔里木中部存在着重、磁正高异常带,其深部为发育着明显变质、变形的岩浆岩带。新元古代塔中碰撞带的测年资料,塔参 1 井花岗闪长岩 $^{40}Ar-^{39}Ar$ 测定获得的年龄为 932~892 Ma(李曰俊等,2003),

在塔中的变质辉长岩$^{40}Ar-^{39}Ar$坪年龄为923.3~891 Ma(吴根耀等,2006)。塔中西部阿克苏蓝片岩的形成年龄峰值为800 Ma,其中含有大量峰值为1940 Ma的锆石,库尔勒东片麻岩LA-ICP-MS锆石年龄为(1042±21) Ma(Zhu et al.,2011)。他们的成果为塔中地区存在新元古代中期发育着碰撞带提供了重要的证据。

在中朝板块边部的几个边缘裂陷(也可称"坳拉谷")中,早古生代的沉积作用比较连续,其沉积间断的时间较短,如辽宁太子河、北秦岭、朝鲜半岛临津江和沃川带等地区,早古生代晚期下奥陶统和中石炭统之间平行不整合面的下伏地层可以有中、上奥陶统,甚至有学者认为还有部分志留系,而上覆地层可以出现泥盆系(Wan and Zeng,2002)。在中朝板块鄂尔多斯的南缘(陕西关中蒲城-铜川地区煤田),甚至还一度受到早古生代晚期周边地块局部挤压作用的影响而形成下古生界岩系的褶皱,造成上奥陶统和二叠系之间的角度不整合地层接触关系(谭永杰,1992),此时鄂尔多斯南缘的最大主压应力方向为NNE或近南北向(徐黎明等,2006)。上述资料都说明中朝板块在古生代相对稳定的构造环境下,在其各个不同部位上还是存在着一些隆升变化和局部水平挤压作用的。

中朝板块的中心参考点在古生代的古纬度,从南纬20.2°移动到北纬14.2°以北地区,地块明显地向北运移,其纬度迁移速度约为1.15 cm/yr,同时顺时针转动了4.3°(详见图3-6至图3-8,图3-10至图3-12;Huang et al.,1999;万天丰,2011a)。在古生代的大部分时期内,中朝板块都处在古特提斯洋内,基本上处于游离状态,很少留下与其他板块碰撞的迹象。只有在其鄂尔多斯南缘地区可能由于受到早古生代晚期周邻地块的挤压而形成局部的褶皱(徐黎明等,2006)。

中二叠世是中朝板块东部向北挤压、碰撞的关键时刻,在其北缘完成了巴尔喀什-天山-兴安岭晚古生代碰撞带的东段,从此中朝板块就成为潘几亚大陆的一部分,并使中朝板块在三叠纪出现十分开阔的、形成"北粗南细"的碎屑岩系沉积盆地。

三叠纪中晚期是扬子板块与中朝板块之间的碰撞时期,形成了秦岭-大别-胶南-飞驒外带三叠纪增生碰撞带,在中朝板块内部形成了由中元古界-三叠系所组成的、轴向近东西的宽缓褶皱(南部较强、北部较弱;最大主压应力方向仍为近南北向),但是鄂尔多斯西南边缘地区受到西南方向挤压作用的影响较明显(徐黎明等,2006;万天丰,2011a)它们可以成为深部天然气藏、煤成气田和页岩气田开发的重要目标层位。中朝板块的古磁北方位从早三叠世的NW329.6°到晚三叠世转为NE30°,其中心参考点的纬度则从北纬18.2°移动到北纬27°(方大钧等,1988;马醒华和杨振宁,1993)。

侏罗纪-早白垩世早期的燕山构造事件,在东亚陆壳逆时针转动的控制下,使中朝板块的东部发生较强的、以轴向NNE向为主、中等强度的褶皱和逆掩断层系,以及较强的岩浆侵入与喷发活动,使中国东部地壳略微增厚,形成巨大的内生金属矿集区,例如,在此板块北缘形成了以钼、金等为主的矿集区,南部形成小秦岭金矿带,东秦岭多金属矿集区等(万天丰等,2008;万天丰与赵庆乐,2012)。

早白垩世中期-古新世的四川构造事件,在全球板块普遍向北运移的过程中,中朝板块东部形成一系列翼角为中低角度的、轴向西北西的宽缓褶皱及相关的断层,使原来走向NNE的逆断层都转变成正断层,并在太行山前正断层,沧东-天津断层、郯庐断裂带和黄海东缘断裂带等的控制下,开始形成华北平原、环渤海盆地和黄海洼地的雏形,形成一些NNE走向的变质核杂岩系,构成了一系列堆积红色碎屑岩系的断陷盆地,在朝鲜半岛上也形成一些走向NNE的小型断陷盆地(Wan and Hao,2010)。沿上述断裂带形成了此板块东部另一次重要的岩浆侵入与火山喷发带,并在断裂带附近形成了中国规模最大的胶东金矿集区和太行山前的铁、多金属矿集区(万天丰等,2008;Wan and Zhao,2012)。

始新世-渐新世时期,由于主要受到太平洋板块朝 WNW 向的俯冲、挤压的远程效应影响,近东西向挤压派生了近南北向伸展作用,在中朝板块的南、北缘构成了走向近东西向的断块山(阴山-燕山、秦岭-大别山)及变质核杂岩,其间则构成了华北大平原,使太平洋暖湿气团可以长驱直入,形成温暖潮湿的气候区。此阶段的盆地内,就成为有机物大量繁殖和堆积的极佳部位。中朝板块东部与亚洲东部所派生的近南北向的伸展作用,就利用先存断裂发育了一系列 WNW 向的正断层系和富含油气的断陷盆地(如胜利油田、冀东油田、辽河西部油田和大港油田等),以及沿 WNW 向断裂贯入或喷发的拉斑玄武岩流与岩墙,也派生了一些 NNE 向较微弱的褶皱,其中的背斜就成为很好的油气藏(如辽河东部油田)。

中新世-早更新世主要受到澳大利亚板块向北俯冲作用的远程效应影响,中朝板块东部都受到近南北向的地壳缩短作用的影响,使前述的 NNE 向太行山前正断层和郯庐断裂带发生进一步的张裂,使其深切到大陆岩石圈的底部,成为岩石圈断裂(也只有此时期这些断裂才切穿岩石圈),并造成很多近南北向展布的碱性玄武岩的喷发与贯入断裂的岩墙(王亚妹和万天丰,2008;万天丰,2011a)。鄂尔多斯的东部地区则表现为较弱的 NNE 向的缩短作用(徐黎明等,2006)。

中更新世以来,中朝板块由于又受到太平洋板块朝 WSW 向挤压作用为主的影响,使曾经一度张裂的 NNE 向断裂,在此时受挤压而相对闭合,也可使其在一些含油气沉积盆地内构成很好的大型油气藏(例如蓬莱 19-3 和濮阳油气田)。而 NEE 向的先存裂隙则呈张剪性,成为油气资源、煤层气、地下热流体、瓦斯突发等流体运移或溢出地表的良好通道。

有关中新生代构造演化的背景资料、区域特征与资料依据,详见本书第 3 部分。

近些年来,“华北克拉通的破坏”成为热门课题(朱光等,2008;吴福元等,2008;张宏福,2009;朱日祥等,2012)。其实,如果说华北的克拉通真正发生破坏的话,主要是发生在中元古代早期,而不是在中-新生代,中-新生代仅仅处在较强的壳内构造变形过程中,产生一些局部性的张裂、逆断层和褶皱,中朝板块的整体性并没有被“破坏”。它与冈瓦纳大陆裂解和破坏后,形成印度、澳大利亚、南极洲和南美洲等大陆板块是完全不同性质的构造事件。华北克拉通在中-新生代发生“破坏”的说法,听起来很“响亮”,但在用词上是欠妥的,这是一个很值得商榷的问题。

中朝板块除了具有上述构造演化特征之外,还具有如下区域地球化学特征:相对富含下列元素,铁(∑FeO 12.0%~12.28%),MgO(5.84%~7.75%),Mo(0.64×10^{-6}~0.58×10^{-6}),具有较高的 Zr/Hf 值(54.4~44),它们都显著地高于扬子板块;而结晶基底中 w(CaO)为 0.22%、$w(Al_2O_3)$为 0.2%~2.0%,均显著地低于北扬子板块。P 波在地壳内的传播速度都略小于扬子板块的速度为 5.0~7.8 km/s。在 ε_{Nd}-t(Ga)图解上,中朝板块南部结晶基底在30 亿年~20 亿年时期的样品中的 ε_{Nd}值几乎稳定不变(+2.9~+2.2),而北扬子板块结晶基底的 ε_{Nd}值却沿着地幔亏损演化线(DM)逐渐升高(+2~+7)(张本仁等,1998;张国伟等,2001;Wan and Zeng,2002)。

综上所述,可以看出中朝板块在古元古代末期结晶基底定型以来,经历了十分复杂的、多期次不同作用方向的板内变形,正是这些板块内部的构造变形控制了大量内、外生矿床的形成,并对生态环境产生了巨大的影响。

2.3.2 贺兰山-六盘山晚古生代碰撞带(Helanshan-Liupanshan Late Paleozoic Collision Zone)[15]

此带(见图 2-14)在早寒武世开始发生张裂,使中朝板块[14]与阿拉善-敦煌地块[16]分离,三叶虫等古生物化石资料表明,此带以西的阿拉善-敦煌地块在早、中寒武世的生物群与中朝板块的华北地区基本一致;而在晚寒武世及奥陶-志留纪,则具有扬子板块古生物群的特征(根据已有的化石名单,彭善慈,2003 年,私人通讯;卢衍豪,1976;穆恩之,1983;Wan,2011)。古生代晚期(中二叠世),当西域板块[16~20]与中朝板块[14]一起向北碰撞、拼合的同时,西部的晚古生代乌拉尔碰撞带向东挤压的远程效应,就使之形成贺兰山-六盘山碰撞带(见图 2-14)。

然而,由于地表露头不佳,后期构造变形的改造作用很强,应该说至今证据还不够充足,关于此带的成因一直存在很多争议。有人认为此带仅为陆块内的“坳拉谷”(aolagogen),但是这与古生物的证据矛盾很大,晚寒武世到志留纪阿拉善地块的生物群都具有扬子板块的特征,此特征说明当时阿拉善地块与中朝板块并不相连接。因而,贺兰山-六盘山地区当时应该处在大洋的环境,但是至今尚缺乏足够的晚古生代碰撞的证据。

纵观多种资料,认为在贺兰山-六盘山存在晚古生代碰撞带的认识,暂时可能还算是比较合理的推断。根据地震勘探剖面资料(如马家沟剖面,王同和,1995)可知,在此带地表之下的侏罗系形成强烈的对冲型逆掩断层系,白垩纪以后仅有较弱板内变形。古近纪末期受太平洋板块向西挤压的影响,在六盘山两侧形成高角度的逆断层,使其隆升成山(宁夏回族自治区地质矿产局,1990),也就是说现代六盘山是古近纪末期形成的。

近年来,在贺兰山-六盘山碰撞带西侧、阿拉善变质基底中发现了大量的中二叠世的弱变形花岗岩类岩石。采自阿拉善东部的闪长质片麻岩、含石榴英云闪长质片麻岩、英云闪长岩、条痕状黑云斜长片麻岩和片麻状花岗岩的锆石 U-Pb 年龄分别为(270±1.6) Ma,(276±1.8) Ma,(269±2.4) Ma,(276±2.4) Ma 和(287±2.5) Ma。采自阿拉善变质基底西部的花岗闪长质片麻岩、闪长质片麻岩、粗粒花岗闪长质片麻岩和中粒闪长质片麻岩的锆石 LA-ICP-MS U-Pb 年龄分别为(284±3) Ma,(289±3) Ma,(276±2) Ma 和(279±2) Ma(耿元生和周喜文,2012)。尽管早-中二叠世花岗岩的岩石类型和化学成分不同,但它们都形成于 289~269 Ma 一个相当短的时间范围,属于同一期构造-岩浆热事件的产物。上述二叠纪花岗岩的形成年龄与基底变质岩中角闪石 $^{39}Ar-^{40}Ar$ 的坪年龄(288~277 Ma)很接近。在阿拉善变质基底中,大量中二叠世花岗岩类侵入体的发现表明:阿拉善变质基底在古生代晚期可能是明显地受到乌拉尔碰撞带向东挤压远程效应的影响,也即贺兰山-六盘山晚古生代发生自西向东的碰撞作用所伴生的构造岩浆活动。这也许是存在贺兰山-六盘山晚古生代碰撞带的一个重要的旁证资料。

2.3.3 阿拉善-敦煌地块(1800 Ma,Alxa-Dunhuang Block)[16]

阿拉善-敦煌地块(见图 2-14)在中寒武世以前一直属于中朝板块[14]的一部分,其原始结晶基底与中朝板块(>1800 Ma)是相同的(程裕淇,1994),在迭布斯格岩群高角闪岩相岩石内获得 3219 Ma 的全岩 Rb-Sr 等时线年龄,在巴彦乌拉山花岗闪长质片麻岩内获得过(2082±22) Ma 的颗粒锆石 U-Pb 法年龄,在甘肃敦煌的角闪岩内获得 1900 Ma 的锆石 U-Pb 法年龄(甘肃地矿局,1989)。

沈其韩等(2005)对迭布斯格岩群中斜长角闪岩的原岩进行了研究,确认它形成于新太古代,在含黑云斜长角闪岩中的角闪石^{39}Ar-^{40}Ar 坪年龄和等时线年龄分别为 1918 Ma 和 1919 Ma,说明其曾经历了古元古代角闪岩相变质作用的叠加。巴彦乌拉山岩组中斜长角闪岩形成于 2271~2264 Ma。波罗斯坦庙片麻杂岩中的斜长角闪岩已被 1818 Ma 和 1839 Ma 花岗片麻岩侵入,根据该杂岩体中斜长角闪岩与巴彦乌拉山岩组中同类岩石的地球化学特征,推断其形成于古元古代早期。

内蒙古阿拉善庆格勒图地区出露的地层以片麻岩为主,夹斜长角闪岩。但过去一直没有确切的同位素年龄资料。周红英等(2007)获得了黑云斜长片麻岩的单颗粒锆石 U-Pb 法年龄为(1826±13) Ma,这是该区迄今获得的较为可靠的直接测年数据,说明它为古元古代的岩系。在阿拉善的巴彦乌拉山出露的地层以片麻岩为主,夹斜长角闪岩,李俊健等(2004)获得的花岗闪长质片麻岩的单颗粒锆石 U-Pb 年龄为(2082±22) Ma,获得了较为可靠的直接测年数据,认为此岩系为新太古代的。李志琛(1994)对敦煌地块的中深变质岩系敦煌群进行了同位素测年,获得 Sm-Nd 等时线年龄值为 2935 Ma,2946 Ma 和 3487 Ma,它们均归属于太古宇。北山南带的中深-浅变质岩系,经 1∶5 万区调及 1∶20 万区调修测,在中深变质岩系中获得 Sm-Nd 等时线年龄值为 2949 Ma,2956 Ma,3237 Ma,2203 Ma 及 2059 Ma,分别划归敦煌群并厘定为古元古界。而在浅变质岩系中获得 Sm-Nd 等时线年龄值为 1622 Ma,1624 Ma 及 Baicalia 等叠层石,应归属于中元古界底部层位(甘肃地矿局,1989)。上述资料都说明,在太古宙-古元古代该区具有与中朝板块相近的构造-热事件与岩石特征,因而说阿拉善-敦煌地块与中朝板块结晶基底特征一致的意见,可能比较合理。

近些年来,在哈布达哈片麻岩和变形花岗岩中获得过(1077±11) Ma,(928±7) Ma 和 845 Ma 的颗粒锆石逐层蒸发法年龄结果(耿元生等,2002,2007)。不过上述数据很可能是晚期受流体作用影响的结果,还不能说阿拉善就与中朝板块具有不同时代特征的结晶基底。21 世纪以来,在中朝板块内,已经在其板块边缘张裂带多处发现新元古代的构造-热事件,不能说只有扬子板块才有新元古代的构造-热事件。看来上述资料还不足以说明阿拉善-敦煌地块在新元古代就具有扬子构造域的特征,而只能说这就是阿拉善地块的构造-岩浆活动,其特点与中朝板块还是类似的。

张进等(2012)根据阿拉善东缘火山岩与华北地块碎屑锆石的年龄数据,研究早古生代阿拉善地块与华北地块之间的关系。他们发现阿拉善与中朝板块北部、西部狼山地区都具有~2500 Ma,1800 Ma,850~950 Ma 的年龄数据,只是阿拉善地区缺乏 1350~1400 Ma 的年龄数据。据此可以认为阿拉善地块在元古宙是属于中朝板块的(图 2-16)。

2010 年,中国地质大学(北京)卿芸在硕士学位论文中系统研究了内蒙古阿拉善右旗塔木素地区宗乃山-沙拉扎山的前寒武纪变质岩系的地质特征,确定了扎盖图片麻岩的年龄为(1108±74) Ma,时代为新元古代,其变质相为角闪岩相,经历区域变质作用时的温度约为 700~800℃,原岩为英云闪长岩-花岗闪长岩-石英闪长岩,她推测此地区位于中朝板块北缘,板块内部的碰撞增生岩浆弧。而前寒武纪变质表壳岩系的三套岩组的年龄暂定为(1404±100) Ma,即新元古代早期,为绿片岩相-低角闪岩相,原岩为泥质砂岩,构造环境位于被动大陆边缘。她认为上述的阿拉善地区变质热事件很可能是与中朝板块北部存在中元古代末期至新元古代早期的陆缘裂陷盆地的闭合作用有关,而不是阿拉善地块形成变质结晶基底的表现。由此说明:阿拉善地块的构造-岩浆作用,在新元古代是和中朝板块一致的,它们之间并未分离,而不是如葛肖虹等(1998,2014)所说:阿拉善已经与中朝板块裂离了。

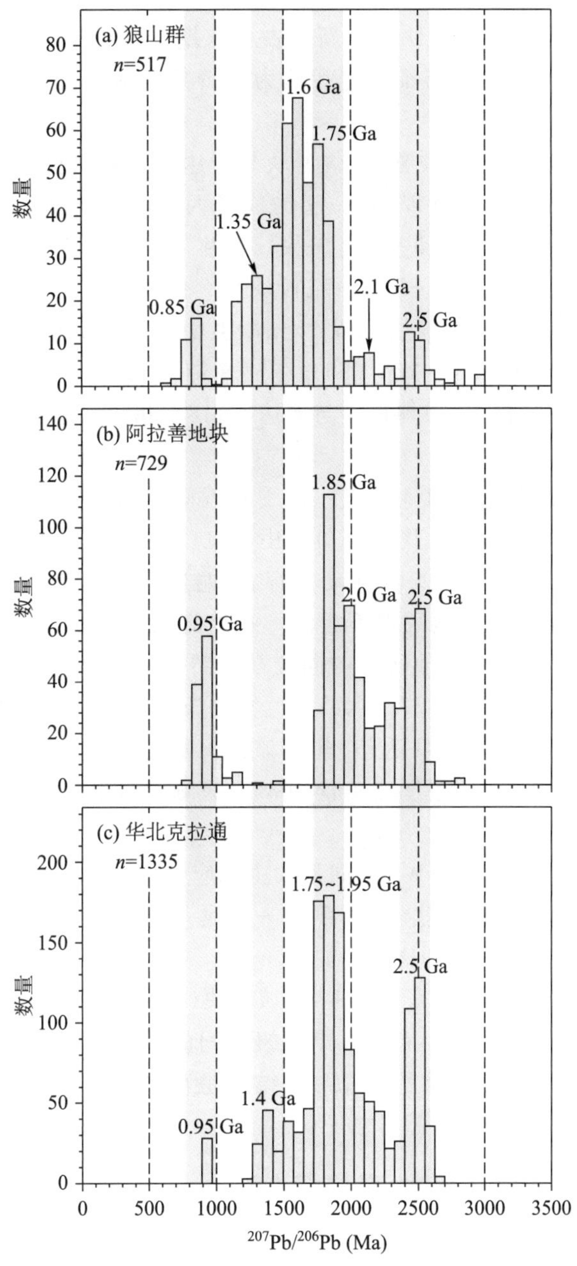

图 2-16 狼山-阿拉善和中朝板块碎屑锆石年龄数据对比(据张进等,2012)

从古生物群组合的特征来判断，彭善慈教授（中国科学院南京地质古生物研究所，国际寒武纪地层委员会主任，2003，私人通讯）利用段吉业和葛肖虹（1992）所提供的寒武纪的化石资料清单进行分析研究，认为阿拉善地块早、中寒武世的三叶虫仍具有与中朝板块相似的特征；晚寒武世开始，阿拉善地块就具有扬子板块的生物古地理特征，从而与中朝板块很不相同。他的认识也与卢衍豪（1976）和穆恩之（1983）的见解一致。因而笔者推测，阿拉善地块是在晚寒武世才与中朝板块分裂的（详见图3-7，图3-8）。不过，段吉业等（1992）和葛肖虹等（1998，2014）依据上述三叶虫化石，认为从新元古代末期开始，阿拉善地块就与中朝板块分离了，并且都具有扬子板块生物群的特征。笔者认为彭善慈等对于此生物地层分区的认识可能比较正确。

在早古生代末期-早泥盆世，阿拉善-敦煌地块与柴达木[18]、塔里木地块[20]拼合到一起，形成了祁连山碰撞带和阿尔金断裂带，并一起构成了西域板块［16～20］（高振家和吴绍祖，1983；王云山和陈基娘，1987；详见图3-8，图3-9），其生物群组合明显地都具有扬子板块的特征，但也不是与扬子板块完全相同。不过，西域板块存续的时间并不太长，晚古生代（约为晚石炭世-早二叠世）西域板块就与中朝板块重新拼合，贺兰山-六盘山晚古生代碰撞带[15]朝北运移，形成天山-兴安岭晚古生代（385～260 Ma）增生碰撞带[10]，并在地块内形成板内变形（详见图3-13，图3-14）。这样，阿拉善-敦煌地块与柴达木[18]、塔里木地块[20]就与中朝板块一起并入了潘几亚大陆。

其后，该地块在印支期（251～201 Ma）进一步受到近南北向缩短作用影响，产生一系列的构造-岩浆活动（详见图3-15，图3-16，图3-17）。史美良（1987）通过区域地质资料的综合，认为阿拉善地区的石炭二叠系厚度巨大，火山活动发育，普遍遭受区域变质，以为具有天山-兴安岭碰撞带的特征，而与中朝板块华北地区很不相同。在出露的基岩中，花岗岩占基岩面积的80%以上，以为是“二叠纪”侵位的（其实他所得的同位素年龄均属三叠纪）。他得到：雅布赖山咸沟一个斑状二云花岗岩同位素年龄为237.8 Ma，吉兰泰北庆格勒一带细粒花岗岩的两个同位素年龄为201 Ma和216.5 Ma。这些岩浆活动，都是该区三叠纪板内变形作用较强的表现（详见图3-16，图3-17）。上述成果也许说明史美良（1987）的测试结果是正确的，但是当时他对地质时代的判断上不大妥当。

该地块在侏罗纪时期，在区域近WNW向最大主压应力作用的影响下，产生近南北向的伸展作用，形成许多走向WNW的断陷盆地，如酒泉-武威、腾格里、吉兰泰与敦煌等盆地（详见图3-23）。白垩纪以后的构造变形则比较微弱。

根据地震反射剖面的资料，在莫霍面附近，西域板块（包括阿拉善-敦煌地块、祁连山早古生代增生碰撞带、柴达木与塔里木地块）存在一个壳幔之间的过渡带，而中朝板块在莫霍面附近则是地震波速的突变带。这说明两板块的地壳深部结构是存在着显著差异的（Wan，2011）。这也可以说，确实曾经存在过西域板块的证据之一。

2.3.4 祁连山早古生代增生碰撞带（541～400 Ma，Qilian Early Paleozoic Accretion Collision Zone）[17]

祁连山早古生代增生碰撞带（见图2-14，详见图3-9）是阿拉善-敦煌地块[16]与柴达木地块[18]之间的拼接带，在碰撞之后，上述板块就都成为西域板块的一部分。该处是东亚大陆早古生代晚期-早、中泥盆世构造变形-变质作用与岩浆活动最强烈的地带(碰撞作用可延续到400~380 Ma,详见图3-9),在该区存在一系列奥陶-志留纪的蛇绿岩套(许志琴等,1994;冯益民,1995;夏林圻等,1995;张建新等,1997,1999b;刘良等,1998;张旗等,1998)。增生碰撞带内存在古元古代形成的中祁连地块与化隆地块,它们都被早古生代晚期强烈的构造-岩浆活动所改造。后期还有三叠纪构造作用的改造,地层几乎都近于直立。北祁连与南祁连(宗务隆)逆掩断层构成此增生碰撞带的南北边界,有一系列的榴辉岩与蛇绿岩套(图2-17)分布,原来均处在岩石圈断裂带内。后来均被莫霍面附近的构造滑脱面所切断(高锐等,2011)。现代祁连山增生碰撞带的岩石圈厚度估计较大,可能达120 km左右。

图2-17 奥陶纪蛇绿岩套内倒转的枕状玄武岩(笔者于1999年拍摄)

在祁连山分水岭北侧公路旁,在每小层枕状玄武岩的弧形顶面附近气孔较大、较多,而在其内部则明显较小、较少。

张建新等(Zhang et al.,2000)对北祁连含硬柱石榴辉岩进行锆石SHRIMP U-Pb年龄的测定,得到其变质年龄为477~489 Ma(早奥陶世)。在祁连山、阿尔金地区还获得了许多新元古代的岩浆-变质年龄(Zhang et al.,2009),说明在新元古代该区就存在初步的构造-热事件。祁连山早古生代增生碰撞带,现在被西域大陆板块所包围,给人的印象,它似乎只是一个早古生代的陆内小洋盆。但是,如果根据古地磁资料来复原的话,早古生代早期祁连山地区是存在着大洋的,是广阔的古特提斯洋的一部分(详见图3-8),并不存在周围大陆地块把祁连地区的洋盆圈闭起来的现象。因而,以为祁连山地区的古洋盆是阿拉善-敦煌、柴达木和塔里木之间的"陆内小洋盆"(葛肖虹和刘俊来,2000;葛肖虹和马文璞,2014)的说法是显然不妥当的。

2.3.5 柴达木地块(1800 Ma,Qaidam Block)[18]

柴达木地块(见图2-14)原为中朝板块[14]的一部分,具有古元古代晚期形成的结晶基底(白瑾等,1996)。在柴达木地块北缘,近年来识别出一条规模宏大的古元古代岩浆杂岩带——达肯大坂群,此为结晶基底形成时期的产物。其中还含有许多断片,存在正片麻岩(花岗片麻岩)的侵入,其同位素年龄为(1020±41) Ma和(803±8) Ma,这是新元古代发生局部汇聚的标志

(陆松年,2001)。新元古代晚期(800 Ma)柴达木地块即与中朝板块分离,发育了与扬子板块相似的新元古代南坨冰积层系[全吉群内基性火山岩的同位素年龄为(738±28) Ma,陆松年,2001]。

柴达木地块在古生代一直具有扬子板块[22]的生物群组合,说明它具有扬子板块的特征(葛肖虹等,1990,2014),即与扬子板块处在同一个生物古地理区,纬度相近(详见图3-6至图3-8,图3-10至图3-12)。早古生代晚期-早泥盆世时期,与阿拉善-敦煌地块[16]、塔里木地块[20]一起拼合成西域板块[16~20](高振家和伍绍祖,1983;王云山和陈基娘,1987;详见图3-9),其拼接带即为祁连山早古生代增生碰撞带[17]与阿尔金左行走滑-碰撞带[19]。晚古生代晚期(晚石炭世-中二叠世)又与中朝板块[14]一起朝东北方向拼合到潘几亚大陆(详见图3-11至图3-13)。

王涛等(2014)系统研究并测定了柴北缘地区花岗岩的同位素年龄,认为此处一系列的花岗岩侵入体反映了不同的成因:475~460 Ma的花岗岩为洋壳俯冲阶段的产物,450~440 Ma(晚奥陶世)的花岗岩为陆壳开始碰撞阶段的产物,410~395 Ma(早泥盆世)的花岗岩为主碰撞期的产物,385~370 Ma及其以后的花岗岩为碰撞后的产物,进一步证明了柴北缘与祁连山碰撞带的主碰撞期为早泥盆世。柴达木地块与中朝板块构造域的其他地块一起在二叠纪并入潘几亚大陆。

尽管柴达木地块在中新生代多次受到近南北向的挤压,然而地块内部的南北向缩短、增厚现象却不太明显,至今地壳厚度仍保持在38 km左右。与南北两侧的祁连山和昆仑山相比,柴达木的莫霍面存在轻微的相对隆起现象(葛肖虹等,1990,2014)。但是没有人认为现今柴达木盆地是受地幔上隆、张裂而形成的。而是认为:两侧的碰撞造山带内花岗质岩石较多,厚度较大,密度较低,是地块相对上浮的结果;柴达木盆地深部岩石密度较大,因而在地表相对下沉,而地壳厚度较薄,致使莫霍面相对高一些(Wan,2011)。

2.3.6 阿尔金早古生代左行走滑-碰撞带(541~400 Ma,Altun Early Paleozoic Sinistral Strike-slip-Collision Zone)[19]

塔里木地块[20]、柴达木地块[18]和阿拉善-敦煌地块[16]在早古生代晚期-早泥盆世发生拼合(详见图3-9),碰撞-走滑活动的高潮在早古生代晚期,同时形成祁连山增生碰撞带[17]与阿尔金左行走滑-碰撞带[19](见图2-14),从而构成统一的西域板块(详见图3-9)。张建新等(1999)在阿尔金左行走滑-碰撞带西段具有麻粒岩相的孔兹岩系中,测定了岩石内变质锆石的U-Pb及Pb-Pb同位素,获得了447~462 Ma的年龄值,代表其麻粒岩相的变质作用时代,也即此走滑-碰撞带的初始活动年龄。他们还进行了矿物的温压估算,得到其峰期变质温度为700~850℃,压力为0.8~1.2 GPa。近年来,张建新等(2011)在中阿尔金地块和南阿尔金俯冲碰撞杂岩带的深变质岩石中,测得锆石U-Pb年代学数据表明:记录有新元古代早、中期(1000~850 Ma)、新元古代晚期(760 Ma左右)和早古生代(450~500 Ma)三期构造-热事件,证实了在新元古代中期南、北塔里木地块拼合时期与早古生代时期,阿尔金断裂带确实存在构造活动。马中平等(2011)在阿尔金南部清水泉的镁铁质-超镁铁质岩体中测得其同位素年龄为(461±2) Ma~(471±2) Ma的年龄数据,进一步证实了阿尔金断裂带早古生代的活动性。

阿尔金左行走滑-碰撞带呈压剪性,从早古生代晚期开始明显地将祁连山增生碰撞带[17]切断,两侧的地质构造单元均可相应地对比,累计总断距在400 km左右。它是早古生代晚期、三叠纪(260~220 Ma;李海兵等,2001)、白垩纪(112~83 Ma)、新近纪(左行滑移速度为16~20 mm/yr)和第四纪以来(左行滑移速度为6.4 mm/yr)的多次、不同幅度左行走滑活动的综合结果(国家地震局"阿尔金活动断裂带"课题组,1992;葛肖虹等,1990,1998;葛肖虹和刘俊来,2000;葛肖虹和马文璞,2014;许志琴等,1999;杨经绥等,2001;陈正乐等,2001)。至于,每一个时期的走滑量与走滑速度的估算则还有很多争议,有待进一步的详细研究。

2.3.7 塔里木地块(1800 Ma,Tarim Block)[20]

塔里木地块(见图2-14)结晶基底的时代为古元古代末期,与中朝板块[14]一致,原来可能是古中朝板块的一部分(白瑾等,1996)。辛后田等(2011)对塔里木地块东南缘的阿克塔什塔格地区古元古代侵入体进行SHRIMP锆石U-Pb测年,获得片麻状闪长岩、片麻状石英闪长岩、灰白色长英质脉体(钠质混合岩化)的结晶年龄分别为(2135±110) Ma,(2051.9±9.9) Ma,(2050±16) Ma。石英正长岩的结晶年龄为(1873.4±9.6) Ma。此外,地块东部敦煌岩群内火山岩的年龄为(2140.5±9.5) Ma。其他新太古代变质岩均具有2.27~2.38 Ga和1.9~2.05 Ga的两期变质年龄段。古元古代晚期(1.60~2.50 Ga),壳源岩石发生强烈的深熔作用,形成火成碳酸岩、石英闪长岩以及钾质混合岩化,先存岩石经受角闪岩相变质和强烈的韧性剪切变形,即形成统一的结晶基底。近年来,再次证实,塔里木地块东缘的库鲁克塔格的TTG质岩石形成时间为2.6~2.8 Ga,兴地格群和阿尔金山群的变质年龄集中在1.8~2.0 Ga之间(张传林等,2012)。在塔里木盆地内塔东2井深处的角闪花岗岩测得U-Pb锆石年龄为(1908.2±8.6) Ma(邬光辉等,2012)。

最近,杨鑫等(2014)根据一些钻井岩心资料,也进一步确认塔里木盆地边部库鲁克塔格(阔克苏)、西昆仑(铁克里克和于田普罗沟)和盆地内部基底连井剖面中的MB1,XH1,TD2等井的古元古代和太古宇结晶基底的组成和形成年代上都存在一些明显的差异,他们进一步指出了盆地基底的组成可分为:于田-米兰太古宇麻粒岩-混合岩区,巴楚-叶城-和田古元古界副片麻岩区,塔里木盆地北部的中新元古界片岩分布区和塔里木东部的古元古界花岗岩分布区。

这些都确凿无疑地证明了塔里木盆地具有古元古代的结晶基底,与中朝板块东部地区一样,具有类似的古老结晶基底。此精细年代格架的建立,表明塔里木地块的古元古代及其以前的地质演化与中朝板块具有更多的亲缘性。看来,形成统一结晶基底的、原始的中朝板块在古元古代应该包括从日本飞驒半岛、朝鲜半岛、华北、阿拉善、柴达木到塔里木地块的广大地域。

中元古代时期,塔里木地块具有与中朝板块东部十分相似的沉积岩系、沉积相与沉积建造(高振家和吴绍祖,1983)。但是从新元古代开始与中朝板块裂解、分离,并形成了南、北塔里木的两个结晶地块(见图2-14)。新元古代中期(玄武岩的Ar-Ar年龄为825~837 Ma)在塔中地带实现南、北塔里木地块的重新拼合,构成了塔中碰撞带[21](详见图3-5;吴根耀等,2006)。这就是说,在全球罗迪尼亚大陆裂解时期,中国陆块群的某些部分曾发生过重新聚合的现象(陆松年,2001)。与此同时,它还从新元古代以后,运移到赤道附近,使之具有扬子板块[22]的生物组合与沉积特征,但是仍与之并不完全相同(李京昌和金之钧,1998;张一伟等,2000;金之钧等,2010; Wan,2011a;详见图 3-6 至图 3-8;图 3-10 至图 3-12)。早古生代晚期-早泥盆世时期,塔里木地块与敦煌-阿拉善地块、柴达木地块拼合成西域板块[16~20](详见图 3-9)。在晚古生代中期(晚泥盆世-早石炭世)西域板块就向北拼合,形成天山晚古生代增生碰撞带[10]的西段,使它们都成为潘几亚(Pengea)大陆的一部分(详见图 3-12,图 3-13)。而其东部的中朝板块向北碰撞、拼合则在稍晚一点的中二叠世(详见图 3-14)。

近年来,何登发等(2011)在塔里木北部库车凹陷中的吐格尔明背斜核部片岩(原岩为石英砂岩)内,用锆石 U-Pb 法测得新元古代的数据为(775±5.8) Ma~(787±6.8) Ma。说明不仅在塔中,就是在塔北也同样存在新元古代构造-热事件的活动迹象。

塔里木地块,后来经受了较弱的印支期板内变形,而侏罗纪-白垩纪-古近纪时期其构造活动性则相对较弱,仅在断层附近的局部地区发育较弱的构造变形,形成比较广阔的河湖相沉积,准噶尔、塔里木与柴达木构成一体化的沉积盆地(详见图 3-17,图 3-20,图 3-24,图 3-25,图 3-27,图 3-31;李维锋等,2000)。新近纪受印度板块[40]向北俯冲、挤压的远程效应影响(详见图 3-33),在地表附近,塔里木地块分别向其南北的天山和昆仑山下汇聚,发生陆陆俯冲,并在塔北缘形成一系列近东西走向的冲断-褶皱系,在冲断层面之下的"三角带"就成为良好的油气藏,形成很有价值的塔北油田(储油层可为寒武-奥陶系,石炭-二叠系,侏罗系与古近系等;李维锋等,2000;赵靖舟等,2004;刘丽芳,2006;何光玉等,2006;廖林等,2010;赵华等,2011;王同等,2012)。塔中地区则以在碳酸盐岩系内大量发育雁列式、陡倾斜小断层与节理为主,形成裂隙型油气藏(徐忠美,2011)。上述油气田储油构造的最后定型时期主要都是新近纪(Wan,2011a)。

近年来,通过盆地内部锆石 U-Pb 测年分析表明,塔里木地块的基底存在 3100~2950 Ma,2400~2100 Ma,2000~1900 Ma,1600~1300 Ma,950~900 Ma,800~700 Ma,560~540 Ma,500~400 Ma 和 290~270 Ma 等构造-热事件,证明前述构造事件的分析是正确的,即塔里木地块确实存在太古宙,古元古代末期,中元古代早、中和晚期以及早、晚古生代的构造-热事件(邬光辉等,2012)。综上所述,可以看出:塔里木含油气盆地的形成演化特征与其西侧的土兰-卡拉库姆盆地是完全不同的,只是在近代断陷特征和形态上有点相似。

根据最新的地震反射剖面资料来看,天山与塔里木地块深部的莫霍面为滑脱面,是基本上平整的,为 60 km 到 53 km 之间。说明两者之间现在看不到岩石圈断层与"山根"现象,也即古老的岩石圈断层已经被后期莫霍面附近的滑脱面所改造,现存的都是地壳断层,塔北缘逆冲断层均为壳内断层(高锐等,2011)。

2.3.8 塔中新元古代碰撞带(~850 Ma, Central Tarim Neoproterozoic Collision Zone)[21]

在塔里木中部(见图 2-14,详见图 3-5)早已发现具有正高重、磁异常带,后经钻探揭露确认为一隐伏的基性岩浆岩带,发现了已变质、变形的新元古代基性火山岩与侵入岩,曾经具有洋壳,其 Ar-Ar 同位素年龄为 837~825 Ma,它们是塔中新元古代(~850 Ma)碰撞带形成的重要证据,它造成了南、北塔里木地块的拼合(吴根耀等,2006)。塔中新元古代碰撞带形成之后,在古生代以后,就长期存在隆起构造,即形成隐伏的塔中隆起,成为后期油气储集的良好部位(徐忠美,

2011)。根据塔中航磁异常资料来判断,塔中为多期构造活动带,满加尔洼陷在新元古代晚期-中晚奥陶世处于拉张的构造背景(何碧竹等,2011)。

参考文献

白瑾,黄学光,王惠初,等. 1996. 中国前寒武纪地壳演化(第二版). 北京:地质出版社,1-223.

陈正乐,张岳桥,陈宣华,等. 2001. 阿尔金断裂中段晚新生代走滑过程的沉积响应. 中国科学 D 辑:地球科学,31(增刊):90-96.

程裕淇(主编). 1994. 中国区域地质概论. 北京:地质出版社,1-517.

邓晋福,吴宗絮,赵国春,等. 1999. 华北地台前寒武纪花岗岩类、陆壳演化与克拉通形成. 岩石学报,15(2):190-198.

段吉业,葛肖虹. 1992. 论塔里木-扬子板块及其古地理格局. 长春地质学院学报,22(3):260-268.

方大钧,郭亚滨,王兆粱,等. 1988. 山西宁武盆地三叠纪、侏罗纪古地磁结果的构造意义. 科学通报,33(2):133-135.

冯益民. 1995. 北祁连蛇绿岩的地球化学研究. 岩石学报,11(蛇绿岩专辑):125-146.

甘肃省地质矿产局. 1989. 甘肃省区域地质志. 北京:地质出版社,1-691.

高锐,王海燕,张中杰,等. 2011. 切开地壳上地幔,揭露大陆深部结构与资源环境效应——深部探测技术实验与集成(Sino Probe-02)项目简介与关键科学问题. 地球学报,32(S1):34-48.

高振家,吴绍祖. 1983. 新疆塔里木古陆的构造发展. 科学通报,28(23):1448-1450.

葛肖虹,段吉业,李才,等. 1990. 柴达木盆地的形成与演化. 青海石油管理局、长春地质学院(内部报告):1-151.

葛肖虹,刘俊来. 2000. 被肢解的"西域克拉通". 岩石学报,16(1):59-66.

葛肖虹,刘俊来,任收麦,等. 2014. 中国东部中-新生代大地构造的形成与演化. 中国地质(1):19-28.

葛肖虹,马文璞. 2014. 中国区域大地构造学教程. 北京:地质出版社,1-466.

葛肖虹,张梅生,刘永江,等. 1998. 阿尔金断裂研究的科学问题与研究思路. 现代地质,12(3):295-301.

耿元生,王新社,沈其韩,等. 2002. 阿拉善地区新元古代晋宁期变形花岗岩的发现及其地质意义. 岩石矿物学杂志,21(4):413-420.

耿元生,王新社,沈其韩,等. 2007. 内蒙古阿拉善地区前寒武纪变质岩系形成时代的初步研究. 中国地质,34(2):251-261.

耿元生,周喜文. 2012. 阿拉善变质基底中的早二叠世岩浆热事件——来自同位素年代学的证据. 岩石学报(9):3-21.

管志宁,安玉林,吴朝钧. 1987. 磁性界面反演及华北地区深部地质结构的推断//王懋基,程家印(主编). 中国东部区域地球物理研究专集,勘查地球物理勘查地球化学文集,第 6 集. 北京:地质出版社,80-101.

何碧竹,焦存礼,蔡志慧,等. 2011. 塔里木盆地中部航磁异常带的新解译. 中国地质,38(4):961-969.

何登发,樊春,雷刚林,等. 2011. 吐格尔明背斜核部片岩的年代学与构造意义. 中国地质,38(4):809-819.

何光玉,赵庆,李树新,等. 2006. 塔里木库车盆地中生代原型分析. 地质科学,41(1):44-53. DOI:10.3321/j.issn:0563-5020.2006.01.005.

河南省地质矿产局. 1989. 河南省区域地质志. 北京:地质出版社,1-772.

黄汲清. 1960. 中国地质构造基本特征的初步总结. 地质学报,40(1):1-37.

金之钧,郑和荣,蔡立国,等. 2010. 中国前中生代海相烃源岩发育的构造-沉积条件. 沉积学报(5):875-883.

李春昱,王荃,刘雪亚,等. 1982. 亚洲大地构造图(1:8 000 000),附说明书(中文 45 页). 北京:中国地图出版社.

李海兵,杨经绥,许志琴,等. 2001. 阿尔金断裂带印支期走滑活动的地质及年代学证据. 科学通报,16(16):

1333-1338.

李京昌,金之钧. 1998. 塔里木盆地沉积剥蚀过程与油气关系. 沉积学报(1):81-86.

李俊建,沈保丰,李惠民,等. 2004. 内蒙古西部巴彦乌拉山地区花岗闪长岩质片麻岩的单颗粒锆石 U-Pb 法年龄. 地质通报,23(12):1243-1245.

李维锋,王成善,高振中,等. 2000. 塔里木盆地库车坳陷中生代沉积演化. 沉积学报,18(4):514-538.

李曰俊,孙龙德,胡世玲,等. 2003. 塔参 1 井花岗闪长岩和闪长岩的 $^{40}Ar/^{39}Ar$ 年龄. 岩石学报,19(3):530-536.

李志琛. 1994. 敦煌地块变质岩系时代新认识. 中国区域地质(2):131-134.

廖林,程晓敢,王步清,等. 2010. 塔里木盆地西南缘中生代沉积古环境恢复. 地质学报,84(8):1195-1207.

刘丽芳. 2006. 塔北隆起油气成藏体系研究. 中国地质大学(北京)博士学位论文,1-138.

刘良,车自成,王焰,等. 1998. 阿尔金茫崖地区早古生代蛇绿岩的 Sm-Nd 等时线年龄证据. 科学通报,43(8):880-883.

陆松年. 2001. 从罗迪尼亚到冈瓦纳超大陆——对新元古代超大陆研究几个问题的思考. 地学前缘,8(4):441-448.

卢衍豪. 1976. 中国奥陶纪的生物地层和古动物地理. 中国科学院南京地层古生物研究所集刊,第 7 集.

马醒华,杨振宇. 1993. 中国三大地块的碰撞拼合与古欧亚大陆的重建. 地球物理学报,36(4):476-488.

马中平,李向民,徐学义,等. 2011. 南阿尔金清水泉镁铁-超镁铁质侵入体 La-ICP-MS 锆石 U-Pb 同位素定年及其意义. 中国地质,38(4):1071-1078.

穆恩之. 1983. 中国奥陶纪生态地层的类型与生物地理区. 古生物基础理论丛书编委会编. 中国古生物地理区系. 北京:科学出版社,16-31.

宁夏回族自治区地质矿产局. 1990. 宁夏回族自治区区域地质志. 北京:地质出版社,1-522.

彭润民,翟裕生,王建平,等. 2010. 内蒙新元古代酸性火山岩的发现及其地质意义. 科学通报,55(26):2611-2620.

乔秀夫,高林志,张传恒. 2007. 中朝板块中、新元古界年代地层柱与构造环境新思考. 地质通报,26(5):503-509.

乔秀夫,王彦斌. 2014. 华北克拉通中元古界底界年龄与盆地性质讨论. 地质学报,88(9):1623-1637.

全国地层委员会. 2000. 中国地层指南及中国地层指南说明书. 北京:地质出版社,1-59.

全国地层委员会. 2002. 中国区域年代地层(地质年代表)说明书. 北京:地质出版社,1-72.

任纪舜,陈廷愚,牛宝贵,等. 1990. 中国东部及邻区大陆岩石圈的构造演化与成矿. 北京:科学出版社,1-205.

任纪舜,王作勋,陈廷愚,等. 2000. 从全球看中国大地构造——中国及邻区大地构造图简要说明. 北京:地质出版社,1-50.

沈其韩,耿元生,王新社,等. 2005. 阿拉善地区前寒武纪斜长角闪岩的岩石学、地球化学、形成环境和年代学. 岩石矿物学杂志,24(1):21-31.

史美良. 1987. 阿拉善地区地质构造问题的几点认识. 中国区域地质(3):268-273.

谭永杰. 1992. 鄂尔多斯盆地南缘构造变形及其演化. 中国矿业大学北京研究生部博士学位论文,1-145.

万天丰. 2011a. 中国大地构造学. 北京:地质出版社,1-497.

万天丰. 2011b. 论碰撞作用时间. 地学前缘,18(3):48-56.

万天丰,王亚妹,刘俊来. 2008. 中国东部燕山期和四川期岩石圈构造滑脱与岩浆起源深度. 地学前缘,15(3):1-35.

万天丰,赵庆乐. 2012. 中国东部构造-岩浆作用的成因. 中国科学 D 辑:地球科学,42(2):155-163.

王鸿祯. 1979. 亚洲地质构造发展的主要阶段. 中国科学 A 辑:数学,22(12):1187-1197.

王涛,张磊,郭磊,等. 2014. 亚洲中生代花岗岩图初步编制及若干研究进展. 地球学报(6):655-666.

王同,梁园,马正,等. 2012. 塔里木盆地于奇地区中生代构造演化对沉积的控制. 大众科技,14(11):48-50.

王同和. 1995. 晋陕地区地质构造演化与油气聚集. 华北地质矿产杂志,10(3):283-398.

王亚妹,万天丰. 2008. 中国东部新生代岩石圈构造滑脱、岩浆活动和地震. 现代地质,22(2):207~229.

王云山,陈基娘. 1987. 青海省及毗邻地区变质地带与变质作用. 中华人民共和国地质矿产部地质专报第6号. 北京:地质出版社.

王泽九,黄枝高,姚建新,等. 2014. 中国地层表及说明书的特点与主要进展. 地质学报,35(3):271-276.

邬光辉,李浩武,徐彦龙,等. 2012. 塔里木克拉通基底古隆起构造-热事件及其结构与演化. 岩石学报,28(8):2435-2452.

吴福元,徐义刚,高山,等. 2008. 华北岩石圈减薄与克拉通破坏研究的主要学术争论. 岩石学报,24:1145-1174.

吴根耀,李曰俊,王国林,等. 2006. 新疆西部巴楚地区晋宁期的洋岛火山岩. 现代地质,20(3):361-369.

吴泰然,刘树文,张臣. 2008. 华北地台北缘中段中新元古代地块的pTt轨迹及构造演化研究. 地球科学,23(5):487-492.

伍家善,耿元生,沈其韩,等. 1998. 中朝古大陆太古宙地质特征及构造演化. 北京:地质出版社,1-212.

夏林圻,夏祖春,许学义. 1995. 北祁连山构造-火山岩浆演化动力学. 西北地质科学,16(1):1-28.

辛后田,赵凤清,罗照华,等. 2011. 塔里木盆地东南缘阿克塔什塔格地区古元古代精细年代格架的建立及其地质意义. 地质学报(12):17-33.

徐黎明,周立发,张义楷,等. 2006. 鄂尔多斯盆地构造应力场特征及其构造背景. 大地构造与成矿学(4):455-462.

徐勇航,赵太平,彭澎,等. 2007. 山西吕梁地区元古界小两岭组火山岩地球化学特征及其地质意义. 岩石学报,23(5):1123-1132.

徐忠美. 2011. 塔里木盆地塔中地区奥陶系油气成藏体系及资源潜力. 中国地质大学(北京)博士学位论文,1-126.

许志琴,徐惠芬,张建新,等. 1994. 北祁连走廊南山加里东俯冲杂岩增生地体及其动力学. 地质学报,68(1):1-15.

许志琴,杨经绥,张建新. 1999. 阿尔金断裂两侧构造单元的对比及岩石圈剪切机制. 地质学报,73(3):193-205.

杨经绥,孟繁聪,张建新,等. 2001. 重新认识阿尔金断裂东段红柳峡火山岩的时代及构造意义. 中国科学D辑:地球科学,31(增刊):83-89.

杨鑫,徐旭辉,钱一雄,等. 2014. 塔里木盆地基底组成的区域差异性探讨. 大地构造与成矿学,38(3):544-556.

翟明国. 2004. 华北克拉通2.1~1.7 Ga地质事件群的分解和构造意义探讨. 岩石学报,20(6):1343-1354. DOI:10.3321/j.issn:1000-0569.2004.06.004.

翟明国. 2007. 华北克拉通古元古代构造事件. 岩石学报,23(11):2665-2682.

翟明国. 2010. 地球的陆壳是怎样形成的——神秘而有趣的前寒武纪地质学. 自然杂志,32(3):126-129.

翟明国,卞爱国. 2000. 华北克拉通新太古代末超大陆拼合及古元古代末-中元古代裂解. 中国科学D辑:地球科学,30(Z1):129-137.

翟明国,郭敬辉,李忠,等. 2007. 苏鲁造山带在朝鲜半岛的延伸:造山带、前寒武纪基底以及古生代沉积盆地的证据与制约. 高校地质学报,13(3):415-428.

张本仁,韩咏文,许继峰,等. 1998. 北秦岭新元古代前属于扬子板块的地球化学证据. 高校地质学报,4(4):369-382.

张传林,李怀坤,王洪燕. 2012. 塔里木地块前寒武纪地质研究进展评述. 地质论评,58(5):923-936.

张国伟,张本仁,袁学诚,等. 2001. 秦岭造山带与大陆动力学. 北京:科学出版社,1-855.

张宏福. 2009. 橄榄岩-熔体相互作用:克拉通型岩石圈地幔能够被破坏之关键. 科学通报,54:2008-2026.

张华锋,罗志波,周志广,等. 2009. 华北克拉通中北部古元古代碰撞造山时限:来自强过铝花岗岩和韧性剪切时代的制约. 矿物岩石(1):62-69.

张建新,许志琴,陈文,等. 1997. 北祁连中段俯冲-增生杂岩/火山弧的时代探讨. 岩石矿物学杂志,16(2):112-119.

张建新,张泽明,许志琴,等. 1999a. 阿尔金构造带西段榴辉岩的 Sm-Nd 及 U-Pb 年龄——阿尔金构造带中加里东期山根存在的证据. 科学通报,44(10):1109-1112.

张建新,张泽明,许志琴,等. 1999b. 阿尔金西段孔兹岩系的发现及岩石学、同位素年代学初步研究. 中国科学 D 辑:地球科学,4:11-18.

张建新,李怀坤,孟繁聪,等. 2011. 塔里木盆地东南缘(阿尔金山)"变质基底"记录的多期构造热事件:锆石 U-Pb 年代学的制约. 岩石学报,25(1):25-48.

张进,李锦轶,刘建峰,等. 2012. 早古生代阿拉善地块与华北地块之间的关系:来自阿拉善东缘中奥陶统碎屑锆石的信息. 岩石学报,28(9):2912-2934.

张旗,陈雨,周德进,等. 1998. 北祁连大岔大坂蛇绿岩的地球化学特征及其成因. 中国科学 D 辑:地球科学,28(1):30-34.

张一伟,金之钧,刘国臣,等. 2000. 塔里木盆地环满加尔地区主要不整合形成过程及剥蚀量研究. 地学前缘,7(4):449-457.

赵华,孟万斌,田景春,等. 2011. 塔里木盆地库车坳陷古近纪沉积相与沉积演化特征. 四川地质学报,31(2):137-141.

赵靖舟,李启明,王清华,等. 2004. 塔里木盆地大中型油气田形成及分布规律. 西北大学学报:自然科学版,2:93-98.

赵太平,翟明国,夏斌,等. 2004. 熊耳群火山岩锆石 SHRIMP 年代学研究:对华北克拉通盖层发育初始时间的制约. 科学通报,49(22):2342-2349.

周红英,莫宣学,李俊建,等. 2007. 内蒙古阿拉善庆格勒图黑云斜长片麻岩的单颗粒锆石 U-Pb 法年龄. 矿物岩石地球化学通报,126(3):221-223.

朱光,胡召齐,陈印,等. 2008. 华北克拉通东部早白垩世伸展盆地发育过程对克拉通破坏的指示. 地质通报,27:1594-1604.

朱日祥,徐以刚,朱光,等. 2012. 华北克拉通的破坏. 中国科学 D 辑:地球科学,42(8):1135-1159.

Cohen K M, Finney S, Gibbard P L. 2013. International Chronostratigraphic Chart, International Commission on Stratigraphy, 2013/01. http://www.stratigraphy.org/CSchart/ChronostratChart2013-01. pdf.

Gao L Z, Zhang C H, Liu P J, et al. 2009. Reclassification of the Meso-Neoproterozoic chronostratigraphy of North China by SHRIMP zircon ages. Acta Geologica Sinica, 83(6):1074-1084.

Guan H, Sun M, Wilde S A, et al. 2002. SHRIMP U-Pb zircon geochronology of the Fuping Complex: implications for formation and assembly of the North China craton. Precambrian Research, 113:1-18.

He Y H, Zhao G C, Sun M, et al. 2009. SHRIMP and LA-ICP-MS zircon geochronology of the Xiong'er volcanic rocks: implications for the Paleo-Mesoproterozoic evolution of the southern margin of the North China Craton. Precambrian Research, 168:213-222.

Huang B C, Yang Z Y, Otofuji Y, et al. 1999. Early Paleozoic paleomagnetic poles from the western part of the North China Block and their implications. Tectonophysics, 308:377-402.

Huang T K(Jiqing). 1945. On the Major Structural Forms of China(in English with Chinese summary of 11 pages). Geological Memoirs, ser. A, 20:1-165.

Kim J and Cho M. 2003. Low-presure metamorphism and Leucogranite magmatism, northeastern Yeongnam Massif, Korea: implication for Paleoproterozoic crustal evolution. Precambrian Research, 122:235-251.

Kwon Y W, Oh C W, Kim H S. 2003. Granulite-facies metamorphism in the Punggi area, northeastern Yeongnam Massif, Korea and its tectonic implications for east Asia. Precambrian Research, 122:253-273

Lee S R, Cho M, Cheong C S, et al. 2003. Age, geochemistry, and tectonic significance of Neoproterozoic alkaline granitoids in the northwestern margin of Gyeonggg massif, South Korea. Precambrian Research, 122:297-310.

Li Z X, Cho M, Li X H. 2003. Precambrian tectonics of East Asia and relevance to supercontinent evolution. Precambrian Research, 122: 1-6.

Liu S W, Pan P M, Li J H, et al. 2002. Geological and isotopic geochemical constrains on the evolution of the Fuping Complex, North China Craton. Precambrian Research, 117: 41-56.

Oh C W. 2006. A new concept on tectonic correlation between Korea, China and Japan: histories from the Late Proterozoic to Cretaceous. Gondwana Research, 9: 47-61.

Oh C W, Kim S W, Choi S G, et al. 2005. First finding of eclogite facies metamorphic event in South Korea and its correlation with the Dabie-Sulu collision belt in China. The Journal of Geology, 113: 226-232.

Santosh M, Sajeev K, Li J H. 2006. Extreme crustal metamophism during Columbia supercontinent assembly: evidence from North China Craton. Gondwana Research, 10: 256-266.

Wan T F. 2011. The Tectonics of China—Data, Maps and Evolution. Beijing, Dordrecht Heidelberg, London and New York: Higher Education Press and Springer, 1-501.

Wan T F and Hao T Y. 2010. Mesozoic-Cenozoic tectonics of the Yellow Sea and oil-gas exploration. Acta Geologica Sinica, 84(1): 77-90.

Wan T F and Zeng H L. 2002. The distinctive characteristics of the Sino-Korean and the Yangtze Plates. Journal of Asian Earth Sciences, 20(8): 881-888.

Wan T F and Zhao Q L. 2012. The genesis of tectono-magmatism in eastern China. Science China, Earth Science, 55 (3): 347-520.

Wang H Z and Qiao X F. 1984. Proterozoic stratigraphy and tectonic framework of China. Geological Magazine, 121(6): 599-641.

Wang H Z and Mo X X. 1995. An outline of the tectonic evolution of China. Episodes, 18(1-2): 6-16.

Wang H Z, Li X, Mei S L, et al. 1997. Pengean cycles, earth rhythms and possible earth expansion. //Wang H Z, Jahn Borming, Mei S H(eds). Origin and histry of the earth. Proc. 30th Intern. Geol. Congr., 1: 111-128. VSP, Utrecht, The Netherland.

Wang Y J, Fan W M, Zhang Y, et al. 2003. Structural evolution and $^{40}Ar/^{39}Ar$ dating of the Zanhuang metamophic domain in the North China Craton: constrains on Paleoproterozoic tectonothermal overpringting. Precambrian Research, 122: 159-182.

Wilde SA, Cawood P A, Wang K, et al. 2004. Determining Precambrian crustal evolution in China: a case-study from Wutaishan, Shanxi Province, demonstrating the application of precise SHRIMP U-Pb geochro-nology. In Malpas J. et al. (eds.) Aspects of the Tectonic Evolution of China. London: The Geological Society. Special Publication, 226: 5-26.

Wilde S A, Zhao G C, Sun M. 2002. Development of the North China Craton during the Late Archaean and its final amalgamation at 1.8 Ga: some speculations on its position within a global Paleoproterozoic supercontinent. Gondwana Research, 5: 85-94.

Xia X P, Sun M, Zhao GC, et al. 2006. LA-ICP-MS U-Pb geochronology of detrial zircons from the Jining Complex, North China Craton and its tectonic significance. Precambrian Research, 144: 199-212.

Zhang J X, Mattinson C G, Meng F C, et al. 2009. U-Pb geochronology of paragneisses and metabasite in the Xitieshan area, north Qaidam Mountains, western China: constraints on the exhumation of HP/UHP metamorphic rocks. Journal of Asian Earth Sciences, 35: 245-258.

Zhang J X, Yang J S, Xu Z Q, et al. 2000. U-Pb and Ar-Ar ages of eclogites from the northern margin of the Qaidam basin, northwestern China. Journal of the Geological Society of China(Taiwan), 43(1): 161-169.

Zhao G C. 2007. When did plate tectonics begin on the North China craton? Insights from metamorphism. Earth Science Frontiers(China University of Geosciences, Beijing; Peking University), 14(1): 19-32.

Zhao G C. 2014. Precambrian Evolution of the North China Craton. Amsterdam: Elsevier, 1-194.

Zhao G C. 2001. Paleoproterozoic assembly of the North China craton. Geological Magazine, 138: 87-91.

Zhao G C, Sun M, Widle S A. 2004. Late Archaean to Paleoproterozoic evolution of the Trans-North China Orogen: in slights from synthesis of existing data of the Hengshan-Wutai-Fuping belt. In Malpas, J. et al. (eds.) Aspects of the Tectonic Evolution of China. London: The Geological Society. Special Publication, 226: 27-56.

Zhao G C, Sun M, Widle S A, et, al. 2005. Late Archean to Paleoproterozoic evolution of the North China Craton: key issues revisited. Precambrian Research, 137: 149-172.

Zhao G C, Wilde S A, Cawwod P A, et al. 1998. Thermal evolution of Archaean basement rocks from the eastern part of the North China Craton and its bearing on tectonic setting. International Geological Review, 40: 706-721.

Zhao G C, Wilde S A, Cawood P A, et al. 2002. SHRIMP U-Pb zircon ages of the Fuping Complex: implications for accretion and assembly of the North China Craton. American Journal of Science, 302: 191-226.

Zhu W B, Zheng B H, Shu L S, et al. 2011. Neoproterozoic tectonic evolution of the Precambrian Aksu blueschist terrane, northwestern Tarim, China: Insights from LA-ICP-MS zircon U-Pb ages and geochemical data. Precambrian Research, 185(3-4): 215-230.

2.4　扬子构造域

扬子构造域(图 2-18)包括:扬子-西南日本板块[22]、皖南-赣东北-雪峰山-滇东新元古代碰撞带[23]、秦岭-大别-胶南-飞驒外带三叠纪增生碰撞带(250~200 Ma)[24]、绍兴-十万大山中三叠世碰撞带(250~237 Ma)[25]、华夏板块[26]、东兴都库什-喀喇昆仑-北羌塘板块-印支板块[27]、中国南海新生代断陷盆地[28]、巴拉望-沙捞越-曾母暗沙地块[29]、西兴都库什-帕米尔-昆仑晚古生代-三叠纪增生碰撞带(360~200 Ma)[30]和金沙江-红河三叠纪碰撞带(252~201 Ma)[31]等构造单元。上述各地块的统一结晶基底形成时期可分为两个时期:新元古代中期(~850 Ma):扬子-西南日本板块、东兴都库什-北羌塘板块-印支板块;早古生代晚期(~400 Ma):华夏板块、中国南海新生代断陷盆地、巴拉望-沙捞越-曾母暗沙地块。早古生代末期在扬子板块的西北侧,东昆仑地区发生局部的碰撞作用。中国南海新生代断陷盆地和巴拉望-沙捞越-曾母暗沙地块,可能具有与华夏板块相近的结晶基底,在新生代才断陷成为以海域、洋盆为主的特征,并与华夏板块产生一定程度的分离。

至于碰撞带,除了皖南-赣东北-雪峰山-滇东一线为新元古代碰撞带(~850 Ma)[23]使南、北扬子地块拼接成一个大的扬子板块之外,扬子构造域内还有其他许多三叠纪碰撞带:秦岭-大别-胶南-飞驒外带三叠纪增生碰撞带(250~200 Ma)[24]、绍兴-十万大山中三叠世碰撞带(250 Ma,237 Ma)[25]、西兴都库什-帕米尔-东昆仑古生代-三叠纪增生碰撞带(360~200 Ma)[30]和金沙江-红河三叠纪碰撞带(250~200 Ma)[31](图 2-18,详见图 3-16)。此外,扬子构造域与冈瓦纳构造域之间的碰撞带——双湖碰撞带[32]和昌宁-孟连-清莱-中马来亚碰撞带[33],也几乎同时在三叠纪(252~201 Ma)形成,从而使南羌塘-中缅马苏板块以东与以北的亚洲大多数大陆地块都并入潘几亚(Pengea)大陆,这样 2/3 的亚洲大陆就成为潘几亚超级大陆的一部分(图 2-18,详见图 3-16)。

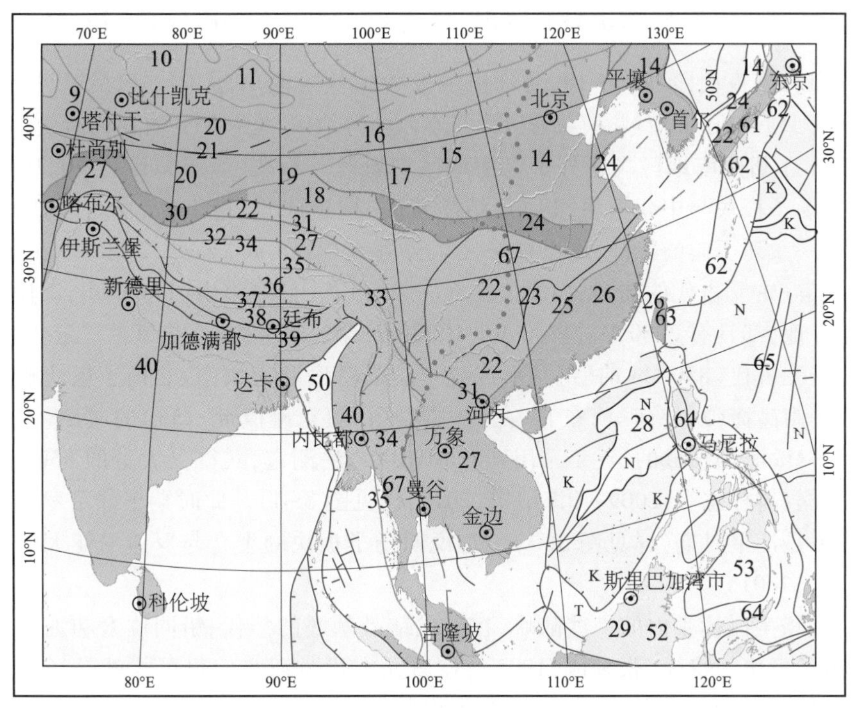

图 2-18 扬子构造域［22~31］

各构造单元名称与编号详见正文及目录。

在大别-秦岭碰撞带内的古老结晶地块内,近几十年内发现不少片麻岩穹窿(蔡学林,1965,1978;许志琴,2015,私人通讯),它们的形成与俯冲、碰撞作用无关,是古元古代以前古陆核形成时期的产物。近些年来,有一些学者将祁连早古生代碰撞带、秦岭-大别三叠纪碰撞带和东昆仑三叠纪碰撞带合在一起,称之为“中央造山带”。这是殷鸿福等(1998)最早曾提出的,而后被中国地质调查局有关单位所常用。其实,这三个碰撞带是存在明显差异的。NW 走向的祁连碰撞带仅发育在早古生代,它在甘南地区被西秦岭构造带所切断;北秦岭和东昆仑在早古生代仅存在局部的洋陆俯冲的现象,秦岭和东昆仑是在三叠纪发生陆陆碰撞的,并且两者并不直接相连。近东西走向的西秦岭可一直延伸到青海东部的都兰以东地区。而东昆仑碰撞带则展布在青海省柴达木地块的南缘。硬是要将这三条展布位置比较接近、但不同时形成的碰撞带,当作一条巨大的“中央造山带”,其实科学意义不大,没有必要,也不符合客观事实。

三叠纪亚洲大陆的大规模增生是与东特提斯洋大幅度向北扩张有关的。三叠纪是亚洲大陆大规模扩展和增生的主要时期,而此时在西半球,潘几亚大陆却正开始张裂,形成原始的大西洋盆(Wan,2011;详见图 3-19)。亚洲大陆在三叠纪大规模碰撞的同时,也使扬子的各板块内部发育较广泛的板内变形(详见图 3-17)。

此后,在扬子构造域内,各构造单元在侏罗纪以后的构造演化,就都经历了活动特征与强度各不相同的另外五个板内变形期(详见图 3-23,图 3-25,图 3-31,图 3-33,图 3-35),其活动特征将在本书第 3 部分中一并阐述。

2.4.1 扬子-西南日本板块(~850 Ma,Yangtze-Southewest Japan Plate)[22]

扬子-西南日本板块(见图 2-18,简称扬子板块),从西向东,大体上包括了可可西里-巴颜喀拉山-甘孜-阿坝-扬子江流域、南黄海以及日本西南等地区,是一个受后期构造变形影响很大的残留板块。日本本州西南地区飞驒外带以南地区均属扬子板块(Yoshikura et al.,1990;Osozawa,1994,1998)。扬子板块与中朝板块[14]从结晶基底、构造演化、古生物、古地理、区域地球化学等方面都具有一系列不同的特征,可以很好地区分开来(Wan and Zeng,2002)。在扬子板块内,存在一些太古宙-古元古代的陆核,如康滇交界一带,点苍山-哀牢山(Liu et al.,2013),贵州梵净山,鄂西黄陵等地,都具有 2500 Ma,1800 Ma,1000 Ma 等多期次构造-热事件。近年来,有大量测试数据表明:新元古代(850 Ma 前后)是形成统一结晶基底和完成南、北扬子板块拼合的主要时期,也即形成江南碰撞带(皖南-赣东北-九岭-雪峰山-滇东碰撞带[23])的时期(过去认为主要是在距今 1000 Ma 时期形成的,近年来用锆石 SHRIMP 法测定,获得了大量的 850 Ma 左右碰撞作用的年龄数据;高林志等,2009;孙海清等,2012;详见图 3-4)。此时期正好是罗迪尼亚大陆的离散时期,而不是汇聚时期(详见图 3-3)。这说明扬子板块的聚合与罗迪尼亚大陆演化过程并不同步(陆松年,2001)。

秦岭-大别增生碰撞带内的一些陆块,在形成结晶基底的年代、铅同位素和地球化学特征等方面均具有扬子板块的特征(张理刚,1995),在新元古代时期它们很可能就是扬子板块的一部分(详见图 3-4)。华夏板块[25]在新元古代也曾与扬子板块发生不太牢靠的拼合(水涛等,1986),但是根据古生代的古地磁、变质作用和构造线方向等的不同,笔者(Wan,2011)认为早古生代时期它们两者又处在离散的状态,虽然相距较近,位于同一个气候带内(详见第 3 部分的有关内容及图 3-6 至图 3-8,图 3-10 至图 3-12)。

扬子板块的中心参考点在寒武纪时位于南纬 11°,地块的长轴为近于南北向(详见图 3-6),以后逐渐向北运移,并使地块的长轴逐渐转动成为近于东西向的(详见图 3-7,图 3-8,图 3-10,图 3-11),到二叠纪晚期到达赤道附近(详见图 3-12),中三叠世到达北纬 18°(详见图 3-15),晚三叠世到达北纬 27°附近,并发生与中朝板块的碰撞,这才形成与现今比较接近的分布位置与形状(详见图 3-16)。以后地块还有幅度较小的位移与转动,才逐步到达现今的位置(详见图 3-20,图 3-24,图 3-27,图 3-31,图 3-33;Wan,2011;Wan and Zhu,2011)。

北扬子的西北缘、东昆仑地区,孟繁聪等(2015,私人通讯)认为:在早古生代可能发生扬子板块向柴达木地块之下俯冲的构造事件,其花岗岩侵入的同位素年龄在 445~382 Ma 之间(青海地调院 2003 年内部资料),此类花岗岩到底是属于岛弧花岗岩,还是板内岩浆活动尚有待进一步研究。

南扬子地区(湘中、广西和滇东)在早古生代晚期,形成了具有特征性的、褶皱轴向为近东西向(以现代磁北方位为准)的板内变形(过去均称之为广西运动,Guangxi movement,最初是由丁文江于 1929 年在中国地质学会第 6 届年会上的理事长讲话中提出的),代表在华南南部(湘中、广西和滇东地区)普遍存在的泥盆系与其下伏地层之间的不整合所指示的一次构造事件,在早、晚古生代地层之间显示为角度不整合的接触关系。而北扬子地区的大部分地段,则基本不存在此类板内变形(图 2-19;详见表 2-1),早、晚古生代地层之间基本上是整合接触或局部的平行不整合接触。只是在其北部边缘地区才有一些局部的构造变形,并出现角度不整合的现象。

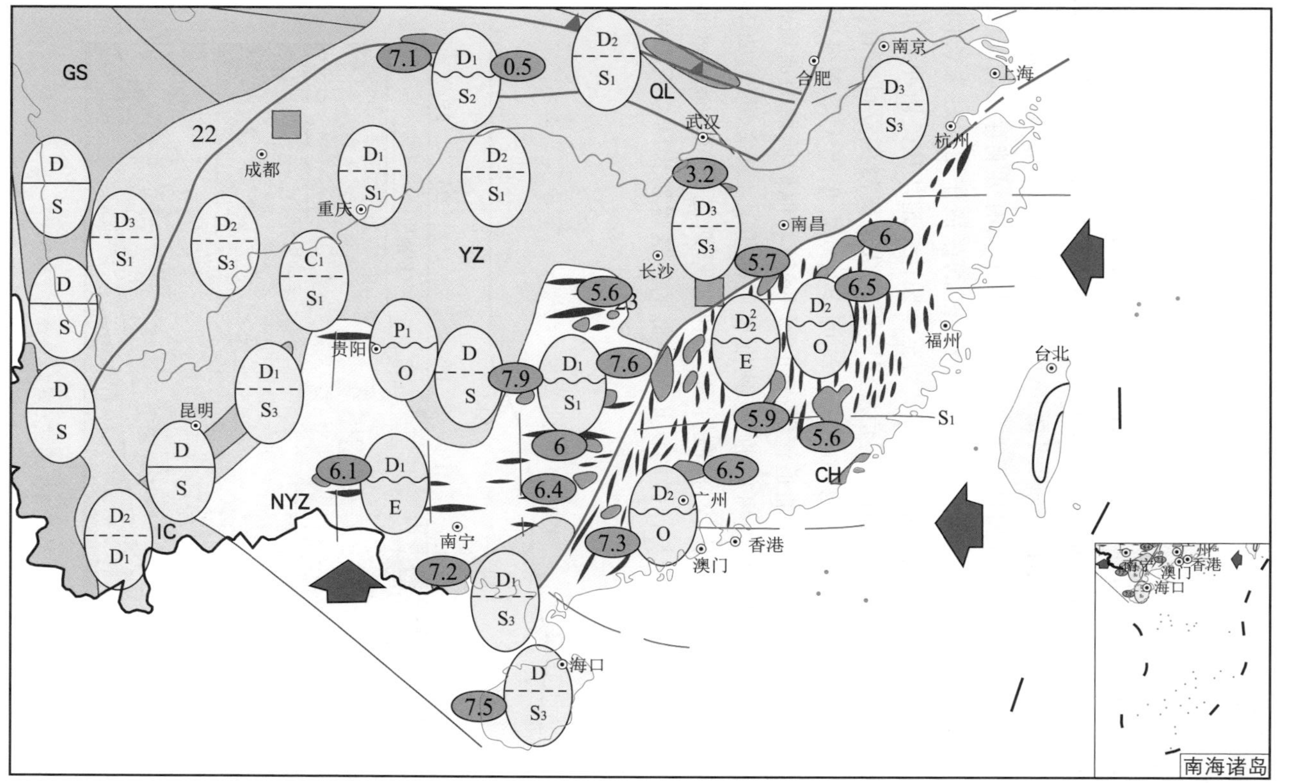

图 2-19 扬子与华夏板块早古生代晚期构造略图

蓝色椭圆形：下古生界顶部地层接触关系，地层代号采用国际通用的符号，波折线示角度不整合，虚线示平行不整合，直线示整合；浅绿色区：平行不整合地层接触关系分布区；深绿色区：整合地层接触关系分布区；浅黄色区：角度不整合地层接触关系分布区；黑色短线段：褶皱轴迹，仅示背斜（数据见 Wan，2011a）；红色点画线：最大主压应力（σ_1）迹线；深粉红色块体：祁连期花岗质侵入岩体；大红色箭头：板块运动方向；墨绿色椭圆及数字：板内变形速度，由岩石化学资料推断，“-”为扩张速度，其余为缩短速度，单位：cm/yr（数据见 Wan，2011a）；大红色粗线条：板块分界线（包含洋壳）、早古生代晚期断层带及其编号（土黄色方框内，22 为秦岭-龙门山断层带；23 为绍兴-云开大山可能存在的洋壳分布带）。

构造单元划分：YZ—扬子板块（包括 GS.甘孜-松潘地块；NYZ.南扬子地块）；CH—华夏板块；QL—秦岭-大别增生碰撞带；IC—印支板块等。各板块的位置与界线，未做构造复原。

三叠纪时期扬子-西南日本板块向北与中朝板块[14]发生碰撞,形成秦岭-大别-胶南-飞驒外带增生碰撞带[24](详见图 3-15,图 3-16),使扬子板块并入潘几亚大陆。由于几乎同时还发生西兴都库什-帕米尔-昆仑[30]、金沙江[31]、双湖[32]、昌宁-孟连-中马来亚[33]和绍兴-十万大山[24]等碰撞带,因而,在扬子板块内部和中朝板块的东部普遍发生三叠纪的板内变形和岩浆活动,中元古代-三叠纪的沉积地层均受此期褶皱的影响,褶皱轴向以近东西向为主(以现代此方位为准),由于受力与地层强度的不均匀,常可形成近东西的弧形构造带(其大型的,如淮阳弧与广西弧,详见图 3-17)。

晚二叠世-三叠纪时期,扬子板块主体部分与其西部的东昆仑-可可西里-巴颜喀拉山-甘孜地块之间发生张裂,晚二叠世(260 Ma)东昆仑东部地区尚有活动大陆边缘伸展环境下形成的花岗闪长岩体侵入(罗明非等,2015)。三叠纪东昆仑-可可西里-巴颜喀拉山-甘孜地块沉陷,形成较广阔的海域,大面积地发育了厚度较大的大陆斜坡相复理石沉积,其下则有可能存在大洋沉积(赵文津等,2014)。而在三叠纪末期,在东昆仑的北缘发生了较强烈的碰撞作用。过去长期以来,一直认为东昆仑山是一条早古生代和三叠纪的碰撞带,以为至今柴达木地块还是俯冲到东昆仑山之下的。但是从现状来看,则是一条向北倾斜的、高角度正断层。从地震测深资料来看(赵文津等,2014;图 2-20),中地壳内的蓝色层(V_p=6.2~6.3 km/s)可能为晚古生代大洋壳变质而成的韧性变形带。Karplus 等(2011)曾认为它是"通道流"(channel flow)。他们所谓的通道流,不是说有流体在流动,而是固态的韧性变形(P 波可以通过,速度也可测得)。赵文津等(2014)把它推断为古大洋沉积物的变质产物,可能是比较合理的。这与阿尔卑斯之下(Cavazza et al., 2004),东亚陆壳之下(万天丰,2011)存在洋壳与洋幔的认识是类似的。这说明大陆岩石圈的结构远比大洋岩石圈复杂。

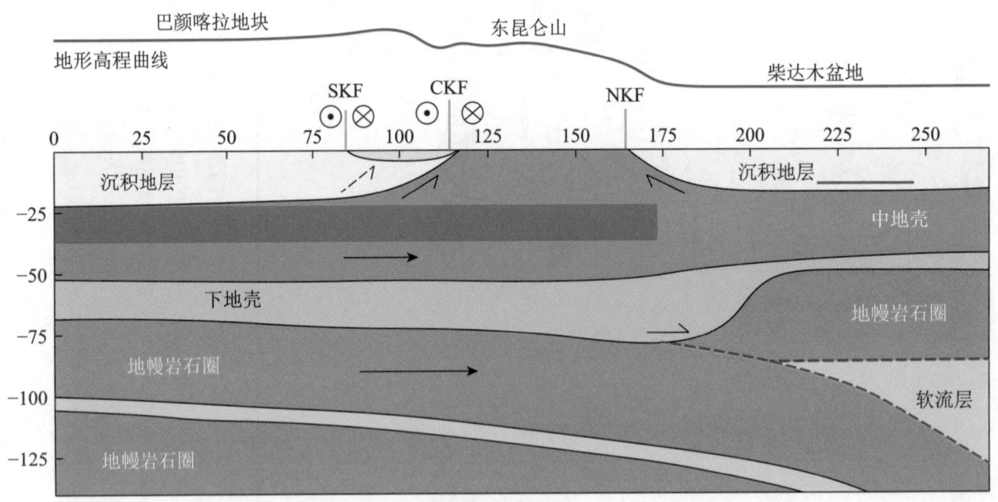

图 2-20　东昆仑汇聚构造带深部结构模式(据赵文津等,2014)

蓝色层,V_p=6.2~6.3 km/s,推断为晚古生代大洋壳变质而成的韧性带。

看来,如果在东昆仑存在汇聚作用的话,可能是东昆仑山-巴颜喀拉山-甘孜-阿坝的部分地块,在深部曾俯冲到柴达木地块之下。现在,根据地震测深资料,赵文津等(2014)发现:昆仑山两侧地壳内均为高角度走滑-正断层，而且断层都是壳内断层，已经不是岩石圈断层，现在也不好说是板块的边界。因而，在东昆仑附近地区，三叠纪以后发生的近南北向（以现代磁方位为准）的进一步汇聚作用，很可能是一种复杂的板内变形。尽管原来也可能曾经是岩石圈断层，但是在三叠纪以来南北缩短作用的影响下，地壳内部发生圈层的滑脱，以致改造了原来三叠纪的岩石圈断层，其踪迹难以找寻。

侏罗纪时期，轴向近南北向褶皱主要发育在扬子板块的东部（包括日本西南）和甘孜-阿坝地块（详见图 3-23）并伴随着大量岩浆侵入，白垩纪和新近纪以来的近东西向褶皱在可可西里-巴颜喀拉山一带较为强烈，其他地区的构造-岩浆活动则较为微弱（详见图 3-25，图 3-31，图 3-33）。古近纪在扬子板块的四川盆地东部和云南地区，发育很多由盖层滑脱而形成的 NNE 向褶皱与逆断层；东昆仑、可可西里与北羌塘一带则以发育近东西走向的略带走滑的正断层为特征，它们都是太平洋板块向西运移、挤压和俯冲作用及其派生作用的远程效应结果（详见图 3-31），而不大可能是印度板块向北运移、俯冲的产物。

扬子板块东部，即武陵山-滇东以东地区，中新生代较强的板内变形的特征，与东亚大陆一样，该区都具有陆壳洋幔型岩石圈，强构造-岩浆活动，并发生许多内生金属成矿作用。南、北扬子地区典型的金属成矿种类不同，可能是 850 Ma 以前它们原始陆块的地球化学性状不同所致。北扬子板块相对富集的元素为：Li（26.3×10^{-6}），Rb（$27\times10^{-6}\sim30\times10^{-6}$），Sc（$34\times10^{-6}\sim46.7\times10^{-6}$），Cu（$80\times10^{-6}\sim126\times10^{-6}$），并具有高的 Nb/Ta 值（16~25），低的 Zr/Hf 值（40），与中朝板块相比，$\sum$FeO（9.14%），MgO（5.19~6.84%），Mo（$0.3\times10^{-6}\sim0.54\times10^{-6}$）均较低。北扬子板块的 w(CaO)多为 2.5%~5%，$w(Al_2O_3)$多为 3%~5%。P 波在地壳内的传播速度略大于中朝板块的速度（6.0~8.0 km/s）。在 $\varepsilon_{Nd}-t$(Ga)图解上，中朝板块南部的 ε_{Nd}值在 20 亿年~30 亿年时期的样品中几乎稳定不变，而北扬子板块的结晶基底的 ε_{Nd}值却沿着地幔亏损演化线（DM）变化，从 2 增加到 7（张本仁等，1998；张国伟等，2001）。

北扬子地块以赋存 Fe，Cu，Au，Hg 等大型矿床为特征；而南扬子地块则以赋存 Sn，Cu，Pb，Zn，Sb 等大型矿床为主。所有扬子构造域的内生金属矿床的成矿期大多为侏罗纪-白垩纪，其次为三叠纪，均为板内变形阶段的局部拉张带成矿作用的产物。三叠纪时期区域最大主压应力方向主要为近南北向，易形成近南北向的张剪性裂隙，遂成为此时含矿流体运移和聚集的良好部位，当然也可以在近东西向逆掩断层面之下的裂隙带聚集。由于侏罗纪-早白垩世早期（200~135 Ma）在扬子板块受到的最大主压应力方向最终以 WNW 向为主，沿此方向的先存或同期裂隙就最易呈现为张剪性，成为含矿流体运移和聚集的最佳部位。而在早白垩世中期-古新世（135~56 Ma）区域最大主压应力方向以 NNE-NE 向为主，沿此方向最易形成张剪性裂隙，从而成为此时含矿流体运移和聚集的最佳部位（万天丰，2011；详见本书第 3 部分和第 4 部分）。

2.4.2 皖南-赣东北-雪峰山-滇东新元古代碰撞带（~850 Ma，South Anhui-Northeast Jiangxi-Xuefeng Mountians-Eastern Yunnan Neoproterozoic Collision Zone）[23]

新元古代（850 Ma 前后）是南、北扬子地块拼合的主要时期，也即形成皖南-赣东北-九岭-雪峰山-滇东碰撞带（见图 2-18；图 2-19；详见图 3-5 之 JN），也可称为“江南碰撞带”（即原来所谓的“江南古陆”中部和东南侧的断裂带）。过去的测年数据认为此碰撞带主要是在 1000 Ma 形成的。近年来,对碰撞期形成的变质矿物用锆石 SHRIMP 法测定,获得了大量 850 Ma 左右的年龄数据(高林志等,2008,2009,2011;Gao et al.,2009;孙海清等,2012)。

沿此带在皖南和赣东北多处发现新元古代蛇绿岩套,证明当时存在古大洋(水涛等,1986;周新民等,1989;程海,1991;杨明桂等,1994;刘伯根等,1995;唐红峰和周新民,1997)。不过,有不少学者(如 Li et al,1996;Li,1998)把新元古代形成的皖南-赣东北-九岭-雪峰山-滇东碰撞带[23](见图 2-18 之[23];详见图 3-5 之 JN)与绍兴-十万大山中三叠世(250~237 Ma)碰撞带[25](见图 2-18 之[25],图 3-5)当作同一条碰撞带(如 Li et al.,1996,2003;Li,1998;Li and Li,2007)。这种把两条不同时期形成的碰撞带混淆起来的做法,看来并不妥当,尽管这两条碰撞带相距较近,其实两者之间还夹了一个南扬子板块(见图 2-18 之[22],包括浙西北-赣东北-湘中-广西大部分地区和滇东等地)。

2.4.3 秦岭-大别-胶南-飞驒外带三叠纪增生碰撞带(250~200 Ma,Qinling-Dabie-Jiaonan-Hida Marginal Triassic Accretion Collision Zone)[24]

秦岭-大别-胶南-飞驒外带增生碰撞带(图 2-21,见图 2-18;简称秦岭碰撞带)是扬子板块[22]与中朝板块[14]之间的碰撞带。秦岭碰撞带向东经大别,被郯庐左行走滑断层所切断,延至胶南(有人称为"苏鲁"),其东端又被黄海东缘右行走滑断裂带所切断,经济州岛附近,可延伸到日本的飞驒(Hida)地块的外带(南缘)。Tsujimori 等(2000)和 Kunugiza 等(2001)在此带发现榴辉质蓝片岩,并在锆石、独居石和晶质铀矿单颗粒中用 SHRIMP,U-Th-Pb 法对角闪石、云母或用全岩 Rb-Sr 和 K-Ar 法获得了 350~300 Ma,270~210 Ma 和 210~180 Ma 等三组变质年龄数据。他们认为,270~210 Ma 的一期构造-热事件可以与大别碰撞带对比。飞驒(Hida)地块外带再向东延伸,最后被西太平洋沟弧系的日本本州岛新近纪的棚仓左行走滑断层(在日本,习惯上称之为 Tanakura Tectonic Line)所截断。棚仓左行走滑断层以东地区就属于阿留申-堪察加半岛-千岛群岛-库页岛-日本东北部新生代(~40 Ma 以来)俯冲-岛弧带[59]。

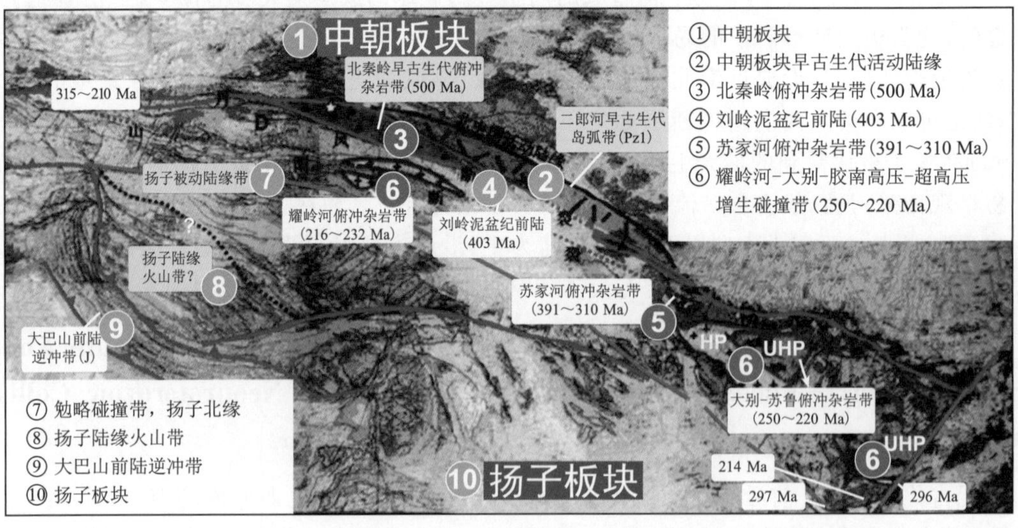

图 2-21　秦岭-大别增生碰撞带构造略图(据杨经绥,2009,经改绘)

秦岭-大别-胶南-飞驒外带增生碰撞带在新元古代和古生代一直都存在洋壳的证据(刘国惠等,1993;索书田等,1993;李曙光等,1993;张国伟等,1996,2001;杨巍然等,2000,2002),新元古代(850 Ma)时期秦岭-大别-胶南的部分地块可能与扬子板块[22]的北部地区连成一体,使它们两者具有相同的构造线方向、相似的构造样式和相近的同位素特征。在此增生碰撞带内包含了许多小的古老结晶地块,如中秦岭、武当、大别、胶南等,内含一些片麻岩穹窿(蔡学林,1965;马杏垣和蔡学林 1965;许志琴等,2015,私人通讯;图 2-21)。

从构造演化的角度来看,在早古生代此带的北部存在北秦岭(商县-丹凤)俯冲杂岩带(500~403 Ma,图 2-21 之③;其中花岗岩侵入体的同位素年龄测得 500 Ma 的数据,王涛等,2009),其北侧的小秦岭与东秦岭地区(中朝板块早古生代活动陆缘,图 2-21 之②)则属于中朝板块。在中泥盆世-早石炭世(393~323 Ma)形成了苏家河俯冲杂岩带(图 2-21 之⑤),但是没有证据可以说这两个时期中朝与扬子板块曾在此时已经发生过碰撞(杨经绥,2009)。在此带内存在许多古生代洋壳的证据,蛇绿岩套的年龄值散布在 408~264 Ma 之间,说明在这两次俯冲作用之间或之后,洋壳仍未消失(张国伟等,1996)。

在秦岭-大别-胶南-飞驒外带增生碰撞带的南界,即勉县-略阳-耀岭河-大别-胶南高压-超高压增生碰撞带(图 2-21 之⑦,扬子板块北缘;张国伟等,1996;董云鹏等,1999,2002),初始碰撞年龄应该在 264 Ma 与 240 Ma 之间,约为 250 Ma,完成碰撞的时间则在 220~210 Ma,即主要是在三叠纪形成的(李曙光等,1996,1997,2001)。尽管此时其南北两侧中朝与扬子板块的古地磁磁极还不能完全重合,说明此后地壳仍有转动与滑移。总之,经过近 30 年的研究,多数学者都认为秦岭-大别-胶南-飞驒外带增生碰撞带是一个经历过多次汇聚而成的、中朝与扬子板块之间的增生型碰撞带(图 2-21,见图 2-18)。秦岭-大别增生碰撞带是以勉县-略阳-耀岭河-大别-胶南高压-超高压碰撞带(图 2-21 之⑦,也称扬子被动陆缘带)为南界(最近有学者认为:勉县-略阳-耀岭河-大别-胶南带的中部是切过武当地块的,即其界线在武当地块的中部通过;王宗起,2015,私人通讯),此界线以南的扬子陆缘火山带(图 2-21 之⑧)和大巴山前陆逆冲带(图 2-21 之⑨)则均应属于扬子板块(杨经绥,2009)。曾经有不少学者(如黄汲清,1960;Li,1998;任纪舜等,2000)认为此带是从胶南直接延伸到朝鲜半岛中部的临津江一带,并认为朝鲜半岛南部为扬子板块的一部分。但是,在临津江一带,至今未发现任何碰撞作用造成的高压、超高压变质岩或其他碰撞证据(翟明国,2007)。另外,此带南北两侧的统一结晶基底形成时代相同(1600 Ma),元古宙、古生代与中生代的生物地层发育与构造-岩浆活动特征均十分相近,而与扬子板块则很不相同。因而,上述这种假设难以成立(Wan and Zeng,2002;翟明国,2007)。

现在唯一留存的争议问题是在朝鲜半岛南部近年来发现了一些新元古代(1000~850 Ma)花岗质岩石的同位素年龄(Li and Li,2003)。可是,在中朝板块的北部边缘地区也早已发现许多新元古代的构造-热事件(吴泰然,1998;耿元生等,2002,2007),它们是与板块边缘张裂作用相关的岩浆活动,不是结晶基底形成时期的产物。因而,不能因为在朝鲜半岛南部发现一些新元古代(1000~850 Ma)花岗质岩石的同位素年龄就说朝鲜半岛的南部属于扬子板块。

三叠纪晚期在地表附近,大别-胶南构造带之间,被左行走滑的郯庐断裂带切断,向北错动了大约 300 多千米,而在黄海东缘被右行走滑断裂带又向南错动了 300 多千米,使得此增生碰撞带延展到韩国的济州岛附近(图 2-22)和日本的飞驒外带(Tsujimori et al.,2000;Kumugiza et al.,

2001;见图 2-18)。近年来,在朝鲜半岛南部的西海岸发现呈 NNE 向展布的榴辉岩残片,它们可能是近南北向黄海东缘右行走滑断裂将碰撞带内的高压变质岩片错动到该地的结果(Oh et al.,2005;Oh,2006;翟明国等,2007;Wan and Hao,2010;Chang,2015),而绝不能说整个朝鲜半岛南部都是碰撞带或者是属于扬子板块。

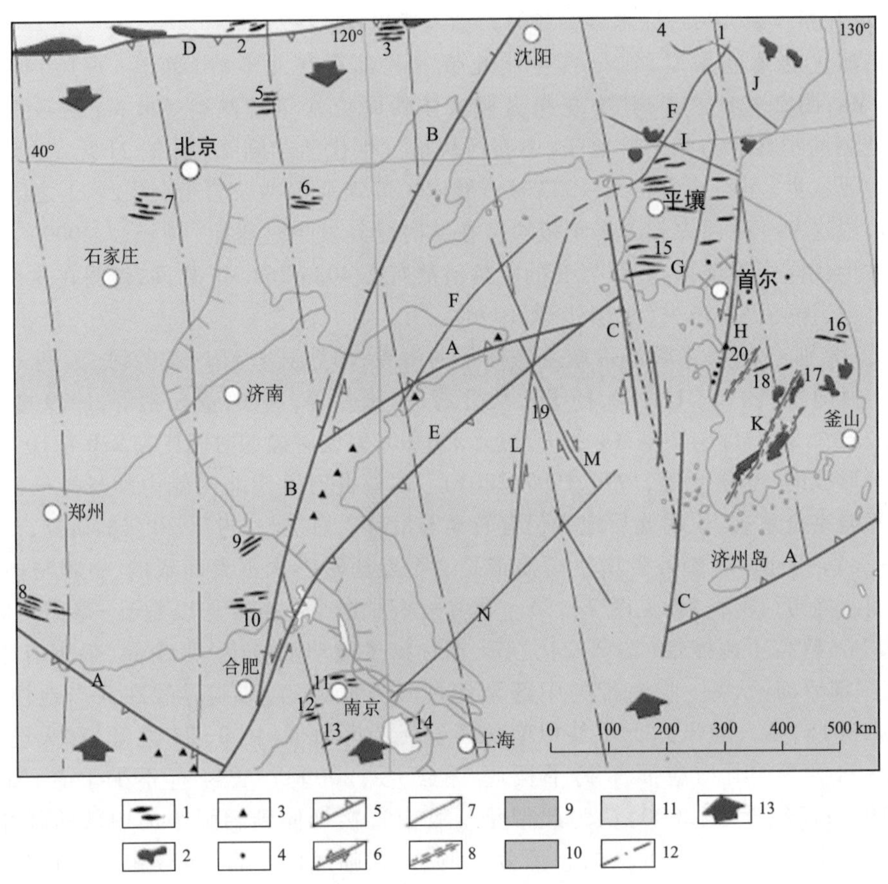

图 2-22　秦岭-大别-胶南三叠纪碰撞带在黄海的表现(据 Wan and Hao,2010)

1—褶皱;2—花岗岩体;3—超高压岩石与榴辉岩;4—小花岗岩体;5—碰撞带或逆掩断层;6—正-走滑断层;7—区域性断层;8—韧性剪切带;9—扬子板块[22];10—中朝板块[14];11—兴安岭-天山碰撞带;12—最大主压应力迹线;13—地壳缩短方向。图中的数字 1~20,为古应力资料统计地点序号(原始数据见 Wan and Hao,2010)。断层名称:A—大别-胶南-济州岛碰撞带[24];B—郯城-庐江左行走滑-正断层;C—黄海东缘右行雁列断层系;D—中朝板块北缘逆掩断层;E—响水河逆掩断层;F—清川江(Chengcengang)-烟台-胶州湾断层;G—开城-长津(Kaesong-Zhangjin)断层;H—水原-元山(Suwon-Wonsan)断层;I—狼林(Rangrim)地块南缘断层;J—狼林(Rangrim)地块北缘断层;K—湖南(Honam)韧性剪切带;L—NNE 向南黄海中央共轭断层西支;M— NNW 向南黄海中央共轭断层东支;N—靖江-勿南沙断层。

尽管此带在三叠纪完成了中朝与扬子板块之间的碰撞作用,但并不等于此带从此就固定不动或不再变形。侏罗纪时期,中国东部陆壳发生转动(详见图 3-21,图 3-23),此带受到 WNW 向最大主压应力的作用,使 WNW 向的断层或裂隙带在多处发生张裂,产生 WNW 向的走滑及其派生的次级构造变形,并形成许多金属矿床(详见图 3-23)。白垩纪时期又使一些 NNE 向的断层张裂,并形成走向 WNW 的逆掩断层,还伴生了大规模的花岗岩侵入(详见图 3-25)。侏罗-白垩纪,在此带许多地方造成岩浆或含矿流体的贯入,形成许多内生金属矿床,成为一个重要的板块内部(或称为后碰撞期)的内生金属成矿带。

近年来,对西秦岭及其两侧地块的深地震测深资料进行了再处理,高锐等(2011)发现:现代西秦岭及其两侧地块的莫霍面基本上是平整的,深度为 30~40 km,在莫霍面附近发生了明显的构造滑脱作用,并在地壳内形成一系列对冲型的冲断叠覆构造(duplex)。现在,西秦岭两侧的断层均为地壳断层,而形成于三叠纪的岩石圈断层,深俯冲作用带或"山根"的迹象则已经不复存在,也即后期的构造滑脱把早期岩石圈断裂的迹象掩盖住了。

2.4.4 绍兴-十万大山中三叠世碰撞带(250~237 Ma, Shaoxing-Shiwandashan Middle Triassic Collision Zone)[25]

绍兴-十万大山碰撞带是扬子[22]与华夏板块[26]之间的碰撞带(见图 2-18,详见图 3-5,图 3-17),其活动的高潮在中三叠世末期(237 Ma)。由于沿此带基岩露头很少,且被许多白垩纪断陷沉积盆地所覆盖,至今沿此带尚未发现任何蛇绿岩套。因而,有些学者就认为不存在此碰撞带,此带两侧的扬子与华夏地块的古生代生物古地理特征又十分相似,于是就以为扬子与华夏是同一个板块,并称之为华南板块(Shu et al., 2008)。但是,根据在此碰撞带两侧的结晶基底形成时代不同,上、下古生界的接触关系不一样,早古生代构造变形的轴向不同,古地磁特征不同,变质作用也不相同等特征,均表明:此地带两侧应属于不同的板块,绍兴-十万大山带在三叠纪应该存在一条碰撞带(表 2-1;Wan, 2011)。中三叠世碰撞之后,扬子[22]与华夏板块[26]的沉积、构造变形和岩浆活动的特征就完全相似了。

表 2-1 早古生代末期扬子板块北部、南部与华夏板块构造特征对比

板块	扬子板块北部	扬子板块南部	华夏板块
生物古地理区	华南	华南	华南
统一结晶基底形成年代	~850 Ma	~850 Ma	~400 Ma
平均古磁偏角	129.1°~83.8°早古生代	129.1°~83.8°早古生代	205.4°~201.3°寒武纪
中心参考点的古纬度	11.7°S~2.8°N	11.7°S~2.8°N	10.8°S~11°S
上、下古生界之间的地层接触关系	平行不整合	角度不整合	角度不整合
下古生界褶皱轴向(按现代磁方位)	几乎无褶皱	近东西向	近南北向
按现代磁方位的缩短方向	无	近南北向	近东西向
区域变质作用	无	无	绿片岩相
岩浆作用	几乎没有	微弱	强烈
金属成矿的典型种类(以主次排列为序)	Fe, Cu, V, Hg, Au, 稀土	Sn, Cu, Pb, Zn, Sb, W	W, Ag, Pb, Zn, Cu, U, Sn, Au, F, 稀土

注:褶皱和古地磁资料,见 Wan(2011)之附录 3 与 6。

很多学者根据构造变形与岩石学的资料都认为：在新元古代（1000～800 Ma）沿此带曾经发生过碰撞作用（水涛等，1986；周新民等，1989；杨明桂等，1994；章泽军等，2003；王磊等，2015），还发现此带附近的花岗岩内具有高 ε_{Nd} 值，低 T_{DM} 值，说明此带含较多的地幔物质，可能是新元古代碰撞带的表现（Gilder et al.，1996；洪大卫等，2002），看来，此认识可能是正确的。有人更认为扬子与华夏板块在新元古代（1000～800 Ma）就已完成了碰撞和拼接（章泽军等，2003），但是早古生代时期两侧陆块的一系列不同地质构造特征，使人认识到早古生代时期两侧地块并不相连接，又处在裂离的状态，但是也许相距不远，因而两者的生物古地理特征仍十分相似（表 2-1）。近年来，沿此带已经发现早古生代晚期产于半深水的硅质层（李廷栋，2013，私人通讯）（详见图 3-5）。最近王宗秀等（Wang et al.，2015）在绍兴和江山之间发现绍兴-十万大山断层在早泥盆世发生了左行走滑的断裂活动。这说明在扬子与华夏板块之间，在早古生代末期-早泥盆世（398.4～401.1 Ma）之际，两板块是存在构造断裂活动的，而不是如一些学者所说的两者早已完成了拼合，把它们说成是一个统一的板块（Shu et al.，2008）。看来，说扬子与华夏板块在中三叠世以后两盘才具有统一的地质构造特征（详见图 3-17），即完成了两板块的碰撞和拼合的看法可能比较合理（Wan，2011）。

深部地球物理探测的资料，也已经发现绍兴-十万大山碰撞带的存在，绍兴到浙赣线一带，主断层面朝 NW 向倾斜；而在湘赣边境附近，浅部的主断层面具有朝东倾斜的段落。但是，根据最新地震层析资料显示（图 2-23；Zheng et al.，2012），绍兴-十万大山中三叠世碰撞带[25]为岩石圈断裂，中等角度、向西倾斜的，可深切到 450 km 左右。因而，在碰撞带附近地质体较破碎，使壳幔过渡带附近的岩浆与超临界流体易于向上运移。绍兴-十万大山中三叠世碰撞带在约 450 km 的深处被向东倾斜的金沙江碰撞带[31]所切断（图 2-23）。从深部来看，金沙江碰撞带是扬子板块构造域与冈瓦纳构造域的分界线，它可以深切到 700 多千米处，即切到中地幔，并将绍兴-十万大山碰撞带切断。

李正祥等（Li et al.，1996，2003；Li，1998；Li and Li，2007）把江南新元古代碰撞带（皖南-赣东北-赣北-雪峰山-滇东）和绍兴-十万大山三叠纪碰撞带合并为一条“造山带”的做法，是很值得商榷的。这两条碰撞带在浙皖地区的确相距不远，而且都曾在新元古代发生过碰撞作用；但是这两条碰撞带在湖南、广西地区就相距甚远，两者之间存在着南杨子板块（见表 2-1），它的构造演化特征与北扬子板块、华夏板块是截然不同的，更不用说绍兴-十万大山碰撞带在三叠纪存在显著的碰撞作用。当然，在绍兴-十万大山碰撞带研究中，现在确实存在很大的缺陷，即被许多白垩纪断陷盆地所覆盖，至今未发现蛇绿岩套或高压变质岩石。但是从碰撞带两盘许多构造特征的差异来看（见表 2-1），舒良树等（Shu et al.，2009）建议否定绍兴-十万大山三叠纪碰撞带的存在，恐怕有点困难，很多事实也是难以被忽视的。

近年来，此碰撞构造带也被称为钦州-杭州构造带或钦-杭成矿带（周永章等，2015；徐德明等，2015），它是一个新元古代、古生代和中生代多期活动的构造成矿带。

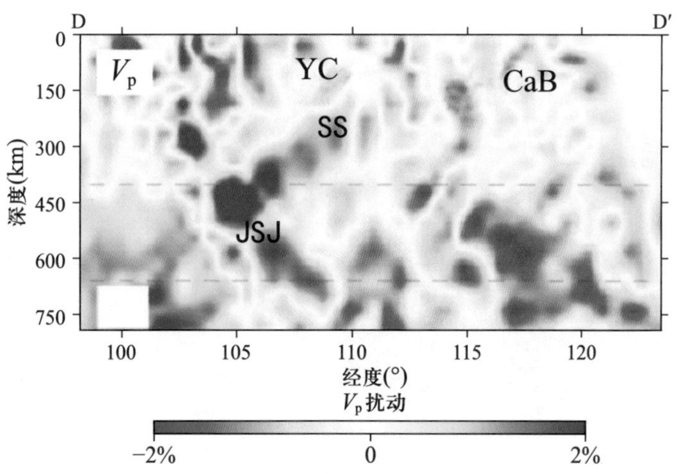

图 2-23 华南 25.8°N 地震层析剖面(据 Zheng et al.,2012)

YC—扬子板块[22];CaB—华夏板块[26];SS—绍兴-十万大山碰撞带[25];JSJ—金沙江碰撞带[31]。图左上角的红色区系峨眉深部低速扰动区,说明峨眉山大火山岩省的热地幔起源于 200 余千米,是一个地幔底辟,而不是地幔羽。

2.4.5 华夏板块(~400 Ma,Cathaysian Plate)[26]

华夏板块(见图 2-18),是由葛利普(Grabau,1924)最先提出的,把福建东南沿海地区的变质岩系称之为华夏古陆。黄汲清(Huang,1945)也沿用了此术语,当时都称之为“华夏古陆”,当时他们以为那都是前寒武纪的古老变质岩系。后来,根据区调中同位素测年的结果,知道那里既有前寒武纪的,也有三叠纪与侏罗纪的变质岩系(福建省地质矿产局,1985)。

王磊等(2015)在华夏板块南部云开地区的变质基底进行了大量高精度锆石 U-Pb 年龄数据的测定,高州杂岩形成时代主要为中元古代晚期-新元古代早期(1035~949 Ma);由此向北,新元古代的锆石年龄主要为 860~820 Ma,这说明云开地区在元古宙的构造-热事件(相当于国际上的 Grenville 构造-热事件)是由南向北逐渐推进的。

在区域地质调查过程中,发现在浙、闽、赣、粤与东海、南海存在许多零星的太古宙-元古宙古老陆块,它们是在早古生代末期(~400 Ma)才构成统一的结晶基底,形成独立的板块,遂被命名为华夏板块(Wan,2011;详见图 3-5 之 CH)。现在认为华夏板块还包括东海与南海的大陆架、台湾岛的大部分地区(台东纵谷以西)及钓鱼岛台隆附近的海域(图 2-24;Wan,2011)。

有一些学者喜欢称此构造单元为“造山带”。笔者认为“形成统一结晶基底”与造山带确实有些相似,都是在讲陆块(陆核、地块)的拼合问题。不过,在前寒武纪地质研究中,一般将古陆面积有限,而碰撞、拼接地区面积很广阔的时候,称之为形成“统一结晶基底”;而“造山带”是原来槽台假说所习惯的用法,一般是指碰撞、拼接带只是形成狭窄地带的状况。华夏板块统一结晶基底的形成时期虽然比较年轻,为早古生代末期,已经不是前寒武纪,但是其构造特征却和前寒武纪结晶基底形成的特征一样,古陆块出露面积有限,而“拼接”的面积很大。只是由于至今剥蚀深度较浅,地块内分布较广的地块汇聚作用所造成的早古生代变质岩系,普遍仅仅达到低绿片岩相的特征。

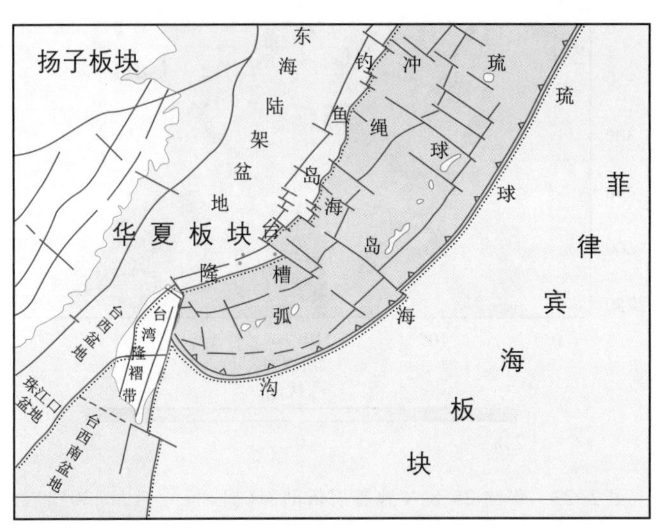

图 2-24　华夏板块东部构造区划(据尹延鸿,2012,私人通讯资料,经改绘)

华夏板块的西北侧为绍兴-十万大山碰撞带[25]和扬子-西南日本板块[22],东临日本本州南部-四国南部-琉球俯冲-岛弧带[62]、冲绳海槽、台东纵谷断层[63]和菲律宾-马鲁古双岛弧海沟带[64],南与中国南海断陷盆地[28]相接,西南侧与印支板块[27]相邻。华夏板块的东部边界为中国钓鱼岛台隆东缘与台湾岛主体东部的台东纵谷(图 2-24),以冲绳海槽为界,其东侧即为琉球岛弧[62]。从地质构造单元与海域特征来看,中日之间在东海的分界线以冲绳海槽的中间线为界,显然是很合理的,既符合历史人文的状况,也符合地质构造的特征。

华夏板块的古地磁资料不够充足(Wan,2011),多数学者认为华夏和扬子板块在晚元古代曾经发生过碰撞,初步形成绍兴-江山碰撞带。但是在古生代,两者显然并不相连接(表 2-1),尽管两板块都处在赤道附近的热带气候环境,具有相类似的生物古地理特征。从现有的资料来看,晚古生代,华夏板块处在南纬 10°左右(在扬子板块的南侧,详见图 3-10,图 3-11,图 3-12),中三叠世时期才可能到达与扬子板块相近的古纬度,并发生碰撞,从而形成绍兴-十万大山碰撞带[25](详见图 3-15 至图 3-17),这样,华夏板块才并入潘几亚大陆。

从一系列早古生代地质特征异同点的对比中(见表 2-1),可以清楚地认识到在早古生代晚期扬子板块和华夏板块在构造变形上是存在着根本性的差异的,只可能是各自独立的板块;而南、北扬子地区的差异,在早古生代晚期则是同一板块受边界作用力大小的差异所致。因为动力作用来自南方(以现代磁方位来说),越向北作用力就越弱,所以北扬子地块内就几乎没有早古生代晚期的近东西向的褶皱,上、下古生界之间呈现为平行不整合的地层接触关系。从三叠纪起,华南各板块碰撞之后完成拼合,中朝、扬子和华夏板块就具有完全类似的构造变形与岩浆活动特征,它们就都成为潘几亚大陆的一部分(详见图 3-17)。

对于中朝与扬子板块的多数板内变形地区来说,印支期褶皱的重要性在于它们是沉积盖层形成以后的第一次最广泛的褶皱。中朝板块的中南部,参与印支期褶皱的地层最多,为中-新元古界、古生界和三叠系。扬子板块北部与东部,参与印支期褶皱的地层是从晋宁系或南华系到上三叠统,其中志留系的坟头组页岩、二叠系的龙潭煤系和中三叠统的膏盐层等软弱层,常常变成构造滑脱面,使其上下的地层表现出截然不同的褶皱形态和构造样式。这就是说,中朝与北扬子板块印支期的构造事件都发生在晚三叠世末期(~200 Ma)。而南扬子板块和华夏板块和印支板块的印支期构造事件则发生在中三叠世末期(~237 Ma)。也即亚洲大陆南部的印支构造事件发生得早,北部的发生得晚。

扬子板块南部(如广西地区)发生过早古生代东西向褶皱的地区,参与印支期东西向褶皱的地层主要为泥盆-二叠系和下、中三叠统,由于早古生代末期和三叠纪这两次构造事件的主应力方向类似,此时印支期褶皱常常是在早古生代褶皱的基础上发育,从而使印支期构造事件表现得不大明显,呈现为小角度不整合的现象,以致有学者否定在广西存在印支期构造变形(郭福祥,1998)。但是,在华夏板块内,新老构造层的地层走向大角度相交时,则角度不整合就可以很明显,这在许多1∶200 000区域地质图内、上千个褶皱资料里展示得相当清楚。

华夏板块(包括东海与南海北部地区)参与印支期褶皱的地层主要为古生界和下、中三叠统。华夏板块中新生代板内变形,比较典型地具有亚洲及中国东部大陆的特征,侏罗纪以后都具有陆壳洋幔型岩石圈,强构造-岩浆活动,并发生很多内生金属成矿作用。将华夏板块与南扬子板块的典型成矿作用进行比较,其中最突出的是高温气成热液矿床。华夏板块以主要赋存超大型钨矿床为特征,而南扬子板块则以主要赋存超大型锡矿床为特征。如印支板块、马来半岛与北苏门答腊也都形成大型锡矿床,具有与南扬子板块相类似的特征。此种特征很可能是由于板块形成的初始时期,原始的星子内元素富集特征不同所决定的。看来南扬子板块可能与印支板块、马来半岛东部与北苏门答腊等地块,原来(在800 Ma时期)可能同属一个板块。

2.4.6 东兴都库什-北羌塘-印支板块(~850 Ma, Eastern Hindukush-North Qiangtang-Indosinian Plate)[27]

东兴都库什-北羌塘-印支板块(见图2-18)的北侧与东侧以金沙江-红河三叠纪碰撞带[31]为界,其南界为双湖三叠纪碰撞带[32],西界为昌宁-孟连-清莱-中马来亚(文东-劳勿)三叠纪碰撞带[33](李才,1997;李才等,2006;李廷栋,2010;见图2-18)。过去曾以为喀喇昆仑、昆仑和北羌塘等地块在古生代也属于冈瓦纳大陆的一部分(Metcalfe,1991),从现有的生物地层资料来看,可能不妥。

东兴都库什-北羌塘板块结晶基底的形成时期,就其演化特征来看,可能与扬子板块一样,为新元古代(~850 Ma)。由于该区地表覆盖了较厚的晚古生代-中生代沉积岩系,至今未发现结晶基底的露头,暂时还没有获得确切的基底形成的年龄数据。但是,其晚古生代石炭-二叠纪的生物古地理都具有扬子板块[22]的特征,发育暖水动物群,也混生了少量冷水动物群的分子(Wan,2011)。中、新生代则发育一系列的断陷盆地。而印支板块结晶基底的形成时期为新元古代,是有测年数据的(~850 Ma)(Lan et al.,2003),与扬子板块的一致。东兴都库什-喀喇昆仑-北羌塘地块,向东南方向延伸,为藏东昌都地区,即金沙江与双湖和昌宁-孟连碰撞带之间的地块,向南延伸,即为云南的兰坪-思茅一带,再向南就是印支地块。此板块与印支板块原来应该是一个较完整的板块,大致呈东西向延展,由于后来古近纪太平洋板块向西挤压和印度板块向北挤压,才变成现在的折线状分布。可惜,很多学者都忽略了太平洋板块在古近纪强烈的向西挤压的远程效应作用,而只注意印度板块的向北挤压,这也包括作者本人以前的错误认识(万天丰,2011)。在古近纪时期是印度大洋板块向北俯冲,对于亚洲大陆地块的改造作用并不强。实际上该区变成近南北向的构造线主要是在古近纪而不是在以前或以后的地质时期。

由东兴都库什-喀喇昆仑-北羌塘地块向南延伸,经云南的兰坪-思茅,就到印支板块(图2-25),它包括了中南半岛的大部分面积。印支板块的东北侧、以金沙江-红河三叠纪(252~201 Ma)碰撞带[31]为界,与扬子板块[22]相连;西南侧以双湖[32]和昌宁-孟连-清莱-因他暖缝合带-中马来亚三叠纪(252~201 Ma)碰撞带[33]为界,与南羌塘-中缅马苏板块[34]相连接;东侧与中国南海断陷海盆[28]相连;南界则可能是与巽他板块[51]相连接(见图2-18)。

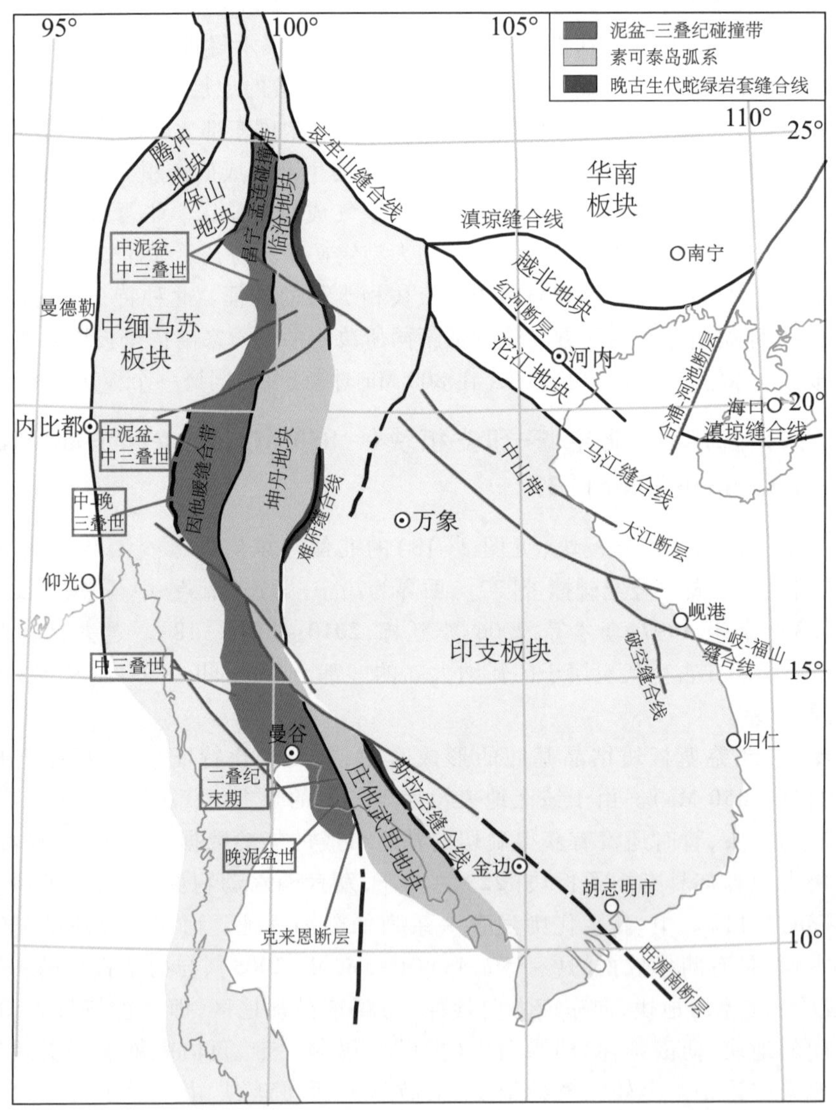

图2-25 中南半岛构造区划图(据 Sone and Metcalfe,2008,经改绘)

印支板块主体部分的岩石圈厚度与中国东部的基本相同，均在 80 km 左右（蔡学林等，2002），推测也可能是陆壳洋幔型的岩石圈。Pubellier(2008)认为巽他板块与印支板块是同一板块。不过，现有的资料表明，巽他板块结晶基底形成时期为~500 Ma(Hall et al.,2011)，可能与泛非事件相关，而印支板块的形成时期约为 850 Ma(Lan et al.,2003)，因而在本书的研究中未采用 Pubellier 的观点。

印支板块（见图 2-25）结晶基底的形成时期与扬子板块[22]相近，它们也形成了与之相类似的内生金属矿床。古生代和早、中三叠世时期，印支板块具有扬子板块的生物古地理特征，都在特提斯洋内（详见图 3-6 至图 3-8，图 3-10 至图 3-12，图 3-15）。而南羌塘-中缅马苏板块[34]则具有冈瓦纳板块的生物古地理特征（详见图 3-6 至图 3-8，图 3-10 至图 3-12，图 3-16）。中三叠世晚期（~237 Ma），即印支构造事件，印支板块才与扬子板块、南羌塘-中缅马苏板块一起拼合到欧亚大陆（详见图 3-16，图 3-17；Wan，2011）。侏罗纪及其以后，印支板块地区的板内变形特征、构造-岩浆作用与东亚地区的均十分相近（详见本书第 3 部分）。

在印支板块的东北部还存在马江缝合线，北侧则有奠边府断层。这两条断层（缝合线）是印支板块早古生代的边缘增生部分（见图 2-25），赋存了奥陶-志留纪的蛇绿岩套，也就是说在早古生代时期，沱江地块（马江断层以北）与奠边府断层以西地区拼合到印支板块（1995 年笔者参加 IGCP321 项目在越南野外地质考察时所获得的认识）。

在印支板块的西部发育了一系列二叠纪的蛇绿岩套（见图 2-25），自北向南依次分布在：中国的景洪、泰国的难府和斯拉空等地。在 20 世纪末，不少学者曾以为：这就是印支板块的西界。但是，在此界线以西的泰国中部坤丹地块内（见图 2-25），赋存了三叠纪形成于干热气候的钾盐矿床，这是冈瓦纳大陆所不能具备的特征（2002 年笔者参与的 IGCP321 野外考察时的认识）。因而，笔者与许多同行的学者都认为冈瓦纳大陆与扬子-印支板块之间的碰撞带是昌宁-孟连-泰国清莱-因他暖缝合带-中马来亚文东-劳勿碰撞带（见图 2-18，图 2-25，详见图 3-16；Wan，2011）。而景洪、难府和斯拉空等蛇绿岩套其实是晚古生代（二叠纪）印支板块与坤丹-临沧地块拼合的界线（见图 2-25），也可以说是二叠纪时期印支板块增生的结果。

2.4.7 中国南海新生代断陷盆地(South China Sea Cenozoic Fault-Depresion Basin)[28]

中国南海新生代断陷盆地（图 2-26，见图 2-18），北与华夏板块[26]相连接，两者之间至今未发现任何岩石圈断裂，但是在大陆斜坡地区显著地发育着海底地滑（张丙坤等，2014）；西接印支板块[27]，两者之间为南北向断层所切断，此断层与红河岩石圈断层相连接，很可能也是岩石圈断层（尚缺乏深部探测资料）；南海新生代断陷盆地的南部与巴拉望-沙捞越-曾母暗沙地块[29]相连；东部与菲律宾双俯冲-岛弧带[64]相连。

在古近纪，菲律宾海板块[65]向西俯冲挤压，使中国南海东部断陷盆地派生了近南北向伸展、裂陷，以致造成了走向近东西的裂陷洋盆，在古近纪晚期（33~23 Ma，磁条带异常 11 和 7 之间），洋盆以 5 cm/yr 的速度在张开（Briais et al，1993）。而在新近纪，由于菲律宾海板块[65]的西部朝西南方向挤压（Hall et al.，1995，2011；图 2-26），使中国南海的西南部派生了 NW-SE 向伸展和断陷作用，从而形成走向 NE 的楔形断陷洋盆。近些年来，多次、多种地球物理勘查与海洋调查都认识到上述认识是比较正确的（图 2-26；Sun et al.，2009；Wan，2011）。

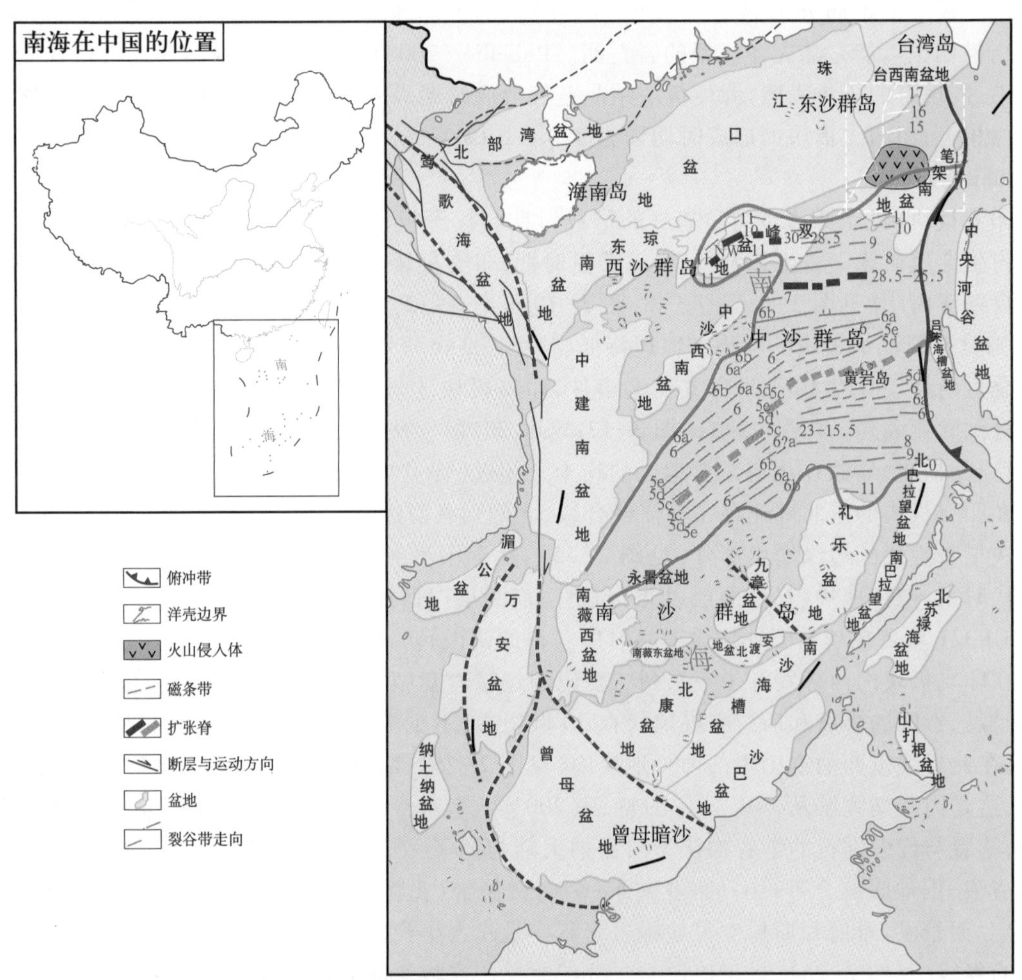

图 2-26　南海盆地的近代扩张（据孙珍等，2009）

上述认识与 Tapponnier 等(1986,1990)很有影响的假设是不一致的,他们认为中国南海新生代断陷盆地是印度板块[40]朝北挤压,致使印支板块[27]与华南地区向东南逃逸的结果,完全忽视了该区东侧菲律宾海板块[65]向西和向西南俯冲挤压的影响,也没有注意到澳大利亚板块[71]向东北方向较弱的俯冲-挤压作用。但是,中国南海西南部次海盆的 NE 走向楔状断陷和 NW-SE 向的伸展作用是很难用印支地块[27]朝东南逃逸来解释。看来,仅仅把印度板块朝北挤压当作解释整个亚洲大地构造的唯一驱动力的做法是很值得商榷的。

孙珍等(Sun et al.,2009)提出:中国南海地区的海盆扩张中心在新生代以来是从北向南逐渐迁移的(图 2-27,见图 2-26),60~50 Ma 扩张中心在广东三水盆地,50~40 Ma 扩张中心在珠江口盆地,39 Ma 扩张中心在中国台湾西南盆地的洋壳(李春峰和汪品先,2009),32 Ma 扩张中心在南海盆地东北部,30~28.5 Ma 扩张中心在西沙北海槽盆地,28.5~25.5 Ma 扩张中心在南海中央海盆中沙东部扩张脊,23~15.5 Ma 扩张中心在西南次海盆。

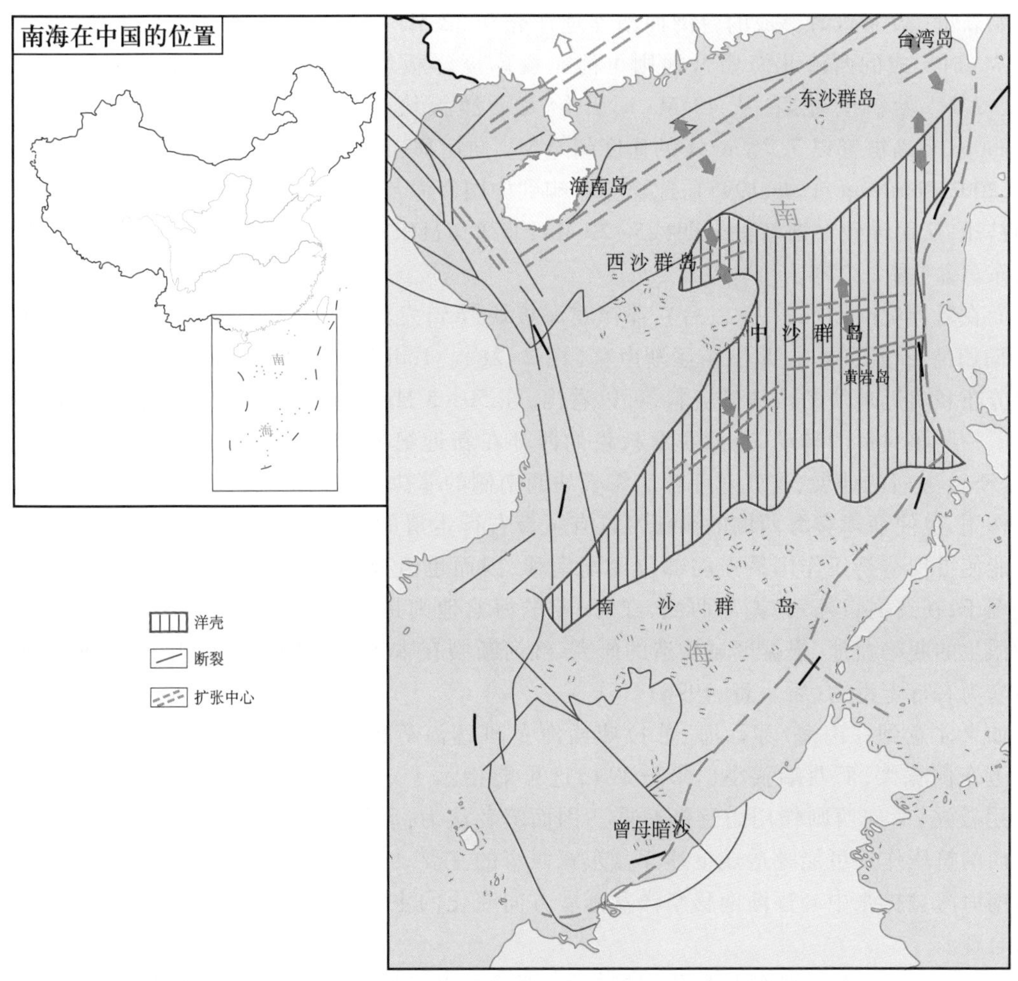

图 2-27 新生代以来南海扩张中心逐渐南移(据 Sun et al.,2009,经改绘)

对于南海海盆扩张中心,新生代以来逐渐南移的现象,存在着多种解释:前面已经提过 Tapponnier等(1986,1990)用印度板块挤压、南海被挤出的解释是很牵强的。也有一些学者(Sun et al.,2009;Hall et al.,2011)用澳大利亚板块逐渐向北俯冲、挤压,造成南海海盆扩张中心的向南迁移来解释的,如果用巽他海沟-岛弧带的弧后张裂作用来解释,则其张裂带应该是逐渐从南向北迁移才对,而不能是由北向南迁移,再说南海扩张带的走向与澳大利亚板块的边界及运动方向都不大协调,看来这种解释也很值得商榷。

白垩纪晚期-古新世,印度板块的运移方向是以朝北东向为主的,在 80~70 Ma 时,以向 NE 50°~40°为主,70~45 Ma 时是朝 NE 30°~20°,以后才以基本向北为主(Lee and Lawver,1995)。这样就使中国大陆东部白垩纪晚期古新世的最大主压应力方向呈现为 ENE 向的特征(万天丰,2011),因而可以推测:走向为 ENE 的广东三水-北部湾和珠江口盆地的形成可能是受此应力场的影响。此时红河断裂带呈现为左行走滑的特征,断裂带附近的近南北向次级断裂应该比较紧闭,走向为 ENE 的断裂就呈现为张剪性。

始新世(39 Ma)时形成的台湾西南盆地洋壳和 32 Ma 时形成的南海盆地东北部,以及 30～28.5 Ma 时形成的西沙北海槽盆地则可能是受印度洋板块朝 ENE 向挤压的远程效应的影响(图 2-27)。始新世时期,从 43 Ma 时开始太平洋板块西南部的 Caroline,Samoa 到 Easter,Foundation 等岛链都以 7.7 cm/yr 的速度朝 WNW 向运移(Engebretson et al.,1985;Kopper et al.,2001,2003;Northrup et al.,1995),此作用影响到中国南海与菲律宾吕宋岛一带,使其受到近东西向的挤压,从而导致在渐新世末期(25～20 Ma)菲律宾吕宋岛以西地区产生一些近东西向延伸的南海东海盆(图 2-27)。

而在新近纪时期(23 Ma 以后),菲律宾海板块[65]发生近南北向扩张,菲律宾岛弧[64]朝 SSW 向俯冲、挤压的中心部位在逐渐南移(图 2-28)。Hall 等(1995,2011)指出:根据洋底磁条带的分布和附近地块的古地磁资料,可以看出,在 50～5 Ma 期间,菲律宾海板块在逐渐增大,并产生了一些顺时针的转动,菲律宾海板块的西部在新近纪朝西北方向挤压的同时,还发生了近 NNE-SSW 方向的伸展,这就对菲律宾海板块西南侧的菲律宾海西侧的沟弧带产生了朝 SW 向的挤压作用,也使菲律宾海西侧的沟弧带具有了带右行走滑的斜向挤压作用(图 2-27,图 2-28),并可能使得构造挤压作用最强的部位逐渐南移,因而也造成新近纪的南海洋盆走向转为近 NE 向。至于,在红河口外-海南岛西侧,红河-莺歌海盆地则是新近纪红河断裂带转变成右行走滑时所派生的断陷盆地,根据区域构造的研究,红河断裂在古近纪时期为左行走滑的,而在新近纪则转变为右行走滑的(钟大赉,1996)。

如果注意到在南海、苏禄海、苏拉威西海及班达海等区新近纪以来洋底扩张区的形状都是靠近东侧宽大,而西端狭小(图 2-29),这可能指示了这几个洋盆的形成,都是受到东侧挤压作用较强,而向西则作用力逐渐减弱。因而笔者认为:菲律宾海板块在吕宋岛弧一带向西偏南方向的挤压作用可能是造成上述洋盆东宽西窄的主要动力来源。以上的推断,可能就是岛弧西侧南海海盆扩张中心逐渐南移与洋盆延展方向变化的主要机制。上述的解释矛盾较少,可能较为合理。

正是在此种自东向西的挤压作用控制下,新近纪以来南海盆地中部张裂成洋壳,其南北两侧的洋陆过渡带就都呈现为近南北向的伸展模式。北翼以前缘铲状断块为界与洋壳分开,发育了断陷-火山带及向海倾斜的断块带,下地壳存在高速层;南翼以裂陷期断陷和明显向海倾斜掀斜断块为特征,以前缘铲式断层为界与洋壳分开(高金尉等,2015)。

至于,早年许靖华(1980;Hsu,1988)所提出的:南海是弧后盆地的说法,早已被许多事实所否定。在渐新世(32～20 Ma)南海发生近南北向的扩张,扩张带呈近东西向展布,而菲律宾西海沟的走向为近南北向。按照许靖华的说法,沟-弧-盆体系的走向应当几乎平行的。另外,南海洋底的玄武岩不属于大洋型的拉斑玄武岩,而是大陆型的碱性和过渡型的玄武岩(Tayler and Hayes,1980,1983;Briais et al.,1993)。中国科学院南海海洋研究所(刘昭蜀等,1988)早就认为南海不是弧后盆地,而是大陆边缘扩张盆地。许靖华(1980;Hsu,1988)认为日本海与南海是全球最典型的弧后盆地,如果连这两个海都不是弧后盆地的话,则全球就很难说"弧后盆地是板块俯冲所必然派生的产物"。

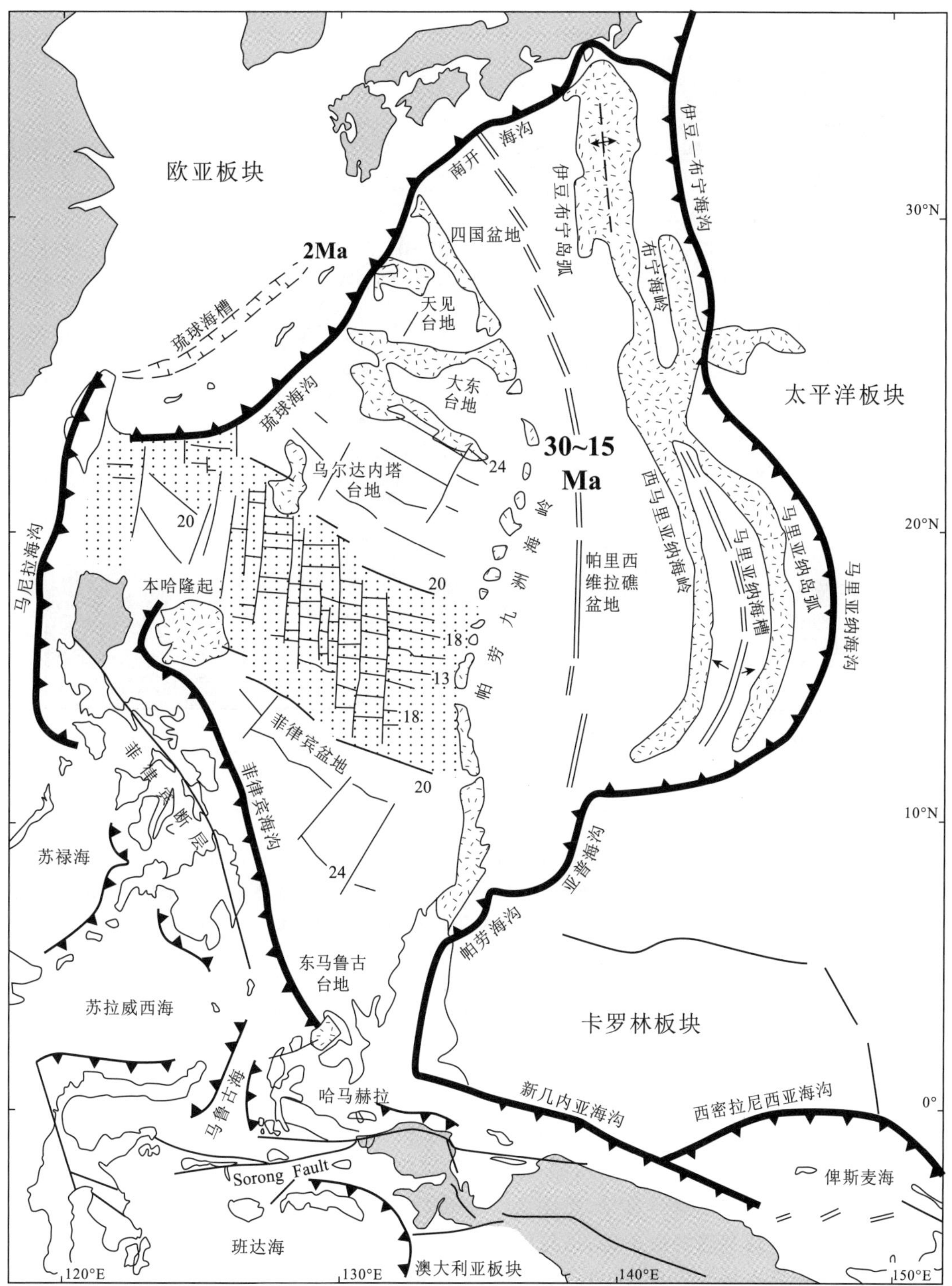

图 2-28 菲律宾海板块构造(据 Hall et al.,2011)

箭头指示新近纪菲律宾海板块对菲律宾岛弧的挤压方向为 SSW 向。

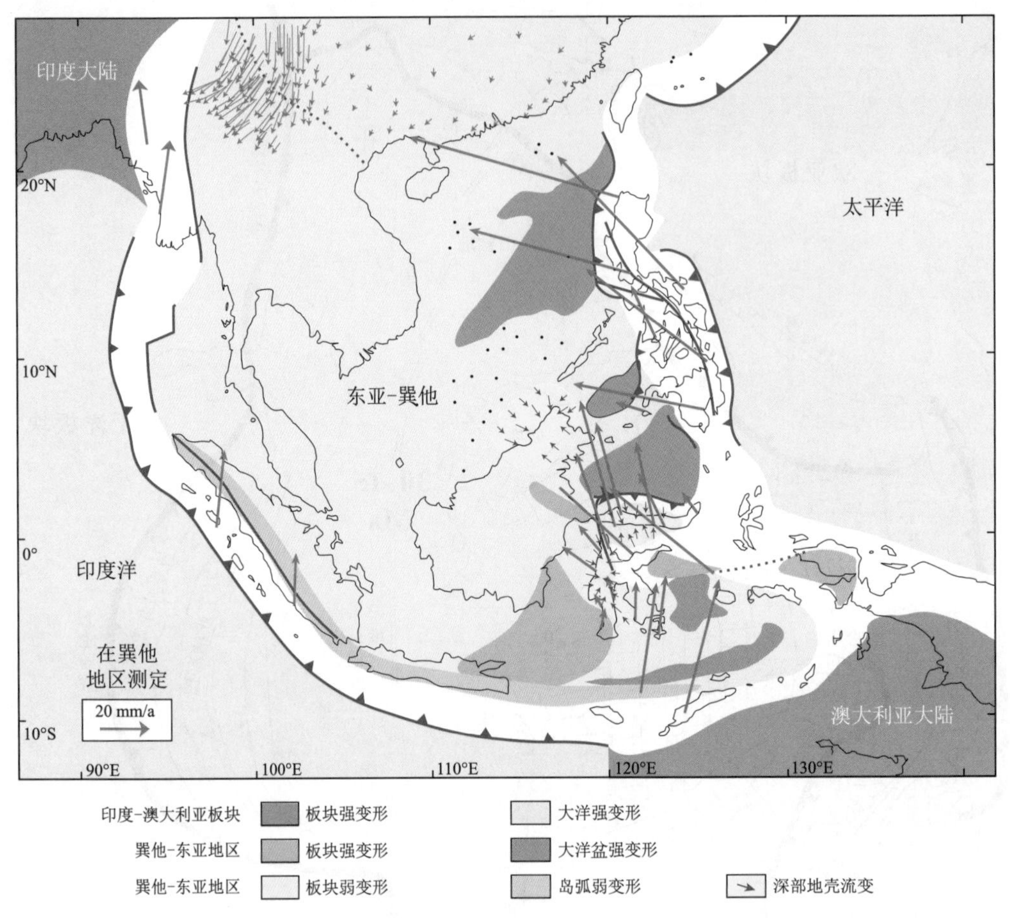

图 2-29　东南亚地区的现代形变与洋底扩张（据 Hall et al.,2011）

紫色区，示新近纪形成的大陆边缘扩张所形成的局部性的洋盆形状分布，它们均为东侧粗大，西侧窄小，指示了形成洋盆的动力作用来源，主要为东侧的菲律宾海板块；绿色箭头表示由现代 GPS 测量所反映的地壳表层的运移方向；红色箭头示地壳深部岩石不均一性所指示的流变方向。

南海断陷盆地到底是华夏板块的一部分，还是属于印支板块（陈永清等，2010）？根据南海与北侧华夏板块的紧密联系，华夏板块与南海断陷沉积盆地北部的基底特征可能类似，至今在分界处还没有发现岩石圈断层，只发育了一些由于下地壳在陆坡朝海盆方向流变性大于陆架地区而派生的壳内断层（吴哲等，2014）。笔者认为，南海盆地原来可能仍属于华夏板块（不过暂时还有没任何基底岩石的证据）。而南海西部，在新近纪存在一条近南北向切割很深的断裂带（为金沙江-红河岩石圈断裂带的南延部分，见图 2-26，图 2-27），将印支板块与南海断陷盆地分割得比较截然，印支板块从基底特征来看，是与扬子板块相似的。因而笔者推断：南海断陷盆地应该原属华夏板块，而后在新生代受多个板块挤压作用的影响，使得南海地区在岩石圈内产生张性断裂系，造成大量较高密度的玄武岩的上涌与喷发，使南海地区岩石圈整体密度加大，从而张裂并断陷，形成海盆与洋盆。

2.4.8 巴拉望-沙捞越-曾母暗沙地块(Palawan-Sarawak-Zengmuansha Block)[29]

巴拉望-沙捞越-曾母暗沙地块[29]之东南,为白垩纪形成的东加里曼丹-苏禄群岛增生碰撞带[52],此地块之北与中国南海断陷盆地[28]相连接(见图2-18)。巴拉望-沙捞越地块可能原来也是华夏板块[26]的一部分,深部结晶基底的特征至今尚缺乏资料,现在根据地表附近的地质特征来看,属于新生代的板内变形区。由于新生代中国南海盆地的断陷,使巴拉望-沙捞越-曾母暗沙地块可能与华夏板块分离。后来又在澳大利亚板块[71]向北俯冲、挤压作用影响下,使该区发生了较强的变形,以致部分地区隆升成山,南部边界断裂发育蛇绿岩套(Hall et al.,2011)。

2.4.9 西兴都库什-帕米尔-西昆仑晚古生代-三叠纪增生碰撞带(360~200 Ma, Western Hindukush-Pamir-Western Kunlun Late Paleozoic-Triassic Accretion Collision Zone)[30]

此带为土兰-卡拉库姆板块[8]、塔里木地块[20]、柴达木地块[18]与东兴都库什-喀喇昆仑-北羌塘板块[32]之间的增生碰撞带(见图2-18),碰撞作用发生在晚古生代与三叠纪(300~200 Ma)(金小赤等,1999;祁世军,2013)。

此带向北延伸,即为著名的走向NW的费尔干纳右行走滑断层。土兰-卡拉库姆板块[8]与塔里木地块[20]之间的费尔干纳右行走滑断层,在地表附近为向西南倾斜,但是在深部,断层面为向东北倾斜。三叠纪以后,仍有较弱的板内变形,新近纪以来在印度板块向北运移、碰撞所派生的、近南北向缩短作用的影响下,才隆升成高山,形成了近南北向的导水裂隙系。这一地带的逾越与交通条件甚差,人口稀少,地质构造的研究较为薄弱。

2.4.10 金沙江-红河三叠纪碰撞带(252~201 Ma, Jinshajiang-Red River Triassic Collision Zone)[31]

金沙江-红河三叠纪碰撞带(见图2-18)为扬子-西南日本-可可西里-巴颜喀拉板块[22]与北羌塘-印支板块[27]之间的碰撞带。碰撞带的主断层面在北羌塘一带为向南倾斜的,金沙江附近为向东倾斜的,红河附近在地表和深部均为向东北倾斜的。从深部地震层析资料来看,金沙江-红河碰撞带为以中等角度向东倾斜的,一直插到600 km深处,在450 km深的部位切断了绍兴-十万大山碰撞带[25](见图2-23;Zheng et al.,2012)。沿此碰撞带没有大规模的中酸性岩浆侵入活动,因而也没有隆起形成山脉。近年来,戚学祥等(2010)对金沙江断裂带东侧的哀牢山糜棱岩化花岗岩进行了研究,得到了锆石LA-ICP-MS U-Pb测年结果为247~250 Ma,为三叠纪碰撞作用的产物。

就深部构造来判断,金沙江碰撞带具有更为重要的划分意义,为三叠纪时期冈瓦纳大陆与欧亚大陆块群的分界线,而澜沧江附近则只有地壳断层,没有岩石圈断层。然而,从地表生物古地理资料来判断,则晚古生代时期冈瓦纳构造域与欧亚大陆地块群的分界线应该在双湖碰撞带[32](李才等,1997,2006)和昌宁-孟连-清莱-中马来亚三叠纪(252~201 Ma)碰撞带[33](刘本培等,1993),也即在澜沧江附近。看来,在地表与深部的分界线是不一致的。

在始新世-渐新世时期,金沙江带的南段受到太平洋板块[68]、菲律宾海板块[65]与扬子板块[22]向西挤压运移作用的影响,此断层带呈现为左行走滑,走滑的总断距约为400~500 km左右(钟大赉,1998)。自新近纪以来,由于印度板块[40]进一步向北碰撞和挤压,此断层带的南段明显地表现出右行走滑的特征。Tapponnier 等(1986,1990)曾认为自古近纪以来,红河断层带都是印度板块向北挤压所派生的,使印支地块朝东南方向逃逸的结果,他们的假设显然是存在一些问题的,与事实不大吻合。在古近纪,印支板块向东南运移,金沙江-红河碰撞带呈现为左行走滑时,说此板块在向东南逃逸,似乎还勉强说得过去。但是在新近纪,金沙江-红河碰撞带转为右行走滑时,印支板块相对朝北西方向运移,这就不是"逃逸"状态,而成了"挤入"状态了。长期以来,Tapponnier 等(1986,1990)总是只用印度板块向北运移、挤压来解释亚洲大陆构造三叠纪以来的一切变化,显然是不妥当的,是很值得商榷的。由于它主要依据遥感信息所获得的活动构造的资料,因而在解释活动构造或新近纪的构造是比较合适的,但是当他把此结论扩大化为运用于古近纪到三叠纪时,显然就很成问题。

红河断层向东南伸入南海,在海南岛南侧转为近南北向的断层,即中国南海断陷盆地[28]的西缘断层(Wan,2011;见图2-26,图2-27)。这条界线几乎就是南海的浅海大陆架和半深海的分界线,使越南东部沿海大陆架变得很狭窄。此断层的位置,与中国历史上长期以来,在南海西部所确定的国界线(U形线)非常接近。

参考文献

蔡学林. 1965. 大别山区前震旦纪地质构造——兼论片麻岩穹窿构造特征//北京地质学院. 科学研究论文集. 4(构造地质与区域地质专集):15-26.

蔡学林. 1979. 地壳发展早期构造形迹初步探讨//成都地质学院普地教研室. 构造地质论文集. 中国地质学会第二届构造地质学术讨论会文件:69-84.

蔡学林,朱介寿,曹家敏,等. 2002. 东亚西太平洋巨型裂谷体系岩石圈与软流圈结构及动力学. 中国地质,29(3):234-245.

陈永清,刘俊来,冯庆来,等. 2010. 东南亚中南半岛地质及与花岗岩有关的矿床. 北京:地质出版社:1-192.

程海. 1991. 浙西北晚元古代早期碰撞造山带的初步研究. 地质论评,37(3):203-213.

崔盛芹. 1999. 全球性中-新生代陆内造山作用与造山带. 地学前缘,6(4):283-293.

董云鹏,张国伟,赖绍聪,等. 1999. 随州花山蛇绿构造混杂岩的厘定及其大地构造意义. 中国科学D辑:地球科学,29(3):222-231.

董云鹏,赵霞. 2002. 南秦岭前寒武纪岩浆构造事件与地壳生长. 西北大学学报(2):172-176.

范丽琨,蔡岩萍,梁海川,等. 2009. 东昆仑地质构造及地球动力学演化特征. 地质调查与研究,33(3):181-186.

福建省地质矿产局. 1985. 福建省区域地质志. 北京:地质出版社,1-671.

高金尉,吴时国,彭学超,等. 2015. 南海共轭被动大陆边缘洋陆转换带构造特征. 大地构造与成矿学,39(4):555-570.

高林志,丁孝忠. 庞维华,等. 2011. 中国中-新元古代地层年表的修正——锆石U-Pb年龄对年代地层的制约. 地层学杂志,35(1):1-7.

高林志,张传恒,刘鹏举,等. 2009. 华北-江南地区中、新元古代地层格架的新认识. 地球学报,30(4):433-446.

高林志,张传恒,史晓颖,等. 2008a. 华北古陆下马岭组归属中元古界的锆石SHRIMP U-Pb年龄新证据. 科学通报,53(21):2617-2623.

高林志,张传恒,尹崇玉,等. 2008b. 华北古陆中、新元古代年代地层框架SHRIMP锆石年龄新依据. 地球科学,29(3):366-376.

高锐,王海燕,张中杰,等. 2011. 切开地壳上地幔,揭露大陆深部结构与资源环境效应——深部探测技术实验与集成(Sino Probe-02)项目简介与关键科学问题. 地球学报,32(S1):34-48.

葛肖虹. 1989. 华北造山带的形成史. 地质论评,35(3):254-261.

葛肖虹,马文璞. 2014. 中国区域大地构造学教程. 北京,地质出版社,1-466.

耿元生,王新社,沈其韩,等. 2002. 阿拉善地区新元古代晋宁期变形花岗岩的发现及其地质意义. 岩石矿物学杂志, 21(4):413-420.

耿元生,王新社,沈其韩,等. 2007. 内蒙古阿拉善地区前寒武纪变质岩系形成时代的初步研究. 中国地质,34(2):251-261.

郭福祥. 1998. 中国南方中新生代大地构造属性和南华造山带褶皱过程. 地质学报,72(1):22-33.

洪大卫,谢锡林,张季生. 2002. 试析杭州-诸广山-花山高 εNd 值花岗岩带的地质意义. 地质通报,21(6):348-354.

黄汲清. 1960. 中国地质构造基本特征的初步总结. 地质学报,40(1):1-37.

金小赤,王军,任留东. 1999. 西昆仑地质构造的几个问题//马宗晋等主编. 构造地质学-岩石圈动力学研究进展. 北京:地震出版社,105-113.

李才. 1997. 西藏羌塘中部蓝片岩青铝闪石 40Ar/39Ar 定年及其地质意义. 科学通报,42(4):488.

李才,翟庆国,陈文,等. 2006. 青藏高原羌塘中部榴辉岩 Ar-Ar 定年. 岩石学报,22(12):2843-2849.

李曙光,Jagoutz E,萧益林,等. 1996. 大别山-苏鲁地体超高压变质年代学-I. Sm-Nd 同位素体系. 中国科学 D 辑:地球科学,26(3):249-257.

李曙光,黄方,李晖. 2001. 大别-苏鲁造山带碰撞后的岩石圈拆离. 科学通报,46(17):1487-1491.

李廷栋,陈炳蔚,戴维声,等. 2010. 青藏高原及邻区大地构造图(1∶3 500 000)//李廷栋等. 青藏高原地质图系. 广州:广东科技出版社.

李曙光,李惠民,陈移之,等. 1997. 大别山-苏鲁地体超高压变质年代学-II. 锆石 U-Pb 同位素体系. 中国科学 D 辑:地球科学,27(3):200-206.

李曙光,张志敏,张巧大,等. 1993. 青岛榴辉岩及胶南群片麻岩的锆石 U-Pb 年龄——胶南群中晋宁期岩浆事件的证据. 科学通报,38(19):1773-1777.

刘本培,冯庆来,方念乔,等. 1993. 滇西南昌宁-孟连带和澜沧江带古特提斯多岛洋构造演化. 地球科学,18(5):529-539.

刘伯根,郑光财,陈时森,等. 1995. 浙西前寒武纪火山岩中锆石 U-Pb 同位素定年及其含义. 科学通报,40(21):2015-2016.

刘国惠,张寿广,游振东,等. 1993. 秦岭造山带主要变质岩群及变质演化. 北京:地质出版社,1-190.

陆松年. 2001. 从罗迪尼亚到冈瓦纳超大陆——对新元古代超大陆研究几个问题的思考. 地学前缘,8(4):441-448.

罗明非,莫宣学,喻学惠,等. 2015. 东昆仑五龙沟晚二叠世花岗闪长岩 LA-ICP-MS 锆石 U-Pb 定年、岩石成因及意义. 地学前缘,22(5):182-195.

马杏垣,蔡学林. 1965. 中国东部早太古阶段构造变动的特点. 中国大地构造问题,北京:科学出版社,141-150.

戚学祥,朱路华,李化启,等. 2010. 青藏高原东缘哀牢山-金沙江构造带糜棱状花岗岩的 LA-ICP-MS U-Pb 定年及其构造意义. 地质学报,84(3):1-12.

祁世军. 2013. 兴都库什-西昆仑区域成矿特征. 新疆地质,31(4):313-317.

任纪舜,王作勋,陈廷愚,等. 2000. 从全球看中国大地构造——中国及邻区大地构造图简要说明. 北京:地质出版社,1-50.

水涛,徐步台,梁如华,等. 1986. 绍兴-江山古陆对接带. 科学通报,31(6):444-448.

孙海清,黄建中,郭乐群,等. 2012. 湖南冷家溪群划分及同位素年龄约束. 华南地质与矿产,(1):22-28.

索书田,桑隆康,韩郁菁,等. 1993. 大别山前寒武纪变质地体岩石学与构造学. 武汉:中国地质大学出版社,1-259.

唐红峰,周新民. 1997. 江南古陆东段两类玄武岩成因的地球化学制约. 中国科学 D 辑:地球科学,27(4):306-311.

万天丰. 2011. 中国大地构造学. 北京:地质出版社.

王磊,龙文国,许德明,等. 2015. 云开地区变质基底锆石 U-Pb 年代学及对华夏地块 Grenvillian 事件的指示. 地学前缘,22(2):25-40.

王涛,王晓霞,田伟,等. 2009. 北秦岭古生代花岗岩组合、岩浆时空演变及其对造山作用的启示. 中国科学 D 辑:地球科学,(7):119-141.

吴泰然,刘树文,张臣. 2008. 华北地台北缘中段中新元古代地块的 pTt 轨迹及构造演化研究. 地球科学,23(5):487-492.

吴哲,许怀智,杨风丽,等. 2014. 南海东北部岩石圈伸展的构造模拟约束. 大地构造与成矿学,38(1):71-81.

许靖华. 1980. 碰撞型造山带的薄皮板块构造模式. 中国科学 B 辑:化学,(11):1081-1089.

杨明桂,王砚耕,李镰,等. 1994. 华南地区区域地质特征. 程裕淇主编. 中国区域地质概论. 北京:地质出版社,313-384.

杨经绥,刘福来,吴才来,等. 2003. 中央碰撞造山带中两期超高压变质作用:来自含柯石英锆石的定年证据. 地质学报,77(4):463-477.

杨经绥,许志琴,张建新,等. 2006. 中国中央碰撞造山带与超高压变质作用研究. "十五"重要地质科技成果暨重大找矿成果交流会材料二——"十五"地质行业获奖成果资料汇编,119.

杨经绥,许志琴,张建新,等. 2009. 中国主要高压-超高压变质带的大地构造背景及俯冲/折返机制的探讨. 岩石学报,(7):3-34.

杨巍然,简平,韩郁菁. 2002. 大别造山带加里东期高压、超高压变质作用的确定及其意义. 地学前缘,9(4):273-283.

杨巍然,王国灿,简平. 2000. 大别造山带构造年代学. 武汉:中国地质大学出版社,1-141.

殷鸿福,张克信. 1998. 中央造山带的演化及其特点. 地球科学,(5):3,5,7-8.

张本仁,韩咏文,许继峰,等. 1994. 北秦岭新元古代前属于扬子板块的地球化学证据. 高校地质学报,4(4):369-382.

张国伟,柳小明. 1998. 关于"中央造山带"几个问题的思考. 地球科学,(5):9-14.

张国伟,张本仁,袁学诚(主编). 1996. 秦岭造山带造山过程和岩石圈三维结构图丛. 北京:科学出版社.

张国伟,张本仁,袁学诚,等. 2001. 秦岭造山带与大陆动力学. 北京:科学出版社,1-855.

张理刚. 1995. 东亚岩石圈块体地质——上地幔、基底和花岗岩同位素地球化学及其动力学. 北京:科学出版社,1-252.

章泽军,张志,秦松贤,等. 2003. 论华南(北部)前震旦纪基本构造格局与演化. 地球学报,24(3):197-204.

翟明国. 2007. 华北克拉通古元古代构造事件. 岩石学报,23(11):2665-2682.

赵文津,吴珍汉,史大年,等. 2014. 昆仑山深部结构与造山机制. 中国地质(1):5-22.

赵越. 1990. 燕山地区中生代造山运动及构造演化. 地质论评(1):3-15.

中国科学院南海研究所构造室(刘昭蜀等). 1988. 南海地质构造与陆缘扩张. 北京:科学出版社.

钟大赉. 1998. 滇川西部古特提斯造山带. 北京:科学出版社,1-231.

周新民,邹海波,杨杰东,等. 1989. 安徽歙县伏川蛇绿岩套的 Sm-Nd 等时线年龄及其地质意义. 科学通报,34(16):1243-1245.

周永章,郑义,曾长育,等. 2015. 关于钦-杭成矿带的若干认识. 地学前缘,22(2):1-6.

Briais A, Patriat P and Tapponnier P. 1993. Updated interpretation of magnetic anomalies and seafloor spreading stages in the South China Sea: implications for the Tertiary tectonics of Southeast Asia. Journal of Geophysical Research, 98 (B4): 6299-6328.

Cavazza W, Roure F M, Spakman W, et al. 2004. The Transmed Atlas—The Mediterranean Region, From Crust to Mantle. Berlin, Heidelberg: Springer, 1-141.

Chang Ki-Hong. 2015. Yellow Sea Transform fault (YSTF) and the developemnt of Korean Peninsula. ТИХООКЕАНСКАЯ ГЕОЛОГИЯ, 34(2): 3-7.

Deng J, Wang Q F, Li G J, et al. 2014. Tethys tectonic evolution and its bearing on the distribution of inpotant mineral deposits in the Sanjiang region, SW China. Gondwana Reseach, 26: 419-437.

Deng J, Wang Q F, Li G J, et al. 2014. Cenozoic tectono-magmatic and metallogenic processes in the Sanjiang region, southwest China. Earth-Science Reviews, 138: 268-299.

Engebretson D C, Cox A, Gordon R G. 1985. Relative motions between oceanic and continental plates in the Pacific basin. The Geological Society of America, (Special Paper 206): 1-59.

Gao L Z, Zhang C H, Liu P J, et al. 2009. Reclassification of the Meso-Neoproterozoic chronostratigraphy of North China by SHRIMP zircon ages. Acta Geologica Sinica, 83(6): 1074-1084.

Gilder S A, Gill J B, Coe R S, et al. 1996. Isotopic and paleomagnetic constraints on the Mesozoic tectonic evolution of South China. Journal of Geophysical Research, 101(B7): 16 137-16 155.

Grabau A W. 1940. The Rhythum of the ages. Beijing: H. Wetch, 1-561.

Hall, R. , Ali J R, Anderson C D. 1995. Cenozoic motion of the Philippine Sea Plate: paleomagnetic evidence from Eastern Indonesia. Tectonics, 14(5): 1117-1132.

Hall R, Blundell D J. 1995. Reconstructing Cenozoic SE Asia. Geological Society Special Publications, 106: 153-184.

Hall R, Cottam M A and Wilson M E J(eds.). 2011. The SE Asian gateway: history and tectonics of Australia-Asia collision. Geological Society of London, Special Publication, 355: 1-381.

Huang T K(Jiqing). 1945. On the Major Structural Forms of China (in English with Chinese summary of 11 pages). Geological Memoirs, Ser. A, 20: 1-165.

Hsu K J. 1988. Relict back-arc basins: principles of recognition and possible new examples from China, New perspective in Basin Analysis. In Kleinpell K L and Paola C eds. New York: Springer Verlag, 245-263.

Karplus M S, Zhao W J, Klemperer S L, et al. 2011. Injection of Tibetan crust beneath the south Qaidam Basin: evidence from INDEPTH IV wide-angle seismic data. Journal of Geophysical Research, 116, B07301. DOI: 10.102/2010JB007911.

Koppers A P, Morgan J P, Morgan J W, et al. 2001. Testing the fixed hotspot hypothesis using $^{40}Ar-^{39}Ar$ age progressions along seamount trails. Earth and Planetary Science Letters, 185: 237-252.

Koppers A P, Staudigel H, Duncan R A. 2003. High-resolution $^{40}Ar/^{39}Ar$ dating of the oldest oceanic basement basalts in the western Pacific basin. Geochemistry Geophysics Geosystems, 4(11): 8914.

Kunugiza K, Tsujimori T, Kano T. 2001. Evolution of the Hida and Hida marginal belt//ISRGA Field Workshop (FW-A), Geotraverse across the Major Geologic Unit of SW Japan, 75-131.

Lan C Y, Chung S L, Long T V, et al. 2003. Geochemical and Sr-Nd isotopic constraints from the Kontum massif, central Vietnam on the crustal evolution of the Indochina block. Precambrian Research, 122: 7-27 (www. elsevier. com/locate/precamres).

Lee T Y and Lawver L A. 1995. Cenozoic plate reconstruction of Southeast Asia. Tectonophysics, 251(1-4): 85-138.

Li Z X. 1998. Tectonic history of the major East Asia lithospheric blocks since the mid-Proterozoic: a synthesis. In:

Flower M F J et al. (eds.), Mantle Dynamics and Plate interactions in East Asia, Geodynamics Series, Washington, D C: AGU. Volume 27:221-243.

Li Z X, Cho M, Li X H. 2003. Precambrian tectonics of East Asia and relevance to supercontinent evolution. Precambrian Research, 122: 1-6.

Li Z X and Li X H. 2007. Formation of the 1300-km-wide intracontinental orogen and postorogenic magmatic province in Mesozoic South China: a flat-slab subduction model. Geology, 35: 179-182. DOI: 10. 1130/ G23193 A.1.

Li Z X, Zhang L, Powell C M. 1996. South China in Rodinia: part of the missing link between Australia-East Antarctic and Laurentia? Geology, 23: 407-410.

Liu F L, Wang F, Liu C H. 2013. Multiple metamorphic events revealed by zircons from the Diancang Shan-Alao Shan metamorphic complex, southeastern Tibetian Plateau. Gongdwana Research, 24: 429-450.

Metcalfe I. 1991. Gondwana dispersion amalgamation and accretion of Southeast Asian terrenes: progress, problems and prospects. Proceedings of 1st International Symposium on Gondwana Dispersion and Asian Accretion (IGCP Project 321), Kunming, China. Beijing: Geological Publishing House, 199-204.

Northrup C, Royden L, Burchfoel B. 1995. Motion of the Pacific plate relative to Eurasia and its potential relation to Cenozoic extension along the eastern Margin of Eurasia. Geology, 23(8): 719-722.

Oh C W, Kim S W, Choi S G, et al. 2005. First finding of eclogite facies metamorphic event in South Korea and its correlation with the Dabie-Sulu collision belt in China. The Journal of Geology, 113: 226-232.

Oh C W. 2006. A new concept on tectonic correlation between Korea, China and Japan: Histories from the Late Proterozoic to Cretaceous. Gondwana Research, 9: 47-61.

Osozawa S. 1994. Plate reconstraction based upon age data of Japanese accretionary complexes. Geology, 22: 1135-1138.

Osozawa S. 1998. Major transform duplexing along the eastern margin of Cretaceous Eurasia. In: Flower M F J et al. (eds.), Mantle Dynamics and Plate interactions in East Asia, Geodynamics Series, Washington, D C: AGU. 27: 245-257.

Pubellier M. 2008. Structural Map of Eastern Eurasia (1:12 500 000). Paris: CGMW.

Shu L S, Faure M, Wang B, et al. 2008. Late Palazoic-Early Mesozoic geological features of South China: response to the Indosinian collision events in Southeast Asia. Tectonics, 340: 151-165.

Shu L S, Zhou X M, Deng P, et al. 2009. Mesozoic tectonic evolution of the Southeast China Block: new insights from basin analysis. Journal of Asian Earth Sciences, 34: 376-391.

Sone M and Metcalfe I. 2008. Parallel Tethyan sutures in mainland SE Asia: new insights for Palao-Tethys closure. Compte Rendus Geoscience, 340: 166-179.

Tapponnier P, Lacassin R, Leloup P H, et al. 1990. The Ailao Shan / Red River metamorphic belt: Tertiary left-lateral shear between Indochina and South China. Nature, 343(6257): 431-437.

Tapponnier P, Peltzer G, Armijo R. 1986. On the mechanics of the collision between India and Asia//Coward M P, Ries A C (eds.). Collision Tectonics. Geological Society Special Publications, 19, London: The Geological Society of London, 115-157.

Taylor B and Hayes D E. 1980. The tectonic evolution of the South China Basin. In: Hayes D E (ed.). The Tectonic and Geologic Evolution of Southeast Asian Seas and Islands. Washington: AGU. Geophy. Monogr, 23: 89-104.

Taylor B and Hayes D E. 1983. Origin and history of the South China Basin//Hayes, D. E. (ed.). The Tectonic and Geologic Evolution of Southeast Asian Seas and Islands. Washington: AGU. Geophy. Monogr., 27(Part 2): 23-56.

Tsujimori T, Ishiwatari A, Banno S. 2000. Ecologic glaucophane schist from the Yunotani Vally in Omi town, the Range metamorphic belt, the inner zone of southwest Japan. The Journal of the Geological Society of Japan, 106(5): 353-362.

Wan T F. 2011. The Tectonics of China-Data, Maps and Evolution. Beijing, Dordrecht Heidelberg, London and New York: Higher Education Press and Springer, 1-501.

Wan T F and Hao T Y. 2010. Mesozoic-Cenozoic tectonics of the Yellow Sea and oil-gas exploration. Acta Geologica Sinica, 84(1): 77-90.

Wan T F and Zeng H L. 2002. The distinctive characteristics of the Sino-Korean and the Yangtze Plates. Journal of Asian Earth Sciences, 20(8): 881-888.

Wan T F and Zhu H. 2011. Chinese continental blocks in global paleocontinental reconstructions during the Paleozoic and Mesozoic. Acta Geologica Sinica, 85(3): 581-597.

Wang L, Long W G, Xu D M, et al. 2015. Zircon U-Pb geochronology of metamorphic basement in Yunkai area and its implications on the Grenvillian event in the Cathysia Block. Earth Science Frontiers, 22(2): 25-40.

Wang Z X, Li C L, Wang D X, et al. 2015. Discovery of the Early Devonian Sinistral shear in the Jiangshan-Shaoxing fault zone and its tectonic singnificance. Acta Geologica Sinica, 89(4): 1412-1413.

Yoshikura S, Hada S and Isozaki Y. 1990. Kurosegawa terrane//Ichikawa K, Mizutani S, Hara I(edited), Pre Cretaceous Terranes in Japan. Osaka: Publication of IGCP Project No. 224.

Zheng T Y, Zhao L, Zhu R X. 2009. New evidence from seismic imaging for subduction during assembly of the North China craton. Geology, 37: 395-398.

Zheng T Y, Zhu R X, Zhao L, et al. 2012. Intra-lithospheric mantle structures recorded continental subduction. Journal of Geophysical Research, 117: B03308. DOI: 10.1029/2011. JB008873.

Zhou Y Z, Zheng Y, Zeng C Y, et al. 2015. On the understanding of Qinzhou Bay-Hangzhou Bay metallogenic belt, South China. Earth Science Fronteirs, 22(2): 1-6.

2.5 冈瓦纳构造域

冈瓦纳构造域是早寒武世以来形成的，它包括了地球南半部大部分的板块或地块（非洲、南美洲、南极洲、澳大利亚、印度次大陆、大部分东南亚地区、中国南羌塘以南地区、阿富汗、伊朗、土耳其和中东等地区），也即原“冈瓦纳大陆”的各地块。“冈瓦纳大陆”（Gondwana）是奥地利地质学家休斯（Suess，1831～1914）于 1885 年在《地球的面貌》（*The Face of the Earth*）一书中提出的。

在亚洲范围内（图 2-30），冈瓦纳构造域包括了亚洲南部绝大多数的地块与碰撞带，它们是：双湖碰撞带（252～201 Ma）[32]，昌宁-孟连-清莱-中马来亚（文东-劳勿）三叠纪碰撞带（252～201 Ma）[33]（图 2-31），南羌塘-中缅马苏板块[34]，班公错-怒江-曼德勒-普吉-巴里散北缘白垩纪碰撞带[35]，冈底斯板块[36]，雅鲁藏布-密支那古近纪碰撞带[37]，喜马拉雅地块[38]，喜马拉雅南缘主边界逆掩断层[39]，印度板块[40]，高加索-厄尔布尔士晚古生代与白垩纪增生碰撞带[41]，安纳托利亚-德黑兰中白垩世-古新世碰撞带（100～56 Ma）[42]，土耳其-伊朗-阿富汗板块[43]，扎格罗斯-喀布尔增生碰撞带[44]，托罗斯增生碰撞带[45]，阿拉伯板块[46]，阿曼白垩纪增生碰撞带[47]，红海裂谷带[48]，西缅甸（勃固山-仰光）板块[49]，阿拉干-巽他新生代俯冲-岛弧带[50]，巽他板块[51]，东加里曼丹-苏禄群岛白垩纪增生碰撞带[52]，苏拉威西海地块[53]，东爪哇地块[54]和北新几内亚岛弧带[55]等。

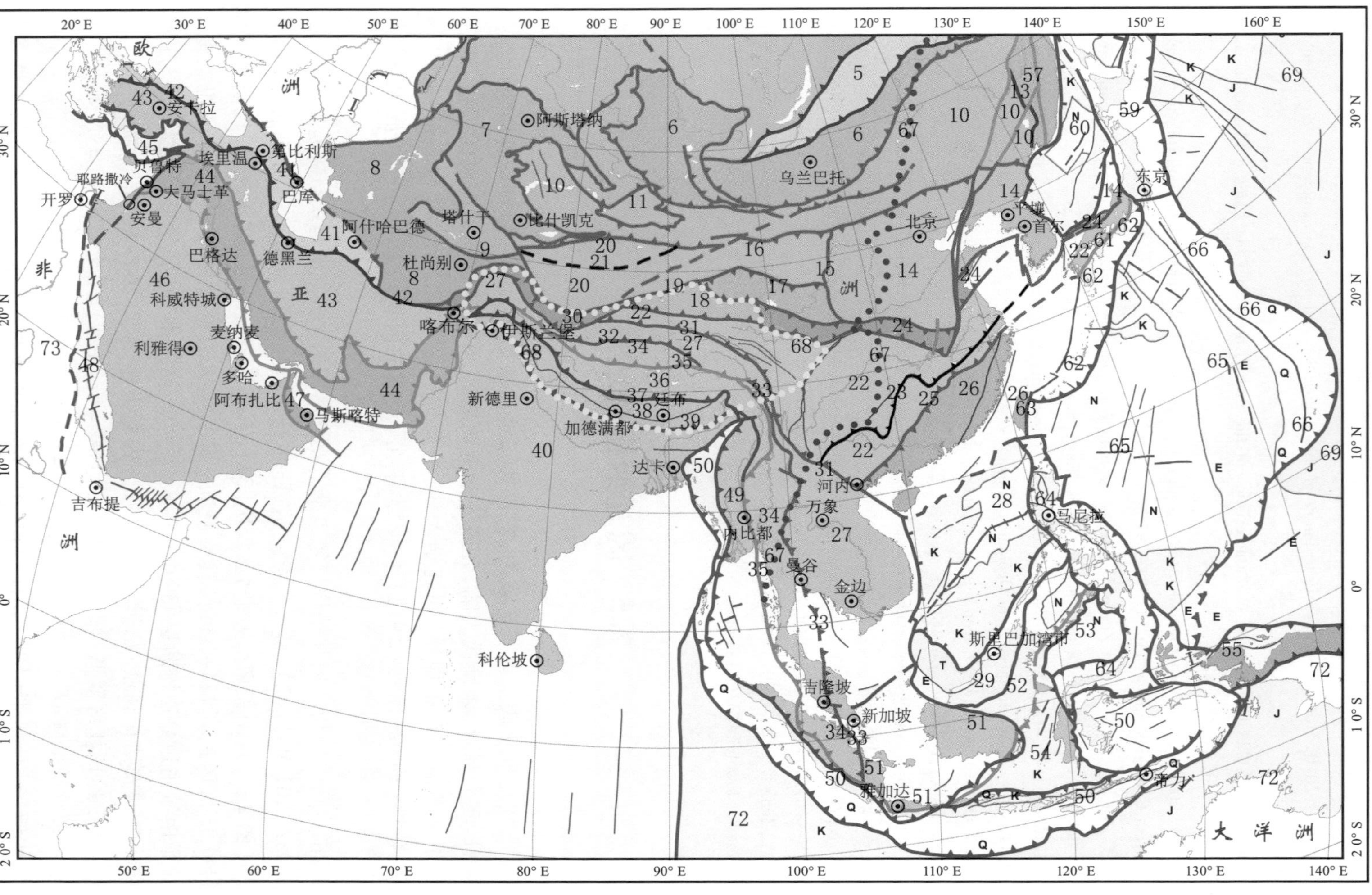

图 2-30 冈瓦纳构造域［32~55］

各构造单元名称、编号与正文及目录均一致。黄色点线以内区域为增厚型大陆岩石圈（厚 170~200 km）分布区；黄色点线以外的区域为正常的大陆型岩石圈分布区；蓝色点线以东地区为东亚陆壳洋幔型岩石圈分布区。

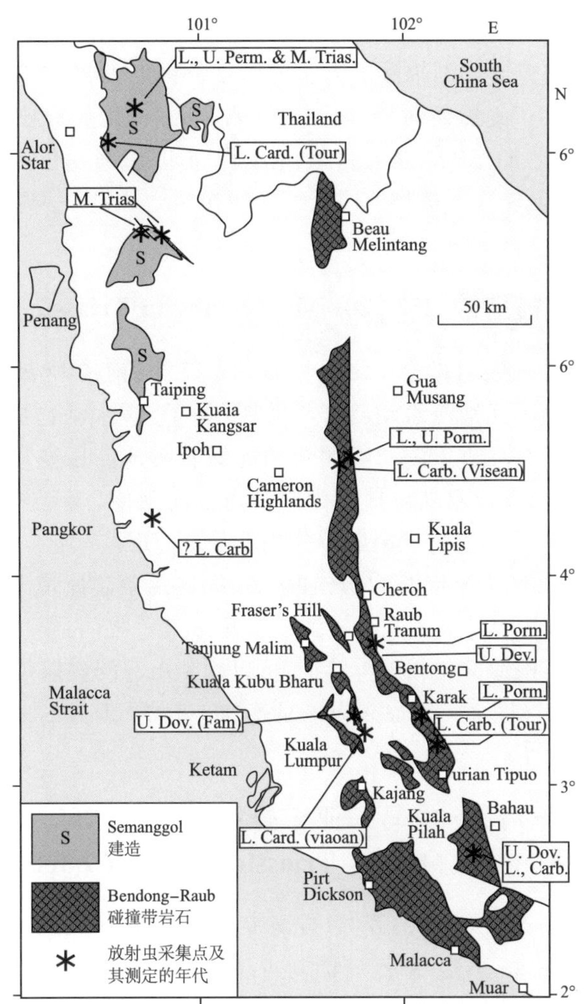

图 2-31 文东-劳勿碰撞带(据 Hutchison and Tan,2009,经改绘)

马来半岛中部碰撞带的岩石分布与具有地质年代的放射虫硅质层的出露位置,显示了在此带以西地区广泛分布着晚古生代的放射虫硅质层、冷水动物群与含砾板岩,它们具有典型的冈瓦纳大陆的特征。Semanggol 建造是构成碰撞带(Bendong-Raub suture zone)的主要岩系,可能代表了前渊盆地。而其以东地区,晚古生代则发育了暖水生物群,为亚洲大陆主体的特征。

冈瓦纳构造域内,从太古宙到元古宙时期都形成各个局部的陆块,但是几乎所有陆块都具有新元古代晚期-早寒武世(600~509 Ma)最后形成统一结晶基底的特征(除阿曼增生碰撞带之外),都具有此时期形成的中深变质岩系(绿片岩系),构成结晶基底,通常称之为"泛非构造事件"(Kennedy,1964)。所有地块都形成于南半球的南部,以后才逐渐向北运移、裂解,并在赤道附近发生俯冲、碰撞与拼接(详见图 3-6 至图 3-8,图 3-10 至图 3-12,)。而碰撞作用则都是发生在中生代以来的各个时期(详见图 3-15,图 3-17,图 3-19,图 3-21,图 3-23,图 3-24;Klootwijk and Radhakriehnamurty,1981;Schettino and Scotese,2005)。

"冈瓦纳"一词是根据印度中部冈瓦纳地区石炭纪到侏罗纪的地层——"冈瓦纳系"而得名的。休斯(1885)认为,印度和非洲等大陆具有相同的地质演化历史和古植物群,过去曾经是一个统一的大陆。石炭纪时,南方大陆的大规模冰川活动已由非洲、南美洲、澳大利亚、印度等地发现的冰碛岩所证实,并发育了个体较小的冷水动物群。冈瓦纳古陆上发育的大冰盖,其中心在南极洲东部和非洲南部,冰盖由此逐渐辐散出去。古地磁资料也表明,当时这一带靠近古南极,大冰盖分布于古南纬60°以内。二叠纪时期,南方大陆典型的、占优势的植物群是裸子蕨类植物舌羊齿,其分布遍及南美洲、中非、南非、澳大利亚、南极洲和印度,而在包括北美洲、格陵兰、欧亚大陆在内的北方大陆则没有出现这类植物。冈瓦纳古陆在中生代进一步裂解,新生代期间逐渐迁移到现今位置。

2.5.1 双湖三叠纪碰撞带(252~201 Ma,Shuanghu Triassic Collision Zone)[32]

这是一条东兴都库什-喀喇昆仑-北羌塘板块[27]与南羌塘板块[34]之间的碰撞带(图2-30)。双湖碰撞带为冈瓦纳冷水动物群与欧亚(扬子)暖水动物群的分界线,并且在此沿线断续地发育了一系列的三叠纪(230~210 Ma)的蛇绿岩套与高压变质带(李才,1997,2006)。近年来,在区域地质调查中,发现双湖碰撞带为向东南方向延伸(李廷栋等,2010),在白垩纪晚期被班公错-怒江碰撞带[35]的左行走滑断裂作用所切断,使原来连在一起的双湖碰撞带[32]与昌宁-孟连-清莱-中马来亚碰撞带[33]被错断。根据这两条碰撞带夹在东兴都库什-喀喇昆仑-北羌塘-印支板块[27]与南羌塘板块-中缅马苏板块[34]之间、很窄的构造部位来看,它们具有同时形成、构造变形与构造部位相近等特征,可以判断出双湖碰撞带与昌宁-孟连-清莱-中马来亚(文东-劳勿)碰撞带(图2-31)原来应该是连在一起的,但是后来已经被班公错-怒江碰撞带[35]所切断。

2.5.2 昌宁-孟连-清莱-中马来亚三叠纪碰撞带(252~201 Ma,Changning-Menglian-Chiangrai-Central Malaya Triassic Collision Zone)[33]

昌宁-孟连-清莱-中马来亚(文东-劳勿)碰撞带是北羌塘-印支板块[27]与南羌塘-中缅马苏板块[34]的分界线(见图2-30)。就现有的晚古生代生物群组合特征来判断,这是冈瓦纳冷水动物群与欧亚(扬子)暖水动物群的分界线,并且在此沿线断续地发育了一系列古生代蛇绿岩套(473~439 Ma;Deng et al.,2014)与三叠纪(230~210 Ma)的高压变质带(Liu et al.,1991;刘本培等,1993;钟大赉,1998;Hutchison and Tan,2009;Metcalfe,2011; Deng et al.,2014)。昌宁-孟连-清莱-中马来亚(文东-劳勿)碰撞带原来应该与双湖碰撞带为同一条碰撞带,在白垩纪时期,被班公错-怒江碰撞带所切断。昌宁-孟连碰撞带向南延伸,在泰国经清莱-因他暖-暹罗湾,可延伸到马来半岛中部的文东-劳勿碰撞带[33]。

中马来亚(文东-劳勿)三叠纪碰撞带(Bendong-Raub Suture;Hutchison and Tan,2009)为一构造变形强烈的混杂岩带(图2-31,图2-32),宽度在几千米到四万米左右。此带西部地块的地层显示了晚古生代典型的冈瓦纳冷水生物地层组合,赋存着具有冰积物的含砾板岩与放射虫硅质层,属于南羌塘-中缅马苏板块[34];而在此带以东地区,则表现为非常清晰的晚古生代暖水生物群和沉积物的特征,形成晚古生代碳酸盐岩系(类似于扬子板块的栖霞、茅口灰岩层等,属于印支板块[27]),其产状陡立。而晚三叠世的煤系地层(类似于扬子板块的安源煤系)则角度不整合地覆盖在其上(1991年IGCP224野外考察的共识;Hutchison and Tan,2009)。此带向南延伸,可直达苏门答腊的北部(Metcalfe,1991,1995)。

图 2-32 三叠纪文东-劳勿碰撞带(Bendong-Raub suture zone)的构造混杂岩(笔者于 1991 年拍摄)
由大量的含两盘各类岩石的透镜状构造岩片(包括含砾板岩、放射虫硅质岩、石灰岩、页岩和砂岩等)所组成的构造混杂岩。

2.5.3 南羌塘-中缅马苏板块(~510 Ma, Southern Qiangtang-Sibumasu Plate)[34]

南羌塘-中缅马苏板块(见图 2-30)为双湖碰撞带[32]、昌宁-孟连-清莱-因他暖-中马来亚文东-劳勿三叠纪碰撞带[33]与班公错-怒江-曼德勒-普吉-巴里散北缘白垩纪(100~66 Ma)碰撞带[35]之间的长条状、弧形的稳定地块。此板块由南羌塘向东南延伸,被班公错-怒江碰撞带的左行走滑作用所错断,向南经云南昌宁-孟连以西的保山-耿马地区,缅甸东北部掸邦,泰国西部的清迈-达府以西的山区,马来半岛西部,直到苏门答腊北部,是一个被扭曲了的长条形板块(见图 2-30)。原来此板块应该是近东西向展布的,现在其东南部已经被改造成近南北向分布。中缅马苏板块(Sibumasu)最早是由 Metcalfe(1991,1995)提议命名的,取自四个地区的词首,后被许多地质学家所引用。

此板块结晶基底的同位素年龄为 510 Ma 左右,为泛非构造事件所形成的(西藏自治区地质矿产局,1993;王国芝和王成善,2001),显然原来属于冈瓦纳大陆的一部分。中寒武世以后,即开始从冈瓦纳大陆逐渐裂离(详见图 3-6)。在早古生代(502~455 Ma),保山和腾冲地块间存在着与俯冲相关的岩浆热事件,而在 421~401 Ma 思茅地块也存在着可能与古特提斯俯冲相关的岩浆-热事件(Deng et al.,2014)。

晚古生代时期该区仍具有典型的冈瓦纳大陆冷水动物群和含砾板岩的沉积特征。三叠纪才拼合到欧亚大陆(详见图 3-15;Metcalfe,2011;Ridd et al.,2011),成为欧亚大陆的一部分。白垩纪以来,受太平洋板块向西俯冲、碰撞作用与印度板块[39]的向北位移的影响,此板块逐渐被压扁、拉长、扭曲、错断和转动,直至现在的近南北展布的形状(见图 2-30,详见图 3-18,图 3-20,图 3-22,图 3-24)。

有学者将南羌塘地块与双湖碰撞带都当作“碰撞-增生-混杂地体”,认为不存在南羌塘地块,此意见恐怕值得商榷,未被多数学者所接受。虽然该区至今还缺乏 500 Ma 时期变质岩系的同位素年龄数据,但是从奥陶纪开始到二叠纪,该区具有构造环境较为稳定的浅海沉积来判断,该区当时应该已经存在了较稳定的结晶基底。就现有资料来看,南羌塘为相对稳定地块的认识,可能还是相对比较合理的。

2.5.4　班公错-怒江-曼德勒-普吉-巴里散北缘白垩纪碰撞带(100~66 Ma, Bangongco - Nujiang - Mandalay - Phuket - North Barisan Cretaceous Collision Zone)[35]

班公错-怒江-曼德勒-普吉-巴里散北缘白垩纪碰撞带(见图2-18)可能起始于晚侏罗世,在怒江上游主要发育于中白垩世-古近纪早期(郭铁鹰等,1991)。此碰撞带从班公错向东,经改则-丁青一带、藏东的康沙-十字卡(他念他翁西南侧),沿怒江,再向南进入缅甸曼德勒、泰国普吉,直到印度尼西亚的巴里散。此带是由南羌塘-中缅马苏板块[34]与冈底斯(拉萨)板块[36]、西缅甸(勃固山-仰光)板块[49]之间碰撞作用而形成的。

碰撞带构造变形的总体特征,都表现出地层变成陡倾斜,强褶皱和逆掩断层,在剖面上呈扇状分布,断层具有对冲的特点。但是多数逆断层面朝北或东倾斜,倾角中等或高角度,这表明碰撞带可能是以西南盘下插、东北盘仰冲为主的。碰撞带内的断层可切断侏罗系、白垩系和部分古近系。沿此带多处发育蛇绿岩套,班公错的蛇绿岩套形成于早白垩世(郭铁鹰等,1991),改则-丁青一带的发育在侏罗纪(西藏自治区地质矿产局,1993),康沙-十字卡一带蛇绿岩套冷侵位到早白垩统之中(王根厚等,1996),滇西高黎贡山东侧的怒江带超镁铁质岩体可冷侵位到下侏罗统之中(钟大赉等,1998)。洋盆当时的扩张速度为1.2 cm/yr,为低速扩张,与现代大西洋的扩张速度相当。洋盆封闭的时间略有差别,但主要是在早白垩世末期。冈底斯-腾冲地块与南羌塘-他念他翁-保山地块(当时已是欧亚大陆的一部分)碰撞的时间,比较有把握的资料,应该是在白垩纪末期-古近纪早期。班公错附近的碰撞花岗岩的形成时间从100 Ma到55 Ma(郭铁鹰等,1991),康沙-十字卡一带主要发生在86.4~75 Ma期间(王根厚等,1996)。沿整个班公错-怒江碰撞带构造研究至今尚不够深入,但在他念他翁地块西南侧的构造变形研究中(王根厚等,1996)得到一些很有意义的资料,他们发现康沙-十字卡断裂带的糜棱岩,除反映了挤压、碰撞之外,在86.4~75 Ma期间还呈现为较强烈的左行走滑变形;而在30 Ma以后,则表现为较微弱的右行走滑活动。

班公错-怒江断裂带在86.4~75 Ma期间呈左行走滑的特征,这一资料与中国东部白垩纪晚期的最大主压应力方向为ENE的特点相当吻合。在此种应力场的作用下,班公错-怒江碰撞带的走向近东西的这一段表现出左行走滑是很正常的。正是这次强烈的左行走滑活动,切断了双湖三叠纪(250~210 Ma)碰撞带[32]和昌宁-孟连-清莱-中马来亚三叠纪(250~210 Ma)碰撞带[33]。显然此种应力方向是和印度板块[39]在白垩纪晚期(80~70 Ma)朝NE40°~50°方向运移有关(Wan,2011)。在中、晚白垩世,中国大陆广泛的板内变形和形成班公错-怒江碰撞带左行走滑的动力来源,显然都与中国大陆南侧印度板块快速朝北东向运移所派生的一系列构造活动相关。

根据区域岩浆活动与古板块的划分,此白垩纪碰撞带,从班公错-怒江-曼德勒-普吉,延伸到印度尼西亚的巴里散北缘一带,穿过爪哇海,推测此带还可继续向东北方向延展,到加里曼丹岛的东缘和苏禄群岛一带,此即东加里曼丹-苏禄群岛白垩纪增生碰撞带[52]。它们是澳大利亚板块[71]向北运移与欧亚大陆之间的白垩纪碰撞带。只是由于在爪哇海地区缺乏露头,暂时只好推断它们可能是连成一体的。

2.5.5 冈底斯板块(~510 Ma,Gangdise Plate)[36]

冈底斯板块(也称拉萨地块,见图 2-30)的结晶基底是在 510 Ma 左右形成的,也是泛非构造事件的结果(张泽民等,2008;许志琴等,2010),显然原属冈瓦纳大陆。中寒武世开始就逐渐与冈瓦纳大陆裂离。根据古地磁学的研究,此地块在古生代-三叠纪时期,一直较稳定地处在南纬 30°~20°的地区,但在古生代晚期具有冷水动物群,属于寒冷的气候带(详见图 3-6 至图 3-14)。从晚侏罗世到晚白垩世,此地块从南纬 11.8°较快地到达北纬 11.8°,平均的纬度运移速度为 3.3 cm/yr(详见图 3-16,图 3-18)。白垩纪以后继续向北运移,平均纬度运移速度为 2.6 cm/yr,以致达到现在的位置(中心参考点的纬度为北纬 29.7°;详见图 3-20,图 3-22,图 3-24;Wan,2011)。

张泽民等(2008)对冈底斯(拉萨)地块的基底变质岩系进行了系统的锆石测年研究,发现其正变质岩系内存在 496 Ma,367 Ma 和 56 Ma 的 U-Pb 年龄,在副变质岩系内的碎屑锆石年龄的峰值为:1555 Ma,1141 Ma,981 Ma,576 Ma,341 Ma,110~80 Ma,55~50 Ma,35~25 Ma。这些数据说明该地块具有冈瓦纳大陆泛非构造事件(576~496 Ma)的特征,但是 1141 Ma 与 981 Ma 的数据,表明它既可能具有西澳大利亚板块的特征,也有印度板块的特征。

朱第成等(Zhu et al.,2010)研究了羌塘、冈底斯、特提斯喜马拉雅、高喜马拉雅与西澳大利亚地块二叠纪及其以前的沉积岩中各时代的碎屑锆石的分布特征,发现南、北两个冈底斯地块与西澳大利亚地块碎屑锆石具有大量的 12 亿年的数据,而羌塘、喜马拉雅等地块的碎屑锆石则具有大量的 10 亿年的年龄数据,与印度板块[40]相近似。据此,他们推论:冈底斯(包括南、北两部分)地块在古生代具有西澳大利亚板块[71]的特征,而羌塘、喜马拉雅地块则是印度板块的,他们的认识与张泽民等(2008)的意见不大一致,有待进一步的探讨。

杨经绥等(Yang et al.,2009)在冈底斯(拉萨)地块的东部松多发现榴辉岩,认为这是一条碰撞带,他们将冈底斯地块划分为南、北冈底斯两个地块。在碰撞带中部松多榴辉岩的同位素年龄为 261.7 Ma,在其附近的过铝花岗岩的年龄为 263 Ma,均为晚二叠世的。此碰撞带是否能够向西延伸、贯穿整个冈底斯地块,尚有待进一步追索。不过,王立全等(2008)、冉明佳等(2012)认为,此松多榴辉岩可能只是羌塘板块下插到冈底斯地块之下所构成的岛弧型火山作用的表现。两者的认识截然不同,尚待进一步探讨。

2.5.6 雅鲁藏布-密支那古近纪碰撞带(Yarlung Zangbo-Myitkyina Paleogene Collision Zone)[37]

雅鲁藏布-密支那断层带[37]是冈底斯地块[36]与喜马拉雅地块[38]之间的古近纪晚期碰撞带(见图 2-30)。在古近纪时期,此带也是冈瓦纳地块群(印度板块、喜马拉雅地块)与欧亚大陆之间的一条重要的板块分界线。在这一强烈变形的构造带上,断层面和地层的倾角都较陡,既有朝南倾的,也有朝北倾的,出露了许多构造岩片(包括三叠纪复理石堆积、侏罗纪、白垩纪-始新世晚期大洋与浅海相混杂堆积)和发育很好的蛇绿岩套。雅鲁藏布江蛇绿岩套,在日喀则附近出露面积很大,形成一条长达 170 km,宽 2~20 km 的东西向条带(Tapponnier et al.,1981;

Allegre et al.,1984;王成善等,1999;Wang et al.,2002)。

近年来的地质研究,已经在雅鲁藏布江蛇绿岩断片的、反映大洋沉积的硅质层内,发现最新的放射虫是始新世晚期的,即洋壳最后消失的时期。因而,推断印度板块与欧亚大陆(直接接触的为冈底斯地块,也称拉萨地块)在雅鲁藏布江带最后真正开始碰撞的时期可能是在渐新世中晚期(即 34 Ma,Aitchison and Davis,2001;Aitchison et al.,2007;Wang et al.,2002)。而目前比较流行的看法则认为是在古新世(60 Ma 与 50 Ma 左右)或始新世(40 Ma)发生了碰撞(Tapponnier et al.,1981;Allegre et al.,1984;Besse et al.,1984;莫宣学等,2009;许志琴等,2011)。最近,有人在该带发现古新世的放射虫(生成于约 50 Ma),认为前人所说的渐新世晚期的放射虫为远处飘来的,与浅水生物混生,从而认为洋壳消失的最后时限约为 50 Ma。有关该区碰撞作用的起始时期的问题仍在热烈地讨论之中。在存在许多时代的洋壳沉积层时,应该在最新洋壳消失之后,才是碰撞作用的开始,但是在发生碰撞后存在小面积的残余洋壳也是可能的。碰撞作用开始以前的汇聚作用,都应该称之为俯冲。如果按照深部地球物理探测资料(图 2-35)所显示的,则印度大陆板块俯冲到欧亚大陆之下开始的时期,可能应该是较新一点的。

在缅甸密支那一带发育着两条侏罗纪的蛇绿岩带。东带(密支那以东,也称 Sagaing 断层,图 2-33)为中缅马苏板块[34]与西缅甸板块[49]之间的碰撞带,若开山脉东缘发育了大量 SSZ 型蛇绿混杂岩与超镁铁质岩体。岩石中锆石 U-Pb 定年结果:安山玄武岩为(166±3)Ma,浅色辉长岩为(177±1)Ma,橄榄辉石岩为(171±2)Ma,斜长花岗岩为(176±1)Ma。熔岩和其他基性岩的大离子亲石元素含量显著富集,而高场强元素 Nb,Th,Ta,Zr,Ti 明显亏损,起源于亏损地幔,为典型的 SSZ 型的熔岩(即在洋-陆俯冲作用下,受俯冲板片"翻卷作用-Rollback"而形成的)。这与几乎同时在侏罗纪形成的,并在同一构造带上的密支那西带和雅鲁藏布江蛇绿岩套明显地属于不同的类型,雅鲁藏布江和密支那西带的蛇绿岩套为在板块扩张条件下的洋中脊(MOR 型)附近形成的。西带蛇绿岩套产在缅甸中央盆地(Central Burmar Basin)与其西侧的印缅山脉(Indo-Burma Range,图 2-33)之间的俯冲带。本书所述的阿拉干-巽他俯冲岛弧带[50],也即有些学者所称的印缅俯冲带,此构造带将在后面阐述之。

2.5.7 喜马拉雅地块(~510 Ma,Himalayan Block)[38]

喜马拉雅地块(见图 2-30)的结晶基底是 510 Ma 左右泛非事件的产物,原属冈瓦纳大陆。利用碎屑锆石的资料,现在已知,此地块具有 2500 Ma,1650 Ma,1000 Ma,500 Ma,65 Ma,30 Ma 和 5 Ma 等的构造-热事件(张泽民等,2008;许志琴等,2011)。与印度板块前寒武纪发育的构造-热事件相类似。中寒武世,开始逐渐从冈瓦纳裂离。三叠纪以前,一直处在南纬 30°附近的特提斯洋内(详见图 3-6 至图 3-8,图 3-10 至图 3-12)。白垩纪末期才到达赤道附近,并发生构造-岩浆活动(详见图 3-18)。古近纪末在其北侧形成雅鲁藏布-密支那碰撞带[37],使之拼合到欧亚大陆,其南侧为喜马拉雅南缘主边界逆掩断层[39]。古近纪晚期(~30 Ma)时期,才是地块向北从俯冲到碰撞的转折时期,以致向北到达北纬 28°左右的位置(详见图 3-20;Wan,2011)。

喜马拉雅地块,实际上现在已经是一系列叠瓦状的逆掩断片(图 2-34,图 2-35),其内部主要有主中央逆掩断层带和康马逆掩断层带。喜马拉雅地块的南缘为主边界逆掩断层,北缘为

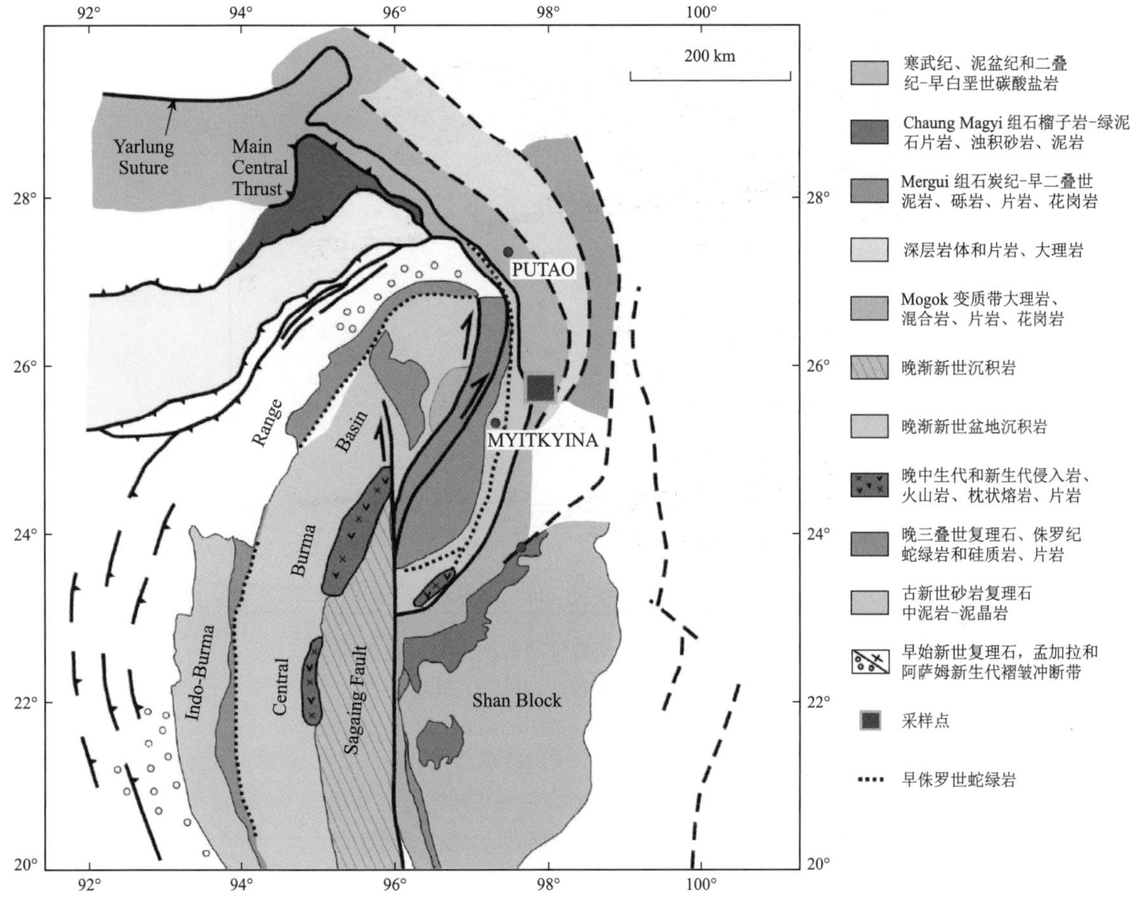

92° 94° 96° 98° 100°
200 km
Yarlung Suture
Main Central Thrust
PUTAO
MYITKYINA
Range
Basin
Burma
Indo-Burma
Central
Sagaing Fault
Shan Block
28° 26° 24° 22° 20°

寒武纪、泥盆纪和二叠纪-早白垩世碳酸盐岩
Chaung Magyi 组石榴子岩-绿泥石片岩、浊积砂岩、泥岩
Mergui 组石炭纪-早二叠世泥岩、砾岩、片岩、花岗岩
深层岩体和片岩、大理岩
Mogok 变质带大理岩、混合岩、片岩、花岗岩
晚渐新世沉积岩
晚渐新世盆地沉积岩
晚中生代和新生代侵入岩、火山岩、枕状熔岩、片岩
晚三叠世复理石、侏罗纪蛇绿岩和硅质岩、片岩
古新世砂岩复理石中泥岩-泥晶岩
早始新世复理石，孟加拉和阿萨姆新生代褶皱冲断带
采样点
早侏罗世蛇绿岩

图 2-33 缅甸及周缘地质构造略图(据杨经绥,2012)

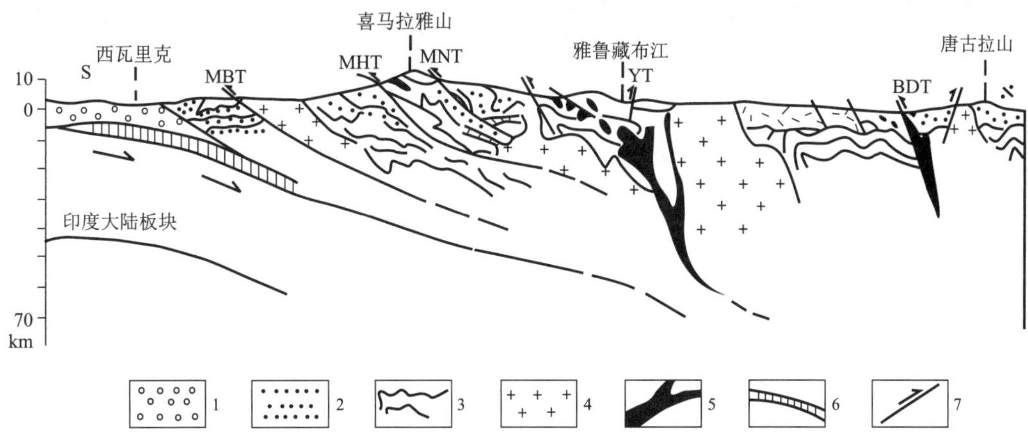

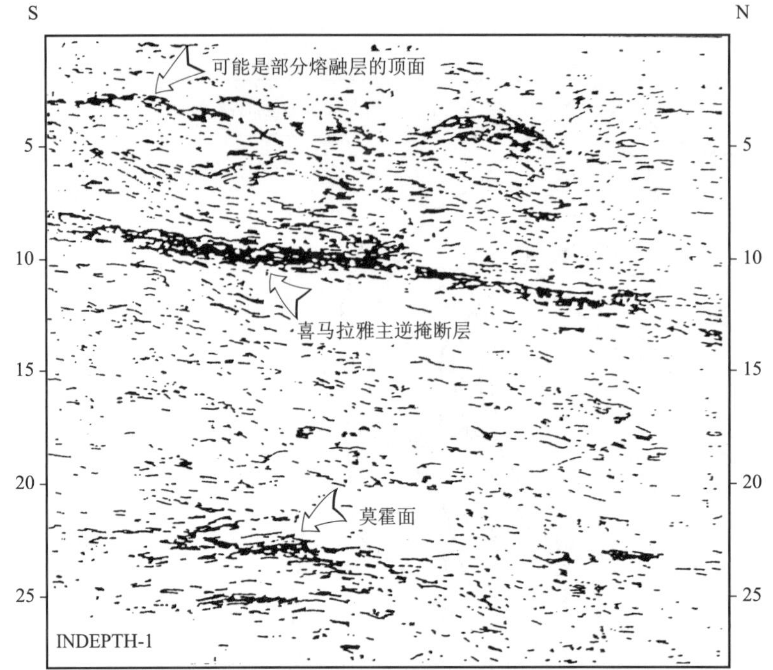

图 2-34　喜马拉雅碰撞带地质剖面与地震剖面

（据 Zhao et al.,1997,经改绘,转引自万天丰,2011）

1—新生代磨拉石建造;2—沉积盖层;3—结晶基底;4—花岗岩;5—超基性岩;6—构造消减带;7—逆掩断层带。MBT—主边界逆掩断层;MHT—主中央逆掩断层;MNT—主北逆掩断层;YT—雅鲁藏布江断层带;BDT—班公错-丁青断裂。

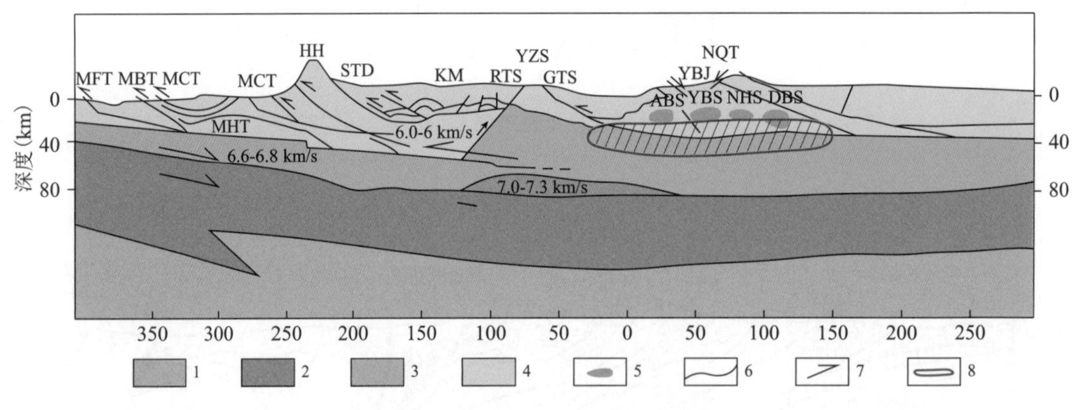

图 2-35　西藏南部深部地质构造解释

[Zhao et al.,2015,私人通讯,此图为对 Zhao et al.(2004)图件的最新修改]

1—软流圈;2—西藏岩石圈地幔(其主体原来可能属于印度大洋型岩石圈地幔,厚约 40 km),其左侧厚度大于 60~70 km 的,可能为印度板块的大陆型岩石圈地幔);3—下部地壳(原来可能为印度板块的地壳);4—西藏地区地壳;5—地震反射亮点;6—地质界线;7—断层运动方向;8—部分熔融层。

MFT—主前逆掩断层;MBT—主边界逆掩断层;MCT—主中央逆掩断层;HH—高喜马拉雅结晶岩块;STD—藏南滑脱面;KM—康马岩穹;YZS—雅鲁藏布-密支那断层带(碰撞带);GTS—冈底斯逆掩断层系;RTS—林周后逆掩断层系;YBJ—羊八井地堑;NQT—念青唐古拉山;MHT—主中央逆掩断层; ABS,YBS,NHS,DBS—均为地震波的“亮点”名称,即可能为局部熔融体。

雅鲁藏布-密支那碰撞带(逆掩断层)。上述所有主要断层的断层面都向北倾斜,是印度板块向北俯冲、碰撞所造成的。地块内断层的形成时代主要发生在中新世之 16.8~23.5 Ma 之间(U-Pb 法,23.5 Ma,Tapponnier et al.,1990;Ar-Ar 法,17 Ma,Copeland and Harrison,1990;Ar-Ar 法,AFT,18.5 Ma;AFT,16.8 Ma,Corrigan and Crowley,1992;西藏自治区地质矿产局,1993),即陆陆碰撞之后的板内变形阶段。但是在喜马拉雅山以北的一些逆掩断层的最后表现却均为正断层,即呈现为北盘相对下滑的特征(Searle,1996,2007)。这一点与阿尔卑斯主断层活动特征的变化十分相似。

对于主中央逆掩断层带的推覆断距,许多学者采用剪切应变法,估算值都在 80~115 km 之间(Sinha-Roy,1982),此种估算量可能偏小了一点。根据古地磁的资料来推算印度板块与欧亚大陆之间的汇聚量,在 22 Ma 内,印度板块古地磁的中心参考点的纬度,从北纬 11°移到北纬 21°来估算,则板块之间的汇聚和喜马拉雅逆掩断层带的总缩短量为 1000 km 左右(Klootwijk and Radhakriehnamurty,1981;Lee and Lawver,1995)。新近纪以来,根据褶皱地层产状恢复水平的方法,此地块南北向缩短率可达 66%(李亚林,2010,私人通讯)。

在图 2-35 内,还有一点值得关注:在青藏高原南部莫霍面(Moho)之下的,相当于岩石圈地幔部分(即深绿色),其厚度在多数地区仅为 40~50 km 厚。笔者认为:此即俯冲到藏南深处大洋型的印度岩石圈板块,这是大洋岩石圈所常见的厚度;而图左侧的厚达 70~80 km 的岩石圈地幔(印度大陆岩石圈板块的总厚度超过 100 km;Mishra and Kumar,2014),就是古近纪晚期以来,正在下插的大陆型印度岩石圈板块。根据这张图的资料来看,印度大陆型岩石圈板块只是较近时期才俯冲到藏南地区之下的,现在处在喜马拉雅山脉以北深处的、厚度仅为 40~50 km 的印度板块应该属于大洋型板片,而总厚度超过 100 km,大陆型的印度板块则刚刚俯冲到喜马拉雅山的南侧。

如果上述资料是可靠的,由此判断,很厚的印度大陆板块与欧亚大陆板块的碰撞应该发生在很新的时期,于是印度与欧亚大陆才进入了“碰撞阶段”,在此之前则为大洋型的印度板块(也即特提斯洋的一部分)俯冲到青藏地区之下,此时应该属于俯冲阶段。按照上图的资料来推算印度大陆板块大约仅下插到西藏地区之下 350 km,最近时期印度板块向北运移、缩短的速度为 5 cm/yr,则印度大陆与欧亚大陆开始碰撞的时期大约应该在 7 Ma 前。如果按照 Nábelek 等(2009)的资料来推算,印度大陆板块仅下插到西藏地区之下 450 km,则印度大陆与欧亚大陆开始碰撞的时期应该在 9 Ma 之前,即中新世晚期。而在此前的大洋型印度板块下插到青藏地区之时,就只能称之为“俯冲阶段”。不过,上述对于下插的印度板块大洋型与大陆型岩石圈厚度判断的精度问题,还需要进一步准确测定。

由于印度板块俯冲的结果,喜马拉雅、冈底斯和南、北羌塘板块地壳厚度显著增厚,地壳普遍达到 60 多千米,最厚处达 70 km;而整个岩石圈的厚度则可达到 120~180 km。青藏地区是一个厚度显著增大的大陆岩石圈[68](见图 1-1 和图 2-30,黄色点线所圈定的范围)。

西藏地区由于地壳厚度较大,岩石强度不太大,壳内构造变形很强烈,并由此派生了相当强烈的岩浆活动,据 INDEPTH 地震资料,局部地区至今还可能存在半熔融状态的岩浆房(如图 2-35 所示的 4 个“亮点”),成为新近纪以来形成内生金属矿床与高温地热田(如羊八井、羊易乡)的十分有利条件(Zhao et al.,2004)。

在图 2-36 内的Ⅰ,Ⅱ,Ⅲ剖面是喜马拉雅地区地震层析的结果(Replumaz et al.,2004),按照此成果所展示的特征，在喜马拉雅地区的深部，印度板块在向前下斜插 200～300 km 之后，就以很陡的角度向下插，直达深 670 km 左右的中地幔，俯冲板块与欧亚大陆地幔的界线就不大明显了。

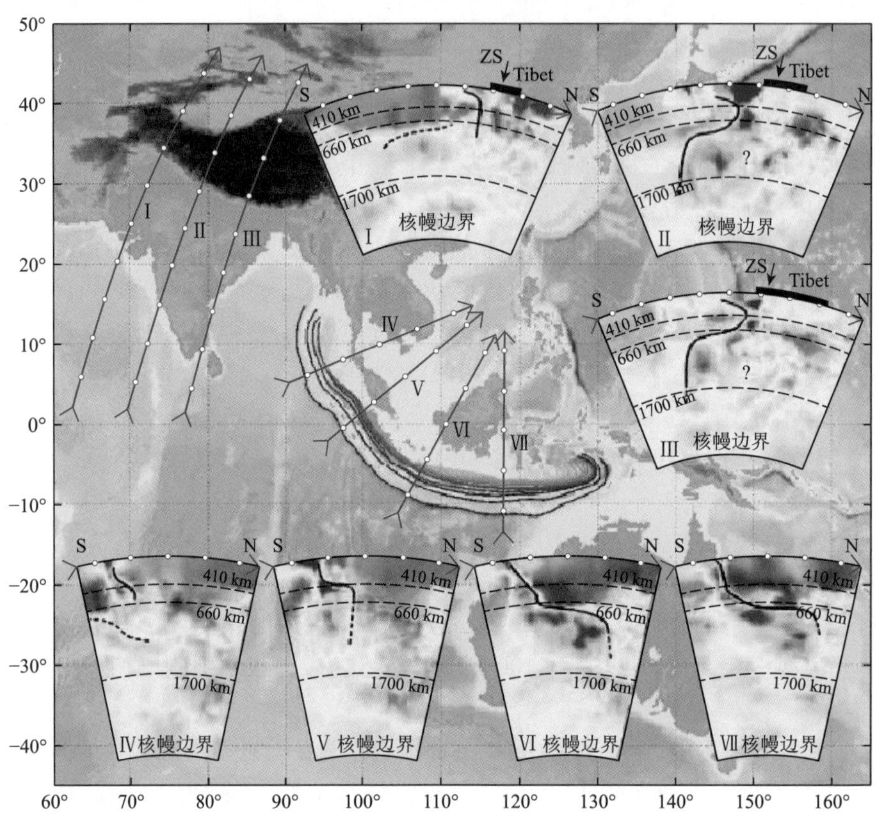

图 2-36　喜马拉雅（Ⅰ—Ⅲ）与巽他（Ⅳ—Ⅶ）新生代俯冲-岛弧带地震层析剖面
（据 Replumaz et al.，2004）

近几年来，许志琴等（Xu et al.，2015）发现青藏高原在南北向缩短、碰撞过程中，不仅使其岩石圈增厚，还发生东西向的走滑，也即青藏地区在碰撞过程中形成了三维构造变形的模式。他们发现向东走滑作用主要发生在 28～26 Ma，向西走滑则主要发生在 25～22 Ma。这是对青藏地区构造变形更加全面的新认识。

2.5.8　喜马拉雅南缘主边界逆掩断层（since Neogene，Himalayan Southern Main Boundary Thrust）[39]

喜马拉雅南缘的主边界逆掩断层面，以中、低角度朝北倾斜，即断层面的下盘都是向北、向下俯冲的（见图 2-34，图 2-35），并在地表呈现出一系列中、低级动力变质带。此断层是新近纪时期以来印度板块[40]与欧亚大陆板块的分界线（见图 2-30，图 2-35），此后印度板块就与欧亚大陆连成一体。

此边界断层至今仍以大约 5 cm/yr 的速度向北汇聚和运移(Lee and Lawver,1995)。根据地震层析的资料来看(Replumaz et al.,2004;图 2-36 之Ⅰ,Ⅱ,Ⅲ),此主边界逆掩断层在向北斜向下插 200 km 左右,就以很陡的角度向下滑移。在中地幔部位甚至反而卷曲成向印度板块之下移动,前人也曾获得类似的结果。但是原因与机制则还不大清楚。

2.5.9 印度板块(~510 Ma,Indian Plate)[40]

据碎屑锆石的测年资料,印度板块(见图 2-30)可能经历了 2500 Ma,1800 Ma,1650 Ma,1000 Ma 和 600~500 Ma 的构造-热事件,最后在泛非事件(~510 Ma)的影响下形成统一结晶基底(张泽民等,2008)。印度板块的大陆部分可分为南、北两部分,其间为中部构造拼接带所连接(图 2-37)。

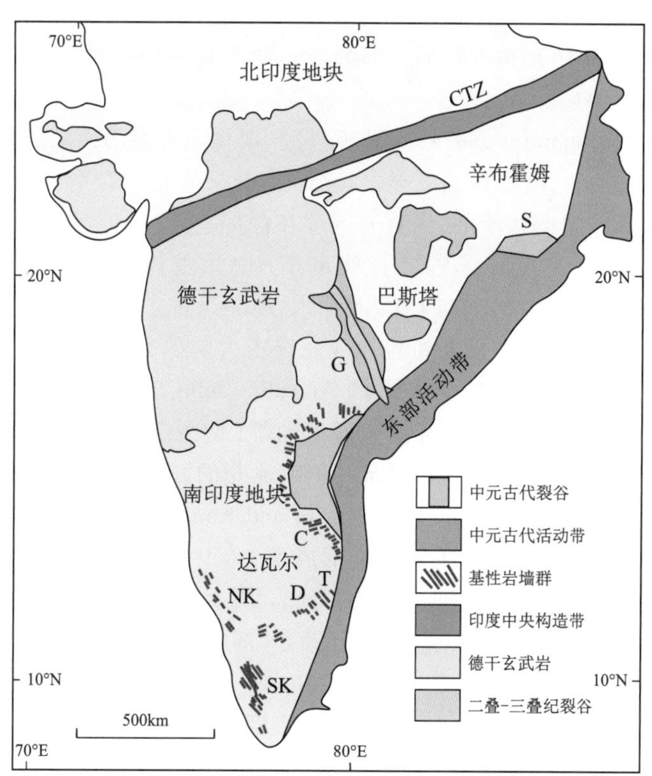

图 2-37 印度板块元古宙基性岩墙群与裂谷分布

(据 Radhakrishna and Nagvi,1986,经改绘)

CTZ—中央构造带;C—Cuddapah 盆地;D—Dharmapuri 岩墙群;G—Godavari 盆地;NK—北 Keral 岩墙群;SK—南 Keral 岩墙群;S—Singhbhum 盆地;T—Tiruvannamalai 岩墙群。

印度南部地块由大面积的 Dharwar 克拉通、Singhbhum 克拉通以及被后期泛非事件(~500 Ma)所改造的 Eastern Ghats 基底麻粒岩所组成。Dharwar 克拉通是由新太古代 Dharwar 绿岩带(2.7 Ga)和 TTG 片麻状侵入岩系(~2.55 Ga)所组成,在 Dharwar 绿岩带内赋存了大型金矿,其中含有铁矿群(Iron Ore),形成了条带状含铁建造(BIF 矿床)。在 Dharwar 克拉通内,还存在少量古太古代的老变质岩系（Older metamorphic group）和古老的英云闪长质片麻岩（Older metamorphic tonalitic gneiss：Jayananda et al.，2000，2008；Ravikant，2010）。北印度地块则是由太古代基底片麻岩和古元古代火山-沉积岩组成，为角闪-麻粒岩相。

印度南北古地块之间为古元古代的拼接带（也称中央印度构造带，CTZ，图 2-37）其中许多花岗质绿岩带内的表壳火山岩系和 TTG 花岗质侵入岩系具有类似与俯冲岛弧系统的地球化学组成特征，这表明该区有可能在太古宙就已经开始发育与现代板块运动相类似的构造体制。根据太古宙-古元古代的岩浆、变质和锆石年代学的相似特征，一些学者（如 Rogers and Santosh，2002；Condie and Richard，2009）认为印度与中朝板块在太古宙-古元古代具有类似的形成过程。但是，印度板块与非洲、澳大利亚、南极洲等板块普遍经历了 510 Ma 前后的泛非构造事件，由此就构成统一的冈瓦纳大陆；而亚洲大陆的多数地块（西伯利亚、中朝、扬子、华夏、塔里木与印支等地块）均没有受到新元古代 1000 Ma 前后与早古生代 510 Ma 左右泛非构造事件形成结晶基底的影响，说明它们并不属于冈瓦纳大陆的一部分。一些学者将中国各陆块都划归冈瓦纳大陆的做法，看来是很值得商榷的。

利用航空磁测资料（Rajararm and Anand，2014）发现在印度半岛南端的结晶地块内存在一系列近东西向与深源的有关的、高强度的磁异常，它们是由深部变质岩系内的高压、超高温韧性剪切-俯冲作用所造成，麻粒岩产在浅部，榴辉岩则埋在深部。

在印度大陆板块内，大量发育了古元古代末期-中元古代的裂谷盆地和许多岩墙群（见图 2-37；Radhakrishna et al.，1986），它们显然受印度东部元古宙构造活动带朝西北方向的挤压（按现代磁方位来说）而派生的，可能与哥伦比亚超级古大陆的裂解作用有关。其中最主要的元古宙活动带和裂谷带为：新德里以南 NNE 向的 Aravalli-Delhi 活动带，Satpura 活动带（也称印度中央构造带，见图 2-37）与印度半岛东缘的东部活动带（见图 2-37），在这些活动带内的地壳厚达 45 km 左右，岩石圈的厚度为 120～130 km。在中地壳的断层内具有高密度和高电导率的岩石，它们指示了下地壳具有伸展裂谷的特征（Mishra and Kumar，2014）。

在印度东北部 Singhbhum 盆地内的侵入岩形成于 1 660～1 638 Ma。在印度东南部 Cuddapah 大陆裂谷内发育了 1841～1583 Ma 之间的基性玄武岩，并具有板块边缘裂谷的特征，与中朝板块南部的熊耳群裂谷的演化特征有点类似。印度南部的岩墙群的同位素年龄都在 1870～1170 Ma 之间。

古生代时期，印度板块一直处在南半球的中低纬度（21°S～45°S）地区，地块多次发生转动，但纬度变化不大（详见图 3-6 至图 3-8，图 3-10 至图 3-12）。经过很多学者的研究（Lee and Lawver，1995；Klootwijk and Radhakriehnamurty，1981；Van der Voo R et al.，1999；Schettino and Scotese，2005）得到比较类似的成果：印度板块的中心参考点，在古生代时期基本上都位于南半球的中低纬度地区；在侏罗纪末期-早白垩世到达最南部，45°S（详见图 3-24），以后就大幅度地快速向北运移（详见图 3-18，图 3-20，图 3-22，图 3-24），白垩纪最高的北移速度曾达到 17～18 cm/yr，古新世-始新世早期降为 9～10 cm/yr，始新世晚期以来就降为 5～6 cm/yr（Klootwijk and Radhakriehnamurty，1981；Lee and Lawver，1995；Acton，1999；Besse and Courtillot，2002；Schettino and Scotese，2005）。

上述成果得到了深海钻探与同位素测年的可靠资料的证实（图 2-38）。这是板块曾经发生数千千米、大幅度运移的重要证据之一。现代印度大陆板块的北部已经都俯冲到青藏高原之下，白垩纪时期是印度板块的大洋部分在俯冲,古近纪晚期以后才变成印度大陆板块与欧亚大陆之间的碰撞(Wan,2011;见图 2-35)。

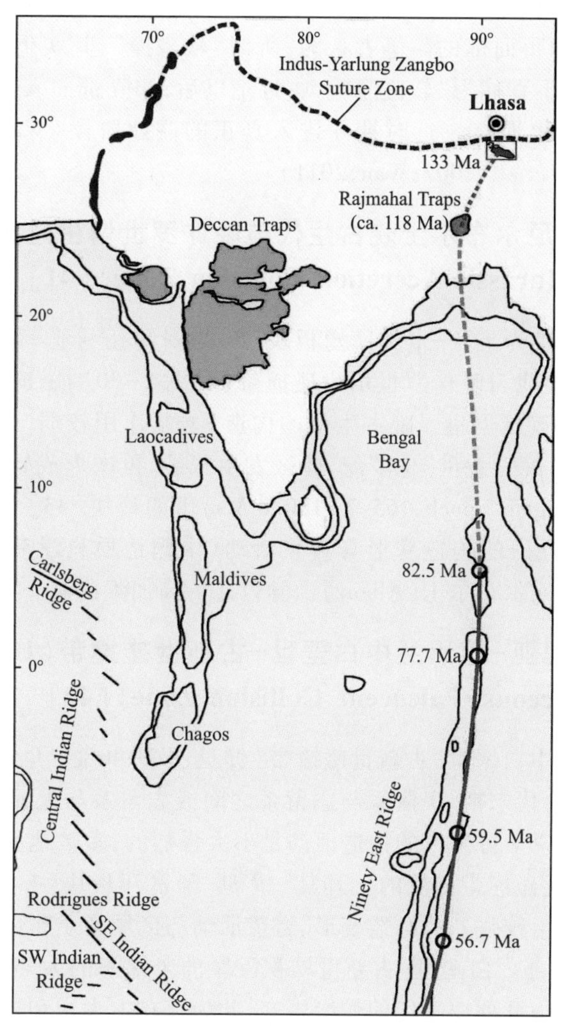

图 2-38 印度板块(含其南部的大洋)德干大火山岩省与 90°E 海岭各热点同位素年龄(据深海钻探 ODP 的资料改绘)

红线为沿 90°E 海岭的热点迁移轨迹,绿色虚线为推测的热点迁移轨迹。

印度次大陆上发育了德干玄武岩大火成岩省(图 2-37 之浅绿色区,图 2-38 之肉红色区),主要是在 65 Ma 形成的,即白垩纪晚期。由于印度大陆地块白垩纪以来长时间地向北运移,地块受到较强的南北向挤压与缩短,发育了十分明显的 NE 与 NW 向共轭剪切断裂,此现象在卫星影像上展现得十分清晰。

至于印度板块快速运动的动力学机制问题,则至今还没有得到比较公认的解释,尤其没有解释为什么印度板块在白垩纪能有特别快的向北运移速度。笔者推测:很可能是与中侏罗世南极洲附近地幔底辟的形成和板块的放射状扩张作用有关;产生此种现象也有可能是中侏罗世陨石斜向撞击作用所派生的结果,较小的印度板块正好主要沿着斜向撞击方向,从而使其发生了比其他(南美和非洲)板块运动速度显著较快的现象,但是至今证据尚不充足(Wan,2011)。过去,曾将印度板块新生代向北运动速度的变化解释为:先是“软碰撞”,后是“硬碰撞”(Lee and Lawver,1995)的说法,那也是很值得商榷的。笔者认为:所谓“软碰撞”,其实仍是大洋型印度板块向欧亚大陆板块的俯冲,此时不宜称为“软碰撞”。古近纪以后,洋壳都插入欧亚大陆地下之后,才进入真正的陆陆碰撞阶段,也即在较近时期才进入真正的碰撞阶段(Wang et al.,2002;Aitchison and Davis,2001;Aitchison et al.,2007;Wan,2011)。

2.5.10　高加索-厄尔布尔士晚古生代与晚侏罗世增生碰撞带(Kavkaz-Alborz Late Paleozoic-Late Jurassic Accretion Collision Zone)[41]

高加索-厄尔布尔士带为土兰-卡拉库姆板块[8]与安纳托利亚-德黑兰中白垩世-古新世碰撞带[42]之间的晚古生代与晚侏罗世增生碰撞带(见图2-30),碰撞作用曾发生在晚古生代(泥盆纪-石炭纪之间)和晚侏罗世。晚古生代的构造-岩浆作用较弱,经过板块的碰撞作用,石炭纪开始沉积陆相地层。晚三叠世-侏罗纪,此区发生张裂,再次形成较厚的海洋沉积物。晚侏罗世(基末利期,Kimmeridgian Epoch,155.7~150.8 Ma)伊朗板块[43]与北侧的土兰-卡拉库姆板块[8]发生碰撞,造成强烈的构造变形与岩浆活动(中国地质科学院《亚洲地质图》编辑组,1980)。此碰撞带构成了厄尔布尔士(Alborz)山脉以北的高加索山脉。

2.5.11　安纳托利亚-德黑兰中白垩世-古新世碰撞带(100~50 Ma,Anatolia-Dehran Middle Cretaceous-Paleocene Collision Zone)[42]

安纳托利亚-德黑兰中白垩世-古新世碰撞带(详见图2-40之“厄尔布尔士(Alborz)山脉”的南部,灰色区)在早古生代末期、奥陶系与志留系之间或志留系与泥盆系之间存在局部的地层角度不整合,但是总的来说早古生代的构造活动是不大强烈的,多数地区地层均为整合接触。晚古生代-晚侏罗纪时期,此碰撞带南侧的土耳其-伊朗-阿富汗板块[43]在安纳托利亚-德黑兰一带向北俯冲,使该区发生较强烈的构造变形、岩浆活动与区域变质作用。此碰撞带构成了厄尔布尔士(Alborz)山脉的南部。白垩世-古新世堆积巨厚的半深海的大陆斜坡相(海相复理石)沉积和火山岩系,并发育了一系列白垩纪的蛇绿岩套,此为存在古大洋和板块碰撞作用的主要地质表现,并赋存了许多中小型铬铁矿床。渐新世以后,继续保持近南北向的脉动式的缩短和汇聚作用,形成了渐新世与中新世之间、中新世与上新世之间沉积地层的角度不整合(中国地质科学院《亚洲地质图》编辑组,1980),说明在古近纪-新近纪时期该带具有脉动式的构造变形事件。受新近纪构造作用的影响,在此带的南缘,伊朗北部塞姆南省加姆塞尔地区还形成了十分典型的龙山平卧褶皱(图2-39)。

近年来,在安纳托利亚东南部广泛分布的洋内火山弧流纹岩内测得锆石U-Pb年龄为(83.1±2.2) Ma和(74.6±4.4) Ma(Karaoğlan et al.,2013)。Kaygusuz等(2013)也在安纳托利亚东南部、土耳其东北部的Turnagöl角闪云母花岗闪长岩体内,用LA-ICP-MS U-Pb法测得同位素年龄为78.07 Ma。而在土耳其东北部黑海南岸Pontides地区测得与俯冲-碰撞作用相关的埃达克岩锆石U-Pb年龄为(48.71±0.74) Ma,而非埃达克岩锆石U-Pb年龄为(44.68±0.84) Ma(Eyuboglu et al.,2013)。

图 2-39 伊朗北部塞姆南省加姆塞尔新近纪的龙山平卧褶皱
(Alireza Amrikazemi 拍摄,www.Hmdfor.me)
受安纳托利亚-德黑兰中白垩世-古新世(100~52 Ma)碰撞带后期作用的影响而形成的,为伊朗地质历史遗产。

在伊朗东北部,即德黑兰碰撞带的东延部分,Kopet Dagh 是在土兰-卡拉库姆晚古生代变质结晶基底基础上发育的 NE 向新生代褶皱带。在此带存在着约 10 km 厚的中生代与古近纪碳酸盐岩石。与 Zagros 褶皱带相似,也形成新生代轴向 NW-SE 的褶皱,不过基本上没有岩浆岩的出露。该带的褶皱可很好地指示伊朗板块附近地区新生代时期受到了从西南向东北的运移和挤压作用(Nezafati,2006)。

2.5.12 土耳其-伊朗-阿富汗板块(~510 Ma,Turkey-Iran-Afghan Plate)[43]

土耳其-伊朗-阿富汗板块(图 2-40,见图 2-30;Mansour et al.,2013)最后形成统一结晶基底的时期为泛非构造事件(500~600 Ma)发生的时候。而较老的构造热事件为 1100 Ma,与罗迪尼亚大陆汇聚的时间几乎同时,这一点与印度板块是不相同的,印度板块曾有 1000 Ma 的构造-热事件,而没有 1100 Ma 的构造-热事件,可能说明它们在新元古代时期并没有同时发生构造-热事件,也可能是因为当时它们并不处在同一板块内。5 亿多年前的泛非构造事件才使此板块拼合到冈瓦纳大陆中。

古生代时期,以形成海相沉积盖层为特征,属于构造活动性比较稳定的状态(详见图 3-6 至图 3-8,图 3-10 至图 3-12)。晚古生代时期土耳其以北地区存在海洋,二叠纪开始土耳其地块与冈瓦纳大陆裂离,处在特提斯洋内(详见图 3-12)。

地中海东部地区在三叠纪发生俯冲,其证据为在土耳其西北部存在三叠纪榴辉岩。晚古生代古地理再造表明,现今地中海东部地区是一辽阔的海域(Aralokay 和马建华,1997)。中生代时期此板块的主体部分仍主要保持浅海沉积的特征(详见图 3-15,图 3-18)。晚侏罗世(基末利期,Kimmeridgian Epoch,155.7~150.8 Ma)早期,土耳其-伊朗-阿富汗板块与北侧的土兰-卡拉库姆板块[8]首次发生碰撞(Mansour et al.,2013)。

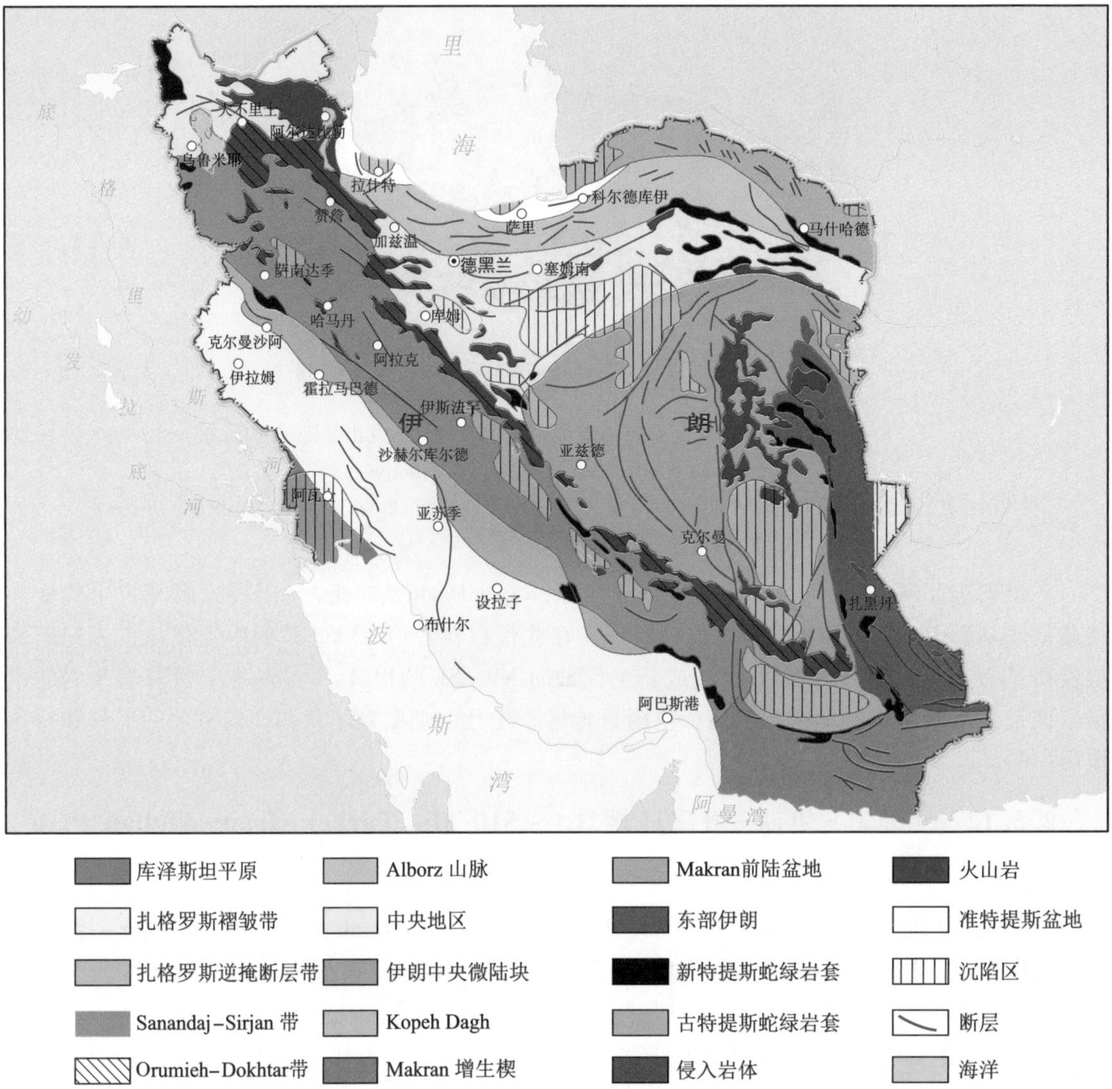

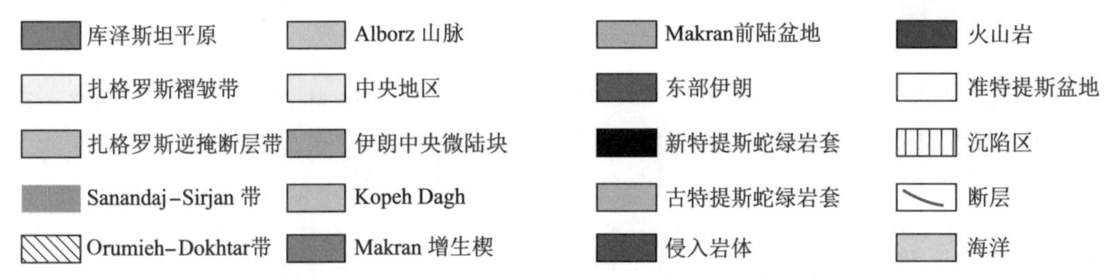

图 2-40　伊朗地质构造略图(据 Nezafati,2006,经改绘)

伊朗中-东部微板块,即图 2-40 的红色与深黄色部分,包括现在的库泽斯坦平原(红色)与中央地区(深黄色),在古新世就成为欧亚大陆板块的一部分。此板块就位于安纳托利亚-德黑兰中白垩世-古新世(100~52 Ma)碰撞带[42](图 2-40 内的 Alborz 山脉南部,灰色区)之南,扎格罗斯逆掩断层带以北(图 2-40 之紫色区与 Makran 增生楔,墨绿色区)地区,此地块的北界为大凯未尔(Great Kavir)断层(图 2-40 之灰色与黄色区的界线),西南界为那因-巴夫特(Nain-Baft)断层(图 2-40 之 Makran 增生楔,墨绿色区之东北),东界为哈瑞汝德(Harirud)断层(图 2-40 之红色区的东缘)。中-东伊朗微板块四周的断层内都发育着晚白垩世-早古新世的蛇绿岩套与蛇绿混杂岩(图 2-40 之新特提斯蛇绿岩套,紫黑色)(Nezafati,2006)。土耳其-伊朗-

阿富汗板块在白垩纪-古新世以稍快的速度朝北东方向运移、碰撞,并拼合到欧亚大陆(详见图 3-18,图 3-20)。但是,其朝东北方向的碰撞作用强度远比印度板块的微弱。此碰撞作用使土耳其-伊朗-阿富汗板块的北侧,与高加索-厄尔布尔士晚古生代与晚侏罗世增生碰撞带[41]相接,也形成了安纳托利亚-德黑兰中白垩世-古近纪(100~40 Ma)碰撞带[42](图 2-40 内的 Alborz 山脉南部,灰色区)。

伊朗地块的西南侧为扎格罗斯-喀布尔白垩纪以来的逆掩断层带(浅紫色,也即增生碰撞带,图 2-40)。此后,在土耳其-伊朗-阿富汗板块还有较弱的板内变形,造成部分地区一些沉积地层的缺失。

新近纪以来,土耳其东部及其以东的伊朗-阿富汗地区,地壳整体上升 2000~3000 m 左右,形成火山岩带与高原;而土耳其西部的一些地方则断陷沉降了 2000~3000 m(中国地质科学院《亚洲地质图》编辑组,1980)。

2.5.13 扎格罗斯-喀布尔白垩纪以来增生碰撞带(since Cretaceous, Zagros-Kabul Accretion Collision Zone)[44]

扎格罗斯-喀布尔带(见图 2-30,图 2-40)为土耳其-伊朗-阿富汗板块[43]与阿拉伯板块[46]之间,白垩纪-中新世的增生碰撞带。扎格罗斯-喀布尔带位于土耳其-伊朗-阿富汗板块的南部,自古生代以来,该带长期处于较稳定的构造环境,形成了一系列厚度较大的海相沉积岩系,发育了极其丰富的烃源岩系,含油气层主要分布在古近系、白垩系和侏罗系内。自白垩纪以来,该带发生了较强的碰撞与构造变形作用(Mansour et al.,2013)。

扎格罗斯增生碰撞带(包括图 2-40 之浅紫色的扎格罗斯逆掩断层带与墨绿色区的 Makran 增生楔),从东北侧到西南侧是由三个构造带所组成:① Orumieh-Dokhtar 岩浆带(以晚白垩世到现代的中酸性火山岩及火山碎屑岩为主,间有石灰岩);② Sanandaj-Sirjan 带(主要为早侏罗世变质岩系,它们分布在侵入体旁边,为增生带内形成年代较老的岩块);③ 扎格罗斯褶皱带,为增生碰撞带内的主要褶皱带,其间形成了扎格罗斯逆掩断层及蛇绿岩套。此褶皱带朝东北方向与主逆掩断层带相接,但没有一个明确的界线。在此带内的较老的中生代岩石与古生代沉积盖层朝南西方向相对上冲,形成了一些晚中生代与古近纪的岩片。此逆掩断层带在白垩纪-古近纪时期使扎格罗斯最深部岩石出露地表(Nezafati,2006)。此带构造演化与成矿作用史比较复杂,一些具体细节尚有待进一步深入研究。

扎格罗斯增生碰撞带可以看作是从阿尔卑斯到喜马拉雅成矿带的一部分。扎格罗斯带从土耳其的东阿纳托里亚(East Anatolian)断裂起,经两河流域地区,到伊朗东南端的阿曼,继续向东可延续到阿富汗的喀布尔一带,并可转到喜马拉雅地区,全长约 3000 km。

扎格罗斯增生碰撞带与伊朗东北侧的构造变形均可指示出:伊朗微板块附近地区,晚白垩世以来区域的最大主应力方向为 NE-SW 向,地块的总体运移方向是朝 NE 向的(Nezafati,2006),扎格罗斯增生碰撞带的地壳总缩短量在 70 km 左右(比喜马拉雅碰撞带的缩短量小得多),其中有 20 km 可能是阿拉伯板块的缩短。

2.5.14 托罗斯增生碰撞带(since Neogene,Toros Accretion Collision Zone)[45]

在土耳其南部-塞浦路斯,新近纪以来形成了托罗斯增生碰撞带(见图 2-30),原来此带是扎格罗斯-喀布尔增生碰撞带[44]的西延部分,但是在亚喀巴-死海右行走滑断层(红海裂谷带[48]之北段)的切错下,与之分离,形成了显著不同的构造特征。在非洲板块[72]向北以较快速度的运移与碰撞作用的影响下,托罗斯增生碰撞带形成了强烈的构造变形,在土耳其南部与塞浦路斯出露了许多蛇绿岩套露头,形成了铬铁矿与铂族元素矿床(中国地质科学院《亚洲地质图》编辑组,1980;McElduff and Stumpfl,1990;Laurent et al.1991)。

2.5.15 阿拉伯板块(~510 Ma,Arabian Plate)[46]

阿拉伯板块(见图 2-30)的统一结晶基底也是泛非构造事件(570~535 Ma)形成的,在此之前,也有 960 Ma,785 Ma,650~600 Ma 的构造-热事件,原属冈瓦纳大陆(Al-Shanti,2009)。二叠纪开始与冈瓦纳大陆裂离(详见图 3-12)。在三叠纪时期阿拉伯板块发生大规模的向北滑动,并略带右旋转动(向北运移了约 3500 km),与非洲板块[72]一起到达前侏罗纪原始大西洋以南的位置(详见图 3-15)。白垩纪以来,阿拉伯板块向东北运移,逐渐与土耳其-伊朗-阿富汗板块[43]拼合(详见图 3-18,图 3-20,图 3-22),古近纪开始形成了扎格罗斯-喀布尔增生碰撞带[44],从此阿拉伯板块就并入欧亚大陆。新近纪以来,才在扎格罗斯和阿拉伯地块之间发生断陷,形成波斯湾,并同时也使红海-死海断层产生右行走滑活动与张裂,出现洋壳,形成红海裂谷带[48](见图 2-30)。

阿拉伯板块[大致包括阿拉伯半岛,富饶的伊斯兰国家和土耳其东南部及托罗斯-扎格罗斯(Taurus-Zagrog)山脉南侧的伊朗西南部]的石油和天然气的储量分别占全球油气储量的 66.4%和 33.9%。其中 98%以上的储量分布在从伊拉克到阿曼之间的阿拉伯大陆架东北边缘。该区油气富集的重要原因在于该区从晚古生代到中、新生代地层中广泛存在着多套成油体系(生油岩分布广泛,且多层系发育)、碳酸盐岩与砂岩储层的相互并存,后期在板块向东北向较缓慢的运移过程中,长期处在稳定的沉积环境内,使该区形成了无可比拟的、广阔的北东向大陆架——宽度近 2000 km,长度近 3000 km,并在后期形成一系列褶皱幅度不太强的大型背斜圈闭构造(Beydoun 和徐金林等,2000)。

2.5.16 阿曼白垩纪增生碰撞带(Oman Cretaceous Accretion Collision Zone)[47]

在阿拉伯半岛的东南端,阿曼苏丹王国的东部,形成一条白垩纪(145 Ma)以来的、走向 NE 的阿曼增生碰撞带(见图 2-30)。此增生碰撞带是在白垩纪阿拉伯板块[46]初次朝东北方向与土耳其-伊朗-阿富汗板块[43]碰撞时的残留地块。此碰撞带在新近纪被扎格罗斯-喀布尔增生碰撞带[44]和现代的阿曼湾(Gulf of Oman)断陷带所截断,使其残留在阿拉伯板块的边部(Clarke,2006)。

地块内最老的结晶岩系测得的同位素年龄约为 800 Ma,此特征与扬子板块形成统一结晶基底的时期几乎一致。此残留地块内发育了新元古代晚期、古生代、二叠-三叠纪以及侏罗-白垩纪的沉积岩系,具有发育良好的白垩纪蛇绿岩套露头,由此推测其碰撞作用应该发生在白垩纪末期,至今该带仍保持山脉的地形(Clarke,2006)。

根据古地磁学的研究(Clarke,2006),阿曼地区在寒武纪时期处在南纬10°~20°之间,还没有证据说明当时阿曼增生碰撞带原来是属于冈瓦纳大陆的,倒是其结晶基底形成时期与扬子板块[22]相近。以后才逐渐南移,在石炭纪末期(~300 Ma)到达南纬50°一带,形成冰川堆积,这才具有冈瓦纳大陆的特征,然后逐渐向北运移,侏罗-白垩纪时期才回到赤道以北地区。阿曼碰撞带的发育对于阿拉伯半岛东南部地层的褶皱、盐丘等储油构造的形成产生很大的影响(Clarke,2006)。

2.5.17　红海裂谷带(since Neogene,Red Sea Rift Zone)[48]

新近纪(23 Ma)以来,在亚洲大陆西南缘形成了红海裂谷带(见图2-30),它是东非裂谷带(Klerkxand et al.,1984;Delvaux and Barth,2009)的北延部分,分布在红海的中央,呈NNW走向,向北延伸则分为两支:东支呈NNE走向,沿亚喀巴湾到死海(Garfunkel et al.,2014),经黎巴嫩东缘到叙利亚西部,将扎格罗斯-喀布尔增生碰撞带与托罗斯增生碰撞带切断,明显地具有右行走滑与张裂的活动特征;西支断层仍沿NNW向,形成左行走滑的苏伊士湾断层插入地中海。红海裂谷带现在是非洲板块[72]与阿拉伯板块[46]之间的分界线。

20世纪70年代,对于垂直于红海的横断层进行了地球物理与地质剖面研究(Garson and Miroslav,1976),发现横断层深部存在着与线性异常平行的拉斑玄武岩墙以及沿红海走向的左行走滑剪切带,类似的特征也发生在阿拉伯半岛。跨过红海的深部资料表明:在晚白垩世到古新世亚丁湾张开时,红海沿NE方向左行走滑了75~80 km。在古新世晚期红海才出现了洋底扩张现象。红海的扩张方向是受大陆上前寒武纪ENE向断裂所影响的,它们延伸到海区成为红海的横向构造,并在该部位堆积了金属矿物。现在推断红海的晚期张裂时期是在中新世晚期到上新世。最近3 Ma以来,在上述三次洋底扩张的基础上,埃及的西奈地块沿苏伊士湾断层左行运移了25 km。

红海裂谷带之西就是非洲板块[72](~510 Ma,African Plate,见图1-1;Klerkxand et al.,1984),它原属于南半球冈瓦纳大陆的一部分。泛非构造事件(~510 Ma;Kennedy,1964)最终形成统一结晶基底,二叠纪脱离冈瓦纳大陆(详见图3-12),三叠纪向北运移与阿拉伯板块[45]拼合(详见图3-15)。新近纪以来的红海裂谷带[47]又将非洲板块与阿拉伯板块分离,也即苏伊士湾以西地区才属非洲板块(见图1-1,图2-30)。

在古近纪晚期,非洲板块与欧洲板块之间的最新残留洋盆存在于65~44 Ma期间,形成阿尔卑斯增生碰撞带的时间是渐新世(35~33 Ma),造成了大规模的逆掩断层、推覆构造和超高压变质岩(Cavazza et al.,2004;Martin et al.,2004)。阿尔卑斯的增生碰撞作用可向东延伸,经过喀尔巴阡,直达地中海东北缘的托罗斯增生碰撞带[44]。

Delvaux和Barth(2009)利用347个天然地震震源机制解的反演资料,认识到该区总体上是受到近南北向的水平应力作用为主的,此一级应力场是受板块边界水平作用力所驱动而造成内部复杂的状态,而2级与3级作用力则与岩石圈内(近于垂直的)重力作用及裂谷构造所派生的阵发性影响有关,说明该区的裂谷作用正在发展之中。

2.5.18　西缅甸(勃固山-仰光)板块[~510 Ma,Western Burma(Pegu Mountains-Rangoon)Plate][49]

西缅甸(勃固山-仰光)板块(见图2-30),东侧为班公错-怒江-曼德勒-普吉-巴里散北缘白垩纪碰撞带[35],西侧为阿拉干-巽他新生代俯冲-岛弧带[50](见图 2-30)。此板块原来属于冈瓦纳大陆的一部分,在泛非事件(~500 Ma)的影响下形成统一结晶基底,中寒武世开始即与冈瓦纳大陆裂离,在特提斯洋内逐渐北移(详见图 3-6 至图 3-8,图 3-10 至图 3-12,图 3-15,图 3-18,图 3-20),渐新世才拼接到欧亚大陆(详见图 3-20),形成雅鲁藏布-密支那古近纪碰撞带[37]。西缅甸板块相当于喜马拉雅板块[38],原来可能为同一地块,喜马拉雅东构造结向北突出,将它们切断。在印度板块[40]强烈向北挤压、碰撞作用和太平洋板块向西挤压的远程效应影响下(Wan,2011),西缅甸地块顺时针转动了近 90°,从近东西向转成近南北向的展布。以后还有新近纪的断陷作用,并有较弱的板内变形。

西缅甸板块发育了前奥陶纪的变质岩系(片岩与混合岩),构成了地块的结晶基底,此岩系与中国云南境内的高黎贡群(林仕良等,2012)相当,该变质岩群的 14 组锆石 U-Pb 同位素年龄均在 454.4~546.7 Ma 之间,其平均年龄为(489±16)Ma,也即均为冈瓦纳大陆泛非构造事件的产物。

泥盆纪-三叠纪发育沉积盖层,以碎屑岩系为主。侏罗纪-中白垩世发育了钙碱系列为主的火山岩与火山碎屑岩系(池际尚等,1996)。晚白垩世形成沥青质灰岩。新生代时期由于喜马拉雅东构造结的形成,造成地块的北高南低的地形,新生界的沉积厚度较大,几乎完全覆盖了此地块。古近系底部发育了磨拉石堆积,古近系主要发育了海相含油浊积层及陆相含煤岩系。在始新统与上中新统-更新统之间存在显著的角度不整合接触(陈永清等,2010;刘继顺,2012)。

西缅甸板块西南部的海域——安达曼海,为一 NNE 走向的现代张裂带,现为半深海地区。它可能也是受印度板块向北较快的运移速度的影响,而澳大利亚板块运移速度则较慢。两者运动速度有所差异从而控制了该区的构造变形。该构造带为印度板块朝北北东方向斜向俯冲和实皆走滑断裂控制下而发育的,从而在安达曼海内部派生一系列近 NW-SE 向张剪性断裂,以致断陷成海盆(见图 2-30,图 2-33;何文刚等,2011)。

2.5.19　阿拉干-巽他新生代俯冲-岛弧带(Arakan-Sunda Cenozoic Subduction and Island Arc Zone)[50]

阿拉干-巽他新生代俯冲-岛弧带(图 2-41,见图 2-30)主要是由澳大利亚板块[71]西部在新近纪时期朝东北方向俯冲所造成的。阿拉干-巽他新生代俯冲-岛弧带东端的班达海盆(Banda Basin)及其周边的群岛,除了受到澳大利亚板块向北俯冲作用的影响外,还受到菲律宾海板块和太平洋板块向西偏北向运移作用的影响,使其在东端具有旋卷构造的形态。

受到现代澳大利亚板块[71]和太平洋板块[67]共同作用的影响,阿拉干-巽他新生代俯冲-岛弧带的南部苏门答腊一带,据 GPS 测得其位移方向以朝北东向为主,现代位移速度为 2~3 cm/yr;而此带的东端,运移方向为朝西北方向,速度为 4~5 cm/yr(Hall et al.,2011)。

根据地震层析资料(Replumaz et al.,2004),图 2-36 内的Ⅰ,Ⅱ,Ⅲ剖面为喜马拉雅地区的,前面已经讨论过。图 2-36 内的Ⅳ-Ⅶ剖面与图 2-41 则都是巽他新生代俯冲-岛弧带地震层析结果的解释,即澳大利亚板块是在朝 NNE 向俯冲的,在向下俯冲到 410 km 深处,俯冲角度有一些变化,而在 660 km 处及其以下的部分,则呈弥散状,即逐渐与中、下地幔周围岩石的密度趋于一致,此特征与全球多数俯冲带或碰撞带的深部相类似,多数都是以到达中地幔为特征的。

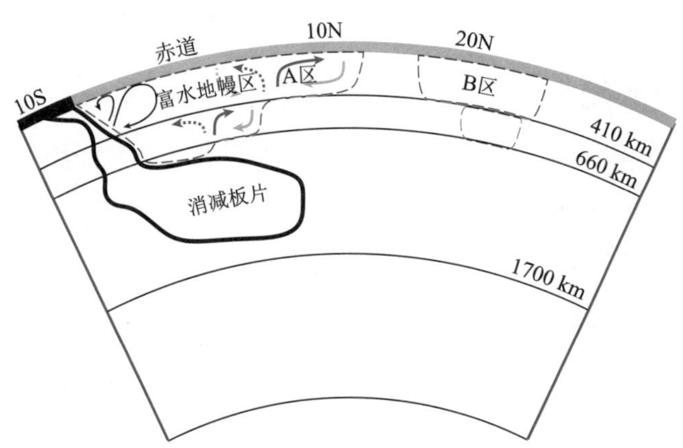

图 2-41 巽他俯冲-岛弧带地震层析Ⅵ剖面的解释(据 Replumaz et al.,2004,经改绘)

根据较精确的广角地震剖面资料,俯冲-岛弧带的中爪哇以南地区存在弧前盆地(fore-arc basin),其宽度达 50 余千米,深达 4 km(Kopp,2011),此带为一低角度俯冲带,向北俯冲 250 km,其深度仅为 40 km。此俯冲-岛弧带是现代强火山、地震活动带,也是诱发海啸的重要地段。

阿拉干-巽他新生代俯冲-岛弧带之南,即为澳大利亚板块(~500 Ma,Australian Plate,见图 1-1),澳大利亚板块西部的伊尔冈地盾是在 2.7~2.6 Ga 完成克拉通化的,12 亿年与 8 亿年左右曾发生较强的构造-热事件,这一点与印度板块是不相同的。在 600~500 Ma,参与了泛非构造-热事件,与印度、非洲等板块形成统一结晶基底,构成冈瓦纳大陆(Kennedy,1964)。在整个古生代-中侏罗世时期,澳大利亚板块均为冈瓦纳大陆的一部分。早古生代时期,澳大利亚板块的水平运移量是很小的,处在赤道附近,板块有一些转动(详见图 3-6 至图 3-8)。早石炭世晚期开始快速向南运移,以后其中心参考点一直处在南纬 50°~60°之间(详见图 3-11,图 3-12)。在侏罗纪晚期-早白垩世(150~100 Ma)开始,与冈瓦纳大陆张裂、分离,逐渐向北运移,使澳大利亚板块与南极洲板块、印度板块分离(详见图 3-6,图 3-8;Van der Voo,1993;Metcalfe,2011;Hall et al.,2011)。

根据地震层析与多通道叠前偏移的地震反射剖面资料表明:澳大利亚板块向北俯冲的海沟最深达 6600 余米,澳大利亚板块现正以极低的角度向北俯冲。下插中的澳大利亚板块,其洋壳厚度为 10~20 km,可稳定地向北俯冲 200 余千米,仍清晰可辨,这是最近 1000 万年以来的所留下的记录。下插板块的顶面尚可发现海山与洋底谷底的痕迹。洋壳之下为含水的大洋地幔(Kopp,2011)。

根据 Hall 等(2011)对东南亚-巽他地区的晚侏罗世(165 Ma)-始新世中期(45 Ma)的古大陆再造图(图 2-42),可以看出该时期是印度板块快速向北运移的阶段,而澳大利亚板块从白垩纪晚期(80 Ma)才开始与南极洲大陆分离,以较缓慢的速度向北运移。从始新世开始,澳大利亚板块向北、局部俯冲到印度尼西亚地区之下,并逐渐趋向于关闭连接印度洋与太平洋之间大洋通道(图 2-42,图 2-43;Van der Voo,1993)。在始新世中期(45 Ma)才开始与东南亚大陆发生俯冲,从而形成了巽他新生代俯冲-岛弧带的初始阶段。

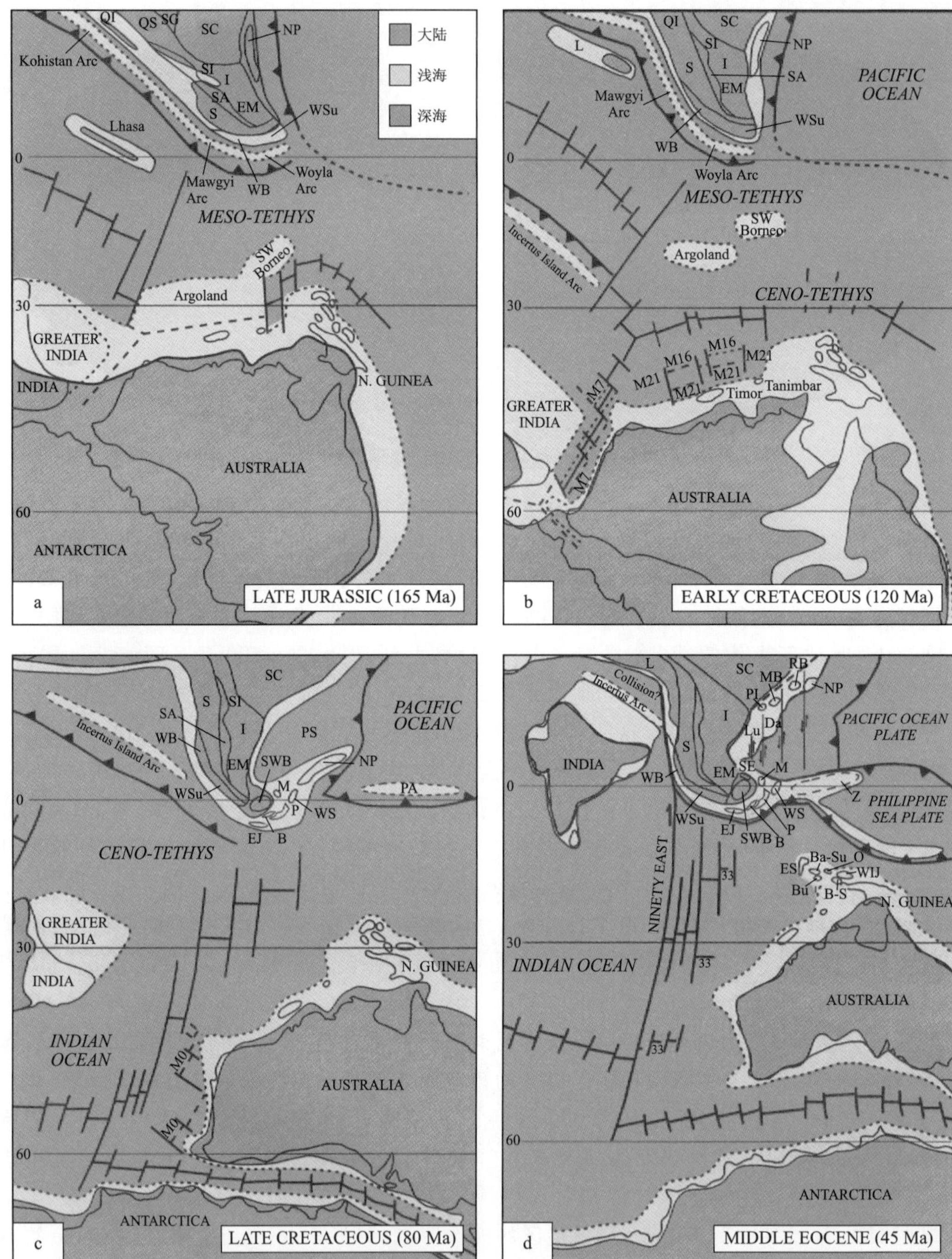

图 2-42　东南亚-巽他地区侏罗纪-古近纪古大陆再造图(据 Hall et al.,2011)

a—晚侏罗世(165 Ma);b—早白垩世(120 Ma);c—晚白垩世(80 Ma);d—古新世中期(45 Ma)。

SG—松潘-甘孜地块;SC—中国南部;QS—昌都-思茅地块;SI—思茅地块;QL—羌塘地块;S—中缅马苏板块;SA—素可泰地块;I—印支板块;EM—东马来亚地块;WSu—西苏门答腊地块;L—拉萨地块;WB—西缅甸地块;SWB—西南婆罗洲地块;NP—巴拉望北部及附近小地块;M—印尼芒康;WS—西苏拉威西地块;P—帕特尔农斯特;B—巴拉望; PA—东菲律宾岛弧;PS—原始的中国南海;Z—Zambales 蛇绿岩套;ES—东苏拉威西;O—奥比-巴康;Ba-Su—班盖-苏拉;Bu—步通;WU—西伊里安-爪哇。

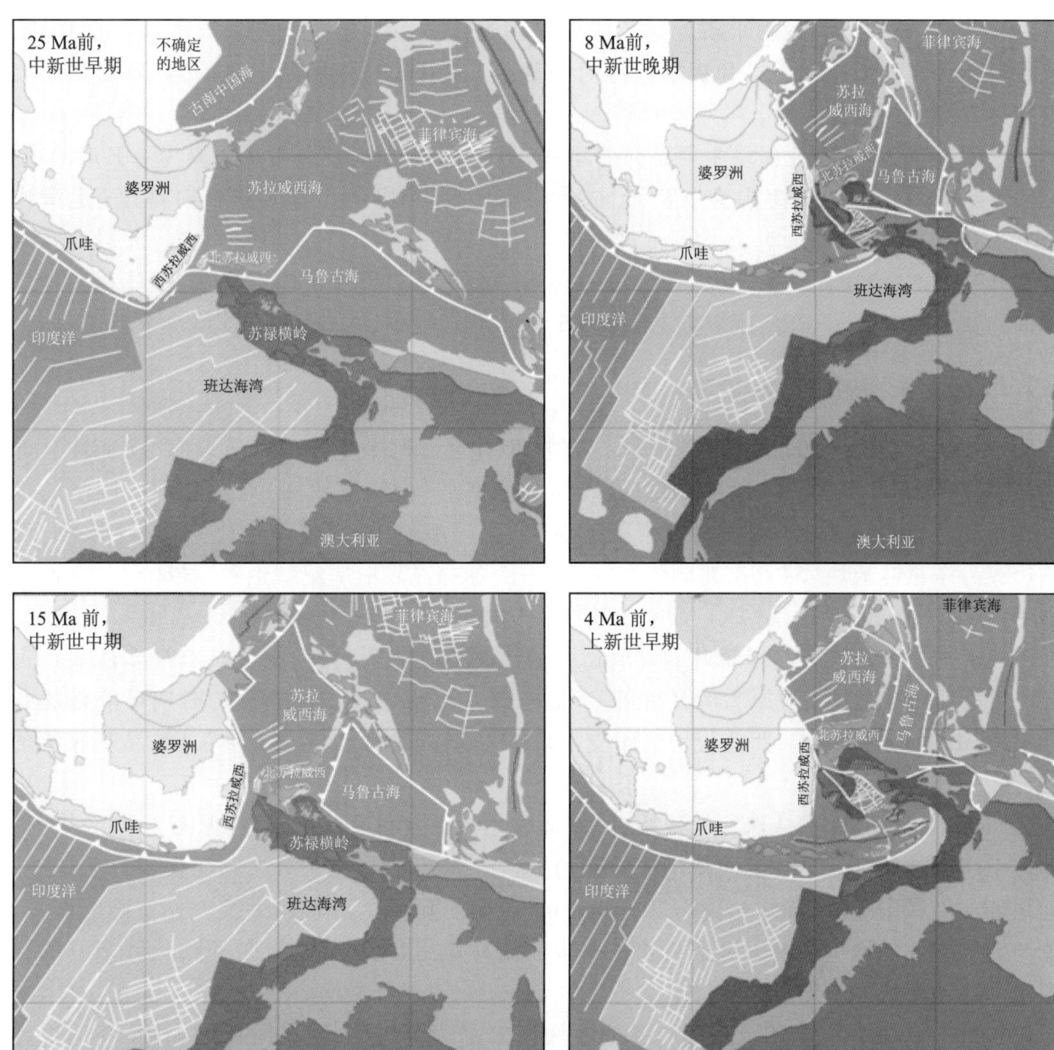

图 2-43 东南亚-巽他地区中新世早期(25 Ma)、中新世中期(15 Ma)、中新世晚期(8 Ma)和上新世早期(4 Ma)的古大陆再造图(据 Hall et al.,2011)

新近纪时期,澳大利亚板块与东南亚地区的古大陆复原状态可参阅图 2-43。那时澳大利亚板块向北运移的速度与作用力应该都相对比较小。新近纪以来澳大利亚板块仅以较低的速度向北俯冲,约 2 cm/yr。只是到了中新世晚期(最近 8 Ma)以来,澳大利亚板块向北运移作用才对东南亚地区的构造格架起到了较重要的作用。

看来在研究巽他-东南亚地区的构造时,不少学者只注意澳大利亚板块运动的影响显然是不够的,还必须关注太平洋板块向西的运动与俯冲作用。由图 2-43 还可以看出:新近纪时期(25~4 Ma)澳大利亚板块向北运移的速度与距离都是不太大的。不过,正是此种板块汇聚作用使太平洋与印度洋之间的水道正在逐渐走向关闭之中。

Hall 等(2011)推断:发育于新近纪的碰撞作用强烈地影响了澳大利亚大陆边界的形状,此特征是由于存在侏罗纪的裂谷和板块俯冲时的翻卷(roll-back)作用所造成的,以致形成澳大利亚大陆为大洋所环抱的形态。

新生代以来,澳大利亚板块主要是向北运移,然而,由于澳大利亚板块北界为一弧形的边界,在苏门答腊西南侧的巽他海沟为 NW 走向,使岛弧受到了朝东北方向的斜向挤压-走滑作用(trans-compression);而在爪哇海沟到帝汶海沟则从近东西向逐渐转为 ENE 走向,此段岛弧则主要受到几乎朝北的、正面的俯冲-挤压作用的影响。此弧形边界对于印度尼西亚、菲律宾地区新生代的构造演化与变形,产生很重要的影响(Hall et al.,2011)。

2.5.20 巽他板块(500 Ma,Sunda Plate)[51]

巽他板块(见图 2-30)位于大巽他群岛的中部,包括了马来半岛的东南端(含新加坡),苏门答腊岛的东端,爪哇岛的北缘地区,加里曼丹岛的西南部(西南婆罗洲)以及它们所围限的爪哇海。它西侧是以中马来亚三叠纪碰撞带[33]为界,南邻阿拉干-巽他新生代俯冲-岛弧带[50],东侧边界为东爪哇地块[54],东北侧为东加里曼丹-苏禄群岛白垩纪增生碰撞带[52],北面与巴拉望-沙捞越-曾母暗沙地块[29]、印支板块[27]相邻接。

由西南加里曼丹地块与东爪哇的碎屑锆石的年龄资料来看,巽他板块具有许多从太古宙到 500 Ma 的数据,推测此板块原为冈瓦纳的一部分,最后形成统一结晶基底的时期可能是泛非构造事件(Hall et al.,2011)。巽他板块与印支板块[27]新元古代(800 Ma 左右)结晶基底年龄数据的特征是很不相同的。

Metcalfe(2011)认为:从侏罗纪开始,巽他板块才与澳大利亚板块分离(见图 2-42)。巽他板块的几乎所有地区都缺失了晚白垩世-古新世的地层,这可能与当时澳大利亚板块向北俯冲,使此地块处在岛弧附近、隆升并遭受剥蚀(Clements et al.,2011)。始新世才又开始沉降与沉积,它可能与巽他板块的增生和澳大利亚板块进一步的俯冲作用有关,使隆升带迁移到其南侧的巽他岛弧带。巽他板块在古新世之后才并入欧亚大陆。

Pubellier(2008)认为:印支板块与巽他板块原来是一个板块,同属冈瓦纳大陆,其认识看来与实际资料不大符合。印支板块具有 800 Ma 左右的结晶基底(Lan et al.,2003),而巽他板块为冈瓦纳型的,可能存在 500 Ma 左右的泛非构造事件。根据地震层析资料来判断,巽他板块的地壳厚度约为 20~25 km 左右,属洋陆过渡型的地壳。而印支板块的地壳厚度则为典型的陆壳,厚约 35 km(滕吉文等,2002;Hall et al.,2011)。不过,印支板块与巽他板块之间到底是什么接触关系,由于该区处在海域,缺乏研究,至今还不大清楚。笔者推测可能为一断层(见图 2-30),暂时还没有更多的资料能用来论证。

2.5.21 东加里曼丹-苏禄群岛白垩纪增生碰撞带(Eastern Kalimantan-Southern Sulu Sea Cretaceous Accretion Collision Zone)[52]

东加里曼丹-苏禄群岛增生碰撞带(见图 2-30)是白垩纪形成的,沿线存在许多蛇绿岩套的露头。它与曼德勒-普吉-巴里散北缘白垩纪(135~65 Ma)碰撞带[35]在爪哇岛北部可能相连。此增生碰撞带是澳大利亚板块[71]在白垩纪向北运移过程中陆陆碰撞所形成的(Hall et al.,2011)。新近纪时期,在此增生碰撞带内,受菲律宾海板块[65]朝 SW 向的斜向俯冲作用的影响,苏禄海与中国南海断陷盆地西南部[28]一起发生了近 NW-SE 向的张裂与断陷,形成了走向为 NE-SE 的楔形裂陷洋盆(见图 2-29)。

2.5.22 苏拉威西海地块(500 Ma,Celebes Sea Block)[53]

苏拉威西海地块(见图 2-30)之西北侧为东加里曼丹-苏禄群岛增生碰撞带[52]与东爪哇地块[54],东南侧为菲律宾-马鲁古新生代双俯冲-岛弧带[64]。此地块原属澳大利亚板块,从侏罗纪开始与澳大利亚板块分离(Metcalfe,2011),古近纪才完全分离出来。新近纪以来,在菲律宾海板块向西南运移、挤压的作用(见图 2-29),以及澳大利亚板块向北俯冲、较弱作用的影响下,使该区发生了较强的变形(Hall et al.,2011),才使苏拉威西海地块并入欧亚大陆。从现代 GPS 的测量结果来看,现代板块运移的方向基本上都是朝北或 NW 向的(见图 2-29)。

应该值得注意是,在南海、苏禄海、苏拉威西海及班达海等区洋底强变形区的形状都是近东侧宽大、而西端狭小(见图 2-29)。然而,根据洋底玄武岩的测年资料,这些洋底张开并定型的时间都在古近纪-新近纪。介于菲律宾海板块(在地理上属于太平洋)与印度洋板块之间的巽他-东亚地区,在新近纪显然受到了 NE-SW 的最大主压应力的作用,主要缩短方向为 NE-SW 向,而伸展方向则为 NW-SE 向。根据洋底强变形区的形状来判断,似乎菲律宾海板块向西偏南方向的挤压作用更强一些,起到了主导作用,而澳大利亚板块的影响在当时则较弱。而在现代,根据 GPS 的测量结果,表明澳大利亚板块的影响更大一些(见图 2-29)。

2.5.23 东爪哇地块(500 Ma,East Argo Block)[54]

东爪哇地块(图 2-30)分布在望加锡海峡及其附近,西北侧与巽他板块[51]、东加里曼丹-苏禄群岛白垩纪增生碰撞带[52]相连,东北侧与苏拉威西海地块[53]、菲律宾-马鲁古新生代双俯冲-岛弧带[64]相连接,东南侧与南侧均为阿拉干-巽他新生代俯冲-岛弧带[50]。此地块原属西澳大利亚板块[71],侏罗纪开始从澳大利亚板块(冈瓦纳大陆的一部分)分离出来(Metcalfe,2011;见图 2-42,图 2-43),新生代才并入欧亚大陆。

根据地震剖面的资料,在新生代地层的不整合面之下,东爪哇地块的深部可能存在从前寒武纪到三叠纪很厚的沉积岩系(厚约 8.5 km),此沉积岩系当属澳大利亚板块的(Granath et al.,2011)。白垩纪时期此板块与巽他板块[51]、巴拉望-沙捞越-曾母暗沙地块[29]发生俯冲与碰撞,形成东加里曼丹-苏禄群岛增生碰撞带[52]。在新近纪以来,在澳大利亚板块[71]向北俯冲、挤压与近东西向伸展作用的影响下,形成近南北向的望加锡海峡(Makassar Strait),它由三条 NNE 走向的、雁列式的张裂带所组成,显示了此张裂带还略带右行走滑作用,即此带西盘的向北滑移量与运移速度应略大于东盘。从应力作用方向与断陷洋盆的形状来看,东爪哇地块的内部裂陷,主要是受澳大利亚板块挤压作用而派生的,这一点没有问题。但是,在东爪哇地块以北的几个断陷洋盆(南海、苏禄海、苏拉威西海等)的形成(见图 2-29)似乎主要不是澳大利亚板块的俯冲、挤压作用的结果。

2.5.24 北新几内亚岛弧带(since Neogene,Northern New Guinea Island Arc Zone)[55]

新几内亚地块(见图 2-30,图 2-42)一直到上新世早期(4 Ma),仍属于澳大利亚板块[71]

(见图 2-42,图 2-43)。北新几内亚岛弧带(见图 2-30)位于其北部。新近纪以来,在菲律宾海板块[65]与太平洋板块[67]向西运移以及澳大利亚板块[71]向北运移作用的共同影响下,形成北新几内亚岛弧带,并使其与新几内亚地块发生左行斜向挤压-俯冲作用,遂使新几内亚地块的北部与哈马黑拉岛均具有岛弧的构造特征(Metcalfe,2011),也发育了一些蛇绿岩套。受太平洋板块与菲律宾海板块向西运移的影响,此岛弧带西端的 GPS 测得朝 WNW 向的水平位移量,可达 7~8 cm/yr(Hall et al.,2011)。

参考文献

Arallokay,马建华. 1997. 地中海东部的早中生代俯冲——土耳其西北部三叠纪榴辉岩提供的证据. 海洋地质动态(11):13-15.

Beydoun Z R,徐金林,杨卫东,等. 2000. 为什么阿拉伯板块的油气如此丰富而多产? 国外油气勘探,(1):4-13,65.

陈永清,刘俊来,冯庆来,等. 2010. 东南亚中南半岛地质及与花岗岩有关的矿床. 北京:地质出版社,1-192.

池际尚,路凤香,赵磊,等. 1996. 华北地台金伯利岩及古生代岩石圈地幔特征. 北京:科学出版社,1-29.

郭铁鹰,梁定益,张宜智,等. 1991. 西藏阿里地质. 武汉:中国地质大学出版社,1-464.

何文刚,梅廉夫,朱光辉,等. 2011. 安达曼海海域盆地构造及其演化特征研究. 断块油气田(2):46-50.

李才. 1997. 西藏羌塘中部蓝片岩青铝闪石 $^{40}Ar/^{39}Ar$ 定年及其地质意义. 科学通报,42(4):488.

李才,翟庆国,陈文,等. 2006. 青藏高原羌塘中部榴辉岩 Ar-Ar 定年. 岩石学报,22(12):2843-2849.

李廷栋,陈炳蔚,戴维声,等. 2010. 青藏高原及邻区大地构造图(1∶3 500 000)//李廷栋等. 青藏高原地质图系. 广州:广东科技出版社.

林仕良,从峰,高永娟,等. 2012. 滇西腾冲地块东南缘高黎贡山群片麻岩 LA-ICP-MS 锆石 U-PB 年龄及其地质意义. 地质通报,31(2-3):258-263.

刘本培,冯庆来,方念乔,等. 1993. 滇西南昌宁-孟连带和澜沧江带古特提斯多岛洋构造演化. 地球科学,18(5):529-539.

刘继顺. 2012. 缅甸蒙育瓦铜矿田勘查开发简史与地质特征. http://blog.sina.com.cn/yuelugj. 2012-11-2.

莫宣学,赵志丹,俞学惠,等. 2009. 青藏高原新生代碰撞-后碰撞火山岩. 北京:地质出版社,1-396.

滕吉文,曾融生,闫雅芬,等. 2002. 东亚大陆及周边海域 Moho 界面深度分布和基本构造格局. 中国科学 D 辑:地球科学,32(2):89-100.

万天丰. 2011. 论碰撞作用时间. 地学前缘,18(3):48-56.

王成善,刘志飞,何政伟. 1999. 西藏南部早白垩世雅鲁藏布江古蛇绿岩的识别与讨论. 地质学报,73(1):7-14.

王根厚,周详,普布次仁,等. 1996. 西藏他念他翁山链构造变形及其演化. 北京:地质出版社,1-80.

王国芝,王成善. 2001. 西藏羌塘基底变质岩系的解体和时代厘定. 中国科学 D 辑:地球科学,31(增刊):77-82.

王立全,潘桂棠,朱弟成,等. 2008. 西藏冈底斯带石炭纪-二叠纪岛弧造山作用:火山岩和地球化学证据. 地质通报,27(9):1510-1534.

冉明佳,钟康惠,罗明非,等. 2012. 西藏冈底斯带东段石炭纪构造环境讨论. 地质论评,58(2):250-258.

西藏自治区地质矿产局. 1993. 西藏自治区区域地质志. 北京:地质出版社,1-707.

许志琴,杨经绥,嵇少丞,等. 2010. 中国大陆构造及动力学若干问题的认识. 地质学报,84(1):1-29.

许志琴,杨经绥,李海兵,等. 2011. 印度-亚洲碰撞大地构造. 地质学报(1):1-33.

杨经绥,许志琴,段向东,等. 2012. 缅甸密支那地区发现侏罗纪的 SSZ 型蛇绿岩. 岩石学报,28(6):1710-1730.

张泽民,王金丽,沈昆,等. 2008. 环东冈瓦纳大陆周缘的古生代造山作用:东喜马拉雅构造结南迦巴瓦岩群的岩石学和年代学证据. 岩石学报,24(7):1627-1637.

赵文津,Nelson K D,徐中信,等. 1997. 雅鲁藏布江缝合带的双陆内俯冲构造与部分熔融层特征. 地球物理学报,40(3):325-336.

赵文津,薛光琦,赵逊,等. 2004. INDEPTH-3 地震层析成像:藏北印度岩石圈俯冲断落的证据. 地球学报,25(1):1-10.

中国地质科学院《亚洲地质图》编辑组(李春昱主编). 1980. 亚洲地质图. 北京:中国地图出版社.

钟大赉. 1998. 滇川西部古特提斯造山带. 北京:科学出版社,1-231.

Acton G D. 1999. Apparent polar wander of India since the Cretaceous with implication for regional tectonics and true polar wander. In Radhakrishna T. The Indian Subcontinent and Gondwana: A Paleomagnetic and Rock Magnetic Perspective. Geol. Soc. India Mem. ,44:129-175.

Aitchison J C,Davis A M. 2001. When did the India-Asia collision really happen? International Symposium and Field Workshop on the Assembly and Breakup of Rodinia,Gondwana and Growth of Asia. Osaka City University,Japan. Gondwana Research,4:560-561.

Aitchison J C,Jason R A and Davis A M. 2007. When and where did India and Asia collide? Journal of Geophysical Research,112:B05423.

Allègre C J,Courtillot V,Tapponnier P,et al. 1984. Structure and evolution of the Himalaya-Tibet orogenic belt. Nature,307:17-22.

Al-Shanti M S. 2009. Geology of the Arabian Shield of Saudi Arabia. Scientific Publishing Center,King Abdulaziz University,1-190.

Besse J,Courtillot V,Pozzi J P,et al. 1984. Palaeomagnetic estimates of crustal shortening in the Himalayan thrusts and Yarlung Zangbo suture. Nature,311(5987):621-626.

Besse J and Courtillot V. 2002. Apparent and true polar wander and the geometry of the geomagnetic field over the lasr 200 Myr. Journal of Geophysical Research,108(B10):2469. DOI:10. 1029/2003 JB002684(2003).

Cavazza W,Roure F M,Spakman W,et al. 2004. The Transmed Atlas—The Mediterranean Region,From Crust to Mantle. Berlin,Heidelberg:Springer,1-141.

Clarke M H. 2006. Oman's Geological Heritage (Glennie K editor,second edition). Oman:Petroleum Development Oman,1-247.

Clements B,Burgess P M,Hall R,et al. 2011. Subsidence and uplift by slab-related mantle dynamics:a driving mechanism for the Late Cretaceous and Cenozoic evolution of continental SE Asia? In Hall R,Cottam MA & Wilson M E J(eds.)The SE Asian Gateway:History and Tectonics of Australia-Asia Collision. Geological Society of London,Special Publication,355:37-52.

Condie K C and Richard C A. 2009. Zircon Age Episodicity and Growth of Continental Crust. EOS,Transactions American Geophysical Union,90(41):364. DOI:10. 1029/2009EO410003.

Copeland P and Harrison T M. 1990. Episodic rapid uplift in the Himalaya revealed by ^{40}Ar/^{39}Ar analysis of detrital K-feldspar and muscovite,Bengal Fan. Geology(Boulder),18(4):354-357.

Corrigan J D and Crowley K D. 1992. Unroofing of the Himalayas:a view from apatite fission-track analysis of Bengal Fan sediments. Geophysical Research Letters,19(23):2345-2348.

Delveux D. 1991. The Karoo to Recent rifting in the western branch of the East-African Rift System:a bibliographical synthesis. Mus.Roy.Afr.Contr.Tervuron(Belg.)Rapp.Ann.1989-1990:63-83.

Delvaux D and Barth A. 2009. Second and third order African Stress Pattern from formal inversion of focal mechanisms data. Implications for rifting dynamics Royal Museum for Central Africa,Geology-Mineralogy,Tervuren,Belgium;Geophysical Institute,University of Karlsruhe,Germany,(03)11:7480.

Deng J,Wang Q F,Li G J,et al. 2014. Tethys tectonic evolution and its bearing on the distribution of inpotant mineral deposits in the Sanjiang region,SW China. Gondwana Reseach,26:419-437.

Deng,J,Wang Q F,Li G J,et al. 2014. Cenozoic tectono-magmatic and metallogenic processes in the Sanjiang region, southwest China. Earth Science Reviews,138:268-299.

Eyuboglu Y,Santosh M,Dudas F O,et al. 2013. The nature of transition from adakitic to non-adakitic magmatism in a slab window setting:a sysnthesis from the eastern Pontides,NE Turkey. Geoscience Frontiers,4(4):353-375.

Garfunkel Z,Ben-Avraham Z,Kagan E eds. 2014. Dead Sea Transform Fault System:Reviews Series:Modern Approaches in Solid Earth Sciences,Vol. 61-359. Dordrecht:Springer. DOI. 1007/978-94-017-8872-4-1.

Garson M S and Miroslav K R S. 1976. Geophysical and geological evidence of the relationship of Red Sea transverse tectonics to ancient fractures. GSA Bulletin,87(2):169-181. DOI:10. 1130/0016-7606(1976)87<169:GAGEOT> 2. 0. CO.

Ghorbani Mansour. 2013. The Economic Geology of Iran,Mineral Deposits and Natural Resources. Springer:1-450.

Granath J W,Christ J M,Emmet P A,et al. 2011. Pre-Cenozoic sedimentary section and structure as related in the Java SPAN^{TM} crustal-scale PSDM seismic survey,and its implications regarding the basement terranes in the East Java Sea. In Hall R,Cottam MA & Wilson M E J(eds.). The SE Asian Gateway:History and Tectonics of Australia-Asia Collision. Geological Society of London,Special Publication,355:53-74.

Hall R,Cottam M A and Wilson M E J(eds.). 2011. The SE Asian Gateway:History and Tectonics of Australia-Asia Collision. Geological Society of London,Special Publication,355:1-381.

Hutchison C S and Tan D N K(eds.). 2009. Geology of Peninsular Malaysia. Kuala Lumpur:Murphy. The University of Malaya and The Geological Society of Malaysia:1-479.

Jayananda M,Kano T,Peucat J J,et al. 2008. 3. 35 Ga Komatiite volcanism in the western Dharwar craton:constraints from Nd isotopes and whole rock geochemistry. Precambrian Research, Elsevier. DOI: 10. 1016/J. precamres. 2007. 07. 010,v. 162:160-179.

Jayananda M,Moyen J F,Martin H,et al. 2000. Late Archaean(2550-2500 Ma)juvenile magmatism in the Eastern Dharwar craton:constraints from geochronology,Nd-Sr isotopes and whole rock geochemistry. Precambrian Research, 99:225-254.

Karaoğlan F,Parlak O,Klötzli U,et al. 2013. Age and duration of intra-oceanic arc volcanism built on a suprasubduction zone type oceanic crust in southern Neotethys,SE Anatolia. Geoscience Frontiers,4(4):399-408.

Kaygusuz A,Sipahi F,Ilbeyli N,et al. 2013. Petrogenesis of the Cretaceous Turnagöl intrusion in the eastern Pontides: implications for magma genesis in the arc setting. Geoscience Frontiers,4(4):423-438.

Kennedy W Q. 1964. The structural differentiation of Africa in the Pan-African(500 m.y.)tectonic episode.Res.Inst.Ar. Geol.,University of Leeds,8th Ann.Rep.,48-49.

Klerkxand J,et al. 1984. African Geology,Muséeroyaldel Afriquecentrale-Tervuren,Belgium.

Klootwijk C T and Radhakrichnamurty. 1981. Phanerozoic paleomagnetism of the Indian plate and India-Asia collision. In McElhinny M W and Valencio D A eds. Paleoconstruction of the Continents, Geodynamics Series. Boulder, Colorado:Geological Society of America,93-105.

Kopp H. 2011. The Java convergent margin:structure seismogenesis and subduction process//Hall R et al(ed.). The SE Asian Gateway:History and Tectonics of the Australia-Asia Collision. London:The Geological Society of London Special Publication,355:111-137.

Lan C Y,Chung S L,Long T V,et al. 2003. Geochemical and Sr-Nd isotopic constraints from the Kontum massif,central Vietnam on the crustal evolution of the Indochina block. Precambrian Research,122:7-27. www. elsevier. com/ locate/precamres.

Laurent R, Dion C, Thibault Y. 1991. Structural and Petrological Features of Peridotite Intrusions from the Troodos Ophiolite, Cyprus. Petrology and Structural Geology, 5: 175-194.

Lee T Y and Lawver L A. 1995. Cenozoic plate reconstruction of Southeast Asia. Tectonophysics, 251(1-4): 85-138.

Liu B P, Feng Q L, Fang N Q. 1991. Tectonic evolution of the Paleo-Tethys in Changning-Menglian and Lancangjiang belts, Western Yunnan. In: Proceedings of 1st International Symposium on Gondwana Dispersion and Asian Accretion (IGCP Project 321), Kunming, China. Beijing: Geological Publishing House, 189-192.

Mansour G, Mahmoodi MY, Bahroudi A, et al. 2013. Preliminary Exploration of Copper Minerals in Jebal Barez Mountains, Iran. Open Journal of Geology: 201-208. DOI: 10.4236/ojg.2013.33023.

Martin S, Godard G, Rebay G. 2004. The subducted Tethys in the Aosta Valley (Italian Western Alps). 32nd International Geological Congress, Pre-Congress Field Trip Guide Book-B02: 1-18.

McElduff B and Stumpfl E F. 1990. Platinum-group minerals from the Troodos ophiolite, Cyprus. Mineralogy and Petrology, 42(1-4): 211-232.

Metcalfe I. 1991. Gondwana dispersion amalgamation and accretion of Southeast Asian terrenes: progress, problems and prospects. Proceedings of 1st International Symposium on Gondwana Dispersion and Asian Accretion (IGCP Project 321), Kunming, China. Beijing: Geological Publishing House, 199-204.

Metcalfe I. 1995. Gondwana dispersion and Asian accretion. Proceedings of the IGCP Symposium on Geology of SE Asia, Hanoi (Veitnam), XI / 1995. Journal of Geology, B, (5-6): 223-266.

Metcalfe I. 2011. Paleozoic - Mesozoic History of SE Asia//Hall R et al. (ed.) The SE Asian Gateway: History and Tectonics of the Australia-Asia Collision. London: The Geological Society of London Special Publication, 355: 7-36.

Mishra D C and Kumar M R. 2014. Proterozoic orogenic belt and rifting of Indian cratons: geophysical constraints. Geoscience Frontiers, 5(1): 25-41.

Nábelek J, Hetnyi G, Vergne J, et al. 2009. The Hi-CLIMB Team. Underplating in the Himalaya-Tibet collision zone, Revealed by the Hi-CLIMB Experiment. Science, 325: 1371-1374.

Nezafati N. 2006. Au - Sn - W - Cu - Mineralization in the Astaneh - Sarband Area, West Central Iran (including a comparison of the ores with ancient bronze artifacts from Western Asia) der Geowissenschaftlichen Fakultät, der Eberhard-Karls-Universität Tübingen: 1-116.

Pubellier M. 2008. Structural Map of Eastern Eurasia (1 : 12 500 000). Paris: CGMW.

Radhakrishna B P and Naqvi S M. 1986. Precambrian continental crust of India and its evolution. Journal of Geology, 94: 145-166.

Rajaram M, Anand S P. 2014. Aeromagnetic signatures of Precambrian shield and suture zones of Peninsular India. Geoscience Frontiers, 5(1): 3-15.

Ravikant V. 2010. Palaeoproterozoic (~1.9 Ga) extension and rifting along the eastern margin of the Eastern Dharwar Craton, SE India: new Sm-Nd isochron age constraints from anorogenic mafic magmatism in the Neoarchean Nellore greenstone belt. Journal of Asian Earth Sciences, 37(1): 67.

Replumaz A, Karason H, Rob D, et al. 2004. 4-D evolution of SE Asia's mantle from geological reconstructions and seismic tomography. Earth and Planetary Science Letters, 221: 103-115. DOI: 10.1016/S0012-821X(04)00070-6.

Ridd M F, Barber A J and Crow M J. 2011. The Geology of Thailand. London: The Geological Society, 1-626.

Rogers J J W, Santosh M. 2002. Configuration of Colunbia: a Mesopreterozoic supercontinent. Gondwana Research, 5: 5-22.

Rogers, J J W, Santosh M. 2004. Continents and Supercontinents. New York: Oxford Press, 1-289.

Schettino A, Scotese C R. 2005. Apparent polar wander paths for the major continents (200 Ma to the present day): a paleomagnetic reference frame for global plate tectonic reconstructions. Geophysical Journal International, 163:

727-759.

Searle M P. 1996. Cooling history, erosion, exhumation, and kinametics of the Himalaya-Karakoram-Tibet orogenic belt//Yin A and Harrison T M(eds.). The Tectonic Evolution of Asia. Cambridge University Press, 110-137.

Searle M P. 2007. Geological Map of the Mount Everest-Makalu Region, Nepal-South Tibet Himalaya(Scale 1 : 100 000). Allen Hochreiter: University of Oxford.

Sinha-Roy S. 1982. Hamalayan main central thrust and its implications for Himalayan inverted metamorphism. Tectonophysics, 84(2-4): 197-224.

Tapponnier P, Lacassin R, Leloup P H, et al. 1990. The Ailao Shan / Red River metamorphic belt: tertiary left-lateral shear between Indochina and South China. Nature, 343(6257): 431-437.

Tapponnier P, Mercier J L, Proust F, et al. 1981. The Tibetian side of the Indian-Eurasian collision. Nature, 294(5840): 405-410.

Van der Voo R. 1993. Paleomagnetism of the Atlantic, Tethys and Iapetus Oceans. Cambridge University Press, 1-273.

Van der Voo R, Spakman W, Bigwaard H. 1999. Tethyan subducted slabs under India. Earth and Planetary Science Letters, 171(1): 7-20.

Wan T F. 2011. The Tectonics of China—Data, Maps and Evolution. Beijing, Dordrecht Heidelberg, London and New York: Higher Education Press and Springer, 1-501.

Wang C S, Li X H, Hu X M, et al. 2002. Latest marine horizon north of Qomolangma(Mt. Everest): implications for closure of Tethys seaway and collision tectonics. Terra Nova, 14: 114-120.

Xu Z Q, Wang Q, Cai Z H, et al. 2015. Kinematics of the Tengchong Terrane in SE Tibet from Late Eocene to Early Miocene: insights from coeval mid-crustal detachments and strike-slip shear zones. Tectonophysics. DOI: 10. 1016/j. tecto. 2015. 09. 033.

Yang J S, Xu Z Q, Li Z L, et al. 2009. Discovery of an eclogite belt in Lhasa block, Tibet: a new border for Paleo-Tethys? Journal of Asian Earth Sciences, 34: 76-89.

Zhao W J. Nelson K D and INDEPTH Team. 1993. Deep seismic reflection evidence for continental underthrusting beneath Southern Tibet. Nature, 366: 557-559.

Zhao W J, Zhao X, Shi D N, et al. 2004. Progress in the study of deep profiles of Tibet and the Himalayas(INDEPTH). Acta Geologica Sinca, 78(4): 931-939.

Zhu D C, Mo X X, Zhao Z D, et al. 2010. Presence of Permian extension- and arc-type magmatism in Southern Tibet: Paleography implications. GSA Bulletin, 122: 979-993.

2.6　西太平洋构造域

西太平洋构造域(图 2-44)包括了以下构造单元:白令海盆[56]、锡霍特-阿林-科里亚克白垩纪增生碰撞带[57]、鄂霍次克板块[58]、阿留申-堪察加半岛-千岛群岛-库页岛-日本东北部新生代俯冲-岛弧带[59]、日本海新近纪断陷盆地[60]、日本中央构造线(白垩纪左行走滑断层带)[61]、本州南部-四国南部-琉球新近纪俯冲-岛弧带[62]、台东纵谷新近纪以来左行走滑断层[63]、菲律宾-马鲁古新生代双俯冲-岛弧带[64]、菲律宾海板块[65]、伊豆-小笠原-马里亚纳新生代俯冲与岛弧带[66]以及太平洋板块的西部。它们都是受太平洋板块形成和运移的影响而发育的。因而,在此讨论一下太平洋板块的形成与运移过程是十分必要的。

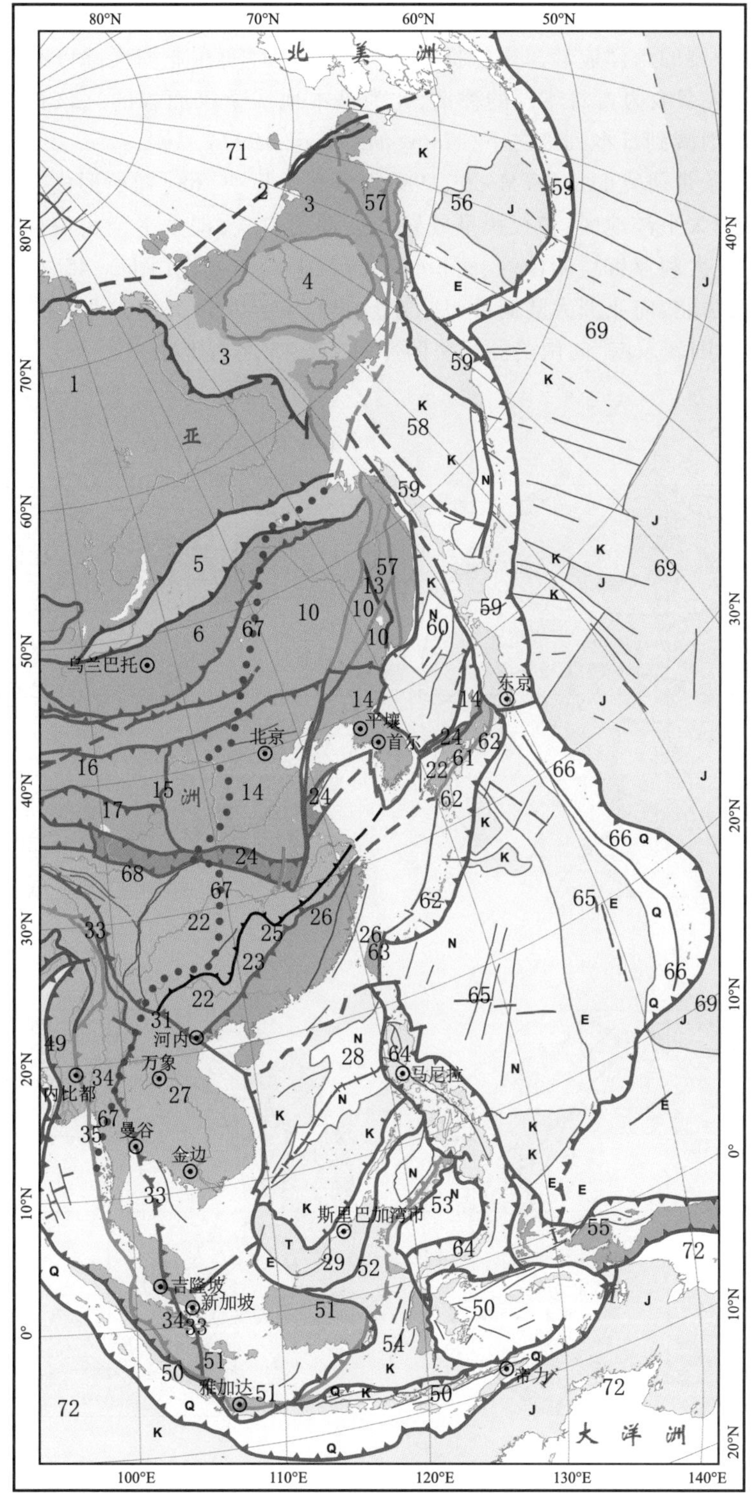

图 2-44 西太平洋构造域略图

构造单元自上而下为［56~67］，各构造单元名称、编号与正文及目录一致。

白垩纪以前，在亚洲大陆的东部是不存在太平洋的，也不宜称之为古太平洋。三叠纪及其以前时期，亚洲大陆东侧的大洋应该属于特提斯洋。侏罗纪时期在亚洲大陆以东地区形成伊佐奈岐板块（Izanagi，伊佐奈岐为古日本国的称谓，此为日本地质学家面告的），该板块绝大部分在侏罗纪以后均已逐渐消减到日本列岛之下（Maruyama et al.，1997）。

根据第三代磁条带研究的成果（Moore，1989），太平洋板块[68]初始形成于南半球。侏罗纪晚期，大致在现在的太平洋地区，各板块呈放射状运动的模式，即太平洋板块（Pacific）在南半球为一个朝西南、向澳大利亚板块俯冲的、面积较小的新生大洋板块（图 2-45 左上图）；伊佐奈岐板块（Izanagi）为朝西北、向亚洲大陆俯冲；法拉隆板块（Farallon）为朝东北、向北美板块俯冲；而凤凰板块（Phoenix）则朝东南、向南美洲板块俯冲（图 2-45 之右下图）。

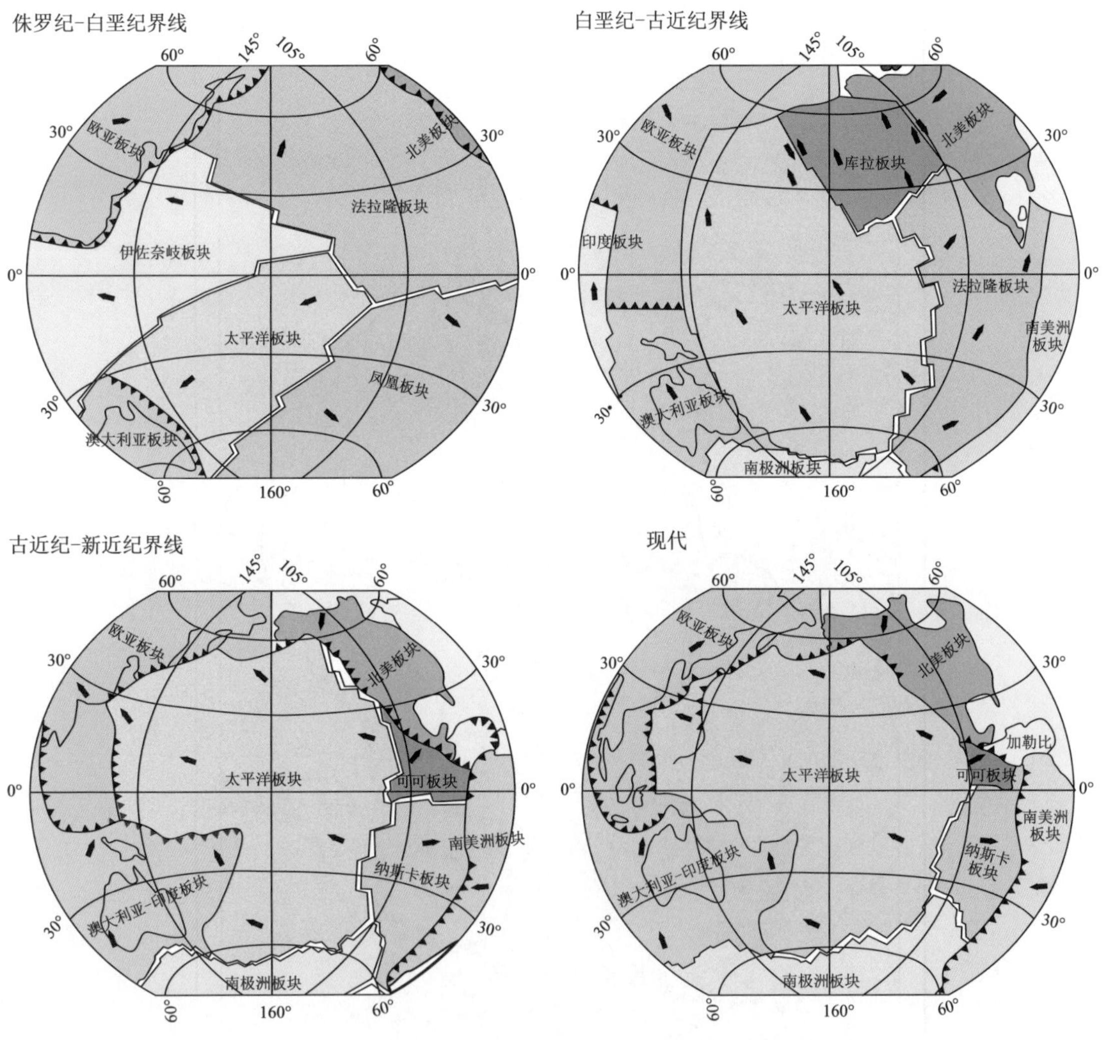

图 2-45 古太平洋地区的侏罗纪以来的古构造复原（据 Moore，1989，转引自万天丰，2011）

白垩纪晚期，受南极附近板块放射状扩张作用的影响，太平洋板块与全球各洋、陆板块一起总体上向北运移，并逐渐扩张其面积。白垩纪时期太平洋板块才大幅度地向北扩张，并到达北半球(Moore,1989,图 2-45 之右上图)，太平洋板块与亚洲大陆之间发生大断距的左行走滑断层(断层长约 1000 km;Yoshikura,1990)，其典型代表就是日本的中央构造线[61](图 2-46,其黄色箭头示左行走滑;Kunugiza et al.,2001)。因而，本书所述的西太平洋构造域仅存在于白垩纪及其以后的地质时期。

图 2-46 日本四国岛中央构造线的两次走滑活动(据 Kunugiza et al.,2001,经改绘)

黄色箭头示白垩纪中央构造线(断层带)的左行走滑，当时此地块与断层走向为近南北向，处在太平洋板块西缘；白色箭头示渐新世晚期以来，地块经顺时针转动后，受菲律宾海板块朝西北方向运移和俯冲的影响，ENE 向的中央构造线发生右行走滑活动。

始新世(43~35 Ma)中晚期，可能受北美微玻璃陨石撞击事件的影响(Glass,1982;Yin and Wan,1996;Wan et al.,1997;Wan,2011)，太平洋板块突然转为朝 WNW 向运移(皇帝海岭-夏威夷等海岭走向的转变也可以作为佐证，Raymond et al.,2000;图 2-45 之左下图;图 2-47 之 43~0 Ma 的运移迹线)，使日本列岛和中国台湾岛在 30 Ma 时期发生较强的挤压变形，即过去日本所述的"高千穗运动"，而在中国台湾过去则称之为"埔里运动"。以后太平洋板块一直基本上保持其基本朝 WNW 方向挤压、运移(图 2-47)及近 NNE 向张裂的特征，遂逐渐形成现代的太平洋板块(图 2-45 之右下图，图 2-47)。

综合近十几年来许多学者的研究成果(图 2-47)，侏罗纪晚期以来太平洋板块的运移方向与速度，可以得到如下结果：140~125 Ma 期间，Shatsky 隆起和 Typhoon 岛链朝 SSW 向，即向澳大利亚板

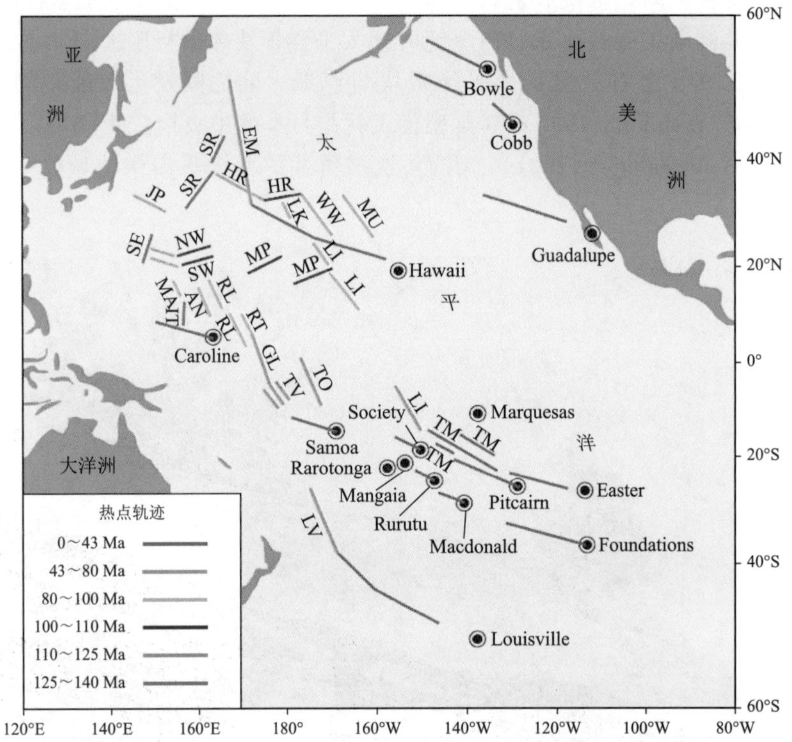

图 2-47 侏罗纪以来太平洋板块热点迁移轨迹与运动方向的变化

（据 Bartolini and Larson,2001; Engebretson et al.,1985;Koppers et al.,2003; Northrup et al.,1995;Tarduno and Cottrell,1997;经综合改绘）

块俯冲,速度为 10~15 cm/yr;125~110 Ma 期间,Hess 隆起和日本岛链发生 NW 向运移,125~95 Ma 期间的运移速度极慢;110~100 Ma 期间,朝 SW 向俯冲的运移速度极慢;中白垩世-始新世(100~43) Ma,Wentworth,Musicians,Imperier 等岛链大幅度地朝 NNW 向运移,即太平洋板块大幅度向北扩张、运移,使其从南半球运移到北半球,其中 95~81 Ma 期间曾达 19.8(-0.8/+1.2) cm/yr,而 43 Ma 时仅为 3.8 cm/yr;始新世中期(43 Ma)以来,夏威夷和 Samoa,Easter,Foundations 等岛链均朝 WNW 向运移,40~20 Ma 期间的运移速度为 7.7 cm/yr,20~10.5 Ma 期间的运移速度为 6.0 cm/yr,10 Ma 以来的运移速度达 10.6 cm/yr。上述近年来的这些成果,与第三代磁条带所得的结果(Moore,1989;Norton,1995)基本一致。

现在太平洋板块的北界为阿留申海沟(Allutian Trench),西界在堪察加-千岛群岛海沟(Kanchak-Kuril Trench)、日本海沟(Japan Trench)、IBM 海沟(伊豆-小笠原-马里亚纳海沟,Izu-Bunin-Maliana Trench),其南界在美拉尼西亚群岛(Melanesia Islands)之北的海沟(见图 2-44),东界则是北美大陆西缘与东太平洋洋脊。第四纪以来仍保持总体向西的 10 cm/yr 左右的运移速度,这是造成现今西太平洋俯冲带、火山活动、岛弧带以及许多板缘和板内地震的主要动力来源。现在太平洋板块西部的洋壳厚度仅为 6~8 km(Rodnikov et al.,1985)。

中白垩世-始新世(100~43 Ma)受太平洋板块大幅度向北运移的影响,形成了日本的中央构造线(白垩纪时期左行走滑断层带,图 2-46 黄色箭头所示)和锡霍特-阿林-科里亚克白垩纪增生碰撞带[57],并形成断陷洋盆:白令海盆[56]和鄂霍次克板块[58](见图2-44)。现在见到的西太平洋海沟-岛弧系(阿留申-堪察加半岛-千岛群岛-库页岛-日本东北部新生代俯冲-岛弧带[59]、本州南部-四国南部-琉球新近纪俯冲-岛弧带[62]、菲律宾-马鲁古新生代双俯冲-岛弧带[64],以及伊豆-小笠原-马里亚纳新生代俯冲与岛弧带[66]等)都是渐新世晚期-新近纪以来的产物。菲律宾海板块的形成与断陷是古近纪和新近纪两阶段张裂的结果(Hall et al., 1995),而日本海的洋盆则是新近纪以来的断陷作用而形成的(Tamaki et al., 1992; Jolivet and Tamaki, 1992; Jolivet, 1994; Yoon, 2001)。

锡霍特-阿林地区的西界也是亚洲东部岩石圈类型转换线,即大陆型与陆壳洋幔型岩石圈的分界线[67](鄂霍次克-大兴安岭西侧-山西中部-武陵山-泰国达府一线)。在图2-48中,

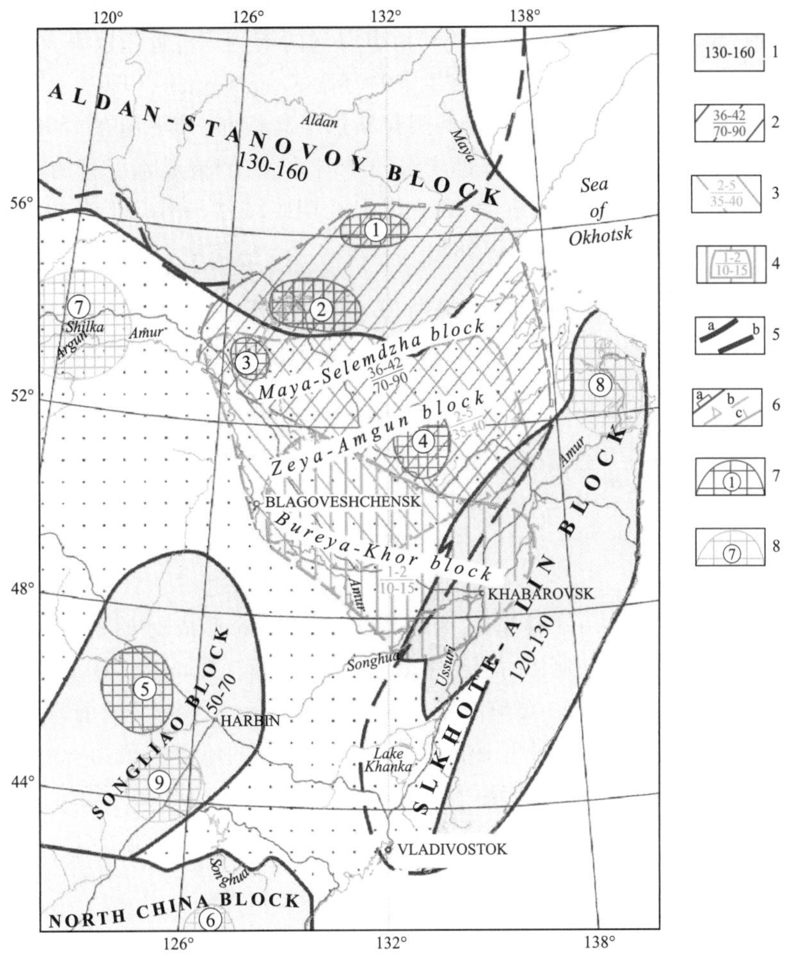

图2-48 黑龙江-锡霍特-阿林地区岩石圈地块分布(据 Karsakov et al., 2008)

1—岩石圈地块(阿尔丹-斯塔诺夫、锡霍特-阿林、松辽、华北,图内示隐伏地块厚度,单位:km);2—近似的陆壳(Maya-Selemdzha block);3—地壳(Zeya-Amgun block);4—上地壳(Bureya-Khor block,图内数字,上为顶部深度,下为底部深度,单位:km);5—岩石圈边界:a 为顶部界线,b 为底部界线;6—隐伏的地块边界:a 为近似的陆壳,b 为地壳,c 为上地壳;7—较热的地段:① Toko,② Verkhnezeya,③ Zeya,④ Verkhnebureya,⑤ Lower Nenjiang;8—较冷的地段:⑥ Yalong Jiang,⑦ Verkhneamur,⑧ Nizhneamur,⑨ Changchun。

Karsakov 等(2008)依据大地电磁测深资料,列出了岩石圈内 5 个相对较热的地区和 4 个相对较冷的地区。然而,上述现象既可能与岩石圈内的温度高低有关,也可能与岩石圈内含水性或导电性有关,显然问题是具有多解性的。

2.6.1　白令海盆(Jurassic Eogene,Bering Sea Basin)[56]

白令海盆(见图 2-44)位于阿留申俯冲-岛弧带之北。白令海盆为白垩纪库拉板块向北俯冲(图 2-45 之右上图)之后,太平洋板块[68]继续向北俯冲、挤压,此为原来库拉板块所残留的洋盆。现在洋盆底部主要出露侏罗纪岩石,有一小部分为白垩纪与古近纪的洋壳。洋脊上呈现为南北向的磁条带,可能是中生代(132~117 Ma)残留的。利用这些磁异常条带可重建 Kula-Farallon Pacific 板块在中生代晚期-古近纪的运动方向,此时 Kula 板块向北朝白令海大陆边缘的阿留申海沟俯冲。大约在 70 Ma(晚白垩世)此俯冲带位于现代阿留申海沟的南侧。古近纪以来,在阿留申海沟后面的白令海盆就成为欧亚大陆东缘的一个相对稳定的海盆(Cooper et al.,1976)。

白令海盆的大陆边缘是与东西伯利亚和阿拉斯加半岛相邻,其下部在 1500~2000 m 深处的基底斜坡上堆积了 7~10 km 厚的晚侏罗世浅水的砂岩系,它们被浅水沉积的古近纪-中新世的泥岩所不整合地覆盖,动物化石资料表明,在古近纪晚期此海盆具有几千米的深度,也许一度具有大洋板块的特征(Marlow and Cooper,1982)。

2.6.2　锡霍特-阿林-科里亚克白垩纪-古近纪增生碰撞带(130~25 Ma,Sikhote-Alin-Koryak Cretaceous-Eogene Accretion Collision Zone)[57]

锡霍特-阿林-科里亚克白垩纪增生碰撞带(见图 2-44)是欧亚大陆最东部的边缘地区,为科累马-奥莫隆板块[4]东缘和南缘的增生碰撞带。现测到该区最老的花岗岩的同位素年龄为(300~290) Ma(早二叠世)(王涛等,2015)。此增生碰撞带是白垩纪太平洋板块[68]向北运移、俯冲所派生的俯冲-岛弧带,具有安第斯型活动大陆边缘的特征,并在古近纪中期(40 Ma)形成岛弧,在此之后变成增生碰撞带(Parfenov et al.,2009)。此构造带在俄罗斯也有学者称之为“太平洋构造带”(Karsakov et al.,2008;图 2-49)。科里亚克增生碰撞作用的形成时期稍早一些,为晚白垩世(Parfenov et al.,2009)。锡霍特-阿林的地壳厚度为 30 km 左右(Rodnikov et al.,1985)。

另外,科里亚克南段是科累马-奥莫隆板块与鄂霍次克板块[58]之间的拼接带,不过两者之间并没有岩石出露(见图 2-44)。科里亚克南部岩石圈板块的厚度一般为 60~70 km,为洋陆过渡型岩石圈,锡霍特-阿林的地壳厚度为 35~40 km,岩石圈板块的厚度一般为 120~130 km,属于大陆型岩石圈(Karsakov et al.,2008)。

2.6.3　鄂霍次克板块(850 Ma,Okhotsk Plate)[58]

鄂霍次克板块与科累马-奥莫隆板块[4]原来可能属于同一个板块(图 2-49,见图 2-44),它们一起在侏罗-白垩纪拼合到欧亚大陆。但是从晚白垩世开始,受区域性近南北向挤压、缩短作用的锡霍特-阿林-科里亚克碰撞带[57]转为正断层,在深部发育较强烈的基性岩浆活动(Tessensohn and Roland,1998),使鄂霍次克地区深部密度加大,断陷成为海域,但是未见洋盆,以后又受到阿留申-堪察加半岛-千岛群岛-库页岛新生代俯冲-岛弧带[59]的影响,发生轻度的板内变形。

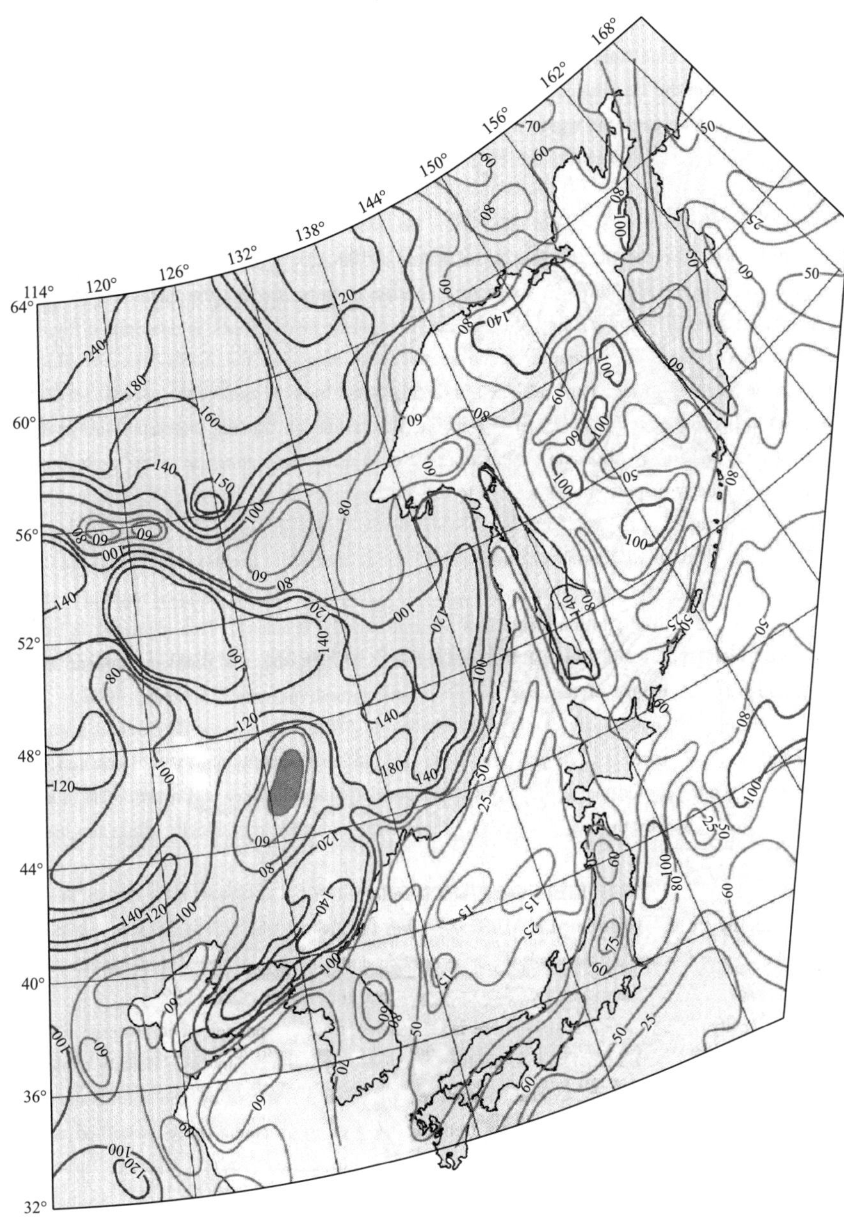

图 2-49 亚洲东北部鄂霍次克海和日本海附近岩石圈厚度等值线(单位:km)
(据 Karsakov et al.,2008)

鄂霍次克岩石圈板块的厚度一般都大于 50~60 km,有四个地段可厚达 100 km(图 2-49),可能也属于洋陆过渡型岩石圈。尽管此岩石圈板块的厚度数据可能不大准确(以重、磁及大地电磁测深资料为依据,Karsakov et al.,2008),但是还可以推断:鄂霍次克板块是属于断陷下去的大陆地块。鄂霍次克海水的平均水深仅 821 m,最大水深 3916 m,完全不存在大洋的特征,为一大陆边部的断陷盆地。

部分日本学者把西伯利亚板块以东的科累马-奥莫隆和鄂霍次克板块都当作北美板块的一部分，但是证据不足，此见解可能不大妥当，俄罗斯学者都不同意(Petrov et al.,2008;Pospelov,2008)。

Parfenov 等(2009)的研究认为：鄂霍次克地块的结晶基底是由太古宙(最老的 U-Pb 年龄为 3.7 Ga)和元古宙片麻岩与片岩所组成的，其上覆盖了新元古代碎屑岩系与碳酸盐岩系，早寒武世的灰岩、大理岩及砂岩，早奥陶世的砾岩、灰岩与砂岩。在它们之上则不整合地覆盖了中泥盆世的灰岩、砂岩、页岩与砾岩，晚泥盆世的流纹岩，熔结凝灰岩、安山岩及凝灰岩，还夹杂了非海相的砂岩、粉砂岩及砾岩。再向上就是石炭系到上侏罗统非海相与局部海相的碎屑岩系。鄂霍次克地块与其北侧的科累马-奥莫隆板块的地层发育特征比较接近，此地块是西伯利亚板块边部的一个碎块。在晚泥盆世或早石炭世，鄂霍次克地块处在裂谷之中。王涛等(2014)在鄂霍次克地块北缘测得蛇绿岩的同位素年龄为(260~250)Ma，说明该区在二叠纪晚期仍有洋壳的证据。鄂霍次克地块直到晚侏罗世才增生到东亚大陆边缘。近年来，有学者说鄂霍次克板块是白垩纪从远处飘来，并与东西伯利亚地块碰撞。不过，至今还没有足够的证据，可以说鄂霍次克地块是一个从远处运移来的地块。

2.6.4 阿留申-堪察加半岛-千岛群岛-库页岛-日本东北部新生代俯冲-岛弧带(~40 Ma, Aleutian-Kamchatka-Kurile-Northeast Japan Cenozoic Subduction and Island Arc Zone)[59]

阿留申-堪察加半岛东部-千岛群岛-日本东北部带(在棚仓构造线,Tanakura Tectonic Line,日本本州东北与西南部的分界线以东)为亚洲大陆板块与太平洋板块间的岛弧带(见图 2-44),俯冲带在岛弧以东约 200 km 的地方。太平洋板块[68]在白垩纪-古近纪(40 Ma)以前是朝 NNW 向运移，晚白垩世(90~50 Ma)此带的南延段落呈现为左行走滑的特征(见图 2-46 之黄色箭头所示)。其后，在渐新世中晚期(43 Ma)以后，太平洋板块就转为 WNW 向运移，此俯冲-岛弧带就是太平洋板块转为向西运移，朝欧亚大陆俯冲的重要表现。在日本四万十构造带可清晰地观察到发育较完好的构造混杂岩片，洋壳残片，其构造变形最强烈的时期为 40~30 Ma(见图 2-46 之白色箭头所示)。在日本过去称之为“高千穗运动”。日本本州的地壳厚度约为 30 km，显著厚于日本海或太平洋地区(Rodnikov et al.,1985)。

现代太平洋板块向西俯冲的速度为 10 cm/yr 左右，俯冲作用仍在继续之中。日本仙台东 9.1 级大地震(2011 年 3 月 11 日)就是此俯冲-岛弧带最近的一次活动表现。堪察加岛弧形成于晚白垩世到渐新世，它被晚古新世、渐新世和中新世沉积岩系所覆盖(Parfenov et al.,2009)。

Zhao 和 Liu (2010)采用地震层析的数据，编制了西太平洋俯冲带的剖面图(图 2-50)，从西太平洋海沟经长白山到山西大同或五大连池，冷的俯冲带(高密度，蓝色)以中等角度直插长白山下的 660 km 中地幔(也称上、下地幔的过渡带)之下，以后就大体上沿中地幔水平位移，向前延展超过 1000 km 以上，直到影像不明显为止，即冷的大洋岩石圈在中地幔带温度增高、密度加大与大陆深部地幔的物性几乎一致。由此图像可见，太平洋板块俯冲带对于东亚大陆岩石圈浅部构造变形的影响是不大的。尽管有不少学者以为此俯冲板片可导致热地幔上隆，以致使东亚边部岩石圈变薄(Zhao and Liu,2010;朱日祥等,2012)。此种说法在中国东北长白山地区，似乎还说得过去(图 2-50)。但是,在华北地区既没有发现任何“热地幔上涌”的现象,也没有什么“地幔羽”的迹象。已经测出的玄武岩内地幔包体的时代都是太古宙-古元古代的,没有获得任何中生代或新生代的地幔包体的年龄和强烈活动的证据。

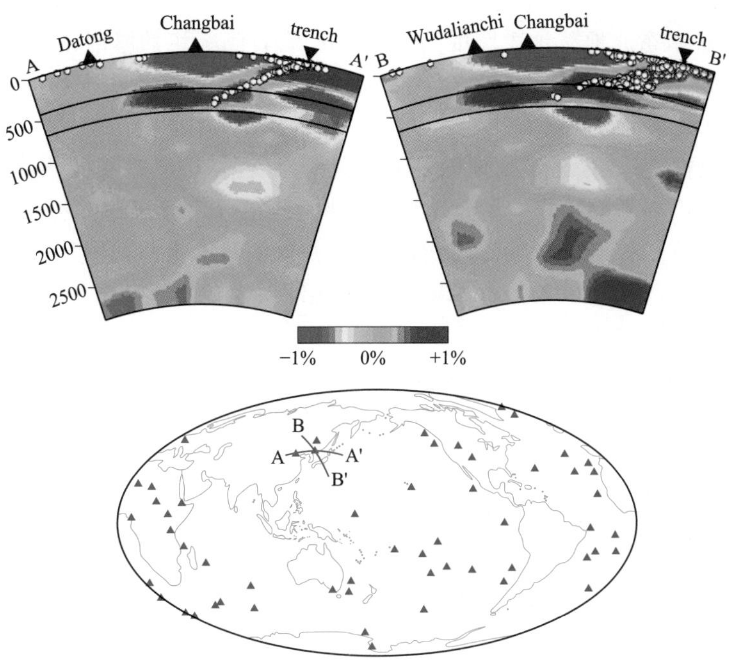

图 2-50 西太平洋板块俯冲带的地震层析剖面(据 Zhao et al.,2010)

江国明(2008)利用从 16 个地震台站拾取的 768 条远震到时和赵大鹏(2010)远震层析成像方法研究了堪察加地区下方从莫霍面至 700 km 深度范围内的三维速度结构。成像结果清楚地显示出两大速度异常特征:一是高波速的太平洋板块在堪察加地区南部下方一直俯冲到 660 km 不连续面以下,而且由南向北俯冲深度逐渐变浅,在阿留申-堪察加汇聚带附近几乎消失。二是低波速的软流圈高温物质存在于堪察加的北部和汇聚带的下方。在地幔过渡带内和过渡带的下方发现了两块高速异常体,江国明认为它们分别是 2 Ma 前脱落的太平洋板块岩石圈和 10 Ma 前俯冲的 Komandorsky 板块。

尽管许多学者对日本列岛下的太平洋俯冲板块做了大量的研究,但板块的精细结构仍然不太清楚,主要包括板块厚度、板块内地震波速度随深度的变化、洋壳的俯冲情况以及橄榄石亚稳态楔是否存在等。江国明利用日本台网收集到的远震和近震的高精度到时数据探讨上述问题。采用三维射线追踪正演模拟法,首先利用 333 个远震计算得到了太平洋板块的平均厚度为 85 km。接着利用 3283 个近震(震源深度大于 40 km)分段测试了板块内的速度异常分布,结果表明速度异常随深度的增加而减小,这与地幔内的温度变化有关。

然后在前者计算结果的基础上,江国明(2008)利用 40~300 km 深度范围内的近震测试得到日本东北和北海道地区下方洋壳俯冲的深度均为 110 km,洋壳平均厚度分别为 7.5 km 和 5 km,速度异常分别为 1%和-3%。这说明洋壳在俯冲至 110 km 的深度时,由于受温度和压力的影响，逐渐脱水、变质，直至与地幔融合，而且通过分析震源与洋壳的位置关系，认为靠近板块上边界的地震是由洋壳脱水变脆而触发的。最后通过分析深发震源与亚稳态楔的位置关系，发现大部分深震发生在亚稳态楔的内部。据此，可用相态转换断层理论解释深震的发震机制。

堪察加半岛-日本东北地区地壳厚度约为 30 km，岩石圈板块的厚度一般为 50~60 km，局部地段可厚达 75~100 km（Karsakov et al.，2008；见图 2-49），属于洋陆过渡型岩石圈。

萨哈林（库页）岛一带存在鄂霍次克板块[58]西缘的新生代构造活动带，岩石圈厚度显著增大，达 140 km（此数据是以重、磁及大地电磁测深资料为依据的，把握不大，Karsakov et al.，2008；图 2-49），属于大陆型岩石圈。发育了近南北向断层，具左行走滑作用的特征，其南段可一直延伸到日本的棚仓构造线，控制了日本海的洋盆张开，并促使日本本州西南地块第四纪时几乎顺时针转动了 90°（Tamaki et al.，1992；Yoon，2001）。上述断层也控制了萨哈林（库页）岛西部含油气断陷盆地的形成。

近年来，对于俯冲带附近的“roll-back”现象得到很多人的重视。这是一个借用政治经济学术语来描述地质现象的。其原意为“逐步减少”“逐步减弱”“翻转”或“压价”等。该词在地质学的含义，其实是描述“板块俯冲时，在其上盘所产生的岩石圈的局部翻卷现象”，此种现象是相当局限的，仅发生在俯冲带上盘的几十到上百千米的范围内。近几年来，有学者想利用此翻卷现象来解释远离日本岛弧上千千米的中国大陆板块内的拉张现象，就很值得商榷了。

2.6.5　日本海新近纪断陷盆地（since 23 Ma, Japan Sea Neogene Fault-Depression Basin）[60]

在板块学说初创时期，日本海新近纪断陷盆地（见图 2-44），曾长期被当作日本东北部新生代俯冲-岛弧带后面的“弧后盆地”（Hsu et al.，1988）。20 世纪 90 年代地球物理勘探与深海钻探的结果表明：此海盆为断陷作用的结果，断陷时间在 16~1 Ma（新近纪-早更新世），比俯冲与岛弧形成时期晚了 1000 多万年，俯冲与海盆断陷完全不是同时形成的；断陷盆地的走向与俯冲、岛弧带的走向几乎垂直（Tamaki et al.，1992；Jolivet，1994；Yoon，2001）。最近，Chen 等（2015）利用日本海东部 ODP 794 钻孔的火山岩样品进行了同位素测年，其新的玄武岩年龄为（13~17）Ma，老的玄武岩为（17~23）Ma，也均为新近纪形成的，显然是断陷盆地形成早期喷出的，而不是与岛弧同时形成的。

20 余年来，日本学者（如 Tamaki et al.，1992；Jolivet，1994；Yoon，2001）认为日本海新近纪断陷盆地是库页岛-棚仓构造线左行走滑断层的产物，同时，在菲律宾海板块向北俯冲挤压作用的影响下，也使日本列岛的西南段在第四纪发生顺时针转动了几乎 90°，即使日本列岛西南部的走向由近南北转为近东西向（在图 2-51 中只表示了盆地张开的方向。没有显示菲律宾海板块的俯冲方向）。此认识比较符合地质事实。由此看来，许靖华（Hsu，1988）所提的“弧后盆地”假设是不符合东亚地质事实的（图 2-51）。所以，近年来，国际构造地质学界通常只使用“岛弧-海沟体系”，或“沟-弧系（island arc-trench system）”的术语，而不再说“沟-弧-盆体系”了。不过，一些沉积学者至今还以为在海沟、岛弧之后，一定都有所谓的“弧后盆地”。

日本海的地壳厚度仅为 12~15 km，岩石圈厚度约 25 km（重、磁及大地电磁测深资料为主测定的，为不大准确的估算），其边部才可厚达 50 km（见图 2-49），其中央部分出露洋壳，其两侧为

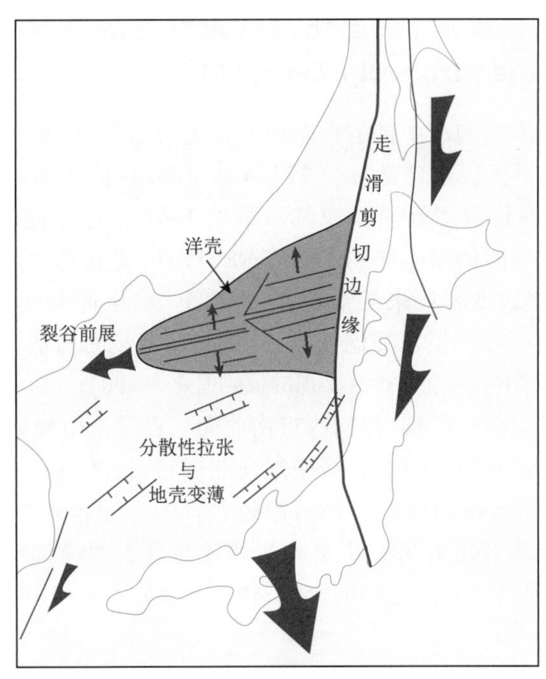

图 2-51 日本海的形成机制

(据 Tamaki et al.,1992;Yoon,2001,经综合改绘)

古元古代变质岩块所限制,为一个新近纪大陆边缘张裂-断陷盆地,而绝不是所谓的古近纪阿留申-堪察加半岛-千岛群岛-日本东北部岛弧带的“弧后盆地”(Rodnikov et al.,1985;Karsakov et al.,2008)。

用爆炸地震学体波方法研究了太平洋西部上地幔的结构,体波是用海底地震仪记录的,其地震波的速度一般都比较高,地幔的低速层(波导层)位于 100 km 深处,其厚度为 30~40 km,速度为 8.4~8.6 km/s。而在日本海下方同样的深度上,速度只有 7.7 km/s。西北太平洋海盆上地幔波导层这样薄,且速度这么高,说明地幔的物理性质有明显的差异。在日本海下方观测到的那种“韧性”软流圈,在西北太平洋地区可能根本就不存在。在日本海下方有很厚的软流圈,已为地热和重力测量结果所证实。经过计算,其温度为 1200 ℃,因为处于高温条件下,由于分离熔融的结果,传热机制有可能发生突变(Rodnikov et al.,1985)。

在锡霍特-阿林地区下方 1200 ℃ 等温面的深度大约是 100 km,此处的围限压力超过 300 MPa。在日本海和本州岛西部地区(绿色凝灰岩地区,图 2-49)下方,该等温面抬升到 40 km,在这个深度上的压力是 110~170 MPa;在太平洋区域,该等温面又下降到 100~120 km,压力也相应增大到 300 MPa。日本海地区下方的部分熔融区可能更为独特,在那里温度很高而压力却较低。大地电磁研究证实了这个部分熔融区,它是一个高导层。这种分布与岩浆活动密切相关。最近 20 Ma 中,岩浆作用过程只是在 1200 ℃ 等温面隆起最高的地区才比较活跃,也就是在日本海和本州岛西部地区(Rodnikov et al.,1985)。

2.6.6　日本中央构造线(白垩纪左行走滑断层带,Japan Median Tectonic Line,Cretaceous Sinistral Strike-slip Zone)[61]

中央构造线是位于日本四国岛中部的白垩纪左行走滑断层带(见图2-44,图2-46之黄色箭头所示),为西南日本(扬子板块东延部分)[22]与本州南部-四国南部-琉球新生代俯冲-岛弧带[62]之间的断层带,这就是日本地质学家都城秋穗1961年首先提出的"高压低温变质带"。当时以为这是大洋板块俯冲时的派生产物。Osozawa(1994)将其称之为日本中白垩世增生杂岩带。近年来,日本学者已经改变了原来的认识,认为这个"高压低温变质带"其实是白垩纪左行走滑断层带;而在其北侧所谓的"低压高温变质带"则是侏罗纪的构造-岩浆带,两者根本就不是同时形成的,也不是俯冲作用直接的产物(Yoshikura et al.,1990)。

中央构造线在新近纪以前的时期,走向为近南北向。白垩纪中晚期太平洋板块迅速扩张,快速向北运移,而亚洲大陆板块则相对稳定、缓慢地向北运移,遂造成洋陆之间的日本中央构造线白垩纪左行走滑断层带(Osozawa,1998)。新近纪随着日本海的张开和菲律宾海板块向北俯冲,日本西南部发生顺时针转动了几乎90°,中央构造线才与日本西南部从近南北向转成近东西走向,并受菲律宾海板块的朝西北方向运移的影响,转为具有右行走滑-逆断层的特征(图2-46之白色箭头所示)。

2.6.7　本州南部-四国南部-琉球新近纪俯冲-岛弧带(South Hongshu-South Shikoku-Ryukyu Neogene Subduction and Island Arc Zone)[62]

本州南部-四国南部-琉球俯冲-岛弧带(见图2-44)为菲律宾海板块[65]与欧亚大陆板块之间的新近纪以来的俯冲-岛弧带。从二叠纪以来有3~4个洋脊与日本岛弧发生了俯冲-碰撞。250 Ma时为Akiyoshi与Farallon板块之间洋脊与日本地块发生右行走滑活动,115 Ma时是Izanagi板块向北运移,使之与日本陆块之间形成上千千米长的左行走滑断层,90 Ma时是Izanagi板块朝西北向俯冲、挤压,65~30 Ma时,日本地块的北部受Kula板块朝北俯冲的影响,而其南部则受到太平洋板块和北新几内亚板块朝西俯冲的影响(旧称"高千穗运动",Takachiho movement,是由日本南九州古近系日南层群与新近系间的不整合所表现出来的,主要构造事件发生在45~30 Ma期间)。新近纪以来日本地块的北部受太平洋板块向西俯冲的影响,而其南部则受菲律宾海板块朝NNW方向俯冲的控制(Osozawa,1994),至今菲律宾海板块仍以6 cm/yr的速度,朝北西方向俯冲。此俯冲-岛弧带是现代的强烈地震与火山的活动带,此岛弧带也是形成黑矿的主要赋存部位。

在琉球岛弧带的西侧为冲绳海槽,它也是一个断陷海盆。在冲绳海槽以西地区,才是中国钓鱼岛隆起区。钓鱼岛台隆则明显地与台湾岛是连成一体的,属于同一个相似的构造隆起单元,为华夏板块的东部边缘带(见图2-24)。

2.6.8　台东纵谷新近纪以来左行走滑断层带(East Taiwan Neogene-Recent Sinistral Strike-slip Fault Zone)[63]

中国台湾岛的主体部分属于华夏板块,其东部边缘发育着近南北走向的台东纵谷(见图2-44)。古近纪时期,该带曾经是朝西倾斜的俯冲带,使台湾东部地区具有岛弧的特征。此构造事件在中国台湾原来称之为“埔里运动”(Puli orogeny,是由张丽旭于1954年创名,原指台湾中央山脉西翼古近纪浅变质岩系之间的构造事件及其相关的变质作用。陈忠,1984;Stephan et al.,1986;福建省地质矿产局,1992),与日本的“高千穗运动”相当,岛弧构造-热事件的高潮在(40~35)Ma期间。后来,断层面产状逐渐变陡,几乎变成直立。新近纪以来,由于附近的菲律宾海板块从原来向西扩张运移,转为朝NW向运移,因而使此断层变成左行走滑断层。沿此带发生许多中源地震,为中国台湾主要的地震带(万天丰和褚明记,1987;Wan,2011;万天丰,2011)。台东纵谷在新近纪以来为左行走滑断层,并略带张性,是菲律宾海板块[65]与华夏板块[26]之间的拼接带。

中国台湾岛与大陆之间的台湾海峡,为一个新近纪-第四纪的断陷盆地,属华夏板块的一部分。在海峡底部与澎湖列岛上,均有大量新近纪-早更新世玄武岩喷发。台湾岛西部与海峡东部在中更新世以来发育105个褶皱,新近系与第四系均参与了褶皱,它们的轴向均以NNE向为主,并有1/2左右的褶皱被具左行走滑的逆断层所切断,其中有些部分为含油气构造(福建省地质矿产局,1992)。它们是现代菲律宾海板块向西北方向挤压、运移作用的结果(Wan,2011;万天丰,2011)。

2.6.9 菲律宾-马鲁古新生代双俯冲-岛弧带(Philippines-Moluccas Cenozoic Subductions and Island Arc Zone)[64]

菲律宾-马鲁古新生代构造带(图2-44)为菲律宾海板块[65]的南部与欧亚大陆的中国南海断陷盆地[28]、巴拉望-沙捞越-曾母暗沙地块[29]、苏拉威西海地块[53]之间的双俯冲-岛弧带。东侧的菲律宾海板块向西俯冲,而西侧的中国南海断陷盆地、巴拉望-沙捞越地块、苏拉威西海地块则向东俯冲,从而形成菲律宾-马鲁古新生代双俯冲-岛弧带,为一古近纪以来的强构造变形带,也是强烈的现代火山活动与地震带。根据GPS测定的资料,此带现正以6~7 cm/yr的速度朝NW290°方向运移,这反映了菲律宾海板块在该处的现代运移(Hall and Blundell, 1995)。

2.6.10 菲律宾海板块(since Eogene, Philippine Sea Plate)[65]

菲律宾海板块(见图2-28,图2-44)是一个张裂型的大洋板块,古近纪时期,随着太平洋板块[68]向WNW方向运移和俯冲,形成高角度的伊豆-小笠原-马里亚纳(IBM)俯冲与岛弧带[66],俯冲带的产状很陡(70°~80°),从而在30~15 Ma时期,伊豆-小笠原-马里亚纳(IBM)俯冲与岛弧带西侧产生近南北向走向的洋壳扩张带(近东西向扩张,可能与大洋地幔热流体的上涌有关),即形成原始的菲律宾海盆。这是在岛弧后面形成的一个典型的弧后扩张洋盆(见图2-28;Hall et al.,1995)。现在看来,只有当板块俯冲带很陡峻的时候,才能够形成“弧后盆地”。

新近纪以来,菲律宾海板块继续朝NW向运移,并向日本本州南部-四国南部-琉球俯冲-岛弧带[62]发生斜向俯冲,同时使菲律宾海的洋盆内形成走向NW的横张断层,发生NNE-SSW向的伸展作用,遂使菲律宾海板块形成近于菱形的边界(见图2-28),使菲律宾海板块西北侧朝西北向俯冲,而在其西南侧朝SSW向俯冲。在菲律宾海板块与中国南海附近地区,岩石圈之下130 km深处S波的传播速度均在4.35~4.15 km/s之间,为一巨型的低速带(图2-52)。也许这可以解释为什么菲律宾海板块和中国南海附近地区至今仍保持较活跃的大洋板块俯冲活动的原因。

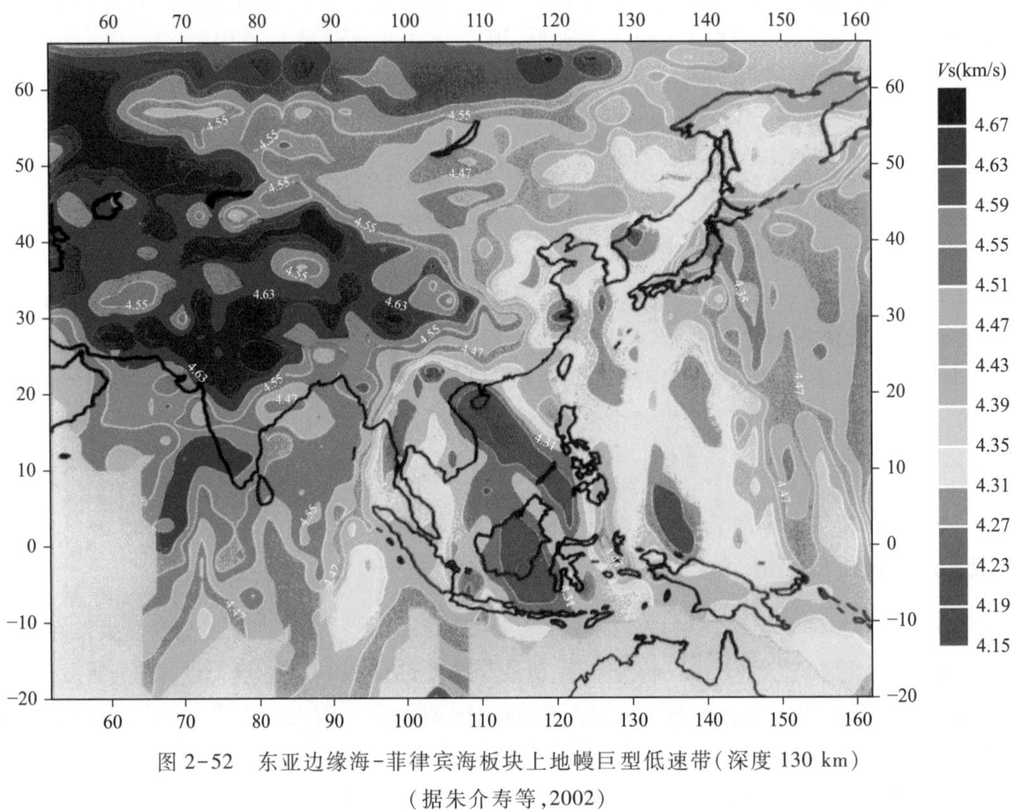

图 2-52　东亚边缘海-菲律宾海板块上地幔巨型低速带(深度 130 km)
(据朱介寿等,2002)

2.6.11　伊豆-小笠原-马里亚纳新生代俯冲与岛弧带[IBM(Izu-Bonin-Mariana)Cenozoic Subduction and Island Arc Zone][66]

在白垩纪时期,随着太平洋板块向北扩张、运移,此带曾是左行走滑断层。古近纪以来,此带为太平洋板块[68]与菲律宾海板块[65]之间的高角度俯冲与岛弧带(见图 2-28,图 2-44;Hall and Blundell,1995)。

2.6.12　东亚岩石圈类型转换带——大陆型与陆壳洋幔型岩石圈界线(鄂霍次克-大兴安岭西侧-山西中部-武陵山-泰国达府一线)(since Jurassic, Lithosphere Type Transformation Line of Okhotsk-West to Dahingganling-Middle Shanxi-Wuling Mountians-Tak, Thailand)[67]

亚洲大陆岩石圈具有十分广泛的板内变形与岩浆活动,这在全球是一种非常奇特的现象。一般来说,大陆板块的板内变形仅局限在板块边部 200~300 km 的范围内,但是在东亚,尤其在鄂霍次克-大兴安岭西侧山西中部-武陵山-泰国达府一线以东地区(见图 1-1 和图 2-44,蓝色点线以东地区），却发育着宽达上千千米的板内变形、强烈的构造-岩浆作用与内生金属矿床的成矿作用（Wan，2011；万天丰，2011）。上述东亚大陆岩石圈与陆壳洋幔型岩石圈的界线以东地区，就是岩石学者所说的"中国东部岩浆岩带"（汤加富等，2004），也有人称之为"岩浆岩线"，中国东部大多数著名的内生金属矿床和老矿山都赋存在此线以东地区。对此特殊的现象必须予以专门的讨论。

根据现有的资料来分析，笔者认为：造成此奇特的构造现象是与侏罗纪的板块运动和大陆地壳转动有关。在侏罗纪-早白垩世早期（200～135 Ma），由于北美板块[69]和科累马-奥莫隆-鄂霍次克板块[4与58]朝西南方向的西伯利亚板块[1]运移、挤压和碰撞，形成了规模巨大的维尔霍扬斯克-楚科奇侏罗纪增生碰撞带[3]和外贝加尔侏罗纪（140 Ma）增生碰撞带[5]，使东亚的陆壳在莫霍面之上发生逆时针转动（36°～20°），并使其东南部滑移到较古老的、较稳定的大洋型岩石圈地幔（其幔源包体的同位素年龄全部为太古宙-古生代，并且只有轻度的扰动或未经扰动）之上（Wan，2011；万天丰和赵庆乐，2012；万天丰和卢海峰，2014），从而使东亚大陆地区（鄂霍次克-大兴安岭西侧-山西中部-武陵山-泰国达府一线以东，西太平洋海沟（阿留申-堪察加-日本列岛-琉球群岛-菲律宾等海沟）以西地区）的岩石圈，变成很特殊的、陆壳-洋幔型岩石圈（或称为：洋陆过渡型岩石圈），岩石圈厚度仅为70～80 km（其中陆壳厚35 km左右，属于正常的陆壳，其下的洋幔仅厚40～50 km（万天丰和卢海峰，2014；Wan et al.，2016；图2-53，详见图3-39）。而在此线以西的亚洲大陆地区，则仍保持着较正常的大陆岩石圈的特征（其陆壳厚35～40 km，大陆岩石圈地幔厚70～100 km，总厚度在100～150 km之间）。西太平洋海沟（阿留申-堪察加-日本列岛-琉球群岛-菲律宾等海沟）以东的地区，当然就是典型的大洋岩石圈（洋壳厚度不及10 km，洋幔厚40～50 km）（Karsakov et al.，2008）。

上述认识与现在许多学者（如蔡学林等，2002；朱介寿等，2002；吴福元等，2008；朱光等，2008；朱日祥等，2011，2012）的认识不大相同，他们大多强调活动性较强的地幔，导致岩石圈底部发生底侵或拆层，以致厚度减薄。按照他们的观点，东亚深部的地幔应该在侏罗纪以来是热的、活动性较强的。按照这种说法，幔源包体应该具备中、新生代的同位素年龄才行。然而，现在的资料并不能支持他们的假设，现在地幔岩石的研究发现：它们都是太古宙或古元古代形成的，并且只经受了较轻微的扰动（路凤香等，2006；路凤香，2010）。

在东亚地区，由于在岩石圈底面之下、地幔内流体较多，构成软流圈，其温度是基本均一的，都在1280℃左右，由此便使亚洲东部较薄的岩石圈内部的地温梯度显著升高，使板内变形作用易于增强，在周边区域板块运移的影响下，亚洲东部的陆壳-洋幔型岩石圈内莫霍面或中地壳滑脱面与区域性断层的交切带，易于诱发局部的减压、增温现象，从而容易形成岩浆源区，使岩浆活动明显剧烈，以致在侏罗-白垩纪时期造成与岩浆活动关系密切的、大量内生金属矿床（万天丰和卢海峰，2014）。

根据朱介寿等（2002）的研究成果（见图2-54），可以看出：在40 km深处，由于在东亚岩石圈类型转换线以西地区仍为地壳，因而 *Vs*（横波速度）较低，都在4 km/s以下（图2-54之黄、红色区），而在此线以东则已经是地幔了，因而 *Vs* 都大于4 km/s（图2-54之绿色区）。上述资料可能说明：在东亚地区，由S波地震层析资料所反映的岩石圈类型的分界线，就是本书所指出的鄂霍次克-大兴安岭西侧-山西中部-武陵山-泰国达府一线，这就是东亚大陆岩石圈类型转换的重要界线（见图2-53）。在此处，地震层析与地质学分析的结果吻合得相当之好。

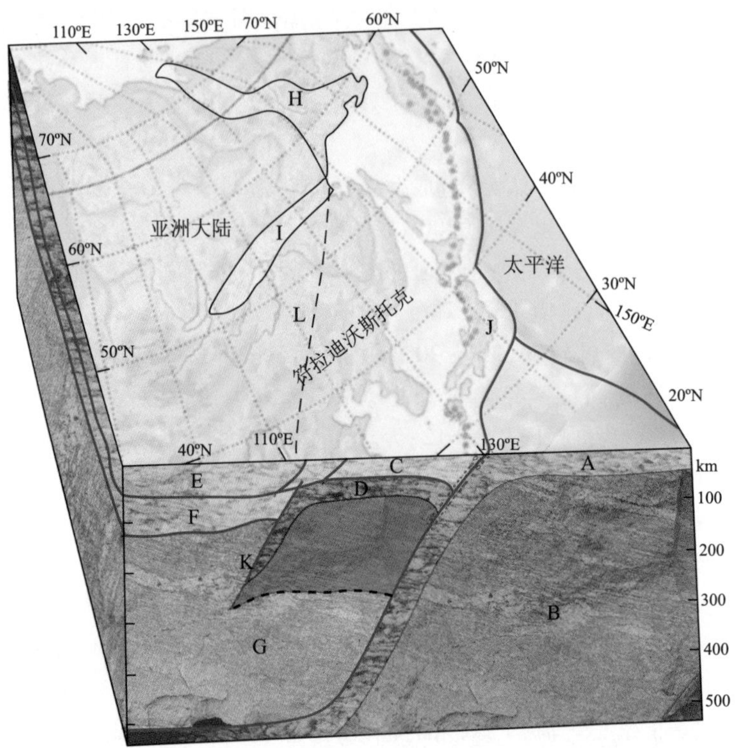

图 2-53　亚洲东部岩石圈结构模式(据万天丰,2014)

A—大洋岩石圈(厚 40~50 km);B—大洋岩石圈之下的上、中地幔;C—亚洲东部适度减薄的陆壳;D—亚洲东部岩石圈的古洋幔(含部分洋壳);E—亚洲大陆的正常地壳;F—亚洲大陆的正常岩石圈地幔;G—亚洲大陆东部受俯冲带部分扰动的上、中地幔;H—维尔霍扬斯克-楚科奇侏罗纪(200~135 Ma)增生碰撞带;I—外贝加尔(也称蒙古-鄂霍次克)侏罗纪(~140 Ma)增生碰撞带;J—日本岛弧;K—推测的岩石圈地幔内古大陆与古大洋之间古俯冲带;L—亚洲东部陆壳洋幔型岩石圈与西侧正常大陆岩石圈的地表界线。

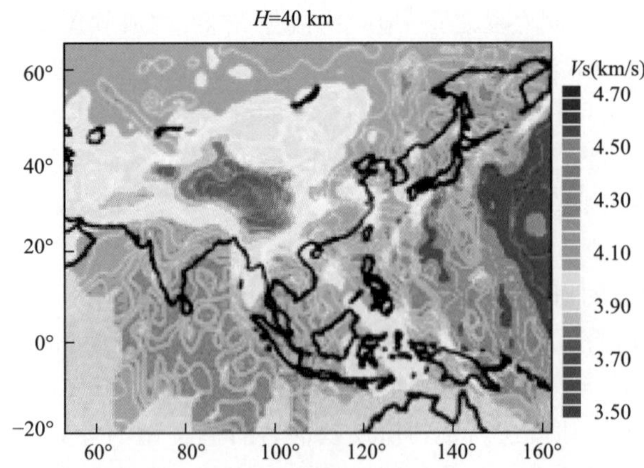

图 2-54　亚洲与西太平洋 40 km 深处(莫霍面附近)S 波地震层析(据朱介寿等,2002)

而在130 km深处的地震层析资料(见图2-52),此界面均在岩石圈之下的上地幔内,大体上在东亚岩石圈类型转换线以西地区 Vs 都大于4.43 km/s,此线以东的印支-南海-东南亚,菲律宾海板块附近则都小于4.43 km/s,说明在130 km深处的上地幔内,亚洲东部及其以东的大洋深处可能热活动稍强或者含超临界流体较多,可能这一带正好是大洋板块俯冲作用很强的缘故,而亚洲大陆的绝大部分地区则反之,这可能说明大陆深处热活动较弱或含流体较少。至于,在400 km深处的S波地震层析资料(图2-55)中,则此界线的东、西部几乎没有什么差异,说明在地幔深处物性已趋于一致。

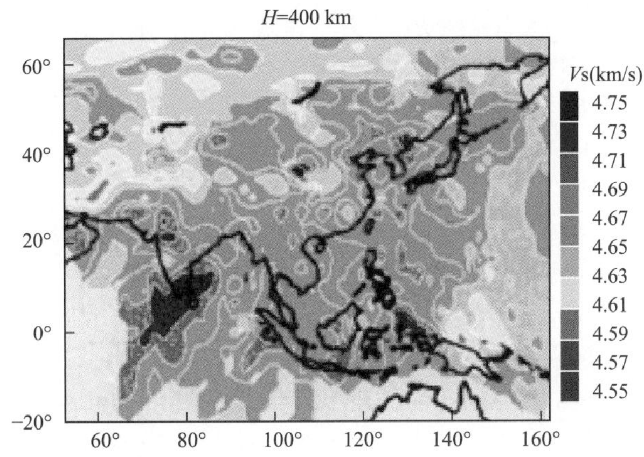

图2-55 亚洲与西太平洋400 km深处S波地震层析(据朱介寿等,2002)

正是因为在东亚地区有了特殊的岩石圈结构,再加上周边板块运动的影响,于是在东亚地区岩石圈上部从侏罗纪开始,就发生了一系列特殊的、较强烈的板内变形、构造-岩浆作用以及内生成矿作用。

2.7 青藏-帕米尔大陆增厚型岩石圈界线

青藏-帕米尔增厚型大陆岩石圈[Qinghai-Xizang(Tibet)-Pamir Continental Thicken Lithosphere][68]不属于西太平洋构造域,其主要范围处在冈瓦纳构造域,增厚型大陆岩石圈的北部与东部已经与中朝和扬子构造域相连接。它是由于白垩纪以来印度板块强烈地向北俯冲、碰撞所造成的大陆岩石圈急剧增厚(图1-1和图2-30的黄色点线区内,见图2-36,详见图3-39,图3-40)。

上面一节已经论述了东亚岩石圈类型转换带(大陆型与陆壳洋幔型岩石圈界线[67])。这就是说,在亚洲东部大陆与大洋的过渡地带存在薄的(厚70~80 km)、陆壳洋幔型岩石圈。大部分的亚洲大陆岩石圈,其厚度都在100~160 km之间,属于正常的大陆岩石圈。而在青藏高原-帕米尔地区却存在着增厚型大陆岩石圈(见图1-1和图2-30的黄色点线区内),岩石圈总厚度普遍超过160 km,最厚处可达200 km左右。其地壳厚度也可达到60~70 km。在地表则构成全球最大的、最高的高原(平均海拔在 4000 m 以上,最高的喜马拉雅山脉,海拔在 7000~8000 m,Wan,2011)。

参考文献

蔡学林,朱介寿,曹家敏,等. 2002. 东亚西太平洋巨型裂谷体系岩石圈与软流圈结构及动力学. 中国地质,29(3):234-245.

陈忠. 1984. 我国台湾地区地体构造特征的初步分析. 南海海洋科技,6:7-15.

福建省地质矿产局. 1992. 台湾省区域地质志. 北京:地质出版社:1-244.

江国明. 2008. 西太平洋地区俯冲板块的精细结构研究. 中国地质大学(北京)博士学位论文,1-125.

路凤香. 2010. 华北克拉通古老岩石圈地幔的多次地质事件:来自金伯利岩中橄榄岩捕虏体的启示. 岩石学报,26(11):3177-3188.

路凤香,郑建平,邵济安,等. 2006. 华北东部中生代晚期-新生代软流圈上涌与岩石圈减薄. 地学前缘,13(2):86-92.

汤加富,高天山,李怀坤. 2004. 中国东部中新生代构造格局和岩浆岩带的形成与演化. 地质调查与研究,27(2):65-74.

万天丰. 2011. 中国大地构造学. 北京:地质出版社,1-497.

万天丰,褚明记. 1987. 闽台铲状活动断裂. 地球科学,12(1):21-29.

万天丰,卢海峰. 2014. 中国东部陆壳洋幔型岩石圈及其形成机制. 大地构造与成矿学,38(3):495-511.

万天丰,赵庆乐. 2012. 中国东部构造-岩浆作用的成因. 中国科学 D 辑:地球科学,42(2):155-163.

王涛,童英,吴才来,等. 2014. 中国及亚洲重要造山带花岗岩浆时空演化及成矿背景对比研究. 中国地质调查,1(2):58-64.

吴福元,徐义刚,高山,等. 2008. 华北岩石圈减薄与克拉通破坏研究的主要学术争论. 岩石学报,24:1145-1174.

朱光,胡召齐,陈印,等. 2008. 华北克拉通东部早白垩世伸展盆地发育过程对克拉通破坏的指示. 地质通报,27:1594-1604.

朱介寿,曹家敏,蔡学林,等. 2002. 东亚西太平洋边缘海高分辨率面波层析成像. 地球物理学报,45(5):646-664.

朱日祥,陈凌,吴福元,等. 2011. 华北克拉通破坏的时间、范围与机制. 中国科学 D 辑:地球科学,41:583-592.

朱日祥,徐以刚,朱光,等. 2012. 华北克拉通的破坏. 中国科学 D 辑:地球科学,42(8):1135-1159.

Bartolini A and Larson R L. 2001. Pacific microplate and the Pangea supercontinent in the Early to Middle Jurassic. Geology,29(8):735-738.

Chen S S,Liu J Q,Guo Z F,et al. 2015. Geochemical characteristics of volcanic rocks from site 794,Yamoto Basin: Implications for deep mantle processes of the Japan Sea. Acta Geologica Sinica,89(4):1189-1212.

Cooper A K,Scholl D W and Marlow M S. 1976. Plate tectonic model for the evolution of the eastern Bering Sea Basin. Bulletin of Geological Society of America,87(8):1119-1126. DOI:10. 1130/0016-7606(1976)87<1119: PTMFTE>2. 0. CO;2.

Engebretson D C,Cox A and Gordon RG. 1985. Relative motion between oceanic and continental plates in the Pacific basin. The Geological Society of America,Special Papers,206:1-60.

Hall R and Blundell D J. 1995. Reconstructing Cenozoic SE Asia. Geological Society Special Publications,106:153-184.

Hsu K J,Sun S,Li J L,et al. 1988. Mesozoic overthrust tectonics in South China. Geology,16:418-821.

Glass B P. 1982. Tektites//Introduction to Planetary Geology. Cambridge University Press,145-172.

Jolivet L. 1994. Japan Sea, opening history and mechanism: a synthesis. Journal of Geophysical Research, 99: 22 237-22 259.

Jolivet L and Tamaki K. 1992. Neocene kinematics in the Japan Sea region and the volcanic activity of the northeast Japan arc. Proc. Ocean Drill, Program Sci. Results, 127-128: 1311-1331.

Karsakov L P, Zhao C J, Malyshev Y, et al. 2008. Tectonics, Deep Structure, Metallogeny of the Central Asian-Pacific Belts Junction Area (Explanatory Notes to the Tectonic Map Scale of 1 : 1 500 000). Beijing: Geological Publishing House, 1-213.

Koppers A A P, Staudigel H, Duncan R A. 2003. High-resolution $^{40}Ar/^{39}Ar$ dating of the oldest oceanic basement basalts in the western Pacific basin. Geochem. Geophys. Geosyst. 4, 8914. DOI: 10.1029/2003GC000574. Cross Ref. Google Scholar.

Kunugiza K, Tsujimori T, Kano T. 2001. Evolution of the Hida and Hida marginal belt. In: ISRGA Field Workshop (FW-A), Geotraverse across the Major Geologic Unit of SW Japan: 75-131.

Marlow M S, Cooper A K, Scholl D W, et al. 1982. Ancient plate boundaries in the Bering Sea region. Geological Society, London, Special Publications, 10: 201-211. DOI: 10.1144/GSL.SP.1982.010.01.13.

Maruyama S, Isozaki Y, Kimura G, et al. 1997. Paleogeographic map of the Japanese Islands: Plate tectonic synthesis from 750 Ma to the present. The Island Arc, 6: 121-142.

Moore G W. 1989. Mesozoic and Cenozoic paleogeographic development of the Pacific region. Abstract 28th International Geological Congress, Washington D C, USA. 2-455-456.

Northrup C J, Royden H, Burchfiel B C. 1995. Motion of the Pacific plate relative to Eurasia and its potential relation to Cenozoic extension along the eastern margin of Eurasia. Geology, 23: 719-722.

Norton I O. 1995. Plate motions in the North Pacific: the 43 Ma nonevent. Tectonics, 14(5): 1061-1234. DOI: 10.1029/95TC01256.

Osozawa S. 1994. Plate reconstraction based upon age data of Japanese accretionary complexes. Geology, 22: 1135-1138.

Osozawa S. 1998. Major transform duplexing along the eastern margin of Cretaceous Eurasia//Flower M F J et al. (eds.), Mantle Dynamics and Plate interactions in East Asia, Geodynamics Series, Washington, D C: AGU. 27: 245-257.

Parfenov L M, Badarch G, Berzin N A, et al. 2009. Summary of Northeast Asia geodynamics and tectonics, Stephan Mueller Spec. Publ. Ser. , 4: 11-33. www. stephan-mueller-spec-publ-ser. net/4/11/2009.

Petrov O, Leonov Y, Li T D, et al. 2008. Tectonic Zoning of Central Asia and Adjacent Areas (1:20 000 000). //Atlas of Geological Maps of Central Asia and Adjacent areas (1:2 500 000), VSEGEI Cartographic Factory.

Pospelov I. 2008. Tectonic evolution of northeast Russia in Paleozoic. International Geological Congress, ASI-01 Geodynamic evolution of Asia-Part 2.

Raymond C A, Stock J M and Cande S C. 2000. Fast Paleogene motion of the Pacific hotspots from revised global plate circuit constraints. The History and Dynamics of Global Plate Motions. Geophysical Monographys, 121: 359-375.

Rodnikov A G. 1985. Correlation between the asthenosphere and the structure of the Earth's crust in active margins of the Pacific Ocean. Tectonophysics, 146(1-4): 279-289.

Rodnikov A G, Kato T, et al. 1985. Sikhote-Alin-Japan Sea-Honshu-Pacific geoscienice transect. Marine Geophysical Researches, 7: 379-387.

Stephan J F, Blanchet, R Rangin C, et al. 1986. Geodynamic evolution of the Taiwan-Luzon-Mindoro belt since the Late Eocene. Tectonophysics, 125(1-3): 245-268.

Tamaki K, Suyehiro K, Allan J, et al. 1992. Tectonic synthesis and implications of Japan Sea ODP drilling. Proc. Ocean Drill. Program Sci. Results, 127-128: 1333-1348.

Tarduno J A and Cottrell R D. 1997. Paleomagnetic evidence for motion of the Hawaiian hotspot during formation of the Emperor seamounts, Earth Planet. Sci.Lett., 153(3-4):171-180. DOI:10.1016/S0012-821X(97)00169-6.

Tessensohn F and Roland N W. 1998. A Preface: Third International Conference on Arctic Margins. Polarforschung, 68: 1-9.

Wan T F. 2011. The Tectonics of China—Data, Maps and Evolution. Beijing, Dordrecht Heidelberg, London and New York: Higher Education Press and Springer, 1-501.

Wan T F, Yin Y H and Zhang C H. 1997. On the extraterrestrial impact and plate tectonic dynamics: a possible interpretation. Proceedings of 30th International Geological Congress, VSP 26:87-95.

Wan T F, Zhao Q L, Lu H F, et al. 2016. Discussion on the Special Lithosphere Type in Eastern China. Earth Sciences, 5(1):1-12.

Yin Y H, Wan T F. 1996. The possibility and dynamics of a microtektite impacted the Pacific plate and caused the change of its moving direction in the end of Eocene//1995 Annual Report. The Laboratory of Lithosphere Tectonics and its Dynamics (MGMR China), Beijing: Geological Publishing House, 122-132.

Yoon S. 2001. Tectonic history of the Japan Sea region and its implications for the formation of the Japan Sea. Journal of Himalayan Geology, 22(1):153-184.

Yoshikura S, Hada S and Isozaki Y. 1990. Kurosegawa terrane//Ichikawa K, Mizutani S, Hara I (edited), Pre Cretaceous Terranes in Japan. Publication of IGCP Project No.224, Osaka.

Zhao D P and Liu L. 2010. Deep structure and origin of active volcanoes in China. Geoscience Frontiers, 1(1):31-44.

3

亚洲大陆岩石圈的构造演化

亚洲大陆岩石圈的形成，经历了十分复杂的过程，其构造演化过程具有经历时间漫长，许多地块多次、多方向的碰撞和拼合，直到最后才使亚洲大陆岩石圈板块定型，成为欧亚大陆岩石圈板块的主体部分。即使在板块完成了拼合，亚洲大陆岩石圈板块仍进一步发育了分布极为广泛的、相当强烈的板内变形。这在全球构造演化中是很具特色的，也是最复杂多样的。深入地研究亚洲大陆岩石圈板块的构造演化特征，不仅具有重大的理论意义，而且对于进一步的矿产资源的找寻、保护环境和减轻自然灾害都具有十分重要的实用价值。

现在一般都认为，太古宙-古元古代是不均匀的星子吸积和古陆核形成的时期，也是克拉通化以及主要陆块形成统一结晶基底的阶段（Safranov，1972；阿莱格尔，1989；欧阳自远，1995；白瑾等，1996；Hofmann，1997；欧阳自远等，2002；Jayananda et al.，2000，2008；翟明国，2007，2010；Zhai，2014）。

太古宙-古元古代全球的岩石基本上都是以变质程度达到角闪岩相至麻粒岩相的麻粒岩-片麻岩、绿岩带及其相关的 TTG 岩套［英云闪长质花岗岩类：英云闪长岩-奥长花岗岩-花岗岩，tonalite-trondhjemite-granite，Eskola（1949）最早命名之］。其主要构造特征为形成片麻岩穹窿（gneiss dome）。它是以花岗质的 TTG 岩套为中央，四周则发育片麻岩或韧性剪切带。我国最早是由马杏垣和蔡学林（1965）、蔡学林（1965）在大别山碰撞带内的结晶地块中发现存在片麻岩穹窿的，以后在许多结晶地块内均有发现。东西伯利亚是由六个古陆核拼合起来的认识，则早已为学者们所公认（见图 2-2）。现在多数学者都认为古元古代以前形成的陆核的构造阶段，不属于板块构造发育阶段（翟明国，2007，2010；Zhai，2014）。至于片麻岩穹窿到底是如何形成的，一般推测可能是陨石撞击诱发地幔物质上涌、底辟所致（白瑾等，1996）。

Condie 和 Aster（2013）指出，海水中 Hf，Nd 和 Sr 等同位素可以用来更好地认识地球演化早期超级大陆的循环过程。这与碎屑锆石的资料是不同的，由于地壳的不断演化，碎屑锆石不能准确地将它定位。在 3.5 Ga 和 2.0 Ga 之间，四个碎屑锆石数据库与他们自己编制的 Hf，Nd 和 Sr 等同位素数据库中，ε_{Nd}平均值都没有被干扰，但随时间而变化。在 2～1 Ga 之间的数据存在较小的杂乱变化，此时的同位素体系类似于碰撞带。在 1 Ga 之后和 3.5 Ga 之前，才具有较大幅度的变化。这些都表明在地球早期演化过程的不同阶段，还存在着较复杂的演化过程，有待深入研究。鉴于地球早期演化资料有限，本书关于亚洲大陆岩石圈板块构造演化的讨论，就从古元古代末期开始。

3.1 古元古代末期构造演化(1800~1600 Ma)

古元古代末期,在亚洲地区形成了西伯利亚[1]、松嫩[10]、准噶尔[11],中朝构造域的中朝[14]、敦煌-阿拉善[16]、柴达木[18]和南、北塔里木[20]等板块或地块,几乎同时在全球其他地区还形成了波罗的[69]、北美洲[70]、澳大利亚[71]、东南极沿海、格陵兰、卡拉哈里(博茨瓦纳)、马达加斯加、南美洲、西非洲和津巴布韦等10个大陆板块,它们分别形成了统一的结晶基底。全球多数板块形成统一结晶基底的时期均为1600 Ma,不过,中朝板块形成统一结晶基底的时期早一点,为1800 Ma。

古元古代末期-中元古代早期,就是全球哥伦比亚大陆各板块群形成的主要时期(图3-1)。不过在Rogers和Santosh(2002,2004)的再造图中,并没有中国陆块群的位置。此时期全球各大陆所形成的岩石基本上都是TTG与麻粒岩的组合,说明全球各个大陆具有很多的相似性,有可能存在过一个统一的古大陆,可以说这是古陆核的形成与拼合时期(白瑾等,1996;Rogers and Santosh,2002,2004)。

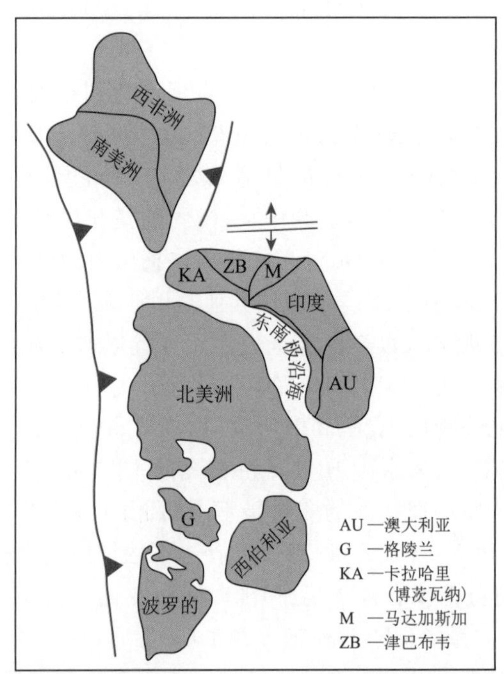

图3-1 古元古代末期(~1600 Ma)哥伦比亚大陆再造图
(据Rogers and Santosh,2002)

Zhao等(2004)也提出了他们对哥伦比亚大陆再造的意见。不过,对于哥伦比亚古大陆的复原,目前只能依靠同位素年代、构造线方向与岩性特征的对比,无法准确定位,因而古大陆的位置尚存在多解性和不确定性,不宜过分地强调和解读。Piper(2013)采用前寒武纪(2.7~0.6 Ga)

大陆古地磁数据库、地壳增生和全球冷却周期性的资料尝试着再造古大陆的位置和运移速度,但是把握不大,看来此类研究仍处在探索过程之中。

3.2 中元古代早-中期构造演化(1600~1200 Ma)

中元古代,从早期到晚期,哥伦比亚超级大陆就出现了逐渐裂解的过程。中元古代时期,北美的 Mackenzie 岩墙群、西伯利亚板块和中朝板块内基性岩墙群的发育(Ernst et al.,1992,2001;白瑾等,1996;侯贵廷,2012;图 3-2,图 3-3),可以说都是哥伦比亚超级大陆裂解的主要表现。根据岩墙群的分布特征,相当于现在的北极地区可能就是当时放射状岩墙群的中心部位,因而大家都推测该地区为当时地幔活动的中心,也即地幔羽(mantle plume)上升的中心部位(图 3-3)。不过,由于该时期至今尚未获得较可靠的古地磁数据,因而此时期现有的“古大陆恢复”,只能说是仅仅根据同位素年龄和构造-岩性特征的相似性而提出的一种假说。Meert 和 Torsvik(2003),Yakobchuk(2010),Zhang 等(2012),Piper(2013),Kaur 和 Chaudhri(2013)等都对此阶段的哥伦比亚古大陆提出了完全不同的再造方案,这说明古大陆再造的依据还不够充足,因而就出现了很多不同的认识。

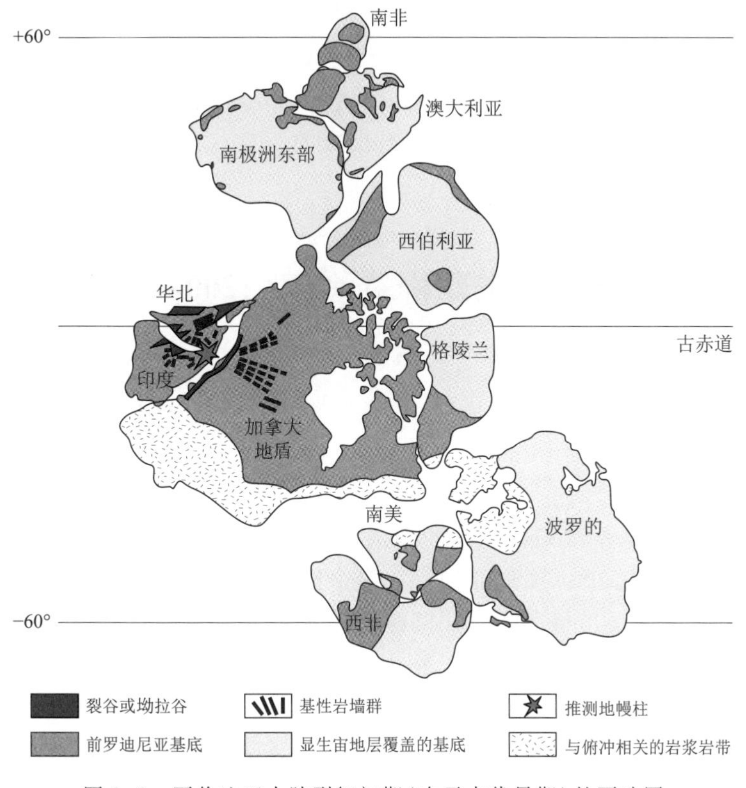

图 3-2 哥伦比亚大陆裂解初期(中元古代早期)的再造图

(据侯贵廷,2012)

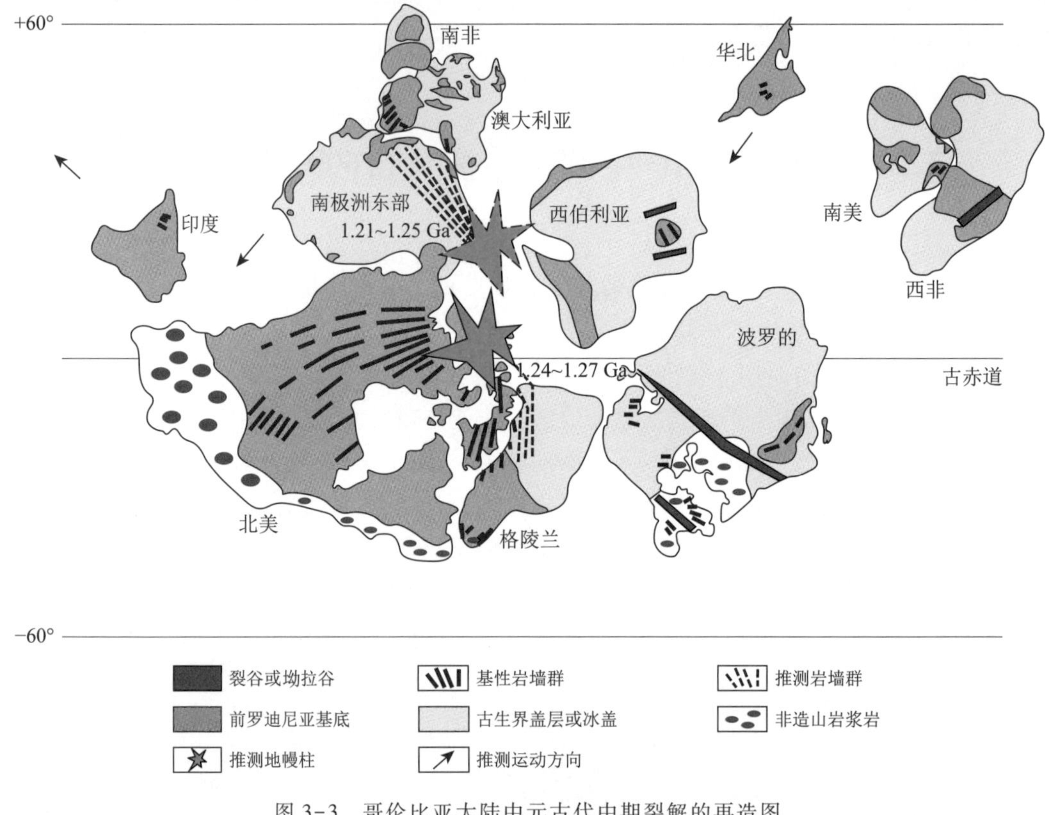

图 3-3　哥伦比亚大陆中元古代中期裂解的再造图
（据侯贵廷，2012）

3.3　中元古代末期构造演化（1200～1000 Ma）

中元古代末期，各大陆之间，根据构造-岩性特征的一些相似性，推测全球许多古大陆普遍发生汇聚作用，形成罗迪尼亚（Rodinia）超级古大陆（图 3-4），由于此古大陆的复原，至今也还是依靠同位素测年数据和构造-岩性特征的对比来进行的，因而不同的学者（如 Hoffman，1997；Dalziel，1997；陆松年等，2004）的推断和认识大不相同，依据也不够充分，暂时还难以得到统一的认识。陆松年等（2004）的推断意见，把中国各地块放到可能比较恰当的位置，即认为在全球形成罗迪尼亚（Rodinia）古大陆时，西伯利亚、中国大陆的主要地块和印度板块可能并未参与，而是在古大洋中保持独立的状态。而 Hoffman（1997）和 Dalziel（1997）的意见，则根本并没有把中国的地块群放到他们的复原图中。看来，在～1100 Ma 全球多数地块聚合成罗迪尼亚（Rodinia）古大陆的时期，部分亚洲地块群却仍呈现为离散状态（陆松年等，2004）的认识，可能比较合理。

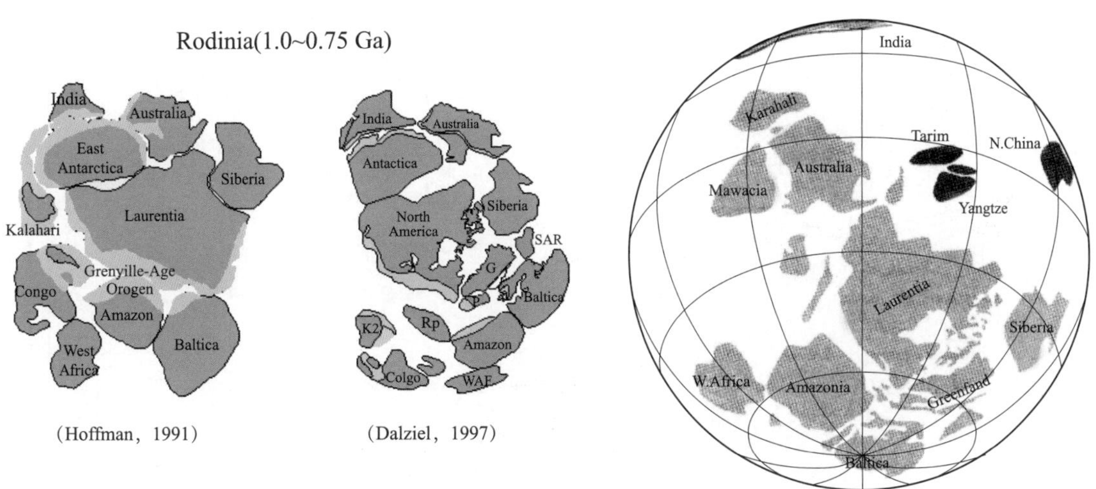

图 3-4 中元古代末期罗迪尼亚(Rodinia)古大陆复原图

左图为 Hoffman(1991)的推断,中图为 Dalziel(1997)的推断,右图为陆松年等(2004)的推断,现将他们的资料合并起来编成此图。

3.4 新元古代中期构造演化(~850 Ma)

此时期为罗迪尼亚(Rodinia)超级古大陆解体的时期,全球许多陆块都处在离散的状态,在亚洲大陆却发生了局部的碰撞作用,目前比较公认的主要是发生在皖南-赣东北-雪峰山-滇东碰撞带(也称江南碰撞带)[23](图 3-5 之 JN,即在北扬子 YZB 和南扬子 YZN 地块之间;万天丰,2011)和塔里木中部碰撞带[21](图 3-5 之 TB 与 TN 之间;吴根耀等,2006),它们分别将南、北扬子地块和南、北塔里木地块聚合到一起。这两个碰撞带的形成,似乎是相对孤立的事件,在全球其他的地块内或地块间都还没有发现类似的碰撞作用。塔里木和柴达木地块,在此时已从中朝板块内分离开来,使之具有亲扬子构造域的生物古地理与沉积特征。

当罗迪尼亚大陆的主体正在解体的时候,塔里木与扬子地块却发生了局部的汇聚、碰撞作用,这正好说明全球构造并不是同步演化的。可能这也是一种合理的现象,从全球来看,有的地区汇聚,有的地区伸展,这也许是保持全球稳定和重力均衡的一种合理的结果。

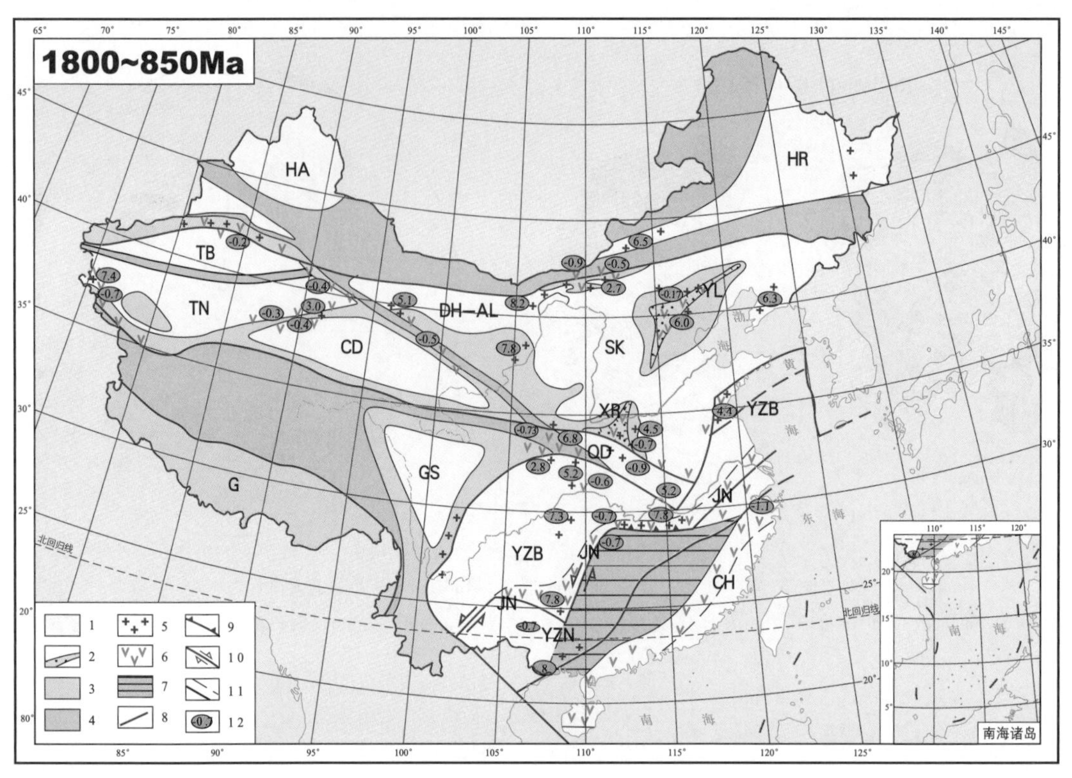

图 3-5　中、新元古代(1800~850 Ma)中国大陆构造略图

(据白瑾等,1996;刘宝珺等,1994;万天丰,2011,经修改补充)

1—古陆剥蚀区;2—裂陷槽;3—浅海凹陷、沉积带;4—洋壳;5—花岗质侵入岩;6—中酸性火山岩分布区与岛弧;7—大陆斜坡浊积层;8—板块分界线,含古大洋分布区;9—俯冲带(含蛇绿岩带);10—走滑断层;11—构造区界线;12—板块运移速度,“-”为扩张速度,其余为缩短速度,单位:cm/yr(详见万天丰,2011,附录 5-1)。

构造单元:中亚-蒙古构造域:HA—哈萨克地块群,HR—哈尔滨地块群;中朝板块构造域:TB—北塔里木地块,TN—南塔里木地块,CD—古柴达木地块,SK—古中朝板块,包括华北、朝鲜半岛、燕辽裂陷槽(YL)、熊耳裂陷槽(XR)和敦煌-阿拉善(DH-AL)等单元;扬子板块构造域:YZB—北扬子板块,YZN—南扬子板块,GS—古甘孜-松潘板块,CH—华夏板块,QD—秦岭-大别地块群,JN—江南(皖南-赣东北-九岭-雪峰山-滇东)新元古代碰撞带[23]。在南扬子板块(YZN)与华夏板块(CH)之间,此时为洋壳,而在三叠纪时期,则构成绍兴-十万大山碰撞带[25];冈瓦纳构造域:G—位于古特提斯洋内的南羌塘、冈底斯和喜马拉雅等地块。

3.5　新元古代晚期-早寒武世构造演化(635~510 Ma)

新元古代晚期-早寒武世发生了很重要的泛非构造事件,即冈瓦纳地区的许多地块,最后拼合形成统一的冈瓦纳超级大陆。本书所述的冈瓦纳构造域的各地块都在此时拼合到一起的,它们是:南羌塘-中缅马苏板块[34]、冈底斯板块[36]、喜马拉雅地块[38]、印度板块[40]、土耳其-伊朗-阿富汗板块[43]、阿拉伯板块[46]、阿曼地块[47]、西缅甸(勃固山-仰光)板块[49]、巽他板块[51]、苏拉威西海地块[53]、东爪哇地块[54]等。除此之外,冈瓦纳大陆还包括了非洲、南美洲、澳大利亚、南极洲等板块(图 3-6;http://dictionary.reference.com/browse/Gondwana)。当时,冈瓦纳超级大陆定型在南半球的南部,普遍发育了角闪岩相的变质-变形作用,并在 510 Ma 前后构成了统一的结晶基底。由于此构造事件,最早是在非洲大陆研究中确认的,因而此构造时期常常称之为"泛非构造期"(Pan African tectonic episode,Kennedy,1964)。亚洲、欧洲和美洲大陆地块群中的多数地块,在元古宙-古生代,长期处在古特提斯洋之中,保持着离散的状态,并没有拼合成为冈瓦纳大陆的一部分。

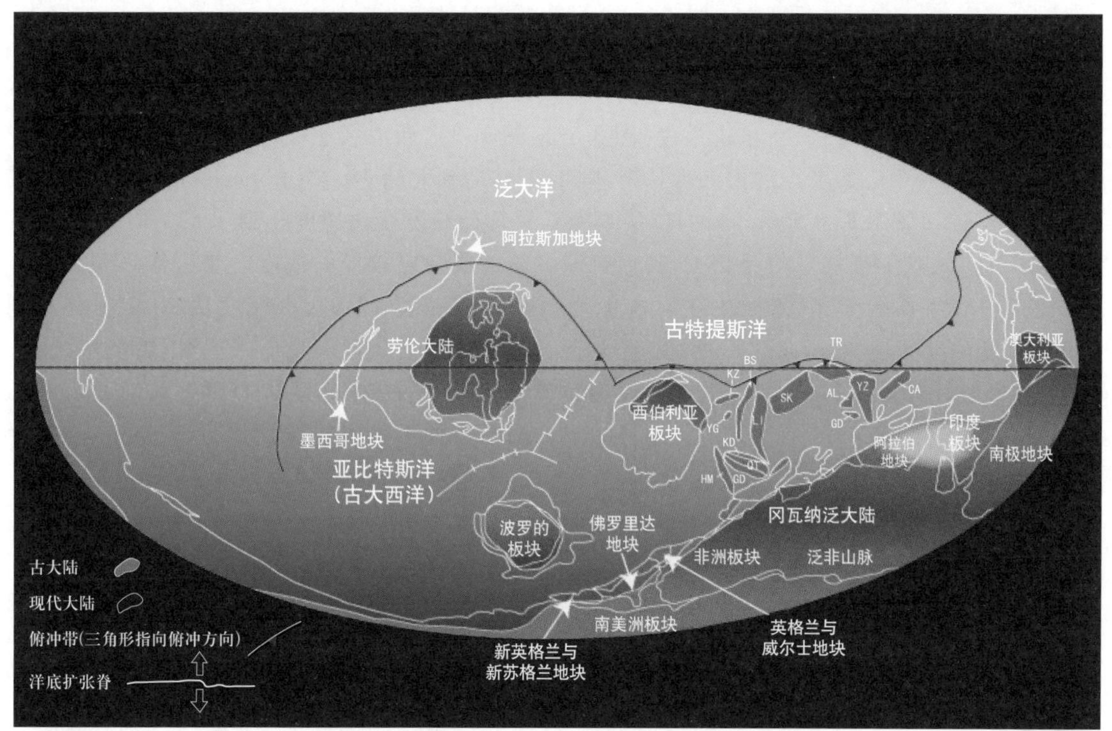

图 3-6 早寒武世(~514 Ma)全球古大陆再造图

(据 Scotese,1994,www.scotese.com webside;万天丰和朱鸿,2007;经综合修改)

经过泛非构造事件,最后拼合形成统一的冈瓦纳超级大陆,由于当时它地处南半球高纬度地区,因而在早古生代的石炭-二叠纪,冈瓦纳超级大陆上普遍存在冰川现象,并发育冷水动物群,这就是最早在印度中北部所说的冈瓦纳生物群。

另外,在亚洲大陆内,还发现早寒武世(~510 Ma)及其以前时期形成的许多小结晶地块,它们散布在布列雅特、佳木斯、松嫩、托托尚-锡林浩特、海拉尔,中蒙古,阿尔泰等地(周建波等,2011;万天丰,2011;见图 2-7),它们在古生代早期可能曾经是冈瓦纳大陆的一部分,地块破碎后随大板块(可能是西伯利亚板块)运移到北半球的中纬度地区,后来拼合在阿尔泰-中蒙古-海拉尔早古生代增生碰撞带[6]和巴尔喀什-天山-兴安岭晚古生代增生碰撞带[10]之中(由于暂时无法获得准确的古地磁资料,只好做如此推测)。黄汲清与姜春发(1962)最早曾将此构造事件在中国东北地区的表现称之为"兴凯运动"。

有的学者把这些小地块之南的中朝、扬子、华夏和印支等板块也都算作冈瓦纳大陆的一部分,显然不妥当,可能这是与他们不了解这些地块形成统一结晶基底的时代有关。中朝、扬子、华夏和印支等板块形成统一结晶基底的时期都不是 500 Ma 左右的,完全没有泛非构造事件的踪迹。比较有意思的是中朝、扬子、华夏和印支等板块的北侧、南侧与西南侧,现在却都存在泛非构造事件形成结晶基底的地块。如果不用板块曾经发生过大幅度位移,是很难解释的。然而,由于此时期变质岩系的古磁场的迹象很微弱,古地磁数据争议较大,可靠性较差,暂时想要进行整个地区古大陆再造的依据不足,因而至今尚无人能拿出此时期比较令人信服的、小地块的古构造复原图。

笔者与朱鸿(2007)在 Scotese(1994;www.scotese.com webside)原来古大陆再造图的基础上,修改补充了许多亚洲地块古地磁资料,重新编制了全球古生代以来的古大陆再造系列图(图 3-6 至图 3-8,图 3-10 至图 3-12),认识到亚洲各陆块在寒武纪时期都散布在赤道以南地区,大体上沿纬度方向展布(图 3-6)。在早古生代(图 3-6 至图 3-8),西伯利亚板块[1]的古磁方位有 12°的顺时针转动,其中心参考点的古纬度从南纬 31.4°移动到北纬 18.4°(Khramov et al.,1981),其纬度变化达 49.8°(几乎为 5000 km 的位移距离),平均的纬度变化速度达到 4.53 cm/yr,为早古生代运移速度最快的板块。与此相关,其他亚洲多数地块则以较慢的速度向北运移(不过,至今尚未找到其动力来源)。中朝板块在早古生代顺时针转动了 13.8°,古纬度从 20.2°S 移动到 12.9°S 以北的地区,也略微向北运动,其纬度变化速度略大于 0.8 cm/yr。扬子板块在寒武纪-早志留世顺时针转动了 24.4°,中晚志留世逆时针转动了 70°左右,古纬度从 11.7°S 移动到 2.8°N,其纬度变化速度为 0.7 cm/yr。其他小地块的测试结果数据不多,把握也不大,有待进一步的研究(万天丰,2011)。

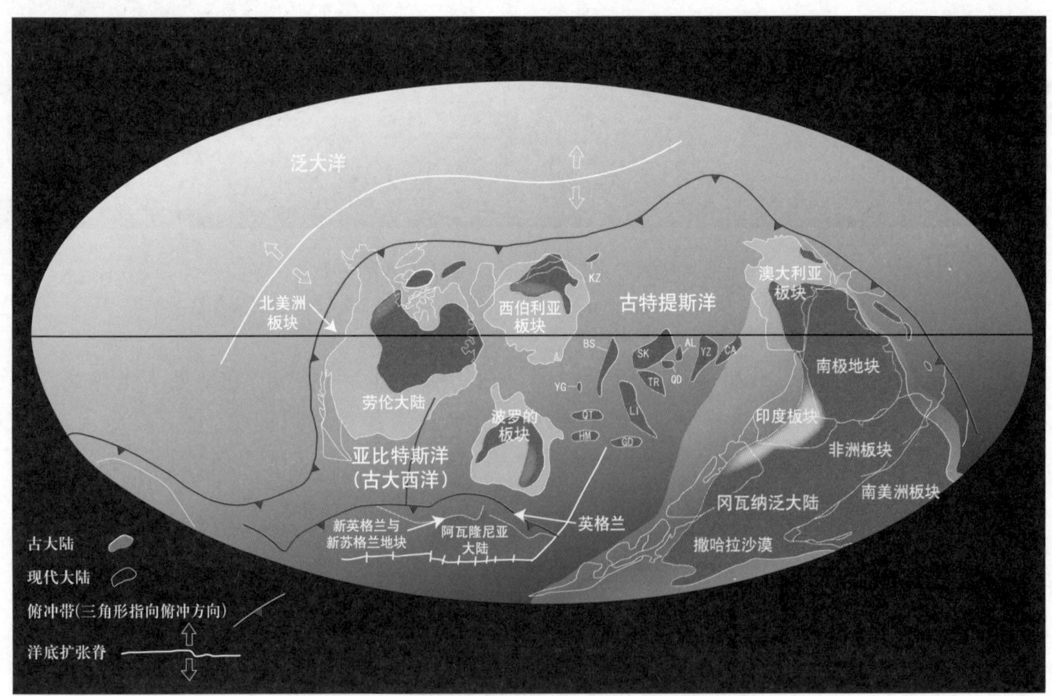

图 3-7 中奥陶世(458 Ma)全球古大陆再造图

(据 Scotese,1994,www.scotese.com webside;万天丰和朱鸿,2007;经综合修改)

亚洲各地块及附近板块的古地磁数据,也见于万天丰(2011)之附录 6。

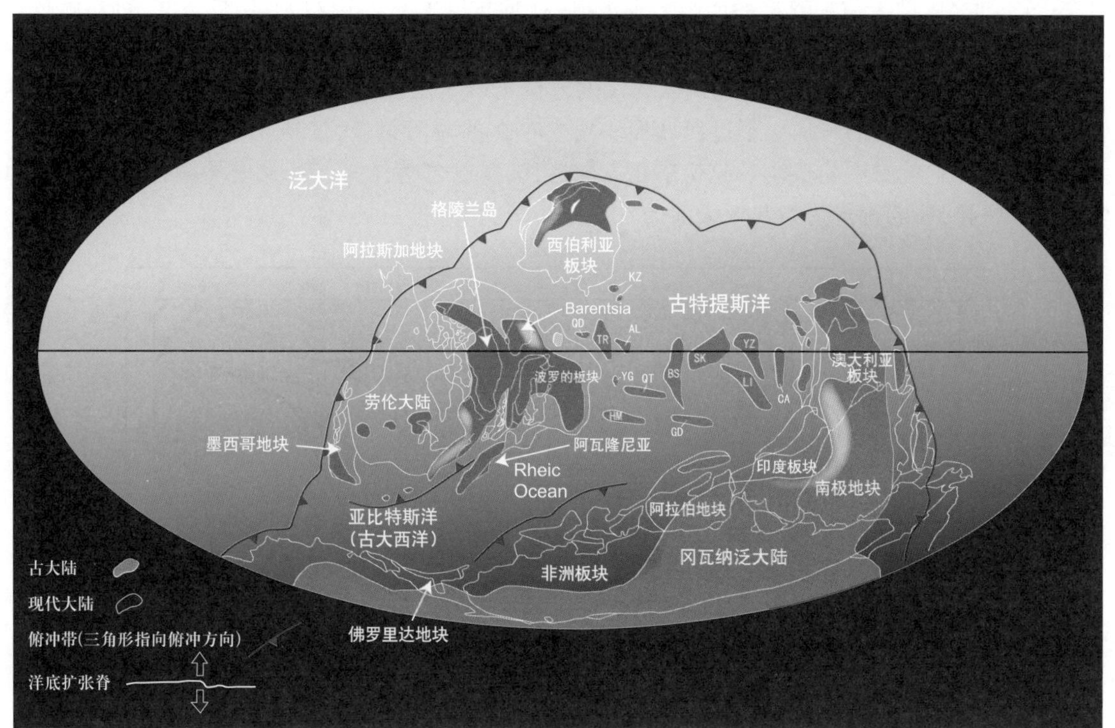

图 3-8 中志留世(425 Ma)全球古大陆再造图

(据 Scotese,1994,www.scotese.com webside;万天丰和朱鸿,2007;经综合修改)

亚洲各地块及附近板块的古地磁数据,也见于万天丰(2011)之附录 6。

3.6 早古生代晚期构造演化(443~419 Ma)

此时期的板块碰撞作用,在西伯利亚板块南缘的阿尔泰-中蒙古-海拉尔[6]和卡拉干达-吉尔吉斯斯坦[7]一带十分发育,它们也可以看作是西伯利亚板块西南缘的增生带。在上述碰撞带内存在许多小地块(见图 2-7),它们向北的运移速度略大于西伯利亚板块,从而拼合到西伯利亚板块[1]西南侧的阿尔泰-中蒙古-海拉尔和卡拉干达-吉尔吉斯斯坦早古生代碰撞带内。以现代磁方位为准来看,其中的 NW 向断层均呈现为右行走滑,而 NE 向的断层表现为左行走滑,近东西向的断层则呈现为逆断层的特征(图 3-9,肖序常等,1993;Allen et al.,1993;车自成等,1994;李锦轶等,2002;Buslov et al.,2004;Charvet et al.,2007;Wang et al.,2008;Xiao et al.,2003,2008;Wan,2011)。

早古生代晚期的这一构造事件,在中朝与扬子构造域内是相当特殊的,这两个构造域的多数地块都仍旧在特提斯洋内保持着离散的状态,而只有早已与中朝板块裂离的阿拉善-敦煌[16],柴达木[18]和塔里木[20]等地块发生了汇聚、碰撞作用,形成祁连山增生碰撞带[17]和以压-

剪性(左行走滑)断裂活动为特征的阿尔金走滑-碰撞带[19](图 3-9),它们拼接起来后,就可称之为“西域板块”(高振家等,1983;王云山,1987;葛肖虹等,2000;Wan,2011)。在此板块内,构造线的走向以 WNW 和 ENE 向为主(以现代磁方位为准)。此板块的早古生代生物群组合基本上都具有扬子构造域的特征。不过西域板块独立存在的时间很短,仅独立存在了 1.4 亿年。在晚古生代晚期它就与中朝板块一起朝东北方向运移,与巴尔喀什-天山-兴安岭碰撞带[10]和中朝板块相拼接,一起都成为潘几亚大陆的一部分。

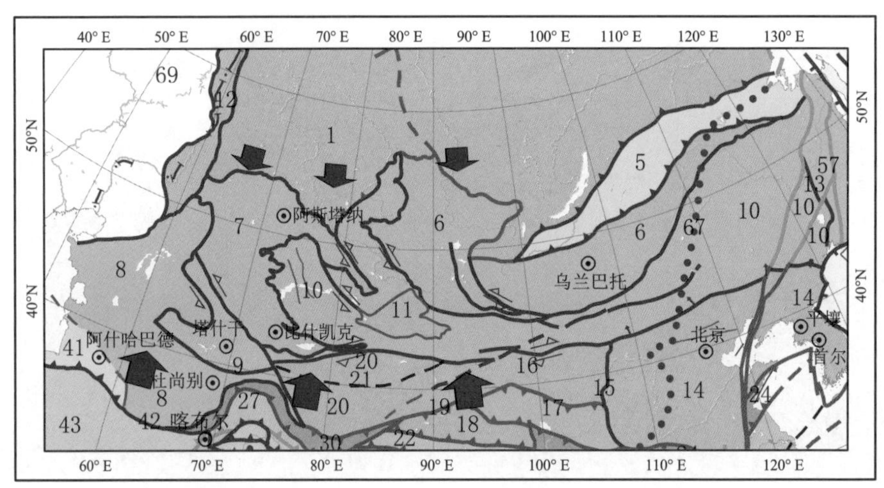

图 3-9　早古生代晚期中亚-蒙古地区(形成阿尔泰-中蒙古-海拉尔[6]、卡拉干达-吉尔吉斯斯坦[7]、祁连山[17]和阿尔金[19]等碰撞带)构造略图

图中红线为早古生代晚期碰撞带的分布,红色箭头示地块运动方向,其大小示作用力的强弱。红色小箭头示断层滑动方向。构造单元的编号与本书目录、附图、正文的一致。

几乎与此同时,华夏板块[26](见图 2-19)和土兰-卡拉库姆地块[8](图 3-9 之[8],见图 1-1)在早古生代晚期分别形成了统一结晶基底(Brookfield,2000;Garzanti and Gaetani,2002;罗金海等,2005)。华夏板块广泛地形成低绿片岩相的变质岩系,其中还夹杂了分布面积很小的太古宙-元古宙变质岩系陆块。华夏板块结晶基底内浅变质岩系的褶皱轴(200 余个,根据 1∶20 万区调资料,它们不仅仅发育在地块边部,而是广布全区的)基本上都是近南北走向(含 NNE 或 NNW 向)的(按现代磁方位,见图 2-19,表 2-1;万天丰,2011),这一点是很特殊的,是附近的扬子板块所不具备的构造特征。

早古生代晚期在西半球最主要的构造事件是形成著名的加里东碰撞带(430~426 Ma;Brenchley and Rowson,2006)。它使北美板块与波罗的板块拼合到一起,从而开始构成了劳亚大陆。至于早古生代晚期碰撞作用的动力来源问题,则尚难下结论[李江海等(2014)曾提出一个古大陆块群旋转的假说]。

综上所述,可以看出早古生代晚期,在亚洲各地区构造事件特征是极不相同的,用某种统一的构造事件术语来称呼都显得很不恰当。现在不少学者至今仍习惯于使用波罗的板块和北美板块碰撞时的加里东构造事件(黄汲清和尹赞勋,1965)来命名亚洲和中国地区早古生代晚期的构造事件,就显得更加不妥当了。除非至今仍旧坚持认为 90 多年前 Stille(1924)所谓的全球始终具有“统一造山幕”的假说是正确的。这个术语是中国地质学界长期以来所普遍存在的、用词不当的错误之一。强烈的构造变形在板块内部的传递速度可以在 *n* cm/yr 到 *n*×10 cm/yr,而不是在全球同时发生的(万天丰,2011)。

3.7 晚古生代早期构造演化(419~323 Ma)

随着西伯利亚[1]、北美洲、波罗的板块的继续北移,并与南美洲、非洲、南极洲和澳大利亚等板块拼合成近南北向排列的潘几亚(Pangea)泛大陆(图 3-10 到 图 3-12)。西伯利亚板块从泥盆纪到早二叠世,以中心参考点为准,地块古磁方位有 13.9°的逆时针转动,古纬度从 33.4°N 移动到 37.5°N(Khramov et al.,1981),其纬度变化为 4.1°,平均纬度变化速度仅为 0.34 cm/yr,北移速度明显低于早古生代。亚洲的多数地块都处在特提斯洋内,并不同程度地向北运移,到达赤道附近或到达北半球的中纬度地区。印度板块在晚古生代的纬度变化稍大一些,从 28.4°S 移到 37.3°S,缓慢地向南移动了 8.9°,平均纬度变化速度为 0.74 cm/yr,古磁北方向在泥盆纪先逆时针转动了 40°,在石炭-二叠纪则顺时针转动了 67°(Klootwijk and Radhakrichnamurty,1981)。澳大利亚板块在晚古生代时古磁北方向逆时针转动了约 20°,纬度变化较大,从南纬 4.4°向南移到南

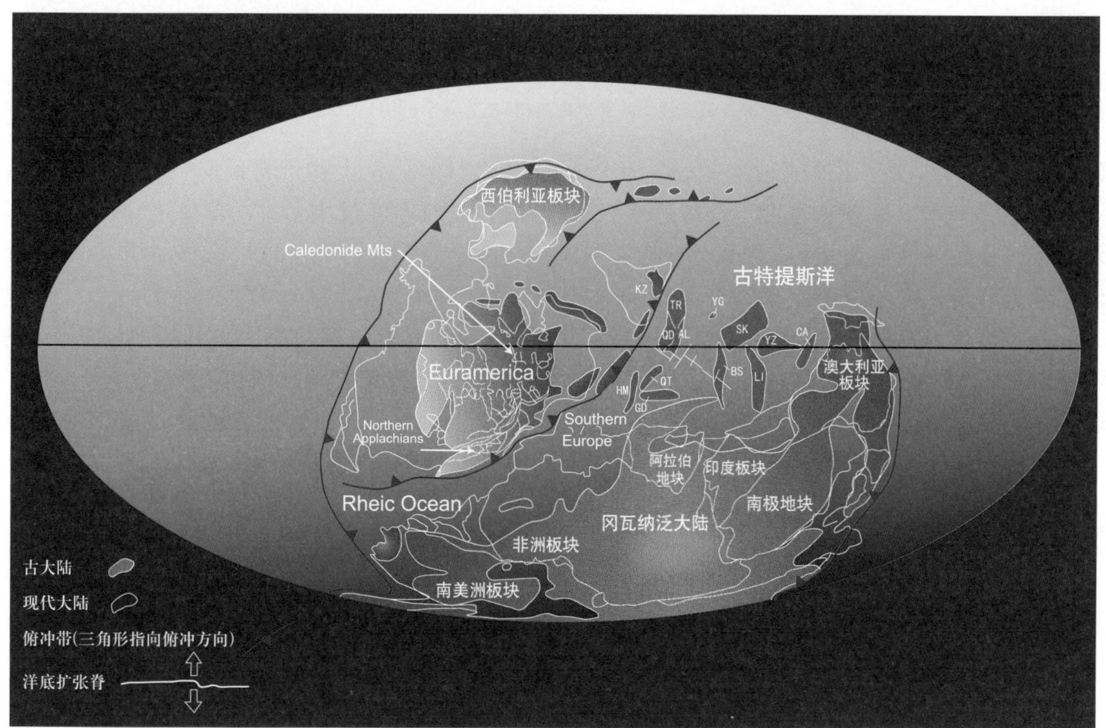

图 3-10 早泥盆世(390 Ma)全球古大陆再造图

(据 Scotese,1994,www.scotese.com webside;万天丰和朱鸿,2007;经综合修改)

亚洲各地块及附近板块的古地磁数据,见万天丰(2011)之附录 6。

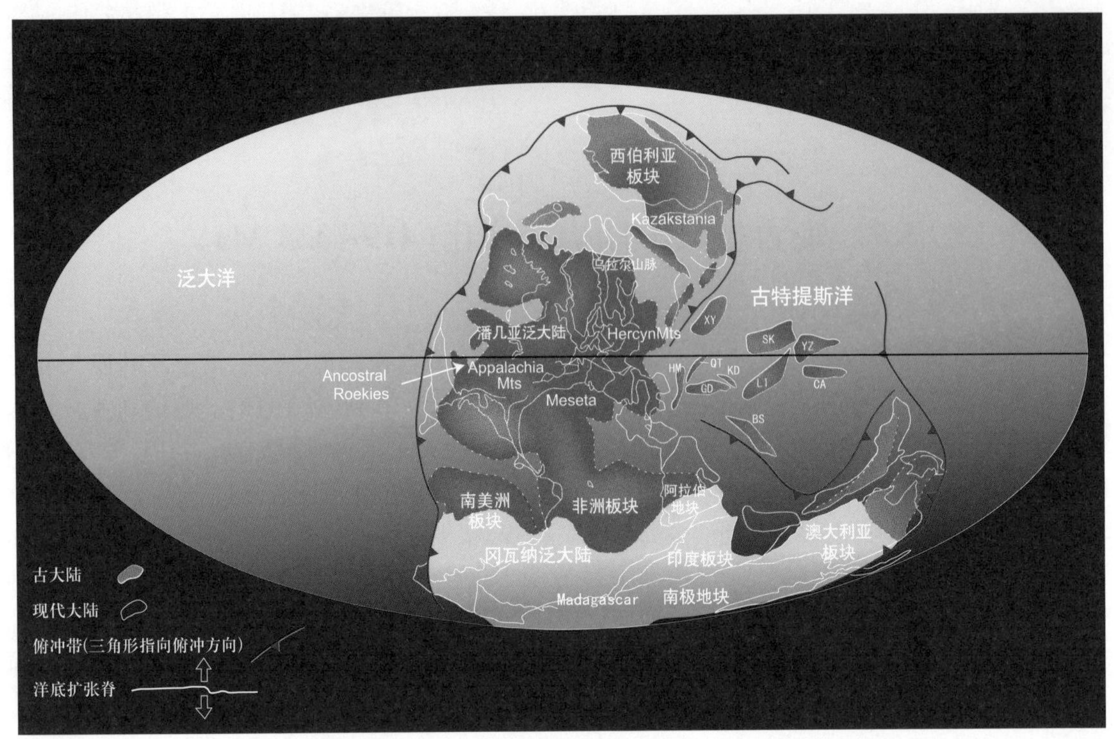

图 3-11 晚石炭世(306 Ma)全球古大陆再造图

(据 Scotese,1994,www.scotese.com webside;万天丰和朱鸿,2007;经综合修改)

亚洲各地块及附近板块的古地磁数据,见万天丰(2011)之附录 6。

纬 56.3°,平均纬度变化速度达 4.3 cm/yr(Van der Voo,1993)。上述资料说明,在晚古生代,古亚洲地块群基本上呈现为速度不等的运移状态,西伯利亚与印度板块相对比较稳定,澳大利亚板块则以较快的速度向南运移,它可能与特提斯洋东部的扩张有关。而各地块运移的结果,却是在晚二叠世拼合成在总体上呈现为近南北向排列的潘几亚超级大陆(图 3-12)。

晚古生代,中朝板块已经从南半球运移到北半球,古磁北方位变化不大,但是古纬度却从南纬 12.9°,移到北纬 10.8°,纬度变化达 23.7°。中石炭世-二叠纪中朝板块古磁北方位从 338.2°转到 319.7°,即逆时针转动了 18.5°,古纬度北移了约 300 km,其纬度变化的速度应该略大于 1 cm/yr(吴汉宁等,1991;马醒华和杨振宇,1993)。扬子板块在泥盆纪-早二叠世逆时针转动了 7.6°,其中心参考点的纬度从南纬 6.9°移动到北纬 3.3°(约北移了 1000 km),地块逐渐向北运动,其纬度迁移的平均速度为 0.84 cm/yr,略小于中朝板块的北移速度(张世红等,2001)。华夏板块,就泥盆纪-早石炭世的情况来看,古纬度一直处在南纬 11.8°和 10.3°之间,此时古纬度变化很小,仅 1.5°(约位移 150 km),古磁北的方位变化得比较大,从 111.2°转到 58.9°,逆时针转动了 52.3°(陈海泓等,1991)。准噶尔板块在晚古生代的纬度变化不大,处在北纬 29.7°~28.3°之间,但古磁北的方位变化得较大(约 77°),从 NW342.4°顺时针转为 NE59.4°(李永安等,1992)。西域板块中的塔里木地块,在泥盆-二叠纪古纬度从北纬 21.2°移到 31.3°,北移了 10°,约 1000 km,其纬度变化速度应大于 0.84 cm/yr,其古磁北方向从 94.5°转到 21.1°,即逆时针转动了 73.4°(方大钧等,1992,1996)。

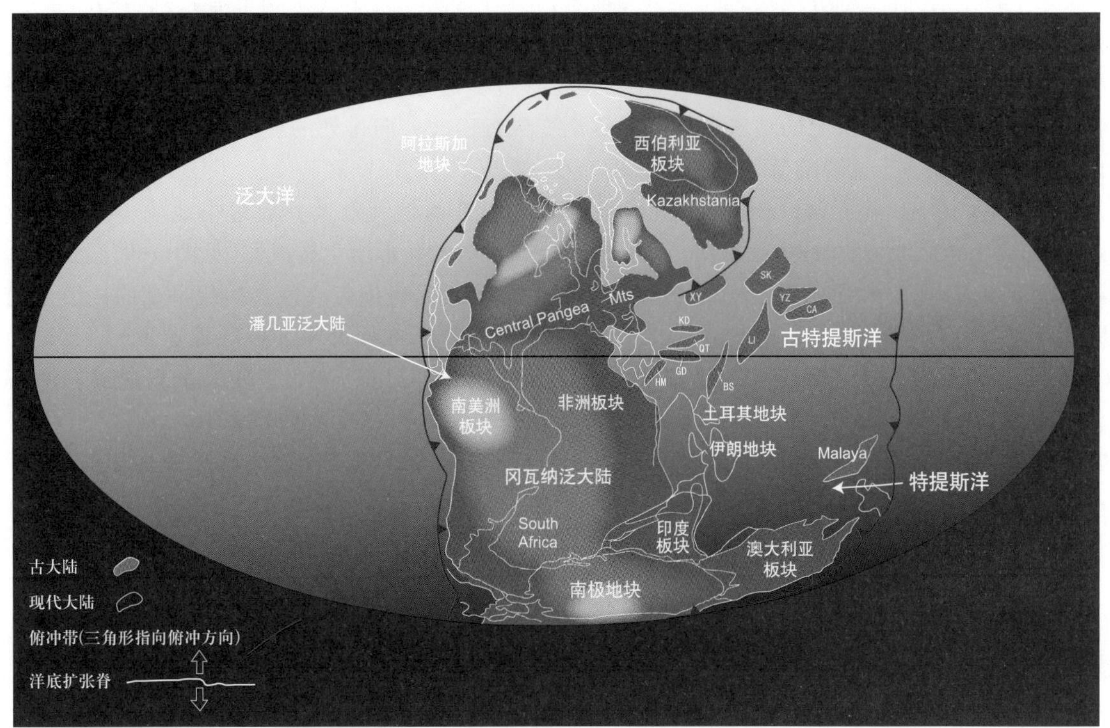

图 3-12　晚二叠世(255 Ma)全球古大陆再造图

(据 Scotese,1994,www.scotese.com webside;万天丰和朱鸿,2007;经综合修改)

亚洲各地块及附近板块的古地磁数据,见万天丰(2011)之附录 6。

亚洲南部原来属于冈瓦纳大陆的许多地块(印度、伊朗、土耳其、喜马拉雅、冈底斯以及东南亚等地块),以及澳大利亚板块、非洲板块、南美洲板块以及南极洲板块等一直属于冈瓦纳超级大陆,它们在晚古生代开始逐渐裂解,但仍滞留在南半球的中纬度地区,向北的运移量也较少,或几乎没有多少位移(见图 3-6 至图 3-8,图 3-10 至图 3-12;Van der Voo,1993)。

回顾亚洲陆块群在整个古生代时期的古地磁学资料(见图 3-6 至图 3-8,图 3-10 至图 3-12),可以看出,古亚洲地块群当时整体上是以处在离散状态为特征的。在整个古生代,西伯利亚板块一直向北运移,纬度变化达 71°(约 7000 km;Khramov et al.,1981);澳大利亚板块在晚古生代明显向南运移,纬度变化达 42°(约 4100 km;Van der Voo,1993);相对而言,印度板块的位置比较稳定,但在晚古生代时期也开始加速了向南的运移,古生代时期总共向南移动了 27°(约 2600 km;Klootwijk and Radhakrichnamurty,1981)。以上资料,可以较好地说明亚洲大陆各地块在整个古生代时期基本上保持离散状态的运动学特征,不过其动力学机制却至今尚未探明。

尽管对于古生代大陆板块的位置与运动学资料的认识基本一致(Powell et al.,1993;Scotese,1994;Cavazza et al.,2004;Schettino end Scotese,2005),但是对于其动力学机制,则至今很多假说尚缺乏证据,仅仅有了一些猜想(Torsvik et al.,2008,2014;李江海等,2014)。

综上所述,可以看出:由于西伯利亚板块在古生代大幅度北移,冈瓦纳和印度板块在晚古生代南移,整个古生代时期,古亚洲大陆地块群在保持离散状态的同时,总体上逐渐向北运移,只是在某一个特定时间内,部分地块之间发生碰撞、拼合作用,如早古生代末期形成阿尔泰-准噶尔-额尔古纳早古生代碰撞带,并完成西域板块的拼合,晚泥盆世-早石炭世形成巴尔喀什-天山-兴安岭碰撞带等。亚洲大陆其他各地块在不断地运移过程中,地块群的散布样式,从古生代早期基本上沿赤道排列,到石炭纪的地块群就开始逐渐变成近南北方向排列的样式,与现代地块的排列次序相近。这是一个重要的陆块分布样式的转变过程。

晚古生代早期(晚泥盆世-早石炭世,385~323 Ma)在西伯利亚及其周边小地块、阿尔泰-中蒙古-海拉尔碰撞带与西域-中朝板块之间形成了规模巨大的弧形增生碰撞带(见图 3-9,图 2-7),即形成了西天山[9]和巴尔喀什-天山-兴安岭[10]弧形增生碰撞带。晚古生代早期的碰撞作用是以近南北向为主的(以现代磁方位为准),碰撞作用的时间,在西部主要为晚泥盆世-早石炭世(385~323 Ma,图 3-13;Buslov et al.,2004;肖序常等,1992;Allen et al.,1992;车自成等,1994;Charvet et al.,2007;Xiao et al.,2010;Han et al.,2011;Wan,2011;Wan et al.,2015),而东部(中朝板块北侧)则主要为中二叠世(270~260 Ma,图 3-14;Wan,2011)。这表明其碰撞作用时间,西部的巴尔喀什-天山地区在先,而东部的内蒙古-兴安岭地区在后,两者并非同时碰撞的。其原因可能与此构造带的东部仅与早古生代的阿尔泰-海拉尔碰撞带相拼接,而没有碰上西伯利亚板块,海拉尔以北还保留着古大洋的缘故。该古大洋的残留部分,在外贝加尔地区可一直持续到侏罗纪早期。这就是说,在晚古生代时期,西伯利亚板块与巴尔喀什-天山-兴安岭碰撞带之间的古大洋(也属于古特提斯洋的一部分,建议不宜使用"古亚洲洋"的称谓),西部分布面积较窄小,而东部较为开阔。在中亚地区,晚古生代早期碰撞作用之后,在亚洲东部地区仍残留着古大洋,即古特提斯洋的一部分。

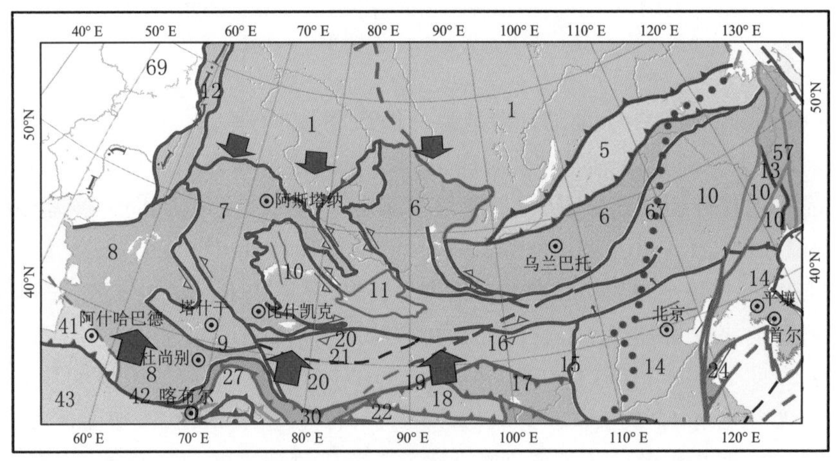

图 3-13 晚古生代早期(晚泥盆世-早石炭世,385~323 Ma)中亚-蒙古地区构造略图

图内大红箭头示区域碰撞挤压作用方向,红色断层线上红色小箭头示碰撞作用形成的逆断层或右行走滑的特征。构造单元的编号与本书目录或正文一致。

巴尔喀什-天山-兴安岭增生碰撞带西部的构造线以 WNW 或近 EW 向为主,晚泥盆世-早石炭世(385~323 Ma)的近东西向断层为碰撞作用所造成的主断裂(逆断层或逆掩断层),NW 向区域性断层则主要显示为右行走滑的特征(图 3-13);而东部的构造线则以 NE 或近东西向为主,NE 向断层当时略具左行走滑的特征(图 3-14)。

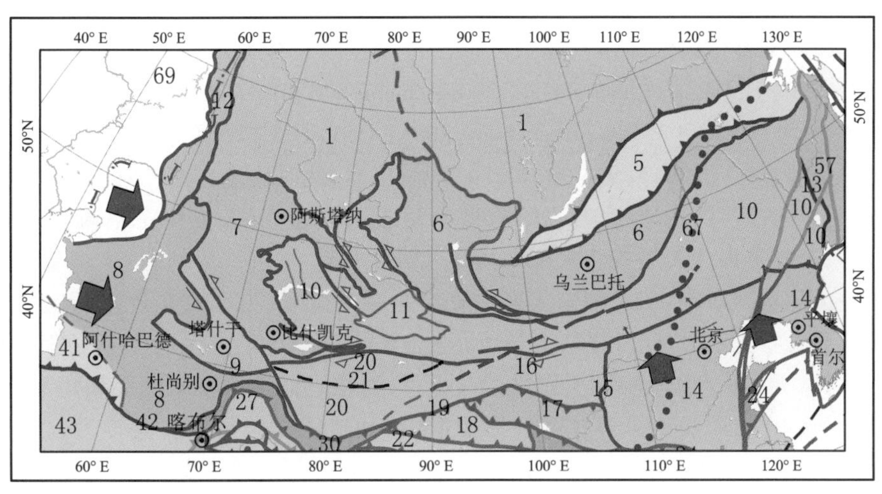

图 3-14 晚古生代晚期(晚石炭世-中二叠世,323~260 Ma)中亚-蒙古地区构造略图

图内大红箭头示区域碰撞挤压的作用方向,红线(断层线)上红色箭头示左行或右行的走滑活动特征。构造单元的编号,与本书正文或目录相同。

3.8 晚古生代晚期构造演化(323~260 Ma)

近些年来,发现晚古生代晚期巴尔喀什-天山-兴安岭弧形增生碰撞带[10]西部的区域性NW向断层活动性质,与晚古生代早期特征完全不同,明显地显示为左行走滑的特征(Buslov et al.,2004;Zonenshain et al.,1990;Bazhenov 2003;Han et al.,2011),而近东西向的断层则表现为右行走滑的特征(Shi et al.,1994;李锦轶等,2002;Gao et al.,2006;Pickering et al.,2008;Xiao et al.,2008;Wang et al.,2008),而此构造带的东部靠近兴安岭地区,晚石炭世-中二叠世时,则主要呈现为近南北向的碰撞(图 3-14;Wan et al.,2015)。看来,过去长期以来,认为巴尔喀什-天山-兴安岭碰撞带的两次“构造运动”或碰撞造山作用的认识(谢家荣,1936;万天丰,2011),现在看来是很值得商榷的。

为什么晚古生代巴尔喀什-天山-兴安岭弧形增生碰撞带有两次性质完全不同的构造事件,活动样式完全不同。根据以上资料,近年来,笔者认识到:此碰撞带西部在晚泥盆世-早石炭世(385~323 Ma)是真正的南北向碰撞作用时期,也即使塔里木-阿拉善地块与阿尔泰-海拉尔早古生代碰撞带、西伯利亚板块拼合到一起(见图 2-10,图 3-13)。而天山-兴安岭增生碰撞带的东部在较晚的时期(中二叠世)才发生近南北向的碰撞作用(见图 2-11,图 3-14)。巴尔喀什-天山-兴安岭弧形增生碰撞带西部在晚石炭世-早二叠世断裂活动性质的突变(图 3-14),应该是受到了自西向东的挤压、缩短作用(万天丰和赵庆乐,2015;Wan et al.,2015;图 3-14)。

亚洲大陆地块群西侧,在晚古生代(393~260 Ma)形成的、走向近南北向的乌拉尔增生碰撞带[12],它是波罗的板块[69]与西伯利亚板块[1]之间的碰撞带(Brenchley and Rowson,2006)。

其主要的汇聚、运动方向为近东西向。此碰撞带向东挤压的远程效应就会改变巴尔喀什-天山地区各断裂带的活动性质(图 3-14),使 NW 向的区域性断层转为左行走滑,而近东西的先存逆断裂转变成右行走滑的特征(Buslov et al.,2004;Zonenshain et al.,1990;Shi et al.,1994;李锦轶等,2002;Bazhenov et al.,2003;Pickering et al.,2008;Xiao et al.,2008;Wang et al.,2008;Han et al.,2011;万天丰和赵庆乐,2015;Wan et al.,2015)。当然,此时构造作用的强度显著地小于碰撞时期,仅表现为板内变形的构造特征。正是,此时适度的构造作用,发生了不太强烈的构造-岩浆活动,使该区形成了许多大型或超大型的内生金属矿床。

在中亚地区的构造研究中,长期以来还一直存在一些疑惑:为什么在近南北向汇聚、碰撞作用下,形成的阿尔泰-中蒙古-海拉尔、卡拉干达-吉尔吉斯斯坦早古生代(541~419 Ma)增生碰撞带和巴尔喀什-天山-兴安岭晚古生代增生碰撞带,而在它们的西段哈萨克斯坦和巴尔喀什附近出现与整体构造线方向极不协调的弯月形构造带(构造线方向由 NW 向转为近 N-S-NE-近 E-W),形成了肖文交等(Xiao et al.,2003,2008,2009a,b)所说的“哈萨克斯坦山弯构造”和“巴尔喀什山弯构造”(Kazakstan and Balkash Orocline)。他们研究的结果是,这两个山弯构造均开始形成于石炭纪,主要定型于中二叠世,其作用可延续到早三叠世。

如果把晚石炭世-二叠纪的 NW 向断层转变为左行走滑活动,E-W 向断层转变为右行走滑活动和哈萨克斯坦、巴尔喀什山弯构造的形成联系起来进行分析,用乌拉尔晚古生代碰撞作用所派生的向东挤压作用的远程效应来解释,就显得十分合理。这种向东挤压的远程构造作用,过去常常被人忽视,经常只是以为巴尔喀什-天山碰撞带只存在着两期近南北向缩短的“造山幕”,或以为是多次增生、造山作用的产物。

由于上述西天山[9]、巴尔喀什-天山-兴安岭[10]、乌拉尔[12]和华力西增生碰撞带在晚古生代发育,遂使欧洲陆块群(以波罗的板块为主)与以西伯利亚为核心的亚洲陆块群拼接到一起(Brenchley and Rowson,2006),它们又和早古生代已经拼接的南、北美洲大陆板块与非洲、澳大利亚和南极洲板块(已经离散的冈瓦纳古大陆)连接到一起,这样在二叠纪就形成了潘几亚(Pangea)泛大陆(见图 3-12,)。此次构造事件也使亚洲陆块群的一半以上的地块都并入潘几亚泛大陆板块。

至于贺兰山-六盘山[15]碰撞带,笔者推测是在中朝板块[14]、西域板块(包括塔里木、柴达木、阿拉善等地块)[16,18,20]与其北侧的天山-兴安岭陆块群[10]碰撞时一起形成的,该带附近发育了相当多的晚古生代晚期的构造-岩浆活动,很可能是在晚古生代晚期形成碰撞带的(万天丰;2011,耿元生和周喜文,2012;万天丰与赵庆乐,2015;图 3-14)。但是,由于此带在其后的侏罗纪时期发生强烈的近东西向挤压,形成了十分复杂的对冲型逆掩断层系,使早期构造形迹被掩盖,因而资料不够充足。有的学者认为此带仅仅是陆内的“坳拉谷”,那可能是因为他们不了解阿拉善地块在中寒武世以后的生物组合已明显地具有扬子板块的特征,阿拉善地块在中寒武世以后已经显然与中朝板块分离,两者已经不在同一个板块之中,晚古生代晚期才与西域板块的其他部分重新与中朝板块拼合在一起的,以致形成六盘山-贺兰山碰撞带(Wan,2011;万天丰与赵庆乐,2015)。

应该说,对于古生代时期各地块离散、运移与部分汇聚的过程与现象,现代学者们的认识都比较接近。但是对于其形成机制问题,潘几亚大陆为什么会形成,则至今尚缺乏足够的证据,还没有一个比较合理的解释,有待今后逐步研究、解决。如果是地幔羽控制的话,那么地幔羽的活动中心在何处？哪个部位的地幔羽热活动可以促使板块重新汇聚或离散？如果是陨石撞击作用诱发的结果，那么板块在什么时候，在哪里是陨击的中心？它又如何使全球的陆块发生上述一系列的运移、汇聚或离散的动力学作用过程，则至今还没有学者能拿出令人信服的证据。

3.9 三叠纪构造演化(252~201 Ma)

进入中生代时期，全球各地块的运移、汇聚或离散的特征(图 3-15，图 3-16，图 3-19)与古生代的完全不同。三叠纪时期，亚洲大陆的中南部地区发生了大规模的碰撞作用，使东亚许多地块(南海、印支和南羌塘等地块)都朝东北方向拼合到欧亚大陆中去。在亚洲中南部形成了许多碰撞带，如秦岭-大别[24](Maruyama et al.，1992；李曙光等，1996，1997；董云鹏等，1999；张国伟等，2001)、绍兴-十万大山[25](万天丰，2011)、西兴都库什-帕米尔-西昆仑[30](金小赤等，1999)、金沙江[31](钟大赉等，1998)、双湖[32](李才，1997，李才等，2006)和昌宁-孟连-中马来亚[33](Liu et al.，1991；钟大赉，1998；Hutchison and Tan，2009；Metcalfe，2011)共六条碰撞带(图 3-16，图 3-17)。经过印支期的碰撞作用，西起土兰-卡拉库姆地块[8]，经帕米尔，到双湖、昌宁-孟连-中马来亚一线以北与以东的亚洲大部分陆块都拼合起来，使亚洲大陆近三分之二面积都并入潘几亚泛大陆(图 3-15，图 3-16，图 3-17)。

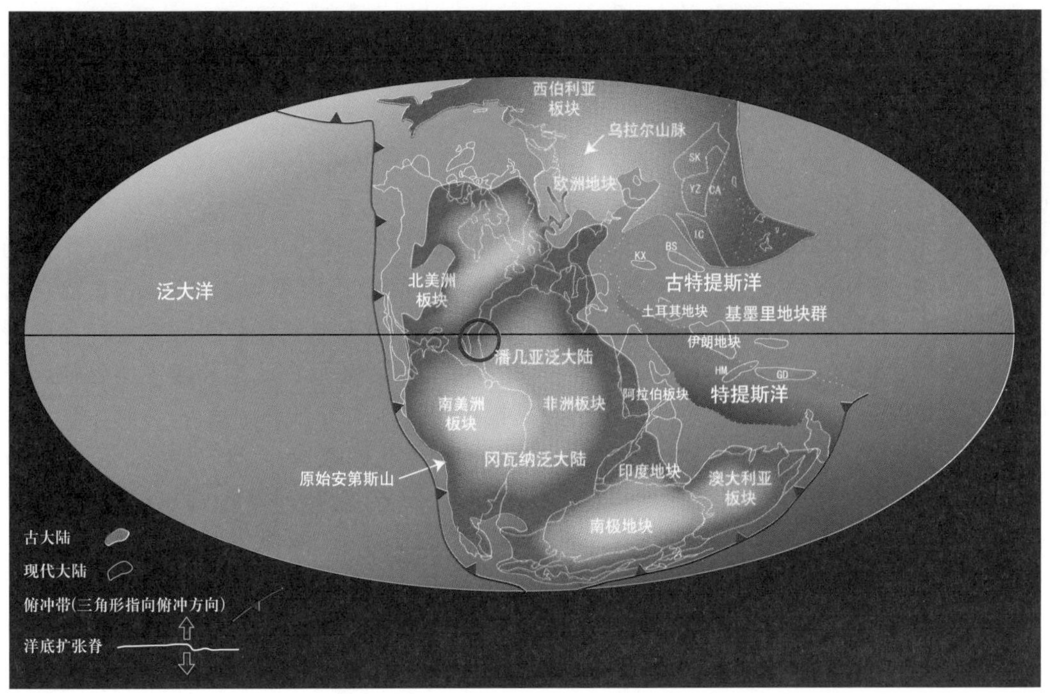

图 3-15 中三叠世(220 Ma)全球古大陆再造图

(据 Scotese，1994，www.scotese.com webside，经 Wan and Zhu，2011 综合修改)

红色圆圈为潘几亚大陆的裂解中心。亚洲各地块及附近板块的古地磁数据，见万天丰(2011)之附录。

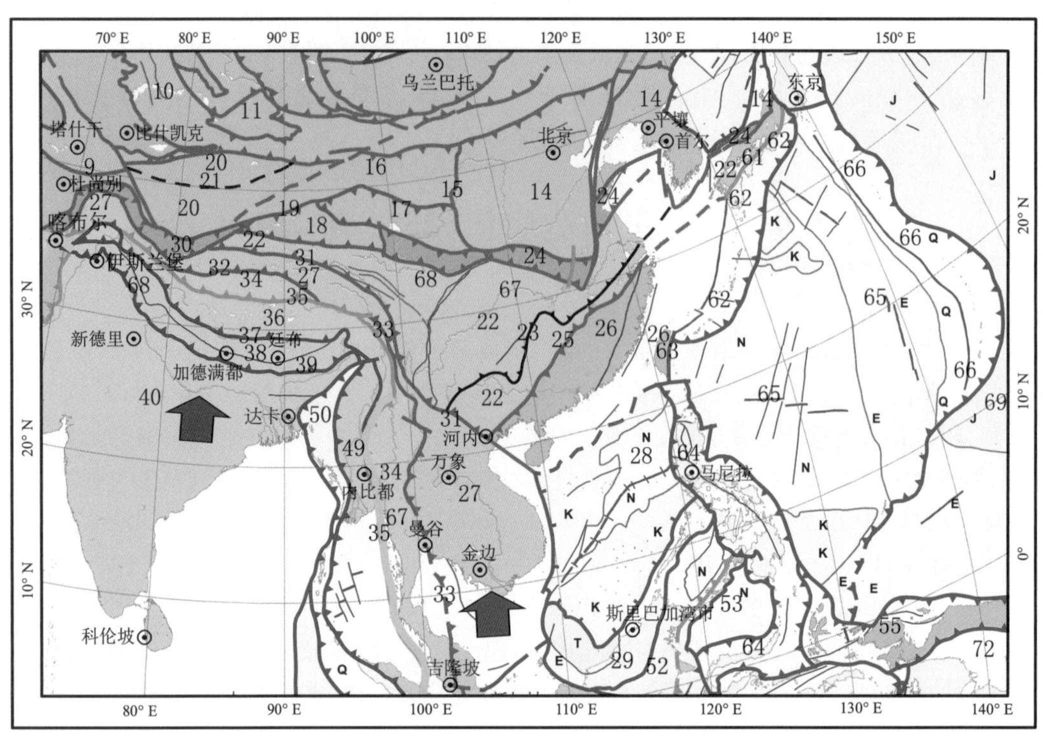

图 3-16　三叠纪(印支期)亚洲大陆构造略图

紫色线为三叠纪碰撞带或主要断层的位置,紫色箭头示三叠纪构造作用力的方向(未做古地磁的复原)。构造单元的编号,见本书目录或正文。

上述六条碰撞带的形成与亚洲地块群以不同的速度朝东北向的运移有关。根据古地磁学的测试资料(万天丰,2011,之附录6),在三叠纪西伯利亚板块向北运移的纬度迁移速度约为3 cm/yr(Khramov et al.,1981),中朝板块三叠纪向北的平均纬度迁移速度为1.76 cm/yr(马醒华和杨振宇,1993),因而,中朝板块没有与西伯利亚板块的主体发生碰撞,而是与中亚-蒙古古生代增生碰撞带相拼合,并且仍旧在现今的外贝加尔地区保留着残余洋盆。扬子板块三叠纪向北的平均纬度变化速度为3.32 cm/yr(朱志文等,1988;Opdyke et al.,1986),向北运移速度明显地大于中朝板块,因而造成了秦岭-大别碰撞带。可惜华夏板块的古地磁资料不够完备,暂时无法讨论它与周边板块的关系。印支板块三叠纪向北的平均纬度变化速度为1.22 cm/yr(Van der Voo,1993;Yang and Besse,1993),保山-中缅马苏(Sibumasu)板块三叠纪向北的平均纬度变化速度为2.42 cm/yr(庄忠海,1995)。上述不等的、朝北的纬度迁移速度可能就是三叠纪(印支期)在亚洲地块群中南部发生板块碰撞的主要原因。

印度板块(三叠纪向北的平均纬度变化速度约为2 cm/yr;Klootwijk and Radhakrichnamurty,1981)与澳大利亚板块(三叠纪向北的平均纬度变化速度为1.6 cm/yr;Van der Voo,1993)也都适度地向北运移,不过它们仍处在特提斯洋之中。

然而,一些古地磁学者根据三叠纪时期亚洲上述六条碰撞带两侧许多地块的古磁极未能完全重合,就曾以为三叠纪时期这些地块还没有发生碰撞(Zhao et al.,1996;黄宝春等,2008),此种

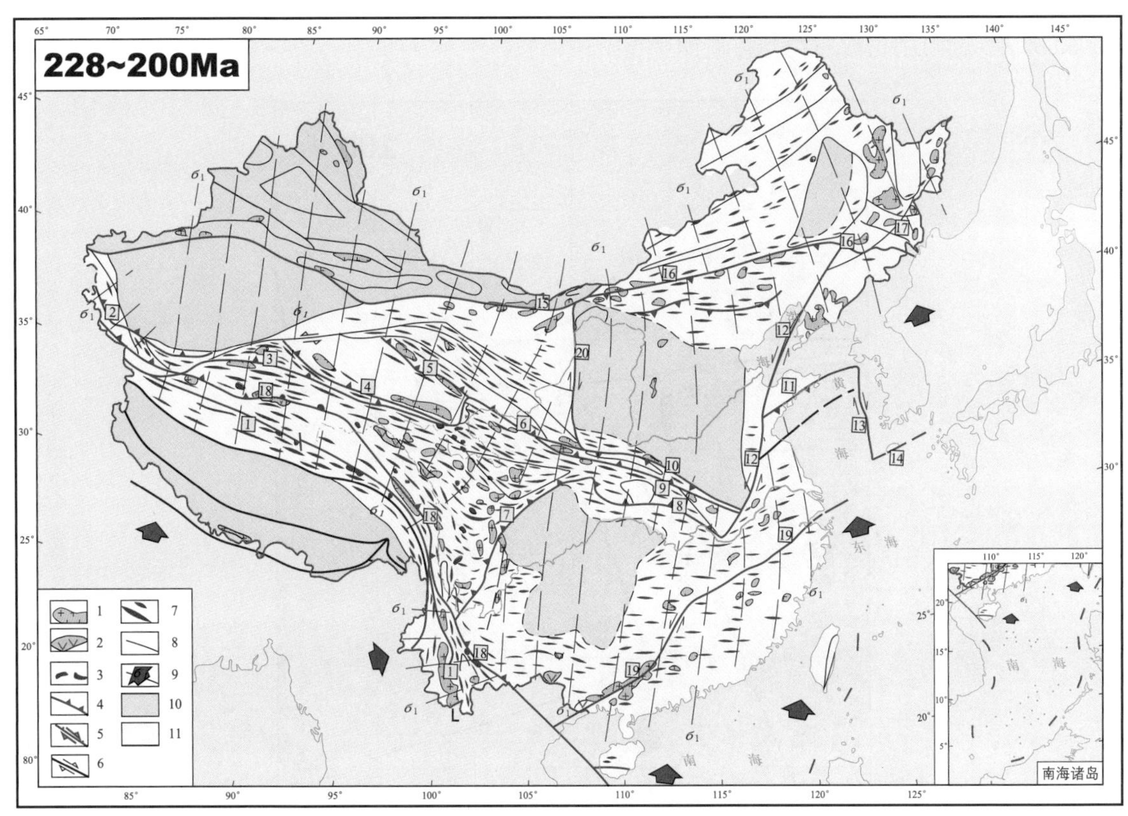

图 3-17 三叠纪晚期(228~200 Ma)中国大陆构造略图(据万天丰,2011)

1—三叠纪花岗质侵入岩体;2—三叠纪火山岩;3—三叠纪蛇绿岩与超镁铁质岩;4—板块碰撞带、逆断层带;5—正走滑断层;6—印支期活动性微弱的地块边界或断层(无编号);7—褶皱轴迹,仅示背斜(数据见万天丰,2011,附表 3-4);8—最大主压应力(σ_1)迹线;9—板块运动方向;10—平行不整合或整合地层接触关系分布区;11—角度不整合地层接触关系分布区。

碰撞带、断层带(方框数字):1—空喀拉-双湖-昌宁-孟连逆断层带;2—康西瓦-塔里木南缘逆断层带;3—昆仑南缘逆断层带;4—东昆仑中央逆断层带;5—宗务隆山-青海湖南缘(柴北缘)逆断层带;6—武山-宝鸡逆断层带;7—龙门山逆断层带;8—勉略-襄樊-广济(秦岭碰撞带南缘,扬子板块北缘)逆断层带;9—商丹-桐柏逆断层带(秦岭-大别碰撞带北缘);10—洛南-方城(中朝板块南部)逆断层带;11—诸城-荣成逆断层带;12—郯城-庐江左行走滑断层带;13—黄海东缘右行走滑断层带;14—济州岛碰撞带;15—阿拉善北缘逆断层带;16—阴山北-西拉木伦(中朝板块北缘)逆断层带;17—敦化-密山左行走滑断层带;18—金沙江-红河逆断层带;19—十万大山-绍兴碰撞带(左行走滑-逆断层);20—贺兰山-六盘山(中朝板块西缘)右行走滑断层带。

不妥当的认识,近年来他们已经不再坚持。他们产生此认识的前提是大陆拼合后地块就基本上不能再运动,或没有较大幅度的板内变形。但是,亚洲大陆的许多地块偏偏在拼合以后,还能发生地块的不均匀的转动与较大幅度的构造变形,因而即使板块拼合之后,其中各个地块的古磁极仍旧不见得都会达到一致的特征。

在亚洲,一般称三叠纪的构造事件为印支(Indosinian)构造事件,这是法国学者(Fromaget,1934)最早在越南命名的。此构造事件显著地影响了亚洲大陆的中南部,即从印支板块,扬子、华夏、中朝等板块到哈萨克斯坦-蒙古地区。印支期亚洲中南部形成的许多碰撞带,显然是与特提斯洋发生了近北东-南西方向的扩张,开始了向亚洲大陆的运移、俯冲作用有关(图 3-15 至

图 3-18)。不过,亚洲西南部分的各地块(厄尔布尔士-高加索一线以南的各地块,基墨里 Kimmeria 地块群)则仍散布在特提斯洋中(图 3-15)。

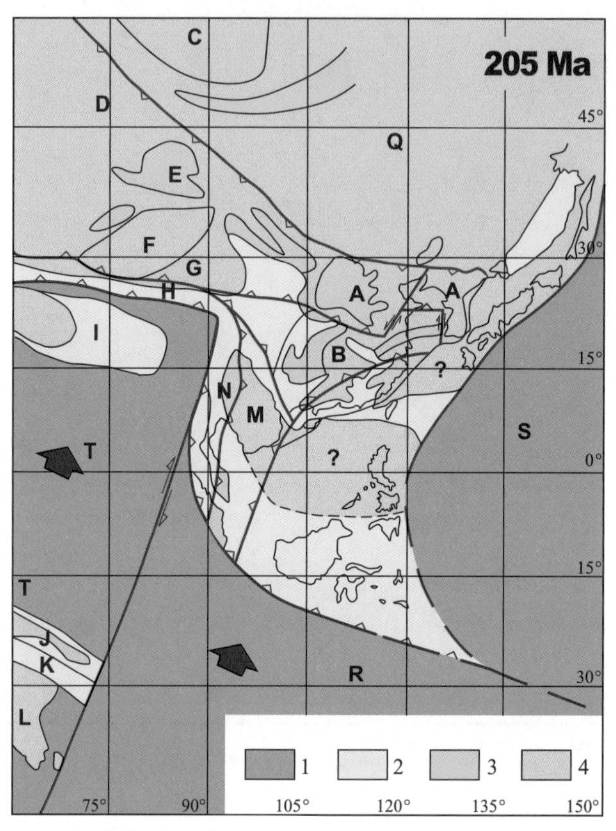

图 3-18 印支期(三叠纪)晚期中国陆块群附近构造古地理复原图(据万天丰,2011)

1—大洋;2—陆表海;3—陆相沉积盆地;4—陆地(受剥蚀区)。

图内各地块或板块的代号:A—中朝板块;B—华南板块(包括扬子与华夏板块);C—西伯利亚板块;D—哈萨克斯坦地块群;E—准噶尔地块;F—塔里木地块;G—柴达木地块;H—昆仑地块;I—北羌塘地块;J—冈底斯地块;K—喜马拉雅地块;L—印度板块;M—思茅-印支板块;N—保山-中缅马苏(Sibumasu)地块;O—太平洋板块;P—菲律宾海板块;Q—天山-蒙古-兴安岭晚古生代碰撞带;R—澳大利亚板块;S—可能的伊佐奈岐(Izanagi)板块;T—特提斯洋板块。

古地磁数据及各地块中心参考点位置,见万天丰(2011)之附录 6。

由于在印支期亚洲大陆的东半部已经完成拼合,因而印支构造事件的影响范围十分广阔,南起印支板块-北羌塘地块-西兴都库什-帕米尔-西昆仑一带,北至蒙古-哈萨克斯坦一线,普遍发育了印支期褶皱与断层,在蒙古北部形成了额尔登特特大型斑岩铜钼矿床(Jiang et al.,2010)。按照现代磁方位来看,印支期的构造线的走向均为近东西向(图 3-17),而其古磁方位则实为 NW-SE 向(图 3-18)。印支期板内变形之所以分布如此广泛,这主要是因为此时期板块完成了大面积的拼合,构造应力易于在大陆板块内传递。而在此之前的地质时期,多数亚洲陆块群基本上是呈离散状态的,多数地块的中元古代-古生代的沉积岩系基本上保持着近水平的状态,各地块构造变形较微弱,也没有形成较为统一的构造线方向。因而,印支构造事件是亚洲大陆第一次大面积地形成板内变形的阶段。

印支期板块碰撞带的走向,现在看来尽管不大相同,有近 NW,NE,E-W 或近南北向,但是根据古地磁资料,认识到此时期形成的碰撞作用其实主要都是朝东北方向汇聚的,也就是说,三叠纪时期,板内区域性褶皱的轴向和区域构造线,按照古地磁方位来看,实际上应该是近 NW-SE 向的(图 3-18);但是按现代磁方位则都是近东西向为主的(图 3-17)。因为根据古地磁资料,当时亚洲大陆东部各地块的磁北方向比现代的大体上东偏 30°左右,因而,如果恢复古构造特征的话,印支期褶皱轴向和构造线走向显然大致上都是走向 NW300°~SE120°左右的(万天丰,2011)。也就是说,现在,在亚洲大陆见到的大量印支期东西向构造,绝不是如李四光[1926,1929(1962 年重印),1947(1962 年重印)]所推断的"纬向构造带"(其实它们的形成,与地球纬度方向的构造变形毫无关系,与地球自转速度变化毫无关系)。

印支期东亚地区的 111 个差应力值测试数据均在 100~125 MPa 左右(Wan,2011)。此期构造应力值是南部较大,而北部较小,显示其动力作用是来源于亚洲大陆以南地区的,即可能是特提斯洋的扩张,与特提斯洋板块朝东北方向俯冲的远程效应有关。

根据区域地质调查资料的统计,三叠纪在中国大陆发育着 2195 个大中型褶皱(其中 1109 个背斜和 1086 个向斜),北起蒙古和黑龙江省,南到广东省,广泛发育轴向近东西的褶皱(按现代磁方位;见图 3-17)。在西兴都库什-帕米尔-昆仑、秦岭-大别、绍兴-十万大山、金沙江、双湖和昌宁-孟连六条印支期碰撞带或早期断层带附近,褶皱幅度很强,局部可形成同斜、倒转的全形褶皱,并与强烈的岩浆-变质作用相伴。板内强构造变形作用主要分布在中国东北、昆仑、祁连、燕辽、下扬子、湘桂和华夏等区。在较小的古地块内部或大地块(如华北、扬子、塔里木和松嫩)的边部,大多形成过渡型褶皱,常见箱形背斜和向斜,发育板内弱变形作用。而在大地块的中央部分或深部存在较稳定的结晶基底的地区则褶皱十分微弱(如鄂尔多斯、四川盆地和鲁西地区)。

在印支期,亚洲大陆上构造变形总体上表现为南强北弱。另外,板内变形的强弱还与沉积岩系的厚度,结晶基底的强度,以及是否存在岩浆侵入等因素有关。因而板内变形的空间分布就呈现为复杂多变的样式。不过,当时仍处在南半球特提斯洋内的、尚未并入亚洲大陆的冈底斯、喜马拉雅和印度等地块,此时则都没有发生任何褶皱变形(见图 3-17)。

对于中朝、扬子与印支等板块的多数地区来说,印支期褶皱的重要性在于它们是大陆板内沉积盖层形成以后的第一次最广泛的褶皱作用。中朝板块东部和边部,参与印支期褶皱的地层最多,为中-新元古界、古生界和三叠系,该区印支期构造事件发生在三叠纪末期(~200 Ma)。扬子板块北部与东部,参与印支期褶皱的地层是从晋宁系或南华系,到中、上三叠统,其中志留系的坟头组页岩、二叠系的龙潭煤系和中三叠统的膏盐层常常构成滑脱面,使其上下的地层表现出截然不同的褶皱形态和构造样式。华夏板块则可使得中三叠统以下的沉积盖层都发生褶皱,而上三叠统则不受此影响。中朝板块的鄂尔多斯地块与扬子板块的四川盆地,由于深部具有较牢固的结晶基底,就几乎没能形成印支期较强的褶皱。

扬子板块南部(以广西地区为主)发生过早古生代东西向褶皱的地区,参与印支期东西向褶皱的地层主要为上二叠统和下、中三叠统,由于上述这两次构造事件的主应力方向类似,此时印支期褶皱常常是在早古生代褶皱的基础上发育,并使印支构造事件表现得不大明显,呈现为很小的角度不整合的现象,有学者就认为根本不存在印支期褶皱(如郭福祥,1998)。

但在华夏板块内，新老构造层的地层走向大角度相交时，则角度不整合就很明显，这在许多 1 : 200 000 区域地质图内、数百个褶皱资料里展示得相当清楚。它们不仅发育在华夏板块的边部，而且也广泛发育在华夏板块的内部。华夏板块（包括东海与南海北部地区）参与印支期褶皱的地层主要为古生界和下、中三叠统。安源煤系（上三叠统）与其下各岩系的角度不整合现象十分明显。扬子板块南部、华夏板块和印支板块的印支期构造事件都发生在中三叠世末期（~237 Ma）（万天丰，2011）。

然而，在中朝板块以北的东北、兴安岭地区，参与印支期褶皱的地层仅为二叠系与三叠系，并以轴向 NE 的褶皱为特征。以致有一些学者（如崔盛芹，1999；赵越，1990；葛肖虹和马文璞，2014）将三叠纪的褶皱与侏罗纪的褶皱混为一谈，甚至认为三叠纪与侏罗纪的构造线方向在整个中国大陆都是 NE 向，这就很成问题了。当然，在中国东北地区要区别三叠纪与侏罗纪的褶皱，也的确有一定的困难。

印支期褶皱还有一个重要的特点，就是可以在板块内部形成许多弧形的褶皱-断裂带，例如，著名的广西弧形构造带与淮阳（从鄂西到下扬子-苏北）弧形构造带。这两个弧形构造带的存在是确凿无疑的，在它们北侧的中央部位都存在结构较坚固的结晶地块，而其旁侧就都是强度较低的沉积岩系，在近南北向（现代磁方位）挤压作用下形成弧形构造带是很自然的。但是说这两个地区属于“山字型构造”[李四光，1926，1929（重印于 1962），1947（重印于 1962）]，问题就很大。事实上，后来找到的所谓的“脊柱”和“砥柱”的形成时代都不是三叠纪构造的产物。在任何地块内、岩性不均一的地方，经过褶皱作用，都可以形成规模不等的弧形褶皱-断裂系。之所以印支期弧形构造比较发育（在华南还有许多中小型的弧形构造），这和印支期褶皱是中朝和扬子板块沉积盖层形成后的第一次大范围的褶皱事件有关，表现为明显的盖层滑脱与褶皱。当时岩层的岩性相对比较均匀，参与褶皱的地质体，如果地层的物性稍有不均匀或存在较硬地块的阻挡时，其褶皱轴向就很容易弯曲。

在中国东部地区，以现代磁方位为准，沿南北方向（沿东经 103.5°，112.5°，115° 和 124°）可概略地估算其板内褶皱的缩短率最大的地区在华南的东部（115°E），达 50%；东北地区次之，为 36.69%；华南中、西部（103.5°和 112.5°）更小一些，分别为 20.18% 与 14.13%。至于华北地区，印支期褶皱变形相当微弱，缩短率肯定更小。由上述四条剖面所计算出来的构造变形时间均在 2.1~8.6 Ma 之间，这说明在整个印支期内构造作用强烈的时期仅占其 5%~17%的时间。应变速率都是很低的，为（1.39~2.13）$\times10^{-15}$/s，说明其变形过程仍属于流变状态的（万天丰，2011）。

在印支构造事件的影响下，许多局部性的近南北向（含 NNW 或 NNE 向）的张剪性板内断裂（按现代磁方位来说）就经常成为岩浆、超临界流体或含矿热液贯入并冷凝的重要部位，形成许多岩浆活动与不少大型内生金属矿床。三叠纪时期形成的碰撞带很多，但是真正在碰撞带内主碰撞作用时期形成的内生金属矿床一般规模较小，数量也较少（据毛景文等（2012）所列举的资料）。可能这与构造作用太强，成矿流体不仅易于流动、也易于散失，含矿物质反而不易保存下来有关。

三叠纪晚期（200 Ma）在西半球的北美洲、南美洲与非洲之间形成了放射状张裂与拉斑玄武岩岩墙群（北美板块岩墙群走向为 NW 向，南美洲为 SW 向，非洲西部为 EW 向-SE 向，钾玄岩的同位素测年均为 200 Ma 左右，误差仅为 1 Ma），开始出现原始的大西洋，也即潘几亚泛大陆开始张裂、解体(图 3-19,见图 3-15;Marzoli et al.,1999;Hames et al.,2000;Condie,2001)。这就是说,三叠纪时期东半球的地块在汇聚之中,而西半球的地块则开始裂解。此时西半球板块的放射状张裂与岩墙群可能是来自核幔边界的地幔羽向上运移所派生的;当然也有可能是巨大陨石撞击作用造成地表物质亏损,诱发地幔物质上升、形成地幔底辟而派生的。这两种假说都是有可能存在的。不过,至今有关的证据尚不充分,暂时还不宜定论(Wan,2011)。

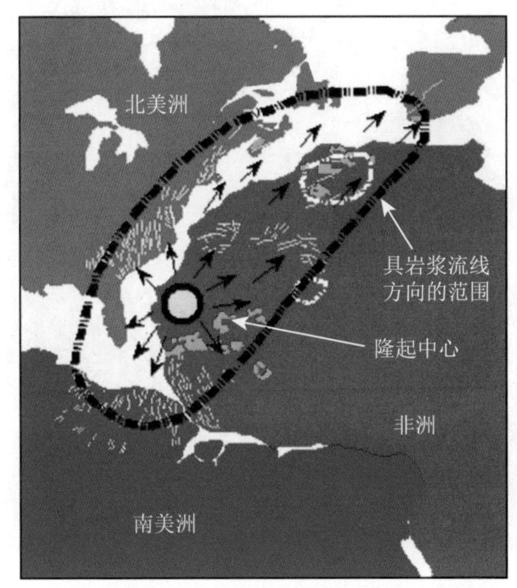

图 3-19　三叠纪晚期(200 Ma)地幔羽相关的岩浆活动
(据 Marzoli et al.,1999;Hames et al.,2000;Condie,2001,经综合改绘)

3.10 侏罗纪-早白垩世早期构造演化(200~135 Ma)

侏罗纪-早白垩世早期,在北美板块朝西偏南方向挤压、运移的作用下,东亚陆壳普遍发生 30°~20°的逆时针转动,使西伯利亚地区向西南方向转动了 36.2°(Khramov et al.,1981),中亚的东部地区(准噶尔-塔里木)向南运移了 5°左右(图 3-20,图 3-21;李永安等,1989,1991;Wan,2011),东亚地区中国东部与朝鲜半岛的陆壳也出现了逆时针转动 30°~20°的现象(马醒华和杨振宇,1993;Kim and Van der Voo,1990;Opdyke et al.,1986),并朝 ESE 方向滑移,使其滑移到原来古老的大洋地幔之上(万天丰,2011;万天丰和赵庆乐,2012;万天丰和卢海峰,2014;Wan et al.,2016)。从此,亚洲大陆地壳的主体磁北方位就变得与现代的磁北方位几乎一致(图 3-22)。此时的伊佐奈岐板块朝西偏北的方向俯冲、挤压(Moore,1989;Wan,2011;见图 2-45),起到阻碍东亚陆壳转动和向东偏南方向运移的作用。这个认识,过去长期以来不为学者们所重视,为笔者的新认识。侏罗纪以后亚洲大陆的古磁北方位与现代的就几乎一致,变化很小。

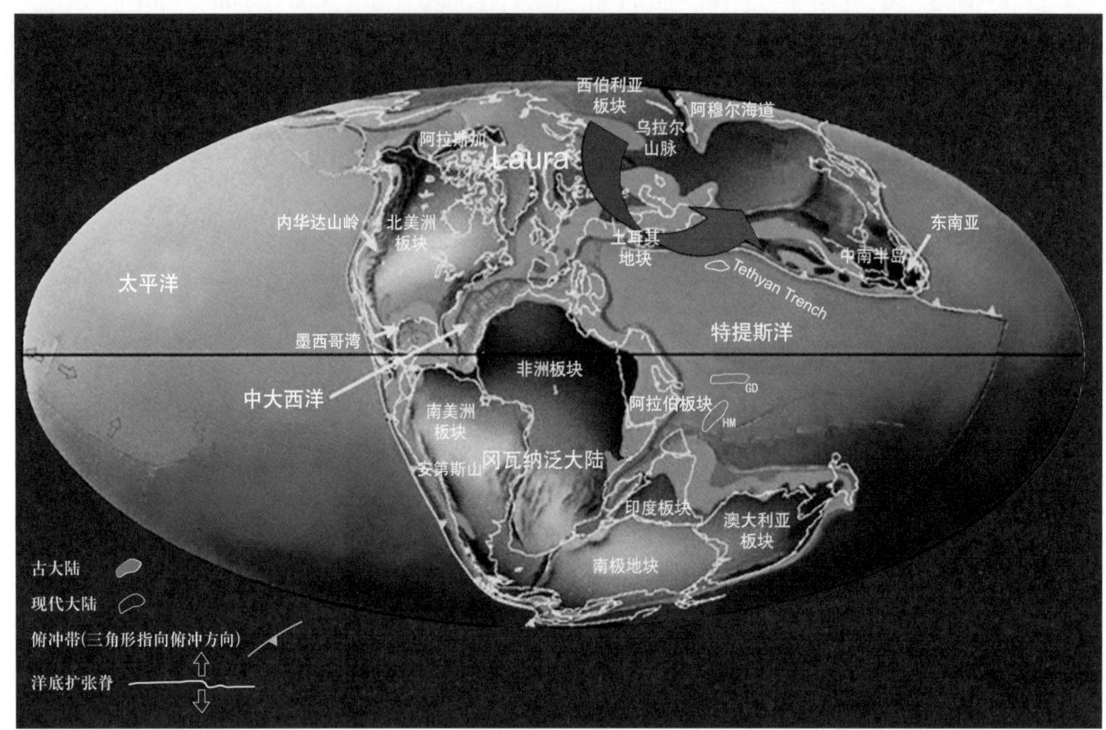

图 3-20 晚侏罗世(152 Ma)全球古大陆再造图(据 Scotese,1994,www.scotese.com webside; Wan and Zhu,2011;经综合修改)

图注与文字说明与图 3-6 一致。大红箭头示东亚地区陆壳转动方向。亚洲各地块及附近板块的古地磁数据,见万天丰(2011)之附录 6。

东亚陆壳的逆时针转动,不仅有古地磁证据,还有可靠的地质证据。在此首先讨论构造-岩浆岩带的分布及其迁移问题。在中国东北地区,早侏罗世火山喷发带主要集中在其东部敦化-密山断裂带与延边一带(吉林地矿局,1988),中侏罗世火山带集中在老爷岭附近(许文良等,2009),晚侏罗世的火山喷发,主要分布在哈尔滨以西的大庆油田深部(雷茂盛,2011,私人通讯),大兴安岭地区则以白垩纪火山喷发为主(内蒙古自治区地矿局,1991),它们均表现为由地壳断裂诱发岩浆活动的特征,火山岩带的分布显示了逐渐向西迁移的现象,也即地块呈现为逆时针转动的特征。东北地区侏罗纪火山岩带向西迁移的距离约 400 km,最大迁移速度约为 0.8 cm/yr。不过,东北地区花岗岩的形成时期一般较晚,主要形成于中、晚侏罗世(160~135 Ma),其分带性则不大明显。

在华南地区由于地壳上部被剥蚀较多,侏罗纪火山岩的分带性不大清晰。但是华南地区侏罗纪花岗岩侵入体却具有明显地分带性。在系统汇总区域地质调查成果的基础上,战明国(1994)首先提出:从三叠纪到侏罗纪,华南花岗岩带的分布具有逐渐向东迁移的特征。这就是说,三叠纪的花岗岩主要分布在广西十万大山-湖南长沙一带,即绍兴-十万大山印支期碰撞带西南段的附近。侏罗纪呈面状分布的地壳重熔型(S 型)花岗岩体,大多沿低角度逆掩断层贯入。早侏罗世岩体主要分布在江西中部和西南部;中侏罗世的分布在江西北部和东部地区;晚侏罗世的则迁移到浙闽西部和广东的东部和中部地区(Wan et al.,2012)。由上述成果可以看出,在燕山期(侏罗纪)内,华南花岗岩带比较连贯地逐渐向东迁移了约180 km(平均迁移速度为0.26 cm/yr)。华南地区地壳重熔型(S型)花岗岩浆的起源深度正好在15~22 km左右,也即中地壳低速、高导层滑脱面附近(曾华霖等,1995);壳幔同熔型(I型)或A型花岗岩浆的起源深度在32~40 km,即位于地壳底面-莫霍面附近。在上述构造-岩浆作用过程中,陆壳受到水平挤压,产生一系列轴向NNE的褶皱与逆掩断层,从而使地壳适当地增厚(约增厚4~8 km左右,万天丰等,2012),而不是减薄。

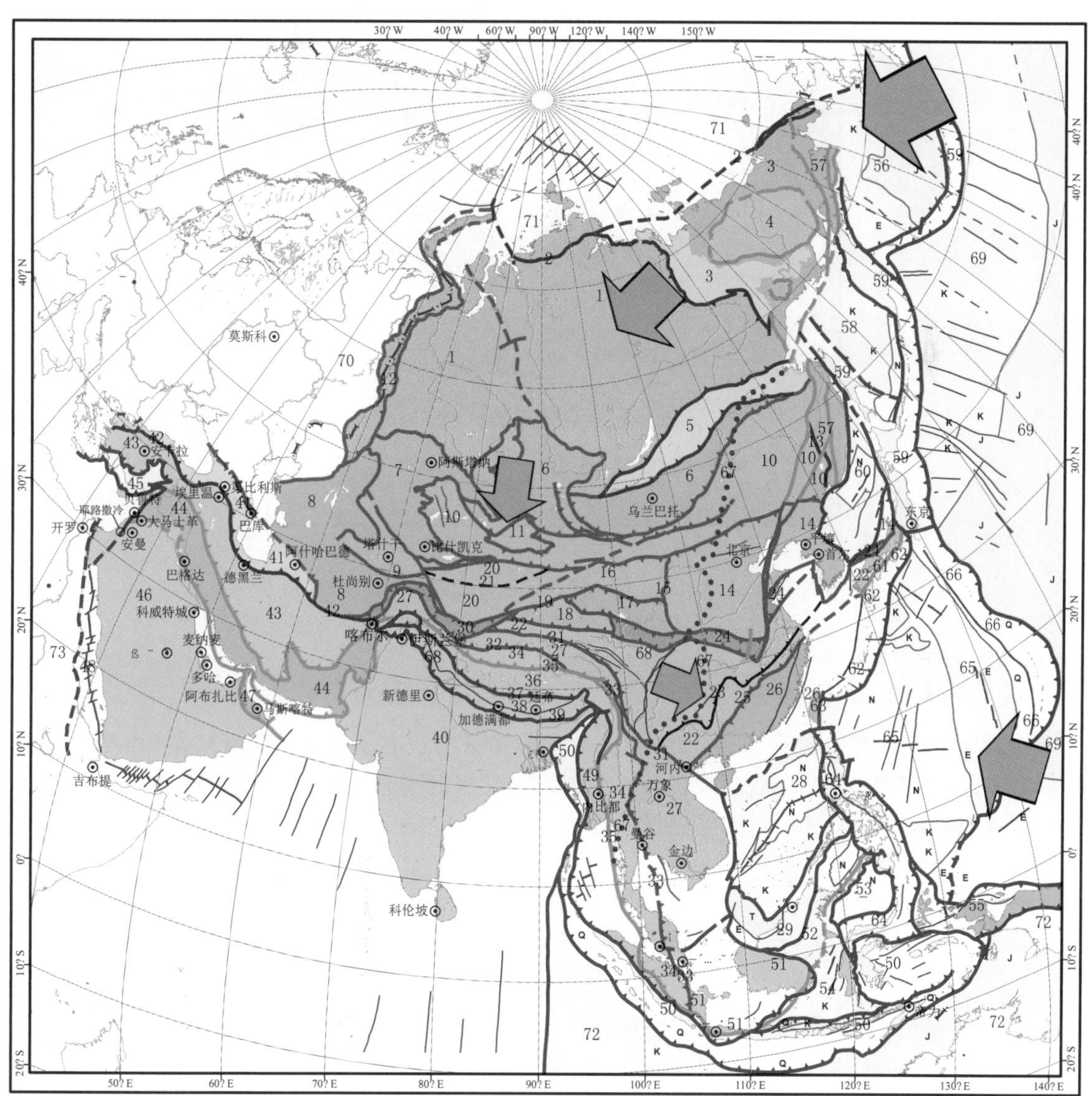

图3-21　侏罗纪-早白垩世早期亚洲大陆构造略图

蓝色箭头示地壳滑移方向,也即最大主压应力方向,构造单元编号与本书目录和正文相同。深蓝色点线以东地区为东亚陆壳洋幔型岩石圈分布区,以西地区为正常的大陆岩石圈。

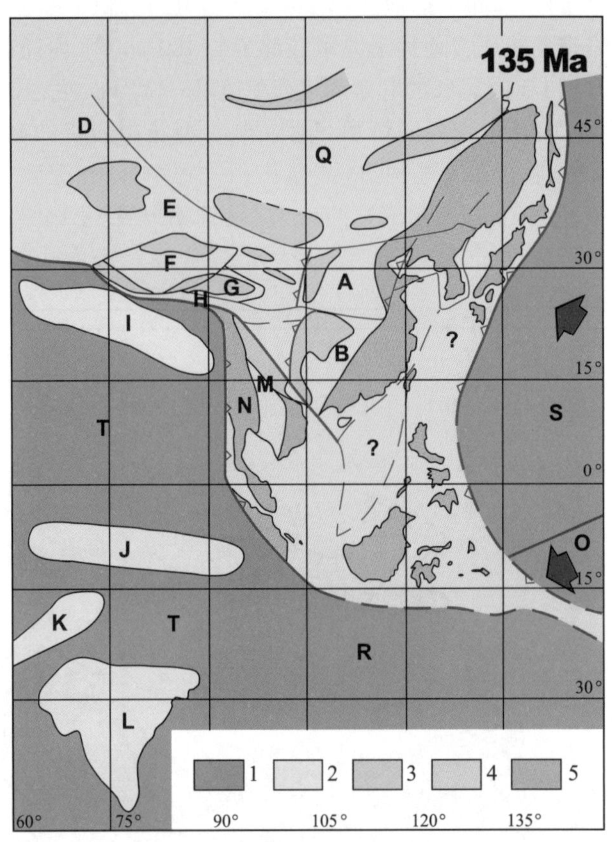

图 3-22 燕山期晚期(135 Ma)中国大陆及邻区构造古地理复原图(据万天丰,2011)

1—大洋;2—陆表海;3—陆相沉积盆地;4—陆上低地、丘陵;5—山脉。图内各地块或板块的代号与图 3-18 相同,古地磁数据及各地块中心参考点位置,详见万天丰(2011)之附录 6。

在北京附近的华北地区,侏罗纪的构造-岩浆岩带方向也有显著的逆时针转动(由早侏罗世的 ENE 向,中侏罗世的 NE 向,到晚侏罗世的 NNE 向;河北省地质矿产局,1989),但构造-岩浆岩带位置的迁移则不明显,这有可能是与华北地区处在陆壳转动中心附近有关(Wan,2011;万天丰等,2012)。

由于亚洲东部现有的侏罗纪-白垩纪的较强烈的构造-岩浆活动均起源于中地壳低速高导层或地壳底面,因而推测此时的构造滑脱作用主要发生在地壳底面(莫霍面)与中地壳(万天丰等,2008)。另外,岩石学家与地球化学家(路凤香等,2006;路凤香,2010;周新华,2006)认为中国东部岩石圈下部的地幔与软流圈均为未经扰动或轻微扰动的,而且从现有的资料来看,多次轻微的扰动都发生在太古宙和元古宙,还没有在中国东部深处找到中生代-新生代发生岩石圈地幔大幅度扰动的任何可靠证据。另外,东亚的岩石圈下部都具有大洋地壳或大洋地幔的属性(Xu et al.,2012;Yu et al.,2010)。因而,看来侏罗纪以来,中国东部陆壳之下的洋幔,应该是古老的、活动性不强和相对稳定的,而不是热的、低密度的、中生代活动性很强的岩石圈地幔。由于侏罗纪时期东亚陆壳沿着莫霍面(或中地壳低速高导层)滑移到大洋型岩石圈地幔之上,从而形成了陆壳洋幔型的、较薄的岩石圈(陆壳厚30~35 km,大洋型地幔厚40余千米,岩石圈总厚度约为80 km左右,分布在亚洲东部,图1-1与图3-21深蓝色点线以东地区)。因而,东亚岩石圈不是由厚的减为薄的,而是并未减薄的(侏罗纪时期地壳甚至还有适度增厚)陆壳滑移到相当薄的大洋地幔上的结果(万天丰,2011;万天丰和赵庆乐,2012;万天丰和卢海峰,2014;Wan et al.,2016)。看来,岩石圈内部滑脱面的构造作用,在大陆构造研究中应该给予必要的重视。

近些年来,比较流行的假说认为:东亚侏罗-白垩纪以来较强构造-岩浆活动和岩石圈"减薄"是热地幔上隆、地壳的底侵作用(邓晋福等,1992,1996)或太平洋板块俯冲所派生的热地幔上隆(吴福元等,2008;朱光等,2008;张宏福,2009;朱日祥等,2011,2012),以致造成岩石圈突然减薄的结果。关键问题在于,至今他们从未找到中生代以来东亚大陆岩石圈地幔(尤其是华北地区,深度在500 km以上的地区)存在任何热活动或强烈扰动的证据(Huang and Zhao,2006,论文中的图8)。看来,他们的这些假说与事实存在较多的矛盾,很值得商榷。

另外,由于岩石圈底面下的软流层具有几乎相等的温度(~1280 ℃),在此种较薄岩石圈的条件下,岩石圈内的地温梯度必然偏高,因而稍有构造断裂活动,就极易出现局部的减压、增温和扩容现象,以致形成岩浆房,出现岩浆活动或含矿的超临界流体的运移,导致在东亚地区形成大量内生金属矿床。

侏罗纪时期,东亚陆壳区(图3-23,见图3-21,图2-55)产生了WNW向的挤压、缩短和近NNE向的伸展,形成一系列NNE-NE向的逆断层和褶皱(李四光称为:新华夏构造体系),以及WNW向(李四光称为:大义山式构造)的张剪性构造-岩浆岩带及内生金属成矿带。其构造变形的高潮主要发生在燕山期晚期(晚侏罗世-早白垩世早期,135 Ma以前,图3-23)。

燕山期的板内变形特征十分鲜明,早就被我国地质学家所认识。翁文灏(Weng,1927)最早认识到燕山运动在东亚地区的特殊性,它与欧洲的阿尔卑斯运动完全不同,构造事件发生的时间仅限于侏罗纪。但是,后来一些著名学者将燕山构造事件扩大为侏罗-白垩纪的构造事件(如Huang,1945;黄汲清,1960;黄汲清和尹赞勋,1965;赵宗溥,1959),硬将两个构造变形特征和动力作用来源完全不同的阶段,合称为"燕山运动",流传很广,影响很大。但是,其实这是很不妥当的。岩石学者早就根据显著不同的岩浆活动特征,将侏罗纪时期称之为"早燕山期",而以白垩纪为主的时期称之为"晚燕山期"。不过,鉴于当时的时限不大准确,缺乏同位素年龄,研究不够深入,存在一些问题是可以理解的。

几乎在翁文灏(Weng,1929)提出燕山运动的同时,李四光(1929)就从构造变形组合形式的角度,提出了中国大陆东部发育着一系列以轴向为NNE-NE向的褶皱和逆断层为特征的"新华夏构造体系"(民国初年曾被称之为震旦褶皱),并认为它们的动力作用是区域性"反扭",也即逆时针转动的结果。李四光(1929)的认识非常超前,几乎在80多年前就相当正确地预测了形成新华夏构造体系的动力学机制,实在是很不简单的。尽管当时他在提出此构造体系时,以为是晚中生代以来(晚近时期)形成的,时限并不准确(不过,应该注意的是,当时还没有任何同位素测年方法,要对构造变形进行准确的定年,根本不具备条件)。新华夏构造体系的提出对于系统研究亚洲大陆东部构造变形的组合规律具有十分重大的意义。从现有的资料来看,新华夏构造体系形成的时间正好就是与燕山期相当(万天丰,2011;万天丰和卢海峰,2014),并主要分布在亚洲东部陆壳洋幔型岩石圈的范围内,新华夏构造体系就是在燕山期构造应力场的控制下形成的(图3-23)。

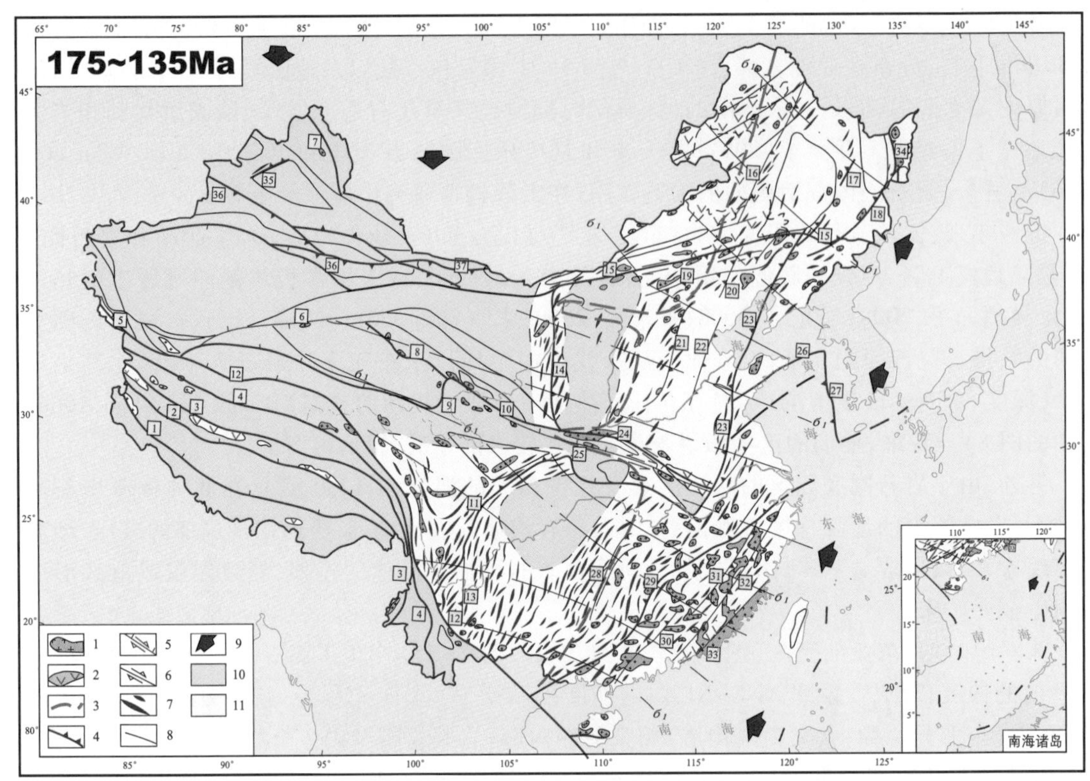

图 3-23　侏罗纪晚期(175~135 Ma)中国大陆构造略图（据万天丰,2011）

1—侏罗纪花岗质侵入岩体;2—侏罗纪火山岩;3—西部的正常大陆型岩石圈与东部的陆壳洋幔型岩石圈的分界线;4—板块碰撞带、逆断层带;5—正走滑断层;6—侏罗纪活动性微弱的地块边界或断层(无编号);7—褶皱轴迹,仅示背斜(数据见万天丰(2011)之附表 2-5);8—最大主压应力(σ_1)迹线;9—板块运动方向;10—平行不整合或整合地层接触关系分布区;11—角度不整合地层接触关系分布区。

碰撞带、断层带(方框数字编号):1—雅鲁藏布江板块分界线(出露洋壳);2—格吉-念青唐古拉断层;3—班公错-怒江板块分界线(出露洋壳);4—空喀拉-双湖-昌宁-孟连断层;5—康西瓦-塔里木南缘走滑断层带;6—阿尔金右行走滑断层带;7—库尔特-纳尔曼德逆-走滑断层带;8—宗务隆山-青海湖南缘走滑断层带;9—茶卡-温泉逆断层带;10—武山-宝鸡走滑断层带;11— 龙门山逆断层带;12—金沙江-红河逆-左行走滑断层带;13—攀枝花-西昌逆-走滑断层带;14—六盘山-贺兰山(原中朝板块西缘)逆断层带;15—阴山北-西拉木伦(原中朝板块北缘)右行走滑断层带;16—大兴安岭东侧逆断层带;17—依兰-伊通逆断层带;18—敦化-密山逆断层带;19—尚义-古北口-平泉右行走滑-逆断层带;20—辽西逆断层带;21—太行山东侧逆断层带;22— 沧东-聊城逆断层带;23—郯城-庐江逆断层带;24—宝鸡-洛南-方城左行走滑断层带;25—商丹左行走滑断层带;26—诸城-荣成右行走滑-逆断层带;27—黄海东缘逆断层带;28—雪峰山逆掩断层带;29—十万大山-绍兴逆断层;30—吴川-四会逆断层;31—崇安-河源逆断层;32—丽水-莲花山逆断层;33—长乐-南澳逆断层;34—完达山碰撞带;35—克拉玛依隐伏逆断层(J_2-J_3);36—博罗克努-阿其克库都克(天山北缘)逆断层;37—亚干北缘逆掩断层(J_1-J_2),中侏罗世以后转为伸展拆离断层。

燕山期亚洲东部的陆壳是以略微增厚为主要特征的,根据笔者概略的褶皱产状恢复水平的估算方法,亚洲东部地壳缩短了约 11%~23.4%(Wan,2011;万天丰,2011),因而,估计此时地壳增厚量大致为 4~8 km。地表地形可能相对升高一些。按照现代地壳厚度与地形高度的对比关系来推算,晚侏罗世中国东部地形可能达到 1500 ~2000 m 左右的高程。由此,使得早侏罗世东亚大陆普遍呈温暖潮湿的气候,而到晚侏罗世,由于东部构造变形作用较强、地形隆升,就转为较干旱的气候环境。

以为中国东部中晚侏罗世火山岩均为“埃达克岩”,由此推断存在“火山岩高原”的说法,并以此来说明中国北部的火山活动是太平洋板块俯冲作用所派生的(张旗等,2001),遗憾的是此假说不大符合事实,很值得商榷(近年来,据张旗本人口述的意见,他已经申明:中国北部与东部的火山岩不是埃达克岩)。其实,华北地区中生代火山岩中之所以锶含量较高,它是由于华北地区早古生代海相沉积岩系内锶含量较高(倪善芹等,2010),当岩浆向上运移侵入,同化了这些岩系之后,侏罗纪-白垩纪火山岩内锶含量就普遍较高,这是一种很合理的现象,而不能说这些火山岩是大洋板块俯冲到华北大陆之下的“埃达克岩”。现代地震层析的资料表明:大洋板块俯冲到华北地区之下时,已经深达 600 km 左右,至今尚未找到处在中地幔的几乎水平滑移的大洋板块与华北地壳内的火山活动存在任何的联系。

燕山期东亚板内变形的典型特征,也即新华夏构造体系的主要特征是形成一系列轴向 NNE 或 NE 向的纵弯褶皱、逆断层或逆掩断层,以及 NW-WNW 向的横张断层或走滑断层(图 3-23)。根据中国各省 1∶200 000 区域地质图资料的统计,燕山期的大、中型褶皱共有背斜 1566 个,向斜 1603 个,两翼的倾角以中等为主(30°~60°),它们主要分布在鄂尔多斯-四川盆地以东地区(万天丰,2011)。在基底构造存在弱化带的附近或沉积地层厚度较大的亚洲东部地区,可形成较紧闭的线状褶皱,也即分布在东亚较薄的、陆壳洋幔型岩石圈之上部(万天丰,2011;万天丰和赵庆乐,2012;万天丰和卢海峰,2014;Wan et al.,2016)。而在亚洲中西部普通的大陆岩石圈地区,或结晶基底比较稳固,沉积地层较薄的地区,则褶皱很和缓,构成开阔的褶皱,甚至几乎不发育侏罗纪的褶皱,如中国四川、鄂尔多斯及其以西地区,还有结晶基底出露较多的鲁西等地区,即在这些地区未形成褶皱,也几乎没有发生岩浆侵入或火山喷发。

燕山期东亚的构造差应力值(最大主应力值与最小主应力值的差值),一般在 100 MPa 左右。东亚与藏南地区部分地段可大于 100 MPa,达 130~160 MPa,其他地区则都显著地小于 100 MPa,一般在 70 MPa 左右(万天丰,2011)。

根据笔者(2011)在中国东部燕山、河南和福建等许多地区的研究,发现燕山期褶皱的轴向都存在随时间而变化的特征。早侏罗世末期的褶皱轴向一般为 NEE 向,中侏罗世末期常为 NE 向,晚侏罗世末期则主要为 NNE 向(相当于李四光所述的“古、中、新华夏构造”)。按照时间顺序,从早到晚,构造线呈现为逆时针转动了约 45°,其中大陆地块的转动角度约为 20°~30°,而其余部分则可能是构造(塑性)变形逐渐积累所致。这表明燕山期构造应力场的近水平的最大主应力方向可能也是逐渐转变的,即从早期的 NNW 向,经过中期的 NW 向,到晚期转为 WNW 向。

侏罗纪东亚地区构造应力场,最后是以 WNW-ESE 向近水平的缩短作用(即最大主压应力方向)及其派生的 NNE-SSW 向的水平伸展作用为主要特征的。因而,WNW-ESE 向的早期断裂或弱化面就容易张开,呈现为张性或张剪性,成为含矿流体运移、贯入或存储的良好部位。由此就决定了燕山期常见的内生金属矿体或矿床的产状,如前面所述,其绝大多数(约 70%~80%)都是 WNW-ESE 向的,也即贯入在张剪性的裂隙系内。尤其在东亚岩石圈类型转换线[67]以东地区,也即陆壳洋幔型岩石圈分布区,岩石圈较薄,地温梯度较高,一旦发生构造变形,就较易形成岩浆房和气成热液活动,更容易形成内生金属矿床。这就是为什么在中国的内生金属老矿山中,有四分之一左右的矿床都是在侏罗纪这个短暂的时期(仅约 4000 万年,不足整个地质演化时期的百分之一)形成的主要原因。中国绝大多数钨矿床也基本上都是此时期的产物,赋存了许多中深成、气成或高温热液矿床。

侏罗纪晚期-早白垩世早期(170~135 Ma)亚洲大陆内的板块碰撞作用,主要发生在东西伯利亚东部[2]、外贝加尔[5]、维尔霍扬斯克[3]以及完达山[13](见图3-21),使该地区残留的洋壳全部俯冲到陆壳之下(见图2-8,图2-9)。完达山碰撞带其实应该是维尔霍扬斯克碰撞带的南延部分,只是后期的断裂作用将其切断。上述碰撞带显然都受北美板块[70]向西偏南方向的挤压、碰撞和特提斯大洋板块朝东北方向俯冲的联合作用结果,致使亚洲大陆的东部陆壳发生逆时针转动,造成东亚的陆壳滑移到古洋幔之上,使东亚地区形成较薄的、陆壳洋幔型岩石圈(Wan,2011;万天丰和卢海峰,2014;Wan et al.,2016)。

而亚洲大陆的多数地区及中国的西部地区侏罗纪时期的最大主压应力方向则以近N-S向为主,差应力值仅为70~80 MPa左右,总体上构造变形较弱,仅在某些大断层附近产生较紧闭的局部褶皱(如阿尔金断层旁侧,Wan,2011)。

总体来说,在侏罗纪时期,对亚洲大陆西南部的构造作用是较弱的,只有高加索-厄尔布尔士晚古生代碰撞带在晚侏罗世Kimmeridgian期,发生进一步的汇聚和碰撞,这是亚洲西部地区在侏罗纪的主要构造事件。此碰撞事件与特提斯洋持续朝北东方向扩张和俯冲作用有关(见图3-20),形成了一些NW-SE向的褶皱。而在其附近的地区和亚洲北部地区,此时的构造作用则十分微弱,地层基本上都呈现为整合的接触关系。

3.11　早白垩世中期-古新世构造演化(135~56 Ma)

首先把早白垩世中期-古新世(135~56 Ma)的构造事件称为“四川运动”的是谭锡畴和李春昱(1948),他们在完成“西康地质志”的研究中提出来的。不过,当时他们以为此种构造事件是发生在白垩纪末期。四川地矿局(1991)的研究人员后来发现地层角度不整合其实是发生在白垩系之上的古新统与始新统之间。而中国东部的构造-岩浆活动主要发生在早-中白垩世(135~99 Ma)。

从早白垩世中期到古新世末期(135~56 Ma)全球各大陆与大洋板块的主要运移特征是普遍向北运移(Moore,1989;Wan,2011),也即发生了以南极附近的文德海为中心的板块放射状张裂作用(图3-24,图2-42右上角),使冈瓦纳大陆发生裂解。印度板块(其北部的主体为大洋型板块)在白垩纪晚期以极快的速度从南纬45°向北运移到赤道附近,最高的速度达18 cm/yr(Lee and Lawver,1995),其他冈瓦纳大陆裂解所造成的板块北移速度仅为几厘米每年。澳大利亚板块则基本稳定地停留在南纬50°~60°的地区。非洲北部已到达北纬20°的地域,而南美洲板块则仍旧全部处在南半球(图3-24;Van der Voo,1993;Wan and Zhu,2011)。此种现象可能比较合理地解释是侏罗纪中期南大西洋南端的文德海地幔底辟所派生的玄武岩大火山岩省的形成及冈瓦纳大陆的放射状扩张作用的远程效应所造成的(Storey,1995;Storey and Kyle,1997;Wan,2011),也即出现了以文德海地幔底辟为中心的板块放射状扩张,逐步影响到全球各地,使得白垩纪时期全球绝大多数板块基本上均以向北运移为特征。至于文德海的大火山岩省是否真的是地幔羽,还是陨石撞击作用所诱发板块扩张,则至今尚无足够的证据。从印度板块出奇的快速运移来看,也许有可能是斜向的陨击作用,斜向撞击方向正好直指印度板块的运动方向,以致印度板块向北的运移速度比其他板块向北运移的速度显著地快得多。

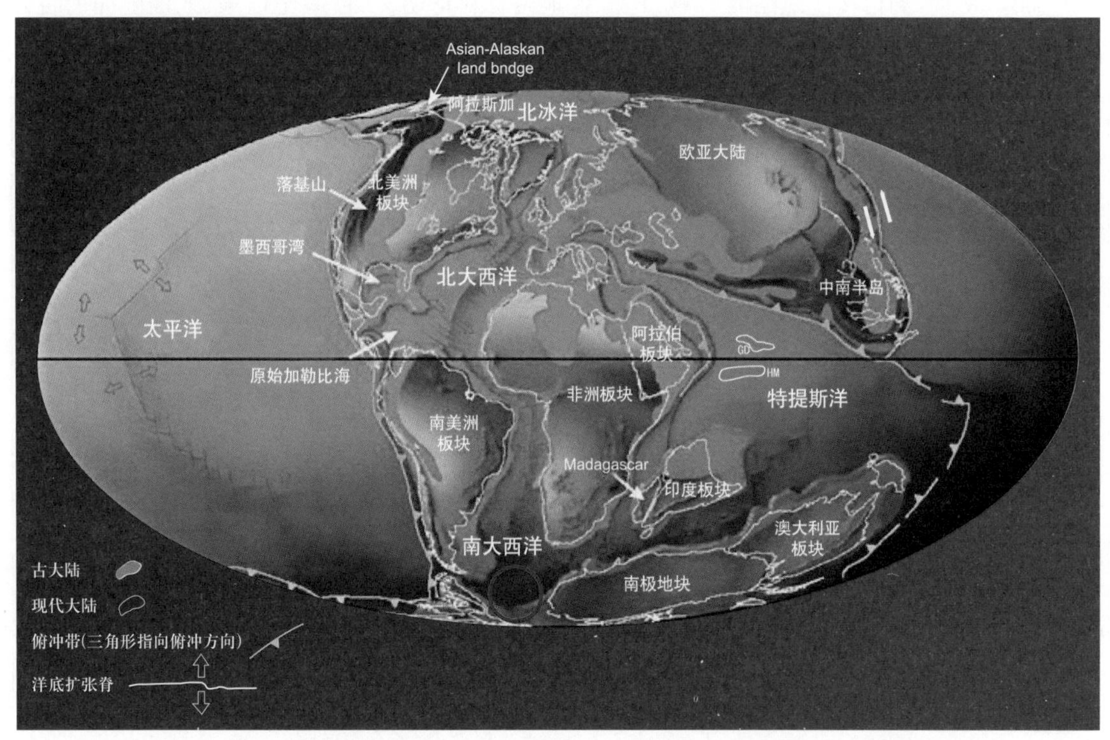

图 3-24 晚白垩世(94 Ma)全球古大陆再造图

(据 Scotese,1994,www.scotese.com webside ;Wan and Zhu,2011;经综合修改)

红色圆圈示大火成岩省、地幔羽活动或巨大陨击作用的中心,从而导致以南极附近(文德海)为中心的全球板块以不同速度向北运移,其中以印度板块向北运移的速度最快,达 18 cm/yr。亚洲各地块及附近板块的古地磁数据,见万天丰(2011)之附录 6。

受特提斯洋向北扩张,印度板块[40]和澳大利亚板块[71]向北运移的影响(见图 3-24,图 2-42 右上角),整个亚洲大陆都受到 NNE 向的水平挤压、缩短作用的结果。在东亚陆壳洋幔型岩石圈上发生显著的近 NNE-SSW 方向的缩短和近东西向的伸展(图 3-25),形成一系列 NNE 向的张剪性(伸展型)断裂构造-岩浆岩带、变质核杂岩系及内生金属成矿带(Wan,2011)。此时期的构造变形以形成轴向 WNW 的宽缓褶皱,WNW 向逆掩断层,NNE 向正断层,NE 或 NW 向的走滑断层为主要特征(见图 3-25)。

四川期的构造体系与燕山期的新华夏体系完全不同,其最大主压应力方向正好与燕山期的几乎垂直。在华南与华北的大多数地区,褶皱两翼均为中、低角度的倾斜。在东北地区,褶皱两翼均为极低角度的倾斜(小于 5°),越向北构造变形的强度就越弱。在青藏高原的班公错-怒江碰撞带附近地区,局部褶皱较为紧闭,褶皱的轴迹与碰撞带的走向几乎一致或小角度相交。白垩纪晚期由于印度板块运动方向转变为 NE40°(Lee and Lawver,1995),使班公错-怒江的主断层呈现为左行走滑的特征,此种作用就使得原来连在一起的双湖[32]和昌宁-孟连-清莱-中马来亚三叠纪碰撞带[33]被错断(见图 3-25,图 3-26)。正是印度板块由向北转为朝 NE 向运动的结果,在中国大陆内白垩系内普遍出现最大主压应力方向，从白垩纪早期的 NNE 向，白垩纪中期的 NE 向，到白垩纪晚期为 ENE 向的转变，因而它们的褶皱轴就呈现为：白垩纪早期的 WNW 向，白垩纪中期的 NW 向，到白垩纪晚期的 NNW 向。古地磁资料证明，从白垩纪以来，亚洲陆壳的古磁北方位基本上稳定，与现代磁北方位仅有几度的偏差（万天丰，2011）。所以，上述最大主应力方

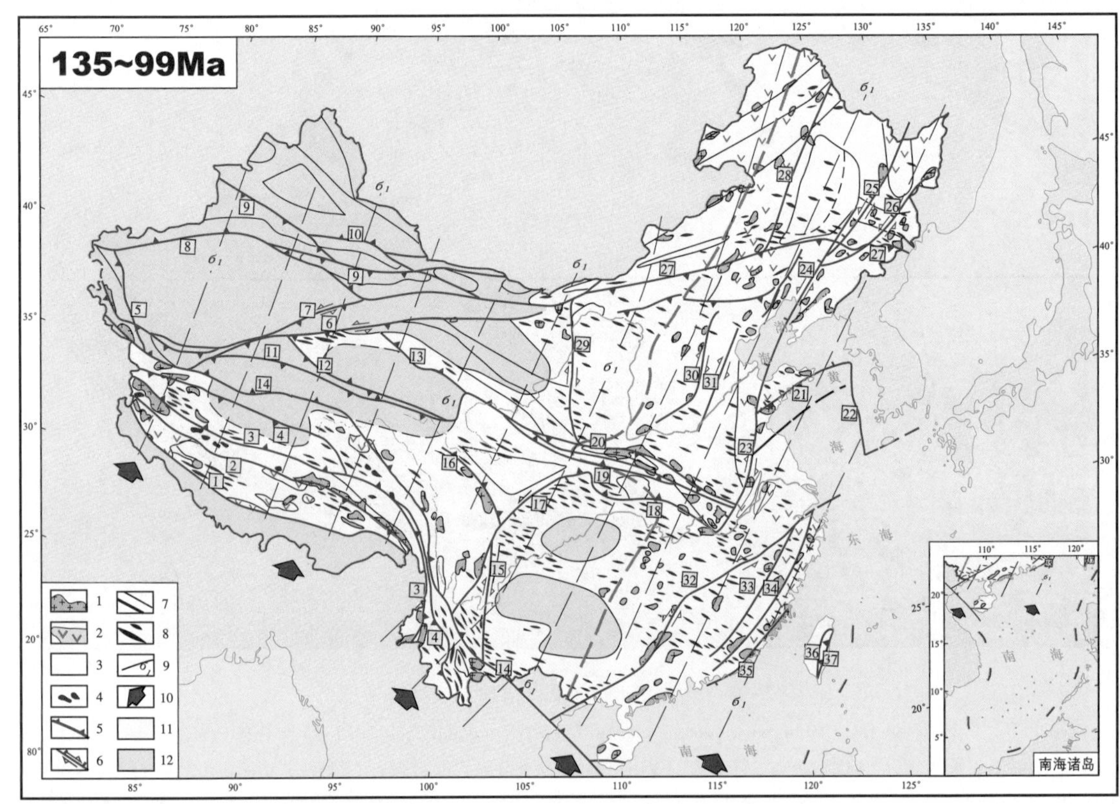

图 3-25　白垩纪早中期（135～99 Ma）中国大陆构造略图（据万天丰，2011）

1—白垩纪花岗质侵入岩体；2—白垩纪火山岩；3—西部正常的大陆型岩石圈与东部陆壳洋幔型薄岩石圈的分界线；4—白垩纪蛇绿岩与超镁铁质岩；5—板块碰撞带、逆断层带；6—正走滑断层；7—白垩纪活动性微弱的地块边界或断层（无编号）；8—褶皱轴迹，仅示背斜（数据见万天丰，2011，之附录 3-6）；9—最大主压应力（σ_1）迹线；10—板块运动方向；11—角度不整合地层接触关系分布区；12—平行不整合或整合地层接触关系分布区。

碰撞带、断层带（方框数字编号）：1—雅鲁藏布江板块分界线（出露洋壳）；2—格吉-念青唐古拉逆断层；3—班公错-怒江板块碰撞带；4—双湖左行走滑-逆断层和昌宁-孟连逆断层；5—康西瓦-塔里木南缘走滑-逆断层带；6—阿尔金左行走滑断层带；7—若羌-敦煌逆断层；8—库尔勒-乌恰逆掩断层带；9—尼勒克-伊林哈别尔尕逆断层带；10—博格达逆断层；11—东昆仑逆断层（即昆中断层）；12—昆北（柴达木南缘）逆断层；13—宗务隆山-青海湖南缘（柴达木北缘）逆断层带；14—金沙江-红河右行走滑-逆断层带；15—安宁河右行走滑-逆断层带；16—道孚-康定右行走滑-逆断层带；17—龙门山左行走滑-正断层带；18—大巴山南-房县-广济逆掩断层带；19—商丹-桐柏逆掩断层带；20—武山-宝鸡-洛南-方城逆断层带；21—诸城-荣成逆断层带；22—黄海东缘右行走滑断层带；23—郯城-庐江南段右行走滑-正断层带；24—郯城-庐江中段（辽河-四平）左行走滑-正断层带；25—依兰-伊通左行走滑-正断层带；26—敦化-密山左行走滑断层带；27—西拉木伦逆断层带；28—大兴安岭东侧右行走滑-正断层带；29—六盘山-贺兰山右行走滑-正断层带；30—太行山东侧右行走滑-正断层带；31—沧东右行走滑-正断层；32—十万大山-绍兴左行走滑-正断层；33—崇安-河源正断层；34—丽水-莲花山正断层；35—长乐-南澳正断层；36—寿丰断层；37—台东玉里带（左行走滑断层）。

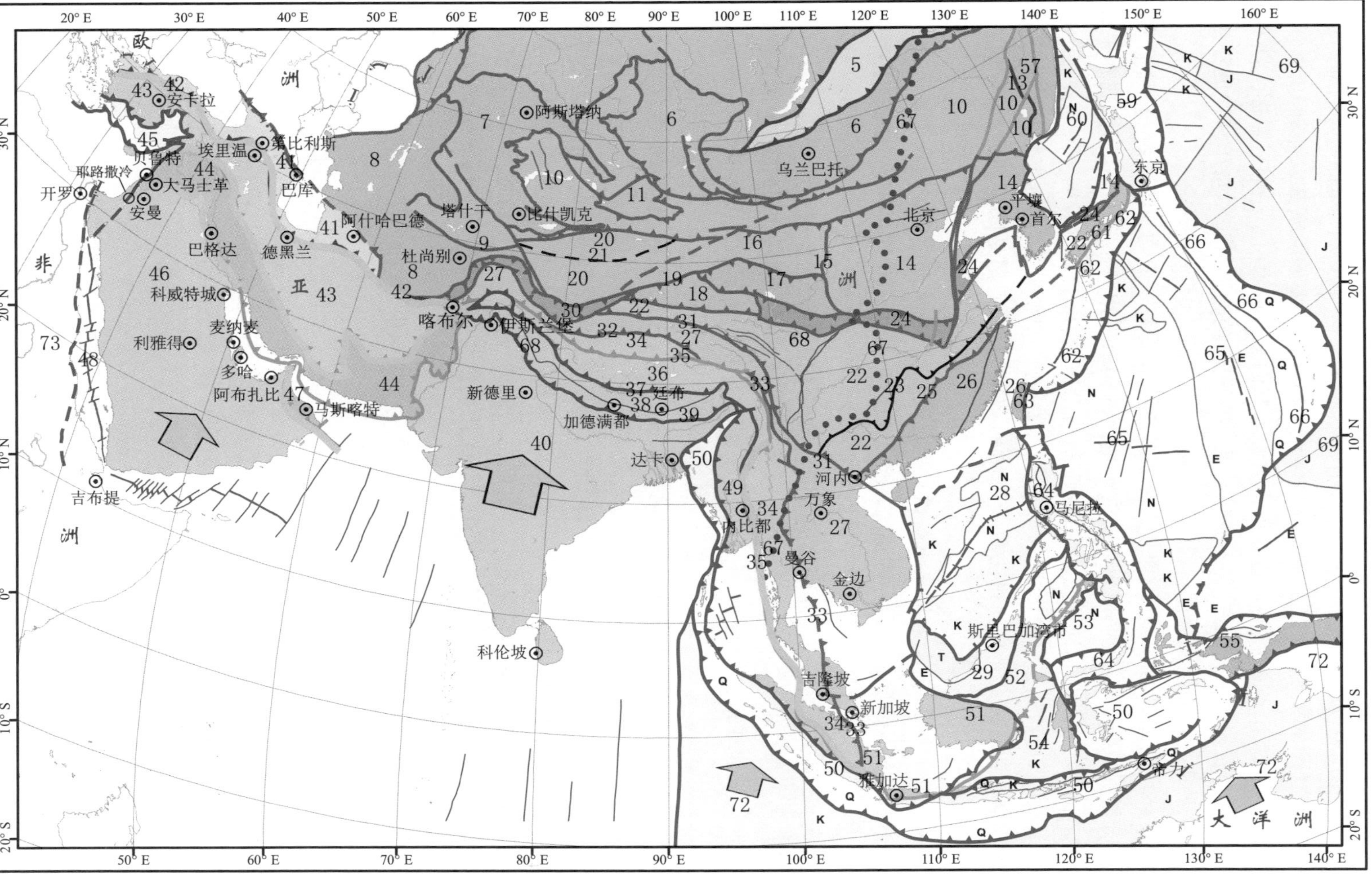

图 3-26 早白垩世中期-古新世亚洲大陆构造略图

构造单元的序号详见本书目录与正文。绿色箭头示板块运动方向，大箭头示较大的作用力与较大的运移速度。绿色粗线条，示白垩纪-古近纪碰撞带及主要逆断层。蓝色点线为西部正常大陆岩石圈与东部陆壳洋幔型薄岩石圈的分界线。

向的转变是印度板块汇聚、挤压作用方向的变化所致,而不是亚洲地块转动的结果。只不过白垩纪中期以后的构造作用力较弱,所残留下来的褶皱主要为白垩纪早期形成的,也即褶皱的轴迹仍以 WNW 向为主,(据统计,在中国大陆存在 2008 个白垩纪早期形成的纵弯褶皱,其中背斜 1032 个,向斜 976 个;Wan,2011,之附录)后期的改造作用不太强。有的学者以为白垩纪以后亚洲大陆只有伸展作用而没有任何挤压作用,这是一种不了解地质实际资料的错误认识。挤压与伸展作用常常是相辅相成的,两者是可以互相派生。

在云南中、西部地区和横断山地区,侏罗-白垩系的接触关系一般均为连续沉积,它们之间没有角度不整合与沉积间断,这说明四川期在云南地区的构造作用并不强烈。但是,现在来看,侏罗-白垩系的褶皱较为紧闭,轴向近南北,两翼产状均以中、高角度为主(30°~70°),而且一般东翼产状较陡,它们只可能是在白垩纪之后(很可能为始新世-中新世)近东西向缩短作用下,使其褶皱轴迹普遍展现为近南北走向。过去笔者(2011)曾以为:它们都是四川期的产物,现在看来是不正确的(如图 3-25)。

四川期东亚大陆的构造作用,总体来讲是西藏地区较强烈、东北部微弱。这从 176 个构造应力值的变化中,也可以清晰地看出:西藏阿里地区的差应力值可达 180 MPa 左右,中国的中部地区在 140 MPa 左右,而在东亚陆壳洋幔分布区的北部仅为 100~90 MPa 左右(详见图 3-37;万天丰,2011)。因而,强构造变形区都分布在中国大陆西南地区的西藏-川西南(图 3-25),阿尔金-祁连(图 3-25)、冈底斯(图 3-25)和湘鄂桂(图 3-25)等地区;而弱变形区则分布在中国东部、云南与东北部地区。强弱变形区的分布,主要是与印度洋板块向北运移速度较快(Schettino and Scotese,2005),而澳大利亚板块向北的运移速度较慢有关(Van der Voo,1993),也即以印度洋内 90°E 海岭向北的延伸线为界。当然也还和距离碰撞带的远近,白垩纪沉积地层的厚度,深部断层的愈合程度等因素相关。

白垩纪中期(~100 Ma)在全球各海域普遍发生缺氧事件(可能是陨击事件所派的生现象,Wan,2011),生物大量灭绝,中东、中亚与北非地区主要为浅海沉积区,成为全球最重要的油气田赋存区。中国在 20 世纪 50~60 年代曾开展了全国范围内的石油普查(中国地质学会石油专业委员会和中国石油学会地质专业委员会,1966),重点就是白垩纪盆地的地质构造研究,结果发现:中国大陆的白垩系在绝大部分地区都处在干旱、炎热的亚热带气候环境下形成的红色砂页岩系,因而不具备生油的条件,倒是有利于膏盐矿床的形成。只有华北以北地区,如东北的大庆油田附近,处在温带潮湿气候区,才有条件形成大型油气田。

东亚大陆在燕山期(以侏罗纪为主)发育着一系列 NNE 向的断层,它们基本上都是逆掩断层或逆断层,但是到了四川期(早白垩世中期-古新世)这些断层却普遍转化为正断层(如郯庐断裂带、大兴安岭-太行山东麓和东南沿海地区的 NNE 向断裂系),都受到区域性北北东向缩短作用及其派生的西北西向伸展作用,断裂常表现出近西北西-东南东向的伸展现象,其附近常可形成一系列的变质核杂岩(Liu et al.,2005;刘俊来等,2006)。有人说这是挤压作用之后的"弹性回跳",这是很不妥当的说法。弹性回跳,仅仅发生在地震波转播过程中,在弹性变形之后,又弹回到原来的位置。但是,所有能够在地质历史时期留下记录的构造变形,都不是弹性变形,而是永久的塑性变形,它们是不可能恢复原状的。燕山期与四川期构造事件的高潮相隔几千万年,弹性回跳怎能持续这么长的时间。也有学者说:东亚大陆白垩纪近东西向的伸展,是大陆以东的大洋俯冲带附近的翻卷作用(roll-back)所造成的。"翻卷作用"(是借用了政治学中"推回"或"政权更替"一词的含义),此术语近年来在国际地质学界相当流行,这是板块俯冲带附近发生较强的翻卷构造变形及相关的岩浆活动。不过此种作用仅能局限在俯冲带附近的海沟与岛弧地区,不可能影响上千千米的大陆板块内部地区。更何况在白垩纪,太平洋板块当时正在向北运移、扩张,如有翻卷作用的话应该发生在太平洋的北部边缘地区(见图 2-46,图 2-48)。当时,太平洋板块与东亚大陆主要保持着一种左行剪切的关系(Osozawa,1998),即由于太平洋板块[67]迅速地从南半球扩张到北半球,使西太平洋地区的亚洲大陆与太平洋之间发生显著的左行走滑断裂活动(见图 3-24,图 3-26,图 2-46),其典型代表就是日本中央构造线[61]的左行走滑断裂活动与锡霍特-阿林沟弧带[57]的形成,而不是向西的俯冲。

白垩纪与古新世的许多板块的向北运移,导致亚洲南部与西部的班公错-怒江-曼德勒-巴里散[35]、高加索-厄尔布尔士[41]、安纳托利亚-德黑兰[42]、扎格罗斯-喀布尔[44]、阿曼[47]和东加里曼丹-苏禄[52]等碰撞带的形成,不过此时印度板块向北俯冲挤压的构造作用力较弱,所以该区白垩系的构造变形较弱。由于新生代印度板块[40]运移速度显著地大于澳大利亚板块[71],遂使 90°E 海岭以东地区、班公错-怒江-曼德勒-巴里散碰撞带[35]等的中段逐渐地从近东西向转折成近南北向,使怒江-曼德勒-巴里散断层明显地具有右行走滑的特征;同时在大洋盆地内形成了受右行走滑断层控制的 90°E 海岭。在此海岭上的大洋钻探揭示了洋底玄武岩的同位素年龄北老南新、有规律地变化(Condie,2001),指示了印度洋板块逐渐向北运动的轨迹(图 2-38)。

而在西亚地区(伊朗-阿拉伯半岛-土耳其)的沉积岩系内,则主要形成一系列走向 NW-WNW 的逆掩断层与弧形褶皱和碰撞带,构成了安纳托利亚-德黑兰中白垩世-古新世碰撞带[42](见图 2-40)、扎格罗斯-喀布尔白垩纪以来增生碰撞带[44]和阿曼白垩纪增生碰撞带[47]等(图 3-26);在其邻近的板块(土耳其-伊朗-阿富汗板块和阿拉伯板块)则发生板内变形,正好此时该区处在浅海环境,遂使该区具有了极为良好的烃类运移和聚集的构造条件。

在早白垩世中期到古新世末期(四川期,135~52 Ma)的构造阶段内,以古新世末期为构造事件的高潮。在亚洲大陆上,白垩系与古新统之间(65 Ma)的地层基本上都是连续沉积的,没有发生什么构造事件;目前在全球已经发现:两者之间的沉积间断与微玻璃陨石撞击事件,主要分布在大西洋中部的深处(Norris and Kroon,1998)。至于,墨西哥尤卡坦半岛白垩纪末期(65 Ma)的陨石撞击事件,对生物灾变(如恐龙绝灭,裸子植物大量消亡)确能产生较大的影响(Sharpton et al.,1992),但是至今还没有发现它对全球板块的运移发生什么重大的影响(Moore,1989;Wan,2011)。

3.12 始新世-渐新世末期构造演化(56~23 Ma)

在渐新世(~36 Ma),太平洋板块的运移方向发生突然的变化,由原来朝 NNW 向运动,转为朝 WNW 向运动,在西太平洋形成俯冲带(图 3-27),可能是与此时的加勒比-东亚微玻璃陨石的斜向撞击事件有关(尹延鸿和万天丰,1996;Wan et al.,1997;Wan,2011;图 3-28)。微玻璃陨石分布在洋底 400 m 之下的地层中,呈 WSW 方向的带状展布,撞击中心位于东太平洋洋脊附近(Glass,1982;Wan,2011)。按照尹延鸿和万天丰(1996)的推断:在 36 Ma 以前,太平洋板块是朝 NNW 方向运移的(运移速度为 7.1 cm/yr),后来由于受到微玻璃陨石朝地球表面呈斜向撞击的作用,太平洋板块受到了朝 WSW 方向的作用力(可能造成的板块运移速度为 8.7 cm/yr),因而使太平洋板块受到的合力方向突然转变为 WNW 方向(运移速度为 10.6 cm/yr;图 3-29,黄色箭头所示)。

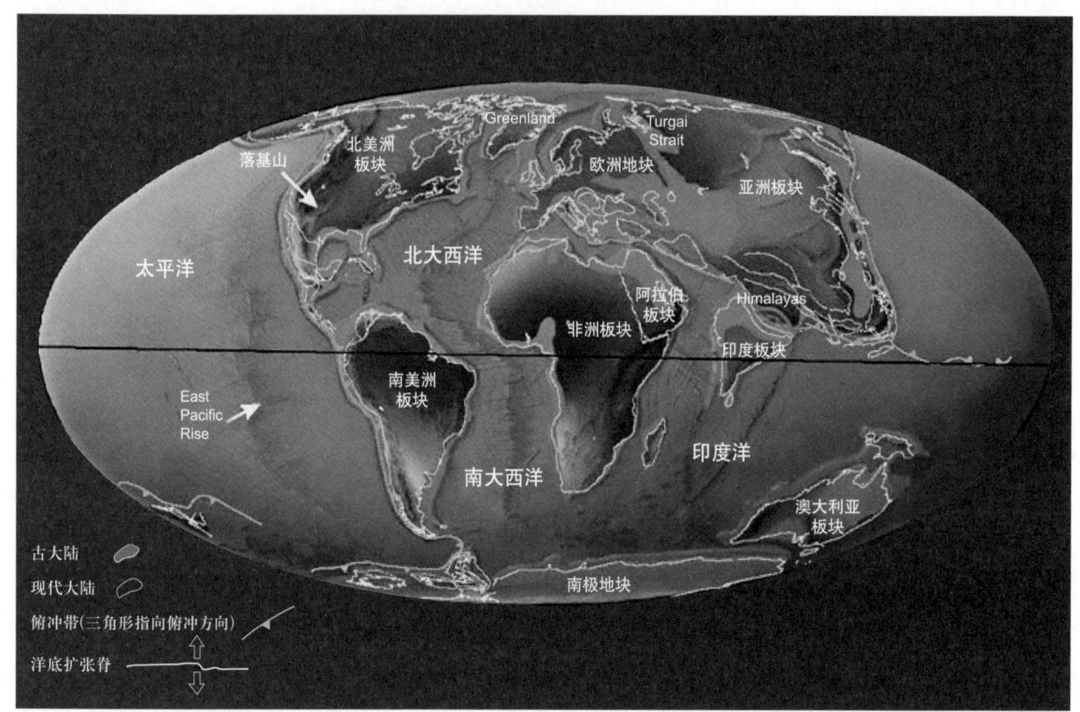

图 3-27　中始新世(50.2 Ma)全球古大陆再造图(据 Scotese,1994)

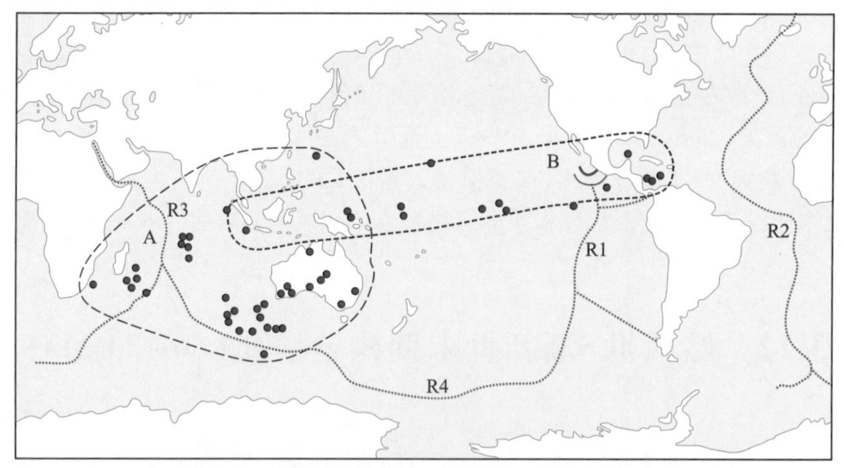

图 3-28　加勒比和亚澳微玻璃陨石的分布(据 Glass,1982,经改绘)

A—亚澳早更新世微玻璃陨石散落区;B—北美始新世微玻璃陨石散落区;R1—东太平洋洋脊;R2—大西洋洋脊;R3—印度洋洋脊;R4—环南极洲洋脊。弧形点线为加利福尼亚附近的洋底弧形断裂;小圆圈为 DSDP 钻孔取样的位置。

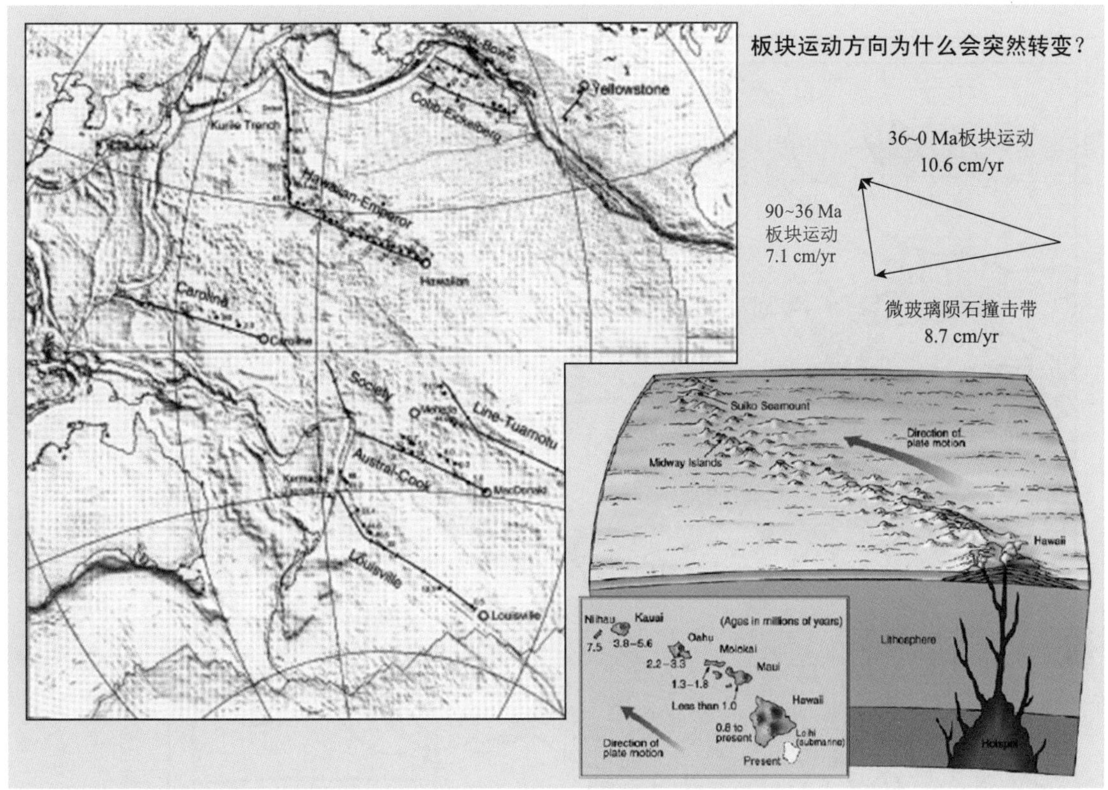

图 3-29 始新世太平洋地区板块运动方向的突变

(据尹延鸿和万天丰，1996；Wan et al.，1997；经综合改绘)

由于太平洋板块转为朝西北西向的运移，因而就在太平洋板块与欧亚大陆之间发生挤压、俯冲，形成一系列的沟弧系：即阿留申-堪察加-千岛-日本东北[59]、本州南-四国南-琉球[62]，以及太平洋板块[67]与菲律宾海板块[65]之间的伊豆-小笠原-马里亚纳[IBM，66]沟弧系(图 3-30，东侧)。这些沟弧系一直延续至今，仍在活动之中。在古近纪，伊豆-小笠原-马里亚纳[66]沟弧系陡倾斜俯冲带的西侧，还派生了弧后张裂带，形成了菲律宾海板块的雏形[65](图 3-30)。

在渐新世末期，亚洲东部地区受到了 WNW 向挤压作用，派生了一系列的板内变形，在中国大陆东部形成一系列轴向 NNE 的宽缓褶皱，如大庆油田的长垣构造。据中国大陆不完全的区域地质调查资料和中国地质学会石油地质专业委员会，中国石油学会地质专业委员会(《中国石油地质图集》，1966，地质出版社内部印刷)资料的统计，此时期共发育了 2126 个较宽缓的轴向 ENE 向的纵弯褶皱(图 3-31)，使 NE 向的断层(如郯庐断裂北段)转变成右行走滑断层，并由此控制了辽河东部油田雁行式背斜油储的形成；而北西向的先存断层则变成断距较大的左行走滑断层(如红河断层)；近南北向的先存断层受到近东西向的挤压，就转变为高角度逆断层(如郯庐断裂中段)。原有的 WNW 向断层则呈现为张剪性，成为油气向上运移、散失或聚集的重要部位(如胜利油田、辽河西部油田以及大港滨海油气田)。

始新世-渐新世末期，太平洋板块的构造作用在亚洲东部明显地表现为东强西弱、自东向西，较明显的构造作用时间也在逐渐滞后，差应力值一般在 70 MPa 左右，中国西北部地区(新疆

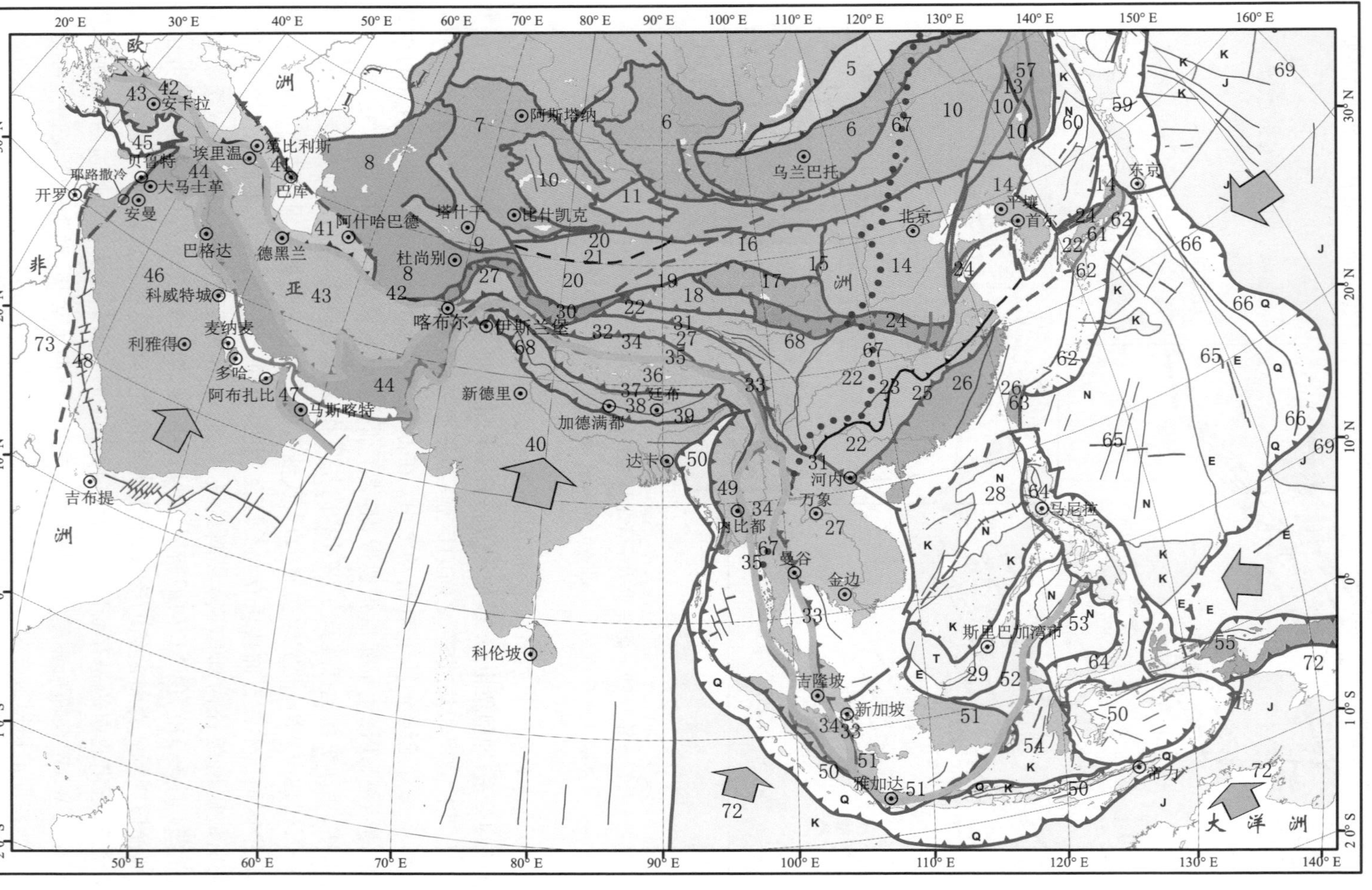

图 3-30　始新世-渐新世亚洲大陆构造略图

构造单元序号详见本书目录与图 1-1。红色线段均为新生代断层、俯冲带或碰撞带。绿色箭头为板块运动方向，示亚洲大陆同时受到太平洋板块与印度板块运移的影响。90°E 海岭断层与中国的横断山-六盘山断裂带以东地区主要受太平洋板块向西运移的影响；此带以西地区则主要受印度板块向北运移的影响。蓝色点线为侏罗纪以来存在的西部正常大陆岩石圈与东部陆壳洋幔型薄岩石圈的分界线，此时帕米尔-青藏地区尚未形成增厚型大陆岩石圈。

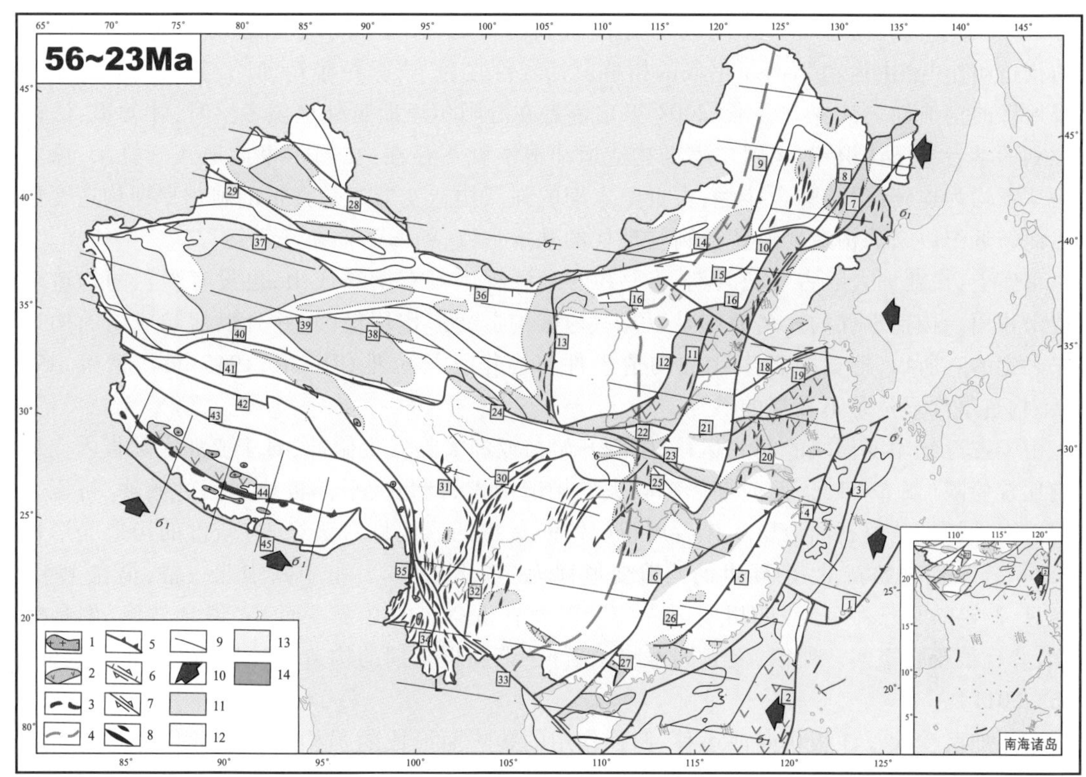

图 3-31 始新世-渐新世(56~23 Ma)中国大陆构造略图(据万天丰,2011)

1—始新世-渐新世花岗质侵入岩体;2—始新世-渐新世火山岩;3—始新世-渐新世蛇绿岩与超镁铁质岩;4—西部大陆型岩石圈与东部陆壳洋幔型岩石圈的分界线;5—板块碰撞带、逆断层带;6—正走滑断层;7—华北期活动性微弱的地块边界或断层(无编号);8—褶皱轴迹,仅示背斜(数据见万天丰,2011,附录 3-7);9—最大主压应力(σ_1)迹线;10—板块运动方向;11—陆相沉积区;12—陆地,剥蚀区;13—浅海区;14—大洋区。

碰撞带、断层带(方框数字编号):1—冲绳俯冲带;2—中国台东-菲律宾西俯冲带;3—中国钓鱼岛隆褶带西侧逆断层;4—闽粤沿海(50 m 等深线)逆断层;5—崇安-河源逆断层;6—十万大山-绍兴逆断层;7—敦化-密山右行走滑-逆断层带;8—郯城-庐江北段(依兰-伊通)右行走滑-逆断层带;9—大兴安岭东侧逆断层带;10—北票-建昌逆断层带;11—沧东逆断层;12—太行山东侧逆断层带;13—六盘山-贺兰山逆断层带;14—西拉木伦右行走滑-正断层带;15—集宁-古北口正断层带;16—阴山-大青山-燕山南缘正断层;17—广饶-济阳正断层;18—诸城-荣成右行走滑-正断层;19—灌云-南黄海右行走滑-正断层;20—江都-海安右行走滑-正断层;21—五河-怀远正断层;22—洛宁-洛阳正断层;23—洛南-方城左行走滑-正断层;24—宝鸡-天水正断层带;25—房县-襄樊-广济正断层带;26—南岭东西向正断层组;27—茂名地堑带;28—德尔布干-克拉麦里正断层带;29—尼勒克-土哈南缘正断层;30—龙门山右行走滑-逆断层;31—道孚-康定左行走滑断层;32—安宁河逆断层;33—红河左行走滑断层;34—昌宁-孟连逆断层;35—怒江逆断层;36—阿拉善北缘正断层;37—库尔勒-乌恰正断层;38—宗务隆山-青海湖南缘(柴达木北缘)正断层;39—阿尔金左行走滑-正断层;40—昆北(柴达木南缘)正断层;41—金沙江左行走滑断层;42—空喀拉-双湖逆断层;43—班公错-东巧逆断层;44—雅鲁藏布江碰撞带;45—喜马拉雅南缘残余大洋;46—南海近东西向张裂带(新生洋壳)。

地区)受此期构造作用的影响相当微弱,仅能在软弱地层内形成一些十分宽缓的、轴向近南北的褶皱,影响到新疆地区时,为中新世晚期-上新世(图 3-31,详见图 4-19;Wan,2011)。

对于新生代的构造事件,过去很长时期以来,大家都习惯使用"喜马拉雅运动"一术语,那是黄汲清(Huang,1945;黄汲清等,1960,1965)最早命名的,他参照阿尔卑斯地区当时的构造事件划分方案：中生代的构造叫"老阿尔卑斯运动"；新生代的叫"新阿尔卑斯运动"；他将侏罗-白垩纪的构造叫作"燕山运动"，而新生代的构造就都统称之为"喜马拉雅运动"。其实当时对于喜马拉雅地区的构造知之甚少。后来(2004 年)，笔者在赴阿尔卑斯野外地质考察时，才知道：法国和意大利的学者早已认识到：老阿尔卑斯构造运动根本就不存在，在阿尔卑斯地区三叠系、侏罗系与白垩系均为连续沉积、整合接触；古近纪末期的强烈构造变形才是真正的阿尔卑斯构造变形时期。而新近纪以来的构造变形特征则与现代的基本一致，朝 NW 向挤压和运移。

事实上，在亚洲大陆古近纪时期，喜马拉雅地区根本没有褶皱成山，也没有强烈的构造事件或造山作用。构造事件的命名原则是以某一地区构造变形作用最强，并且以褶皱成山的构造事件来确定的。所以，把整个新生代的构造事件都当作喜马拉雅(Huang，1945；黄汲清等，1960，1965)构造事件显然是不妥当的。

由于古近纪印度板块的朝北运移，刚刚开始与亚洲大陆发生俯冲，对于亚洲大陆板内变形的影响比较局限(图 3-31)。此时期影响较大的构造因素，倒是太平洋板块向西的俯冲、挤压。这次构造事件最早是由石油地质工作者唐智(1979)提出的。他将白垩纪-古新世的构造变形称为"华北一幕"，而把始新世-渐新世的构造变形称为"华北二幕"。由于其华北一幕，早在 1948 年李春昱、谭锡畴早已命名为"四川期构造"，所以没有再命名的必要。而其"华北二幕"倒是颇有新意，并且很符合事实。所以，笔者同意将始新世-渐新世末期的构造事件称为"华北构造事件"(Wan，2011)。

东亚地区受太平洋板块向西运移、俯冲作用的影响而形成的强构造变形区是随时间而变化的。据西太平洋皇帝-夏威夷海岭走向转折的时期，在中途岛附近是 36 Ma(Raymond et al.，2000)，也即太平洋板块是从 36 Ma 开始转为朝西北西向运移的(速度约为 10.6 cm/yr)，影响到西太平洋岛弧(日本曾称为"高千穗运动"，Maruyama and Seno，1986；在中国台湾则称之为"埔里运动"，为 30 Ma，1954 年由张丽旭首先命名；陈忠，1984；Stephan et al.，1986)，在中国大陆东部地区为 23 Ma(被称为华北构造事件，唐智，1979)，在云南西部地区约为 15 Ma(何浩生和何科昭，1993)，而影响到西藏西部和新疆地区则在 10 Ma 左右(郭铁鹰等，1991；王勇等，2006；郑亚东 1996，私人通讯)。这说明此阶段各地区的强构造变形带并不是同时形成的，而是有一个逐渐向西传递的过程。根据上述资料，笔者概略地估算了古近纪-中新世的朝 WNW 方向的强构造变形带，在大约 13000 km 的距离内，从太平洋中部到亚洲大陆中部的逐渐西移大约用了 2000 万年，强构造变形带的传递速度约为 65 cm/yr(Wan，2011)。

太平洋板块 WNW 向的挤压作用还在东亚大陆派生了近南北向的伸展作用，在老断裂带的基础上，使一系列 WNW-近东西向的逆断层转变成高角度正断层，形成了中国东部三条近东西向的山脉：阴山-燕山，秦岭-大别，南岭。正是这三条断块山带的形成，使中国东部开始形成四个汇水盆地(松辽与内陆，黄河，长江和珠江汇水盆地等)，不过，此时它们都还没有形成完整的水系。

在始新世-渐新世，亚洲大陆的多数地区的地形被夷平，太平洋与印度洋的潮湿气团可以长驱直入，亚洲大陆的多数地区均为温暖、潮湿气候，是一个生物繁茂、十分有利于有机物堆积的时期，这也是亚洲大陆上一个生烃和聚烃的重要时期。

在青藏地区，发育了较强的构造变形作用，则是受印度板块向北运移作用(运移速度为 ~6.0 cm/yr，Lee and Lawver，1995)的影响，在西藏南部地区其差应力值在 82 ~ 100 MPa 左右(Wan，2011)。印度板块与欧亚大陆之间的碰撞作用主要表现在雅鲁藏布江-密支那碰撞带

[37](图 3-30,图 3-31)。根据洋壳最后消失的年龄在渐新世中晚期(34 Ma;Wang et al.,2002;Aitchison and Davis,2001;Aitchison et al.,2007),其陆陆碰撞作用的起始时间有可能就在此时期之后。而在此之前,则为具有大洋性质的印度板块在向欧亚大陆俯冲。近年来,又有学者认为此洋盆仅为残余洋盆,如果此认识正确,则碰撞作用的起始年龄应该稍早一些,也有可能在较早时期就开始陆陆碰撞。不过,有关此问题的争议尚在进行之中,值得关注。在俯冲-碰撞阶段内,青藏南部冈底斯地区保持着较强的近南北向缩短作用,局部形成强烈的构造-岩浆活动。

印度洋板块与澳大利亚板块之间的东经 90°E 海岭断层,呈现为右行走滑的特征(见图 2-38)。那是由于印度板块向北的运移速度(~5 cm/yr)明显大于澳大利亚板块(~2 cm/yr)的缘故。90°E 海岭断层,朝 NNE 的方向插入亚洲大陆,虽然在地表未能形成一条连贯的断层,但造成此断层以西的青藏高原和西北地区发生较强的构造变形,而在其东部的变形强度则明显较微弱,并且东部地区的主要构造变形是受太平洋板块向西挤压所派生的。由此就大致形成了 90°E 海岭断层-横断山-贺兰山-六盘山的构造分界线,此带在现代构造活动的表现就是形成了"南北地震带"(雍幼子,1988)。不过,在亚洲大陆的地表,此南北构造带并未形成一条连贯的断层带,而表现为一系列、并不连贯的、方向略有差异的、先存断层破碎带的重新活动。所以,这样在古近纪以后,在亚洲大陆的构造变形特征上,就呈现出显著的西强东弱、东西部构造线方向各异;地貌上就呈现为西高东低的显著差异特征。

3.13 新近纪-早更新世构造演化(23~0.78 Ma)

此时期才是喜马拉雅成山的主要构造时期,将它称之为"喜马拉雅构造期"(Huang,1945;黄汲清,1960;黄汲清和尹赞勋,1965)是名副其实的。此时期形成的碰撞带(图 3-32)在亚洲大陆的主体部分有:喜马拉雅南缘主边界断层[39]、托罗斯[45]、阿拉干-巽他[50]、北新几内亚[55]等碰撞带,使印度板块、土耳其-伊朗-阿富汗板块和阿拉伯板块等向北运移,碰撞、拼合到亚洲大陆板块。它们都是在老断层与地块边界的基础上形成碰撞带的,因而碰撞带与主断层的走向变化虽多,但是基本运动方向却是比较一致的,主要受印度及澳大利亚板块不等速度的向北运移的影响(图 3-32 至图 3-34;万天丰,2011)。

在中国西南部地区构造作用的差应力值平均可达 92.6 MPa,而中国北部与东部地区仅为 21.5 MPa 左右(Wan,2011),构造作用力显著地较弱。此时印度板块[40](90° E 海岭以西的地区)保持较快的向北运移速度,约为 5 cm/yr(Lee and Lawver,1995),而澳大利亚板块只有 2 cm/yr(Hall and Blundell,1995;Hall et al.,2011)。因而,在印度板块正北方的帕米尔-青藏地区受到较强烈的南北向缩短,构造-岩浆活动强烈,岩石圈的厚度显著增厚(见图 1-1,图 3-34,黄色点线所围地区),达 170~200 km(其中陆壳厚 60~70 km,岩石圈地幔厚 130~150 km),形成增厚型的大陆岩石圈[68](图 3-34);而在澳大利亚板块正北方向的东南亚与中国东部地区则只形成较微弱的构造变形,主要表现为在近南北向先存断层附近显示了较弱的、近东西向的张裂作用和玄武岩浆的喷溢或侵入(如在沿大兴安岭-太行山前断裂、郯庐断裂和闽粤沿海断裂等),或仅有极为微弱的东西向褶皱(图 3-33,图 3-34;Wan,2011)。

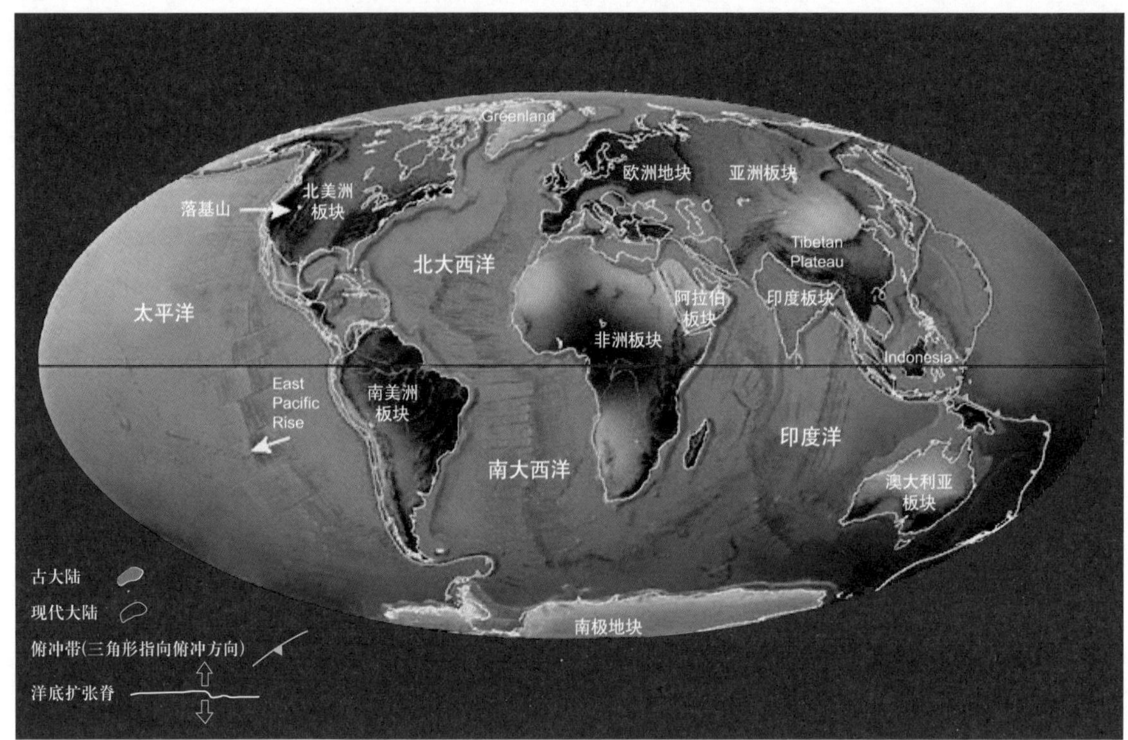

图 3-32 中中新世(14 Ma)全球古大陆再造图(据 Scotese,1994)

由于亚洲大陆内部及周邻板块新近纪以来向北运移速度的不同,阿拉干-巽他沟弧系[50]的北段和扎格罗斯-喀布尔碰撞带[44]的东段(阿富汗-西巴基斯坦)构造线都呈近南北的走向(Nezafati,2006);而扎格罗斯碰撞带[44]的西段则转成 NW 走向。与此相类似,在非洲板块[72]与阿拉伯板块[46]之间,由于朝北运移速度不同的结果,利用原有地块的边界,形成了走向 NNW 或 NNE 向的张裂带——红海-死海裂谷带[48]。更由于非洲板块[72]向北运移速度略大于阿拉伯板块,致使死海-亚喀巴断裂显示了较明显的右行走滑活动特征(Garson et al,1976; Nezafati,2006)。

正因为在青藏地区形成了增厚型大陆岩石圈,在重力均衡作用的影响下,在地貌上,形成了世界屋脊——帕米尔-青藏高原(平均海拔 4000 m 以上),从而阻断了印度洋潮湿气团的北上,以致使中亚的盆地成为干旱的荒漠,生态环境显著恶化。

也是由于帕米尔-青藏高原的隆升和定型,亚洲大陆地域辽阔,许多河流发源地都远离海洋,发育了较多很长的水系,它们主要受地貌结构所制约,水系呈不匀称的辐射状分布。亚洲高大的山系主要汇聚在帕米尔-青藏高原和亚美尼亚火山高原,它们就成为许多河流的发源地。亚洲的大分水岭也是由这些山脉或高原组成的。以高山荒漠为中心,由帕米尔-青藏高原、阿尔金山脉、蒙古高原东缘、阿尔泰山脉、哈萨克丘陵、土尔盖高原以及伊朗高原南缘的山脉,围成广大内陆水系(如锡尔河,阿姆河,塔里木河,伊犁河),它主要分布在亚洲中部和西南亚。在朱格朱尔山脉、外兴安岭、雅布洛诺夫山脉、萨彦岭、哈萨克丘陵等围成向北冰洋岸倾斜的北冰洋流域

(主要形成勒拿河,叶尼塞河和鄂毕河)。而在其东南侧蒙古高原以东则形成例如黑龙江水系。在新近纪-早更新世晚期,在帕米尔-青藏高原周边的水系发生强烈的向源侵蚀,在青藏高原的东部发育了黄河、长江(朱照宇,1989;杨达源,1988,1992)、珠江、元江-红河和澜沧江-湄公河(Mekong River)水系,它们属于太平洋流域。喜马拉雅山脉、兴都库什山脉、托罗斯山脉以南,各

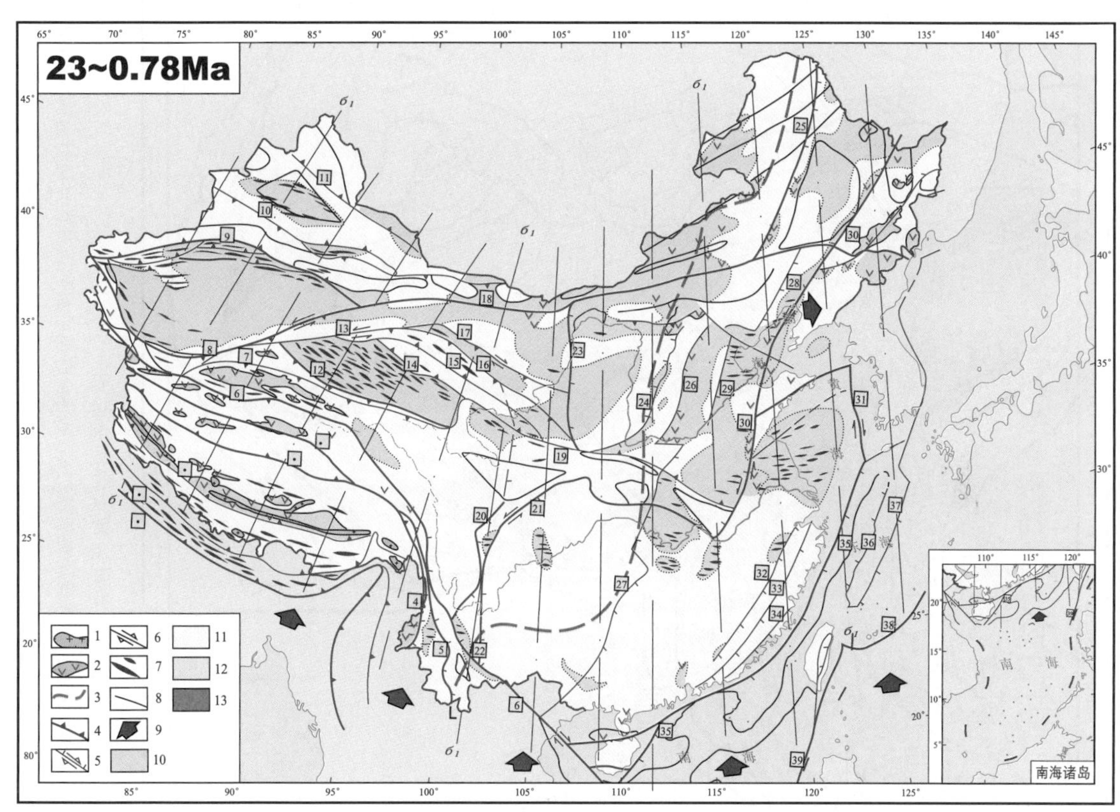

图 3-33 新近纪-早更新世(23~0.78 Ma)中国大陆构造略图(据万天丰,2011)

1—新近纪-早更新世花岗质侵入岩体;2—新近纪-早更新世火山岩;3—西部大陆型岩石圈与东部陆壳洋幔型岩石圈的分界线;4—板块碰撞带、逆断层带;5—正走滑断层;6—新近纪-早更新世活动性微弱的地块边界或断层(无编号);7—褶皱轴迹,仅示背斜(数据见万天丰,2011,附表 3-8);8—最大主压应力(σ_1)迹线;9—板块运动方向;10—陆相沉积区;11—陆地,剥蚀区;12—浅海区;13—大洋区。

碰撞带、断层带(方框数字编号):1—喜马拉雅主边界逆掩断层带(MBT,印度与欧亚板块分界线);2—喜马拉雅主逆掩断层带(MCT);3—雅鲁藏布江逆掩断层带;4—班公错-东巧逆掩断层;5—空喀拉-双湖逆断层与昌宁-孟连正断层;6—金沙江-红河逆断层带(金沙江南段-红河段具右行走滑的活动);7—昆仑山逆断层带(昆中断层带);8—康西瓦-若羌-敦煌走滑-逆断层;9—库尔勒-乌恰逆掩断层带;10—尼勒克-伊林哈别尔尕-亚干逆断层带;11—德尔布干-克拉麦里逆断层带;12—柴达木南缘逆断层;13—阿尔金左行走滑断层带;14—宗务隆山-青海湖南缘(柴木北缘)逆掩断层;15—中祁连南缘逆掩断层;16—北祁连北缘逆掩断层;17—龙首山逆断层;18—阿拉善北缘逆断层;19—武山-宝鸡-洛南-方城逆断层带;20—大雪山东缘正断层;21—龙门山左行走滑-逆断层带;22—小江右行走滑-正断层;23—六盘山-贺兰山正断层带;24—汾河地堑带(左行走滑-正断层带);25—大兴安岭东侧正断层带;26—太行山东侧正断层(犁式);27—武陵山-大明山正断层;28—北票-建昌正断层;29—沧东正断层;30—郯城-庐江左行走滑-正断层带;31—黄海东缘右行走滑断层;32—崇安-河源正断层;33—丽水-莲花山正断层;34—长乐-南澳-香港正断层;35—闽粤沿海正断层;36—钓鱼岛隆褶带西侧正断层;37—钓鱼岛隆褶带东侧正断层;38—冲绳俯冲带;39—菲律宾海西-台东纵谷左行走滑断层带。

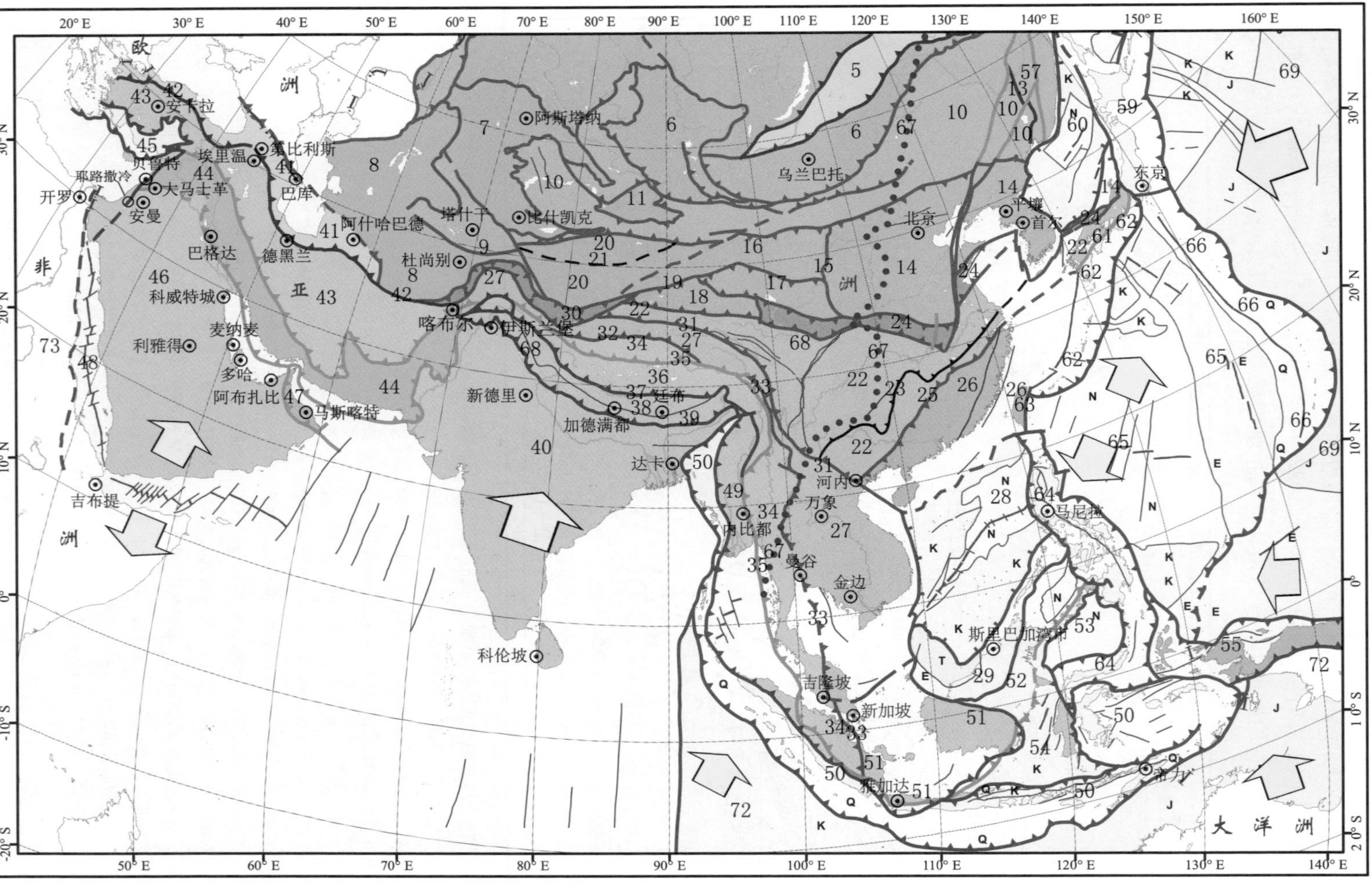

图 3-34 新近纪-早更新世亚洲大陆构造略图

黄色箭头示各板块或地块的运移方向，箭头的大小示运移速度的相对大小。红色线段均为新近纪-早更新世时期的断层。黄色点线以内的区域，具有大陆增厚型岩石圈（厚 170~200 km），深蓝色点线以东地区为东亚陆壳洋幔型、薄岩石圈，其他地区为正常厚度的大陆岩石圈。各构造单元编号、名称与本书正文及目录一致。

条河流(印度河(Indus River),恒河(Ganga River),雅鲁藏布江-布拉马普特拉河(Brahmaputra River),怒江-萨尔温江(Salween River),伊洛瓦底江(Irrawaddy River),底格里斯河和幼发拉底河)都属于印度洋流域。另外,还有少量短河流注入黑海和地中海。河网的疏密与降水分布有密切联系,中亚和西南亚气候干燥,降水量小,河网稀疏,形成广大的内流区和无流区。东亚和东南亚,尤其中国南方、中南半岛和马来群岛,气候潮湿,降水丰富,河网最密,水量也最为丰富。

新近纪以来,太平洋板块进一步向 WNW 方向的运移,使菲律宾海板块在朝 WNW 向挤压作用下,派生了近 NNE-SSW 向的张裂作用,同时使四国-琉球[62]和菲律宾-马鲁古[64]沟弧系进一步增强俯冲活动(Hall and Blundell,1995)。从古近纪开始形成的台东俯冲带,在新近纪则由于断层面变成几乎直立,在上述作用下使台东纵谷[63]表现为左行走滑断层、并略带张裂的特征(Stephan et al.,1986)。日本海与南海的张裂与洋壳出露均为此构造阶段的产物,而不是过去许靖华等(Hsu et al.,1988)所谓的太平洋板块与菲律宾海板块俯冲作用所造成的“弧后盆地”(Tamaki et al.,1992;Yoon,2001;刘昭蜀,2002;Wan,2011)。

3.14 新构造期演化(0.78 Ma~)

现今(中更新世以来)构造活动的特征,或者称为新构造期(Neotectonics),最早是由苏联地质学家奥布鲁契夫于 1948 年提出来的。他把“新构造运动”定义为造成现代地形的构造运动。后来,他的学生,尼古拉也夫修改了他的看法,认为新构造运动的起始时间是中新世或渐新世,20 世纪 90 年代尼古拉也夫也发现单从地形形成演化的角度来规定新构造运动的起始时间并不妥当(丁国瑜,2003 年面告)。

根据构造演化的阶段性特征,在亚洲大陆新近系与早更新统均为连续沉积的特征,两者之间并没有地层角度不整合接触,不存在任何构造事件。构成地层角度不整合的接触关系普遍都在早更新统与中更新统之间。中更新统以来,地层一直保持连续沉积的特征。因而,笔者(2011)建议新构造期应该从中更新世(0.78 Ma)开始,直到现代。

在新构造期,虽然各个大洋板块基本上延续了新近纪以来的活动方式,基本运动方向没有显著变化,但是在强度上和运移速度上还是有明显变化的,恰恰是这些微小的变化对于形成现代的火山、灾害性地震与其他地质灾害产生重大的影响(图 3-35,图 3-36)。亚洲大陆各地区的最大主压应力方向(即挤压方向)与应力作用的大小(差应力值)都是受到周边各大洋板块的继续俯冲、挤压作用的远程效应影响。

俄罗斯学者在互联网上公布了欧亚大陆中北部的现代动力学体系,图 3-35 之绿色区域为亚洲北部动力系统,表示以西伯利亚北端为中心的地壳顺时针转动,可能受北美板块运移的影响;而乌拉尔附近及北欧地区为逆时针转动,以朝东南方向挤压为主,可能受北大西洋张裂的影响;图 3-35 之浅黄色区域为中亚北部动力系统,以向北挤压为主,可能受周边各大洋板块作用的合力的影响,其东北端地壳顺时针转动,为向西运移为主,可能受北美板块向西运移的影响;图 3-35 之褐色区域为中亚-蒙古动力系统,其东部向东北挤压,西部以向西挤压为主,可能受印度板块向北碰撞的运程效应；图 3-35 之浅棕色区域为亚洲南部动力系统，以向北挤压为主，受地块形状的影响挤压方向有局部变化，可能也是受印度板块向北碰撞的结果；图 3-35 之白色与灰色区域为亚洲的相对稳定地块；中国东南部受菲律宾海板块向西北方向运移的影响，但是由于该区壳内分布着大量呈面状展布的花岗岩侵入体，地壳稳定性较高，很少发生地震；印度地区(结晶基底广泛出露)继承了印度板块近 1 亿年以来的运移特征，只是碰撞缩短的速度已经大为降低，仅~5 cm/yr。阿拉伯地区朝 NE 方向运移，也是继承了白垩纪以来的运动特征，其运移速度显然比印度板块小；图 3-35 之浅蓝色区域为亚洲东部动力系统，即西太平洋沟弧系，以向西挤压为主，受太平洋板块以 10 cm/yr 的速度向西俯冲、挤压的影响，中国台湾附近受到菲律宾海板块向西北方向运移的影响，其运移速度为 5~8 cm/yr。

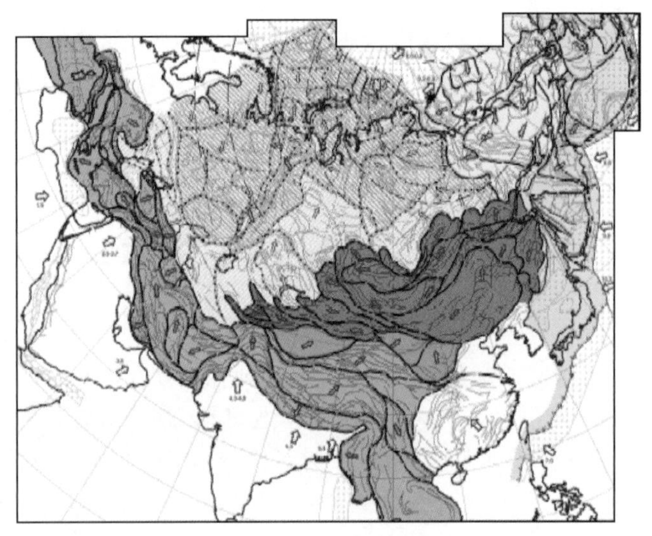

图 3-35 欧亚中北部现代地球动力系统

(引自“Modern geodynamic system in the central and north Eurasia”, by Russian Geodymnamic Insititute, on web)

红色箭头示现代的挤压或运移方向，红色虚线为运动轨迹线；粗红线为海沟。

东亚地区共同受太平洋板块和菲律宾海板块俯冲作用的影响，板内最大主压应力方向为近东西向；在东亚的北部地区差应力值一般仅在 12~22 MPa 之间(万天丰，2011)；在华南、南海与菲律宾地区则主要受菲律宾海板块挤压与俯冲作用的影响，其挤压方向逐渐转为 NW 向(图 3-36)，其差应力值可达 22~40 MPa，可明显地大于华北地区(Wan，2011)，可能是与地壳内大量分布着面状展布的花岗岩侵入体，因而地壳可以积累较大的差应力值有关。在马来半岛-印度尼西亚一带，受澳大利亚板块朝 NE 或 NS 向俯冲作用的影响，形成阿拉干-巽他弧形俯冲带，板内最大主压应力方向以 NNE 或 N-S 向为主(见图 2-43)。

由于在亚洲大陆内部各种方向的先存断裂及构造裂隙十分繁多，因而与现代构造应力场的最大主压应力方向比较接近的先存断裂，现在均呈张剪性，其渗透性最好，极其有利于地下各种流体(石油、天然气、基岩裂隙水，地热流体，煤层气或页岩气等)的运移或储集，很值得关注之。沿着这些断裂，岩石的整体强度较低，因而也最易于诱发各种地震、火山和多种地质灾害(山崩、地滑、岩爆、井壁崩塌、套管变形破裂、瓦斯爆炸、淹井和井下热害等)。

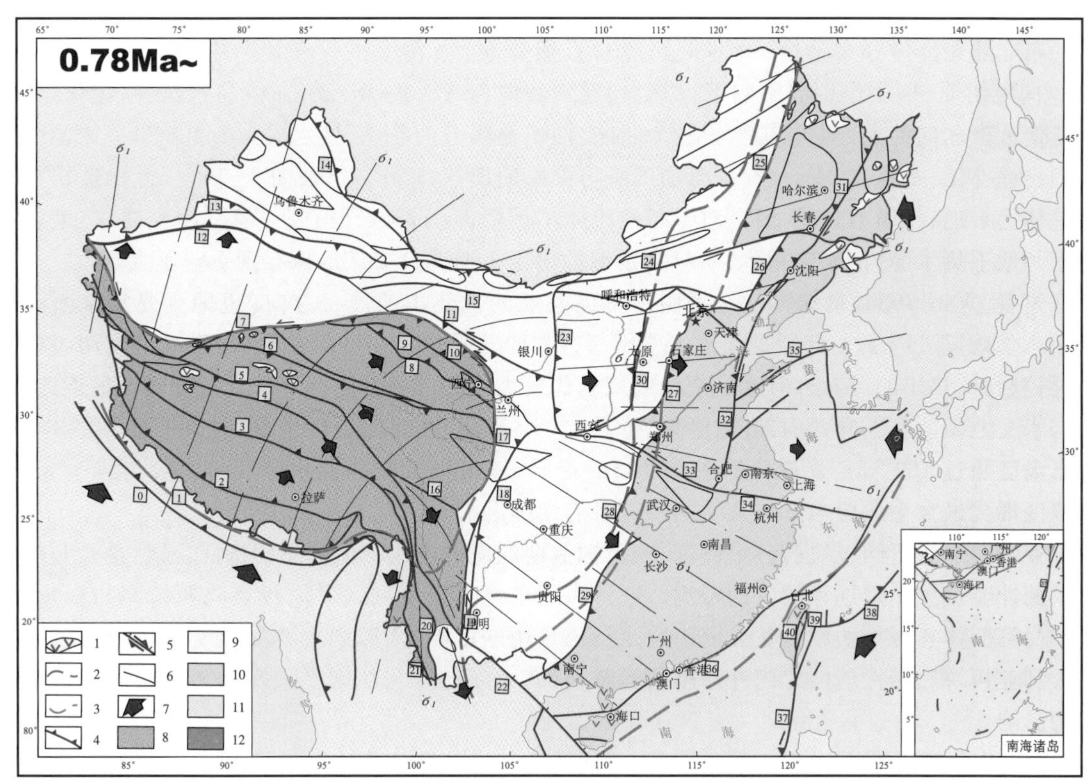

图 3-36 新构造期(0.78 Ma~)中国大陆构造略图(据万天丰,2011)

1—新构造期火山岩;2—西部大陆型岩石圈与东部陆壳洋幔型岩石圈的分界线;3—布格重力异常梯度带(东部海域的重力梯度带大体上接近于洋陆的分界,中部的接近于陆壳洋幔型岩石圈与大陆型岩石圈的界线,西南部几乎圈闭的重力梯度带即指示了增厚型大陆岩石圈);4—现代板块边界或大型活动逆断层;5—活动的走滑断层或正断层;6—最大主压应力(σ_1)迹线(据地震断层面解资料);7—板块的运移、挤压方向;8—青藏高原,平均海拔 4000 m;9—内蒙古-黄土-云贵高原,平均海拔 2000 m;10—东部低山、丘陵与平原,海拔在 1000~0 m;11—浅海区;12—大洋区。

板块边界(碰撞带)、断层带(方框数字编号):0—喜马拉雅前缘逆掩断层带(MBT);1—喜马拉雅主中央逆掩断层带(MCT);2—雅鲁藏布江逆掩断层带;3—班公错-东巧逆掩断层;4—空喀拉-双湖逆断层;5—若拉岗日-金沙江逆断层带;6—康西瓦-昆仑山逆断层带;7—塔里木南缘(克孜勒陶-库牙克-阿尔金山)逆掩断层;8—宗务隆山-青海湖南缘(柴达木北缘)逆断层;9—中祁连南缘逆掩断层;10—北祁连北缘逆掩断层;11—龙首山逆断层;12—库尔勒-乌恰逆掩断层带;13—伊林哈别尔尕-亚干逆断层带;14—额尔齐斯-克拉麦里逆断层带;15—阿拉善北缘逆断层;16—义敦-理塘逆断层带;17—大雪山东缘逆断层;18—夹金山逆断层;19—小江左行走滑-正断层;20—昌宁-孟连正断层带;21—潞西正断层;22—红河左行走滑断层;23—六盘山-贺兰山逆断层带;24—西拉木伦河左行走滑-正断层;25—大兴安岭东侧逆断层带;26—北票-建昌逆断层;27—太行山东侧逆断层(犁式);28—伏牛山-武陵山山前逆断层;29—雪峰山-大明山逆断层;30—汾渭逆断层带(南段为右行走滑);31—依兰-伊通右行走滑-逆断层;32—郯城-庐江右行走滑-逆断层;33—宝鸡-洛南-方城左行走滑-正断层带;34—繁昌-宁波隐伏活动正断层带;35—诸城-荣成左行走滑-正断层;36—闽粤沿海逆断层;37—菲律宾海西-台东左行走滑断层带;38—冲绳俯冲带;39—台东纵谷(左行走滑);40—玉山西缘逆断层。

现代构造应力场,对于地震与火山活动的影响甚大,不过如何具体地影响,以及如何应用构造应力场研究来进行临震预报,则至今尚属未解的难题。相信今后如果大力加强临震前兆的地质、地球物理和地球化学等定量的系统-综合研究,在不久的将来是完全有可能实现较为可靠的临震预报的。

东亚陆壳洋幔分布地区,也即大陆薄岩石圈分布区,在太平洋板块[67]和菲律宾海板块[65]向西俯冲、挤压作用的影响下,都受到近东西向(ENE,E-W,ESE向)的挤压、缩短作用,由此就使近南北向的先存断裂带变得较为紧闭,而不是张开的状态,使之成为中更新世以来油气聚集的良好部位(如蓬莱19-3、莺歌海油气田与中原油田等;Wan,2011;图3-36)。此构造事件虽然总体上来说,作用力较弱,但是对于各类流体矿产资源(石油、天然气、煤层气、页岩气、基岩裂隙水和地下热水等)的影响很大,对早期定型的内生金属固体矿床的保存则影响不大。

笔者(Wan,1984)曾统计过全中国当时已发现的地热田的展布方向(也即主要富水断裂的走向),发现其83%都与区域现代最大主压应力方向几乎一致,只有当地热田受两组或两组以上断裂控制时,热田的展布方向才出现与区域现代最大主压应力方向有不一致的方向。最近,新疆第二水文地质队在新疆西南部塔什库尔干县(帕米尔高原之东缘)的北侧,发现高温地热井(井底水温已超过160 ℃),受现代构造应力场的控制,该区已发现的富水断裂带主要为近南北向,与该区现代最大主压应力方向几乎一致。目前详细勘探与研究工作正在进行之中。

亚洲大陆岩石圈板块的各个部位,在新构造期的应力作用方向的不同特征,显然是受到周邻板块俯冲或碰撞作用远程效应的影响。亚洲大陆东侧主要受到太平洋板块向西俯冲的影响,东南部受到菲律宾海板块朝西北方向俯冲或挤压作用的影响,南部则主要受印度板块向北碰撞和澳大利亚板块较缓慢地向北俯冲作用的影响,亚洲大陆的西北部则受大西洋和北冰洋的扩张作用的影响。

亚洲大陆岩石圈板块在前述地质历史时期的运移速度都显著地小于周邻的大洋板块;而现今大陆的运移速度基本上仅为周邻大洋或大陆板块的十分之一左右,绝大多数地区仅为几毫米/年的速度。在亚洲大陆上,喜马拉雅碰撞带的运移速度最大,至今仍保持5 cm/yr,向北的周围地区则逐渐地减小。

3.15 关于亚洲大陆岩石圈板块形成与演化的讨论

综上所述,笔者在此拟对亚洲大陆岩石圈板块的形成与演化的一些重要问题,或者说是至今还存在争议的问题进行讨论,重点讨论亚洲大陆的生长、亚洲大陆大范围的板内变形特征与机制、亚洲大陆岩石圈的类型问题、亚洲大陆的盆山演化机制,最后尝试着探讨一下全球岩石圈板块构造演化的动力学机制问题。

3.15.1 亚洲大陆的生长

亚洲大陆岩石圈板块,自古元古代末期到新构造期,是由27个较大的地块以及散布在增生碰撞带内数以百计的小地块逐渐拼合起来的,共计经历了14次构造事件,它们表现的构造活动特征完全不同、强度不等的板块俯冲、碰撞或板内变形,每次构造事件的动力作用来源都不相同,亚洲大陆及周边的板块运移方向不同,运动速度不同,影响范围与所造成的构造变形的样式、强度和差应力大小都不相同,从而使亚洲大陆呈现出一种十分复杂、变化多样的构造格局。上述特征在全球各大陆板块的构造演化历史中是十分独特的和罕见的。研究亚洲大陆岩石圈板块复杂的构造演化历史,实在是一件既很困难,而又十分有趣的事情。

为什么自古元古代末期(~1800 Ma)以来,亚洲陆块群的27个大地块以及数以百计的小地块经历了14次活动特征不同的俯冲、碰撞、离散,以及板内变形的构造事件,越聚越大,逐渐形成了全球最大的欧亚大陆岩石圈板块的主体部分,它没有解体,也没有被撞碎?其原因是什么呢?

首先我们来探讨一下洋-陆俯冲过程对大陆生长的影响。由于大洋型岩石圈平均密度($3.3\ g/cm^3$)都显著地大于大陆型岩石圈的密度($2.7\ g/cm^3$),因而当两者汇聚时,大洋型岩石圈必然俯冲到大陆型岩石圈之下。大洋岩石圈板块以每年十几厘米到几厘米的速度(其平均滑移速度与我们人的指甲生长速度相近,每周约生长1 mm,即每年平均移动5 cm左右)向斜下方俯冲到大陆岩石圈之下的地幔中去,其应变速率(ε)很低($n\times10^{-16}/s\sim n\times10^{-15}/s$),属于流变作用的范畴。洋陆之间的俯冲过程,是可能诱发中深源地震或岩浆活动,产生一些断层,但是由于其主要变形方式属于流变,因而不可能造成大陆岩石圈板块的整体破坏与裂解,而最终其实只可能增加其强度与稳固度。由此可见,一些学者(邓晋福等,1992,1996;吴福元等,2008;朱光等,2008;张宏福,2009;朱日祥等,2011,2012)以为太平洋板块向西俯冲就可造成亚洲东部大陆破坏的认识,看来是不符合事实的。

最近郑永飞等(2016)研究了水在俯冲过程中的作用,认为:水从俯冲地壳迁移到地幔主要受地壳中含水矿物的稳定性支配,而俯冲带的热结构是决定俯冲地壳在哪个深度发生脱水的关键。大陆俯冲带(意指碰撞带)的地温梯度较低,地壳岩石总是在冷俯冲带发生变质作用,并缺乏同俯冲弧火山作用。热俯冲带地温梯度很高(>25 ℃/km),俯冲地壳在浅部就大量脱水,在<80 km的深度会开始产生长英质熔体。由于水大量溶解在这种熔体中,结果只有少量的水会运移到80~160 km的弧下深度。俯冲地壳的脱水不仅启动了地震活动,而且引起了地幔楔的水化。俯冲板片之上的地幔楔并没有因为水的加入而立即发生部分熔融引起弧火山作用,而是首先在板片-地幔界面上发生水化。由于这里温度最低,比水化橄榄岩的湿固相线要低几百度,结果直到水化橄榄岩受到加热之后才能发生部分熔融。但是,他们没有发现俯冲作用可以引起大陆内部产生大规模的热地幔上涌的现象。

从全球各地深部地震层析的结果来看,如非洲板块俯冲到欧洲板块之下(Cavazza et al.,2004),印度-澳大利亚板块俯冲到亚洲板块之下(Hall et al.,2011;见图2-36),太平洋板块俯冲到亚洲板块之下(Zhao et al.,2007;Zhao and Liu,2010;见图2-50),全球大洋板块向下俯冲的最大深度基本上都是以中地幔过渡层(深400~670 km)为限。到达中地幔过渡层后,俯冲的大洋型岩石圈与大陆深部地幔物质的温度与密度就趋向一致,再向下去就很难用地震资料来辨别两者的差异了。曾有学者做出法拉隆板块俯冲到北美大陆板块之下,深达核幔边界附近(~2885 km)或下地幔(~1600 km以下),不过对于这些地震层析的成果尚有不同的认识(Grand et al.,1997;Sigloch et al.,2008),不一定可靠,至今未有定论。

看来大洋板块俯冲到大陆岩石圈的深部可能对于提高大陆岩石圈的稳固性是有好处的,是不可能造成大陆岩石圈的破坏与裂解的。再说至今在全球还没有找到一个由于大洋板块向大陆板块之下俯冲而造成大陆破坏与裂解的实例。

那么陆陆碰撞作用到底能使大陆增生,还是裂解呢?根据现有的古地磁与构造变形的资料来看,由于各个大陆岩石圈的厚度显著地大于大洋岩石圈,在陆陆汇聚、碰撞时,运移起来需要耗费更多的能量,又没有海水作“润滑剂”,因而,汇聚速度明显地小于俯冲速度,一般都小于 6 cm/yr(如喜马拉雅碰撞带古近纪以来的碰撞速度都在 6~5 cm/yr,秦岭-大别碰撞带的三叠纪汇聚-碰撞速度在 2~1 cm/yr 之间),汇聚时的应变速率仅为 $n\times10^{-16}$/s~$n\times10^{-15}$/s(万天丰,2011),为很低的应变速率,它们在深部肯定都处在韧性变形、流变作用的过程,而不是快速、猛烈的撞击作用,因而绝不会使地块撞碎和解体。对于板块构造的流变过程中所谓的“碰撞”,一定不能按照日常生活中的快速碰撞来理解。

当然在碰撞作用过程中,岩石块体内必然会产生很多破裂(断层与裂隙)。在碰撞带内部及其两侧部位的岩石是处在相对的封闭系统中的,在深部,如中地壳低速高导层(地震波速较低、导电率较高层)、莫霍面或岩石圈底面附近产生的韧性断裂会引起局部的减压、增温现象,一旦温度增加到超过岩石的固相线时(一般深度在 100 km 以内),就容易变成熔融的岩浆,形成局部的岩浆房,从而造成岩浆向上侵入或喷出的活动,岩浆在向上运移和扩展其体积的过程中,消耗能量,温度逐渐下降,以致在地壳内(尤其在断裂中)冷凝成侵入岩,或喷出地表,形成火山岩。总之,都是优先充填到构造断裂之中,使破碎的岩石固结起来。在断裂带内,深部的超临界流体也在向上运移过程中逐渐冷凝、结晶,因而也可使破碎的岩石固结起来。

另外,在 5~10 km 之下的构造变形都是韧性构造变形,同时也形成各类变质岩,使岩石因挤压、碰撞而破碎的现象几乎消失,岩石愈合的程度反而大为提高。

总之,在低应变速率的挤压、碰撞作用过程中,大陆岩石圈的构造破碎现象是局部的、暂时的。岩浆、流体、韧性变形和变质作用都会促使各种断裂逐渐愈合与固结。所以大陆岩石圈在这种低应变速率的碰撞过程中,最后的结果是陆块的增生和增大,而不是撞碎和裂解。因而,岩石圈板块的俯冲、碰撞作用所派生的强烈的构造-岩浆作用,超临界流体的运移、充填和冷凝,韧性变形和变质作用,非但不会把大陆岩石圈板块撞碎、破坏和裂解,反而是使许多小地块逐渐拼合起来。总之,大陆板块之间的碰撞,就成为大陆岩石圈生长的主要动力学机制。

综上所述,可以看出:亚洲大陆的地块群经历了 14 次汇聚作用,发生了俯冲、碰撞以及板内变形的构造事件,它们是:

(1) 古元古代晚期(1800~1600 Ma)俯冲碰撞,西伯利亚、中朝板块以及印度地块群的部分地块形成统一结晶基底,并有可能使多数地块成为哥伦比亚古大陆的一部分;

(2) 中元古代早-中期(1600~1200 Ma)可能由于古地幔羽(其现代的中心位置在北极附近)的上涌而促使古大陆裂解;

(3) 中元古生代末期-新元古代早期(1200~850 Ma)全球许多地块发生俯冲碰撞,汇聚成罗迪尼亚古大陆,但是看来中国的主要陆块群并未参与;

(4) 新元古代中期(~850 Ma)罗迪尼亚古大陆在继续裂解,而亚洲地块群内的科雷马-奥莫隆和扬子地块形成统一结晶基底,南、北扬子和南、北塔里木地块却发生局部的碰撞,形成了江南(皖南-赣东北-雪峰山-滇东)碰撞带和塔里木中部碰撞带;

(5) 元古代晚期-早寒武世(550~510 Ma)的俯冲碰撞,使亚洲的印度、伊朗、中东和南羌塘、冈底斯、喜马拉雅、中缅马苏(Sibumasu)等地块群并入冈瓦纳大陆,形成了泛非构造事件;

(6) 早古生代晚期(~397 Ma)在中亚的阿尔泰-中蒙古-海拉尔,卡拉干达-吉尔吉斯斯坦,祁连山-阿尔金山形成碰撞带及走滑断层,塔里木、柴达木和敦煌-阿拉善地块碰撞、拼接形成了西域板块,而在华夏和土兰-卡拉库姆地区形成统一结晶基底;

(7) 晚古生代早期(385~323 Ma)主要在中亚地区的西部(西天山、巴尔喀什-天山)发生近南北向(以现代磁方位为准)的俯冲碰撞;

(8) 晚古生代晚期(323~260 Ma)的碰撞作用主要发生在乌拉尔,中国的内蒙古-兴安岭南部和贺兰山-六盘山,同时形成潘几亚大陆与中亚地区由近东西向挤压而派生的板内变形;

(9) 三叠纪末期(220~200 Ma)亚洲大陆地块群发生大规模地俯冲碰撞,形成了六条碰撞带(秦岭-大别-胶南-飞驒外带、绍兴-十万大山、西兴都库什-帕米尔-昆仑、金沙江-红河、双湖、昌宁-孟连-清莱-中马来亚),在亚洲大陆的中部和南部形成大面积的板内变形,但是在西半球潘几亚大陆可能由于地幔底辟的上涌而开始裂解,形成古大西洋的雏形;

(10) 侏罗纪末期-白垩世早期(170~135 Ma)俯冲碰撞主要发生在亚洲大陆的东北部(东西伯利亚海南缘、维尔霍扬斯克-楚科奇、外贝加尔和完达山)和西南部(高加索-厄尔布尔士),并派生了东亚陆壳的逆时针转动,部分陆壳滑移到洋壳或洋幔之上,在较薄的东亚陆壳洋幔型岩石圈分布区内发生了较强烈的板内变形及地壳缩短作用;

(11) 白垩纪-古新世末期(135~52 Ma)陆块碰撞作用主要发生在班公错-怒江-曼德勒-普吉-巴里散、雅鲁藏布-密支那、安纳托利亚-德黑兰、扎格罗斯-喀布尔、托罗斯、阿曼等地;而东加里曼丹-苏禄群岛和锡霍特-阿林-科里亚克则形成岛弧带。在太平洋与东亚大陆之间发生大规模的左行走滑作用,形成了日本中央构造线。同时还在东亚地区发育了南强北弱的板内变形;

(12) 渐新世晚期(30~23 Ma),在西太平洋板块发生较强的俯冲作用,形成沟弧带(阿留申-堪察加-千岛群岛-日本东北部、本州南部-四国南部-琉球、菲律宾群岛-马鲁古、伊豆-小笠原-马里亚纳),以及附近相关的板内变形(见图 1-1,图 3-30,图 3-34)。最终就构成了全球最大的欧亚大陆岩石圈板块的主体部分——亚洲大陆岩石圈板块。当然在上述演化过程中,也在与碰撞方向相垂直的方向上产生了一系列的局部的壳内拉张-断陷作用,形成了许多富含油气的断陷盆地(详见图 4-87)。

(13) 新近纪-早更新世(23~0.78 Ma),在周边板块的俯冲、挤压或碰撞作用下,进一步发育了不同程度的板内变形;在重力均衡作用和岩石圈内部物质分布不均一的影响下,使大陆上的盆山地形格架基本定型,形成了喜马拉雅山系,帕米尔-青藏高原(增厚型岩石圈)以及阿富汗-伊朗-土耳其高地等;同时在大陆边缘断陷作用下,形成了日本海和中国南海的断陷盆地。

(14) 中更新世以来(0.78 Ma~),在周边大洋板块(太平洋板块,菲律宾海板块,印度-澳大利亚板块,以及北冰洋板块)的俯冲、挤压或碰撞作用以及北大西洋洋脊扩张作用等影响下,进一步发育了较弱的板内变形,出现了最大主压应力方向呈辐射状分布的特征;对于大陆地貌进行了一定的改造,青藏高原周边的各个水系最后定型,青藏高原不断隆升的结果使中亚的荒漠化日趋严重。

正是在上述 14 次构造事件的作用下,使亚洲大陆不断增大,大陆岩石圈内多期次的板内构造变形也使亚洲大陆岩石圈板块的内部构造变得越来越复杂。

3.15.2　大范围的板块内部构造变形

在亚洲大陆岩石圈研究中,分布面积十分巨大的板内变形及其形成机制又是一个引人关注的重要课题。亚洲大陆岩石圈发育着全球分布面积最广阔的板内变形,在东西、南北方向上均可展布上千千米。为什么在亚洲大陆会出现如此大范围的板内变形,并伴随着较强的构造-岩浆活动呢？它们的形成机制又是如何的呢？

在大洋板块向大陆岩石圈深部俯冲时，到底能对大陆岩石圈产生多大的影响，一直以来，这都是一个颇具争议的课题。在全球，很多大板块（如北美板块）的中央部位形成统一结晶基底之后，后期的构造变形就十分微弱，差应力值不足 20 MPa（Ben et al.，1997；万天丰，2011）。后期的沉积岩系基本上都保持着水平的产状，有的地区（如南非）岩石内连构造节理都几乎不发育（2000 年与北京大学钱祥麟教授的私人通讯），原生（成岩期）节理当然还是可以发育一些的。这种现象在北美、南美和南非等板块内都是常见的。所以，在 20 世纪 60~70 年代板块学说刚兴起时，通常都说板块是一个“刚性”的地块，以为在大板块内部几乎是没有什么强烈的板内变形，板内变形通常仅仅局限在板块边部，大陆内的岩浆活动也是局限于板块边部的（Le Pichon et al.，1973；Press and Siever，1974；Turcotte and Schubet，1982）。

在北美板块的西侧，尽管在中生代以来，法拉隆板块一直以中等的角度向东俯冲，但是北美板块西侧的板内变形，仅局限在宽 200~300 km、很狭窄的地带（Ben，1997），而在其以东的广大地区，古生代以来的沉积地层则几乎没有什么板内变形，普遍发育着水平岩系（The Geological Society of America，1989；Schmidt et al.，1993）。因而，对于亚洲大陆内部上千千米范围内，广泛发育着的板内变形和构造岩浆活动，国内外许多地质学者都感到迷茫，认为此种现象好像与板块运动没有什么关系，总想从其他动力作用来寻找原因，有人则认为这些都是板内（陆内）造山作用的表现（Hsu et al.，1988；葛肖虹，1989；赵宗溥，1959；崔盛芹，1999；宋鸿林，1999；Neves and Mariano，2004；舒良树，2006；舒良树等，2008；Shao et al.，2007）。

面对这种在亚洲大陆内部构造变形比较强烈的特征，中国许多地质学家，早就将这种特殊的构造现象分别称之为：多旋回构造、地台活化和准地台（Huang，1945；黄汲清等，1960，1977，1984；黄汲清和尹赞勋，1965）、地洼（陈国达，1960，1978，1998）、陆缘活化（任纪舜等，1980，1990，2000）、台褶带（李东旭，1959 年在编制湖北省大地构造图时首先提出的；马杏垣等 1961；北京地质学院区域地质教研室，1963）、板内或陆内造山带（Hsu et al.，1988；葛肖虹，1989；赵宗溥，1995；崔盛芹，1999；宋鸿林，1999；吴正文和张长厚，1999；张长厚，1999）等，提出上述这些不同的构造术语，显然都有一定的道理。初看起来，似乎他们的认识和观点都不大相同，其实论述的却都是同一类地质现象，他们都从不同的侧面论述了板块内部的强烈变形，即在亚洲古陆块群内，自中元古代以来，其中的大部分地区曾多次发生了比较强烈的、多种方向的板内构造变形。

笔者认为，造成亚洲大陆板内变形比较强烈的影响因素，主要有以下三点：

（1）结晶基底的影响因素

亚洲大陆原来不是一个完整的、具有统一结晶基底的大板块，而是由 28 个小板块和数以百计的微地块逐渐拼合而成的。这就好像是由许多碎玻璃块粘接而成的玻璃板，其强度总是远低于原来完整的玻璃板一样。这也好像在岩石力学实验中，节理化岩石的强度一定会显著地低于完整岩块的强度一样。由许多小陆块拼合而成的大陆，陆块间存在一系列的具有叶理面的构造弱化带，所以其总体的强度必然降低，使其以后易于发生塑性变形，以致陆块总体的构造稳定性较差。因而，亚洲大陆岩石圈的整体强度较低，稳定性较差，在后期的构造作用下，就很容易发生进一步的板内变形。

对于亚洲大陆内部的较大地块，结晶基底较大并且较完整时，则其上部地层的后期板内变形就显著较弱，如西伯利亚板块中部，土兰-卡拉库姆地块，中朝板块内的鄂尔多斯地块以及扬子板块内的四川盆地等。

(2) 沉积盖层厚度的影响因素

沉积盖层厚度不均一、大陆岩石圈上部岩石强度较低。总的来说,结晶基底的变质岩系强度较大,而沉积岩系的强度就比较小,沉积岩系厚度越大就越容易发生构造变形。这是因为沉积岩系硬结程度不高,并且还具有成层性,各层岩石的强度差异很大,因而很容易在近水平应力为主的构造作用下发生构造变形。

把大陆上各时代沉积盖层的累计厚度资料进行统计,自中元古代或新元古代以来,亚洲大陆沉积岩系的平均厚度约为 16 985 m。而在构造活动性较强的褶皱带或碰撞带内,沉积岩系的平均累计厚度为 42 036 m;阿尔金-昆仑带最大的沉积岩系累计厚度达 61 712 m,西秦岭、兴安岭北部和祁连山也较厚,在 55 000~58 000 m 之间(万天丰,2011)。沉积岩系厚度巨大的地区,不仅在碰撞期产生强构造变形,而且还易于发生后期的板内变形。但是,在变质结晶基底岩石出露面积较大、上覆数百米的沉积岩系时,由于结晶基底可承受较大的构造应力,因而其上覆的沉积岩系的后期构造变形就显得非常微弱,如东西伯利亚地块,印度板块以及中朝板块内的鲁西地块和鄂尔多斯地块等。不过,这种情况在亚洲大陆内出露的总面积很小,不及总面积的 10%。

(3) 多期次、多方向的碰撞和拼合的影响因素

亚洲陆块经受了多期次、多方向的碰撞和拼合,由于周邻各大洋板块运移速度较大、运移方向各不相同、构造活动性较强,亚洲大陆岩石圈自中元古代以来总共经历了 14 次构造事件,形成了 38 个方向各异的碰撞带、俯冲带或板缘走滑断层带,其远程效应就造成了多期次、多方向的板内变形,并派生相关的构造-岩浆活动。从而使多期次的板内变形呈现为极为复杂的图案与样式。

亚洲大陆的强烈的和多方向的构造变形是全球岩石圈板块内所少有的现象。其原因是亚洲大陆地块群长期处在古特提斯洋内,受周边多个板块、多种方向运移和汇聚作用的影响很大(如前所述),其远程效应就造成多期次、多方向的板内变形及相关的构造-岩浆-变质作用。

对于冈瓦纳构造域来说,从现代磁方位来看,三叠纪以来的汇聚方向比较稳定,基本上都是近南北向和 NNE 向,但强度略有变化。而其他构造域所受挤压的方向,则变化较多,取决于周邻板块的运移速度与方向的变化。总的来说,对于板内变形的强度来说,当然是在板缘的构造应力作用(图 3-37)和构造变形较强,越到大陆内部,就逐渐减弱;强构造应力和构造变形的作用时间也是先板缘后板内,逐渐滞后的。

依据影响板内构造应力值的变化或强构造变形时期的迁移可以初步判断板内变形的动力学机制。根据在早白垩世中期-古新世已获得的 176 个构造应力值(目前此时期获得的测试数据最多),西藏阿里地区的差应力值可达 180 MPa 左右,中国的中部地区(秦岭)在 140 MPa 左右,而在东亚陆壳洋幔分布区的北部仅为 100~90 MPa 左右。可以明显地看出:构造应力(用差应力值来表述)在从西南朝东北方向,由于传递过程中能量的消耗,其差应力值在向前传递的过程中是逐渐减弱的,平均每前进 100 km 差应力值就降低 1.8 MPa(图 3-37;万天丰,2011)。据此笔者认为:早白垩世中期-古新世板内变形的动力作用是印度板块朝 NNE 向俯冲挤压的远程效应。

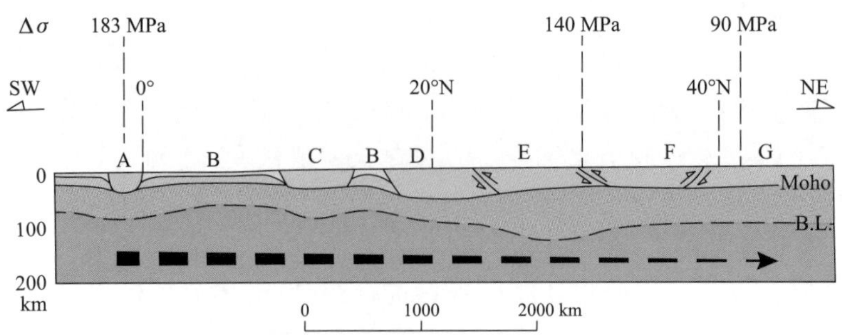

图 3-37 亚洲大陆内部板间碰撞所产生的远程效应(据万天丰,2011)

A—喜马拉雅地块,阿里地区;B—新特提斯洋;C—冈底斯地块;D—原南羌塘与印支地块;E—原扬子板块;F—原中朝板块;G—原中亚-蒙古碰撞带;D~G—在白垩纪时期已合并成欧亚大陆板块的一部分;Moho—莫霍面;B.L.—岩石圈底面(Moho与B.L.的深度均参照现代板块构造的特点推测的);Δσ—为差应力值,长箭头(虚线)示构造应力自西南朝东北传递过程中,应力值的衰减。

另一个值得注意的板块运动远程效应的事实是:在始新世-渐新世太平洋板块的运移方向从朝 NNW 方向转为 WNW 方向之后,其构造挤压作用力所造成的强构造变形带也在逐渐向西迁移,但作用时间却在逐渐推后:在太平洋的中途岛一带强构造变形发生在 36 Ma,在西太平洋岛弧上(日本列岛与中国台湾岛)为 30 Ma,向西在中国东海为 25 Ma,在中国大陆东部为~23 Ma,在云南西部为 20~15 Ma,而在西藏西部与新疆西部仅表现为微弱的轴向近南北的褶皱,其形成时期在中新世晚期,约为 15~10 Ma。上述资料说明太平洋板块向西挤压的构造应力作用在地壳表层是缓慢地向西逐渐传递的,用了大约 2000 万年的时间传递了 13 000 km 的距离,其迁移速度为~65 cm/yr(万天丰,2011)。当然,至今限于各期次、各地区构造变形的同位素年龄与构造应力值、运移量的数据有限,有关板块作用的远程效应,尚待更多资料的积累之后,进一步论证之。

有些学者曾认为远离板块边缘的板内变形与岩浆活动可能是由深部热地幔羽上隆所派生的,他们认为中国大陆东部在新生代存在六个“地幔柱”,它们分别控制了六个放射状岩墙群,它们都是富含幔源包体的玄武岩(邓晋福等,1992,1996)。遗憾的是,他们忽略了这些岩墙群的形成年代,其中近 WNW 向-近东西向的岩墙群(以拉斑玄武岩为主)都是古近纪(52~23 Ma)形成的,而 NNE 向-近南北向的岩墙群(以碱性玄武岩为主)却都是新近纪-早更新世(23~0.78 Ma)侵入的。它们的形成显然是受不同时期(两期构造岩浆作用相差 2000 多万年)、不同的板内构造应力作用方向所控制的,完全没有任何地幔羽的存在证据;相反,亚洲东部多期次构造-岩浆作用受板块近水平挤压、俯冲或碰撞的远程效应的证据却十分充足(万天丰,2011)。

亚洲大陆板内变形不仅表现在岩石圈表层的构造变形(地层的褶皱与断裂)上,还表现在岩石圈内部圈层的滑脱上。张文佑(1984)早就指出中国大陆岩石圈内部存在多个构造滑脱界面——沉积盖层底面,结晶基底底面(相当于中地壳低速高导层)和莫霍面。在区域构造作用下,它们都有可能发生构造滑脱的现象(图 3-38)。岩石圈内部的构造滑脱面在现代地震活动中表现得特别明显。马杏垣(1987,1989)、薛峰和黄剑文(1989)、邓起东等(2007),他们早已认识到在中国大陆 90%以上的 6 级或大于 6 级的,以及强震地震的震源深度都分布在 10~25 km 的深度,尤其集中在中地壳低速高导层和莫霍面附近。青藏高原只有少数地震的震源深度超过

70 km,也就是基本上都发生在地壳内部与底部,只有帕米尔地区的一些地震起源于岩石圈之下的地幔内,深度可达 100~280 km。

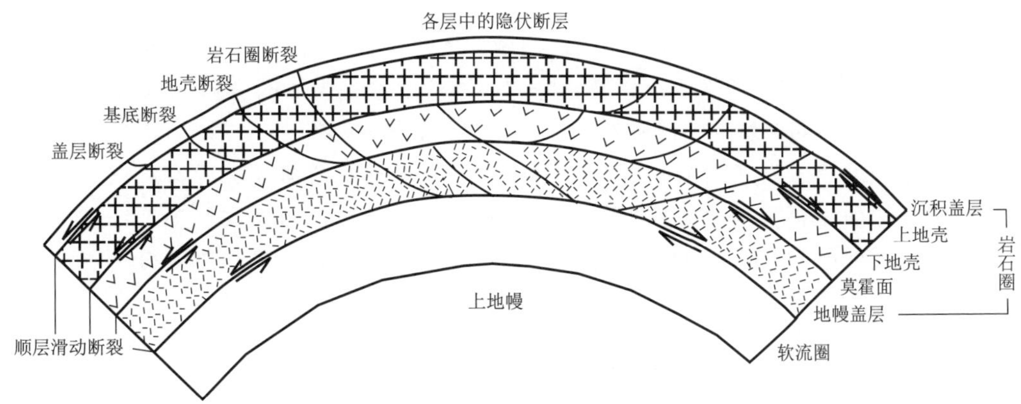

图 3-38 大陆岩石圈内构造滑脱面与断裂分布(据张文佑,1984)

亚洲大陆东缘受太平洋板块俯冲作用的影响,从日本岛弧以东 200 km 的海沟开始以中等角度向下俯冲,形成毕尼奥夫带,此带影响到中国大陆仅在中国东北东部边缘地区发生震源深度达 500~590 km,以及派生的火山活动,但中国东部绝大多数地区的深处都没有发生过任何深源地震。中国台湾以东的菲律宾海板块在古近纪是向西俯冲的,而到新近纪以来,则早已转变成高角度、略带左行走滑的断层。台湾岛大多数地震的震源深度都小于 70 km,台湾东北部及其东南海域才有震源深度达 100~280 km 的中源地震,说明该处地震断裂发生在岩石圈之下的地幔内(薛峰和黄剑文,1989)。综上所述,可以看出亚洲大陆岩石圈内部明显地存在中地壳低速高导层和莫霍面的构造滑脱面,而只有在亚洲大陆边部才受到周边大洋板块的影响而使岩石圈底面及其以下的地幔发生构造活动。

近年来,高锐等(2011)、Gao 等(2013)在青藏高原东北部昆仑山青藏高原东缘和西秦岭等地进行了地震反射剖面的探测,董树文等(2014)完成了四川盆地深地震反射剖面的研究,在安徽庐江-枞阳矿集区制作了地震反射剖面的三维可视化显示图,张世红等(Zhang et al.,2012)在华北地区研究了深地震反射剖面,他们的成果清楚地表明中国大陆内的莫霍面上下构造变形样式完全不同,莫霍面是大陆岩石圈内部的一个重要的构造滑脱面。

根据重力均衡的原理,过去都认为山区都存在"山根",但是由于亚洲大陆岩石圈内的莫霍面附近(深度在 40~50 km 左右)都发生了构造滑脱现象,"山根"就被截断,而不再保存。赵文津等(2014;见图 2-17)在研究东昆仑汇聚构造带深部结构时,也发现东昆仑的深部不再保存山根,而在莫霍面附近形成了构造滑脱面。汪昌亮等(2011)对湖南雪峰山深部的逆冲推覆构造样式进行研究,也利用地震反射剖面的资料,认识到:在莫霍面附近存在显著的构造滑脱界面,界面的上下存在截然不同的构造变形特征。

上述资料都说明亚洲大陆的构造变形,不仅表现在地表岩层的褶皱与断裂,还表现在岩石圈内部界面的构造滑脱。笔者等(万天丰等,2008)在研究亚洲东部中生代岩浆活动的起源深度时,认识到它们基本上都在莫霍面与中地壳低速高导层附近,只有极少数中新生代基性岩浆活动是起源于岩石圈底面的。就现有的岩浆活动的起源深度、地震反射剖面和大陆板内地震活动资料来看,亚洲大陆岩石圈底面的滑脱作用是很不显著的,是相对微弱的。从现有的资料来看,亚洲大陆岩石圈板块不是以岩石圈底面为主要滑脱界面的,而莫霍面和中地壳附近倒是存在着显著的构造滑脱界面,这是亚洲大陆板内变形的一种重要特征。

看来,必须对板块构造学说初创时期的认识做一些修正:与大洋板块有所不同,即亚洲大陆板块岩石圈内部莫霍面与中地壳低速高导层的构造滑脱现象是主要的、显著的。以为岩石圈底面-软流圈是所有岩石圈板块唯一滑脱界面的认识有必要修改与补充。

不过,由于至今尚未对亚洲大陆所有重要构造区的岩石圈结构都进行深地震反射剖面的探测,暂时还不了解亚洲大陆岩石圈下部构造滑脱现象的具体分布到底有多么广泛。相信随着此问题研究的深入,对于亚洲大陆岩石圈内部和底部构造滑脱现象必将取得更为详尽可靠的成果。

3.15.3　亚洲大陆的岩石圈类型

对于亚洲大陆的研究中,还有一个相当特殊的问题值得关注:即亚洲大陆岩石圈的类型问题。根据笔者的研究:亚洲大陆除了具有“普通型大陆岩石圈”之外,还有两种特殊的岩石圈类型,即“陆壳洋幔型大陆岩石圈”和“增厚型大陆岩石圈”。

蔡学林等(2002)采用横波的地震层析资料,以 1°×1°的网度取资料点,编制了亚洲大陆岩石圈的厚度分布图(图 3-39),该图可概略地了解亚洲大陆岩石圈的厚度变化特征。据此,可以看出:亚洲大部分地区属于普通型大陆岩石圈,其厚度为 100~150 km,其中的地壳厚 35~50 km,岩石圈地幔厚度为 65~100 km。

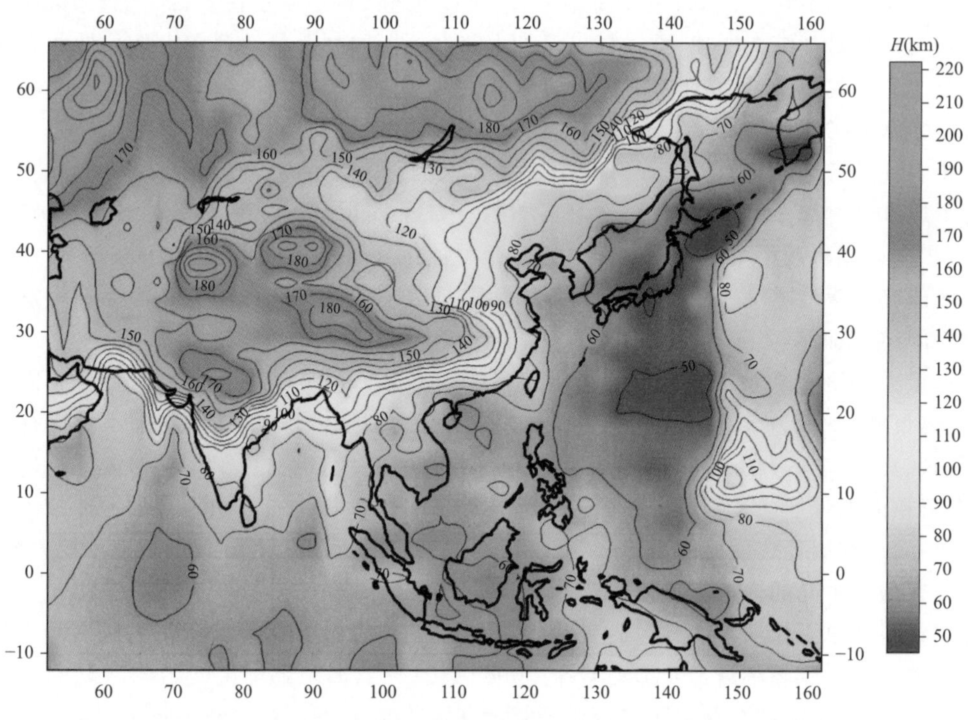

图 3-39　亚洲大陆岩石圈厚度分布略图(据蔡学林等,2002)

陆壳洋幔型大陆岩石圈(见图1-1蓝色点线以东地区),即较薄的洋陆过渡型岩石圈,分布在亚洲大陆的东部(Wan,2011;万天丰和卢海峰,2014;Wan et al.,2016;图3-39,图3-40 B区)。它是由于亚洲大陆地壳侏罗纪时期逆时针转动的结果。鄂霍次克-大兴安岭西侧-山西中部-武陵山-泰国达府一线为大陆型与陆壳洋幔型岩石圈的分界线[67],此界线以东的地区就是陆壳洋幔型的、较薄的岩石圈的分布区(见图1-1)。陆壳洋幔型岩石圈厚度,多数地区为70~80 km,其中地壳厚约30 km(属于略微薄一点的大陆型地壳),岩石圈地幔仅厚40~50 km(其厚度与大洋岩石圈地幔差不多,通常洋壳的厚度不及10 km)。显然,陆壳洋幔型岩石圈是大陆上一种较薄的、特殊的岩石圈(Fan and Menzies,1992;Menzies et al.,1993)。

对于是否存在此种陆壳洋幔型岩石圈认识比较分歧,这是近年来地质学术界一个重要的、有争议的课题。国内有很多学者(蔡学林等,2002;朱介寿等,2002;吴福元等,2008;朱光等,2008;朱日祥等,2011,2012;Xu et al.,2012)一直想用太平洋板块向西俯冲(距离俯冲带600~1000 km,俯冲带在华北地区的深度约为600 km),导致热地幔的上涌来解释东亚地区的强烈构造-岩浆活动和岩石圈的"减薄"现象。其实,首先,在东亚地区构造岩浆活动的主要起始时间是侏罗纪(程裕淇,1994;万天丰等,2008),而不是如不少学者所说的"白垩纪岩浆活动最剧烈",只不过近年来对白垩纪火山岩比较关注,测试数据较多而已;其次,白垩纪时期太平洋板块主要是朝北运移(见图2-45,图2-47),与亚洲大陆之间形成了大型的左行走滑断层(Yoshikura et al.,1990;见图2-46),而不是以俯冲作用为主的,直到白垩纪晚期(80 Ma)太平洋板块才开始转成朝NNW向俯冲(Osozawa,1994,见图2-48);再次,更不用说,至今还没有发现东亚的岩石圈地幔在中、新生代存在显著热活动或构造扰动的可靠证据(Xu,2012;王新胜等,2012)。现在已经获得的幔源包体形成时代均为太古宙或古元古代,并且显示出只有轻度的扰动(周新华,2006;路凤香,2010)。如果东亚大陆之下的地幔为近代太平洋俯冲所派生,则深部的热地幔应该具有中、新生代的同位素年龄,并且具有较强的扰动才对。在中国东部岩石地球化学的研究中,还有一个重要的资料值得重视,即许多学者认识到:根据基性岩浆起源深度与化学组分的特征来分析,侏罗纪以来玄武岩源区的下地壳或岩石圈地幔具有大洋壳或大洋地幔的属性(路凤香等,2006;Zhang S.H.et al.,2009;Yu et al.,2010;Zhang et al.,2012;Xu et al.,2012),至今还没有在深部获得中新生代的地幔年龄数据,也没有发现年代较新的地幔扰动迹象。

最后,虽然似乎用周边板块水平方向的俯冲、碰撞和挤压来解释板内构造变形和岩浆作用,初看起来好像是很有道理的和正确的。但是想把东亚如此大面积的强构造-岩浆活动都用板块俯冲作用所派生热地幔上升来解释,就显得十分牵强。现在已知的东亚的构造-岩浆作用,绝大多数侏罗-白垩纪的岩浆活动都起源于莫霍面与中地壳低速高导层,新生代分布很局限的玄武岩浆的起源深度也都在60~100 km之间,也即岩石圈底面附近(万天丰等,2008,2012)。近年来,王新胜等(2012)对于华北地区使用重力与地震层析资料相结合的研究方法,反演了该区岩石圈三维密度结构,结果发现华北地区地壳整体上表现为较低密度异常,地壳以下的岩石圈部分则以高密度异常为主。在80~120 km的深度上,华北东部地区呈现出显著的南北向非均匀的高密度异常。这说明华北地区100 km左右深处的地幔,仍为较冷的地幔,而不存在热的、低密度地幔的上涌现象。应该说至今还没有任何证据能显示华北地区中新生代的岩浆活动是与俯冲到600 km深处的板片,以及由此派生的地幔热活动有任何关系,也没有发现任何低密度的热地幔上涌的现象。这一点与东北地区长白山的深部是完全不同的。

东亚陆壳洋幔型岩石圈的形成机制,正如本书在侏罗纪构造演化中已经讨论过的,笔者(万天丰和卢海峰,2014;图 3-40)认为;东亚陆壳洋幔型岩石圈是由侏罗纪时期亚洲大陆地壳逆时针转动,以中地壳低速高导层或莫霍面为主要滑脱面,把东亚中南部的陆壳滑移到古老的大洋型岩石圈地幔之上而形成的(见图 2-53,图 3-21,图 3-40)。这就是说,在鄂霍次克-大兴安岭西侧-山西中部-武陵山-泰国达府一线,在太古宙-古元古代时期,就是古大陆与古大洋的分界线(图 3-39),此界线以东地区就是陆壳滑移到洋幔上,从而形成陆壳洋幔型岩石圈。此即笔者等(2014,2016)近几年所得到的新认识,在此提出来供同行们研讨之。

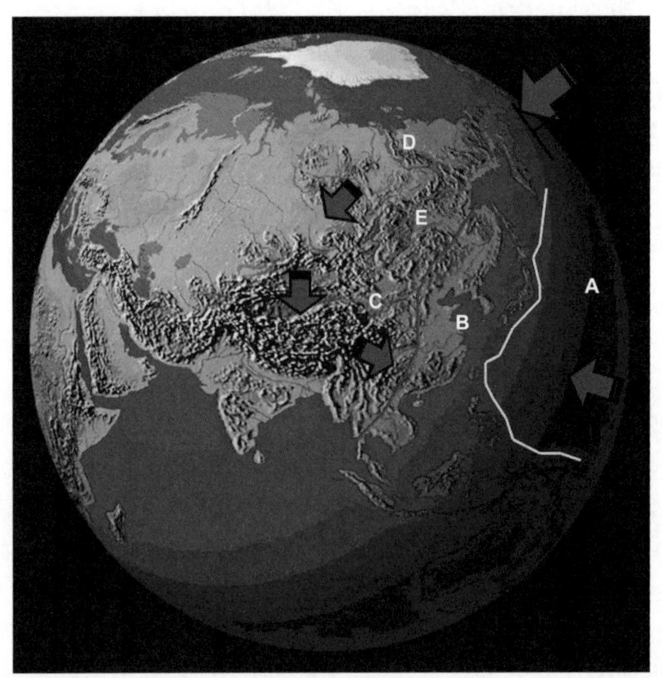

图 3-40　侏罗纪东亚陆壳洋幔型岩石圈的分布与形成机制(据万天丰和卢海峰,2014)

大红箭头为北美板块挤压与运移方向;其他红箭头均为各地块的运移方向,总体上展示了东亚大陆壳的逆时针转动。A—Izanagi 大洋型岩石圈板块;B—东亚陆壳洋幔型岩石圈;C—亚洲大陆型岩石圈;D—维尔霍扬斯克-楚科奇侏罗纪(200~135 Ma)增生碰撞带;E—外贝加尔(也称蒙古-鄂霍次克)侏罗纪(~140 Ma)增生碰撞带。红线为亚洲正常大陆岩石圈与东亚陆壳洋幔型岩石圈的大致界线;浅黄色线为东亚陆壳洋幔型岩石圈与大洋岩石圈的分界线。

增厚型大陆岩石圈(其界线[68]如图 1-1,图 2-30 的黄色点线所圈定的范围)是亚洲大陆南部由于白垩纪晚期以来,印度板块强烈地向北俯冲和碰撞,致使岩石圈的厚度大幅度增加。青藏-帕米尔增厚型大陆岩石圈的厚度约为 160~200 km(蔡学林等,2002),其中地壳厚度在 56~74 km 之间,岩石圈地幔的厚度为 100~120 km 左右(见图 2-35,图 2-36,图 3-39)。青藏-帕米尔大陆岩石圈增厚区与现今的青藏-帕米尔高原的范围几乎一致。对于此增厚型岩石圈的认识比较一致,没有多少争议。

在亚洲大陆上,出现上述三种类型的大陆岩石圈,这是全球大陆岩石圈结构的一大特色,这对于亚洲大陆岩石圈的演化影响极大,很值得关注。

3.15.4 亚洲大陆的盆山演化机制

在亚洲大陆上，到处都有山峦盆地、高原草地、湖泊洼地。大陆地形的起伏显著是一个众所周知的事实。早在1855年普拉特(Pratt)和艾里(Airy)就分别提出了略有差别的重力均衡补偿的假说，他们都认识到：密度较低的地壳厚度越大，地形就越高的事实(曾华霖，2005)。这样说来，好像大陆上地形的变化就是地面垂直方向上物质运动变化的结果。现在我们都知道：青藏-帕米尔高原平均海拔在4000 m以上，其密度较低的地壳就厚达60 km以上；内蒙古-黄土-云贵-掸邦高原的平均海拔在2000 m左右，其地壳厚达40~50 km；而东亚的平原和盆地平均海拔在100~50 m左右，地壳厚度仅为35~30 km(Li and Mooney，1998；滕吉文等，2002)。

由于山区岩石密度较低的花岗质岩石与沉积岩系较多，再加上遭受较强的风化剥蚀作用，使其不断降低其高度，为保持地球的重力均衡，山区必然会不断地升高。根据现代青藏高原夷平面(平均海拔4000 m以上)的研究，其平均上升速度在1.6~1.0 mm/yr(有人推测最近1万年来喜马拉雅山珠穆朗玛峰的上升速度甚至>80 mm/yr，是否正确，尚有待进一步研究)；云贵高原与黄土高原(平均海拔2000 m)的上升速度为0.8~0.4 mm/yr，亚洲东部的低山丘陵地区的上升速度仅为0.1~0.04 mm/yr(田明中和程捷，2009)。而东亚的平原、盆地和边缘海则都存在着不同幅度的沉降，沉降速度在1.6~0.3 mm/yr之间(杨华庭，1999)。尽管平原、盆地和边缘海的表面是由低密度的松散沉积物和水域所组成，在重力均衡作用下仍在沉降，这显然是与上述地区的深部存在着较多高密度的基性或超基性岩石有关。

在碰撞带内，由于水平构造作用力很强，不仅可以使岩层褶皱、隆起，地形升高；还因为在地壳内或莫霍面附近产生构造滑脱和断裂，以致派生许多中酸性岩浆的侵入与喷发，其冷凝后的岩石密度(2.5~2.6 g/cm^3)低于地壳的平均密度，因而在主碰撞作用之后，经常隆升成山。许多大陆地质学者喜欢将此类构造带称为“造山带”。这是继承了槽台假说的一个术语，似乎也未尝不可。其实，碰撞带的形成，最后并不一定都能成山。例如，绍兴-十万大山碰撞带[25]，金沙江-红河碰撞带[31]和雅鲁藏布江古近纪碰撞带[37]就没有形成山脉，原因就是在上述主碰撞带内没有发育大规模的、低密度的中酸性侵入岩体，此时碰撞带就不会成山。陆陆碰撞过程所形成的构造带就是碰撞带，这本来就是一个很恰当的术语。而不是如有些学者所说的：在板块构造学说中，没有恰当的术语来阐述陆陆碰撞作用所形成的构造带。

总之，在重力均衡作用下，山区在不断地上升，而低洼的平原、盆地与边缘海区则在不断下降，则是一个客观的事实(曾华霖和万天丰，1999)。这种垂直运动的迹象对于大陆地质学家产生了深刻的印象，可能这就是槽台假说之所以能盛行上百年，而至今还有很多学者留恋它的原因。应该注意的是，大陆地形的隆升与沉降，其年位移速率主要都是毫米级的。大洋板块每年的水平运移量可达几到十几厘米。亚洲大陆每年的水平位移量，在亚洲中南部的帕米尔-青藏地区达4~5 cm左右，四周的其他大多数地区则逐渐降到只有几毫米。总的来说，在大陆上，现代碰撞作用强烈的帕米尔-青藏地区水平运移速度通常是垂直运移速度的10~6倍左右，局部地区可达30倍。在平原、盆地和边缘海水平运移速度则是垂直运移速度的3~2倍左右，其他地区的数值则是介于上述两者之间(万天丰，2011)。

总之，在亚洲大陆上水平位移量和水平位移速度是显著地大于垂直位移量和垂直位移速度的。这一重要的结论必须承认，并给予足够的重视。不过，李四光(1962，1976 a，b)曾说过：地球内部水平作用力可以达到垂直作用力的600倍或2000倍的说法,那是肯定不妥的。因为那是把地球当作空心的“薄壳结构”来计算的。如果按照实心的地球来计算的话,那是肯定得不到如此巨大的水平分量的。这一点力学家们早已得到明确的结论,只是许多学者避而不谈而已。其实在科学问题上,必须实事求是,不能为尊者讳。

看来,在大陆地质构造研究中,过分强调垂直运动是不妥当的,必须认真地关注水平构造作用力的影响。过去在盆地构造研究中,由于当时只能用地震勘探剖面(只能探测垂直方向上的物性变化)来研究,因而长期以来对于沉积厚度的变化研究得很多,对于海侵与海退很关注,以为控制烃类生成、运移、聚集与散失主要都是垂直升降运动的结果。近年来,在很多地区进行了三维地震勘探,能够在水平的等时切面上研究水平作用力的影响,就逐渐地认识到水平作用力其实是占主导地位的。例如,辽河油田,过去长期以来一直不清楚是什么作用力控制了其东部油气田的分布,在正确解释三维地震资料的基础上,油气田研究人员(李宏伟和许坤,2001)就发现沿着NE向断裂带展布的一系列雁行排列的富集烃类的小背斜,其实是在古近纪晚期区域性近东西向挤压缩短作用下,NE向断裂带的右行水平剪切作用所派生的。

在大陆上存在着许多地形低洼的盆地,它们是赋存油气田的主要部位,很受研究者的重视。按照艾里(Airy)的假说,正是这些地形低洼的盆地,却具有正高均衡重力异常,为此,许多地球物理学者就假设:盆地深部存在莫霍面的隆起,于是就呈现出了一种地表洼陷而莫霍面上隆的“镜像反映”现象。此认识长期以来影响着盆地构造的形成机制,以为这是当然正确的结论。其实所谓的“莫霍面上隆”是地球物理学家假设的,并非实测的结果。

近年来,在华北和南海进行了地震反射剖面的深入研究的成果(Zheng et al.,2009,2012;秦静欣等,2011;Zhang et al.,2012)表明:在这些盆地之下,莫霍面是几乎平整地分布的(图3-41),盆地之下根本就不存在莫霍面的上隆现象。

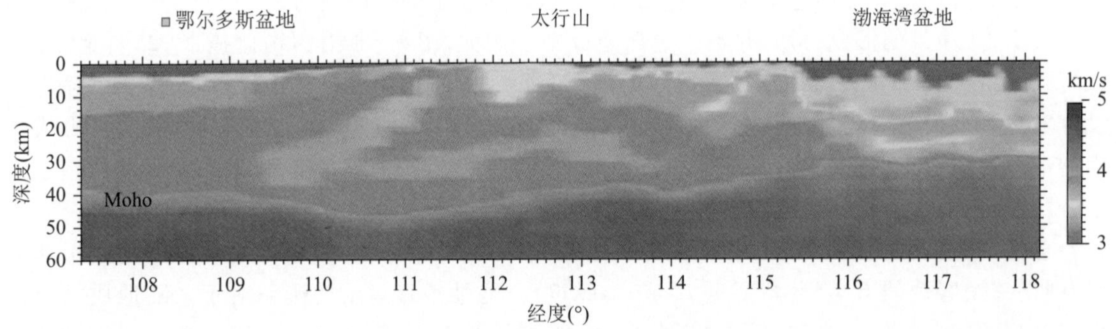

图3-41 华北地区沿东西走向的地震观测剖面的地壳S波速度结构(据Zheng et al.,2009)

S波速度值用右侧色标标注。图中Moho面的深度,由西部(左侧)鄂尔多斯地区的40 km左右,向东呈舒缓波状上升,在渤海地区(右侧)为30 km左右。此图表明:在盆地之下完全没有地幔突然上隆的现象。由于此图的垂直比例尺被放大了4倍多,所以莫霍面显得向东上升得比较明显(倾角约10°)。如果使用同样的水平与垂直比例尺来作图的话,则其实际的倾斜角度要小得多,仅2°~3°。显然在华北平原之下根本就不存在什么“莫霍面上隆”的迹象。另外,在此还值得注意的是:在地壳内,111.5°E(山西中部)的深处存在向西倾斜的,中等角度的低速带(黄色),它可能就是古元古代末期华北地块内部重要的地壳断层(古俯冲带)的表现,很可能就是古元古代末期古大陆与古大洋的界线,此俯冲带影响到整个地壳。而在115.4°E(河北中部)的深处,断裂带只影响到上地壳,其深部的低速带似乎已经被错断,笔者推测有可能是地壳上部向东运移速度大于下部所造成的。上述两条逆断层都可能指示了西盘仰冲、东盘俯冲的特征,它们在侏罗纪的地壳逆时针转动与向东滑脱过程中可能都有适当的活动。

那么盆地到底是怎么形成的？根据近年来的研究成果，笔者认为：从局部构造特征来看，盆地的形成看来主要是受重力均衡作用所控制，盆地形状则是受正断层或走滑断层所限制的。

张岭(2005)对环渤海盆地的形成，进行了很出色的研究，他利用中国科学院地质和地球物理研究所大量精确地重新核定历史地震震中的资料，进行了精度较高的地震层析成像研究(图3-42，图3-43)。图3-42为莫霍面之下(深度大于35 km)的速度扰动平面图，其中部显示了四个较明显的高速扰动区(蓝色区)，可能表明该处莫霍面之下存在高速体，可解释为赋存高密度体(密度约>3.3 g/cm^3)，它们自东北向西南，依次分布在渤海中部，黄骅凹陷(大港油气田)和濮阳凹陷

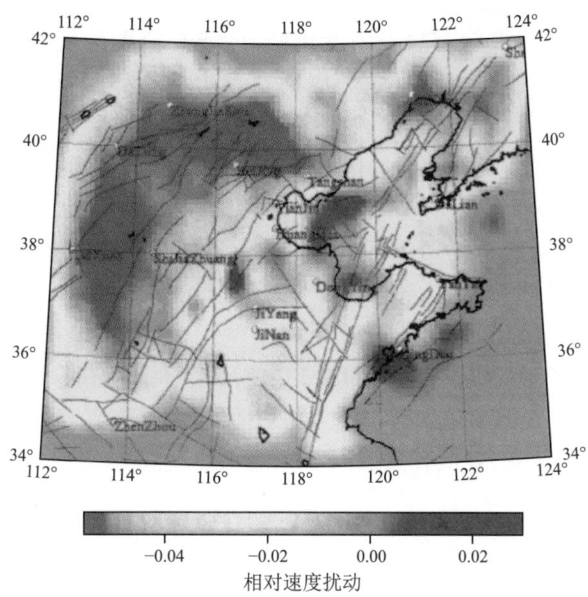

图3-42　环渤海35 km以下深度的相对速度扰动图(据张岭，2005)

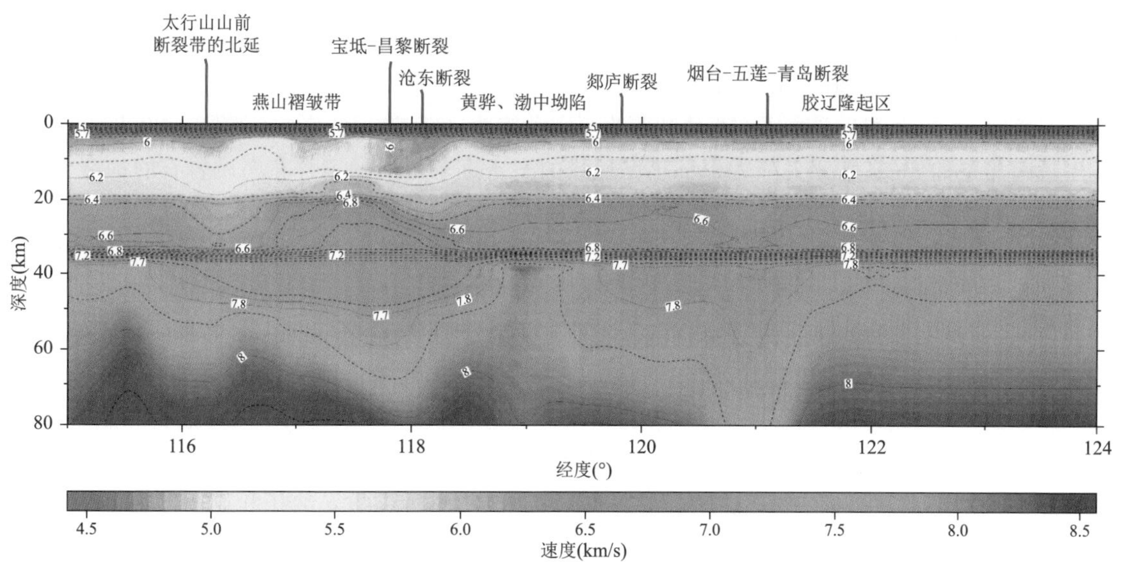

图3-43　BH-01剖面地壳-上地幔顶部速度结构图(据张岭，2005)

(中原油气田),以及山东北部的莱州湾(胜利油田附近),它们正是环渤海地区沉积凹陷较大的部位。而太行山-燕山地区的深部为低速扰动区(红色区),指示了该区深部岩石密度可能较低,可能赋存岩石密度较低的中酸性岩体和沉积岩系。图 3-43 为速度结构剖面图,该图正好切过渤中坳陷,显示该区在莫霍面之下存在正高速度扰动区(蓝色区),也即在深部可能存在高密度体。由于根据地质资料的研究,环渤海地区盆地初始形成时期为白垩纪,因而笔者推断上述高速体(强扰动区,可解释为高密度体)可能是白垩纪早期发育在莫霍面之下的超基性侵入体。正是这些超基性侵入体的形成,使该区岩石圈的总体密度显著增加,造成质量补偿过度,因而在重力均衡作用下就要向下沉陷,这可能就是盆地形成的主要原因。而太行山-燕山深部的低速扰动区(红色区),则可能指示了在其深部岩石密度较低,可能有较多的低密度的(2.5~2.7 g/cm^3)、中酸性侵入岩体或沉积岩系,造成质量亏损,因而在重力均衡作用下,这样就必然会隆升成山。就好像在水中普通的木头(除红木之类的高密度木头之外)一定会上浮到水面上来一样。

在岩石圈内,有的地区要下沉,有的地区要上浮,因而在两者之间就很容易发生断裂,通常会优先利用先存的老断裂带发生重新活动。这样,太行山前 NNE 向断裂带与燕山南麓的近东西向断裂带自然就成为环渤海湾盆地的西界和北界;而环渤海湾盆地的东界,显然就是郯庐断裂带(见图 3-25)。由于早白垩世最大主应力方向为 NNE-SSW 向,所以,太行山前 NNE 向断裂带和郯庐断裂带,都从侏罗纪时期的逆断层转变成白垩纪的正断层(王瑜对于北京西山山前正断层面上绢云母 Ar-Ar 测年的结果为 80 Ma),并使环渤海盆地在白垩纪呈现出一系列近东西向伸展的特征。笔者认为,断层在盆地形成过程中主要起到了边界和限制的作用,而不是起主导作用的,盆地不是仅仅靠断层的伸展作用就可拉出来的。类似的情况在亚洲大陆的演化中是常见的。

白垩纪-古新世时期,在 NNE 向最大主压应力的控制下,NNE 向的断裂都转变成正断层,如沿大兴安岭-太行山-武陵、郯庐断裂带、朝鲜半岛东南部沃川(Okcheon)-岭南岩浆岩带(Chough et al.,2000;Kim et al.,2005)-浙闽粤沿海断裂带形成一系列走向 NNE 的强烈褶皱断层和花岗质岩带(见图 3-25,图 3-26;万天丰等,2008),在其旁侧(无花岗质岩体的分布)就发育了断陷盆地,如松辽盆地,华北平原(环渤海)盆地,南黄海盆地等。在清莱-达府-中马来亚花岗质岩带的东侧则有泰国湄南河盆地与东马来亚平原。

始新世-渐新世时期,受太平洋板块朝西北西方向俯冲、挤压作用的影响(见图 3-30,图 3-31),发生近南北向的伸展,东亚大陆的中部早已形成的三条近东西向的富含花岗质岩石的构造带,即阴山-燕山、秦岭-大别与南岭,在它们两侧都发育了高角度正断层,成了“断块山”,于是在它们两侧、缺少花岗质岩石的地区就沉陷为低地,使下降盘成为中国大陆四个汇水盆地(松辽与内陆水系,黄河汇水盆地,长江汇水盆地和珠江汇水盆地)的基础(应该说明的是,此时各条水系并未全线贯通,朱照宇,1989;杨达源,1988)。而在西亚则从始新世-渐新世起,在印度板块向北挤压作用的影响则形成了安纳托利亚-伊朗-阿富汗高原(平均海拔 2000 m)。

新近纪-早更新世时期由于印度板块强烈向北碰撞(见图 3-33,图 3-34),地壳和岩石圈厚度显著增厚,遂形成了世界屋脊——帕米尔-青藏高原(平均海拔 4000 m 以上,具有增厚型大陆岩石圈),在其外围则形成中亚-蒙古-云贵-掸邦高原,并使西亚的安纳托利亚-伊朗-阿富汗高原进一步升高(平均海拔 2000~3000 m 左右,属于正常的大陆型岩石圈),更加外围的地区:中亚西部、西伯利亚和东亚(大兴安岭-太行山-武陵-呵叻-中马来亚以东,具有陆壳洋幔型岩石圈)

等地区则成为低山、丘陵、平原与边缘海(平均高程在±200 m以下),这就是亚洲大陆地形定型时期。

综上所述,可以看出:盆地与山脉的形成,初看起来好像只是与地球表面垂直方向的物质运动有关,是隆升与沉降作用的结果,似乎仅仅是重力均衡作用所主导。但是,进一步的研究就会认识到:之所以岩石圈深部能产生物质分布的不均一,有的部位岩石密度相对增高,有的部位岩石密度相对降低,就因为它们都是受大陆岩石圈板块内部构造作用的影响,受岩石圈内区域性水平方向为主导的构造应力场所控制的、是构造-岩浆活动所影响的。没有岩石圈深部的高密度或低密度岩块的形成就不可能引起地表的沉降或隆升的。区域性的地貌特征,显然都是受大地构造背景所制约的。

总之,大陆地形的形成,或者说盆山体系的形成是区域性板内水平挤压及重力均衡共同作用的结果,起主导作用的还是区域性板内水平挤压作用。看来,仅仅从重力均衡的角度来研究盆山体系的形成是不够的,也是欠妥的。以为大陆地形变化只是垂直升降运动的结果,以为大陆地区的构造演化都是以垂直的构造运动为主导的认识,看来也是不符合事实的。这一点,其实就是槽台假说与板块构造学说的主要分歧点,很值得关注与重视。以为槽台假说与板块构造学说没有什么区别的认识,或者有意抹杀两者存在根本性区别的认识,显然是不正确的,也是不妥当的。

在亚洲大陆山脉的形成中还有一个问题值得关注:即组成山脉的地质构造类型是可以不同的。从现有资料来看,中生代以及此前形成的山脉,基本上都是“向斜成山”或是“强构造挤压带成山”,原因在于水平挤压作用较强,岩石以及其中的裂隙被挤压得较为紧闭,但由于低密度的花岗质的岩石较多,其岩石的总体密度仍较低,因而在地壳上升、长期经受风化、剥蚀作用时,就能相对地保存得较多的部分,从而能够隆起并残留成山。这就是较古老的碰撞构造带和向斜成山的原因。然而,新生代构造作用使地层发生褶皱,只遭受相当短时期(数千万年)的风化、剥蚀作用,则至今仍可保留背斜的特征,照样可以“背斜成山”。就中国大陆上的特点来看,中生代以前构造带,没有例外,都呈现为“向斜成山”或是“强构造挤压带成山”的特征。而渐新世以来,由于剥蚀作用的时间较短,形成的背斜则均呈现为“背斜成山”的特征。这在四川,柴达木和塔里木等盆地都展示得十分清晰。如果以为,在大陆上都是“向斜成山”,而背斜则都不能成山的说法,是不符合事实的。

3.15.5 全球岩石圈板块构造的动力学机制问题

在讨论了亚洲大陆岩石圈构造形成与演化的各种问题之后,关于全球岩石圈板块形成与运动变化的动力学机制总是引人关注的,这是一个不可回避的大问题,当然这也是当今固体地球科学最大的难题。下面笔者拟分三个问题来探讨岩石圈板块构造的动力学机制。

(1) 板块构造作用力是以水平为主

大洋与大陆岩石圈板块的运动显然主要是受区域性水平动力作用所驱动的(Bott and Kusznir,1984,1991;Zoback and Magee,1991),这一点从板块学说创立时期就是这样认识的,其主要滑脱层为岩石圈底面之下的软流圈(Le Pichon et al.,1973;Press and Siever,1974;Hilde et al.,1977)。

然而,板块水平运移的动力学机制是什么? 20世纪70~90年代曾引起很热烈的讨论。起初,多数地球物理学家都强调俯冲的主导作用(Forsyth and Uyeda,1975;Turcotte and Schubet,1982),认为一般情况下,板块扩张、牵引和俯冲作用的构造应力值大都在 20~30 MPa,而在板块边缘可以显著增大到 1000 MPa 的程度,俯冲带的"负浮力"极大,从而成为板块运动的主要驱动力。上述数据显然偏大,后来,许多学者考虑了更多的因素(如各种物性参数随深度的变化,俯冲速度的不同,板块的厚度和俯冲过程的不同,等等),计算出来板块的负浮力就远没有这么大,约为 40~290 MPa(臧绍先和宁远杰,1994)。而不是如 20 世纪部分学者(Forsyth and Uyeda,1975;Turcotte and Schubet,1982)所谓的大洋板块自身的"负浮力"所驱动的,其实大洋型岩石圈的密度(2.9~3.0 g/cm^3)虽然要比大陆岩石圈的密度(2.6~2.7 g/cm^3)大一些,但是怎么能大于深部地幔的密度(3.3~5.56 g/cm^3)呢?怎么能由于其所谓的高密度(局部形成榴辉岩)而使大洋板块向下的拖拽力——"负浮力"成为板块运移的主导作用力呢?他们的假设,忽略了地幔深部具有极高密度岩石的事实。

大洋板块在向下俯冲的过程中,会受到高密度的地幔的巨大阻力。由于受地幔温度和围限压力的影响,大洋板块在向下运移过程中,必然会逐步提高其温度与密度,使之与附近地幔趋向于一致。近年来,有相当多的地震层析资料都认识到板块的下插作用,常常被中止在 670 km 深处附近,如印度板块可下插到青藏高原之下,而在深 600~800 km 一带则向南蜷曲、翻转,在下地幔内还存在一些拆沉作用所造成的特提斯洋的残片(Bigwaard et al.,1998;Van der Voo 等,1999;Replumaz et al.,2004)。澳大利亚板块在向亚洲大陆俯冲时,也是以下插到 600 多千米的深度(Replumaz et al.,2004)。在沙特阿拉伯(Maruyama,1994)和欧洲南部(Cavazza et al.,2004)也都见到板块下插到 600 多千米时,就很难再向下插到具有钙钛矿结构硅酸盐的下地幔,也可以说下插板块与中地幔以下的岩石密度趋向于一致。根本就无法再识别了。

现代的研究还表明,岩石圈板块运动速度显著地大于地幔运移速度(Bott and Kusznir,1984)。在热点附近的板块运动速度估算时,通常把热点当作参照系,当作基本上固定不动的。后来的研究(Minster and Jordan,1978)证明,热点参考系也可以有较小的绝对位移,一般在每年几毫米左右,只有少数明显活动的热点位移速度可达 2 cm/yr。岩石圈板块在地幔内的下插速度大约为 1~1.5 cm/yr,热点位移速度显著地小于板块在地表附近的运移速度(Grand et al.,1997)。因而绝大多数的学者都认识到,与许多岩石圈板块的"快速"位移相比,反映深部地幔对流速度的热点"参照系"的位移,其实是很缓慢的,两者大致相差一个数量级(利布特里,1986)。在获得许多数据的基础上,英国皇家地球物理学会前主席 Bott 与 Kusznir(1984)曾发表了如下的名言:"与其说地幔带动板块运动,不如说板块带动地幔运动"。这就是说:板块的运移速度是显著地大于地幔的运移速度的。老想用地幔对流来带动板块运动的假说是不符合事实的,也是行不通的。但是,至今总还是有一些学者在坚持认为:地幔运移速度大于板块运动的速度(Domeier and Torsvik,2014;Torsvik et al.,2008,2014),是地幔羽在推动板块汇聚的。

在板块不断下插的同时,某些地点起源于核幔边界的热地幔物质,可以用地幔羽的形式上升。这样,一方面不断把岩石圈板块下插到中地幔深处,另一方面深部地幔物质(主要是超临界流体)又可以上升到软流圈,引起上部岩石圈的张裂,于是势必构成地幔物质的大对流(Mattauer,1999;Condie,2001;许志琴等,2003)。20 世纪后期,一度曾经认为地幔不可能构成全地幔对流的认识,显然必须改变。尽管存在着地幔对流,但是想用地幔对流当作"传送带"来驱动岩石圈板块的运动显然是不可能的。不能忘记:地幔对流假说是在板块构造学说创立之前,由 Holmes

(1944)、Griggs(1939)提出的。至今还没有获得地幔运动速度大于 2 cm/yr 的任何数据。低速运移的“传送带”不可能使“货物”——岩石圈板块快速运动的。上述资料实际上早就否定了早期板块学说把地幔当作传送带、驱动岩石圈板块运动的假说,只不过以美国为代表的一些学者始终不愿意正面承认这一事实,而只是委婉地说“板块构造的动力学机制将在未来 20~30 年内解决”(引自 1990 年国际大地测量与地球物理学会(IUGG)主席的讲话)。实际上,至今仍未解决。

综上所述,根据近年来的研究,从大洋和大陆岩石圈板块运动的基本模式来看,与地表几乎平行的水平运动占主导地位,而且其运移速度显著大于地幔的运移速度,看来应该是比较正确的、符合事实的。

(2) 古大陆的裂解与地幔热流体活动

为什么古大陆会裂解？本书在讨论亚洲大陆岩石圈的形成演化过程中,显然不断地增生、聚集是主要的。但是有些古大陆也的确在不断地裂解。在现有地质资料中,学者们比较公认的事件是中元古代早-中期(1600~1200 Ma)哥伦比亚超级大陆发生了逐渐裂解的过程。中元古代时期北美的 Mackenzie 岩墙群、西伯利亚板块、中朝板块和印度板块内的基性岩墙群的发育(见图 3-2,图 3-3,图 2-3,图 2-37;侯贵廷,2012)都是哥伦比亚超级大陆裂解的表现。根据北美 Mackenzie 岩墙群和西伯利亚板块岩墙群展布的收敛方向来判断,多数学者都认为现在的北极地区(当时不一定在北极)可能从中元古代早期开始就长期存在巨大的地幔羽,由于地幔内许多超临界热流体上涌的结果,导致在局部地区形成岩浆房,并且导致岩浆向上侵入,以至于使地壳发生放射状张裂,基性岩浆贯入其中,形成放射状岩墙群。这说明大陆的裂解和板块的放射状水平运移是热地幔物质上涌的结果,是在垂直方向作用力的控制下,从而导致地球表层-岩石圈板块的水平运移的。

有关罗迪尼亚大陆,在中元古代晚期裂解的机制,目前似乎尚无定论。在晚二叠世,亚洲中南部四川发育了峨眉山玄武岩省,可能指示扬子板块与南羌塘地块之间存在热点,其下可能存在热地幔上涌,以致在扬子板块的许多地区出现局部的张裂现象,但是并没有使扬子板块裂解。看来峨眉山玄武岩省之下很可能只是地幔底辟(深部的地震层析资料显示在其下 200~300 km 处没有低速带了,也即不存在热异常,图 2-23;Zheng et al.,2012),而不是地幔羽。Shellnut(2014)认为,峨眉山大火成岩省的形成是地幔羽上升所致,不过他也承认此处热地幔的上升只是发生在极短的时间内(局限在中二叠世晚期的 Capitanian 期,~260 Ma)。所以它并没有造成扬子板块的整体破坏与裂解。

很多学者都赞成潘几亚大陆的裂解是与三叠纪末期(200 Ma)以非洲西部为中心的、形成放射状岩墙群的作用相关的(见图 3-19),也就是说可能是地幔羽上隆与岩浆向上侵入,从而在地球表层产生放射状张裂作用,造成潘几亚(Pengea)泛大陆的放射状裂解,以致形成北美、南美和非洲大陆板块的分离(Marzoli et al.,1999;Hames et al.,2000;Condie,2001)。这些岩浆岩(钾玄岩)都采用 $^{40}Ar-^{39}Ar$ 法测定年龄,其误差仅在 1 Ma 的区间内,溢出岩浆岩的体积达 7×10^6 km^3(Marzoli et al.,1999;Hames et al.,2000)。不过,对于此三叠纪的超级地幔羽,至今还无法获得当时深部状况的资料。也不知道这是“地幔羽”,还是“地幔底辟”？到底是起源于核幔边界,还是仅发育在中地幔之上？也不知道是否存在巨大陨石撞击的诱发作用？

在地球表层出现板块呈放射状张裂的实例,还有侏罗纪中期(195~177 Ma)在非洲、南极洲和南美洲之间存在一个规模巨大的卡罗-弗拉尔-乔艾克(南美洲阿根廷南部)溢流玄武岩省(Storey,1995;Storey and Kyle,1997;图3-44)。在非洲南部的卡罗火山活动发生在195~177 Ma之间,火山岩的分布面积达3×10^6 km^2。弗拉尔玄武岩省是南极洲最主要的镁铁质熔岩流、岩床和岩墙群,火山岩的同位素年龄在193~170 Ma之间。Storey认为在马尔维纳斯(福克兰)群岛旁侧的文德海是这三个玄武岩省的火山活动中心,它们合在一起,是受一个巨大的地幔羽所控制的岩浆活动中心。正是此地幔羽,构成了一个板块的三联点,使位于南极附近的冈瓦纳大陆发生了裂解,其伸展作用所形成的断裂可能控制了地幔流体物质进入这三个溢流玄武岩省的通道。以此为中心的板块放射状运移,使南美、非洲、印度、澳大利亚和南极洲板块分别向北运移,但是它们的运移速度却很不相同,在白垩纪,印度板块向北运移的速度达18 cm/yr左右(Lee and Lawver,1995),而澳大利亚板块则仅为0.8 cm/yr(Van de Voo,1993),非洲与南美洲板块向北运移的速度也仅为每年数厘米。为什么印度板块从白垩纪以来向北运移速度特别快?而周围其他的板块则为什么相当慢?如果单从地幔羽垂直上升来解释,似乎不大好解释。是否也有可能是受到巨大陨石斜向撞击直指印度板块所致?有待进一步研究。

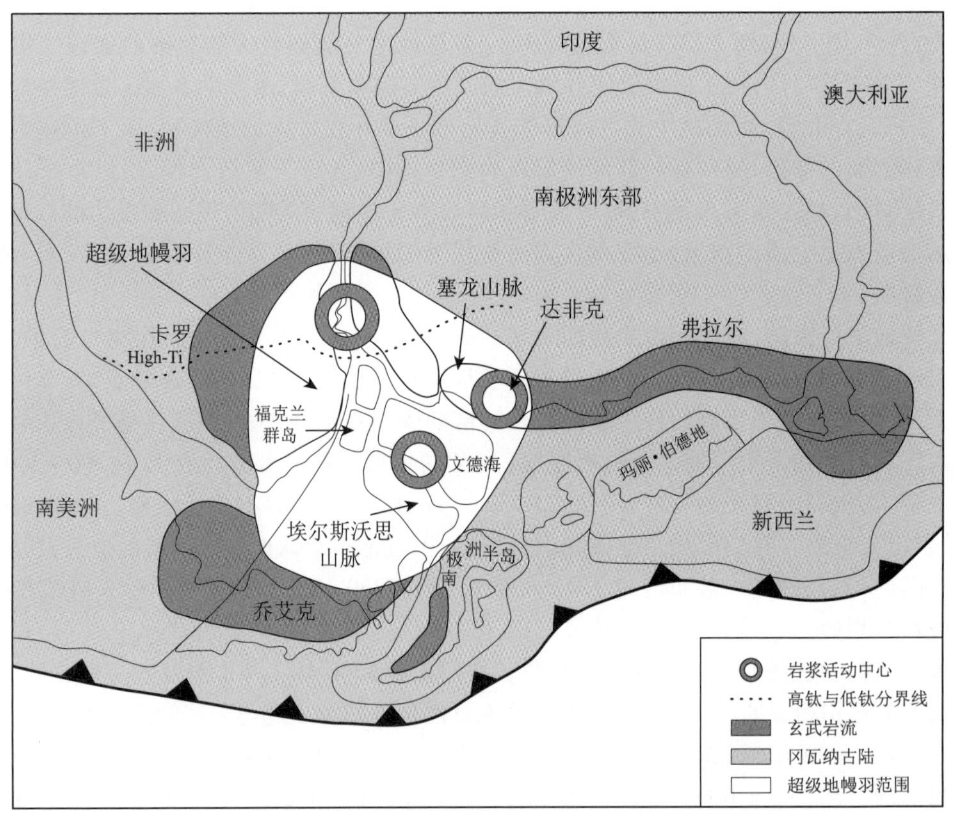

图3-44 侏罗纪中期南大西洋-南极附近地区地幔羽
(据Storey,1995;Storey and Kyle,1997;转引自Wan,2011)

根据第三代洋底磁条带的研究,Moore(1989)最早提出了在侏罗纪晚期(~138 Ma)太平洋地区的各个板块呈现为放射状运动的模式(见图2-45左上),即伊佐奈岐板块(Izanagi Plate)朝西北方向运移、俯冲和挤压(Maruyama,1994;Maruyama and Seno,1986;Maruyama et al.,1992,1997;Moore,1989),太平洋板块(Pacific Plate)在南半球朝西南方向的澳大利亚板块运移、俯冲,法拉隆板块(Farallon Plate)朝东北方向的北美板块运移、俯冲,凤凰板块(Phoenix Plate)则朝东南方向的南美板块运移、俯冲。上述这种四个板块的放射状的运动模式,很可能使人推测在其中心存在超级地幔羽的上升,从而诱发板块向四周运动的假说(Pavoni,1997;Condie,2001)。至于,为什么在此时此地形成地幔羽或地幔底辟,则至今尚无令人满意的回答。

在对比全球大地水准面的异常隆起和利用地震波计算出来核幔边界起伏的资料(Hager et al.,1985)的基础上,以及利用洋底磁条带所推算出来的地壳增生的分布,Pavoni(1997)推测,在最近 180 Ma(中侏罗世)以来非洲和太平洋板块的深部存在超级地幔羽,他把这种地幔羽的存在称之为"大地构造的两极性"(geotectonic bipolarity)。正是这两个地幔羽的上升,从而派生岩石圈板块与上地幔的放射状水平位移。由于大地水准面的异常隆起(非洲最多隆升 800 m,太平洋则为 1200 m)与核幔边界隆起(非洲最多隆升 3500 m,太平洋为 3000 m)具有相应的对比关系,一般认为,这两个地幔羽可能都起源于核幔边界,并且可能是液态外核和固态地幔之间运动速度不同,发生摩擦,产生旋涡,从而诱发核幔边界的隆升和超临界热流体上涌,即形成地幔羽(图 3-45)。

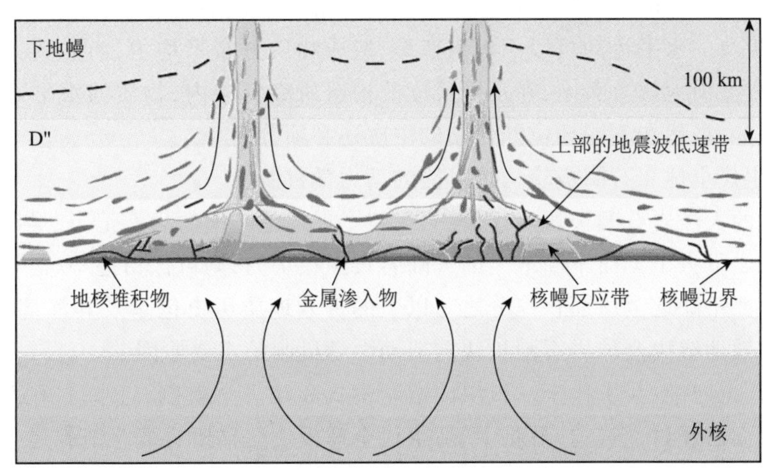

图 3-45 地核扰动引起 D"层产生地幔羽的模式图

(据 Brandon and Walker,2005;Wan,2011)

现在学术界通常只把起源核幔边界的超临界热流体上涌,称为地幔羽(mantle plume,图 3-45;Condie,2001;Brandon and Walker,2005;不宜将此词翻译成"地幔柱")。在整个地幔内,不存在任何柱状的以硅酸盐物质为主的热地幔,只有沿晶格缝隙上升的、形状极不规则的超临界热流体群。而把仅仅发育在中、上地幔的超临界热流体上涌的现象,也即无根的热地幔物质的上涌,称之为地幔底辟(mantle diapir;Condie,2001)。全球存在数以百计的热点(包括夏威夷热点),在其深部——中地幔以下,地震波速都没有任何差异,说明它们绝大部分都是"无根"的超临界热流体上涌,因而它们的多数都属于地幔底辟。地幔底辟的形成机制暂时证据还不够多。不过,它们与来自核幔边界的超临界热流体无关这一点是肯定的,它们在全球的分布极不规律,多数散布在板块内部,只有很少数位于洋脊附近,所以不少学者推测它们可能是巨大陨石撞击的诱发作用所致(Wan et al.,1997)。

至于在20世纪中后期在大地构造学界中所盛行的脉动式膨胀与收缩说(Bucher,1933;Grabau,1940;Umbgrove,1947;张文佑,1959;Milanovsky,1980)、地球大幅度膨胀说(Glikson,1980)、有限(15%~20%)膨胀说(Owen,1992;Wang et al.,1997)、重力失稳、派生全球板块水平运动假说(马杏垣,1987)、地球自转速度变化假说(李四光,1947,1962;Scheidegger,1963,1982;王仁和丁中一,1979)、地幔对流驱动板块运动的假说(也称“传送带模式”,Holmes,1944;Griggs,1939;Wilson,1970;Le Pichon et al.,1973)、涌流构造假说(surge tectonics,Meyerhoff et al.,1996),等等,通过近几十年的深入研究,在学术界已经获得足够的资料将上述假说基本否定,本书在此不再赘述。

站在全球构造的角度来看,是地内物质——地幔羽或地幔底辟的垂直运动派生了地球表层岩石圈板块放射状的水平运动模式。正是这种放射状的水平张裂作用导致了原有古大陆或大洋板块的解体和板块的放射状水平运移。

总之,板块的俯冲、碰撞造成大陆岩石圈的增生,而地幔羽或地幔底辟上升所派生的板块放射状的水平运动则是造成岩石圈板块的破坏、裂解,以至于在其外围发生聚合。综上所述,可以认为:岩石圈板块放射状的水平运动模式和板块的裂解是地幔羽或地幔底辟向上垂直运动所派生的,而岩石圈板块的水平运动可以因板内变形、造成物质分布不均匀,而在重力均衡作用中派生垂直运动,造成盆山地形。看来,在不同尺度的构造研究领域内,物质的水平运动与垂直运动是可以互相派生的,当然在不同地位其作用的主次还必须分明。

(3) 中、新生代全球岩石圈板块构造可能的动力学机制

在不断裂解的大洋岩石圈板块内,现在只保留了近2亿年来的岩石记录,早期的大洋板块都已经俯冲到大陆之下去了。而不断增生的大陆岩石圈板块内,则可保留近20亿年来的相当不完整的岩石记录。严重缺乏全球面积三分之二以上的古老地质历史记录及其深部资料,这就是为什么至今未能有效地解决全球岩石圈板块构造动力学机制的主要原因。

近2亿年来,也即中、新生代全球板块的运动模式和动力学机制,近些年来还是有了一点眉目。正如本书前面已经讨论过的,现将中、新生代全球板块运移模式概略地叙述于下:

三叠纪末期(200 Ma)以非洲西部为中心的“地幔羽”上升或巨大陨石撞击的诱发作用,造成潘几亚大陆的裂解(见图3-15,图3-16,图3-19;Marzoli et al.,1999;Hames et al.,2000;Condie,2001),开始出现原始的大西洋,而在东半球,由于特提斯洋张裂,向北俯冲,使亚洲大陆地块群发生显著的汇聚和增生。

侏罗纪中期(195~177 Ma)在以非洲、南极洲和南美洲之间、在以靠近南极洲的文德海为中心可能开始发育了热地幔物质的上涌,造成周围的大火山岩省(见图3-20,图3-43;Storey,1995,1997),导致冈瓦纳大陆开始放射状裂解。此作用的远程效应可使周边板块不同程度地向北运移。

侏罗纪晚期(~138 Ma),现在的太平洋地区中部出现热地幔物质的上涌,使其周围的各个大洋板块发生放射状的水平运移,向四周俯冲,即伊佐奈岐板块(Izanagi Plate)朝西北方向运移、俯冲和挤压(Maruyama et al.,1992,1997;Maruyama and Seno,1986;Maruyama,1994,Moore,1989),

太平洋板块(Pacific Plate)在南半球朝西南方向的澳大利亚板块运移和俯冲,法拉隆板块(Farallon Plate)朝东北方向的北美板块运移和俯冲,凤凰板块(Phoenix Plate)则朝东南方向的南美板块运移和俯冲。上述这种四个板块放射状的运动模式,很可能使人推测在其中心存在地幔羽或地幔底辟的上升,从而诱发板块向四周运动的假说(Pavoni,1997;Condie,2001)(见图 2-45 左上;Moore,1989;Maruyama,1994,Maruyama and Seno,1986;Maruyama et al.,1997)。与此同时,在侏罗纪时期北美板块受北大西洋扩张的影响,其北部朝西偏南方向的亚洲大陆东北端挤压,使亚洲大陆地壳东部发生逆时针转动(见图 3-20,图 3-39)。

白垩纪中期(~100 Ma)出现了全球各大陆与大洋板块基本上都以向北运移为主的特征,产生一些近南北走向的张裂带(见图 2-45 右上,图 2-47,图 3-24,图 3-26;Moore,1989),其中巨大的印度板块(包括大陆与海洋板块)向北的运移速度最快,达 18 cm/yr(Lee and Lawver,1995),而澳大利亚板块则仅为 0.8 cm/yr(Van de Voo,1993),非洲与南美洲向北运移的速度也仅为每年数厘米。为什么印度板块白垩纪时期向北运移速度特别快? 而周围其他的板块则相当慢? 如果单从地幔羽垂直上升来解释,似乎不大好解释。是否也有可能是受到巨大陨石斜向撞击直指印度板块所致? 值得思考。

全球许多大陆地区在白垩系与古新统之间(65 Ma),地层基本上都是连续沉积的,也就是说没有发生什么重大的构造事件,但是在此中、新生代之交,却发生了巨大的生物灭绝事件。20 世纪 90 年代,在执行大洋钻探(ODP)计划时,已经发现:在大西洋中部深处所取得的岩心中,白垩系与古新统之间存在沉积间断,微玻璃陨石层就分布在两者之间。此微玻璃陨石撞击事件,可能会加剧原始大西洋的进一步扩张(Norris and Kroon,1998)。至于,墨西哥尤卡坦半岛白垩纪末期(65 Ma)的陨石撞击事件,对生物灾变(如恐龙绝灭,裸子植物大量消亡)确能产生较大的影响(Sharpton et al.,1992)。但是至今还没有发现它对全球板块的运移发生什么重大的影响(Moore,1989;Wan,2011)。

在始新世晚期(~36 Ma),太平洋板块的运移方向发生突然的变化,由原来朝 NNW 向运动,转为朝 WNW 方向运动,以致在西太平洋形成俯冲带。可能这是与此时加勒比-东亚微玻璃陨石群的斜向撞击事件有关(尹延鸿和万天丰,1996;Wan et al.,1997;Wan,2011)。微玻璃陨石分布在太平洋底 400 m 之下的地层中,呈 SW250°方向的带状展布(从北美洲的加利福尼亚一直延伸到东南亚),撞击中心位于东太平洋洋脊附近(Glass,1982;Wan,2011)。按照尹延鸿和万天丰(1996)的推断:在 36 Ma 以前,太平洋板块是朝 NNW 方向运移的(运移速度为 7.1 cm/yr),由于受到微玻璃陨石朝地球表面呈低角度斜向撞击的作用,太平洋板块受到了朝 SW250°方向的作用力(可能造成的板块运移速度约为 8.7 cm/yr),从而使太平洋板块受到合力作用的方向突然转变为 WNW 方向(运移速度为 10.6 cm/yr)。由于太平洋板块转为朝西北西向的运移,因而就在太平洋板块与欧亚大陆之间就发生汇聚、俯冲,形成一系列的沟弧系:即堪察加-千岛-日本东北沟弧系和日本本州南-四国南-琉球沟弧系。这些沟弧系一直发育到现在,仍在活动之中。几乎与此同时,还存在古生物种群绝灭、出现沉积地层间断和界线地层元素地球化学特征剧变等事件,对于海洋来说,这是一个从“温室”走向“冰室”的转折时期。但是上述陨击-构造事件对于全球其他地区的影响不大,印度、非洲和南美洲板块则仍旧继续缓慢地(5~2 cm/yr)向北运移,大西洋在朝东西向扩张。

而最近的一次巨大的微玻璃陨石撞击事件,即亚澳(Australasian)微玻璃陨石(microtektite)

撞击事件(Glass,1982),是发生在0.78 Ma左右,即早、中更新世之交。粒径小于1 mm的微玻璃陨石广布于印度洋、东南亚和澳大利亚附近的洋底之下不足10 m深的层位内,在一个近椭圆形的范围内、覆盖面积接近固体地球表面积的1/10。用K-Ar和裂变径迹法测得其形成年龄为0.9~0.7 Ma,这其实包括了两次陨击事件。陨石总质量估算为1亿t。撞击的中心地区可能位于印度洋板块三联点附近。此陨击作用有可能使印度-澳大利亚、亚洲和南极洲板块发生进一步的扩张。地球上,再下一次巨大陨击事件,从而发生巨大的灾变,可能应该发生在3000多万年以后。

从上述中新生代板块运动方向的突然转变与大量生物灭绝事件的资料来看,它们的时间间隔与全球巨大陨石撞击事件的周期居然相当吻合,都是在大约33 Ma左右。这是由于太阳系带着地球在绕银河系中心旋转,银道面附近的星际物质极为密集,太阳系旋转时是在银道面上下浮动的,每隔33 Ma左右就会穿越一次银道面。所以,在穿越银道面时太阳系的引力场就会发生显著的变化,从而导致在地球外侧的许多小行星失去稳定、改变运行轨道,撞击地球,极易在地球表面发生巨大的陨击事件,形成巨大的陨击坑和地壳物质的亏损,以致造成地幔物质上隆,海平面的大幅度升降变化,气候剧变,生物大量灭绝,改变板块运动方向和地磁极翻转等现象(Rampino and Stothers,1984,1988)。从现有的资料来看,在中、新生代时期用巨大陨击作用以及地幔底辟上升、诱发板块运动方向改变的假说也许还是比较合理的。当然,有关此假说还需要进一步地深入研究,以求获得更多、更可靠的证据。

从上述板块运动模式的变化,可以看出全球每隔3300万年左右板块运动模式就发生一次显著的变化,其中有些是呈放射状扩张的,有的则可能是它们的远程效应,有的则是沿某一方向板块运动速度很快。其中三叠纪末在西非洲的放射状张裂,侏罗纪中期在以文德海为中心的放射状张裂,侏罗纪晚期在太平洋地区的放射状张裂,似乎还可以用地幔羽或地幔底辟的上隆作用来解释。侏罗纪东亚大陆的逆时针转动则可能是大西洋开始张裂、北美板块北部朝西偏南挤压作用的远程效应。新近纪以来板块运移速度与应力场较小的变化,自然用周邻板块运移的远程效应来解释,也还是可以的。

但是,白垩纪中期(~100 Ma)印度板块向北运移得特别快,始新世晚期-渐新世末期(36~23 Ma)太平洋板块运移方向的突然转变,就不好用地幔羽或地幔底辟上隆作用或其远程效应来解释了。看来用巨大陨石沿着地球表面以低角度撞击来解释可能比较合理(见图3-28,图3-29)。

现代的地幔羽或地幔底辟驱动岩石圈板块运动的假说,强调的是由于地幔热流体的大量上升和地幔头部的上顶作用,在岩石圈底面造成局部熔融,岩浆向上侵位,引起岩石圈上部的放射状张裂,有时还可以使原来的一个岩石圈板块张裂成几个板块(例如形成板块三联点),由于岩浆大量的上涌就不断地推动了板块在水平方向上朝四周扩张、裂开。受地幔羽或地幔底辟控制的大规模岩浆活动,当岩浆喷出地表就形成分布面积十分巨大的暗色岩区,形成以溢流玄武岩为主的大火山岩省,侵入到近水平的界面中就形成大范围的岩床,而在其下部常常沿着陡倾斜的放射状张裂隙而构成岩墙群。所有这些岩浆活动的时间都应该是准同时的,即岩石形成的同位素年龄误差应该在1 Ma之内(Condie,2001)。根据地幔羽主要起源于核幔边界的认识,地幔羽可能更容易在赤道附近的地幔深处形成,而在其他地区形成的可能性较少。

为什么板块运动模式能够每隔3000多万年就发生突变？并且不能全都是形成板块放射状张裂的模式和岩浆活动。为什么有时板块可以突然转变成沿着某一方向快速运移？看来仅仅用地幔羽或地幔底辟上涌来解释各时期板块运动的各种模式是困难的。这些问题都很值得深思。地球浅层上百个地幔底辟都是无根的、超临界热流体活动中心，而且其绝大多数都很不规律地分布在板块内部，只有少数分布在板块扩张边界上，说明地幔底辟不一定都能造成板块的张裂。那么为什么随机分布的地幔底辟会形成呢？自然就会使人猜想它们很可能是巨大陨石的快速撞击，使地表岩石炸飞，造成岩石圈浅部较严重的质量亏损和减压，以致使深部地幔热流体物质向上运移，形成地幔底辟，从而促使板块运动方向的改变，或是放射状张开，或是沿某一方向运动速度较快。而较小的陨石撞击也许可以诱发地幔底辟的形成，但是不见得都能影响板块的运移方向的改变。不过，应该说现在这个陨击作用诱发地幔底辟，导致板块运动假说的证据还不十分充足，有待进一步地收集资料与研究。

Rampino 和 Stothers（1984，1988）、殷鸿福等（1988）早就指出：巨大陨击事件的周期性和地球演化的周期性，关系十分密切。主要存在着两种周期性：(33±3) Ma 和(265±60) Ma 的周期性。(33±3) Ma 的周期，是和太阳系穿越银道面有关，在银道面附近星际物质密集分布，使引力场发生巨大变化，很容易使小行星或彗星等脱离原有轨道，出现陨石撞击地球的现象（图3-46）。而(265±60) Ma 的周期，则是银河年的周期，即太阳系绕银河系旋转一周所需要的时间。在一个银河年内，太阳系可以8次穿越银道面。

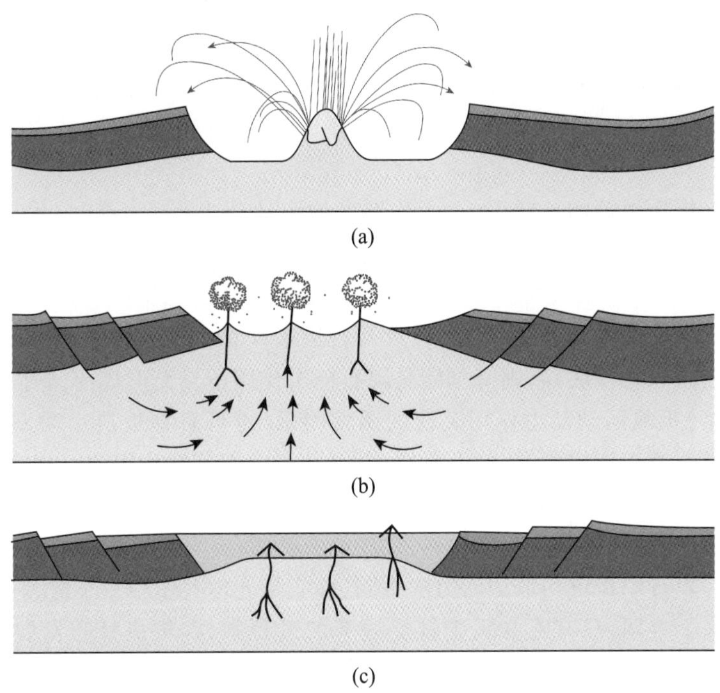

图3-46 陨击坑（据 Press and Siever，1974；转引自 Wan，2011）

(a) 巨大的陨石撞击地表，造成陨击坑，使许多物质（粉碎的陨石和地表岩石）飞溅到很远的地方；(b) 由于陨击所造成的质量亏损，高温及其下部岩石的破碎，导致深部物质的上涌和火山活动，火山活动又可使岩石进一步破碎，产生断裂；(c) 火山熔岩流和陨击的溅落物填满了陨击坑。此过程参照了月球表面陨击坑的形成过程。

3300 万年左右巨大陨击事件的周期与上述中生代以来每隔 3000 多万年全球板块运动方向变化的周期几乎一致，看来这种周期性的一致，很可能暗示了它们之间存在着成因上的联系，也即如果陨击作用是高角度、几乎垂直地撞击地表则易诱发岩石圈板块的放射状张裂。而当陨石以低角度撞击地表时，就像渐新世北美微玻璃陨石散落区的分布一样（见图 3-28），则地球遭受了朝 WSW 方向的切向作用力，使原来朝 NNW 向运移的太平洋板块转成朝 WNW 向运移（见图 3-29；尹延鸿和万天丰，1996；Wan et al.，1997）。白垩纪中期在冈瓦纳大陆裂解过程中，印度板块以极快的速度（18 cm/yr）向北运移，比南美、非洲和澳大利亚板块快得多的速度（n cm/yr）运移，也许用巨大陨石朝印度板块的运移方向斜向撞击来解释比较好。而如果巨大陨石以高角度撞击地球时，则易于诱发板块的放射状张裂，各个方向的张裂速度应该比较一致。

就现有的资料来看，用巨大陨石的陨击作用（图 3-46）诱发地幔底辟、出现板块三联点，形成板块的放射状张裂，或者改变板块的运动方向与速度来解释中、新生代每隔 3000 多万年就发生一次板块运动模式变化，可能是一种较好的假说（Wan，1997，2007，2011）。

对于三叠纪以前，古生代的板块运动模式的变化（见图 3-1 至图 3-8，图 3-10 至图 3-12）则至今还没有得到比较可靠的线索，资料严重不足，国内外还没有人能提出较为令人信服的板块构造动力学机制的假说。对于三叠纪以前的长周期（2 亿多年）的大陆裂解和汇聚模式的变化（如哥伦比亚大陆、罗迪尼亚大陆以及冈瓦纳大陆的形成和裂解等），一些学者推测很可能是深部地幔羽作用的产物。

Torsvik 等（2008，2014）对于古生代板块运动的动力学机制，试图采用地幔羽上升而派生板块的水平运移的假说来解释，并给出了图示，论证了潘几亚超级大陆的形成过程。非洲深部的地幔羽上隆，造成潘几亚大陆的裂解是比较好理解的。但是，非洲深部的地幔羽如何又能使潘几亚大陆在非洲上部汇聚起来？这个问题似乎很难解释。可惜他们的猜想很多，论据不足，有待今后进一步研究。

总之，岩石圈，作为很薄的地球表层（平均厚度约为地球半径的 1/60），发生板块运移，产生显著的差异应力，造成较强的构造变形，很可能是地球内部演化和天体运行、陨石撞击共同作用的结果。

从核幔边界升起的超级地幔羽，可能导致岩石圈板块的长期（上亿年）、缓慢的板块扩张。至于一些无根的热点和地幔底辟，则有可能是陨石撞击作用诱发而形成的，它们有可能解释较短期的（约 3000 万年）板块运动动力作用突变的诱发因素，也可解释板块运动方向的多样性。看来地幔羽假说与陨石撞击诱发假说，并不矛盾，两者是可以起互补作用的。相信在进一步深入研究、系统地积累全球深部资料之后，也许在将来的某一天，全球岩石圈板块构造动力学机制和地球动力学就能取得突破性的进展。

地球动力学和岩石圈板块构造的动力学机制，确实是地球科学中一个极其诱人的、难度最大的前沿性课题。这个难题，只有在为人类社会服务的过程中，在解决社会发展实际问题的进程中，扎实地大量积累各种地质、地球化学、地球物理学和天文学的资料，才有可能得到解决。急于求成，操之过急是不行的。在缺乏大量实际资料的情况下，想要大力发挥抽象思维的才能，建立自己的新学说或新理论是行不通的，对科学发展的益处也是很有限的。

参考文献

阿莱格尔 C J(鲍道崇译). 1989. 陨石 地球 太阳系. 北京:地质出版社,1-240.

白瑾,黄学光,王惠初,等. 1996. 中国前寒武纪地壳演化(第二版). 北京:地质出版社,1-223.

北京地质学院区域地质教研室. 1963. 中国区域地质. 北京:中国工业出版社,1-404.

蔡学林. 1965. 大别山区前震旦纪地质构造——兼论片麻岩穹窿构造特征. 北京地质学院《科学研究论文集》,4(构造地质与区域地质专集):15-26.

蔡学林,朱介寿,曹家敏,等. 2002. 东亚西太平洋巨型裂谷体系岩石圈与软流圈结构及动力学. 中国地质,29(3):234-245.

车自成,刘洪福,刘良. 1994. 中天山造山带的形成与演化. 北京:地质出版社,1-135.

陈国达. 1960. 地台活化及其找矿意义. 北京:地质出版社,1-408.

陈国达. 1978. 成矿构造研究法. 北京:地质出版社,1-413.

陈国达. 1998. 亚洲陆海壳体大地构造. 长沙:湖南教育出版社,1-322.

陈海泓,孙枢,李继亮,等. 1991. 华南板块的古地磁新结果//中国科学院地质研究所岩石圈构造演化开放研究实验室年报(1989—1990). 北京:科学出版社,102-106.

陈忠. 1984. 我国台湾地区地体构造特征的初步分析. 南海海洋科技,6:7-15.

程裕淇. 1994. 中国区域地质概论. 北京:地质出版社,1-517.

崔盛芹. 1999. 全球性中-新生代陆内造山作用与造山带. 地学前缘,6(4):283-293.

邓晋福,赵海玲,莫宣学,等. 1996. 中国大陆根-柱构造——大陆动力学的钥匙. 北京:地质出版社,1-105.

邓晋福,赵海玲,吴宗絮,等. 1992. 中国北方大陆下的地幔热柱与岩石圈运动. 现代地质,6(3):267-274.

邓起东,冉勇康,杨晓平,等. 2007. 中国活动构造图(1:400 万). 北京:地震出版社.

董树文,李庭栋,陈宣华,等. 2014. 深部探测揭示中国地壳结构、深部过程与成矿作用. 地学前缘,21(3):201-225.

董云鹏,张国伟,赖绍聪,等. 1999. 随州花山蛇绿构造混杂岩的厘定及其大地构造意义. 中国科学 D 辑:地球科学,29(3):222-231.

方大钧,金国海,陈汉林,等. 1992. 塔里木板块北缘晚古生代、中生代古地磁结果与构造演化的初步探讨//中国塔里木盆地北部油气地质研究. 第二辑:构造地质. 武汉:中国地质大学出版社,96-104.

方大钧,金国海,姜利萍,等. 1996. 塔里木盆地古生代古地磁结果及其构造地质意义. 地球物理学报, 39(4):522-532.

葛肖虹. 1989. 华北造山带的形成史. 地质论评,35(3):254-261.

葛肖虹,刘俊来. 2000. 被肢解的“西域克拉通”. 岩石学报,16(1):59-66.

葛肖虹,刘俊来,任收麦,等. 2014. 中国东部中-新生代大地构造的形成与演化. 中国地质(1):19-28.

葛肖虹,马文璞. 2014. 中国区域大地构造学教程. 北京:地质出版社,1-466.

耿元生,周喜文. 2012. 阿拉善变质基底中的早二叠世岩浆热事件——来自同位素年代学的证据. 岩石学报(9):3-21.

高锐,王海燕,王成善,等. 2011. 青藏高原东北缘岩石圈缩短变形——深地震反射剖面再处理提供的证据. 地球学报,32(5):513-520.

高锐,王海燕,张中杰,等. 2011. 切开地壳上地幔,揭露大陆深部结构与资源环境效应——深部探测技术实验与集成(Sino Probe-02)项目简介与关键科学问题. 地球学报,32(S1):34-48.

高振家,吴绍祖. 1983. 新疆塔里木古陆的构造发展. 科学通报,28(23):1448-1450.

郭福祥. 1998. 中国南方中新生代大地构造属性和南华造山带褶皱过程. 地质学报,72(1):22-33.

郭铁鹰,梁定益,张宜智,等. 1991. 西藏阿里地质. 武汉:中国地质大学出版社,1-464.

河北省地质矿产局. 1989. 河北省、北京市和天津市区域地质志. 北京:地质出版社,1-741.

何浩生,何科昭. 1993. 滇西地区夷平面变形及其反映的第四纪构造运动. 现代地质(1):33-40.

侯贵廷. 2012. 华北基性岩墙群. 北京:科学出版社,1-177.

黄宝春,周姚秀,朱日祥. 2008. 从古地磁研究看中国大陆形成与演化过程. 地学前缘,15(3):348-359.

黄汲清. 1960. 中国地质构造基本特征的初步总结. 地质学报,40(1):1-37.

黄汲清,1984. 中国大地构造特征的新研究. 中国地质科学院院报(9):5-18.

黄汲清,姜春发. 1962. 从多旋回构造运动观点初步探讨地壳发展规律. 地质学报,(2):3-50.

黄汲清,任纪舜,姜春发,等. 1977. 中国大地构造基本轮廓. 地质学报,51(2):117-135.

黄汲清,尹赞勋. 1965. 中国地壳运动命名的几点意见(草案). 地质论评,23(增刊):2-4.

黄汲清,张正坤,张之孟,等. 1965. 中国的优地槽和冒地槽以及它们的多旋回发展//地质科学研究院论文集. 丙种:区域地质、构造地质第一号. 北京:中国工业出版社,1-71.

吉林省地质矿产局. 1988. 吉林省区域地质志. 北京:地质出版社,1-698.

金小赤,王军,任留东. 1999. 西昆仑地质构造的几个问题//马宗晋等主编,构造地质学-岩石圈动力学研究进展. 北京:地震出版社,105-113.

李才. 1997. 西藏羌塘中部蓝片岩青铝闪石$^{40}Ar/^{39}Ar$定年及其地质意义. 科学通报,42(4):488.

李才,翟庆国,陈文,等. 2006. 青藏高原羌塘中部榴辉岩 Ar-Ar 定年. 岩石学报,22(12):2843-2849.

李宏伟,许坤. 2001. 郯庐断裂走滑活动与辽河盆地构造古地理格局. 地学前缘,8(4):467-470.

李江海,李维波,王洪浩,等. 2014. 晚古生代泛大陆聚合的全球构造背景:板块漩涡运动轨迹含义的探讨. 地质学报,88(6):980-991.

李锦轶,王克卓,李文铅,等. 2002. 东天山晚古生代以来大地构造与矿产勘查. 新疆地质,20(4):295-301.

李曙光,Jagoutz E,萧益林,等. 1996. 大别山-苏鲁地体超高压变质年代学——I. Sm-Nd 同位素体系. 中国科学 D 辑:地球科学,26(3):249-257.

李曙光,李惠民,陈移之,等. 1997. 大别山-苏鲁地体超高压变质年代学——II. 锆石 U-Pb 同位素体系. 中国科学 D 辑:地球科学,27(3):200-206.

李四光. 1926. 地球表面形象变迁之主因. 中国地质学会会志,5(3-4):209-262(英文). 中文版:(1976)地质力学方法. 北京:地质出版社,1-28.

李四光. 1962. 地质力学概论. 地质力学研究所内部印刷:1-131. 重印本:(1973)北京:地质出版社,1-131.

李四光. 1976a. 东亚一些构造型式及其对大陆运动问题的意义. 1929. 重印本:地质力学方法. 北京:地质出版社,65-112.

李四光. 1976b. 地质力学之基础与方法. 中国科学丛书,中华书局,1947. 重印本:地质力学方法. 北京:地质出版社,131-194.

李永安,李强,张慧. 1991. 准噶尔地块侏罗纪-白垩纪古地磁研究//中国地球物理学会第七届学术会议论文集:171. http://cpfd.cnki.com.cn/Area/CPFDCONFArticleList-ZGDW199110001.htm.

李永安,程国良,李强,等. 1992. 新疆东部古地磁研究. 新疆地质,10(4):329-371.

李永安,李强,张正坤. 1989. 晚古生代以来塔里木地块古地磁研究. 新疆地质,7(3):1-110.

利布特里. 1986. 大地构造物理学和地球动力学. 北京:地质出版社,1-270.

刘宝珺,许效松,夏文杰,等. 1994. 中国南方岩相古地理图集(震旦纪-三叠纪). 北京:科学出版社.

刘俊来,关会梅,纪沫等. 2006. 华北晚中生代变质核杂岩构造及其对岩石圈减薄机制的约束. 自然科学进展,16(1):21-26.

刘昭蜀. 2002. 南海地质. 北京:科学出版社,1-502.

路凤香. 2010. 华北克拉通古老岩石圈地幔的多次地质事件:来自金伯利岩中橄榄岩捕虏体的启示. 岩石学报,

26(11):3177-3188.

路凤香,郑建平,邵济安,等. 2006. 华北东部中生代晚期-新生代软流圈上涌与岩石圈减薄. 地学前缘,13(2):86-92.

陆松年,陈志宏,李怀坤,等. 2004. 秦岭造山带中-新元古代(早期)地质演化. 地质通报(2):11-16.

陆松年,杨春亮,李怀坤,等. 2002. 华北古大陆与哥伦比亚大陆. 地学前缘,9(4):225-234.

罗金海,周新源,邱斌,等. 2005. 塔里木-卡拉库姆地区的油气地质特征与区域地质演化. 地质论评(4):409-415.

马醒华,杨振宇. 1993. 中国三大地块的碰撞拼合与古欧亚大陆的重建. 地球物理学报,36(4):476-488.

马杏垣. 1987. 中国岩石圈动力学纲要. 北京:中国地图出版社,1-76.

马杏垣. 1989. 中国岩石圈动力学地图集. 北京:中国地图出版社(68 幅图).

马杏垣,蔡学林. 1965. 中国东部早太古阶段构造变动的特点. 中国大地构造问题:141-150. 北京:科学出版社.

马杏垣,游振东,谭应佳,等. 1961. 中国大地构造的几个基本问题. 地质学报,41(1):30-44.

毛景文,周振华,丰成友,等. 2012. 初论中国三叠纪大规模成矿作用及其动力学背景. 中国地质(6):5-39.

内蒙古自治区地质矿产局. 1991. 内蒙古自治区区域地质志. 北京:地质出版社:1-725.

倪善芹,侯泉林,王安建,等. 2010. 碳酸盐岩中锶元素地球化学特征及其指示意义——以北京下古生界碳酸盐岩为例. 地质学报 (10):134-140.

欧阳自远. 1995. 行星地球的形成和演化. 地质地球化学(5):1-105.

欧阳自远,刘建忠,张福勤,等. 2002. 行星地球不均一成因和演化的理论框架初探. 地学前缘,9(3):23-30.

秦静欣,郝天珧,徐亚,等. 2011. 南海及邻区莫霍面深度分布特征及其与各构造单元的关系. 地球物理学报,54(12):3171-3183.

任纪舜,陈廷愚,牛宝贵,等. 1990. 中国东部及邻区大陆岩石圈的构造演化与成矿. 北京:科学出版社:1-205.

任纪舜,姜春发,张正坤,等. 1980. 中国大地构造及其演变(1:400 万中国大地构造图简要说明). 北京:科学出版社:1-124.

任纪舜,王作勋,陈廷愚,等. 2000. 从全球看中国大地构造——中国及邻区大地构造图简要说明. 北京:地质出版社,1-50.

舒良树. 2006. 从华夏地块到加里东期褶皱造山带华南前泥盆纪构造演化. 高校地质学报,12:418-431.

舒良树,于金海,贾达,等. 2008. 华南东部早古生代造山带. 地质通报,27:1581-1593.

四川地质矿产局. 1991. 四川省区域地质志. 北京:地质出版社,1-730.

宋鸿林. 1999. 燕山式板内造山带基本特征与动力学探讨. 地学前缘,6(4):309-316.

谭锡畴,李春昱. 1948. 四川西康地质志. 中央地质调查所,地质专报甲种 15 号(1959,地质出版社再版).

唐智. 1979. 我国东部含油气盆地的构造特征. 石油勘探与开发(1):30-37.

滕吉文,曾融生,闫雅芬,等. 2002. 东亚大陆及周边海域 Moho 界面深度分布和基本构造格局. 中国科学 D 辑:地球科学,32(2):89-100.

田明中,程捷. 2009. 第四纪地质学与地貌学. 北京:地质出版社,1-310.

万天丰,朱鸿. 2007. 古生代与三叠纪中国各陆块在全球古大陆再造中的位置与运动学特征. 现代地质,21(1):1-13.

万天丰. 2011. 中国大地构造学. 北京:地质出版社,1-497.

万天丰. 2013. 新编亚洲大地构造区划图. 中国地质,40(5):1351-1365.

万天丰,卢海峰. 2014. 中国东部陆壳洋幔型岩石圈及其形成机制. 大地构造与成矿学,38(3):495-511.

万天丰,王亚妹,刘俊来. 2008. 中国东部燕山期和四川期岩石圈构造滑脱与岩浆起源深度. 地学前缘,15(3):1-35.

万天丰,赵庆乐. 2012. 中国东部构造-岩浆作用的成因. 中国科学 D 辑:地球科学,42(2):155-163.

万天丰,赵庆乐. 2015. 天山-阿尔泰地区古生代构造成矿作用. 中国地质,42(2):365-378.

汪昌亮,颜丹平,张冰,等. 2011. 雪峰山西部中生代厚皮逆冲推覆构造样式与变形特征研究. 现代地质(6):3-13.

王仁,丁中一. 1979. 轴对称情况下地球自转速率变化及引潮力引起的全球应力场. 天文地球动力学论文集. 上海:上海天文台出版,8-21.

王新胜,方剑,许厚泽,等. 2012. 华北克拉通岩石圈三维密度结构. 地球物理学报(4):90-96.

王勇,陈正乐,刘健,等. 2006. 伊犁盆地南部新构造特征及其对砂岩型铀矿的控制作用. 大地构造与成矿学,30(4):486-494.

王云山,陈基娘. 1987. 青海省及毗邻地区变质地带与变质作用. 中华人民共和国地质矿产部地质专报第 6 号. 北京:地质出版社.

翁文灏. 1927. 中国东部中生代以来地壳运动及火山活动. 中国地质学会会志(英文):69-36.

吴福元,徐义刚,高山,等. 2008. 华北岩石圈减薄与克拉通破坏研究的主要学术争论. 岩石学报,24:1145-1174.

吴根耀,李曰俊,王国林,等. 2006. 新疆西部巴楚地区晋宁期的洋岛火山岩. 现代地质,20(3):361-369.

吴汉宁,常承法,刘椿,等. 1991. 华北和扬子地块古生代至中生代古地磁极移曲线与古纬度分布变化. 西北大学学报(自然科学版),21(3):99-105.

吴正文,张长厚. 1999. 关于创建中国造山带理论的思考. 地学前缘,6(3):21-29.

肖序常,汤耀庆,冯益民,等. 1992. 新疆北部及其邻区构造演化. 北京:地质出版社,1-169.

许文良,葛文春,裴福萍,等. 2009. 东北地区中生代火山作用的年代学格架及其构造意义. 矿物学、岩石学、地球化学学术年会论文摘要. 贵阳.

许志琴,赵志兴,杨经绥,等. 2003. 板块下的构造及地幔动力学. 地质通报,22(3):149-159.

薛春纪,赵晓波,张国震,等. 2015. 西天山金铜多金属重要成矿类型、成矿环境及找矿潜力. 中国地质,42(3):381-410.

薛峰,黄剑文. 1989. 地震震源深度分布//见马杏垣主编. 中国岩石圈动力学地图集(第 25 幅图). 北京:中国地图出版社.

杨达源. 1988. 长江三峡阶地的成因机制. 地理学报,43(2):120-126.

杨达源,闾国年. 1992. 长江三峡贯通的时代及其地质意义的研究. 黄土、第四纪地质、全球变化. 第三集. 北京:科学出版社,140-143.

杨华庭. 1999. 中国沿海海平面上升与海岸灾害. 第四纪研究(5):456-465.

殷鸿福,徐道一,吴瑞棠. 1988. 地质演化突变观. 武汉:中国地质大学出版社,1-201.

尹延鸿,万天丰. 1996. 微玻璃陨石撞击导致始新世末太平洋板块改变运动方向的可能性及动力学探讨. 地矿部岩石圈构造与动力学开放研究实验室. 1995 年报. 北京:地质出版社,116-132.

雍幼子. 1988. 中国南北地震带的划分及其意义. 四川地震(1):33-36.

臧绍先,宁远杰. 1994. 全球动力学研究的进展与问题. 现代地球动力学研讨会论文集:13-18. 北京:地震出版社.

曾华霖. 2005. 重力场与重力勘探. 北京:地质出版社,1-273.

曾华霖,万天丰. 1999. 两幅全国均衡重力异常图的差异. 地球物理学报,42(1):127-134.

翟明国. 2007. 华北克拉通古元古代构造事件. 岩石学报,23(11):2665-2682.

翟明国. 2010. 地球的陆壳是怎样形成的——神秘而有趣的前寒武纪地质学. 自然杂志,32(3):126-129.

战明国. 1994. 华南中生代构造-岩浆-成矿作用及区域成矿规律研究. 中国地质大学(北京)博士学位论文.

张长厚. 1999. 初论板内造山带. 地学前缘,6(4):295-308.

张国伟,张本仁,袁学诚,等. 2001. 秦岭造山带与大陆动力学. 北京:科学出版社,1-855.

张宏福. 2009. 橄榄岩-熔体相互作用:克拉通型岩石圈地幔能够被破坏之关键. 科学通报,54:2008-2026.

张金玉. 2014. 新生代晚期藏南雅鲁藏布江短期改道事件. 中国地质大学(北京)博士学位论文:1-128.

张岭. 2005. 环渤海地区地壳和上地幔地震层析成像研究. 中国科学院研究生院博士学位论文:1-79.

张旗,钱青,王二七,等. 2001. 燕山中晚期的中国东部高原:埃达克岩的启示. 地质科学,36(2):248-255.

张世红,朱鸿,孟小红. 2001. 扬子地块泥盆纪-石炭纪古地磁新结果及其古地理意义. 地质学报,75(3):303-313.

张文佑. 1984. 断块构造导论. 北京:石油工业出版社,1-385.

赵文津,吴珍汉,史大年,等. 2014. 昆仑山深部结构与造山机制. 中国地质(1):5-22.

赵越. 1990. 燕山地区中生代造山运动及构造演化. 地质论评(1):3-15.

赵宗溥. 1959. 论燕山运动. 地质论评,19(8):339-346.

郑永飞,陈仁旭,徐峥,等. 2016. 俯冲带中的水迁移. 中国科学 D 辑:地球科学,46(3):253-286.

钟大赉. 1998. 滇川西部古特提斯造山带. 北京:科学出版社,1-231.

中国地质学会石油地质专业委员会,中国石油学会地质专业委员会. 1966. 中国石油地质图集(内部发行). 北京:地质出版社.

中国科学院地质研究所. 1959. 中国大地构造纲要. 北京:科学出版社,1-320.

周建波,张兴洲,Wilde S A. 2011. 中国东北~500 Ma 泛非期孔兹岩带的确定及其意义. 岩石学报(4):345-355.

周新华. 2006. 中国东部中、新生代岩石圈转型与减薄研究若干问题. 地学前缘,13(2):50-64.

朱光,胡召齐,陈印,等. 2008. 华北克拉通东部早白垩世伸展盆地发育过程对克拉通破坏的指示. 地质通报,27:1594-1604.

朱介寿,曹家敏,蔡学林,等. 2002. 东亚西太平洋边缘海高分辨率面波层析成像. 地球物理学报,45(5):646-664.

朱日祥,陈凌,吴福元,等. 2011. 华北克拉通破坏的时间、范围与机制. 中国科学 D 辑:地球科学,41:583-592.

朱日祥,徐以刚,朱光,等. 2012. 华北克拉通的破坏. 中国科学 D 辑:地球科学,42(8):1135-1159.

朱日祥,杨振宇,吴汉宁,等. 1998. 中国主要地块显生宙古地磁视极移曲线与地块运动. 中国科学 D 辑:地球科学,28(增刊):1-16.

朱日祥,郑天愉. 2009. 华北克拉通破坏机制和古元古代板块构造体系. 科学通报,54:1950-1961.

朱照宇. 1989. 黄河中游河流阶地的形成与水系演化. 地理学报,44(4):429-440.

朱志文,郝天珧,赵惠生. 1988. 攀西地区中生代地层古地磁及其大地构造含义. 中国攀西裂谷文集(3). 北京:地质出版社,199-211.

庄忠海. 1988. 四川盆地雅安至天全白垩系-下第三系古地磁研究. 物探与化探,12(3):224-228.

庄忠海. 1995. 横断山脉及其邻区的古地磁学研究. 地矿部成都地质矿产研究所(内部报告):1-106.

Aitchison J C, Davis A M. 2001. When did the India-Asia collision really happen? International Symposium and Field Workshop on the Assembly and Breakup of Rodinia, Gondwana and Growth of Asia. Osaka City University, Japan. Gondwana Research, 4:560-561.

Aitchison J C, Jason R A and Davis A M. 2007. When and where did India and Asia collide? Journal of Geophysical Research, 112:B05423.

Allen M, Windley B, Zhang C. 1993. Paleozoic collisional tectonics and magmatism of the Chinese Tianshan, Central Asia. Tectonophysics, 220:89-115.

Bazhenov M L, Collins A Q, Degtyarev K E. 2003. Paleozoic northward drift of the North Tian Shan (Central Asia) as revealed Ordovician and Carboniferous paleomagnetism. Tectonophysics, 366:113-141.

Ben A, Van der Pluijm, John P, et al. 1997. Paleostress in Cratonic North America: implications for continental interiors. Science, 277(8):794-796.

Bigwaard H, Spakman W, Engdahl E. 1998. Closing the gap between regional and global travel tomography. Journal of

Geophysical Research, B, 103: 30055-30078.

Bott M H P and Kusznir N J. 1984. The origin of tectonic stress in the lithosphere. Tectonophysics, 105: 1-13.

Bott M H P and Kusznir N J. 1991. Sublithospheric loading and plate-boundary forces. Phil.Trans.R.Soc.Lond., A 337: 83-93.

Brandon A D and Walker R J. 2005. The debate over core-mantle interaction. Earth Planet. Sci. Lett. Frontiers, 232: 211-225.

Brenchley P J and Rowson P E. 2006. The Geology of England and Wales. 2nd Edition. The Geological Society of London: 1-708.

Brookfield M E. 2000. Geological development and Phanerozoic crustal accretion in the western segment of the south Tien Shan (Kyrgyzstan, Uzebekistan and Tajikistan). Tectonophysics, 328: 1-14.

Bucher W H. 1933. The Deformation of the Earth's Crust. Princeton: Princeton University Press, 1-518.

Buslov M M, Watanabe T, Fujiwara Y, et al. 2004. Late Paleozoic faults of the Altai region, Central Asia: tectonic pattern and model of formation. Journal of Asian Earth Sciences, 23: 655-671.

Cavazza W, Roure F M, Spakman W, et al. 2004. The Transmed Atlas—The Mediterranean Region, From Crust to Mantle. Berlin, Heidelberg: Springer, 1-141.

Charvet J, Shu L S, Laurent-Charvet S. 2007. Paleozoic structural and geodynamic evolution of eastern Tianshan (NW China): welding of the Tarim and Junggar plates. Episodes, 30: 163-186.

Chough S K, Kwon S T, Ree J H, et al. 2000. Tectonic and sedimentary evolution of the Korean peninsula: a review and new view. Earth-Science Reviews (52): 175-235.

Condie K C. 2001. Mantle Plumes and Their Record in Earth History. Cambridge University Press, 1-306.

Condie K C and Aster R C. 2013. Refinement of the supercontinent cycle with Hf, Nd and Sr isotopes. Geoscience Frontiers, 4(6): 667-680.

Dalziel I W D. 1997. Overview: Neoproterozoic-Paleozoic geography and tectonics: review, hypothesis, environmental speculation. Geological Society of America Bulletin, 109(1): 16-42.

Domeier M and Torsvik T H. 2014. Plate tectonics in the Late Paleozoic. Geoscience Frontiers, 5(3): 303-350.

Ernst R E and Baragar W R A. 1992. Evidence from magnetic fabric for the flow pattern of magma in the Mackenzie giant radiating dyke swarm. Nature, 356: 511-513.

Ernst R E, Grosfils E B, Mege D. 2001. Giant Dike Swarms: Earth, Venus and Mars. Ann.Rev.Earth Planet. Sci., 29: 489-534.

Eskola P E. 1949. The problem of mantled gneiss domes, Geol.Soc.London Quart.Jour., 104: 461-476.

Fan W M and Menzies M A. 1992. Destruction of aged lower lithosphere and accretion of asthenosphere mantle beneath eastern China. Geotectonica et Metallogenia, 16(3-4): 171-180.

Forsyth D and Uyeda S. 1975. On the relative importance of the driving forces of plate motion. Geophys.J.R.Astron.Soc., 43: 163-200.

Fromaget J I. 1934. Observations et reflexions Sur La geologic stratigraphique et Indochina. Bull.Soc.Geol.France, Ve Str. T.4.

Gao J, Long L L, Qian Q, et al. 2006. South Tianshan: a Late Paleozoic or Triassic orogen. Acta Petrologica Sinica, 22 (5): 1049-1061 (in Chinese with English abstract).

Gao R, Wang H Y, Yin A, et al. 2013. Tectonic development of the northeastern Tibetan Plateau as constrained by high-resolution deep seismic reflection data. Lithosphere, 2013, 5(6): 555-574.

Gao X Y, Gao R, Keller G R, et al. 2013. Imaging the crustal structure beneath the eastern Tibetan Plateau and implications for the uplift of the Longmen Shan range. Earth and Planetary Science Letters, 379: 72-80.

Garson M S and Miroslav K R S. 1976. Geophysical and geological evidence of the relationship of Red Sea transverse tectonics to ancient fractures. GSA Bulletin, 87(2): 169–181. DOI: 10.1130/0016-7606(1976)87<169: GAGEOT>2.0.CO.

Garzanti E, Gaetani M. 2002. Unroofing history of Late Paleozoic magmatic arc within the "Turan Plate" (Tuarkyr, Turkmenistan). Sedimentary Geology, 151: 67–87.

Glass B P. 1982. Tektites. In: Introduction to Planetary Geology. Cambridge University Press, 145–172.

Glikson A. 1980. Precambrian sial-sima relation, evidence for earth expansion. Tectonophysics, 6(3): 193–234.

Grabau A W. 1940. The Rhythum of the ages. Beijing: H. Wetch: 1–561.

Grand S P, Van der Hilst R D, Widiyantoro S. 1997. Global seismic tomography: a snapshot of convection in the Earth. GSA Today, 7(4): 1–7.

Griggs D T. 1939. Creep of rock. Journal of Geology, 47: 225–251.

Hager B H, Clayton R W, Richards M A, et al. 1985. Lower mantle heterogeneity, dynamic topography and the geoid. Nature, 313: 541–545.

Hall R and Blundell D J. 1995. Reconstructing Cenozoic SE Asia. Geological Society Special Publications, 106: 153–184.

Hall R, Cottam MA, Wilson M E J(eds.). 2011. The SE Asian gateway: history and tectonics of Australia-Asia collision. Geological Society of London, Special Publication, 355: 1–381.

Hames W E, Renne P R, Ruppel C. 2000. New evidence for geologically instantaneous emplacement of earliest Jurassic Central Atlantic magmatic province basalts on the North American margin. Geology, 28: 859–862.

Han B F, He G Q, Wang X C, et al. 2011. Late Carbonniferous Collision between the Tarim and Kazakhstan-Yili terranes in the western segment of South Tian Shan Orogen, Central Asia, and implications for the Northern Xinjiang, western China. Earth-Science Reviews, 109: 74–93.

Hilde T W, Uyeda C S, Kroenke L. 1977. Evolution of the western Pacific and its Margin. Tectonophyiscs, 38: 145–165.

Hofmann A W. 1997. Early evolution of Continents. Science, 275: 498–499.

Holmes A. 1944. Principles of Physical Geology. London: Thomas Nelson and Sons, 1–532.

Hsu K J, Sun S, Li J L, et al. 1988. Mesozoic overthrust tectonics in South China. Geology, 16: 418–821.

Huang J L, Zhao D P. 2006. High-resolution mantle tomography of China and surrounding regions. Journal Geophysical Research, 111(B9). DOI: 10.1029/2005JB004066

Huang T K(Jiqing). 1945. On the Major Structural Forms of China (in English with Chinese summary of 11 pages). Geological Memoirs. ser. A, 20: 1–165.

Hutchison C S and Tan D N K(eds.). 2009. Geology of Peninsular Malaysia. Kuala Lumpur: Murphy. The University of Malaya and the Geological Society of Malaysia: 1–479.

Jayananda M, Kano T, Peucat J-J, et al. 2008. 3.35 Ga Komatiite volcanism in the western Dharwar craton: constraints from Nd isotopes and whole rock geochemistry. Precambrian Research, Elsevier. DOI: 10.1016/J. precamres. 2007.07.010, v.162: 160–179.

Jayananda M, Moyen J-F, Martin H, et al. 2000. Late Archaean (2550 ~ 2500Ma) juvenile magmatism in the Eastern Dharwar craton: constraints from geochronology, Nd-Sr isotopes and whole rock geochemistry. Precambrian Research, 99: 225–254.

Jiang S H, Nie F J, Su Y H, et al. 2010. Chronology and mechanism of Erdenet super-large copper-molybdenum ore deposit in Mongolia. Acta Geoscientica Sinica, 31(3): 289–306.

Kaur P and Chaudhri N. 2013. Metallogeny associated with the Paleo-Mesoproterozoic Colunbia supercontinent cycle: a synthesis of major metallic deposits. Ore Geology Review, http://dx. DOI.org/10.1016/j.oregeorev.2013.3.005

Kennedy W Q. 1964. The structural differentiation of Africa in the Pan-African(500 m.y.) tectonic episode. Res.Inst.Ar. Geol., University of Leeds, 8th Ann.Rep., 48-49.

Kim S W, Oh C W, Hyodo H, et al. 2005. Metamorphic evolution of the Southwest Okcheon Metamorphic belt in South Korea and its regional tectonic implications. International Geology Review, 47: 344-370.

Khramov A N, Petrova G N, Peckersky D M. 1981. Paleomagnetism of Soviet Union. In McElhinny M W, Valencio D A eds., Paleoconstruction of the Continents, Geodynamic Series, Boulder, Colorado: Geological Society of America, 177-194.

Kim K H and Van der Voo R. 1990. Jurassic and Triassic paleomagnetism of South Korea. Tectonics, 9(4): 699-717.

Klootwijk C T and Radhakrichnamurty. 1981. Phanerozoic paleomagnetism of the Indian plate and India-Asia collision. In McElhinny M W and Valencio D A eds, Paleoconstruction of the Continents. Geodynamics Series. Boulder, Colorado: Geological Society of America, 93-105.

Le Pichon S, Francheteau J, Bonin J. 1973. Plate Tectonics. New York: Elsevier Publishing Company, 1-300.

Lee T Y and Lawver L A. 1995. Cenozoic plate reconstruction of Southeast Asia. Tectonophysics, 251(1-4): 85-138.

Li S L, Mooney W D. 1998. Crustal structure of China form deep seismic soungding profiles. Tectonophysics, 288: 105-113.

Liu B P, Feng Q L, Fang N Q. 1991. Tectonic evolution of the Paleo-Tethys in Changning-Menglian and Lancangjiang belts, Western Yunnan. In: Proceedings of 1st International Symposium on Gondwana Dispersion and Asian Accretion (IGCP Project 321), Kunming, China. Beijing: Geological Publishing House, 189-192.

Liu J L, Davis G A, Lin Z Y, et al. 2005. The Liaonan metamorphic core complex, southeastern Liaoning province, North China: a likely contributor to Cretaceous rotation of eastern Liaoning, Korea and contiguous areas. Tectonophysics, 407: 65-80.

Maruyama S. 1994. Plume tectonics. Journal of the Geological Society of Japan, 100(1): 24-49.

Maruyama S, Isozaki Y, Kimura G, et al. 1997. Paleogeographic map of the Japanese Islands: plate tectonic synthesis from 750 Ma to the present. The Island Arc, 6: 121-142.

Maruyama S, Liou J G, Zhang R. 1992. Tectonic evolution of the ultrahigh-pressure (UHP) and high-pressure (HP) metamorphic belts from central China. The Island Arc, 3(2): 112-121.

Maruyama S, Seno T. 1986. Orogeny and relative plate motion: Example of the Japanese Islands. Tectonophysics, 127: 305-329.

Marzoli A, et al. 1999. Extensive 200-million-year-old continental flood basalts of the Central Atlantic magmatic province. Science, 284(5414): 616-618.

Mattauer M. 1999. Seismique et tectonique. Pour la Science, (265): 28-31.

Meert J G and Torsvik T H. 2003. The making and unmaking of a super continent: rodinia revisited. Tectono-physics, 375: 261-288.

Menzies M A, Fan W M, Zhang M. 1993. Paleozoic and Cenozoic lithoprobes and the loss of >120 km of Archean lithosphere Sino-Korean Craton, China. In Prichard H M et al.(eds) Magmatic and Plate Tectonics. Geological Society Special Publication, 76: 71-81.

Metcalfe I. 2011. Paleozoic-Mesozoic History of SE Asia. In Hall R et al. (ed.) The SE Asian Gateway: History and Tectonics of the Australia-Asia Collision. London: The Geological Society of London Special Publication, 355: 7-36.

Meyerhoff A A, Taner I, Morris A E L, et al. 1996. Surge tectonics: a new hypothesis of global geodynamics. Dordrecht, Boston, London: Kluwer Academic Publishers, 1-323.

Milanovsky E E. 1980. Problems in the tectonic development of the earth in the light of concepts on its pulsation and expansion. Rev.Geol.Dynam.Geol.Physique, 22(1): 15-27.

Minster J B and Jordan T H. 1978. Present-day plate motions. Journal of Geophysical Research, A, Space Physics, 83 (B11): 5331-5354.

Moore G W. 1989. Mesozoic and Cenozoic paleogeographic development of the Pacific region, Abstract, 28th International Geological Congress, Washington D C, USA.2-455-456.

Neves S P and Mariano G. 2004. Heat-producing elments - enriched continental mantle lithosphere and Proterozoic Intracontinental orogens: insights from Brasiliano/Pan-African Belts. Gondwana Research, 7(2): 427-436.

Nezafati N. 2006. Au - Sn - W - Cu - Mineralization in the Astaneh - Sarband Area, West Central Iran (including a comparison of the ores with ancient bronze artifacts from Western Asia) der Geowissenschaftlichen Fakultät, der Eberhard-Karls-Universität Tübingen: 1-116.

Norris R D and Kroon D P B. 1998. Proceedings of the Ocean Drilling Program, Initial Report, vol. 171 B, College Station, TX (Ocean Drilling Program).

Opdyke N D, Huang K, Xu G, et al. 1986. Paleomagnetic results from the Triassic of the Yangtze Platform. Journal of Geophysical Research, B, 91(9): 9553-9568.

Osozawa S. 1994. Plate reconstraction based upon age data of Japanese accretionary complexes. Geology, 22: 1135-1138.

Osozawa S. 1998. Major transform duplexing along the eastern margin of Cretaceous Eurasia. In: Flower M F J et al. (eds.), Mantle Dynamics and Plate interactions in East Asia, Geodynamics Series, Washington, D C: AGU. 27: 245-257.

Owen H G. 1992. Has the Earth increased in size? In: Chatterjee S and Horton N III (eds.), New Concepts in Global Tectonics. Lubbock: Texas Tech.University Press.

Pavoni N. 1997. Geotectonic bipolarity: evidence of bicellular convection in the Earth's mantle. S.Afr.J.Geol., 100(4): 291-299.

Pickering K T, Koren T N, Lytochkin V N. 2008. Silurian-Devonian active-margin deep marine systems and paleogeography, Alai Range, Southern Tian Shan, Central Asia. Journal of the Geological Society of London, 165: 189-210.

Piper J D A. 2013. Continental velocity through Precambrian times: the link to magmatism, crustal accretion and episodes of global cooling. Geoscience Frontiers, 4(1): 7-36.

Piper J S A. 2013. A planetary perpective on Earth evolution: Lid tectonics before plate tectonics. Tectonophysics, 589: 191-223.

Powell C M, Li Z X, McElhinny M W, et al. 1993. Paleomagnetic constraints on timing of the Neopro-terozoic breakup of Rodinia and the Cambrian formation of Gondwana. Geology, 21: 889-892.

Press F and Siever R. 1974. Earth. W H Freeman and Company, 1-613.

Rampino M R and Stothers R B. 1984. Terrestrial mass extinctions: cometary impacts and the Sun's motion perpendicular to the galactic plane. Nature, 308(5961): 709-712.

Rampino M R and Stothers R B. 1988. Flood basalt volcanism during the past 250 million years. Science, 241(4866): 663-668.

Raymond C A, Stock J M and Cande S C. 2000. Fast Paleogene motion of the Pacific hotspots from revised global plate circuit constraints. The History and Dynamics of Global Plate Motions, Geophysical Monographys, 121: 359-375.

Replumaz A, Karason H, van der Hilst R D, et al. 2004. 4 - D evolution of SE Asia's mantle from geological reconstructions and seismic tomography. Earth and Planetary Science Letters, 221: 103-115. DOI: 10.1016/S0012-821X(04)00070-6.

Roberts M W. 2013. The boring billion? - Lid tectonics, continental growth and environmental change associated with the Columbia supercontinent. Geoscience Frontiers, 4(6): 681-691.

Rogers J J W, Santosh M. 2002. Configuration of Colunbia: a Mesopreterozoic supercontinent. Gondwana Research, 5: 5-22.

Rogers, J J W, Santosh M. 2004. Continents and Supercontinents. New York: Oxford Press, 1-289.

Safranov V S. 1972. Evolution of the protoplanetatry cloud and formation of the Earth and planets. Moscow: Nauka (Translated by the Israel program for scientific translation).

Scheidegger A E. 1963. Principles of Geodynamics. 2nd edition. Berlin: Springer-Verlag, 1-254.

Scheidegger A E. 1982. Principles of Geodynamics. 3rd edition. Berlin: Springer-Verlag, 1-395.

Schettino A, Scotese C R. 2005. Apparent polar wander paths for the major continents (200Ma to the present day): a paleomagnetic reference frame for global plate tectonic reconstructions. Geophysical Journal International, 163: 727-759.

Schmidt C J. Chase R B, Erslev E A. 1993. Laramide basement deformation in the Rocky Mountain foreland of the western United States. Geological Society of America, Special Paper 280, 1-372.

Scotese C R. 1994. Continental Drift (Edition 6). The PALEOMAP Project, University of Texas at Arlington.

Shao J, He G and Zhang L. 2007. Deep crustal structures of the Yanshan intracontinental orogeny: a comparison with pericontinental and intercontinental orogenies. Geological Society, London, Special Publications, 280: 189-200. DOI: 10. 1144/SP280. 9

Sharpton V L, Dalrymple G B, Marin L E, et al. 1992. New links between the Chicxulub impact structure and the Cretaceous/Tertiary boundary. Nature, 359(6398): 819-821.

Shellnut J G. 2014. The Emeishan large igneous province: a synthesis. Geoscience Frontiers, 5(3): 369-394.

Shi Yangshen, Lu Huafu, Jia Dong, et al. 1994. Paleozoic plate tectonic evolution of Tarim and Western Tianshan region, Western China. International Geological Review, 36: 1058-1066.

Sigloch K, McQuarrie N, Nolet G. 2008. Two-stage subduction history under North America inferred from multiple-frequency tomography. Published online 29 June, DOI: 10.1038/ngeo231.

Stephan J F, Blanchet R, Rangin C, et al. 1986. Geodynamic evolution of the Taiwan-Luzon-Mindoro belt since the Late Eocene. Tectonophysics, 125(1-3): 245-268.

Stille H. 1924. Grundfragen der Vergleichenden Tektonik. Berlin: Borntraeger, 1-443.

Storey B C. 1995. The role of mantle plumes in continental breakup: Case histories from Gondwanaland. Nature, 377: 301-308.

Storey B C, Kyle P R. 1997. An active mantle mechanism for Gondwana breakup. S. African. J. Geology, 100(4): 283-290.

Tamaki K, Suyehiro K, Allan J, et al. 1992. Tectonic synthesis and implications of Japan Sea ODP drilling. Proc. Ocean Drill, Program Sci. Results, 127-128: 1333-1348.

The Geological Society of America. 1989. The Geology of North America, Vol A, The Geology of North America - An overview.

Torsvik T H, Muller R D, Van der Voo R, et al. 2008. Global plate motion frames: toward a unified model. Reviews of Geophysics, 46, RG3004. DOI: 10. 1029/2007RG000227.

Torsvik T H, Van der Voo R, Doubrovinea P V, et al. 2014. Deep mantle structure as a reference frame for movements in and on the Earth. www.pnas.org/lookup/suppl/DOI: 10. 1073/pnas.1318135111/-/DCSupple mental.

Turcotte D L and Schubet G. 1982. Geodynamics: Applications of Continuum Physics to Geophysical Problems. New York: John Wiley & Sons, 1-303.

Umbgrove J H F. 1947. The Pulse of the Earth. Nihoff: The Hague, 1-358.

Van der Voo R. 1993. Paleomagnetism of the Atlantic, Tethys and Iapetus Oceans. Cambridge University Press, 1-273.

Van der Voo R, Spakman W, Bigwaard H. 1999. Tethyan subducted slabs under India. Earth Planet. Sci.Lett., 171(1): 7-20.

Wan T F.1984. Recent tectonic stress field, active faults and geothermal fields (hot water type) in China. Journal of Volcanology and Geothermal Research, 22: 287-300.

Wan T F. 2007. Chinese continental blocks in Paleo-Tethys Ocean since the Paleozoic. Bulletin of the Tethys Geological Society, Vol.2.83-96.Cairo, Egypt.

Wan T F. 2011. The Tectonics of China—Data, Maps and Evolution. Beijing, Dordrecht Heidelberg, London and New York: Higher Education Press and Springer, 1-501.

Wan T F, Yin Y H and Zhang C H. 1997. On the extraterrestrial impact and plate tectonic dynamics: a possible interpretation. Proceedings of 30th International Geological Congress, VSP, 26: 87-95.

Wan T F, Zhao Q L, Lu H F, et al. 2016. Discussion on the Special Lithosphere Type in Eastern China. Earth Sciences, 5(1): 1-12. DOI: 10. 11648/j.earth.20160501. 11.

Wan T F, Zhao Q L and Wang Q Q. 2015. Paleozoic tectono-metallogeny in the Tianshan-Altay region, Central Asia. Acta Geologica Sinica, 89(4): 1120-1132.

Wan T F and Zhu H. 2011. Chinese continental blocks in global paleocontinental reconstructions during the Paleozoic and Mesozoic. Acta Geologica Sinica, 85(3): 581-597.

Wang C S, Li X H, Hu X M, et al. 2002. Latest marine horizon north of Qomolangma (Mt.Everest): implications for closure of Tethys seaway and collision tectonics. Terra Nova, 14: 114-120.

Wang H Z, Li X, Mei S L, et al. 1997. Pengean cycles, earth rhythms and possible earth expansion//Wang H Z, Jahn Borming, Mei S H (eds.), Origin and history of the earth. Proc.30th Intern.Geol.Congr.1: 111-128.VSP, Utrecht, The Netherland.

Wang Y, Li J Y, Sun G H. 2008. Post-collision eastward extrusion and tectonic exhumation along the eastern Tianshan orogen, central Asia: constraints from dextral strike-slip motion and $^{40}Ar/^{39}Ar$ geochronological evidence. Journal of Geology, 116: 599-618.

Weng W H. 1929. Mesozoic orogenic movement of east China. Journal of Geological Society of China, 8(1): 33-44.

Wilson J T (eds.). 1970. Continents Adrift: Readings from Scientific American. San Francisco: W. H. Freeman and Company.

Xiao W J, Han C M, Yuan C, et al. 2008. Middle Cambrian to Permian subduction-related accretionary orogenesis of Northern Xijiang, NW China: implications for the tectonic evolution of Central Asia. Journal of Asian Earth Sciences, 32: 102-117.

Xiao W J, Kröner A, Windley B F. 2009a. Geodynamic evolution of Central Asia in the Paleozoic and Mesozoic. International Journal of Earth Sciences, 98: 1185-1188. DOI: 10. 1007/s00531-009-0418-4.

Xiao W J, Windley B F, Hao J, et al. 2003. Accretion leading to collision and the Permian Solonker suture, Inner Mongolia, China. Tectonics, 22(6): 1069. DOI: 10. 1029/2002TC001484.

Xiao W J, Windley B F, Huang B C, et al. 2009b. End-Permian to mid-Triassic termination of the accretionary processes of the southern Altaids: implications for the geodynamic evolution, Phanerozoic continental growth, and metallogeny of Central Asia. International Journal of Earth Sciences, 98: 1189-1287. DOI: 10. 1007/s00531-008-0407-z.

Xu Y G, Zhang H H, Qiu H N. 2012. Oceanic crust components in continental basalts from Shuangliao, Northeast China: Derived from the mantle transition zone? Chemical Geology. DOI: 10. 1016/j.chemgeo.2012.01.027

Yakobchuk A. 2010. Restoring the superconyinent Colunbia and tracing its fragments after its breakup: a new configuration and a Super-Horde hypothesis. Journal of Geodynamics, 50: 166-175.

Yang Z Y and Besse J. 1996. Paleomagnetic study of Permian and Mesozoic sedimentary rocks from North Thailand suppor Report, The Laboratory of Lithosphere Tectonics and its Dynamics (MGMR China). Beijing: Geological Publishing House:122-132.

Yoon S. 2001. Tectonic history of the Japan Sea region and its implications for the formation of the Japan Sea. Journal of Himalayan Geology,22(1):153-184.

Yoshikura S, Hada S and Isozaki Y. 1990. Kurosegawa terrane, In: Ichikawa K, Mizutani S, Hara I (edited), Pre-Cretaceous Terranes in Japan. Publication of IGCP Project,224,Osaka,

Yu S Y,Xu Y G,Ma J L,et al. 2010. Remnants of oceanic lower crust in the subcontinental lithospheric mantle: trace element and Sr-Nd-O isotopic evidence from aluminous garnet pyroxenite xenoliths from Jiaohe Northeast China. Earth Planet.Sci.Lett.,297:413-422.

Zhai M G. 2014. Multi-stage crustal growth and cratonization of the North China Craton. Geoscience Frontiers, 5(4): 457-469.

Zhang H F,Yang Y H,Santosh M. 2012. Evolution of the Archean and Paleoproterozoic lower crust beneath the Trans-North China Orogen and the Western Block of the North China Craton. Gondwana Res.,22(1):73-85.

Zhang J J,Zheng Y F,Zhao Z F. 2009. Geochemical evidence for interaction between oceanic crust and lithospheric mantle in the origin of Cenozoic continental basalts in east-central China. Lithos,110:305-326.

Zhang S H,Li Z X,Evans D A D,et al. 2007. Pre-Rodinia supercontinent Nuna shaping up :a global synthesis with new paleomagnetic results from North China. Earth and Planetary Science Letters,353-354:145-155.

Zhao D P and Liu L. 2010. Deep structure and origin of active volcanoes in China. Geoscience Frontiers,1(1):31-44.

Zhao D P, Maruyama S, Omori S. 2007. Mantle dynamics of Western Pacific and East Asia: insight from seismic tomography and mineral physics. Gondwana Research,11:120-131.

Zhao G C,Sun M,Widle S A,et al. 2004. Late Archaean to Paleoproterozoic evolution of the Trans-North China Orogen: In slights from synthesis of existing data of the Hengshan-Wutai-Fuping belt. In Malpas,J.et al.(eds.) Aspects of the Tectonic Evolution of China. London:The Geological Society. Special Publication,226:27-56.

Zhao X X,Coe R S,Gilder S A,et al. 1996. Paleomagnetic constraints on the paleogeography of China: implications for Gondwanaland.Austra. J.Earth Sci,43(6):643-672.

Zheng T Y,Zhao L,Zhu R X. 2009. New evidence from seismic imaging for subduction during assembly of the North China craton. Geology,37:395-398.

Zheng T Y, Zhu R X, Zhao L, et al. 2012. Intra-lithospheric mantle structures recorded continental subduction. J Geophys.Res,117:B03308. DOI:10. 1029/2011.JB008873.

Zoback M L and Magee M. 1991. Stress magnitudes in the crust: constraints from stress orientation and relative magnitude data. Phil.Trans.R.Soc.Lond.,A 337(1645):181-194.

Zonenshain L P, Kuzmin M L, Natapov L M. 1990. Geology of the USSR : A Plate Tectonic Synthesis. American Geophysical Union,Geodynamics Series,Volume 21.Washington D C.1-242.

4

亚洲大陆构造成矿作用

4.1 各构造单元所赋存的大型矿田、矿床

在本节内,将讨论各构造单元所赋存的大型矿田和矿床的主要特征,重点研讨内生金属矿床的矿田构造。本书附表扼要地列举了各构造单元所赋存的大型矿集区、矿田和矿床的简要特征。

4.1.1 西伯利亚构造域赋存的大型矿田、矿床

4.1.1.1 西伯利亚板块[1]赋存的矿田、矿床

在西伯利亚板块(见图 2-1)内,存在不少金伯利岩,其中 15%的金伯利岩内含有金刚石。根据壳幔附近的地震探测,发现几乎在所有已知的含金刚石金伯利岩管都产在高密度的(也即超镁铁质的)太古宙岩块之中,金伯利岩管在晚古生代(360 Ma)或白垩纪(127~90 Ma)最后就位,并受板内裂谷-岩浆作用的控制。含金刚石矿床的金伯利岩管分布在 Malobatuoba, Alakit, Daldyn, Mun, Nakyn 等地(见图 2-2)。

绝大多数情况下,含金刚石金伯利岩管的超镁铁质岩和榴辉岩包体的同位素年龄均为太古宙-古元古代(从 3.5~3.2 Ga 到 2.0 Ga)。一般认为,下地壳或上地幔的高密度岩块是早前寒武纪高压含金刚石榴辉岩和纯橄榄岩经过部分熔融后的残留体,它们显然是含金刚石金伯利岩的主要来源。从矿田的空间分布看来,它们是受硅铝质陆核边缘断裂或陆核内中心式放射状断裂构造所控制,相信它们是最古老的大陆地壳构造残片。看来,前寒武纪地球动力学的“陆核模式”是最适宜于用来解释西伯利亚含金刚石金伯利岩矿田空间分布规律的(Moralev and Glukhovsky, 2000;见图 2-2)。

21 世纪初开始,俄罗斯科学家(Masaitis, 2002; Yelisseyeva et al., 2013)宣布在西伯利亚北部 Popigai Astroblem 地区(111°11′E, 71° 39′N),存在一个直径约 100 km 的小行星撞击区,认为该小行星是 3500 万年前撞击地表的。在陨击坑内发现规模惊人的金刚石矿床,据他们估计,这个撞击坑地下蕴藏的金刚石可达到数万亿克拉,是全球已知储量的 10 倍,足以满足全球市场未来 3000 年的需求。此种撞击作用形成的金刚石比普通金刚石的硬度大两倍。不过,上述估算尚待进一步勘探后核实之。

新元古代以后,西伯利亚西部地区发生大量玄武岩的喷发,形成断陷,以后一直被古生代与

中、新生代基性火山岩系与沉积岩系所覆盖。由于地壳内存在大量高密度基性火山岩,在重力均衡作用下,使西西伯利亚成为长期沉陷的地区(见图 2-3)。在二叠纪晚期(252 Ma),在西伯利亚相对稳定地块的西部,再次发生大规模的大陆溢流玄武岩喷发,形成大火山岩省,分布甚广,从西伯利亚北部的诺里尔斯克(Norilsk)、泰梅尔(Taimyr)、通古斯卡(Tunguska),到西部的乌拉尔(Urals)的东侧均有分布(见图 2-3;Saunders and Reichow,2009),玄武岩流至今仍保持基本水平的产状,据估算岩浆岩的体积达(2~5)×10^6 km^3(Dobretsov et al.,2008)。

西西伯利亚北部的诺里尔斯克(Norilsk,88°24′E,69°18′N;其主要矿床为 Pechenga)赋存着全球最大的镍(铜)硫化物型矿床,富含铂、钯等元素。那里就处在靠近地幔羽活动的中心部位。在西伯利亚大火成岩省(Siberian Traps Igneous Province)与地幔都形成于 1900 Ma 前。而矿床则主要赋存在二叠纪晚期基性火山岩系的下部,属于岩浆熔离型矿床(图 4-1,图 4-2)。矿石储量达 3.39 亿 t,镍平均品位为 1.18%(Naldrett,1989,1999)。俄罗斯现有镍金属储量 1740 万 t,居世界第一位。矿体主要走向为 NNW 或 NNE 向,受区域性主要张裂性断层的控制。

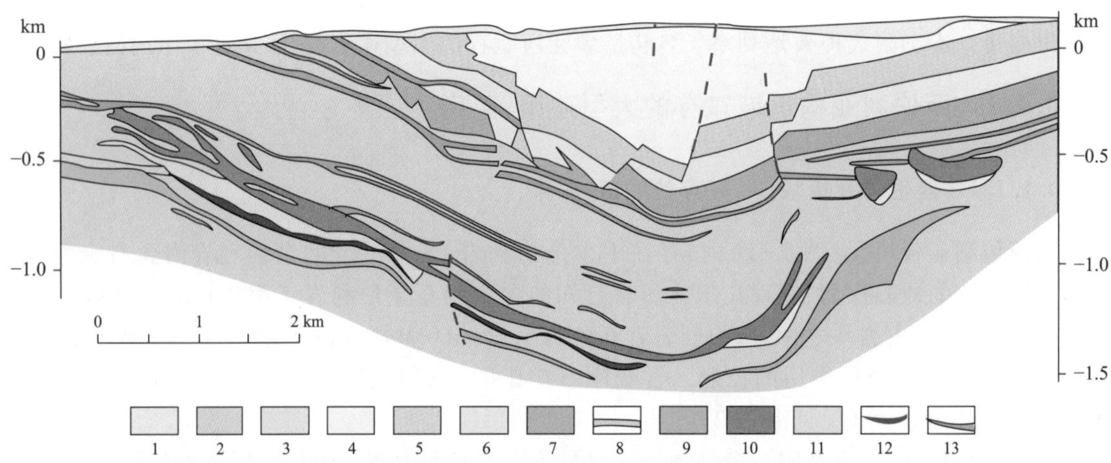

图 4-1　诺里尔斯克矿床塔尔纳赫侵入体地质剖面(据 Naldrett,1999,经改绘)

1—第四系;2—沉积盖层;3—莫龙戈夫未分异火山岩;4—贫镍的纳杰斯金强分异火山岩(含铬铁矿层);5—夹有富镍苦橄岩层的古德其新火山岩;6—贫镍的蛇尾尔期火山岩;7—贫铬和镍的伊娃净亚碱性火山岩;8—塔尔纳赫未分异岩床;9—下塔尔纳赫层状侵入体;10—上塔尔纳赫层状含矿辉长闪长岩;11—含浸染状矿化的苦橄岩和辉长闪长岩;12—块状硫化物矿石;13—含矿的粗面煌斑岩。

东西伯利亚地区伊尔库茨克州赋存着涅帕(Nepa,108°00′E,59°02′N)超大型钾盐矿床,为早古生代早寒武世形成的光卤石钾镁盐矿床。该矿分 9 层,总厚度 35 m,每层厚 1.5~5 m,埋深 600~900 m。总面积 1 万多平方千米,预计储量达 700 多亿吨,占世界总储量的 31%。最厚的一个矿层厚达 18.6 m,面积也很大。该矿床钾盐层含钾量高,含氯化钾 30%~40%(Petrychenko et al.,2005)。钾盐矿床是中纬度亚热带、极度干旱气候下的产物,这个矿床的存在是西伯利亚板块曾发生大幅度运移的一个有力的证据,说明西伯利亚的伊尔库茨克地区在早古生代早期曾经处在亚热带的干旱气候区(Goncharenko,2006)。

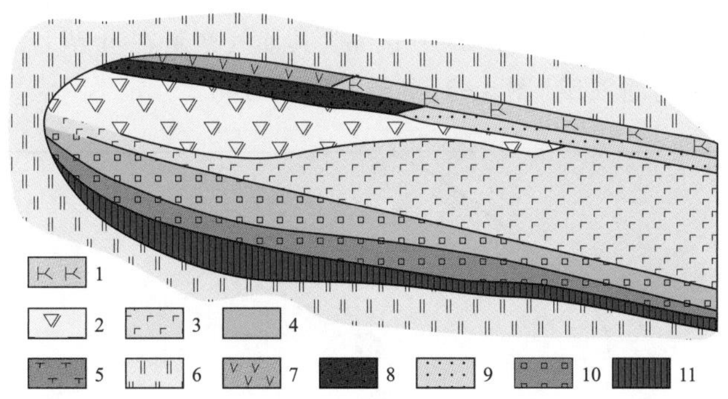

图 4-2 诺里尔斯克矿床塔尔纳赫侵入体上、下含矿层分布的剖面图(据 Naldrett,1999,经改绘)

1—接触带辉长-辉绿岩;2—闪长岩;3—无橄榄石、含橄榄石和橄榄辉长-煌斑岩;4—苦橄质辉长-辉绿岩;5—斑杂状辉长-辉绿岩;6—侵入体外接触带交代蚀变岩;7—变侵入交代岩;8—矽卡岩型铂矿石;9—上斑杂岩中的少硫化物型铂矿石;10—苦橄岩和下斑杂岩中硫化物型、含浸染状硫化物铂矿石;11—致密硫化物铂矿石。

通古斯卡(Tunguska,其中心为 105°00′E,62°42′N)特大型煤田是俄罗斯最大的煤田,600 m 深度内的地质储量达 17 450 亿 t,占世界总储量的 16%。含煤岩系最大厚度达 500 m,南部 100~300 m,以无烟煤为主,还有褐煤、硬煤。它位于西伯利亚板块西部,在叶尼塞河与勒拿河之间克拉斯诺亚尔斯克与伊尔库茨克地区,面积达 104.5 万 km^2。此煤田在构造上属于诺里尔斯克向斜、通古斯卡向斜与安加拉向斜的西部,它们都被平缓的山岭与隆起所隔断。在晚古生代-早中生代,沿正断层发育的岩浆侵入到含煤岩系内,破坏了煤系的完整性,在剖面上来看,岩浆岩在煤系地层中占据了 10%~75%。在通古斯卡向斜的北部与中部,火山灰与熔岩覆盖在煤系地层之上。此煤田的存在,也可证明西伯利亚板块在晚古生代曾经位于温湿气候环境(Volkov,2003;The free dictionary by Farlex,on web)。

侏罗纪时期,受科累马-奥莫隆板块[4]与北美板块[70]朝西南方向的运移和挤压的影响,在西伯利亚板块东侧形成维尔霍扬-楚科奇侏罗纪增生碰撞带[3](Oxman,2003),而在其南缘形成外贝加尔侏罗纪(140 Ma)增生碰撞带[5](Zolin et al.,2001),使西伯利亚板块的东缘与南缘发生较强的褶皱与逆掩断层带,这两个碰撞带都是由早古生代和石炭纪-中侏罗世的碎屑岩系,以及新元古代里菲期陆源-碳酸盐岩系等所组成,而碰撞作用则都发生在侏罗纪(Parfenov et al.,1995)。

萨利拉克超大型金-锑矿床(Sarylakh,128°24′E,61°59′N)位于西伯利亚板块东部的雅库特地区。该矿床的形成显然是受维尔霍扬-楚科奇侏罗纪增生碰撞带活动而派生的构造-热液作用所控制。此矿床直接受侏罗纪活动的阿第查-塔林(Adycha-Taryn)断层带的控制,该断层与线形褶皱都沿着 NW 走向,并控制了深部的构造-热液作用的多次活动。辉锑矿矿体边界是由硫化物-石英-绢云母蚀变岩以及再次侵位的、靠近辉锑矿脉的迪开石-叶蜡石蚀变带来圈定的,其宽度可达 100 m(Bortnikov et al.,2010)。在西伯利亚板块南缘的克拉斯诺亚尔斯克边疆区的戈列夫铅锌矿床占俄探明总储量的 40%以上,矿石较富,铅的平均品位为 7%。

在新元古代以后,西西伯利亚地区由于基性岩浆的侵入与喷发,地壳密度加大,从而不断地断陷,堆积了古生代与中、新生代的,厚层富烃的沉积物(大于 4 km),构成俄罗斯著名的秋明(Turmin)油气田(其主油田为萨莫洛特尔油田)。该油田群位于鄂毕河流域中部,是处在俄罗斯西西伯利亚盆地秋明东北部。西西伯利亚874个油田总的石油探明储量为218亿t,年产104亿左右,天然气储量49.5万亿m^3,年产量15万亿m^3,其油气产量在世界上是仅次于沙特阿拉伯加瓦尔油田,为俄罗斯最大的油气田(图4-3;梁英波等,2014)。

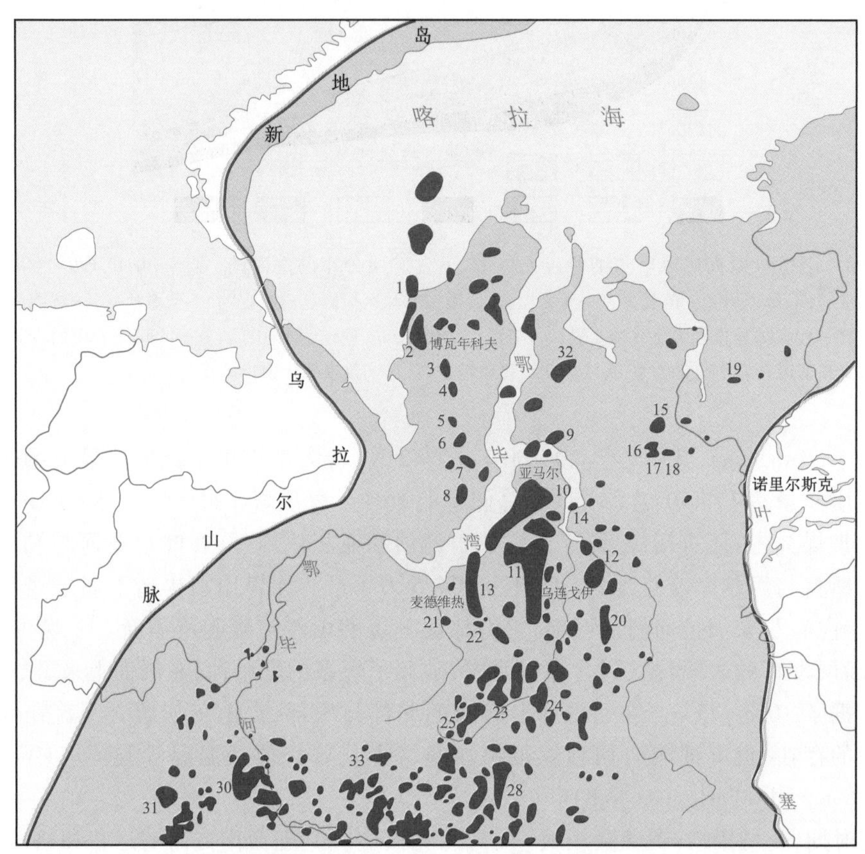

图4-3　西西伯利亚北部油气田分布略图(据李国平,2005,经改绘)

红色区为油气田,数字为油气田编号,具体名称本图略。

近些年来,在西西伯利亚的北部地区新发现了三个超大型天然气田:乌连戈伊(Urengoy,76°45′E,66°40′N)、波瓦尼柯夫(Bovanekov,68°24′E,70°24′N)和亚姆堡(Yamburg,76°00′E,68°10′N),它们主要都产在石炭纪、二叠纪与白垩纪的海相地层内,油气田主要受区域性NNE与NNW向两组张剪性断层所控制(Books Hephaestus,2012;Hedayat,2010;图4-3)。近年已发现的大型油田(可采储量超过1亿t的)有十多个。

西西伯利亚板块北缘的喀拉海(Kara Sea),可能与其西侧的巴伦支海一起,在早白垩世形成大火山岩省,其下部为玄武安山岩,上部为拉斑玄武岩,Ar-Ar同位素年龄为128~132 Ma(据格陵兰岛北部Franz Josef Land的测试结果,Tessensohn and Roland,1998)。在西伯利亚板块北部的泰梅尔(Taimyr)地区发育古生代、三叠纪与侏罗纪的沉积地层,它们都一起发生褶皱。其南部为叶尼塞-喀坦卡(Yenissey-Khatanga)沉陷区,具有巨厚的侏罗-白垩纪沉积层。Tessensohn和Roland(1998)认为泰梅尔和叶尼塞-喀坦卡的褶皱可能形成于早白垩世的晚期。

在西伯利亚板块北部的北冰洋地区，据近年来的研究，其烃类的潜在储量估计可超过1000亿t油气当量(Tessensohn and Roland,1998;图4-3)，它们主要赋存在巨厚的三叠纪、侏罗纪与白垩纪的沉积地层内。美国地质调查局2008年7月公布的一份最新评估报告称，北极地区拥有原油储量900亿桶，天然气储藏超过47万亿 m^3，也即拥有全球13%的未探明石油储量和全球30%未开发的天然气储量。西伯利亚板块以北的北冰洋大陆架内还蕴藏着丰富的天然气水合物，这是非常重要的潜在资源，在其附近形成不少泥火山。在北冰洋的大陆架地区还赋存着沉积的铅锌矿、含汞、锡与含金石英脉。

4.1.1.2 维尔霍扬斯克-楚科奇侏罗纪增生碰撞带[3](见图2-1)赋存的矿田、矿床

楚科奇半岛赋存了锡石-硫化物型的原生锡矿床(锡储量约35万t)，尚待开发，详情不清(张鸿翔,2009)。郭继春等(2005)在考查楚科奇火山带的汞矿床后，认为它与中国浙江昌化、内蒙古巴林鸡血石(含辰砂的观赏石)矿床在区域构造背景、火山岩、含矿围岩蚀变和矿床地质特征等都具有一定可比性和相似性。该矿床的部分矿石可作为珍贵的鸡血石资源来开发，具有一定前景。

4.1.1.3 科累马-奥莫隆板块[4](见图2-1)赋存的矿田、矿床

2000~2005年俄罗斯远东的科累马金、银、锡矿集区进行了深反射地震探测，发现在莫霍面附近存在切断莫霍面的“透明体”(“莫霍面天窗”)，此为该矿集区与成矿作用相关的地幔热流体上涌的通道。这可以合理地解释为什么能在科累马形成金、银、锡矿集区。可惜笔者未能查到该矿集区的详情。

俄罗斯远东的马加丹州是俄罗斯最重要的砂金产区，也是世界上最大的黄金产地之一，仅雅那-科雷马河的砂金产量就占俄罗斯的1/3(苏联曾在此驱使大量“劳改犯”采挖砂金)，现年产黄金60 t,2018年将年产88 t。预计砂金远景储量达3750 t。20世纪80年代，俄罗斯地质学家在奥莫隆板块内发现了晚古生代与火山-侵入杂岩体相关的低温热液金银矿床，详情尚未公开发表(Khomich et al.,1997)。

4.1.1.4 外贝加尔(蒙古-鄂霍次克)侏罗纪增生碰撞带[5]赋存的矿田、矿床

在外贝加尔中东部金矿带内(见图2-4,图2-5)存在三种类型的金矿床：① 中、晚侏罗世与侵入作用相关的高硫化物型矿床，含少量斑岩型矿床；② 中、晚侏罗世与侵入作用相关的低硫化物型矿床；③ 在白垩纪形成的低硫化物Au-Ag低温热液矿床(数量较少)。它们主要沿碰撞带的主断裂，即蒙古-鄂霍次克缝合线及其分支——翁翁缝合线分布(图4-4,见图2-4与图2-5)。侏罗纪形成的NE向金矿带走向与区域断层走向一致，这些断层是导矿断层；而含金石英-硫化物矿脉主要呈NW-SE向展布(图4-5,Kulikova et al.,1996)，这些略带张性的矿脉，其走向与东亚地区侏罗纪最大主压应力方向(WNW向)几乎一致(万天丰,2011)，说明它们都是在同样的区域构造应力作用下发育的，也即最大主压应力方向控制了矿体的主要走向。这些略带张性的NW向断裂就是储矿构造。其中的莎克塔马(Shakhtama)斑岩型铜矿床的形成年龄为160~175 Ma;乌鲁格图(Wulugetu)斑岩型铜矿床的形成年龄为177 Ma(Mao et al.,2014)，都是侏罗纪时期成矿的。有些白垩纪形成的金矿脉则产在小岩体(斑岩)的周围，受环状构造所控制(Zolin et al.,2001)。

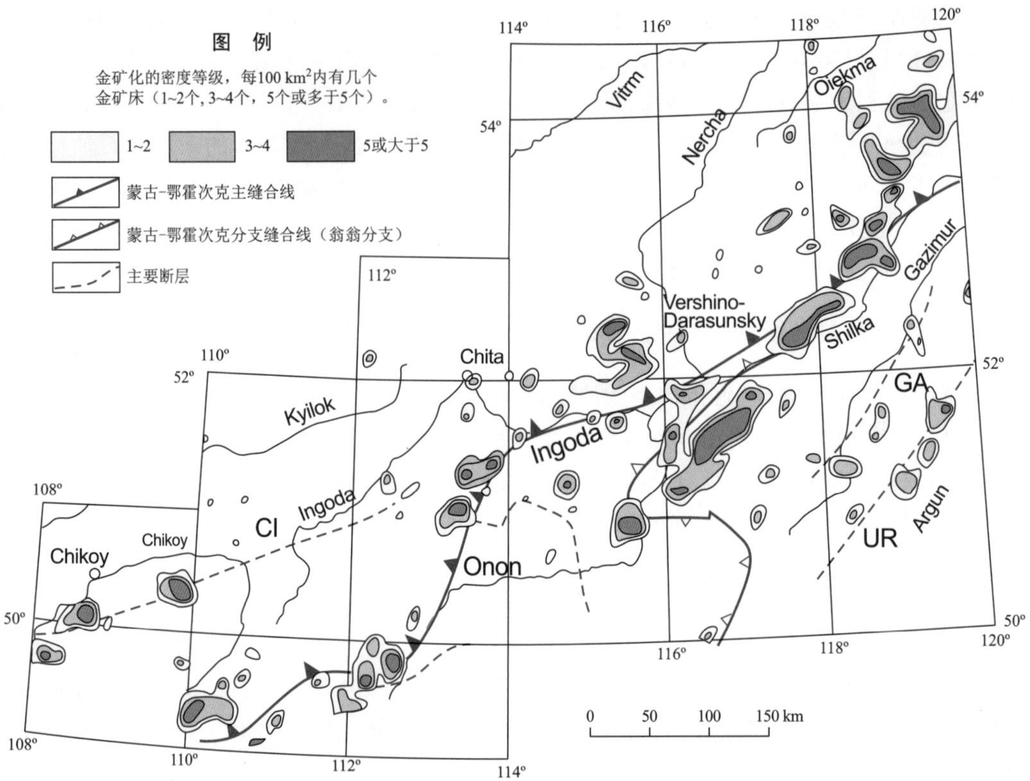

图 4-4　外贝加尔中东部金矿带分布(据 Zolin et al.,2001,经改绘)

CI—Chikoy-Ingoda,;GA—Gazimer,;UR—Urulunguy。两条缝合带的位置请参阅图 2-4 和图 2-5。

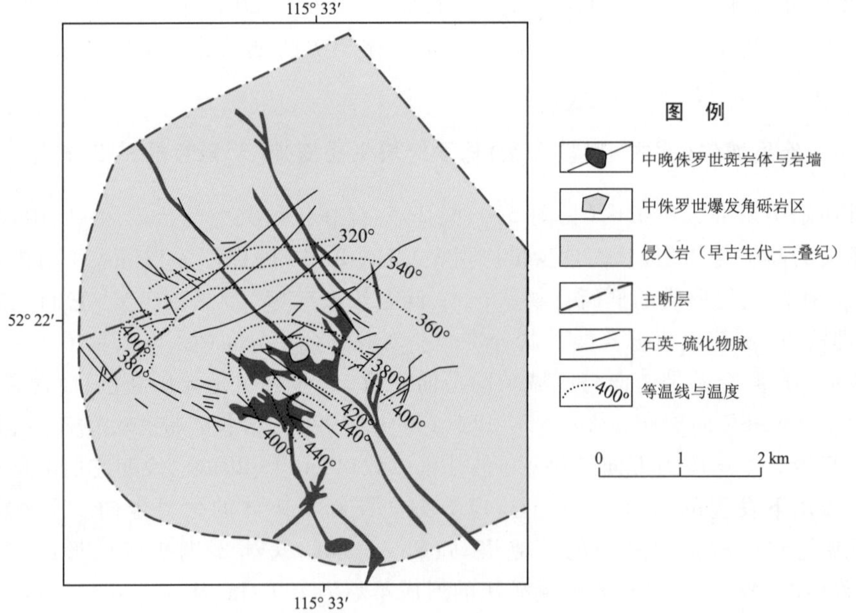

图 4-5　Darasun 金矿床的岩墙与含金石英硫化物脉的分布(据 Kulikova et al.,1996,经改绘)

金矿床的岩墙与含金石英硫化物脉均呈北西-南东走向,与东亚地区侏罗纪的最大主压应力方向几乎一致。

参考文献

郭继春,张学云,李家贵,等. 2005. 俄罗斯东北部鄂霍次克-楚科奇火山岩带汞矿床与我国鸡血石矿床的对比. 高校地质学报,11(2):253-259.

李国平. 2005. 世界含油气盆地图集(上册). 北京:石油工业出版社,1-110.

梁英波,赵喆,张光亚,等. 2014. 俄罗斯主要含油气盆地油气成藏组合及资源潜力. 地学前缘,21(3):38-46.

万天丰. 2011. 中国大地构造学. 北京:地质出版社,1-497.

张鸿翔. 2009. 中国周边国家金属矿产资源调查与合作潜力分析. 地球科学进展,24(10):1159-1172.

Books Hephaestus. 2012. Oil Fields of Russia, Including: Shtokman Field, Urengoy Gas Field, Sakhalin-II, Yuzhno-Russkoye Field, Yamal Project, Prirazlomnoye Field, Yamburg Ga. Hephaestus Books: 1-36.

Bortnikov N S, Gamynin G N, Vikent'eva O V, et al. 2010. The Sarylakh and Sentachan gold-antimony deposits, Sakha-Yakutia: a case of combined mesothermal gold-quartz and epithermal stibnite ores. Geology of Ore Deposits, 52(5): 339-372.

Dobretsov N L, Kirdyashkin A A, Kirdyashkin A G, et al. 2008. Modelling of thermochemical plumes and implications for the origin of the Siberian traps. Lithos, 100: 66-92.

Goncharenko O P. 2006. Potassic salts in Phanerozoic evaporate basin sand specific features of salt deposition at the finalstage of halogenesis. Lithology and Mineral Resources, 41(4): 378-388.

Hedayat S. 2010. Oil and Natural Gas Fields: A Study of Selected Countries, Key Information. Lap Lambert Academic Publishing: 1-112.

Khomich V A, Soloshenko I A, Tsiolko V V, et al. 1997. in Proceedings of the 12 International Conference on Gas Discharges and Their Applications, Greifswald, Vol.2, p.740.

Kulikova Z I, Gulina V A, Zorina L D, et al. 1996. Indicator role of gas explosion breccias in the genesis of the Teremki glod deposits. Russ(in Russian). Geol.Geophys, 37(12): 61-72

Mao J W, Pirajno F, Lehmann B, et al. 2014. Distribution of porphyry deposiys in the Eurasian continent and their corresponding tectonic settings. Journal of Asian Earth Sciences, 79(B): 576-584.

Masaitis V L. 2002. Popigai Crater: General Geology. Impacts in Precambrian Shields. Impact Studies, Springer: 81-85.

Meyerhof A A. 1980. Geology and Petroleum Fields in Proterozoic and Lower Cambrian Strata, Lena-Tunguska Petroleum Province, Eastern Siberia, USSR. AAPG Special Volumes, Giant Oil and Gas Fields of the Decade 1968-1978: 225-252.

Moralev V M and Glukhovsky M Z. 2000. Diamond-bearing kimberlite fields of the Siberian Craton and the Early Precambrian geodynamics. Ore Geology Reviews, 17(3): 141-153.

Naldrett A J. 1989. Magmatic sulphide deposits. New York: Oxford University.Press, 1-186.

Naldrett A J. 1999. Wodd-class Ni-Cu-PGE deposits: Key factors in their genesis. Mineralium Deposita, 34: 227-240

Oxman V S. 2003. Tectonic evolution of the Mesozoic Verkhoyansk-Kolyma belt(NE Asia). Tectonophysics, 365(1-4): 45-76.

Parfenov L M, Prokopiev A V, Gaiduk V V. 1995. Cretaceous frontal thrusts of the Verkhoyansk fold belt, eastern Siberia Tectonics, 14(2): 342-358. DOI: 10. 1029/94TC03088.

Petrychenko O Y, Peryt T M, Chechel E I. 2005. Early Cambrian sea water chemistry from fluid inclusion sinhalite from Siberian evaporites. Chemical Geology, 219(1/4): 149-161.

Prokofiev VY, Garofalo P S, Bortnikov N S, et al. 2010. Fluid Inclusion Constraints on the Genesis of Gold in the Darasun District(Eastern Transbaikalia), Russia. Economic Geology, 105: 395-416.

Saunders A and Reichow M. 2009. The Siberian Traps and the End-Permian mass extinction:a critical review. Chinese Science Bulletin,54(1):20-37.

Tessensohn F and Roland N W. 1998. A Preface:Third International Conference on Arctic Margins. Polarforschung,68:1-9.

Volkov V N. 2003. Phenomenon of the formation of very thick coal beds. Lithology and Mineral Resources,38(3):223-232.

Yelisseyeva A, Mengb G S, Afanasyeva V, et al. 2013. Optical properties of impact diamonds from the Popigai astrobleme.Diamond and Related Materials,37:8-16. DOI:10.1016/j.diamond.2013.04.008

Zolin Y A,Zorina L D,Spiridonov A M. 2001. Geodynamic setting of gold deposits in Eastern and Central Trans-Baikal (Chita Region,Russia). Ore Geology Reviews,17:215-232.

4.1.2 中亚-蒙古构造域赋存的矿田、矿床

4.1.2.1 阿尔泰-中蒙古-海拉尔碰撞带[6](见图2-6,图2-8)赋存的矿田、矿床

阿尔泰-中蒙古-海拉尔构造成矿带的西段,也称阿尔泰-斋桑矿集区(吴振寰等,1993;何国琦和朱永峰,2006;图4-6),地处俄、哈、中、蒙四国的交界附近,为重要的铜、金、多金属、稀有金属矿集区。

在该区内,已知矿床达1800多处,自东北到西南,分为五个矿化亚带:Ⅰ 霍尔茨-萨雷姆萨克塔亚带;Ⅱ 矿区阿尔泰亚带;Ⅲ 额尔齐斯亚带;Ⅳ 长巴-那雷姆亚带;Ⅴ 西卡卡巴亚带。其中东北部的矿区阿尔泰亚带,长500 km,宽10~90 km,成矿作用最强烈,矿产最为丰富,占全部矿床储量的80%左右,其代表性的矿床即为海相火山岩块状硫化物型多金属矿床(VMS),如哈萨克斯坦尼古拉耶夫(Nikolaev)VMS型铜锌矿床,矿床已探明金属储量(品位):Cu 104.2万t(2.52%),Zn 152.7万t(3.83%),Pb 19.7万t(0.49%),Au 20.1 t(0.5 g/t),Ag 1446 t(33×10^{-6})。此构造成矿带形成于早古生代,基底出露的岩层为奥陶系-志留系,具绿片岩相变质。但矿床主要产于晚古生代泥盆系-下石炭统的火山岩系内,大多数矿床产在NW-SE向的火山-构造洼地中,形成于中泥盆世(早泥盆世晚期-中泥盆世)而不是早古生代(毛景文等,2012a,b),说明这些矿床都是在主碰撞期之后形成的。矿体的围岩以发育双峰式火山岩和碎屑岩系为特点,具大陆裂谷的特征(Gritsuk et al.,1995)。哈萨克斯坦境内大型矿集区均位于北西向和近东西向构造带的交叉部位,矿田及矿床受晚古生代火山岩系层位和火山机构控制。

与此相类似,在矿区阿尔泰还有孜良诺夫斯克超大型铅锌多金属矿床,铅锌储量达500万t以上,平均品位:铅为4%、锌为7%,此外还有银储量1.2万t(品位73.33×10^{-6})、金1.1 t(品位0.15×10^{-6}),也是泥盆纪成矿的(毛景文等,2012a,b)。

根据深部地震资料的研究,矿区阿尔泰的中地壳低速高导层(低地震波速,高导电率)过去曾称之为"康氏面")深度为22~24 km,而阿尔泰-斋桑-西南蒙古矿集区的周围地区的中地壳低速高导层深度为26~28 km(陈哲夫等,1999)。矿区阿尔泰中地壳低速高导层面处在较高的部位,地温梯度较高、超临界流体较多,可能是矿区阿尔泰易于富集成矿的重要原因。此矿集区的成矿作用只有少数是在早古生代的同碰撞期形成的,绝大多数矿床都是在碰撞作用完成之后形成的,即晚古生代(泥盆-石炭纪)时期形成的(吴振寰等,1993)。

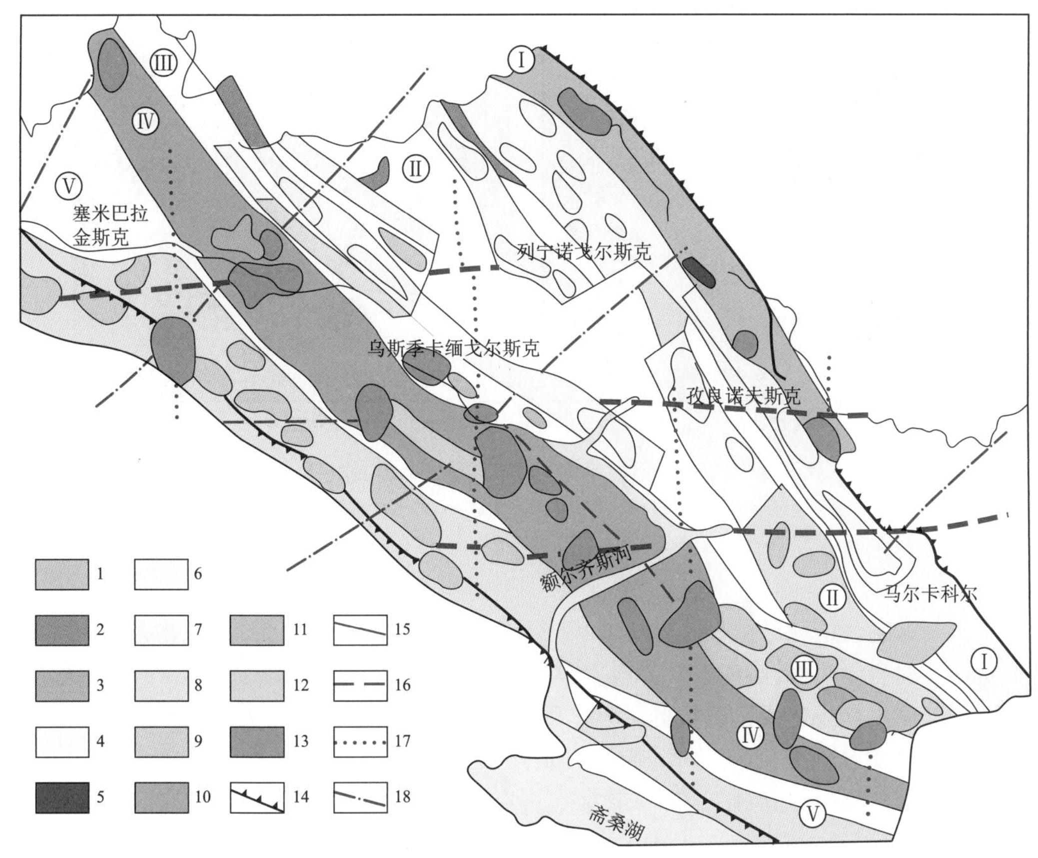

图 4-6 阿尔泰-斋桑矿集区控矿构造(据吴振寰等,1993,经改绘)

1—前寒武纪矿化;2—早古生代矿化;3—晚古生代矿化;4—磁黄铁矿矿化;5—铁矿带;6—黄铁矿型多金属矿带;7—黄铁矿型多金属矿结;8—金矿带;9—金矿结;10—稀有金属矿化区;11—多金属-稀有金属矿化区;12—贵金属-稀有金属矿化区;13—稀有金属矿化结;14—大地构造区界;15~18—各组主要的区域性断层。矿化亚带;Ⅰ霍尔茨-萨雷姆萨克塔亚带;Ⅱ矿区阿尔泰亚带;Ⅲ额尔齐斯亚带;Ⅳ长巴-那雷姆亚带;Ⅴ西卡卡巴亚带。

在阿尔泰-中蒙古-海拉尔构造成矿带内的新疆阿尔泰富蕴县(89°49′E,47°12′N)蕴藏着大量花岗伟晶岩型稀有金属和稀土金属矿床,其中以超大型可可托海花岗伟晶岩型锂、铍、铌、钽、铷、铯、铪矿床为代表(图 4-7;邹天人和李清昌,2006)。该矿床到 1999 年为止已探明储量:BeO 61 373 t,Li_2O 52 451 t,Nb_2O_5 657 t,Ta_2O_3 825 t。该矿床位于阿拉尔花岗岩体北侧的接触带上,其形成的同位素年龄主要为 330~250.3 Ma(即石炭-二叠纪)之间,也就是说该矿床为阿尔泰早古生代发生碰撞作用结束之后,在晚古生代板内时期形成花岗伟晶岩矿床的,主要受晚古生代陆壳重熔型花岗岩所控制,矿床主要产在此花岗岩的外接触带。北部还有少数矿床是在三叠-侏罗纪形成的。在中国阿尔泰地区约有 10 万条伟晶岩脉。可可托海矿区内共有 2100 条伟晶岩脉,平均每 1 km^2 内有 10 条脉,最密集地段可达 50 多条,以 3 号脉的裂隙张开的较大,含矿性最好(图 4-7)。其中多数含矿岩脉的走向与区域构造线基本一致,大体上均为呈 NW 走向的帚状分布,脉体呈陡缓相间的阶梯状,受岩层层理与节理所控制,均向西南倾斜,至今尚未圈定其深部底界。此种产状十分有利于含矿挥发性气体物质的聚集。

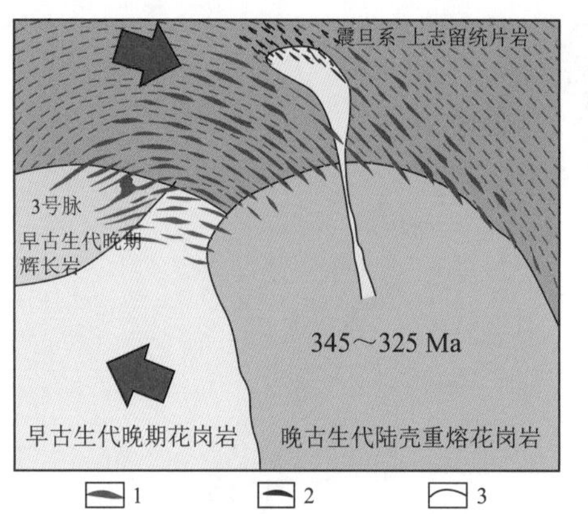

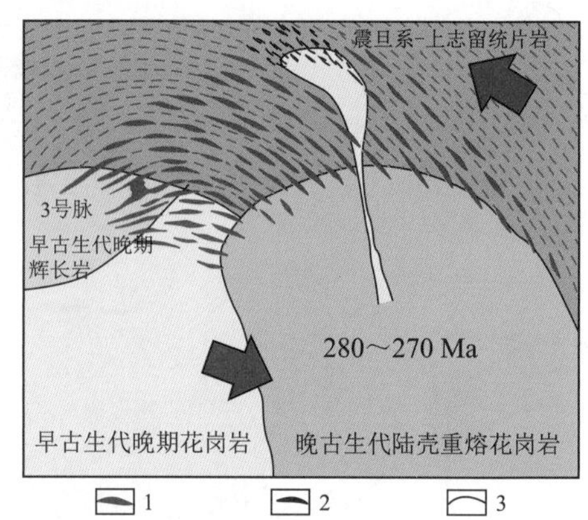

图 4-7 新疆富蕴可可托海伟晶岩型稀有-稀土金属矿床成因模式的平面图(据邹天人和李清昌,2006,经改编)

1—与晚古生代陆壳重熔型花岗岩,有关的锂、铍、铌、钽、铷、铯、铪矿化伟晶岩脉群;2—与三叠纪二云母花岗岩,有关的铍、铌、钽、矿化伟晶岩脉群;3—地质界线。红色箭头为地块运动方向。

从可可托海矿区矿脉群在平面上的帚状分布来看,其总体走向均为北西-南东向,朝晚古生代陆壳重熔花岗岩体收敛,而朝 NW 方向发散,尾端转成 E-W 向和 NE 向(图 4-7;邹天人和李清昌,2006)。根据晚古生代区域构造应力作用的特征(详见巴尔喀什-天山-兴安岭晚古生代增生碰撞带[10]应力场的变化)来分析,在早石炭世(345~325 Ma)受走向 NW 断裂右行走滑活动的影响,此时的裂隙略呈张剪性(图 4-7,左图),形成此帚状裂隙系,为成矿流体的贯入创造了有利条件;而在早二叠世(280~270 Ma)走向 NW 断裂转为左行走滑活动时,帚状裂隙系就转而成为压剪性(图 4-7,右图),这样就有利于成矿流体的封存与凝聚,遂形成此巨大的伟晶岩型稀有-稀土金属矿床。

随矿体埋深的不同就会出现稀有金属矿化的垂直分带:深部为富集 Be 的白云母化,向上第二带为 Be,Nb,Ta 矿化,第三带为 Li,Be,Nb,Ta 和 Hf 综合矿化,第四带为 Ta,Nb 和 Hf 矿化,最上部为 Ta,Cs,Li,Rb,Hf 矿化,离岩体远近不同、中央与边部的不同也有上述分带的现象。此矿田的形成,后来也受到三叠纪和白垩纪岩浆结晶分异作用的一些局部影响(邹天人和李清昌,2006)。近年来,王涛等(Wang et al.,2007)在可可托海主矿体三号伟晶岩脉内获得了 SHRIMP 锆石 U-Pb 年龄为 220~198 Ma,即主要为三叠纪。看来,此含矿伟晶岩脉,有可能最后定型于三叠纪。总之,此矿床尽管处在早古生代碰撞带的范围内,但不是早古生代碰撞时期成矿的,而是在碰撞后,经过板内变形时期(晚古生代-三叠纪)的多次富集而形成的矿床。

在中国阿尔泰山南缘存在着北西向的贵金属与有色金属成矿带(以阿舍勒块状硫化物铜锌矿床为代表;图 4-8),其南缘以额尔齐斯断裂带为界,东北侧以乌恰-阿巴宫断裂为界。该带在早古生代属于阿尔泰-中蒙古-海拉尔早古生代(500~397 Ma)增生碰撞带的西南部,其后又有强烈的晚古生代构造-岩浆活动,形成了阿舍勒火山岩带,并赋存了阿舍勒块状硫化物铜锌矿床。阿舍勒火山岩以富钠为特点,为海相细碧-角斑岩建造。阿舍勒火山岩的同位素年龄为 352.3~386 Ma,热液成矿年龄则主要为 262~242 Ma,即二叠纪末期(陈毓川等,1996)。根据区域应力状态的特征(详见巴尔喀什-天山-兴安岭晚古生代增生碰撞带[10]应力场的变化),在早石炭世(345~325 Ma)受走向 NW 断裂右行走滑活动的影响,此时的阿舍勒地区近南北向(NW350°)的断裂呈张剪性;而在早二叠世(280~270 Ma)时期,NW 向断裂转为左行走滑活动时,使矿区受到近东西向的局部挤压,使火山岩盆地内形成一系列近南北向褶皱(图 4-8),近南北向的裂隙呈现为压剪性,有一定的封闭作用,从而有利于块状硫化物铜锌矿床的赋存。

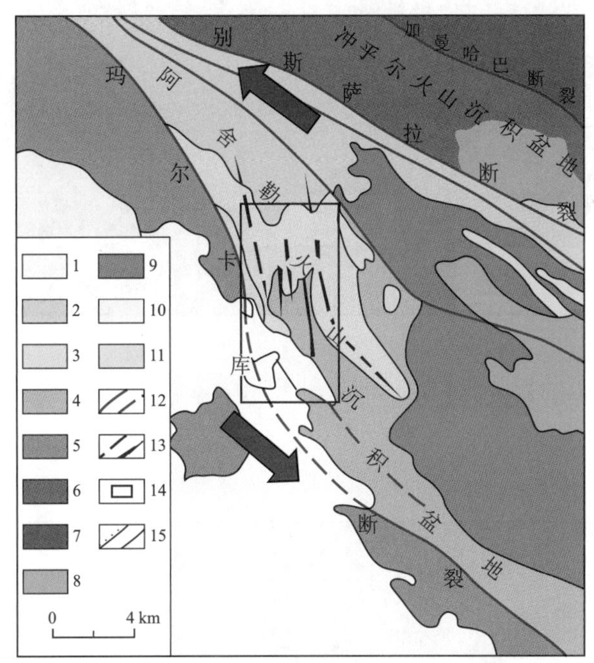

图 4-8 新疆阿尔泰成矿带阿舍勒火山沉积盆地地质略图(据陈毓川等,1996,经改绘)

1—第四系;2—下石炭统;3—中上泥盆统;4—中下泥盆统阿舍勒组;5—中下泥盆统托克萨雷组;6—中泥盆统阿尔泰组;7—下泥盆统;8—晚古生代二长花岗岩;9—晚古生代斜长花岗岩;10—晚古生代英云闪长岩;11—晚古生代辉长闪长岩;12—断裂;13—背斜与向斜;14—阿舍勒矿区;15—地质界线。红色箭头示二叠纪末期地块受左行剪切作用的影响。

在阿尔泰-中蒙古-海拉尔早古生代(500~397 Ma)增生碰撞带的中北部赋存着蒙古国第二大的额尔登特(104°08′E,49°02′N)特大型斑岩铜(钼)矿床(图 4-9),铜储量达上千万吨(张鸿翔,2009)。该矿床的含矿斑岩体(石英闪长岩)的锆石 SHRIMP 年龄和 LA-MC-ICP-MS 以及矿石内辉钼矿 Re-Os 等时线年龄均为 240 Ma 左右,为三叠纪成矿的(Jiang et al.,2010),成矿年代远远地晚于碰撞带形成年代。此矿床是在阿尔泰-中蒙古-海拉尔早古生代(500~397 Ma)增生碰撞带的中北部形成。控矿的额尔登特杂岩系(图 4-10)的断裂呈 NW330°向展布,呈张剪性,此处三叠纪的构造-岩浆-成矿作用是受到三叠纪(印支期)亚洲中东部地区普遍受到近南北向缩短作用的影响而发育的。该区矿体延伸范围为 2 km×1 km;最大垂直深度 560 m,包括 100~300 m 厚的铜的次生富集带。主矿体显然受 NW 向断裂所控制,它与该区三叠纪近南北向的最大主压应力方向(即碰撞带的汇聚方向)的夹角较小。因而,可以推断此成矿岩体与主矿体是沿张剪性断裂侵位的,应该是在早古生代碰撞带形成之后,受三叠纪板块内部局部发育的横张断裂控制而形成的。此矿床绝不是同碰撞期成矿的产物,而是碰撞作用结束之后,板内变形的产物。

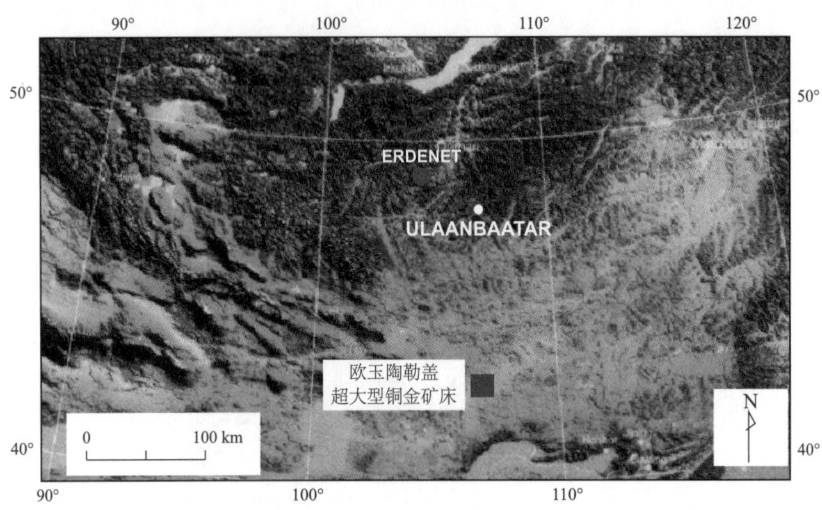

图 4-9 额尔登特(Erdenet)铜钼矿床与欧玉陶勒盖超大型铜金矿床位置图(据聂凤军,2011,私人通讯)
详见图 4-21,图 4-22,图 4-23。

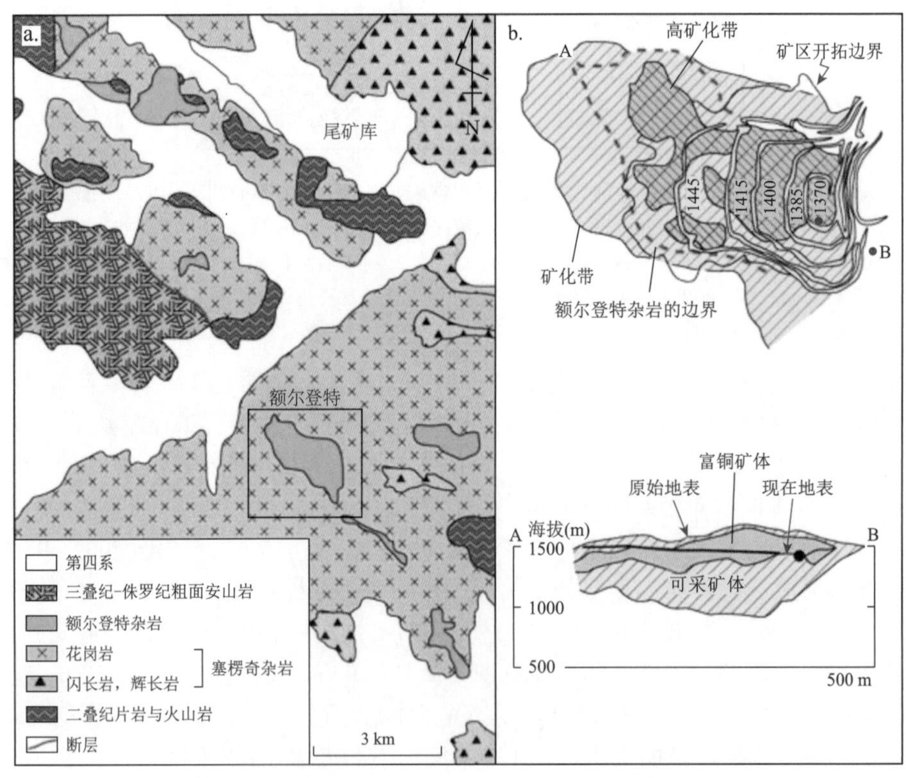

图 4-10 额尔登特铜钼矿床地质略图(据聂凤军,2011,私人通讯)

蒙古已发现金矿床130多个,远景储量为3000 t,已探明的储量为160 t(张鸿翔,2009)。蒙古中南部巴颜洪高尔地区富含金矿资源。蒙古南部还赋存着察干苏布尔加斑岩铜矿(铜储量为1 180 000 t)。

在中、俄、蒙三国交界附近,满洲里南侧约22 km处的乌奴格吐山赋存了斑岩型Cu-Mo矿床,矿石储量达8.497亿t,铜的平均品位为0.46%,钼的平均品位为0.053%。根据Rb-Sr全岩测年,矿化的年龄为130~140 Ma,为晚侏罗世-早白垩世成矿的。而斑岩体的U-Pb锆石年龄与K-Ar法年龄均为180~190 Ma(Chen et al.,2011)。

4.1.2.2 卡拉干达-吉尔吉斯斯坦早古生代增生碰撞带[7](见图2-6)赋存的矿田、矿床

塔吉克斯坦拥有世界上第二大的银矿——大卡尼曼苏尔银矿床(中心位于70.0°E,40°39′N),该银矿位于塔吉克斯坦东北部的阿什特区胡德让德市附近,为西天山的余脉,是一个以银为主的多金属矿床,还含有很多萤石、金、锑和铋等矿物。估计其矿石总储量大约为10亿t,已探明银金属储量6万余吨。该矿床赋存在厚达6 km的晚古生代中酸性火山岩系内,是一个与火山喷发作用相关的,并经后期热液蚀变作用所形成的含银-斑岩多金属矿床,构成了一个2000 m×800 m×500 m的网脉状矿体,银的平均品位约50 g/t,最富的部位达500 g/t。大卡尼曼苏尔矿床的表内铅锌总储量也在800万t以上(王晓民和王波,2010;陈超等,2012)。大卡尼曼苏尔银矿位于阿德拉斯曼斯克火山凹陷带的东北部。在总厚度达6 km的晚古生代泥盆-石炭纪火山岩系内,分布有流纹岩、英安岩、粗面安山岩、粗面岩及其凝灰岩、凝灰熔岩、碎裂熔岩和熔结凝灰岩。在其东北部,覆盖有三叠纪和白垩纪沉积物。断裂带发育了三个断裂体系:近东西向-西北向;北部的东北向和西北向。主要矿石矿物成分为:天然银、硫化银、硫酸银、方铅矿、闪锌矿、黄铜矿、黄铁矿、黝铜矿、赤铁矿。主要矿脉的脉石矿物有:石英、碳酸盐、重晶石和萤石。综合各种因素,"大卡尼曼苏尔"矿床可以定为在火山岩的基础上,经后期热液-交代蚀变作用后形成的含银-斑岩矿床,暂无测年数据(王晓民和王波,2010)。此矿田部分属于卡拉干达-吉尔吉斯斯坦早古生代增生碰撞带[7],在前面已有叙述。

乌兹别克斯坦-吉尔吉斯斯坦金矿带与中天山南部晚古生代火山-构造活动带均位于卡拉干达-吉尔吉斯斯坦早古生代(500~397 Ma)[7]与西天山晚古生代(360~260 Ma)增生碰撞带[9]的结合带附近(图4-11,见图2-6)。吉尔吉斯斯坦金、铜矿产资源相当丰富,预测矿石量达150万t,主要集中在库姆托尔(Kumtor)超大型金矿和波济穆恰克矽卡岩型铜金矿床。黄金工业占吉尔吉斯斯坦工业总产值的一半,探明金储量约1200 t,金矿的主要矿床类型为碎屑岩系中的热液型、矽卡岩型与斑岩型(陈喜峰等,2010)。

库姆托尔超大型金矿床(~77.5°E,42°N;图4-11)位于卡拉干达-吉尔吉斯斯坦早古生代(500~397 Ma)增生碰撞带[7]的南缘,处在乌兹别克斯坦-吉尔吉斯斯坦成矿带的东部,黄金储量约1100 t(Dokaaguk and Takenov,2012,私人通讯;薛春纪等,2015)。该矿床位于吉尔吉斯斯坦东部伊塞克湖附近,地势高峻,海拔3200~4150 m,处在冰川带的前缘。矿床呈带状,长15 km,宽0.1~0.4 km(图4-12)。该矿床的主矿体充填在新元古代文德期浅变质的含炭泥质页岩系内,矿体与地层的叶理面走向一致,都是ENE向的。根据大体规则的矿体形状和矿石结构、构造的特征,可以判断:含矿热液可能是贯入压剪性断裂系而富集成矿的(毛景文等,2012a,b)。

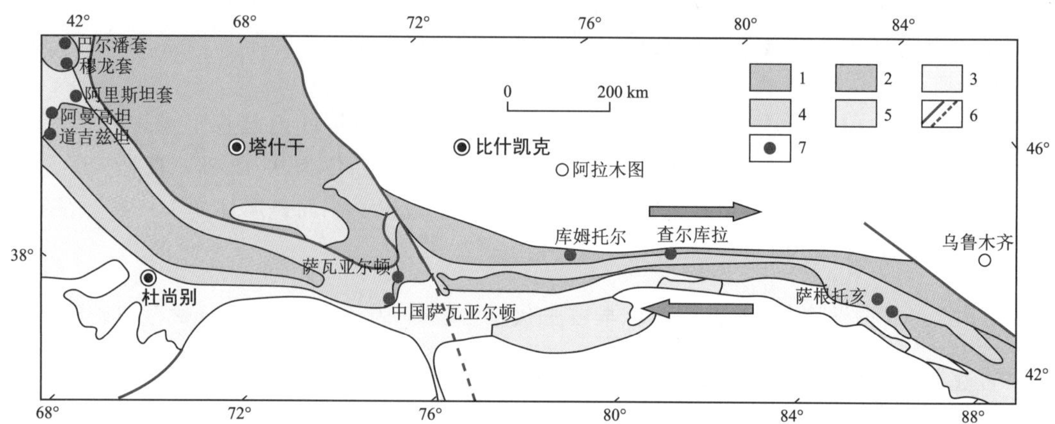

图 4-11 中、西天山乌兹别克斯坦-吉尔吉斯斯坦金矿带分布简图(据陈喜峰等,2010,经改绘)

1—图尔盖-中天山早古生代碰撞带;2—中天山南部晚古生代碰撞带;3—卡拉库姆地块-塔里木地块边缘活动带;4—中天山南部晚古生代火山构造活动带;5—碰撞带的中间小地块;6—断层及推断断层;7—金矿床。蓝色箭头示断层在早二叠世为右行走滑的特征。

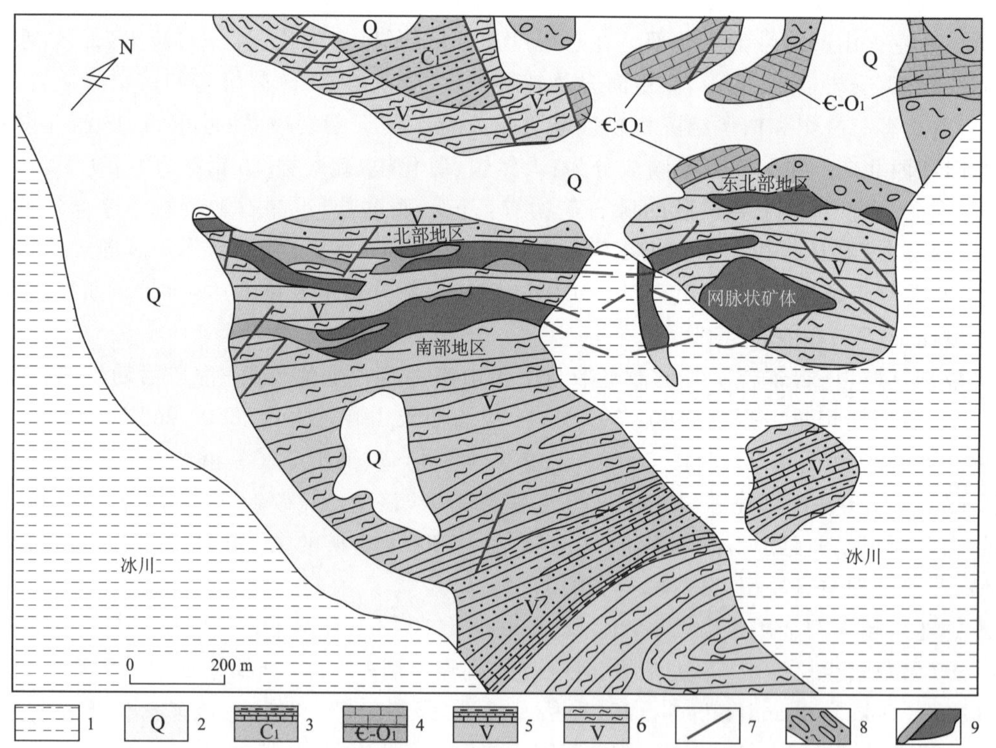

图 4-12 库姆托尔超大型金矿中矿段地质略图(据陈喜峰等,2010,经改绘)

1—冰川;2—第四系;3—下石炭统砂岩、粉砂岩与页岩;4—寒武-奥陶系大理岩;5—新元古代文德期页岩、千枚岩、石灰岩夹层;6—新元古代文德期炭-泥质页岩;7—断层;8—构造混杂岩;9—矿体与矿化带。

根据对库姆托尔矿区的绢英岩、含绢云母金矿石全岩和绢云母单矿物的 Ar-Ar 坪年龄均为(284.3±3.0) Ma~(288.4±0.6) Ma,可以肯定地说此矿床是二叠纪早期赋存的。库姆托尔矿床是乌拉尔碰撞带形成时期地块向东挤压作用的远程效应所控制的(见图 2-6,图 2-11),使近 ENE 向区域性断层发生右行走滑活动(见图 2-11),使矿区内新元古代文德期炭-泥质页岩几乎顺层发生剪切滑动,从而形成了大量细脉和网脉状的含金矿脉。此矿床应该说也是热液矿床,很可能与穆龙套金矿床类似,在深部存在与热液活动关系密切的岩浆活动,而储集于右行-压剪性裂隙带内。不过,其深部状况尚未用钻探来证实之。

卡拉干达-吉尔吉斯斯坦早古生代增生碰撞带[7]西南侧,哈萨克斯坦西南卡拉套山脉,赋存着卡拉套多金属矿带,以富集 Pb,Zn,Ba,P 及 Cu,V,Mo,Au 等金属矿床为特征。它们均受 NW 向右行走滑断裂所控制,主要成矿类型为层状火山沉积型矿床,大型矿床主要集中在中卡拉套一带。矿床主要富集在晚泥盆世法门期的白云质灰岩或白云岩内,金属元素以赋存在顺层细脉中或呈浸染状分布。在晚泥盆世,NW 向断裂带已经不是碰撞作用所造成的逆断层的活动特征,而是具有右行走滑断裂的特征。此矿带也为碰撞后成矿作用的产物。

卡拉干达古生代地层内赋存着哈萨克斯坦主要的超大型砂岩沉积型铀矿田(焦养泉等,2015),其中坎茹干-乌瓦纳斯铀矿带和英凯-门库杜克铀矿带(详见图 4-74 之 12 和 13)南巴尔喀什湖铀矿带(煤岩型,详见图 4-74 之 10)和拉扎列夫斯科耶铀矿田(详见图 4-74 之 22)为最为著名。沉积铀矿的成矿年代主要都是新生代(30~1 Ma)该区共有 55 个铀矿床,其中 70%使用地下浸析的方法开采,其储量可供开采 100 年。

4.1.2.3 土兰-卡拉库姆板块[8](见图 2-6)赋存的矿田、矿床

在阿姆河以北,乌兹别克斯坦的卡拉库姆油气田,石油已探明储量为 120 亿 t,天然气已探明储量约 $22.8\times10^{12}m^3$,居世界前列(张鸿翔,2009)。侯平(2014)评价的结果为:油气资源储量为 40.16 亿 t。卡拉库姆盆地是世界上仅次于西西伯利亚盆地和波斯湾盆地的第三大富气盆地(图 4-13)。盆地内的油气主要富集于两套层系:中侏罗统-上侏罗统海相碳酸盐岩储集层(富集了盆地内 68.0%的石油储量、84.0%的凝析油储量和 44.2%的天然气储量)和下白垩统砂岩储集层(富集了盆地内 36.4%的天然气储量)。上侏罗统蒸发岩之下的盐下油气田的分布,主要受有利储集相带和古隆起构造展布的控制;生物礁和古构造主要发育于盆地东北部的北阿姆河亚盆地,并导致盆地内已发现的盐下油气储量主要分布于此部位(白国平和殷进垠,2007)。

在土库曼斯坦卡尔柳克-卡拉比尔(Karlyuk-Kalaber,66°23′E,37°29′N)赋存着超大型三叠纪钾盐沉积矿床(张永生等,2005)。

哈萨克斯坦里海北部的卡沙干油气田(Kasagan,50°10′E,46°15′N,大地构造上处在欧洲的波罗的板块上,但在行政上属于亚洲的哈萨克斯坦)赋存着储量占世界第五的超大型油气田,油气资源总量达 47.39 亿 t(侯平等,2014)。此项目的开发已经一再推迟,目前正由中国与其他国际石油公司联合勘探之中,预计不久的将来可正式投产。储油层聚集在古生代的沉积岩系内。滨里海盆地大部分在哈萨克斯坦的西哈萨克斯坦州、阿特劳州、阿克托别州,在哈境内面积约为 40×10^4 km^2,其前寒武系基底在盆地中部埋深约 22 km,在沉积盖层中划分出两套含油气组合,即盐下组合与盐上组合,厚度达 10 km 以上。下二叠统孔谷阶-喀山阶盐岩层将盐上、盐下地层组分开,形成了 1500 多个隆起幅度为 8~10 km 的盐丘。盐下层系中的油气藏主要分布在含油气

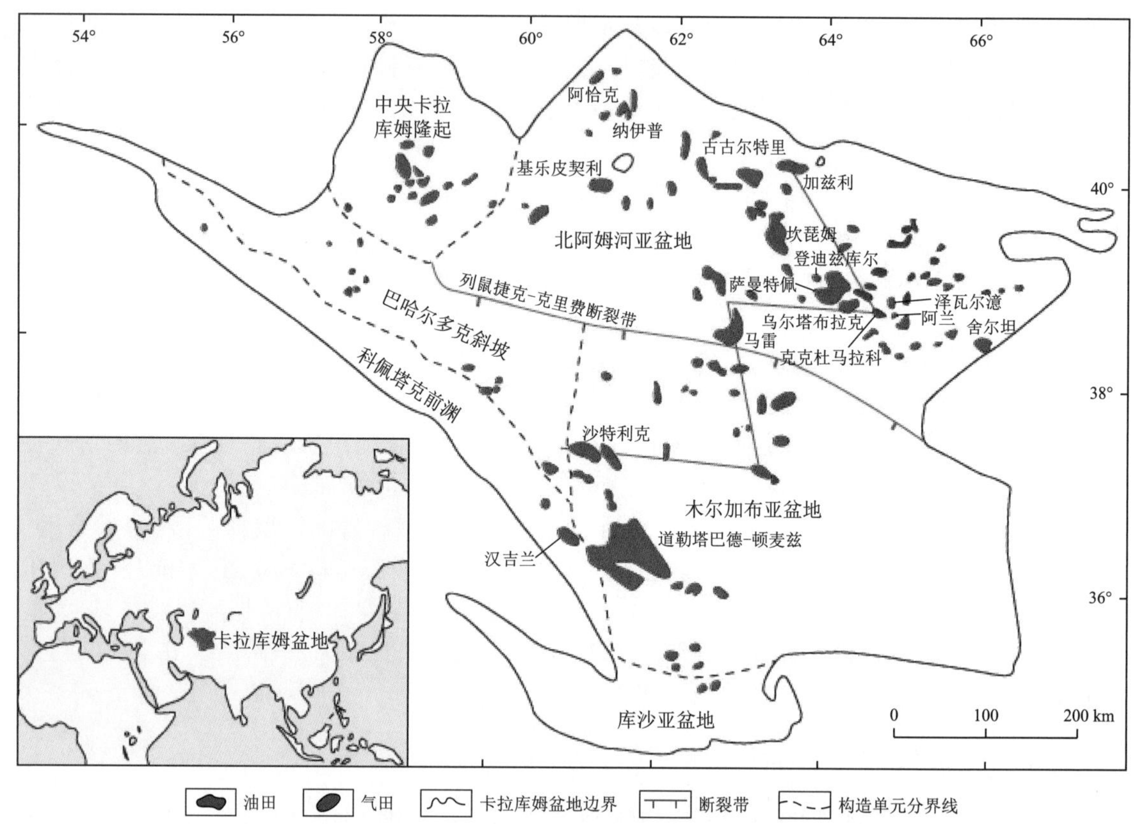

图 4-13　卡拉库姆油气田分布(据白国平和殷进垠,2007,经改绘)

盆地的边缘,中、上泥盆统和下石炭统的碎屑岩,中、上石炭统和下二叠统的碳酸盐岩(东部为碎屑岩)也是具有工业价值的油气产层。90%以上的探明储量分布在29个盐下油气田中。其中田吉兹、卡拉查干纳克、扎纳诺尔油气田的储集层都经过了裂缝和碳酸盐岩的溶蚀的强烈改造。所有特大型油气田(田吉兹、卡拉查干纳克)和大型油田都是在盐下构造中发现的。由于盆地地质构造复杂,油气产层埋深大,以及盐层的溶蚀性,开发时必须具备高强度的、特殊的井下和地面装置。

4.1.2.4　西天山晚古生代碰撞增生带[9]赋存的矿田、矿床

西天山晚古生代增生碰撞带(见图2-6)的东段,也就是库拉马-费尔干纳成矿带(吴振寰等,1993),其中最重要的是赋存了斑岩型铜矿,它是中亚地区最主要的铜矿田,其次为铅锌矿田。斑岩型铜矿主要与石炭纪花岗闪长斑岩岩株或岩墙有关,成矿带主要呈NE向展布,与该区晚古生代晚期最大主压应力迹线几乎平行,说明其早期区域性导矿断裂主要为张剪性断层。成矿岩体常沿断层或断层交叉点分布(图4-14)。金属矿化集中在云英蚀变岩、绢云母-石英岩等强蚀变带内。

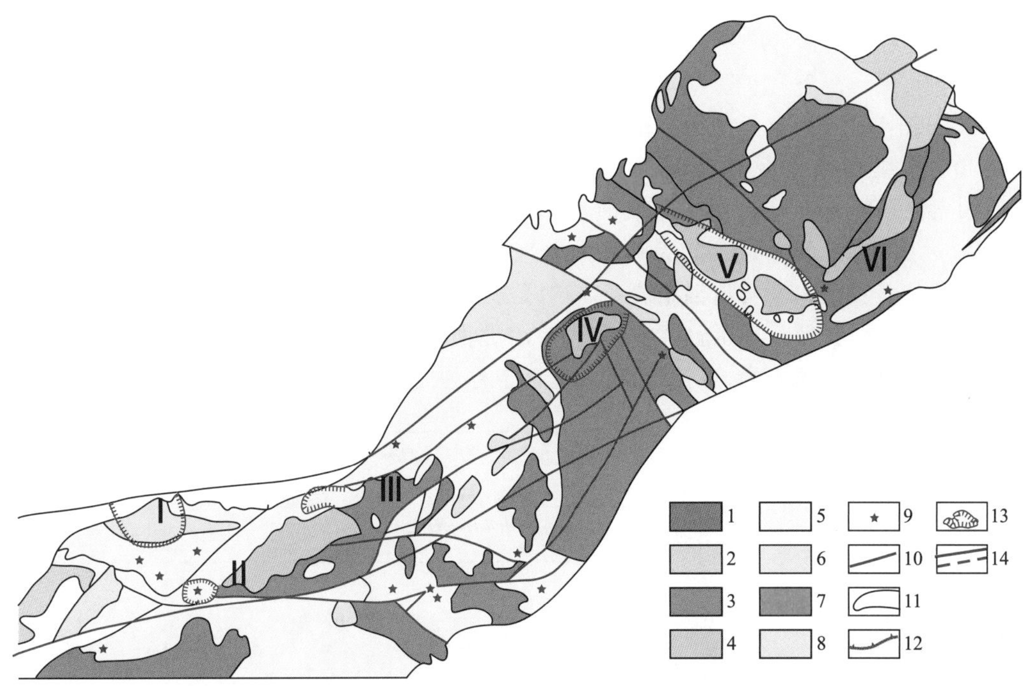

图 4-14　库拉马-费尔干纳成矿带(据吴振寰等,1993,经改绘)

1—早古生代晚期花岗岩;2—晚古生代灰岩与白云岩;3—晚二叠世与早三叠世花岗岩类;4—早二叠世花岗岩类;5—晚二叠世-早白垩世火山岩;6—晚二叠世-早白垩世次火山岩与喷出岩;7—火山颈分布区;8—白垩纪-古近纪沉积地层;9—喷发中心;10—断层;11—矿田界线;12—构造成矿带界线;13—花岗岩露头;14—区域性大断层。矿田:Ⅰ—阿尔马雷克斑岩铜矿田;Ⅱ—绍克布拉克矿田;Ⅲ—坎达尔矿田;Ⅳ—古兰德矿田;Ⅴ—坎达甘矿田;Ⅵ—博济姆哈克矿田。

乌兹别克斯坦东部,塔什干东南 65 km 处的阿尔马雷克(Almalyk)斑岩铜金矿田(图 4-14,Ⅰ),其中的卡尔马克尔(Kalmakyr,69°37′E,41°03′N)超大型斑岩铜金矿床的铜储量为 2802 万 t(铜品位 0.38%),金储量为 2604 t(金品位 0.5g/t),此外还伴生 Mo,Ag,Se,Te,Re,Bi 和 In 等元素。矿床的形成与石炭纪-二叠纪花岗闪长斑岩或石英正长斑岩密切相关,其 U-Pb 锆石、K-Ar 和 Re-Os 同位素年龄均在 320~290 Ma 之间,即晚石炭世。矿床赋存在斑岩体的顶部,同时也受切断岩体的东西向主断裂和向南延伸的 NW300°次级断层或角砾岩带所控制。65%~75%的矿体赋存在岩墙和岩脉(厚度在几毫米到 4 cm 之间,长度为几厘米到几厘米)内,30%~35%为浸染状分布。矿脉在岩体中央的顶部表现为“灯泡形”岩株状展布。岩株带呈 NW 向延展,其最大的平面直径约 3520 m×1430 m,最大深度达 1240 m(毛景文等,2012a,b;薛春纪等,2015)。最密集的断层和品位最高的矿体都沿东西向及 NW 向断层,与区域性主要的断裂走向基本一致。笔者推测该矿床可能是受晚石炭世-早二叠世区域性近东西向挤压和 NW 向断层左行走滑作用的影响而派生的滑脱与次级张剪性断裂所控制(图 4-14,见图 2-11),也是在板内变形阶段所形成的矿床。

西南天山是世界上著名的金-汞-锑-稀有金属成矿带。在乌兹别克斯坦东部,金矿资源极为丰富,储量以超大型的穆龙套(Muruntau,64°32′E,41°22′N)金矿床为最大(图 4-15;Mao et al.,2002;见图 4-11),矿化带总长度约 12 km。该矿床位于乌兹别克斯坦克孜勒库姆沙漠腹地,年产金 21 t(另有资料估计产量可能达 80 t),已探明的金储量约 6137 t(薛春纪等,2015),平均品位为 2~11 g/t,预计在金矿床深 1500 m 的范围内,还有 1830 t 的资源量(毛景文等,2012a,b)。穆龙套金矿区(图 4-15)内主要的褶皱构造为塔斯卡兹甘复背斜,其轴线走向近东西,向东倾伏,倾角 15°~30°,次级褶皱穆龙套背斜构成其南翼。矿区出露的地层为寒武系到奥陶系,厚约 5 km 的别索潘(Besapen)组,由一套变质粉砂岩、砂岩和泥岩组成。矿区地层的下部,为碳酸盐岩-陆源火山-沉积岩系;上部,为陆源的复理石建造。根据同位素年代学与古生物学的研究表明,别索潘组其实是一个构造混杂岩系。矿区的边缘出露浅色成分的岩脉带,两个花岗闪长岩岩株分布在矿区的东南部。在矿区中部,发育着北西向片理-流劈理裂隙带,长约 10 km,宽约 1 km,岩石强烈破碎成角砾岩、糜棱岩,有人把该带称为“千枚糜棱岩”带,带内强烈发育硅化、黑

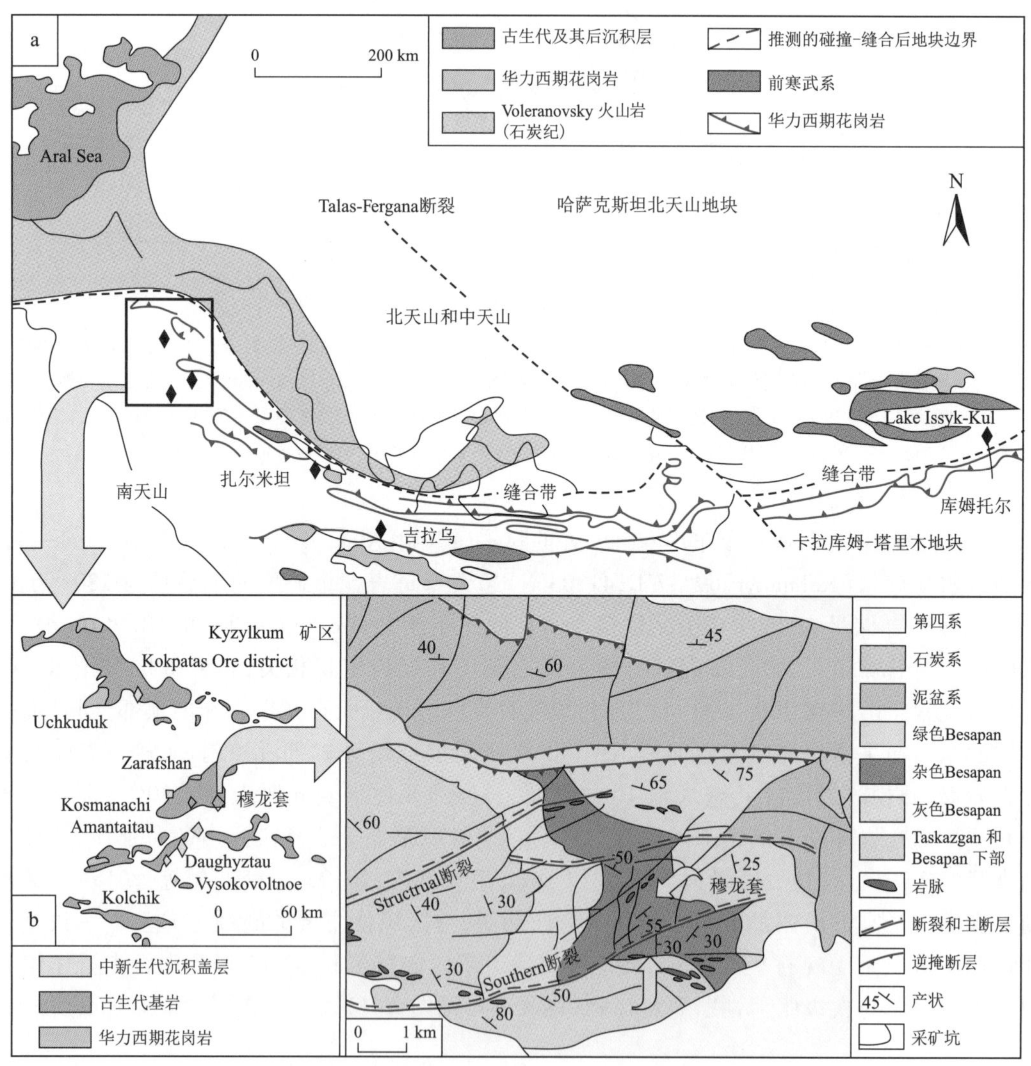

图 4-15　西南天山穆龙套(Muruntau)金矿床区域及矿区地质略图
(据 Graupner et al.,2006;转引自毛景文等,2012a,b;经综合改绘)

云母化、钾长石化,金矿体主要产于强硅化带内。金矿体的产状严格受控于剪切带及其衍生的韧性-韧脆性断裂系统。矿床由大量的网状脉所构成。矿脉一般宽 15~20 cm,为含金黄铁矿-毒砂-石英脉。矿床总体上是一个规模巨大、构造复杂的,呈微向东倾的陡立柱状体。矿脉中硫化物的平均含量约 0.5%~1.5%,金元素具有多次析出和再分布的特征,并混有银、铜、铋、铅、砷和铁等。银平均品位约 100~300 g/t。根据同期形成的矿石矿物的 Rb-Sr,Sm-Nd 和 Re-Os 等同位素年龄测定,穆龙套金矿的成矿年龄为 270~290 Ma,即为二叠纪,此时东西向断裂呈现为右行走滑活动,在其派生的 NW 向张剪性裂隙系内就可富集成矿。乌兹别克斯坦金矿带 Muruntau 矿床的构造-岩浆活动的同位素年龄为 310 Ma,而成矿年龄为 271~261 Ma(Groves et al,,1998)

而矿区内 ENE 向的断层表现为压剪性的特征,并不有利于矿液的富集。显然此矿床的形成不是与过去所认为的早古生代黑色岩系同沉积作用有关的。由近年来两个超深钻孔(6000 多米)的资料,可以看出穆龙套金矿的成矿物质来源与深部花岗岩有关,而不是取自于杂色别索潘组或仅仅与黑色岩系相关(Mao et al.,2002)。由于受波罗的板块[69]相对向东运移和乌拉尔碰撞带[12]向东挤压作用的影响,使矿区内近东西向与 NW 向的岩层沿叶理面发生适度的张裂,并在断裂交叉点附近形成此矿床有用元素的高度富集,从而构成网脉状的、总体呈陡立、柱状的矿体。过去,我国一些地质工作者老是只想在“黑色岩系”内找寻“穆龙套式”金矿床,现在看来显然是不妥的。

在吉尔吉斯斯坦阿赖山北坡的吉日克鲁特(Dzhizhikrut,68°55′E,39°14′N)赋存着大型热液汞锑矿床,该区矿层深厚,便于开采,而且矿石中除富含锑之外,还伴生有汞、金、铊和碲等其他元素。使吉尔吉斯斯坦成为世界第三大汞生产国,已探明的储量为 20 900 t,集中在南费尔干纳汞锑矿带,控矿断层主要为东西向高角度断层(陈哲夫等,1999)。

另外,吉尔吉斯斯坦还有著名的卡达姆赛(Kadamse,72°02′E,40°08′N)大型热液锑矿床和海达尔坎(Khaydarkan,71°00′E,39°52′N)大型热液汞锑矿床。它们都赋存在晚古生代的增生碰撞带内的古生代(志留-泥盆-石炭纪)的褶皱岩系中,在地表看不到与岩浆活动的关系,矿体主要赋存在沉积岩系的层间滑脱面上。区域性断层主要为东西向高角度的逆断层,较宽缓褶皱轴也是近东西向。但是,构造成矿作用却都发生在晚古生代之后的中生代(可能是三叠纪)(陈哲夫等,1999)。钨与锡矿床在吉尔吉斯斯坦也是较丰富的,大型钨矿床主要分布在特鲁多沃耶和肯苏地区。大型锡矿床有特鲁多沃耶、乌奇科什贡和萨雷布拉克等(张鸿翔,2009)。

哈萨克斯坦等中亚国家的天山地区(阿拉木图、塔什干、费尔干纳和杜尚别一带)是重要的稀有金属成矿省,可分为北天山、中天山、南天山与西南天山,它们都属于巴尔喀什-天山-兴安岭晚古生代(360~260 Ma)增生碰撞带的西段。此碰撞带的总体走向均为近东西向(ENE 或 WNW 向),但是与晚古生代花岗质岩浆活动相关的稀有金属成矿带却都是 NE 走向的(图 4-16)。这是由于在晚古生代晚期该区受到近东西向的区域性挤压作用,使先存的走向 NE 的断裂发生走滑并局部张开,成为张剪性断裂,从而有利于岩浆与成矿流体的贯入。这是区域构造作用与岩浆-成矿作用密切相关的一个实例(吴振寰等,1993)。根据区域构造的特征来推测,此成矿省的主要成矿时期可能为晚泥盆世-二叠纪。在天山-阿尔泰地区有大量的 A 型花岗岩侵入,其正的 ε_{Nd}值表明它们具有来自幔源的成分,岩浆活动的高潮集中在晚古生代 385~323 Ma 和 323~260 Ma 两个构造阶段(见图 2-10,图 2-11),这也是该区最强烈的两次构造事件,但是主要成矿期则为晚石炭世-二叠纪(318~260 Ma)。

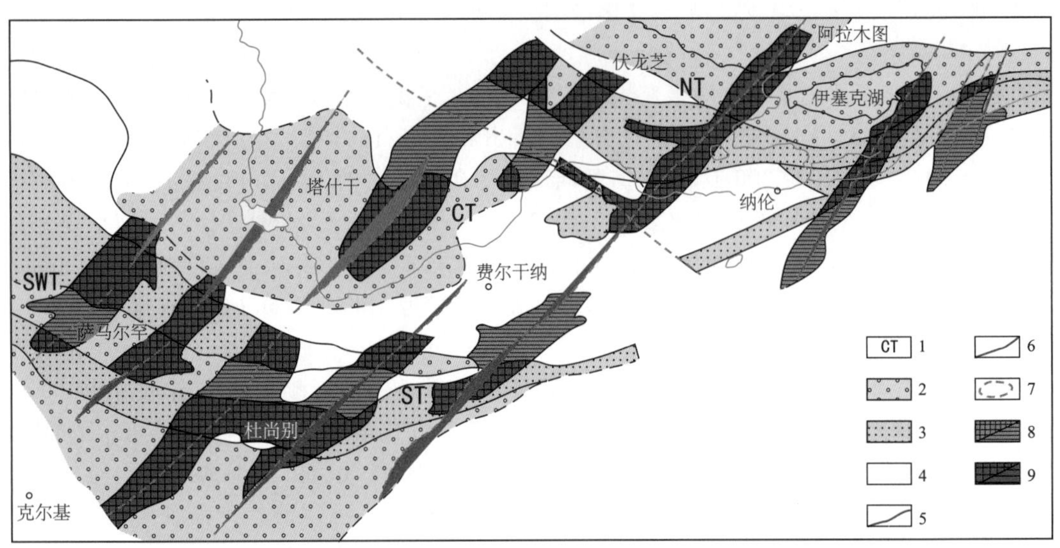

图 4-16 天山西段稀有金属构造成矿带（据吴振寰等，1993，经改绘）

1—褶皱系代号：NT—北天山，CT—中天山，ST—南天山，SWT—西南天山；2—中间地块；3—隆起区；4—断陷区；5—分割褶皱系的断层；6—控制岩浆作用的断层带；7—晚古生代含锡花岗岩分布区；8—含有色金属-钨和锡的矿区；9—具稀有金属-钨-锡的矿带。

4.1.2.5 巴尔喀什-天山-兴安岭晚古生代增生碰撞带[10]（图 2-6）赋存的矿床

此带西端的哈萨克斯坦巴尔喀什矿集区内赋存着许多大型的斑岩型铜钼金矿床，如科翁腊德铜金矿床（Kounrad，铜储量 790 万 t，铜品位 0.9%；金储量>600 t，金品位 0.1～0.76 g/t；图 4-17，图 4-18；Seltmann et al.，2014）。科翁腊德铜金矿床附近出露早石炭世的沉积-火山岩系和中石炭世中酸性花岗岩类岩株、岩脉，它们均受 NW 与 NE 向断裂交叉点所控制。矿床形成于晚石炭世-早二叠世，辉钼矿的 Re-Os 年龄为 284 Ma；其花岗斑岩类岩石的 U-Pb 锆石 SHRIMP 年龄为(327.3±2.1) Ma 和(308.7±2.2) Ma；铜钼矿化作用的形成时期约为 327 Ma（Chen et al.，2014）。此矿床已控制的深度为 500 m，深部的探矿工作还有待进一步展开。

在巴尔喀什矿集区还有阿克沙套铜矿床（Akshatau，铜储量 588 万 t，铜品位 0.38%，并伴生 W 和 Mo 元素的富集，Re-Os 年龄为 285～289 Ma）、扎涅特钼矿床（Re-Os 年龄为 295 Ma，Chen et al.，2014）、博尔雷铜钼矿床（Borly，锆石 U-Pb SHRIMP 年龄为 216.3 Ma 和(205±3) Ma，矿化期约为 216 Ma）和东科翁腊德铜矿床（East Kounrad，Re-Os 年龄为 284 Ma）（图 4-17，图 4-18）。

阿克斗卡（Aktogai）铜矿田的规模最大，其铜金属量达 1720 万 t，铜平均品位为 0.34%，金储量为 68 t，平均品位为 0.04 g/t（Seltmann et al.，2014）。此矿床位于巴尔喀什湖东端东北 60 余千米处，为 1974 年发现的，发育在巴尔喀什石炭-二叠纪火山-侵入杂岩带内，矿床与花岗闪长岩关系密切，处在 WNW 与 NE 向断裂的交叉点附近，并主要赋存在构造角砾岩带内，金属矿物常赋存在石英-钾长石细脉内，构成网脉状矿体，成矿期为二叠纪（石英闪长岩和花岗闪长斑岩的角闪石、黑云母和钾长石的 U-Pb SHRIMP 年龄为(335.7±1.3) Ma 和(327.5±1.9) Ma，Chen et al.，2014）。该矿床位于地幔微凸处，地壳厚度介于 40～45 km 之间（图 4-17，图 4-18；陈哲夫等，1999；Golovanov et al.，2005；Cook et al.，2005）。

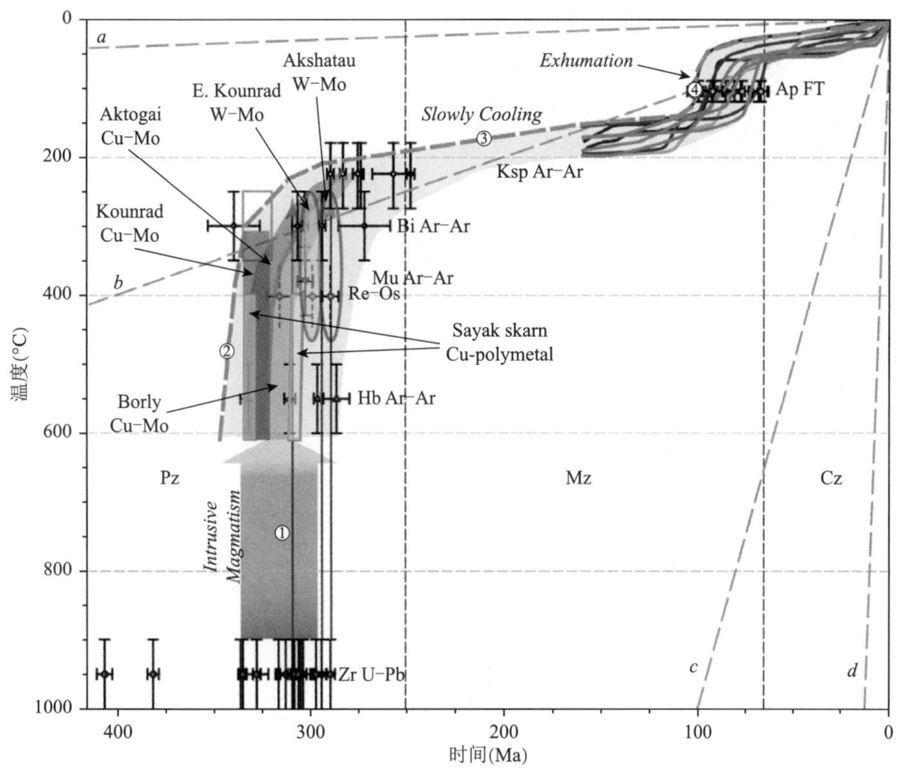

图 4-17 巴尔喀什-天山主要矿床(示矿床名称及矿种)成矿过程的时间-温度变化
(转引自聂凤军,2011 年,私人通讯)

萨雅克(Sayak)矿床的正长岩、花岗闪长岩的 U-Pb SHRIMP 年龄为(335±2) Ma,(308±10) Ma 和(297±3) Ma,而萨雅克矿床的角闪石,黑云母和钾长石的 Ar-Ar 冷却年龄分别为(287.3±2.8) Ma,(307.9±1.8) Ma 和(249.8±1.6) Ma;萨雅克矽卡岩矿床的形成年龄为 335 Ma 和 308 Ma(Chen et al.,2014)。

看来,该区上述所有矿床都赋存在区域性 NW 向断层与 NE 向次级断层的交会处附近,主要沿 NW 向断裂展布,并且主要都是在晚石炭世-二叠纪(307~257 Ma)成矿的(Chen et al.,2014)。在巴尔喀什地区还赋存着杰兹卡兹甘砂岩型铜矿床(铜储量 350 万 t,品位 1.6%)。

应该注意的是,该区上述所有超大型与大型矿床并非形成于巴尔喀什-天山晚古生代增生碰撞带的主碰撞期(晚泥盆世-早石炭世),而是形成于碰撞期之后的、晚石炭世-早二叠世的板内变形时期,受近 NW 向左行走滑断层或近东西向右行走滑断层所控制(毛景文等,2012a,b;见图 2-11,图 4-18;陈哲夫等,1999)。另外,在巴尔喀什湖西北地区还发育着大量环形构造,它们与地表岩体出露的形状完全不吻合,可能是隐伏岩体的地表显示,是进一步找寻隐伏矿床的重要信息。

据此,笔者推断:在巴尔喀什-天山及其附近的地区,受早期断裂控制的、即晚泥盆世-早石炭世形成的岩浆侵入体或热液矿床或矿带可能沿 NNE 向或近南北方向断裂分布的,因为此时区

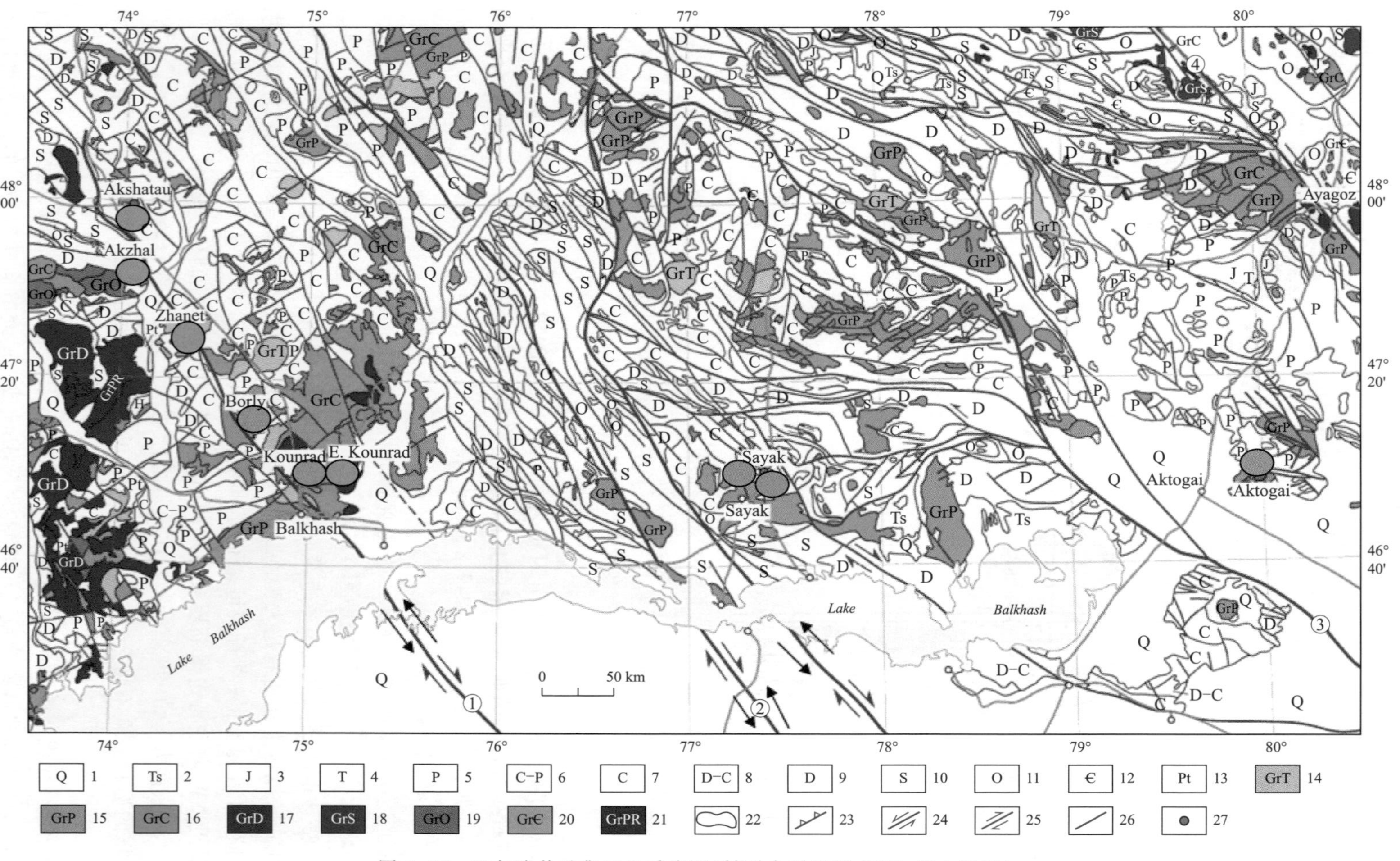

图 4-18 巴尔喀什矿集区地质略图(转引自聂凤军,2011,私人通讯)

1—第四系;2—古近系;3—侏罗系;4—三叠系;5—二叠系;6—石炭-二叠系;7—石炭系;8—石炭-泥盆系;9—泥盆系;10—志留系;11—奥陶系;12—寒武系;13—元古宇;14—三叠纪花岗岩;15—二叠纪花岗岩;16—石炭纪花岗岩;17—泥盆纪花岗岩;18—志留纪花岗岩;19—奥陶纪花岗岩;20—寒武纪花岗岩;21—前寒武纪花岗岩;22—湖区;23—逆断层;24—左行走滑断层(黑色箭头为晚石炭世-早二叠世的滑动方向);25—右行走滑断层(大红色箭头为泥盆纪-早石炭世的滑动方向);26—性质不明断层;27—大型内生金属。矿床(Akshatau, Akzhal,Zhanet,Borly,Kounrad,E. Kounrad,Sayak,Aktogai 等)。

域最大主压应力方向以NNE向或近南北向为主,这些断裂都是以张剪性为主,岩浆与含矿流体易于贯入并冷凝聚集。而在晚石炭世-早二叠世形成的岩浆侵入体或热液矿床则可能以沿近东西方向或与区域构造线方向相近的NW向断裂分布的,因为此时区域最大主压应力方向以WNW向为主,因而此时近东西或NW向的断裂基本上都属于右行或左行的张剪性断裂,有利于岩浆或含矿流体的贯入与存储。以上认识与现有的矿床分布及产状资料吻合得较好,关于这一点,在该区进一步找寻隐伏矿床中是值得重视的。

巴尔喀什-天山-兴安岭晚古生代增生碰撞带,在哈萨克斯坦境内还有哈尔里克铜镍金成矿带、觉罗塔格金铜铁成矿带和西天山博罗霍洛山铜金成矿带和那拉提铜镍金成矿带等(Karsakov et al.,2008)。

天山中段为中国重要的天山成矿带,主要形成了铜、铅、锌、镍、金、铁等矿床。在中国境内,赋存着准噶尔西北侧的包古图铜矿床,其矿体走向NE,在区域主干断层旁侧产出,早石炭世斑岩型矿床主要形成于310~322 Ma(Mao et al.,2014),为同碰撞期成矿的。

在中国天山西部阿希浅成低温热液型金矿带分布在天山伊犁盆地以北的近东西向吐拉苏断陷-火山断陷盆地内。该火山断陷盆地是在早古生代基底之上接受了在早石炭世陆相中酸性-中性火山岩系堆积的结果,为板内构造-岩浆活动的产物(既不是碰撞带型或岛弧大陆边缘的,也不能说是“弧后拉张盆地”)。浅成低温热液型金矿带主要形成于早石炭世晚期-晚石炭世(327~300 Ma;杨鑫朋等,2015),受WNW向、陡倾斜的左行张剪性断裂带所控制,长达800多千米,沿此带形成了阿希、阿庇因迪、塔吾尔别克、伊尔曼得、京希等金矿床。矿体常赋存在右行走滑断层所派生的WNW或NW向雁列式张剪性裂隙内,如阿希金矿床(董连慧和沙德铭,2005)。

新疆地矿局在西天山乌恰县发现了萨瓦亚尔顿金矿床,为新疆资源量最大的大型金矿。1993年新疆地矿局第二地质大队在乌恰县发现此矿床,经过20年的持续勘查,在海拔3100 m到4300 m的20 km^2勘查范围内,发现了21个金矿化带,平均品位2.45 g/t,截至2014年6月,提交黄金资源量127 t,远景资源储量在200 t以上。其中4号成矿带宽度达85 m,长4000 m,平均品位2.57 g/t,局部最高品位达63.88 g/t,估算金金属量达98.33 t。目前新疆地矿局第二地质大队重点对4号矿化带等进行了勘查,共发现11条含金矿化带,矿体平均厚度25 m,陡倾斜矿脉的走向主要为NE30°左右。该矿床为赋存在上志留统罗德洛阶含白云质炭质碎屑岩、泥质岩复理石岩系中的石英细网脉、浸染型低品位金矿床,其成因与穆龙套金矿床类似(刘家军等,2000)。与成矿关系密切的侵入岩体为晚二叠世的碱长花岗岩,其锆石U-Pb年龄为(261.5±2.7) Ma(杨富全等,2005),显然岩体侵入作用是天山碰撞带形成(晚泥盆世-早石炭世)之后,为板内变形阶段的产物。但是成矿年代则更新一点,金矿化主要形成于三叠纪[含金石英脉$^{40}Ar-^{39}Ar$坪年龄为(210.59±0.99) Ma,刘家军等,2002],锑矿化则形成于白垩纪[含锑石英脉$^{40}Ar-^{39}Ar$坪年龄为(131.7±1.8) Ma,胡世玲等,2000;(125±17) Ma,李大明等,2002]。

近年来,新疆地矿局在西天山伊犁新源县发现并初步评价了一处特大型金矿——卡特巴阿苏金矿床,预计可提交金资源量53 t,远景金资源量有望超过百吨。现已确定的金储量为9.8 t,铜储量为422 t。矿体主要产于石炭纪褐铁矿化、黄钾铁矾化、黄铁矿化及硅化二长花岗岩和花岗闪长岩中,矿体受次级断裂所控制,矿化蚀变带长2500 m,宽60~300 m。按Au品位>2.5×10^{-6},在地表圈出金工业矿体9个,隐伏矿体6个;隐伏铜矿(化)体5个,共有46个子矿体。矿体总体呈ENE-ESE走向,倾向南,倾角20°~72°,矿体呈似层状、透镜状、脉状,具尖灭再现、局部膨大现象。金平均品位 2.56×10^{-6}～9.98×10^{-6}。隐伏铜矿（化）体平均品位 0.19%～0.42%。矿石以浸染状、黄铁矿连晶细脉浸染状为主。金赋存于黄铁矿中，黄铁矿呈不规则粒状、浸染状等（赵树铭等，2012）。

伊犁大型砂岩铀矿床（图 4-19）产于天山碰撞带内后期发育的伊犁断块盆地内（81.9°E，41.9°N）。盆地内沉积了早中侏罗世的湖相含煤碎屑岩系，其高有机质含量就成为铀元素富集、储存的良好条件，矿体可赋存在侏罗系、始新统、上新统及第四系内。砂岩铀矿主要产于伊犁断块盆地的南部的西段，该区后期构造活动比较微弱，有利于矿体的保存。主要成矿期为 12～2 Ma，即在中新世晚期-上新世成矿的（王勇等，2006），矿田内发育了轴向近南北的宽缓褶皱，它们可能是受古近纪晚期太平洋板块向西俯冲的远程效应所控制的板内变形。此类褶皱影响了地下水的运移，这对于该矿床的地浸采铀，产生了重要的影响。

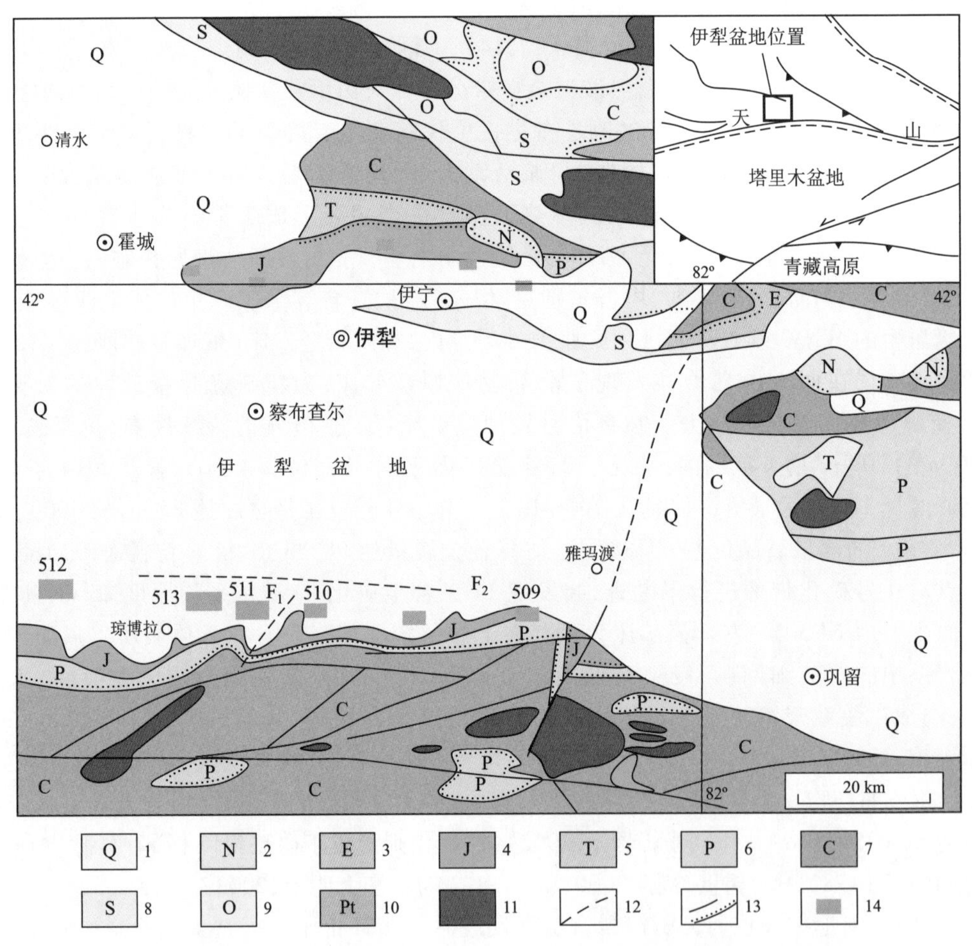

图 4-19　西天山伊犁砂岩型铀矿地质略图（据王勇等，2006，经改绘）

1—第四系沉积物；2—上新统泥岩砂岩；3—始新统砂质泥岩；4—侏罗系砂质泥岩、砂岩；5—三叠系砂泥岩；6—二叠系凝灰岩-火山角砾岩；7—石炭系灰岩、凝灰岩；8—志留系砂岩、凝灰砂岩；9—奥陶系灰岩、板岩；10—元古宇灰岩、白云岩；11—侵入岩；12—实测及推测断层；13—不整合界线；14—铀矿分布区。

在准噶尔地块的最南端,东天山近东西走向的康古尔塔格俯冲-碰撞带(天山增生碰撞带北缘,断层面为向南陡倾斜)内,还发育了土屋大型斑岩铜矿床(毛景文等,2012a,b;图 4-20,第 9 号矿床)。含矿岩体主要为闪长玢岩及斜长花岗斑岩。该矿区内的含矿侵入体——斜长花岗斑岩的锆石 U-Pb 年龄约为 356 Ma,Rb-Sr 等时线年龄则约为 369 Ma。辉钼矿的形成年龄为 323 Ma(Mao et al.,2014),均为晚泥盆世-早石炭世的产物,即它是天山增生碰撞带主碰撞期的产物。由此可以也推断此含矿岩体周围的双峰式企鹅山群火山岩系可能也是泥盆纪的。由于俯冲带的主断面是向南倾斜的,土屋斑岩铜矿床的产状也是走向东西、并向南陡倾斜的,矿体产在与主断裂面几乎平行的次级断裂带内,形成规模较大的矿体(其 1 号矿体,长 1400 m,最大宽度为 84 m,埋深已超过 600 m),呈细脉浸染状矿化,此矿床的铜矿化均匀,品位低(0.7%),规模大。

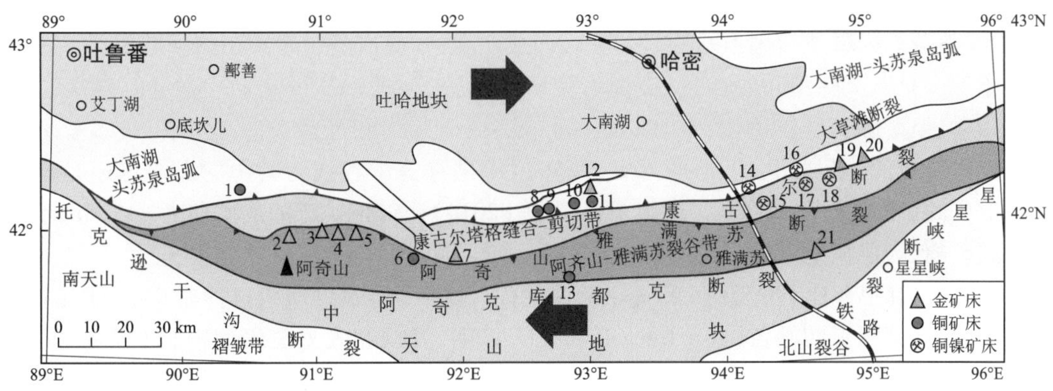

图 4-20 东天山(吐哈南部)贵金属和多金属成矿带地质构造略图(据毛景文等,2002,经改绘)

矿床编号:1—小热泉子铜矿;2—石英滩金矿;3—康西金矿;4—康古尔金矿;5—马头滩金矿;6—维权金矿;7—白山斑岩型钼铼矿;8—延东金矿;9—土屋铜矿;10—灵龙铜矿;11—赤湖铜矿;12—小红山金矿;13—路白山铜矿;14—土墩铜镍矿;15—二红洼铜镍矿;16—香山铜镍矿;17—黄山铜镍矿;18—黄山东铜镍矿;19—148 金矿;20—梧铜窝子南金矿;21—白石沟金矿。红色大箭头为成矿时地块的运移方向。

近年来,在东天山哈密附近,天山-兴安岭碰撞带的近东西向的康古尔塔格缝合线-右行剪切带内,赋存着一条贵金属和多金属成矿带,形成一系列以康古尔剪切带型金矿床(图 4-20 之第 2~8,第 19~21 号矿床)、香山铜镍矿床(镍≥0.6%;图 4-20,第 16 号矿床)、香山西与黄山东铜镍矿床等为代表的矿床(图 4-20 之第 13~18 号矿床)。继续向东,还发育着白山斑岩型钼铼(Mo,Re)矿床,与斜长花岗斑岩相关,其矿体内辉钼矿 Re-Os 等时线年龄为(224±4.5) Ma(Zhang et al.,2005)和(231.0±6.5) Ma(Wu et al.,2014),也是碰撞后阶段的产物,也即板内变形时期成矿的。黄山东铜镍矿床的矿石储量达 6920 万 t,镍品位为 0.52%(图 4-20 之第 18 号矿床,毛景文等,2012a,b)。沿此带的火山岩与岩浆矿床的形成年龄主要为 300~282 Ma,而矿化蚀变的年龄则均在 261~252 Ma,也都是碰撞期后成矿的。根据区域构造的研究,可看出此火山岩和矿化蚀变的形成时代是发育在断层带为右行走滑的阶段(见图 2-11)。

彩霞山大型铅锌矿床位于东天山晚古生代碰撞带内的卡瓦布拉克-星星峡中间小地块内,矿床赋存于长城系星星峡群内。含矿岩性为黄铁矿化白云石大理岩、少量为含炭质粉砂岩。矿体受阿其克库都克大断裂之次级断裂形成的破碎带所控制,矿体形态多为脉状、透镜状、似层状。

近矿围岩蚀变强烈，主要有硅化、黄铁矿化、透闪石化、碳酸盐化等。其成因类型为沉积变质-中低温热液改造型。铅锌矿石远景储量为 342 万 t。与成矿作用相关的闪长岩的 Rb-Sr 同位素年龄约为 323 Ma，成矿作用显然也是在晚石炭世发生的（彭明兴等，2007）。

至于在二叠纪晚期天山碰撞带内形成的热液金属矿床则显然更是在碰撞作用发生之后的，也可称为后碰撞阶段，是在板块内区域性断层的大幅度调整——右行走滑过程中形成的，而不是天山带主碰撞期（385～323 Ma）的产物（万天丰和赵庆乐，2015，见图 2-10）。镁铁质-超镁铁质岩体和矿床均主要赋存在主断裂带所派生的 ENE 向次级压剪性、脆性断层之中，但是其富矿体则赋存在其中局部陡倾斜的张剪性裂隙带内。此类矿床具有很好的重、磁、电异常与分散流异常，很有利于采用物化探方法来勘查此类矿床。

内蒙古地区的中北部四子王旗在新元古代变质岩系与晚古生代花岗岩内，发育着白乃庙热液型多金属矿床（111.6°E，41.6°N）。矿床处在晚古生代增生碰撞带之中，含矿物质主要来源于地幔，常伴随着黑云母或角闪石花岗岩的侵入而成矿，矿体具有类似于火山岩块状硫化物型的特征。矿床大多呈石英脉型和石英脉+蚀变岩型矿床，已发现的矿床的走向多数与区域主要断层的走向一致，但矿脉密度较稀（少于 200 条/km^2）。成矿年代问题至今尚有争议，较多学者认为是新元古代形成的（聂凤军，1990；辛河斌，2006），但是有的学者认为其中的金矿床还是晚古生代晚期形成的（李进文等，2003）。近年来，Mao 等（2014）测得该矿床的成矿期为 445 Ma，也即晚奥陶世成矿的，为碰撞期之前形成的矿床。

近些年来，在巴尔喀什-天山-兴安岭晚古生代（360～260 Ma）增生碰撞带中部的中蒙边境附近、蒙古国南部欧玉陶勒盖（Oyu Tologoi，108°E，43°N）发现超大型斑岩型铜金矿床（图 4-21，

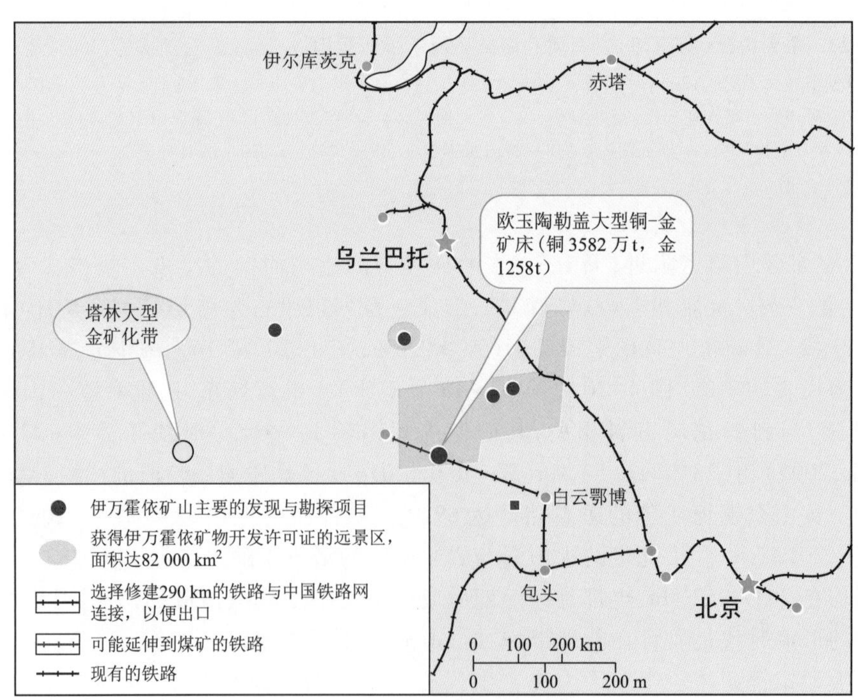

图 4-21 蒙古南部欧玉陶勒盖（Oyu Tolgoi）铜金矿床位置图（转引自聂凤军，2011，私人通讯）

图 4-22,图 4-23;聂凤军,2011,私人通讯)。该矿床的铜储量达 3758 万 t(品位 0.98%),金储量为 1425 t(品位 0.38 g/t)(Seltmann et al.,2014)。此矿床处在中部的北缘。欧玉陶勒盖铜金矿床赋存在晚泥盆世斑岩体内,围岩主要为酸性到中性的火山与火山碎屑岩,并被早石炭世到早二叠世花岗质岩体所侵入。据辉钼矿的 Re-Os 测年,此矿床的成矿年龄为 372~370 Ma,即晚泥盆世形成的(张新元等,2010;Mao et al.,2014),为晚古生代主碰撞时期形成的。矿床明显地受 NNE 向的断层(可能为张剪性)所控制,而不是沿着碰撞带近东西向区域性主干断层展布。矿体长 400~1200 m,宽 90~225 m,倾斜深度为 450~950 m(图 4-23)。此矿床的西南部和中部为斑岩型矿体,北部则为块状硫化物矿体。现矿床均被第四纪冲积物所覆盖。欧玉陶勒盖矿山只需修建 290 km 的铁路就可与中国的铁路网相连接,交通相当便利。

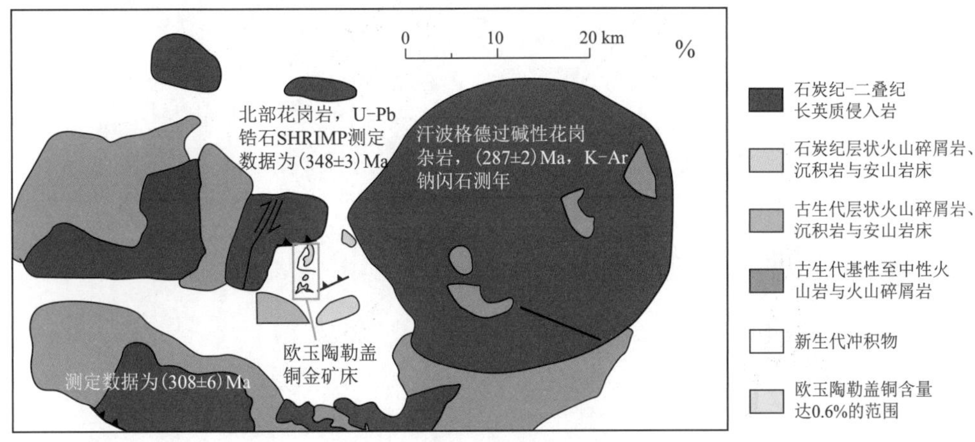

图 4-22 欧玉陶勒盖(Oyu Tolgoi)铜金矿田区域地质略图(转引自聂凤军,2011,私人通讯)

在巴尔喀什-天山-兴安岭碰撞带的中段,碰撞与挤压作用方向是以近南北向为主的,派生的张剪性断层就应该是近南北向的。由于此处离乌拉尔较远,乌拉尔碰撞带向东挤压作用的影响对此区比较微弱。

据了解,在蒙古国的中蒙边境附近,还赋存着 56 个规模不等的斑岩型铜矿床,其中 40 个矿床与晚古生代花岗岩类相关,3 个为早古生代形成的,13 个为侏罗纪-白垩纪形成的。超大型铜矿床可能主要与晚古生代碰撞作用有关,还有一些则与碰撞作用之后、板块内部深部断裂的重新活动有关。此成矿带,在蒙古境内为岩漠山区,露头良好,有利于找矿工作的展开,在蒙古已发现金矿床 130 多个,远景储量为 3000 t(张鸿翔,2009)。其中较大的矿床为 Tsagaan Suvarga 铜金矿床,铜金属量 130 万 t,铜品位 0.53%,金金属量 19 t,金品位 0.08 g/t,成矿期在 325~365 Ma 之间(Seltmann et al.,2014)。但在中国境内则主要为沙漠和草原所覆盖,找矿的难度较大,至今尚无重大的突破。

在中朝板块与天山-兴安岭碰撞带交界的西拉木伦河附近赋存着一些斑岩型钼矿床,它们都形成在三叠纪(245~220 Ma;Zeng et al.,2013;Nie et al.,2011)。

在大兴安岭巴林左旗北部发育着白音诺尔(119.3°E,44.1°N)与中酸性侵入岩相关的矽卡岩型铅锌矿床。它产于二叠纪浅变质岩系的岩性分界线附近,大体上沿近东西向展布,成矿期为

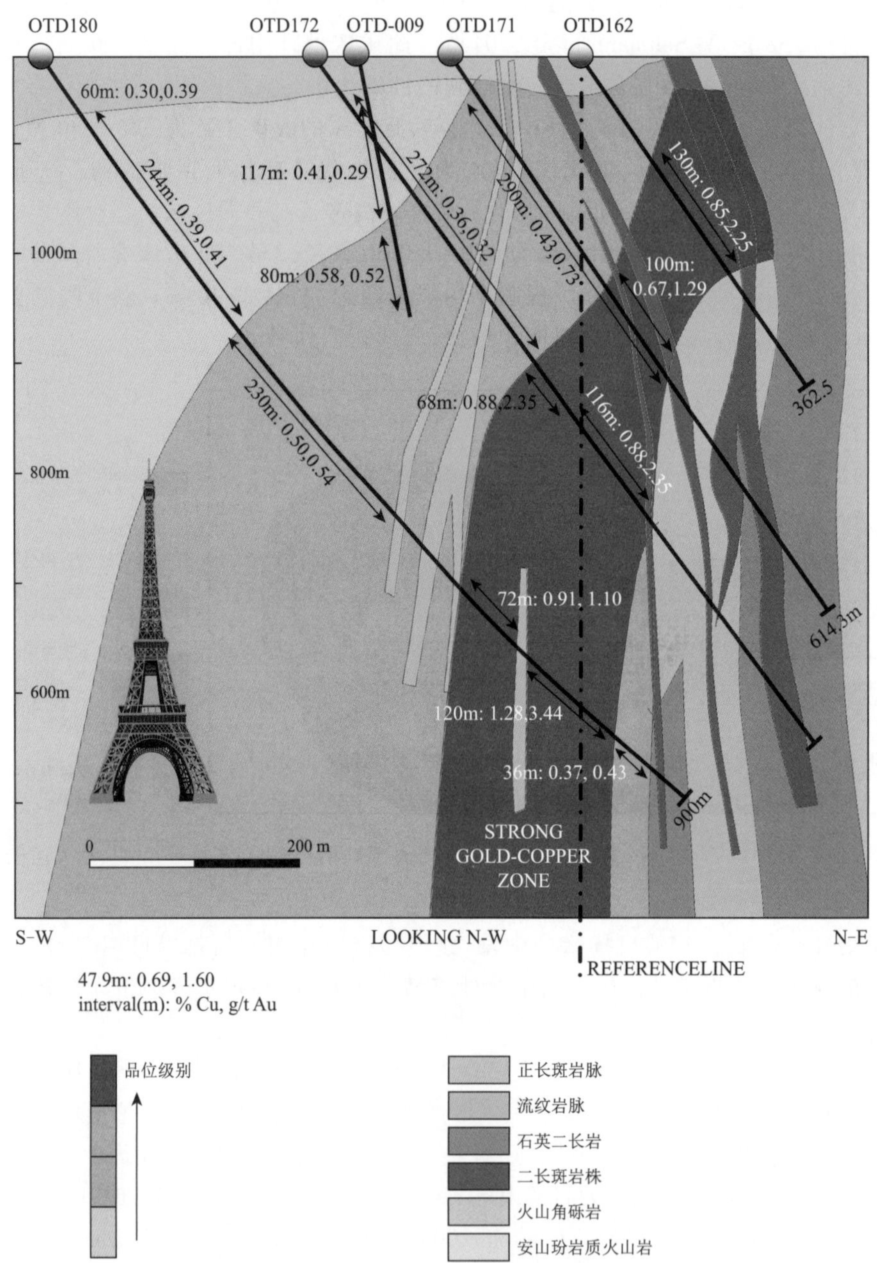

图 4-23 欧玉陶勒盖铜金矿床主要地质剖面(转引自聂凤军,2011,私人通讯)

中晚侏罗世(171~140 Ma)。显然此矿床受侏罗纪最大主压应力方向 WNW 向所控制,利用岩性的不均一和张性裂隙发育处富集成矿的。

在大兴安岭南段黄岗梁-乌兰浩特锡铅锌铜多金属成矿带的南段,赋存着克什克腾旗黄岗矽卡岩型锡铁矿床(117°22′E,43°35′N),为内蒙古地区第二大铁矿,同时还含有锡、钨、锌与铜等元素,为一个多金属矿床。此矿床呈 NNE 向展布,成矿年龄为 137~122 Ma,属于早白垩世成矿的（毛景文等，2012a，b）。此矿床受到早白垩世区域构造的最大主压应力方向（NNE 向）的控制，使 NNE 向的裂隙张开，从而有利于含矿流体的贯入与聚集。

内蒙古大兴安岭扎鲁特旗赋存着巴尔哲碱性花岗岩型稀土金属矿床（121°E，44.7°N），此为中国东北地区少见的类型，矿区发育着东西与 NNE 向断裂，含矿岩体也就沿着这两个方向贯入。矿区内，东岩体沿 NNE 向展布，成岩成矿的年龄为 125～127 Ma，属于早白垩世的（毛景文等，2012a，b），看来也是受当时区域构造的最大主压应力方向（NNE 向）控制的。

在大兴安岭的北段，德尔布干断裂带西侧赋存着额仁陶勒盖浅成低温热液型银矿床。此矿床受 NNW 向巴尔基噶尔断层与 NE 向的额仁陶勒盖断层交会处的控制，形成于石英斑岩体内，矿体呈 NNE 与 NNW 向展布，似受近南北向挤压所派生的追踪张节理系的控制，成矿时代也是早白垩世的（～120 Ma，毛景文等，2012a，b）。看来，赋矿的构造也是受当时区域构造的最大主压应力方向所控制的。

黑龙江佳木斯与松嫩-张广才岭地块结合部的鹿鸣斑岩钼矿床，斑岩型大型钼矿赋存在三叠纪晚期［（201±4）Ma］二长花岗斑岩内。该岩体侵入到晚侏罗世-早白垩世的中酸性火山岩系内（毛景文等，2012a，b）。成矿年龄为 178 Ma（Mao et al.，2014）。

巴尔喀什-天山-兴安岭碰撞带东北端的俄罗斯布列雅特地块发育着奥泽尔和霍洛德纳超大型锌、铅矿床，其锌储量占俄罗斯总储量的一半以上，铅储量占俄总储量的 30% 以上，为黄铁矿型多金属矿床，但矿石品位较低，质量较差，缺少必要的基础设施和存在生态问题等原因，至今尚未开发（张鸿翔，2009）。

在吉林永吉县大黑山（126°16′E，43°29′N）赋存了超大型斑岩钼矿床（王磊等，2012），它位于佳木斯地块的南部，在天山-兴安岭晚古生代增生碰撞带的东部，受侏罗纪 NE 与 E-W 向断裂的交叉点的控制（图 4-24），为一规模大、品位低的花岗闪长斑岩体上部的矿筒。矿体为上大下小，地表面积为 2.7 km^2。尽管矿床赋存在增生碰撞带内，成矿时期却是侏罗纪，168 Ma（Mao et al.，2014），即由板内断层活动所控制的。

在吉林南部赋存着红旗岭铜镍矿床，为基性岩浆熔离型矿床。它产在侵入到早古生代斜长角闪岩、石榴子石二云斜长片麻岩等变质结晶岩系内的角闪辉长岩和含橄榄石角闪辉石岩体中。角闪石的 Ar-Ar 年龄为（228±3.0）Ma，磁黄铁矿的 Re-Os 等时线年龄为（208±21）Ma（毛景文等，2012a，b），显然其成岩与成矿的时代均为三叠纪。导矿断裂主要为 NW 向，其次为 NE 向。

内蒙古乌力亚斯太古宙变质岩系区边缘的中段赋存着宝格达乌拉钼矿床，产在砂岩、粉砂岩、角岩和凝灰岩系中的三叠纪黑云母花岗岩和花岗斑岩内，为斑岩型矿床。其辉钼矿的 Re-Os 法年龄为（235±2.3）Ma（毛景文等，2012a，b）。矿体走向以 NWW 向为主。

在内蒙古苏尼特左旗乌力亚斯太古宙变质岩系边部赋存着乌兰德勒钼矿床，它产在三叠纪黑云母花岗岩和石英闪长岩内，为斑岩型钼矿床，控矿断裂主要为北东向。其辉钼矿的 Re-Os 年龄为（239±2.8）Ma（毛景文等，2012a，b）。红旗岭、宝格达乌拉和乌兰德勒，这三个矿床均为三叠纪板内变形阶段成矿的。

巴尔喀什-天山-兴安岭碰撞带东段的松嫩地块上，从白垩纪以来发生近东西向的伸展与张裂作用，形成幅度较大的沉陷，这可能与深部存在许多密度较大的、基性岩浆侵入和喷发有关，在此基础上堆积了数千米富含有机质的沉积物，形成了中国迄今为止、年产量最大的油气田——大庆油田（大庆油田石油地质志编辑委员会，1993；图 4-25），此油田已经开发了 50 余年。此油田

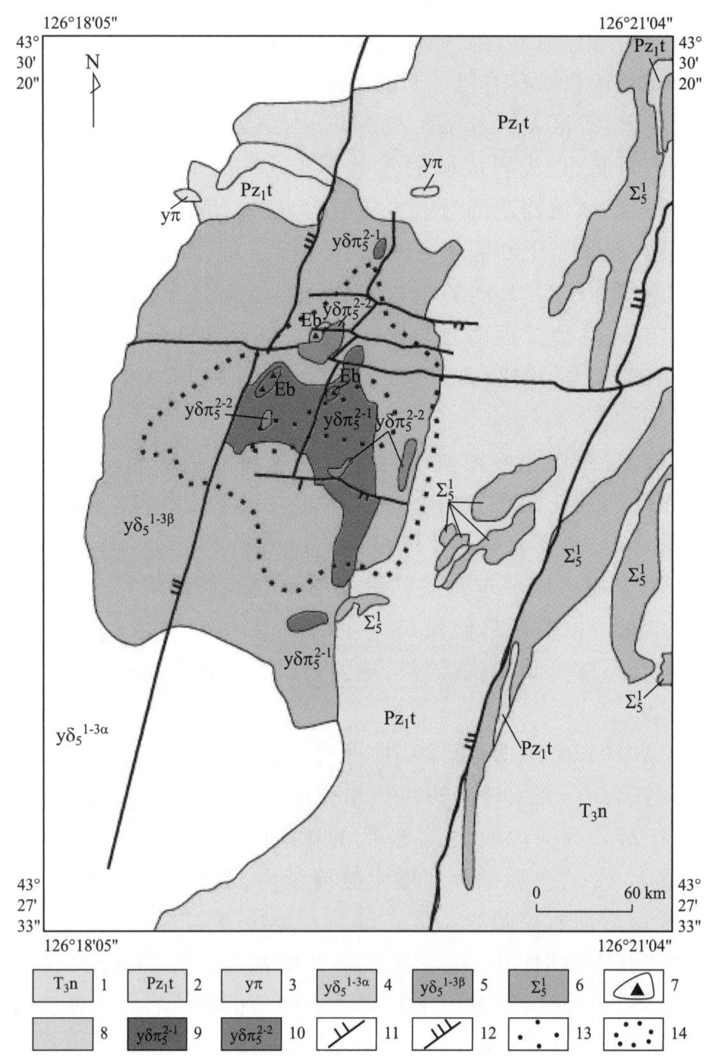

图 4-24　吉林永吉县大黑山斑岩钼矿床地质略图(据王磊等,2012,经改绘)

1—上三叠统南楼山组;2—下古生界头道沟组;3—花岗斑岩脉;4—长岗岭黑云母花岗闪长岩;5—前撮落不等粒黑云母花岗闪长岩;6—超基性岩脉;7—角砾岩筒;8—闪长岩脉;9—前撮落黑云母花岗闪长斑岩;10—前撮落霏细状花岗闪长斑岩;11—张性断层;12—压剪性断层;13—富钼矿体;14—贫钼矿体。

的生油层主要为早白垩世青山组砂岩系,主要的储油构造(即长垣构造)形成于古近纪末期,为太平洋板块向西俯冲、挤压而形成轴向 NNE 的宽缓背斜(即长垣构造)及相关的构造裂隙系。

就现有资料来看,在巴尔喀什-天山-兴安岭晚古生代增生碰撞带的形成过程中,巴尔喀什-北天山稀有金属成矿带和超大型的欧玉陶勒盖都是同碰撞期(泥盆纪-早石炭世)成矿的,可同时形成一些超大型矿床。然而,在增生碰撞带内的其他多数矿床的成矿时代却大多在晚石炭世及其以后的各个构造阶段,也即基本上都是在碰撞作用结束之后,在各种板内变形的条件下赋存

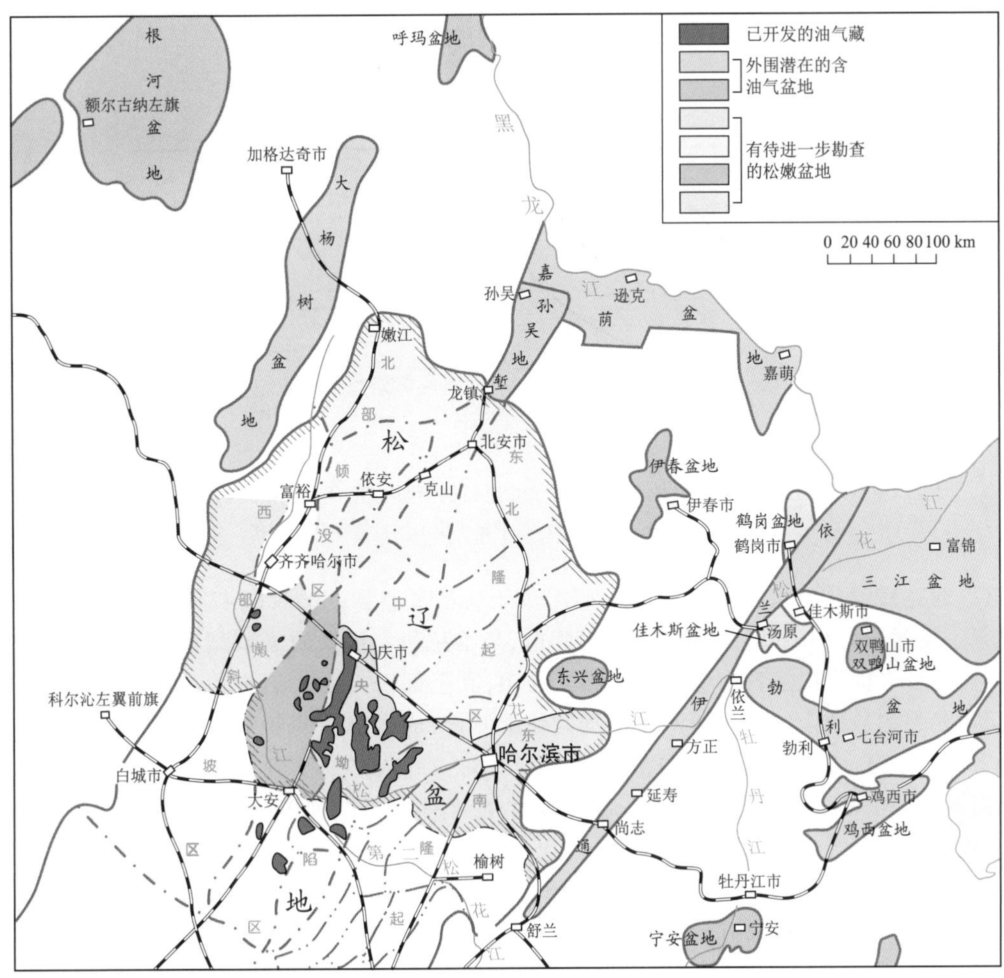

图 4-25 大庆油田分布略图(据王明明,2003,私人通讯,根据原始资料改绘)

的。在矿床学中,有些学者习惯于把在空间上位于增生碰撞带内的所有矿床都称为"碰撞带型"或"造山带型",有的甚至把中国大陆大量赋存在板块内部、构造变形稍强的金矿床都称之为"造山带型矿床",看来他们的认识有必要做一些修正。对于成矿地区的大地构造属性,对于成矿时代与碰撞作用时代是否一致等问题需要做深入细致地研究。否则,极易误导找矿方向。在增生碰撞带的主碰撞时期,构造作用极强,很有利于岩浆与含矿流体的运移,但也比较容易散失。当然,之所以在老增生碰撞带内后期成矿的机会较多,这显然与该带内次级构造变形较发育,岩石较破碎,因而在后期较弱的构造作用下就可使有用元素得到运移与富集,而又不大容易散失到大气圈或水圈中去。

4.1.2.6 准噶尔地块[11](见图 2-6)赋存的矿田、矿床

在准噶尔地块内部赋存着克拉玛依油田(84.6°E,46.2°N;新疆油气区石油地质编写组,1993),含油层赋存在二叠系、三叠系和中-上侏罗统的砂岩系内(图 4-26)。它们受自北向南的

构造应力作用产生一系列走向 NE 的高角度逆断层，断层切断了中侏罗统及其以下的岩系，而被上侏罗统所覆盖。显然它们受到的构造作用力是中侏罗世末期发生的。

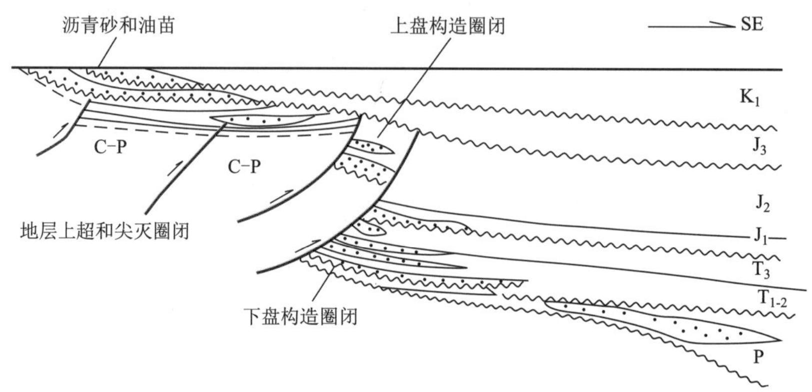

图 4-26　准噶尔地块克拉玛依油田中侏罗世逆断层与油气圈闭（据翟光明，2002，经改绘）

逆断层对二叠系、三叠系与下、中侏罗统油气构造圈闭的改造。

喀拉通克镁铁质岩浆型铜镍硫化物矿床位于新疆富蕴县（88.1°E，47°N）、准噶尔地块的北缘，发育了泥盆纪海相中基性火山-碎屑岩建造，与喀拉通克镁铁质岩浆型铜镍硫化物矿床关系密切。而早石炭世则以发育中酸性火山熔岩为主，其上部以火山碎屑岩为主的浊积扇沉积。区域地层与断裂构造的走向均为 NW 向。据同位素测定，成岩成矿的年龄为 274～314 Ma，主成矿期为（285±17）Ma，即早二叠世（毛景文等，2012a，b）。此成矿期受到近东西向的挤压作用的影响，因而 NW 向的断裂带就呈现为左行走滑活动，使矿体略具左列雁行排列的特征，这也是板内变形阶段成矿的。

在中亚-蒙古构造域内，还赋存了大量的沉积型砂岩铀矿田（详见图 4-74），成为世界上著名的铀矿带（焦养泉等，2015）。之所以在此构造域内易于形成砂岩铀矿床，可能与此构造域内发育着大量的富铀的花岗质侵入体，它们经过后期的风化、剥蚀作用而在盆地内聚集起来。新近纪以来，此区域又正好处在中纬度干旱气候带，使铀元素流失得较少，从而能富集成矿。

4.1.2.7　乌拉尔晚古生代增生碰撞带[12]赋存的矿田、矿床

乌拉尔晚古生代增生碰撞带（见图 2-6）内发育了大量的蛇绿岩套，为俄罗斯铬铁矿和钒钛磁铁矿的主要产地，钒的储量约 2500 万 t，为世界第一。其南端哈萨克斯坦的阿克托比（Aqtobi，过去称为阿克纠宾斯克，60°E，50°N）一带的超基性岩体内，赋存着世界上质量最好的铬铁矿矿石。其中以肯皮尔塞（Kempirsal，58°35′E，50°15′N）超大型蛇绿岩铬铁矿床为最著称，矿石含 Cr_2O_3 为 20%～59%，储量达 3.2 亿 t。这里过去是苏联唯一的铬铁矿原料基地，计有 120 个矿体产在长 24 km，宽 7 km 的矿化带中（张鸿翔，2009），为晚古生代同碰撞期成矿的。在其东侧还赋存了图尔盖（Turgy，61°45′E，49°35′N）超大型的火山岩型铁矿床，也是在晚古生代乌拉尔碰撞带形成时，与火山作用关系密切的成矿作用的产物。在乌拉尔还赋存了 Shameika 斑岩型钼矿床，其辉钼矿的 Re-Os 年龄数据为（273±5）Ma 和（282±6）Ma（Mao et al.，2003）.

参考文献

白国平,殷进垠. 2007. 中亚卡拉库姆盆地油气分布特征与成藏模式. 古地理学报,9(3):293-301.

陈超,陈正,金玺,等. 2012. 塔吉克斯坦共和国主要矿产资源及其矿业投资环境. 资源与产业,14(3):6-11.

陈喜峰,彭润民,刘家军,等. 2010. 吉尔吉斯斯坦库姆托尔超大型金矿床地质特征. 黄金,31(12):15-19.

陈毓川,叶庆同,冯京,等. 1996. 阿舍勒铜锌成矿带黄铁矿型多金属成矿带和成矿预测. 北京:地质出版社,1-330.

陈哲夫,周守沄,乌统旦. 1999. 中亚大型金属矿床特征与成矿环境. 乌鲁木齐:新疆科技卫生出版社,1-265.

大庆油田石油地质志编辑委员会(翟光明主编). 1993. 中国石油地质志,卷二,大庆、吉林油田. 北京:石油工业出版社,1-785.

董连慧,沙德铭. 2005. 西天山地区晚古生代浅成低温热液金矿床. 北京:地质出版社,1-154.

何国琦,朱永峰. 2006. 中国新疆及其邻区地质矿产对比研究. 中国地质,33(3):451-460.

侯平,田作基,邓俊章,等. 2014. 中亚沉积盆地常规油气资源评价. 地学前缘,21(3):56-62.

胡世铃,满发胜,倪守斌,等. 2000. 查汗萨拉锑、银矿带成矿时代研究. 地震地质,22(增刊):51-62.

焦养泉,吴立群,彭云彪,等. 2015. 中国北方古亚洲构造域中沉积型铀矿形成发育的沉积-构造背景综合分析. 地学前缘,22(1):189-205.

李大明,李齐,郑德文,等. 2002. $^{40}Ar/^{39}Ar-^{36}Ar/^{39}Ar$ 等时线的原理和应用. 地质论评,48(增刊):97-102.

李进文,王存贤,侯万荣,等. 2003. 内蒙古白乃庙地区金矿成矿作用. 现代地质(3):51-56.

刘家军,龙训荣,郑明华,等. 2002. 新疆萨瓦亚尔顿金矿床石英的$^{40}Ar/^{39}Ar$快中子活化年龄及其意义. 矿物岩石,22(3):19-23.

刘家军,郑明华,龙训荣,等. 2000. 新疆萨瓦亚尔顿穆龙套型金矿床的确认及其意义. 贵金属地质,(3):2-5,16.

毛景文,杨建明,韩春明,等. 2002. 东天山晚古生代铜金多金属矿床成矿系统和成矿地球动力学模型. 地球科学,27(4):413-424.

毛景文,张作衡,裴荣富. 2012a. 中国矿床模型概论. 北京:地质出版社,1-560.

毛景文,张作衡,王义天,等. 2012b. 国外主要矿床类型、特点及找矿勘查. 北京:地质出版社,1-480.

聂凤军. 1990. 白乃庙铜矿床成因类型的新认识. 中国地质(3):16-17.

彭明兴,商少杰,朱材,等. 2007. 新疆彩霞山铅锌矿床成因分析及与 MVT 型矿床成因对比. 新疆地质,25(4):373-377.

万天丰,赵庆乐. 2015. 天山-阿尔泰地区古生代构造成矿作用.中国地质,42(2):365-378.

王磊,孙丰月,许庆林. 2012. 吉林大黑山钼矿流体包裹体及矿产成因. 世界地质,31(1):58-67.

王勇,陈正乐,刘健,等. 2006. 伊犁盆地南部新构造特征及其对砂岩型铀矿的控制作用. 大地构造与成矿学,30(4):486-494.

王晓民,王波. 2010. 塔吉克斯坦矿产资源现状与开发前景. 世界有色金属(7):28-31.

吴振寰,邬统旦,唐昌韩. 1993. 中国周边国家地质与矿产. 武汉:中国地质大学出版社,1-268.

新疆油气区石油地质编写组(翟光明主编). 1993. 中国石油地质志(十五卷上):第二篇第一节准噶尔盆地克拉玛依油田. 北京:石油工业出版社.

辛河斌. 2006. 内蒙古白乃庙铜多金属矿床地质特征及成因讨论. 地质找矿论丛,21(4):236-240,298.

薛春纪,赵晓波,张国震,等. 2015. 西天山金铜多金属重要成矿类型、成矿环境及找矿潜力. 中国地质,42(3):381-410.

杨富全,毛景文,王义天,等. 2005. 新疆西南天山萨瓦亚尔顿金矿床地质特征及成矿作用. 矿床地质,24(3):206-227.

杨鑫朋,余心起,王宗秀,等. 2015. 西天山成矿带热液型金矿成矿地质条件及成矿物质来源对比. 大地构造与成矿学,39(4):633-646.

翟光明. 2002. 板块构造演化与含油气盆地形成和评价. 北京:石油工业出版社,1-461.

张鸿翔. 2009. 中国周边国家金属矿产资源调查与合作潜力分析. 地球科学进展,24(10):1159-1172.

张新元,聂秀兰. 2010. 蒙古国南部欧玉陶勒盖铜(金)矿田找矿勘查与成矿理论研究新进展. 地球学报,31(3):373-382.

张永生,郑绵平,齐文. 2005. 对土库曼斯坦钾盐资源及开发利用的考察. 矿床地质,6:121-125.

赵树铭,杨维忠,王敦科,等. 2012. 卡特巴阿苏金矿床地质特征及成因探讨. 矿床地质,31(增刊):825-826.

邹天人,李清昌. 2006. 中国新疆稀有及稀土金属矿床. 北京:地质出版社,1-284.

Chen X H,Seitmuratova E,Wang Z H,et al. 2014. SHRIMP U-Pb and Ar-Ar geochronology of Major porphyry and skarn Cu deposits in the Balkhash Metallogenic Belt,Central Asia,and geological implications. Journal of Asian Earth Sciences,79:723-740.

Cook D R, Hollings P, Walshe J I. 2005. Giant porphyry deposits: characteristics, distribution and tectonic controls. Economic Geology,100:801-818.

Golovanov I B,Zhenodarova S M. 2005. Quantitative Structure-Property Relationship:XX.Property-Property Correlation and Nonlinear Bronsted and Hammett Equations. Translated from Zhurnal Obshchei Khimii, 75 (4) : 534 - 540. (Original Russian Text)

Graupner T,Niedermann S,Kempe U,et al. 2006. Origin of ore fluids in the Murumtau gold system:constraints from noble gas,cabon isotope and halogen data. Geochimica et Cosmochimica Acta,70:5356-5370.

Gritsuk Y M, Popov Y N, Kochetkova V M. 1995. Eventual Paleozoic strataigraphy of Rudny Altai: Implication from computer multiple analysis, geology - geophysical data and metallogenic agents//Geological Structure and Useful Minerals in the Western Altai-Sayan Region. Novokuznetsk:Yuzhsib Geolkom Publications,74-80.

Groves D I,Goldfarb R J,Gebre-Mariam M,et al. 1998. Orogenic gold deposits:a proposed classification in the context of their crustal distribution and relationship to other gold deposit types. Ore Geology Reviews,13(1-5):7-27.

Karsakov L P,Zhao C J,Malyshev Y,et al. 2008. Tectonics,Deep Structure,Metallogeny of the Central Asian-Pacific Belts Junction Area(Explanatory Notes to the Tectonic Map Scale of 1 : 1 500 000).Beijing:Geological Publishing House,1-213.

Jiang S H,Nie F J,Su Y H,et al. 2010. Chronology and mechanism of Erdenet super-large copper-molybdenum ore deposit in Mongolia. Acta Geoscientica Sinica,31(3):289-306.

Mao J W,Du A D,Seltmann R,et al.2003.Re-Os dating for the Shameika porphyry Mo deposit and the Lipovy Log pegmatite rare metal deposit in the central and southern Urals. Mineralium Deposita,38:251-257.

Mao J W,Han C M,Wang Y T. 2002. Geological characteristics,metallogenic model and criteria for exploration of the large South Tianshan gold metallogenic belt in Central Asia. Geological Bulletin of China,21(12):858-868.

Mao J W,Pirajno F,Lehmann B,et al. 2014. Berzina A,Distribution of porphyry deposiys in the Eurasian continent and their corresponding tectonic settings. Journal of Asian Earth Sciences,79(B):576-584.

Nie F J, Zhang K, Liu Y F, et al. 2011. Indosinian magmatic activity and molybdenum, gold mineralization along the northern margin of North China Craton and adjacent area. Journal of Jinlin University(Earth Science Edition),41:1651-1666(in Chinese with English abstract).

Seltmann R, Porter T M, Pirajno F. 2014. Geodynamics and metallogeny of the central Eurasian porphyry and related epithermal mineral systems:a review. Journal of Asian Earth Sciences,79:810-841.

Wang T,Tong Y,Jahn B M,et al. 2007. SHRIMP U-Pb zircon geochronology of the Altai No,3 pegmatite,NW China, and its implications for the origin and tectonic setting of the pegmatite. Ore Geology Review,32:325-336.

Wu G,Chen Y C,Li Z Y,et al. 2014. Geochoronology and fluid inclusion study of the Yinjiagou porphyry-skan Mo-Cu-pyrite deposit in the Eastern Qinling orogenic belt,China. Journal of Asian Earth Sciences,79:585-607.

Zeng Q D,Liu J M,Qin K Z,et al. 2013. Types characteristics and time-space distribution of molybdenum deposits in China. Interrnational Geology Review. DOI:org/10. 1080/00206814. 2013. 774195.

Zhang L C,Xiao W J,Qin K Z,et al. 2005. Re-Os isotopic dating of molybdenite,and pyrite in the Baishan Mo-Re deposit,eastern Tianshan,NW China,and its geological significance. Mineralium Deposita,39:960-969.

4.1.3 中朝构造域赋存的矿田、矿床

4.1.3.1 中朝板块[14]赋存的矿田、矿床

在中朝板块(见图 2-14)太古宇分布区:辽宁鞍山-本溪(122°57′E,41°02′N)、河北东北部迁安-迁西、内蒙古中部、山西北部、山东西部以及朝鲜茂山等地,赋存着许多大型硅铁质建造型铁矿床(BIF)。其主要成矿时代为太古宙,3.1~2.9 Ga 和 2.7~2.5 Ga。主要形成在原始陆核、地壳薄、火山活动强烈和大气缺氧环境的中酸性火山-沉积岩建造,经过区域变质和强烈构造变形,现多半都产在变质岩系的复式向斜的翼部或转折端。后期经常发生变质、变形、混合岩化及岩浆活动的进一步的改造与破坏,还可局部形成富矿体,不过近 60 年来大部分富矿体已经采空,现主要开采贫矿(毛景文等,2012)。近年来,辽宁地矿局在本溪 2 km 以内的深处,发现预测储量为 10 亿 t 的铁矿床,矿体上部为赤铁矿石,其铁品位达 50%左右,矿体下部磁铁矿石的铁品位为 30%左右。

在辽宁营口(122.4°E,40.6°N)-吉林集安(126°E,41.1°N)一带发育着古元古代古陆裂陷沉积岩系内的硼成矿带,此 NE 向矿带长约 300 km,宽约 100 km。主要矿床有:辽宁省后仙峪和砖庙大型硼矿床等。此类矿床产于两个太古宙陆核之间的古元古代裂陷槽内,具有大陆裂谷的性质,赋存在辽河群内,除富含硼酸盐之外,还伴生了铁、稀土和铀矿床,为一套变质的富镁蒸发岩系,海底火山热液提供了硼元素的主要来源,矿床的围岩都是富镁的大理岩,硼矿床主要形成于 1852~1923 Ma,即早元古代的晚期(张秋生,1984;毛景文等,2012)。

辽宁凤城翁泉沟超大型硼矿床产于元古宇辽河群里尔峪组黑云角闪变粒岩所夹蛇纹岩中,分布面积 5 km^2,有层状、透镜状、扁豆状的大小矿体 9 个,其中Ⅰ,Ⅱ号矿体较大。Ⅰ号矿体,东西长 2800 m,宽 1500 m,最厚 150 m,平均厚 45 m,平均含氧化硼 7.23%,全铁 30.65%,并共生有大型铁矿和铀矿。矿石矿物主要有磁铁矿、硼镁铁矿,其次为纤维硼镁石、晶质铀矿,脉石矿物有蛇纹石、金云母、硅镁石。矿石类型有硼镁石-磁铁矿型、硼镁铁矿-磁铁矿型、硼镁石(遂安石)-硼镁铁矿-磁铁矿型及磁铁矿型,矿床内以前两类矿石为主。已累计探明硼矿储量和资源量 2185 万 t,共生铁矿石 2.8 亿 t。

在辽宁东南部海城至营口,大石桥一带(122.4°E,42.6°N)矿带长达 40 km。现保有储量 25.77 亿 t,占中国总储量的 85%,约占世界总储量的 20%。该大石桥矿床菱镁矿石的品位高,杂质少。矿体埋深浅,易于露天开采(赵海鑫,2009)。目前已探明有六个大-特大型(1 亿~5 亿 t 以上)优质菱镁矿矿床,一个大型滑石矿床,东侧古元古代时期发育了一条近东西向裂谷海槽,在此裂谷的北缘断层附近就形成了大石桥镁质碳酸盐岩中的大型滑石菱镁矿矿床。滑石菱镁矿矿床受控于古裂谷中的次级楔状盆地内的镁质碳酸盐岩建造,每个楔状体都是西侧厚达上千米,

向东则变薄为几百米。据研究,菱镁矿的沉积是在一种干旱的热带或亚热带(可能在纬度 17°~28°之间)的气候环境中形成的。滑石矿体则主要赋存在菱镁矿大理岩或菱镁矿体间的挤压滑动带内(朱国林,1984)。与此相类似,在朝鲜北部也有大型菱镁矿矿床。

在中朝板块的东部朝鲜半岛北部,赋存着许多铅锌和铜金矿床,可以检德(Komdok,128°47′E,40°57′N)铅锌超大型矿床为代表,矿床产在古元古代近东西向裂谷带的变质岩系中(张红军等,2012)。

在吉林桦甸赋存着著名的夹皮沟大型金矿床,它产在新太古界片麻岩系内的石英脉系内。其中的北西向大砬子-夹皮沟构造带,长达 40 余千米,宽 5 km,在此带内断裂、片理化、糜棱岩化发育,并有多期花岗岩侵入。它本身和上盘低序次构造裂隙内有岩脉和含金石英脉充填,既是控矿构造,又是含矿构造,是控制上百个金矿床(点)分布的大型构造带。另一个北东-北北东向断裂带:主要分布在四道岔、五道岔、夹皮沟本区和八家子一带。此构造带规模较大,如夹皮沟主蚀变带,长达 5 km,宽 50~120 m,岩石硅化、绿泥石化、绢云母化等蚀变明显,带内有石英脉、脉岩充填(侯刚等,2009)。其成矿期的 Rb-Sr 法测年为(244±9) Ma,即主要为三叠纪成矿的(毛景文等,2012),但是其中有些矿床则有可能与燕山期(钾长石,K-Ar 法,132.6~150 Ma)有关。

在吉林桦甸还有八家子大型金矿床,它赋存在中元古代高于庄组含碎屑白云质碳酸盐岩内,形成石英脉型金矿床,其成矿期的 Ar-Ar 法测年为(204±0.53) Ma,即三叠纪晚期(毛景文等,2012)。矿体赋存于北东向正长斑岩断裂系统之中,为三叠纪北东向剪切带与正长斑岩脉伴生的矿床(胡郎等,2011)。

在辽宁赋存着青城子大型金、银、铅、锌矿床,青城子地区是中国重要的铅-锌等有色金属矿产地,产有北砬子、麻泡、南山、东洋沟、榛子沟等多处大中型铅-锌矿床,构成了著名的青城子铅-锌矿田,它们产在古元古代-太古宙变质岩系的 NE 与 NW 向石英脉系内,其成矿期的 Ar-Ar 法年龄为(238±0.6) Ma(毛景文等,2012;郝通顺等,2011)。近年来,随着找矿工作的不断深入,在青城子矿田范围及其外围地区,相继发现了一系列金、银矿床(点),近年来,在辽宁青城子地区发现了高家堡子银矿床及小佟家堡子金矿床,对其地质特征及矿床成因进行了对比研究,结果表明两类矿床是在早期沉积-变质基础上,经历了后期热液叠加改造作用的结果,其中印支期岩浆热液活动导致了小佟家堡子等金矿床形成,而其后的大气降水活动是导致高家堡子银矿床富集成矿的主要机制。

在中朝板块北缘的内蒙古努鲁儿虎山中部赋存着金厂沟梁特大型金钼矿床,它产在古元古代-太古宙变质岩系内的花岗岩和闪长岩体中,为一斑岩型矿床,其辉钼矿的 Re-Os 年龄为(244.7±2.5) Ma,为三叠纪成矿的(毛景文等,2012)。矿脉呈 NNW 向的弧形展布。根据含矿流体具有幔源岩浆属性,从区域构造、岩浆热事件角度出发,结合典型斑岩铜(钼)矿床的 PGE 特征,初步确定其含矿流体形成于中生代大陆边缘环境,成矿阶段富含金、铜矿石的 Pd/Pt,Pd/Ir 值接近低钛玄武岩浆以及玄武安山岩,而成矿早阶段贫金、铜样品的 Pd/Pt,Pd/Ir 值接近地幔,反映早期含矿流体可能是直接来自中生代幔源玄武质岩浆结晶分异,而富金(铜)流体的形成可能是玄武质岩浆演化晚期被地壳物质强烈混染后的富超临界流体岩浆(低钛熔体)(李怡欣等,2010)。

内蒙古哈达门沟大型金钼矿床,赋存在中朝板块北缘、包头西北侧的太古宙-古元古代乌拉山群变质岩系内，形成了钾长石化石英脉型金钼矿床（已探明金储量超过 68 t），它是三叠纪定型的，其绢云母的 Ar-Ar 测年为（239±3）Ma（毛景文等，2012；牛树银等，2015）。以上这五个矿床都是在三叠纪（印支期）板块内部构造变形时期形成的，矿脉受近东西向陡倾斜的褶皱所控制的。显然是在板块碰撞作用之后形成的，与“造山作用”无关。

在辽东铁岭以东，赋存着关门山（124.8°E，42.1°N）铅锌矿床（毛景文等，2012）。该矿床发育于中新元古代的沉积盆地内，可能为热卤水成矿作用的产物。据现有同位素年代学的研究，成矿物质从源区分离出来的时间为古元古代晚期（1890 Ma），主要矿化年龄为 467 Ma，也即早古生代晚期，为板内变形期成矿的。此时郯庐断裂带尚未形成，有的学者认为此矿床受左行走滑活动控制成矿。如关门山矿床确实受郯庐断裂带左行走滑作用所控制，则成矿时期可能为三叠纪或更晚的时期。

内蒙古包头白云鄂博（110°E，41.8°N）为具有世界规模的超大型稀土（REE）矿床（图 4-27），也是中国最大的铌（Nb）矿床。此矿床位于中朝板块的北缘张裂带，邻近天山-兴安岭晚古生代增生碰撞带，位于包头市正北约 150 km 处，白云鄂博矿区东西延伸约 20 km，相对高差约 200 m。在中元古代中期近东西向陆缘裂谷控制下，发生了大规模幔源碱性、碳酸盐岩浆活动，伴有大量基性岩墙群的侵位，同时形成了早期的稀土矿化，此后在新元古代（1.1～0.8 Ga）经过叠加富集形成了此超大型 REE-Fe-Nb 矿床（图 4-27；毛景文等，2012）。

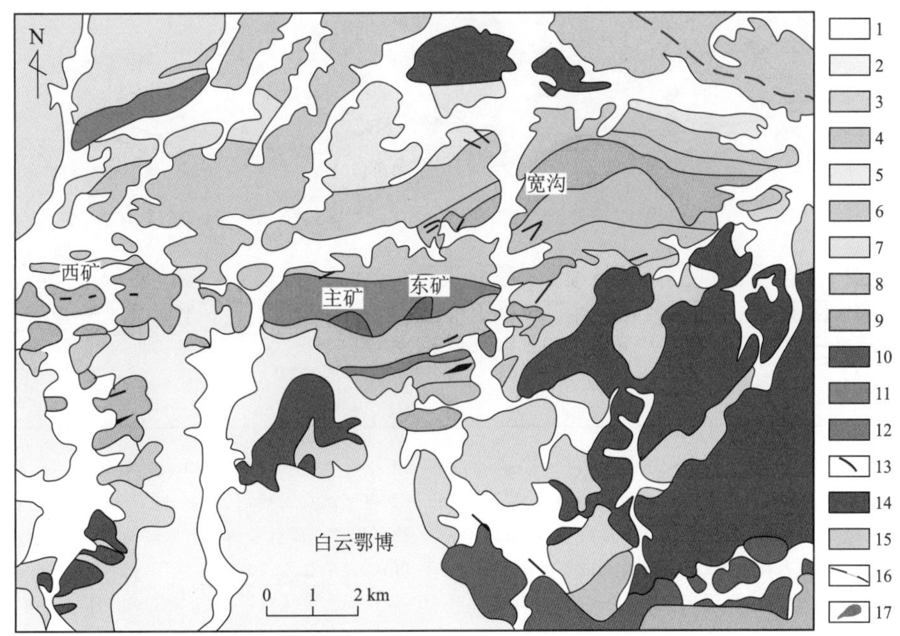

图 4-27 白云鄂博超大型 REE-Fe-Nb 矿床地质略图（据杨奎锋，2010；毛景文等，2012）

1—第四系沉积物；2—白垩系；3—晚古生代二长花岗岩；4—中元古代白云鄂博群石英岩变质石英砂岩；5—中元古代白云鄂博群炭质板岩；6—中元古代白云鄂博群炭质砂质千枚岩；7—中元古代白云鄂博群石英片岩；8—中元古代白云鄂博群富钾板岩；9—古元古界杂岩；10—太古宇结晶基底；11—赋矿白云岩；12—超基性岩；13—碳酸盐脉；14—晚古生代钾长花岗岩；15—晚古生代安山岩；16—断层；17—矿体。

现已探明白云鄂博矿体内蕴藏着160多种矿物,70多种元素。矿物种类主要有铁、铌和稀土矿物。其中铁矿储量9.5亿t,铌矿储量519万t,稀土矿工业储量3600万t,占全世界的36%,因而被誉为"稀土之乡"。另外,还蕴藏着铜、石英石、萤石、磷灰石、软锰矿等多种矿物。

在白云鄂博以西的狼山地区(107°E,41.5°N),也即中朝板块的西北缘,发育了狼山中元古代大陆边缘凹陷块状硫化物型铅锌矿床,形成了东升庙、霍各乞、炭窑口等矿床。矿体呈似层状,与围岩产状一致,成矿与海底热卤水活动关系密切,成矿后仍可发生进一步的变质-变形作用。

在中朝板块的南缘地区,即秦岭-大别增生碰撞带的东北侧,存在一个东秦岭中生代钼、金、铅、锌、银等多金属成矿带(图4-28),呈WNW向展布,从陕西潼关和河南灵宝南侧的小秦岭,经河南洛宁-栾川,到方城以北一带,构成一个长约400 km,宽为100 km的地带。主要为两条WNW向的区域性断层所控制,其南缘就是北秦岭碰撞带北缘的铁炉子-洛南-栾川-方城逆断层带,其北缘则主要发育着三门峡-鲁山断裂带。

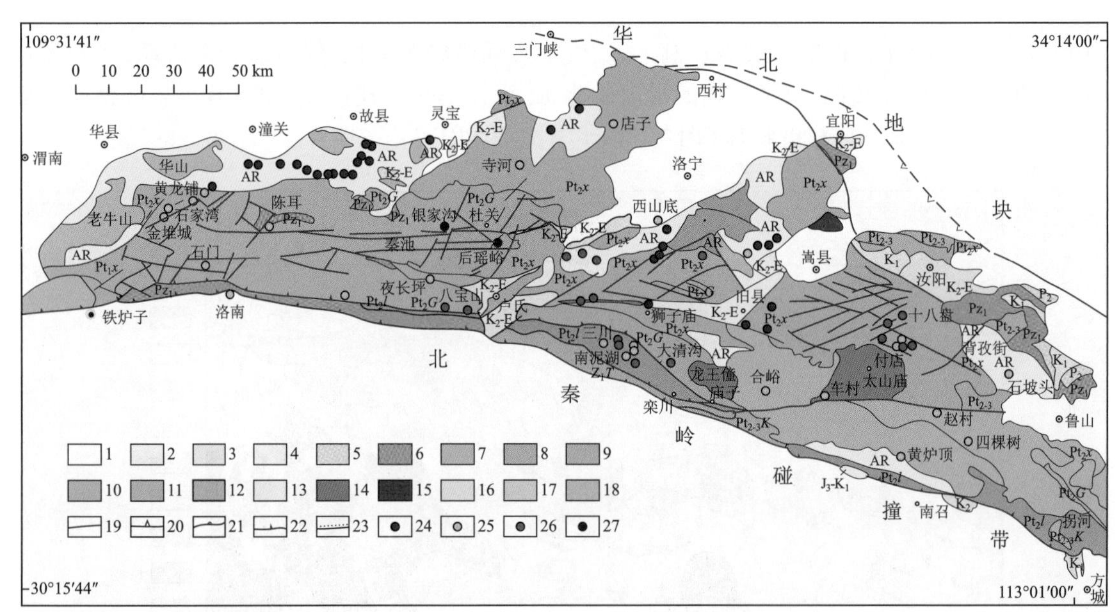

图4-28　东秦岭钼金铅锌银多金属成矿带(据叶会寿等,2006a,b,经改绘)

1—第四系-新近系;2—古近系-上白垩统陆相碎屑岩-泥岩;3—下白垩统火山碎屑岩;4—侏罗-白垩系陆相碎屑-泥岩;5—石炭-二叠系海陆交互相含煤铝岩系;6—寒武-奥陶系海相灰岩、碎屑岩;7—震旦系陶湾群碳酸盐岩、碎屑岩;8—新元古界栾川群碎屑岩、碳酸盐岩及粗面岩;9—中-新元古界汝阳群震旦系碎屑岩、碳酸盐岩;10~12—中元古界熊耳山群火山岩与宽坪群大理岩;13—新太古界花岗岩-绿岩;14~15—早白垩世花岗岩;16~18—元古宙花岗岩;19—断层;20—拆离断层;21—高角度正断层;22—逆掩断层;23—不整合面;24—金矿床;25—钼矿床;26—铅锌矿床;27—铅锌银多金属矿床。

在此带内赋存着陕西东部金堆城大型斑岩型钼矿床(109.9°E,34.3°N),辉钼矿同位素年龄为(141±4) Ma~(127±7) Ma,矿体和控矿断裂的主要走向为WNW向,侏罗纪时期断层为张剪性,有利矿液运移,白垩纪断层为压剪性是控矿断裂相对闭合,它们都是在区域构造应力场的控制下发生变化的;河南栾川南泥湖-三道庄斑岩-矽卡岩型超大型钼钨矿床(111.4°E,33°54′N),WNW向矿脉内辉钼矿的同位素年龄为145~141 Ma(叶会寿等,2006a);河南殷家沟Mo-Cu-Fe

矽卡岩型钼(铁)矿床(Re-Os 和$^{40}Ar-^{39}Ar$的成矿年龄均为143 Ma左右);以及上房沟斑岩黄龙铺碳酸盐岩型钼铅矿床、东沟大型斑岩钼矿床。而在斑岩体的外接触带发育了矽卡岩型多金属硫铁矿床(骆驼山、银合沟等),在远离岩体外围的断裂中发育热液脉型小秦岭WNW向大型脉状金矿田,或热液脉型银铅锌矿床,如付店钼铅锌银矿田,冷水北沟,核桃岔和银洞沟等矿床。它们都分布在地球化学异常的中心地段。东沟大型斑岩钼矿床锆石U-Pb年龄则为115~112 Ma,为中白垩世成矿的,矿脉大致可沿近东西向、北西向及北东向三组断裂或破碎带赋存(叶会寿等,2006b)。鱼池岭大型斑岩型钼矿床,矿体赋存在岩体内的上部,为似层状,近乎水平产状。辉钼矿的Re-Os同位素年龄为(131.2±1.4) Ma(周珂等,2009)。

综上所述,在该矿带内,多数矿床均受侏罗纪-早白垩世早期WNW向张剪性断裂所控制(当时最大主压应力方向也为WNW向)或早白垩世中期-晚白垩世NNE向张剪性断裂所控制(当时最大主压应力方向也为NNE向)。只有黄龙铺碳酸盐岩型钼铅锌矿床是三叠纪(222~216 Ma)形成的(毛景文等,2012),矿体呈WNW向展布,受附近秦岭-大别碰撞带强烈构造作用的影响而成矿的。此成矿带具有交通条件比较方便,附近又有老矿山作为依托,其深部找矿的前景是相当好的。

在河南灵宝-陕西潼关以南的山区,即小秦岭,赋存着大量的金矿床(图4-28之西北部)为中国三大金矿产地之一。中低温热液含金石英脉分布在近东西向长100 km,南北宽50 km的太古宙片麻岩区,在矿田内散布了1000余条矿脉。该矿田的矿脉较窄,大多长百余米,品位高,易采选。近20年来,测得含金石英脉的K-Ar同位素年龄都是182~148 Ma(Mao et al.,2002),因而多数学者认为此矿床形成于侏罗纪。它们可能是侏罗纪时期在WNW向最大主压应力作用下,使早期岩石的叶理面或断裂面都转变成张剪性断裂,热液正是充填了这些张剪性断裂系而成矿的。但是,近年来一些学者对含金脉内的石英进行了Ar-Ar测年,获得了一些三叠纪的同位素年龄,笔者认为这是周围岩石与石英中的剩余Ar在起作用,此年龄数据恐不可轻信。对石英进行了Ar-Ar测年,想要获得可靠的成矿期的年龄数据,需用激光器、瞄准气液包裹体,这样得到的Ar-Ar年龄数据才是可靠的。如拿石英矿物去测定时,得到的只能是围岩的形成年龄,笔者曾为此付出了代价而一无所获。

在东秦岭中生代钼、金、铅、锌、银等多金属成矿带的嵩县境内,还赋存着祁雨沟角砾岩筒型金矿床(112°E,34.2°N)。含金角砾花岗斑岩岩筒,其上部含变质岩角砾较多。矿石以黄铁矿型含金为最富。成矿年龄为115~130 Ma,属于早白垩世成矿,在区域性近南北向挤压作用下,使NE与NW向断层的交切点,成为含矿岩浆贯入的主要通道,形成品位较高的金矿床(齐金忠等,2004)。

山东省是中国产金第一大省。在山东半岛北部赋存了三山岛-焦家-玲珑金矿田(图4-29),此矿田产于太古宙、古元古代变质岩系或侵入岩体内,岩浆侵入主要发生在侏罗纪与白垩纪,而含金热液的贯入时期则主要为中白垩世(120~114 Ma),在岩体冷凝之后,当含矿流体贯入物性差异较大的岩体与变质岩界线附近的韧性剪切带时,形成规模大、品位低的矿床,称为“焦家式”细脉浸染型矿床,其大型矿床有:莱州焦家(李德亭等,2002),仓上、三山岛(赵冬冬等,2013),新城、乳山蓬家夼(杨金中等,2000)以及平邑归来庄金矿床(陈常富等,1999)等;而当含矿流体贯入岩浆岩体内共轭剪节理(NNE与ENE向),构成含金石英大脉时,就称为“玲珑式”金矿床,矿体规模较小,品位高,如招远玲珑(杜松金等,2003),乳山金青顶(高建伟等,2010),定格庄等大型矿床。它们绝大部分都受中白垩世区域构造应力场的控制，中白垩世的最大主压应力方向为 NE 向，从而使岩石内的 NNE 向软弱带或岩体界面变成右行走滑的韧性剪切带内，形成细浸染状、规模巨大的贫矿床，或者贯入 NNE 与 ENE 向具张剪性的共轭剪节理，形成大脉型富矿体，两类矿床一起构成了规模相当巨大的金矿集区。当剪切节理发展成断层，并含有角砾岩时，就称为角砾岩型金矿床，如蓬家夼金矿床（杨金中等，2000；图 4-29）。上述三类矿床目前在地表出露的都是中温热液金矿床，勘探深度已经超过 1000 m，至今向下仍可能继续富集成金矿床。就现有资料来看，随深度的增加和成矿温度的增高，金元素的品位能够更高一些。近些年来，在山东省莱州市寺庄探明金储量 51.83 t。

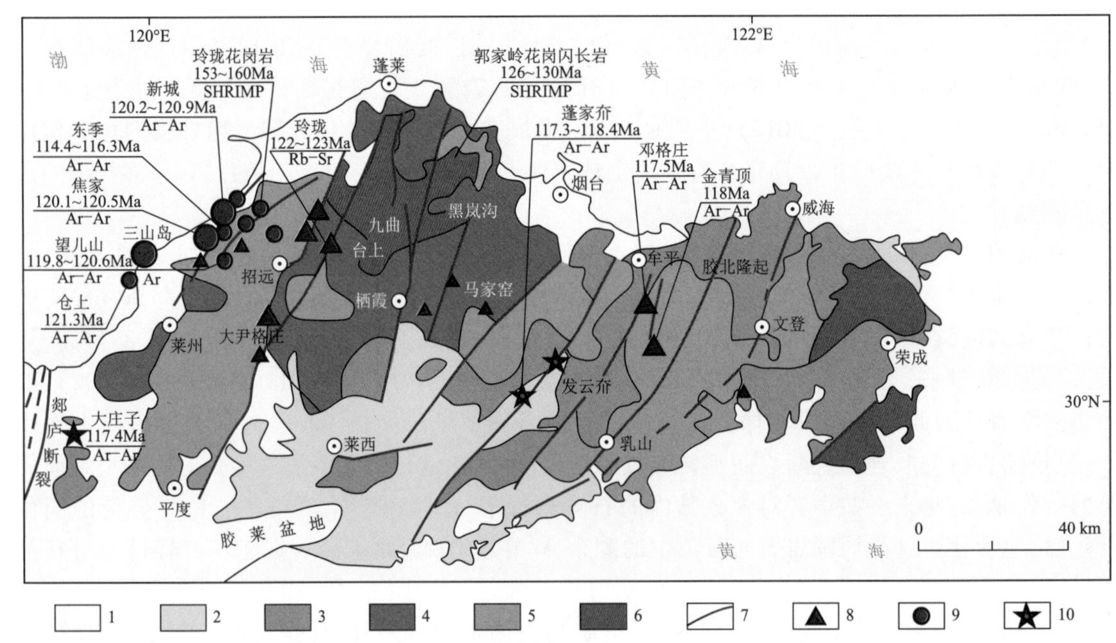

图 4-29　山东东部金矿床分布略图（据 Mao et al.，2008；毛景文等，2012，经改绘）

1—第四系；2—白垩纪火山岩；3—元古宙变质岩；4—太古宙变质岩；5—侏罗纪花岗岩；6—白垩纪花岗闪长岩；7—断层；8—石英脉型金矿床；9—蚀变构造岩型金矿床；10—角砾岩型金矿床。

近来，Goldfarb 和 Santosh（2014）对山东金矿田的成因，发表了新见解，认为山东东部的金矿田都是由于大洋板块俯冲派生了软流圈上升，去氢作用（dehydration），去碳酸盐化（decarbonization），并向上形成具交代作用的地幔楔（metasomatized mantle wedge），以致向上沿郯庐断裂带形成受断裂控制的金矿化作用。这是海外学者的一种常见的思维，他们在分析亚洲大陆东部的岩浆作用与内生成矿作用时，总是只想到大洋板块俯冲的控制作用，然而他们这种猜想却拿不出任何证据。他们没注意到大洋板块俯冲到山东省地区时，已经深达 500～600 km，而强烈的构造-岩浆活动仅仅发生在莫霍面附近或在地壳内部，其深度都不及 35 km。至今还没有人找到任何大洋俯冲、派生软流圈上升与浅部岩浆活动、成矿作用之间的联系。他们的这种假设，并不是以事实为依据的，而只是"想当然的"。他们完全不了解东亚大陆地壳内部强烈的构造-岩浆热事件对于形成内生金属矿床的重要作用。东亚地区如此强烈的大陆板块内部的构造-岩浆热事件，在全球来看是十分特殊的。

在山东省尚有数以百计的环形构造未能系统地深入研究，这些环形构造与地表地质界线完全不协调，很可能是深部隐伏岩体在地表的显示。进一步寻找在隐伏岩体顶上带的、埋深在 2 km 以内的内生金属矿床将是该成矿省未来重要而艰巨的任务，前景是十分光明的。不过在深部由于成矿温度较高，形成的就不一定都是金矿床，而可能是成矿温度更高一些的其他金属矿床，根据该区钼元素丰度普遍较高的特征，推测深部很有可能赋存钼矿床。

在中朝板块内还存在两大能源基地：鄂尔多斯盆地与环渤海含油气盆地。鄂尔多斯盆地是中国规模最大的富含石油、天然气、页岩气、煤与铀的综合能源基地。其主要油气田为长庆大型油气田（胡文瑞等，2000；长庆油田石油地质志编委会，1992），油气主要赋存在侏罗系煤系、三叠系，石炭-二叠系与下奥陶统不整合面，以及早古生代海相沉积地层中，储油储气构造主要是侏罗纪近南北向的宽缓背斜以及相关的构造裂隙之中。煤层主要是侏罗纪形成的，尤其在此沉积盆地的北部，东胜-神府（109°45′E，39°50′N）超大型煤田（西北煤炭编辑部，2008），其中的神府东胜矿区已探明煤炭储量 2236 亿 t，成为中国探明储量最大的煤田。该煤田煤层埋藏很浅，构造变形微弱，极利于大规模机械化露天开采。其中，侏罗纪的劣质煤系内的砂岩中则赋存着规模很大的铀矿床。

近些年来，在中国新发现了东胜大型砂岩型铀矿床（彭云彪等，2007）。矿体产于鄂尔多斯北部中侏罗统直罗组下部的辫状河系沉积砂体中，晚侏罗世-早白垩世早期的构造-热事件形成的含烃热流体参与了成矿作用，不仅为铀的活化、迁移、富集提供了有利条件，而且使铀矿床完全隐伏在还原环境中（图 4-30）。矿体总体上呈 NW-SE 向展布，沿张剪性裂隙带分布，含矿流体受侏罗纪构造应力场控制而流动的，当时的最大主压应力方向是 WNW 向（见图 3-23）。铀矿石中 UO_2 含量最高达 53.75%~74.60%。矿床定型的年代主要为白垩纪（120~80 Ma）和新近纪（20~8 Ma）（焦养泉等，2015）。

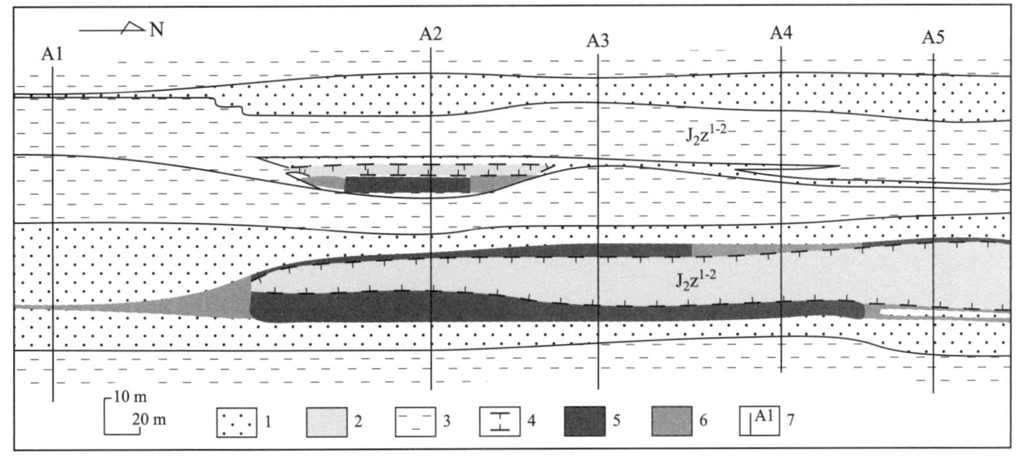

图 4-30 东胜砂岩型铀矿床 147 号勘探线地质剖面示意图（据彭云彪等，2007）

1—灰色砂岩；2—灰绿色砂岩；3—泥岩；4—层间氧化带前锋线；5—工业矿体；6—矿化体；7—钻孔位置及编号。

环渤海含油气盆地(图 4-31)是中国当前很重要的大油气田,它包括了胜利油田(胜利油田石油地质志编委会,1993)、辽河油田(辽河油田石油地质志编委会,1993)、大港油田(大港油田石油地质志编委会,1991)、冀东油田(中国石油天然气股份有限公司冀东油田分公司,2013)、蓬莱 19-3 油气田(郭永华等,2011)和河南濮阳的中原等大型油气田。这些油气田的生油层基本上都是古近纪始新世-渐新世湿润气候下湖泊沉积而成的沙河街组和东营组,但由于基底构造

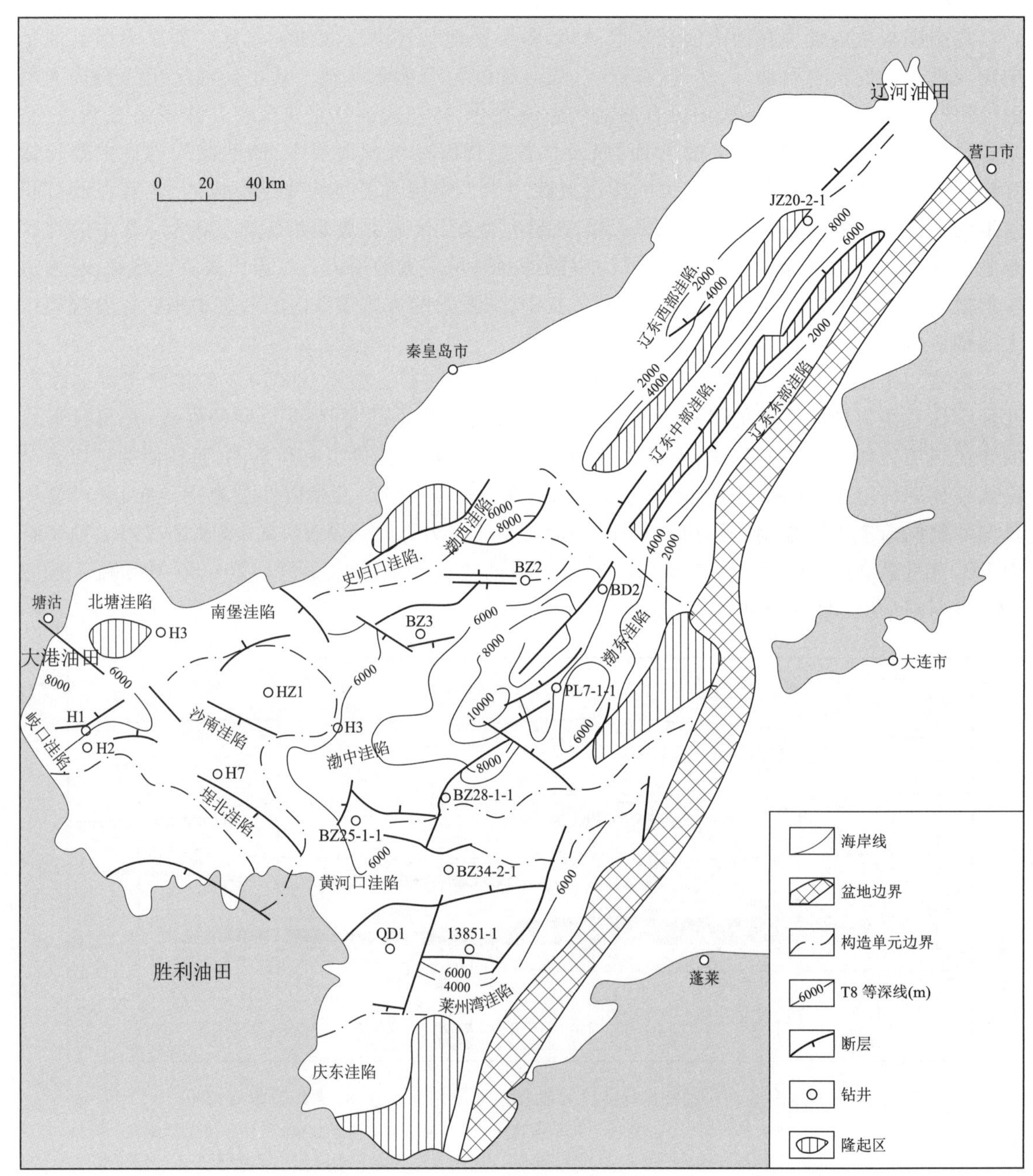

图 4-31 渤海湾含油气盆地构造略图(据王明明,2004,经改绘)

条件的不同，其储油构造则各不相同。胜利油田和冀东油田主要受始新世-渐新世的WNW向张剪性同生断层所控制（见图3-31），中新世-早更新世近南北向挤压作用（见图3-32）使其闭合，有利于烃类的保存。胜利油田的东部则受到郯庐断裂活动的改造，其中近南北向的断层在现代构造应力场（见图3-36）近ENE向挤压作用下有利于油气保存。而位于渤海东缘的蓬莱19-3油田，处在近南北向的郯庐断裂1号与2号断层带内，古近纪近东西向挤压作用（见图3-31）使深部烃类处在封闭状态，新近纪近南北向的挤压作用（见图3-33）使断裂张开，以致油气向上运移到接近地表（深1000 m左右）的地段，聚集并部分泄漏，现代构造应力场的ENE向挤压作用（见图3-36）又使此断裂呈封闭状态，使油气得以保存在较浅的部位，成为整装式的大型油气田。但是由于现代构造应力作用其实是比较微弱的（差应力值仅为十几个百万帕），因而一旦在深部过度注水、加压，就极易发生油气泄漏事故，尤其是与现代最大主压应力方向几乎平行的NEE向次级断裂，最容易发生张裂。2011年，该油田的油气泄漏事故就是这样造成的。河南濮阳的中原油田，生油层与前面所述基本一致，但是最后油气藏主要赋存在近南北向的断层旁，其运移、富集的原理与蓬莱19-3油田几乎一致，古近纪生油，新近纪-早更新世油气向上运移、富集，现代（中更新世以来）近南北向的断裂较为闭合，使油气资源得以保存、富集。大港油田含油气最丰富的部位是受古近纪近东西向断裂（见图3-31）的控制，但是在现代构造应力场的ENE向最大主压应力的作用下（见图3-36），造成其许多ENE向断裂张开，使油气泄漏得较为严重。处在渤海湾北端的辽河油田主要受郯庐断裂带的北延部分（走向NE）所控制，其东部在古近纪晚期近东西向挤压作用下（见图3-31），断裂带呈右行走滑活动，其所派生的近南北向的雁列式小背斜控制了油气藏，而其西部则在近东西向挤压作用下发育了东西向张裂隙系，形成规模较大的油气藏，其后期的改造作用不太强烈（万天丰，2011）。

对于环渤海的几个重要的油气田，笔者曾与各油田地质人员进行过较深入的讨论，从而才能将区域构造与油气田的生、储、运、盖等条件结合起来，进行分析研究。笔者以上的认识，仅供研究者参考。遗憾的是，不少油气田研究者常常不大注意多时期作用的、以水平主应力为主的构造应力场变化对于油气生、运、储、盖的控制与影响。辽河油田在这方面的研究是处在领先地位的（李宏伟和许坤，2001）。

中朝板块内的内生成矿作用，除形成于太古宙的铁硅建造之外，基本上都是板内局部伸展（张裂）带成矿的，它们成矿于板块相对稳定之后，常常都是在较早期的断层、边缘凹陷或裂谷的基础上，在后期构造应力场的控制下富集成矿的。就成矿物质来说，绝大部分内生金属矿床的成矿物质均来自地壳深部的壳幔过渡带或中地壳低速高导层。由于每个板块形成过程中都有其特殊的地球化学特性，因而形成的矿种也就有其独特的性状。

中朝板块的内生成矿作用易于富集的元素主要为：钼、铁、金、镁、铌、稀土以及少量的铅锌银等。外生矿床则主要在盆地内受沉积时的气候、地理环境与构造背景等因素的控制，主要形成煤田、油气资源及沉积铀矿床。板块形成之后的成矿作用，基本上都是受后来的各个时期板内局部的、多期次的伸展作用所控制的，这一点是很值得重视的。尽管很多学者都在人云亦云，但是至今国内外还没有学者能拿出大洋板块深俯冲能够控制中朝板块内生成矿作用的任何可靠证据。

4.1.3.2 阿拉善-敦煌地块[16]赋存的矿田、矿床

在敦煌地块（见图2-14）的北山地区，赋存了Au，W，Sn，Mo，稀土等一些稀有金属矿床，它们

都与花岗岩密切相关，它们在某种程度上均受近南北向晚古生代基底裂谷构造的控制。基底构造具有南北成带、东西成行的特征。此外还赋存 Cu，Ni，W，Sn，Pb，Zn 和 Ag 等斑岩或矽卡岩型矿床，Cu-Ni 硫化物矿床，以及多期活动的热液金矿床。但是，至今在地表，尚未发现真正的大型内生矿床，估计很多矿床应为隐伏矿床，深部前景是很好的，应继续加大深部勘探的力度，以求获得重大的突破。

在阿拉善-敦煌地块的南缘赋存着甘肃金川（102°E，38.3°N）铜镍（含铂）硫化物超大型矿床（图 4-32），矿石储量达 5.15 亿 t，镍品位为 1.06%（Naldrett，1999）。矿体与含矿岩体为中元古代（1508～1043 Ma）地壳深部的矿浆熔离-贯入而形成的，与苦橄质拉斑玄武岩浆的深部侵入活动关系密切，产于稳定地块的边缘张裂带内。矿床受北西向断裂与超镁铁质岩墙所控制，含矿岩体产于向南收敛的推覆岩片之中，后期推覆构造使其上升到地表附近。岩体长达 6.5 km，宽为 20～527 m，最大埋深达 1100 m。其中最富的 1 号矿体的矿石呈海绵状陨铁结构，矿石品位甚高（Ni=1%～4%），且分布稳定（汤中立和李文渊，1995）。

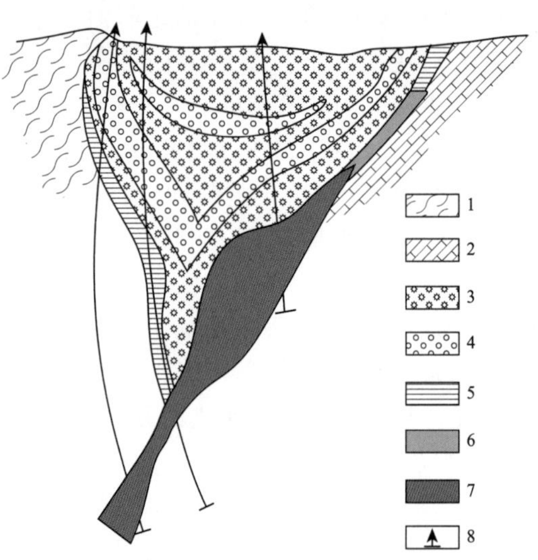

图 4-32　甘肃金川铜镍矿床剖面图
（据汤中立和李文渊，1995，经改绘）
1～2—太古宙-古元古代杂岩（1—混合岩化片麻岩，2—白云质大理岩）；3—二辉橄榄岩；4—斜长石二辉橄榄岩；5—二辉岩；6—贯入型富铁矿体；7—铜镍矿体；8—钻孔。

4.1.3.3　祁连山早古生代增生碰撞带[17]赋存的矿田、矿床

在甘肃祁连山早古生代增生碰撞带（图 2-14）的北部赋存着白银厂（104.1°E，36.6°N）块状硫化物型（VMS）铜铅锌矿床，它发育在双峰式细碧角斑岩系酸性火山岩系中（图 4-33）。成矿略晚于火山岩系的喷发，成矿年龄为 420～460 Ma，即晚奥陶世-志留纪，为同碰撞期成矿的。已知最主要的矿床（折腰山）产于古火山喷口附近，受 NE 与 NW 向断裂交叉点所控制（彭礼贵等，1996）。根据矿区存在许多大小不等的环形构造来判断（图 4-33），该区深部尚有隐伏岩体，可能存在与浅成斑岩侵入体相关的多金属矿床，如图 4-33 上已知矿床的西侧与南侧较小环形构造的深部就很值得进一步认真探查。

与上述矿床相类似，在北祁连、甘肃肃南县石居里沟（99.6°E，38.9°N；李文渊等，1999）在中奥陶世基性火山岩中赋存着块状硫化物型的铜锌矿床，为同碰撞期成矿的产物，但是矿床规模不大。在肃南县小柳沟还赋存着大型矽卡岩型钨钼铁铜多金属矿床，围岩为中元古代浅变质岩系。与成矿关系密切的侵入岩体为早古生代晚期（462 Ma）的二长花岗岩与花岗闪长岩，受 WNW 向断裂所控制，也是一个同碰撞期形成的矿床。

在北祁连山碰撞带西段，赋存了规模较大的镜铁山铁矿床（98°E，39.3°N，图 4-34），以桦树沟为代表有几十个中小型铁矿床发育在元古宙大陆边缘中基性火山岩凹陷槽内，为热水沉积型

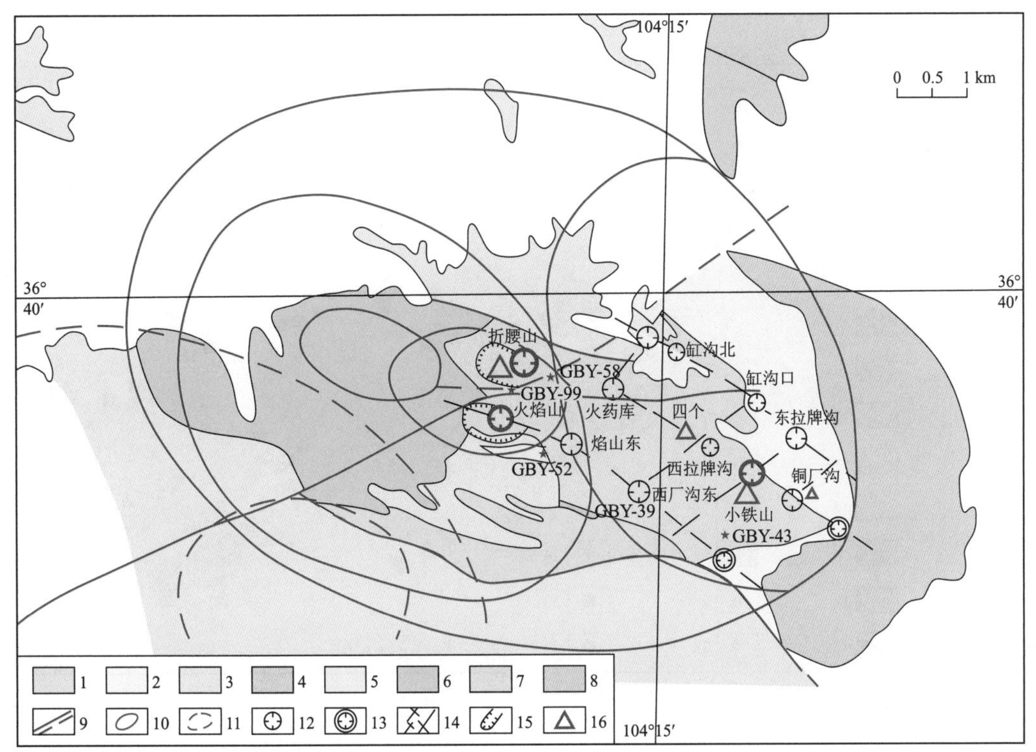

图 4-33 甘肃白银厂矿田古火山机构格架略图(据彭礼贵等,1996,经改绘)

1—酸性火山岩;2—中性火山岩;3—基性火山岩;4—粗面岩类;5—辉绿岩;6—千枚岩类;7—钙质绿泥石片岩;8—碎屑沉积岩;9—实测与推测断层;10—环形构造(白银);11—环形构造(黑石山);12—古火山口;13—前人厘定的古火山口;14—推测成岩断裂系统;15—采坑边界;16—已知工业矿床。

的铁矿床。与中元古代镜铁山式铁矿床相关的蛇绿岩套和中基性火山岩系的 SHRIMP 锆石 U-Pb 年龄为 1777 Ma,而在中元古代千枚岩和碳酸盐岩内则发育 Sedex 型铁矿床(图 4-34),此类型为古生代碰撞作用前形成的沉积矿床。矿层厚达 50~150 m,矿石平均含铁量达 36.14%,铁矿石探明储量为 4.84 亿 t(毛景文等,2012)。

在中祁连北侧的塔尔沟(图 4-34),在早古生代晚期形成与野牛沟花岗闪长岩体有关的矽卡岩-石英脉型钨矿床。在祁连山早古生代增生碰撞带形成时期赋存的矿床,主要为白银厂和塔尔沟矿床。镜铁山 Sedex 铁矿床则为碰撞作用前形成的,而其他小型矿床则为碰撞作用后形成的。

4.1.3.4 柴达木地块[18](见图 2-14)赋存的矿田、矿床

柴达木盆地内,更新统-全新统内赋存着中国最大的陆相盐类沉积矿床,在盐湖内富含锂硼、钾镁盐类。湖面积达 1.1 万 km^2。在湖区东部的深处,还可赋存油页岩、甲烷水合物或页岩气矿床。青海油田油气现在开发的三个主力区是花土沟、狮子沟和七个泉,其累计探明油气储量已达 5 亿 t(杨军孝,2009;青海新闻联播,2012 年 7 月 16 日),以开发新近系及古近系含油气层的裂隙油气藏为主。不过该油气田年产油气量不及 500 万 t 油气当量,其开发潜力尚有待进一步挖掘。

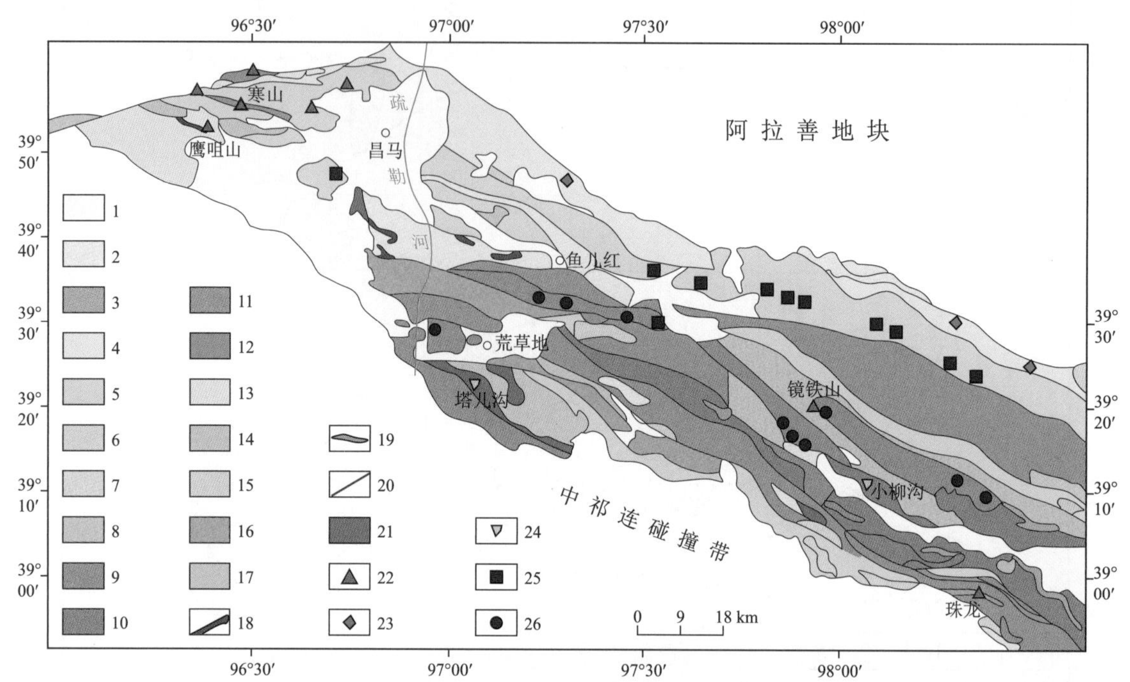

图 4-34　北祁连山西段地质与矿床分布略图(据毛景文等,2012,经改绘)

1—第四纪沉积物;2—石炭-二叠纪碎屑岩;3—泥盆纪陆相砂岩;4—志留纪海相砂岩;5—奥陶纪基性火山岩夹碳酸盐岩;6—寒武纪变质碎屑岩;7—新元古代震旦纪砾岩;8—新元古代灰岩;9—中元古代千枚岩和碳酸盐岩;10—中元古代火山岩、碳酸盐岩和碎屑岩;11—古元古代片岩及斜长角闪岩;12—太古宙片麻岩;13—晚古生代花岗岩;14—陶纪花岗闪长岩;15—奥陶纪黑云母花岗岩;16—奥陶-志留纪碱性岩;17—奥陶纪基性岩;18—奥陶纪超基性岩;19—元古代蛇绿岩;20—断层;21—剪切带;22—金矿床及矿点;23—砂岩铜矿床;24—矽卡岩-石英脉型钨矿床;25—镜铁山式铁铜矿床;26—Sedex 型铁矿床。

柴达木盆地西部是中国目前锶矿床储量最大,锶矿(天青石、硫酸锶)资源最丰富的成矿区。该区形成的锶矿床及矿点有 10 余处,其中以大风山、尖顶山天青石矿床为代表(薛天星,1999;孙艳等,2013)。大风山(92. 3°E,36. 8°N)天青石超大型锶矿床的 B+C 级储量达 1000 万 t(当时的储量计算按此形式表述,下同),$SrSO_4$品位达 31%。赋存在上新统狮子沟组(N_2^2s)内陆湖泊相碳酸盐岩-硫酸盐岩建造中。地层轻度褶皱变形。褶皱构造为一纵贯全矿区,轴向为 NW290°,两端倾伏,长度近 10 km 的短轴舒缓复式背斜,在新近纪次生的近南北向的张性裂隙中(见图 3-33),经水溶液的溶解、富集,可形成天青石富矿脉。

4.1.3.5　阿尔金早古生代左行走滑-碰撞带[19]赋存的矿床

沿阿尔金走滑-碰撞带(见图 2-14)存在一系列早古生代晚期的蛇绿岩套,其后形成强烈的蛇纹石化,赋存芒崖大型石棉矿床(东经 90°~90°20′,北纬 38°14′~38°22. 5′)。在该矿区内,海拔高度 3100 m 左右。茫崖地区发育着全国最大的、含蛇纹石石棉的超基性岩体群,含矿岩带近东西向延伸,长达 14 km 以上。茫崖石棉矿位于该岩体群的东端,矿体规模大,矿石品位较高(2%~5%),石棉纤维属水泥制品级,物化性能较好,1958 年起开始开采,可年产石棉 6 万 t 左右。石棉矿体主要赋存在阿尔金左行走滑断层带所派生的、近南北向雁列式张剪性裂隙带内。迄今为止,其累计探明地质储量超过 2100 万 t,占全国总探明储量的三分之一以上,位居中国的首位。

在芒崖大型石棉矿床东北侧,还有新疆巴州石棉矿(也称新疆建设兵团三十六团石棉矿),位于新疆维吾尔自治区和青海省交界处的新疆若羌县依吞布拉克镇境内,地处阿尔金走滑-碰撞带中段南麓。巴州石棉矿在阿尔金断层含蛇纹石石棉的超基性岩体群的东北部,矿体规模较大,矿石品位高,其成因与茫崖矿床一样,也赋存在阿尔金左行走滑断层带所派生的、近南北向雁列式张剪性裂隙带内。迄今为止,附近已探明的地质储量为 484 万 t,年产蛇纹石石棉接近 6 万 t。

4.1.3.6 塔里木地块[20](见图 2-14)赋存的油气田

在塔里木盆地内最著名的矿田就是塔北油气田。塔里木盆地在整个古生代具有扬子板块的生物群与海相沉积特征,侏罗纪和古近纪又是长期处在潮湿气候的陆相沉积盆地之中,多次具有良好的生烃条件。新近纪受印度板块[40]向北俯冲-挤压的远程效应影响(见图 3-33),在地表附近,塔里木地块分别向其南北的天山和昆仑山下汇聚、俯冲(为陆陆俯冲),并在塔北缘形成一系列近东西走向的冲断-褶皱系,在冲断层面之下的“三角带”就成为良好的油气藏,形成很有价值的塔北油田(储油层可以是寒武-奥陶系,石炭-二叠系,侏罗系与古近系等,局部可形成凝析气藏;李曰俊等,2013)。塔中地区则以大量发育雁列式、陡倾斜小断层与节理为主,形成裂隙型油气藏。上述油气田储油构造的最后定型时期主要都是新近纪(万天丰,2011)。这些含烃的岩系也是开发页岩气的主要目标,具有较高的远景价值,不过注水用水则是一个难题。总之,塔里木地区最有前景的大、中型油气田均分布在古生代继承性古隆起上和隐伏的前陆逆冲带内(赵静舟等,2004)。

塔里木油田公司 2010 年立项勘探研究了在塔北南部斜坡和轮南-英买力富油气区带,塔中北部斜坡、巴楚北斜坡、玛南与麦西等油气藏和油气富集区,取得了近 40 亿 t 的油气远景储量。克拉苏-大北富油气区带天然气勘探工作也取得突破,克拉苏构造带中的五个区带的深部,全部都整体含气,天然气的远景储量达 400 多亿立方米(张定卫,2011)。上述勘探工作的进展表明塔里木油田还含有很大的生产潜力(康玉柱,2000)。在 2010 年,塔里木油气田的原油年产量达到 800 万 t,天然气年产量已达到 200 亿 m^3。

参 考 文 献

长庆油田石油地质志编辑委员会(翟光明主编).1992.中国石油地质志,卷十二,长庆油田.北京:石油工业出版社,1-490.

陈常富,李炎冰,蒋明霞. 1999. 山东平邑归来庄金矿床岩浆演化与成矿物理化学条件. 地质科技情报(1):61-67.http://www.cnki.com.cn/Journal/A-A5-DZKQ-1999-01.htm.

大港油田石油地质志编辑委员会(翟光明主编).1991.中国石油地质志,卷四,大港油田,北京:石油工业出版社,1-436.

杜松金,李洪喜,张庆龙,等. 2003. 山东招远玲珑金矿田控矿构造及其形成机制. 高校地质学报(3):118-124.

高建伟,赵国春,毛小红,等. 2010. 山东乳山金青顶金矿构造特征及找矿方向. 矿床地质,29(增刊):43-45.

郭永华,周心怀,凌艳玺,等. 2011. 渤海海域蓬莱 19-3 油田油气成藏新认识. 石油及天然气地质,32,(3):327-333.

郝通顺,王可勇,朴星海,等. 2011. 辽宁青城子地区金、银矿床地质特征及其成因. 黄金(1):29-32.

侯刚,孙忠实,王爱平. 2009. 吉林夹皮沟金矿本区矿床成矿及找矿远景评价. 有色矿冶,25(2):1-5

胡朗,孙萍,张成国,等. 2011. 桦甸市八家子金矿床地质特征及找矿方向. 吉林地质(2):29-33.

胡文瑞,杨华,吕强. 2000. 长庆油田勘探开发思路及技术对策. 石油科技论坛(4):46-49.

焦养泉,吴立群,彭云彪,等. 2015. 中国北方古亚洲构造域中沉积型铀矿形成发育的沉积-构造背景综合分析. 地学前缘,22(1):189-205.

康玉柱. 2000. 新疆油气分布地质特征——为庆祝《新疆石油地质》创刊 20 周年而作. 新疆石油地质,21(5):365-370.

李德亭,张华东,单立华,等. 2002. 胶东焦家金矿床深部隐伏矿体勘探及评价. 西部探矿工程,(3):38-39.

李宏伟,许坤. 2001. 郯庐断裂走滑活动与辽河盆地构造古地理格局. 地学前缘,8(4):467-470.

李怡欣,孙景贵,陈军强,等. 2010. 内蒙古金厂沟梁金(铜)矿床的 PGE、铁族和亲硫元素的地球化学特征与物质来源、形成环境. 地学前缘,17(2):336-347.

李曰俊,杨海军,张光亚,等. 2013. 重新划分塔里木盆地塔北隆起的次级构造单元. 中国科学院地质与地球物理研究所 2012 年度(第 12 届)学术论文汇编——岩石圈演化研究室,258-270.

辽河油田石油地质志编辑委员会(翟光明主编). 1993. 中国石油地质志,卷三,辽河油田,北京:石油工业出版社,1-572.

毛景文,张作衡,王义天,等. 2012. 国外主要矿床类型、特点及找矿勘查. 北京:地质出版社,1-480.

牛树银,孙爱群,马保军,等. 2015. 内蒙古哈达门沟金矿构造演化及成矿控矿构造特征. 地学前缘,22(1):223-237.

彭礼贵,任有祥,李智佩,等. 1996. 甘肃白银厂铜多金属矿床成矿模式. 北京:地质出版社,1-211.

彭云彪,陈安平,方锡珩,等. 2007. 东胜砂岩型铀矿床中烃类流体与成矿关系研究. 地球化学,36(3):267-274.

齐金忠,马占荣,李莉. 2004. 河南祁雨沟金矿床成矿流体演化特征. 黄金地质(4):1-10.

胜利油田石油地质编写组(翟光明主编).1993. 中国石油地质志,卷 6,胜利油田. 北京:石油工业出版社,1-518.

孙艳,刘喜方,王瑞江,等. 2013. 青海大风山锶矿床中天青石的成分特征. 矿床地质(1):151-159.

汤中立,李文渊. 1995. 金川硫化物铜镍(含铂)矿床成矿模型及地质对比. 北京:地质出版社,1-209.

万天丰. 2011. 中国大地构造学. 北京:地质出版社,1-497.

王明明. 2004. 渤海湾盆地构造演化、构造应力场与油气聚集. 中国地质大学(北京)博士学位论文,1-120.

西北煤炭编辑部. 2008. 神华神府东胜矿区已探明煤炭储量 2236 亿吨 成为中国探明储量最大的煤田. 西北煤炭(3):53.

薛天星. 1999. 中国(天青石)锶矿床概述. 化工矿产地质,(3):14-21.

杨金中,曾庆栋,李光明,等. 2000. 论蓬家夼金矿的地质特征及成因——与聂爱国等商榷. 地球与环境,2000,28(4):101-106.

杨军孝. 2009. 对于青海油田的石油地质储量情况研究. 能源管理,217.

杨奎锋,范洪瑞,胡芳芳,等. 2010. 白云鄂博地区碳酸盐脉侵位序列与稀土元素富集机制. 岩石学报,26(5):1523-1529.

叶会寿,毛景文,李永峰,等. 2006a. 豫西南泥湖矿田钼钨及铅锌银矿床地质特征及其成矿机理探讨. 现代地质,20(1):165-174.

叶会寿,毛景文,李永峰,等. 2006b. 东秦岭东沟超大型斑岩型钼矿 SHRIMP 锆石 U-Pb 和辉钼矿 Re-Os 年龄及其地质意义.地质学报,80(7):1078-1088.

赵冬冬,金刚,李海松,等. 2013. 山东莱州市三山岛金矿床地质特征及成因探讨. 地质找矿论丛,28(4):546-551.

赵海鑫. 2009. 辽宁菱镁矿资源现状及发展意见. 耐火材料,43(4):291-293.

赵静舟,李启明,王清华,等. 2004. 塔里木大中型油气田形成及分布规律. 西北大学学报(自然科学版),34(2):212-217.

张定卫. 2011. 塔里木盆地塔中、塔北大型油气田形成的地质条件和勘探方向研究//宋文杰主编. 塔里木石油年鉴(中国年鉴网络出版总库,基础科学馆):313.

张红军,吴昊,赵海玲. 2012. 辽宁青城子铅锌矿床与朝鲜检德铅锌矿床对比研究. 现代矿业(1):66-69.

张秋生. 1984. 中国早前寒武地质及成矿作用. 长春:吉林人民出版社,1-544.

中国石油天然气股份有限公司冀东油田分公司. 2013. 冀东油田分公司 2012 年鉴. 北京:石油工业出版社,1-398.

周珂,叶会寿,毛景文,等. 2009. 豫西鱼池岭斑岩型钼矿床地质特征及其辉钼矿铼-锇同位素年龄. 矿床地质(2):65-79.

朱国林. 1984. 辽东半岛滑石——菱镁矿矿床地质特征及其成因. 长春地质学院学报(2):77-94.

Goldfarb R J, Santosh M. 2014. The dilemma of the Jiaodong gold deposits: are they unique? Geoscience Frontiers, 5(2):139-153.

Mao J W, Han C M, Wang Y T. 2002. Geological characteristics, metallogenic model and criteria for exploration of the large South Tianshan gold metallogenic belt in Central Asia. Geological Bulletin of China, 21(12):858-868.

Mao J W, Wang Y T, Li H M, et al. 2008. The relationship of mantle-derived fluids to gold metallogenesis in the Jiaodong Peninsula: evidence from D-O-C-S isotope systematics. Ore Geology Reviews, 33:361-381.

Naldrett A J.1999.Wodd-class Ni-Cu-PGE deposits: key factors in their genesis. Mineralium Deposita, 34:227-240.

4.1.4 扬子构造域赋存的矿田、矿床

4.1.4.1 扬子-西南日本板块[22](见图 2-18)赋存的矿田、矿床

扬子板块是一个赋存着多种内生金属矿床的地块。在扬子板块的中北部——鄂东南地区(115°E,30°10′N)发育了中国最早开发的一批铁铜矿床,为一重要的铁、铜、金矿集区(图 4-35,图 4-36),矿床受到沿断裂分布的闪长岩类侵入体所控制,晚侏罗世的侵入体主要沿 WNW 向展布,受此时最大主压应力方向的控制(图 4-37,图 4-38;万天丰,2011)。早白垩世的侵入体主要沿 NNE 向展布,也受此时最大主压应力方向的控制(图 4-37,图 4-39;万天丰,2011)。两次岩浆与含矿热流体的叠加是该区形成富矿的主要原因,含矿流体均在张剪性的小断层或节理中运移、冷凝和聚集(图 4-37,图 4-38,图 4-39)。由于侵入岩体与不同产状、不同深度和不同岩性的围岩相接触,于是就形成了多种模式、多层次的矽卡岩型铁铜金富矿体(图 4-36)。与上述相类似的矿集区为铜陵铁铜金矿集区,其形成机制与鄂东南地区十分相似。刘湘培和常印佛(1988)曾形象地指出,鄂东南矿集区矿带分布呈"T"形,而铜官山矿集区则为"Π"形。笔者研究了这两个矿集区的矿体分布与测年数据,认识到在上述两个矿集区中,那"T"和"Π"的一横,都代表了侏罗纪-早白垩世早期(200~135 Ma)富集的成矿带,即都是沿 WNW 向展布的(图 4-38);而那竖线,则都代表了早白垩世中期-古新世(135~56 Ma)富集成矿的矿带(图 4-39),都是沿着 NNE 向分布的。成矿流体主要都来源于壳幔过渡带(万天丰,2011)。

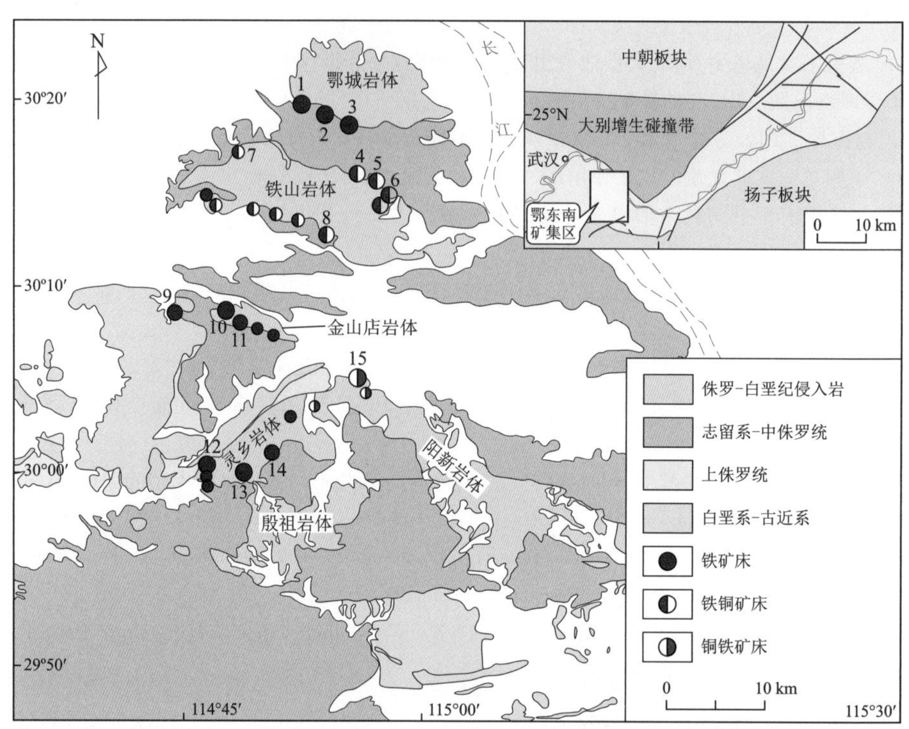

图 4-35 鄂东南矿集区大冶式矽嘎岩式铁、铜、金矿床分布(据翟裕生,1995,经改绘)

矿床名称:1—广山;2—程潮;3—李村;4—荷花池;5—大铜坑;6—光面垴;7—大洪山;8—铁山;9—王豹山;10—余华寺;11—张福山;12—垴窖;13—刘家畈;14—大广山;15—铜绿山。

鄂东南铁铜金矿集区(115°E,30°N)、江西城门山(铜)-阳储岭(钨)(115.8°E,29.7°N)、安徽铜陵铁铜金矿集区(117.9°E,30.9°N)构成了长江中下游铁铜金成矿带的主体,向东北可延伸到安徽繁昌(118.2°E,31.1°N)-芜湖-马鞍山-南京(118.5°E,31.7°N)一带。长江中下游铁铜金成矿带,实际上是在一些 WNW 向(侏罗纪形成,见图 4-38)与 NNE 向(白垩纪形成,图 4-39)断裂系统与成矿带交叉部位而富集成矿的,其本质是网状交叉的两期断裂系统控制成矿的,其矿集区主要集中在鄂东南,赣北九江,安徽贵池、铜陵、芜湖、马鞍山等矿集区,是受一系列 WNW 向与 NNE 向交叉分布的地壳断裂所控制,导致两期岩浆岩体侵入和含矿流体的富集,在其内外接触带附近与埋深不同的、岩性软弱或易于交代的岩石相互作用,遂形成一系列与壳幔混源岩浆相关的、赋存深度不同的铁铜金矿床,这是长江中下游成矿带构成许多金属富矿体的主要原因(Wan,2011)。长江中下游铁铜金成矿带由 EW 转为 NE 的走向是受区域褶皱地层走向所控制,而不存在一条想象中的"长江中下游大断裂"(吴淦国等,2008),至今用各种地球物理勘探方法都没有在深部发现此种大断裂。

此成矿带地处长江附近,临近工业城市,交通极为便利,是中国早年开发的主要成矿带,至今仍在深部(2000 m 以内)不同的层位,不断发现新的隐伏矿床。

长江中下游铁铜金成矿带的江西城门山(铜)-阳储岭(钨)矿区朝 ESE 方向延伸,穿过鄱阳湖,就是江西德兴铜多金属矿集区(117.6°E,28.9°N,李培铮等,2002;图 4-40)。此大型矿集区

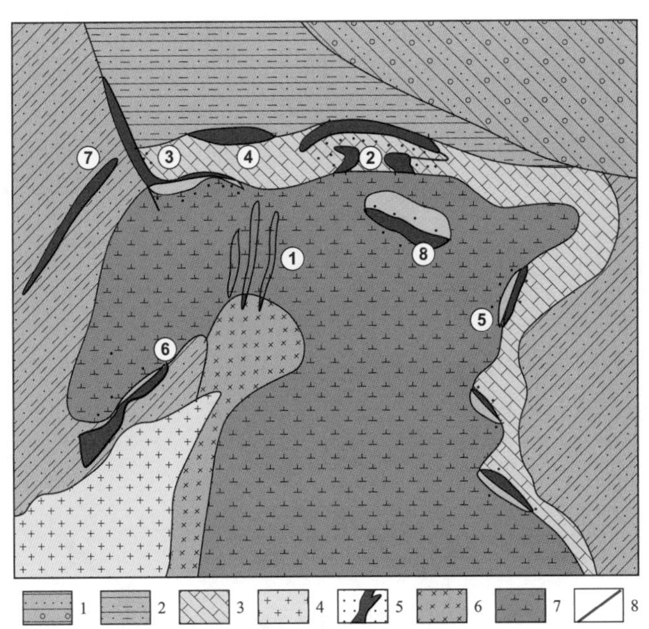

图 4-36 鄂东南地区大冶式矽卡岩式铁、铜、金矿床成矿模式(据翟裕生,1995,经改绘)

1—砂砾岩;2—粉砂岩与泥灰岩;3—碳酸盐岩;4—花岗岩;5—矿体及蚀变带;6—辉长岩-辉石闪长岩;7—(石英)闪长岩-二长岩-花岗闪长岩;8—断层。① 矿浆型矿体(铁山);② 岩体顶部矽卡岩型矿体;③ 受断裂控制的矽卡岩型矿体(金山店);④ 岩性变化的界面中矿体;⑤ 接触带矽卡岩型矿体(铁山);⑥ 产于石英闪长岩与花岗岩中的矽卡岩型矿体(程潮);⑦ 层间滑脱型构造矿体;⑧ 大理岩捕虏体型矿体(铜绿山)。

在中生代是 WNW 向九江-德兴断裂与 NE 向赣东北断裂(原为皖南-赣东北-雪峰山-滇东新元古代碰撞带的重新活动)的交切处(见图 4-38,图 4-39)。侏罗纪(~171 Ma)形成的斑岩体受 WNW 向的断裂带的控制(如铜厂、朱砂红、富家坞斑岩铜矿,金山剪切带型热液金矿床),而白垩纪形成的小岩体和热液矿脉则以 NE 向为主(许多热液矿脉)(图 4-40,见图 4-38,图 4-39)。银山斑岩-浅成低温热液型银多金属矿床具有两期成矿作用富集叠加的现象。在银山矿区的西北部,与侏罗纪(175~178 Ma)英安玢岩体相关的早期铜及部分铅锌矿体以近东西向展布为特征,而受白垩纪 NE 向断裂带左行剪切活动所影响发育了近南北向张剪性裂隙,晚期的铅锌矿脉就充填在这些裂隙之中。因而,江西德兴铜多金属矿集区的形成也是受侏罗纪、白垩纪两个时期构造-成矿作用所叠加(图 4-40),也即受 WNW 向与 NE 向两种构造线方向的控制。以为此矿集区只受 NE 向构造带控制的认识,看来欠妥。

20 世纪 80~90 年代,曾大力宣传在中国找寻“斑岩型铜矿”,并认为德兴铜矿床是“斑岩型铜矿”(朱训等,1983)。实际上,在长江中下游地区直接产在斑岩体内的矿床是很局限的。而且,此处所谓的“斑岩型铜矿”仅为一种工业类型的称谓。其成因类型,与安第斯山的、与板块俯冲作用相关的斑岩铜矿床的形成条件与特征完全不相同,中国境内的“斑岩型铜矿”基本上都是在板内形成的,而与板块俯冲作用无关。

近年来,在江西九江市武宁县大湖塘地区(~115°E,29.1°N)发现了超大型钨矿田(图 4-41;林黎等,2006),已探明钨金属储量 93 万 t,还伴生锡、铜、银、钼等元素,分别散布在 15 个矿床内。

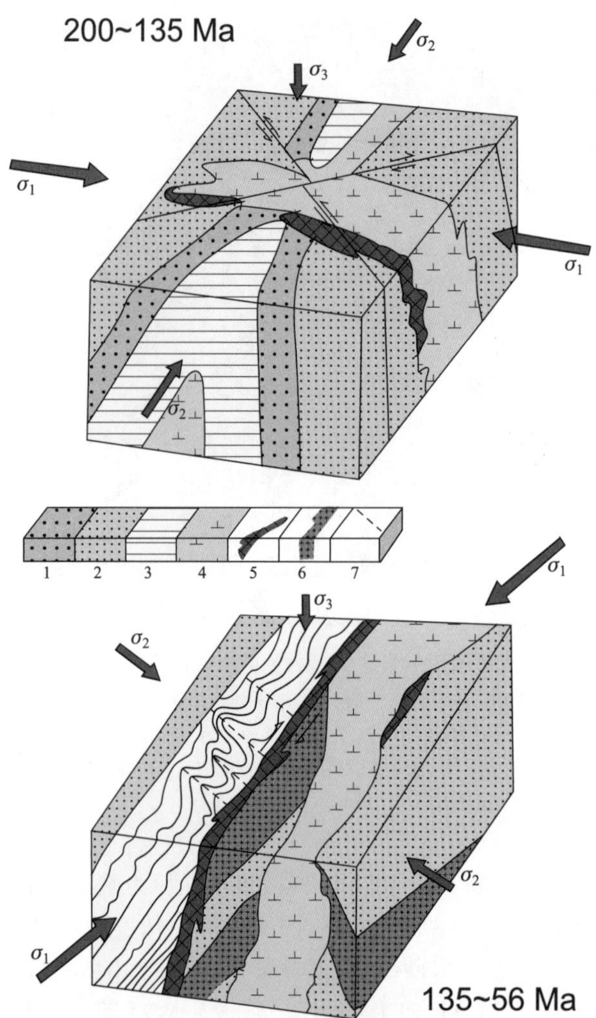

图 4-37 侏罗纪-白垩纪应力场、构造变形及其对成矿作用的影响(据万天丰,2011)

1—砾岩;2—砂岩;3—粉砂岩与页岩;4—闪长岩类侵入体;5—铁铜金矿体;6—含矿角砾岩带;7—小褶皱轴面。σ_1—最大主压应力方向;σ_2—中间主压应力方向;σ_3—最小主压应力方向。

该矿田位于近东西向的九岭-鄣公山隆起区西部与武宁-宜丰北北东向断裂带北东段的交接处,属大湖塘-同安钨(锡)、钽铌多金属矿带的北段,即近东西向与 NNE 向断层的交点附近。与矿化相关的岩浆侵入体的形成年龄与主要成矿期均为 149.9~134 Ma,以晚侏罗世为主要成矿期。矿田内的矿床主要沿 NE—NNE 向展布,大致间隔 2.5~3.5 km,矿脉则主要呈东西向或 WNW 向展布。该矿田已经勘探了 60 余条黑钨石英脉,同时还发现了石英细脉型、细脉浸染型、云英岩型,以及岩体顶部的隐爆角砾岩型等的黑、白钨矿(铜)矿床(林黎等,2006)。此钨矿田是离华夏板块比较近的、南扬子板块东南部新发现的最大钨矿田。

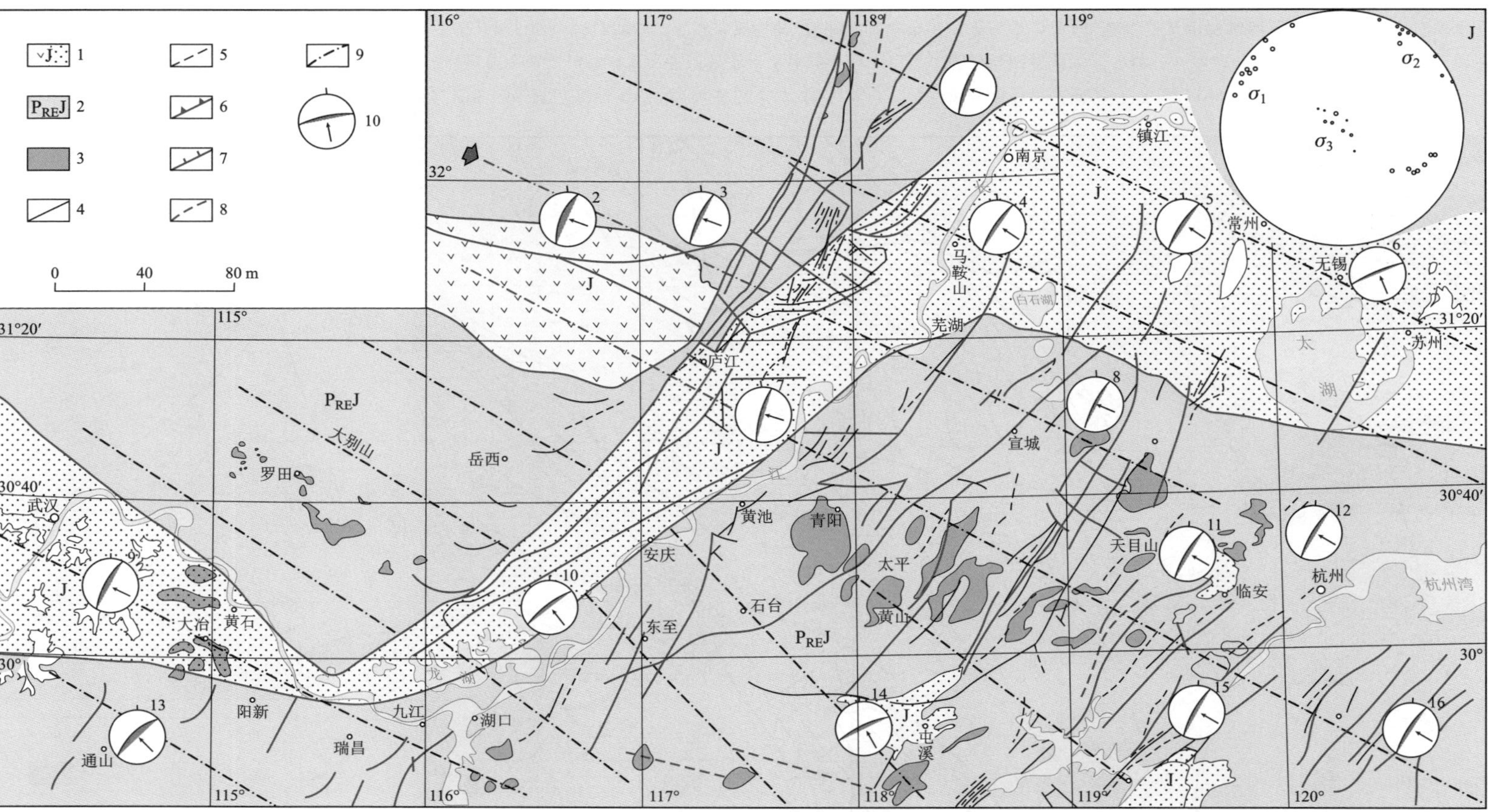

图 4-38　侏罗纪-早白垩世早期（燕山期，200~135 Ma）长江中下游含矿闪长岩体与最大主压应力的分布（据万天丰等，1990，内部研究报告改绘）

1—侏罗纪沉积与火山岩盆地；2—前侏罗纪地层；3—侏罗纪闪长岩类侵入体；4—地质界线；5—推测的地质界线；6—正断层；7—逆断层；8—推测断层；9—最大主压应力（σ_1）方向的轨迹线；10—应力轴图解，其中直线段为最大主压应力方向，圆弧面为褶皱轴面的空间投影。图件右上角圆圈内为本区三个主应力轴优选产状的极点投影图。

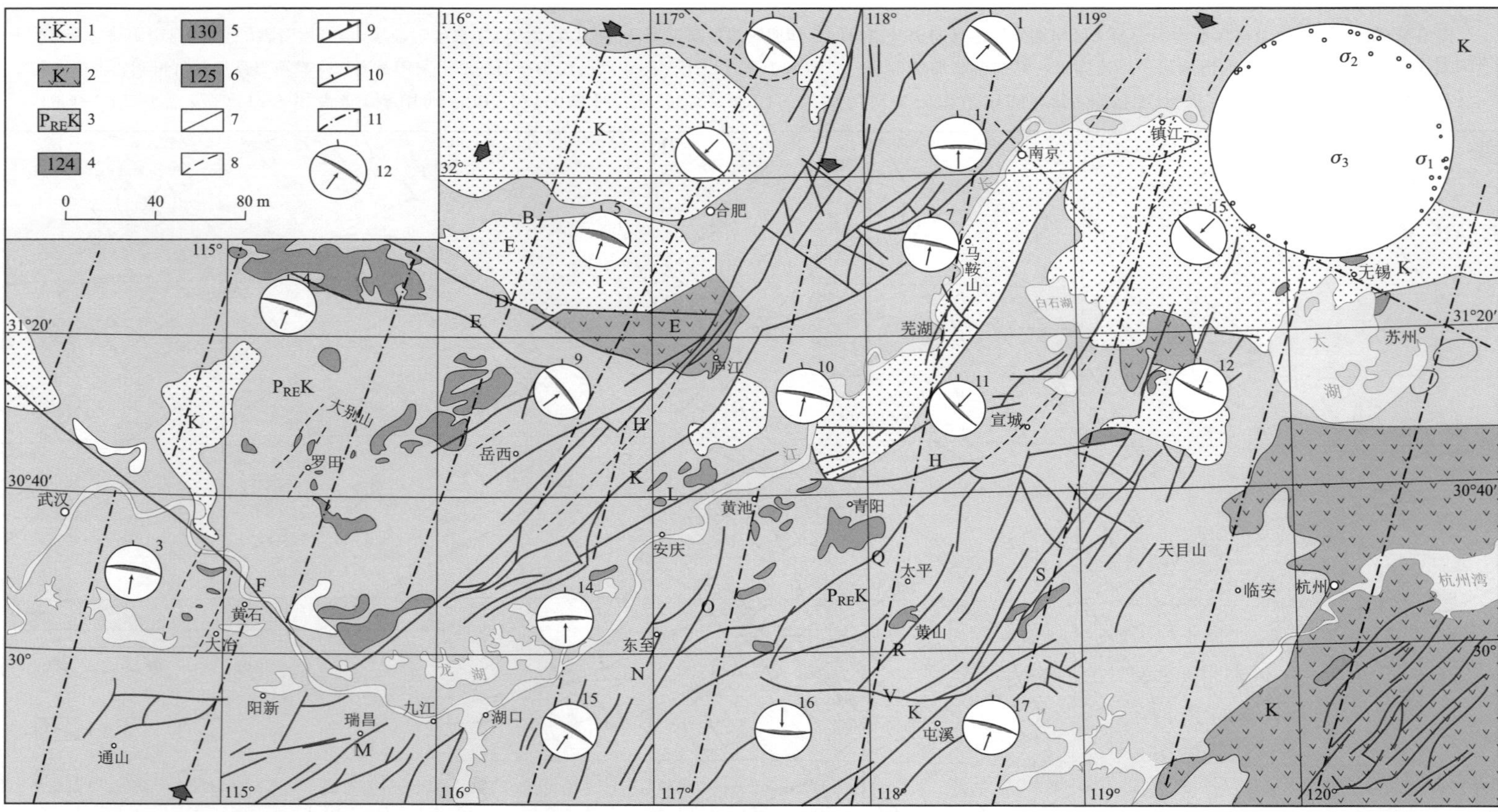

图 4-39 早白垩世中期-古新世(四川期,135~56 Ma)长江中下游含矿闪长岩体与最大主压应力的分布(据万天丰等,1990,内部研究报告改绘)

1—白垩纪沉积盆地;2—白垩纪火山岩盆地;3—前白垩纪地层;4—白垩纪花岗岩类侵入体;5—白垩纪含矿的石英闪长岩类侵入体;6—含矿闪长岩;7—地质界线;8—推测的地质界线;9—正断层;10—逆断层;11—最大主压应力方向(σ_1)的轨迹线;12—应力轴图解,其中直线段为最大主压应力方向,圆弧面为褶皱轴面的空间投影。图件右上角圆圈内为三个主应力轴优选产状的极点投影图。

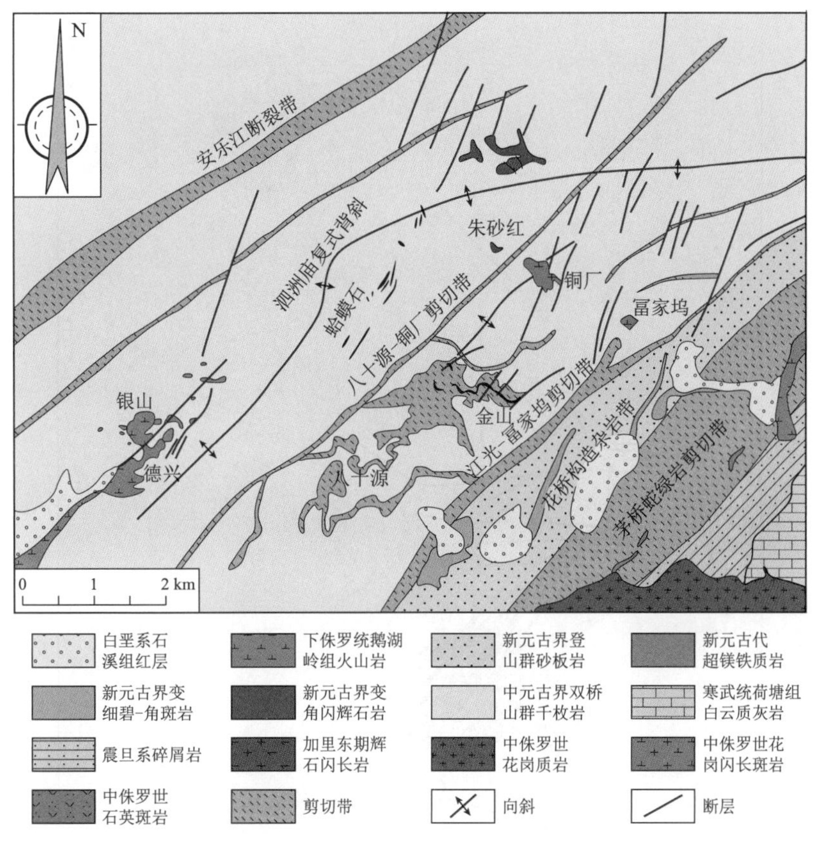

图 4-40 江西德兴铜、金、多金属矿集区矿床分布略图(据毛景文等,2012,经改绘)

在扬子板块的南部,湖南中部冷水江市锡矿山(111.5°E,27.7°N)形成超大型热液型锑矿床,锑储量达 211 万 t,占全球储量的一半左右。赋矿地层主要为泥盆纪碳酸盐岩系,围岩蚀变以硅化为主,矿体沿层理贯入,呈似层状为主。成矿作用分为两期:早期为侏罗纪(同位素测年为 155~156 Ma)受区域应力场的控制,在 WNW 向最大主压应力作用下,形成轴向 NNE 的宽缓背斜,矿体主要富集在背斜转折端附近的虚脱部位;晚期成矿作用为白垩纪(同位素测年约为 124 Ma)在 NNE 向缩短作用的影响下,使原有 NNE 向背斜发生轴向 WNW 向的横跨、叠加褶皱,在两次背斜顶部叠加处——构造虚脱作用处,形成热液活动最强的、矿化最好的部位(毛景文等,2012)。此矿床的形成也许可能与深部岩浆活动有关,以致使深部含矿热液能在此处经侏罗纪-白垩纪的两次构造作用叠加、富集成矿。

在扬子板块中部,贵州东北部赋存了万山式低温热液汞矿(109.2°E,27.5°N),为整体单一的汞矿床,该矿床形成于寒武系碳酸盐岩系内(陈毓川等,1993;图 4-42)。与湖南锡矿山相似,此矿床也经历两次重要的构造事件:侏罗纪时期,在 WNW 向最大主压应力作用下,形成轴向 NNE 的宽缓背斜(主体背斜),矿体主要富集在背斜转折端附近的虚脱部位;晚期成矿作用为白垩纪(同位素测年~124 Ma)在 NNE 向缩短作用的影响下,使原有 NNE 向背斜发生轴向 WNW 向的横跨、叠加褶皱,在两次背斜叠加处形成构造虚脱作用最强、矿化最好的部位(采空后形成

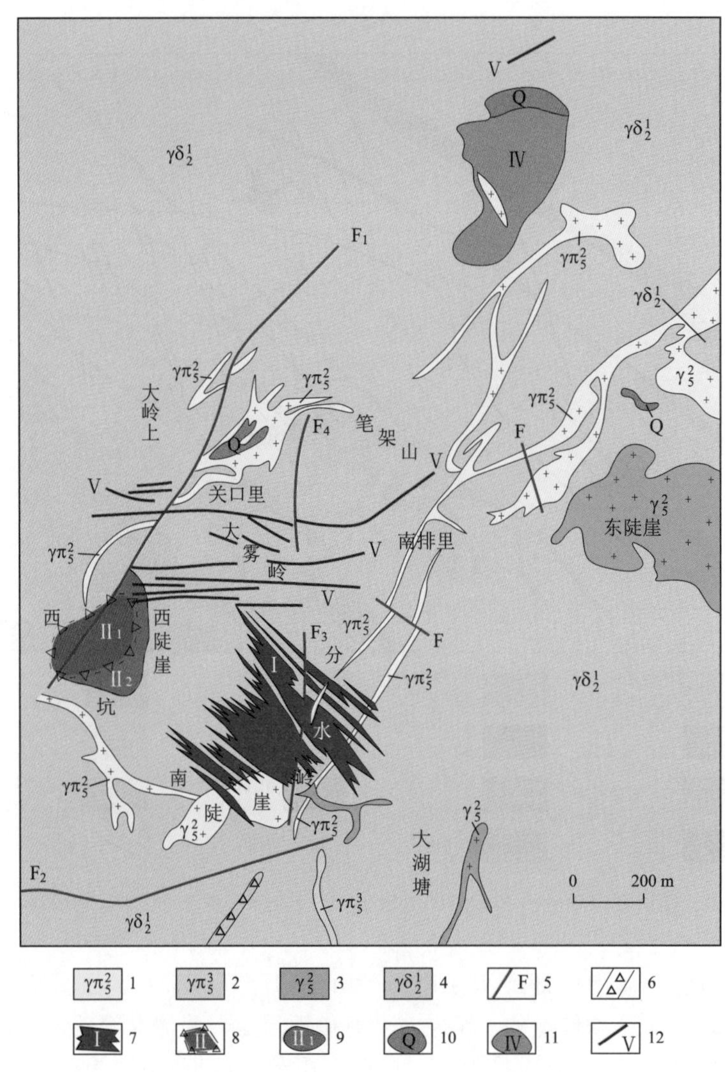

图 4-41 江西大湖塘钨矿区地质略图

（据赣西北地质大队的原始资料，转引自林黎等，2006，经改绘）

1—燕山晚期花岗斑岩；2—燕山中期花岗斑岩；3—燕山中期二云母花岗岩；4—晋宁晚期黑云母花岗闪长岩；5—断层及编号；6—硅化破碎带；7—石英细脉带型钨矿体；8—隐爆角砾岩型钨矿体；9—石英网脉带型钨矿体；10—石英伟晶岩型钨矿体；11—云英岩型钨矿体；12—石英大脉型钨矿体（宽大于 0.1 m）。

一个穹顶状的地下“大礼堂”，1966 年笔者曾到该处访问）。这就是为什么尽管主褶皱轴与主要断层都是 NNE 向的，而矿体最后却主要富集在主背斜一带的 WNW 向的次级背斜转折端及其派生裂隙带附近的原因（图 4-42）。此实例也说明弄清区域构造应力场的变化对于探讨控矿构造是十分关键的。

在扬子板块的北缘，陕西汉中马元地区（107.1°E，32.8°N）发育着经过低温热液改造的密西西比河谷型（MVT）铅锌矿床，已发现类似矿床与矿点 20 多处。此类矿床铅锌矿化具有明显的层控特征，产于古陆边缘、上震旦统灯影组角砾岩化白云岩内。据闪锌矿的 Rb-Sr 法测年结果

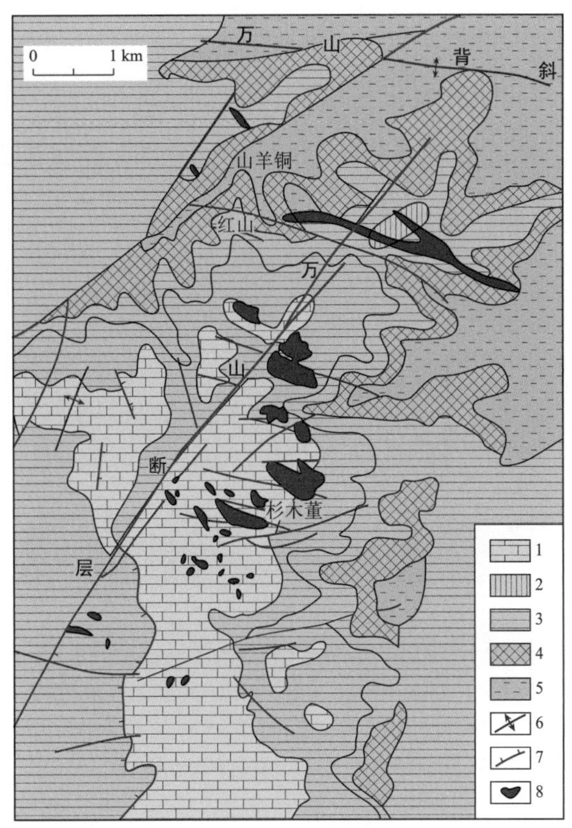

图 4-42 贵州万山汞矿地质略图(据陈毓川和朱裕生,1993,经改绘)

1—中寒武统花桥组灰岩;2—中寒武统敖溪组中上段白云岩;3—中寒武统敖溪组中段页岩;4—中寒武统敖溪组下段至清虚洞组白云岩及黑色水云母页岩;5—下寒武统耙榔组至牛蹄塘组页岩;6—背斜;7—断层;8—矿体(垂直投影的位置)。

[(486±12) Ma;转引自毛景文等,2012],为早奥陶世成矿的,属于前碰撞期成矿的。成矿温度多在 100~200℃,具有盆地热卤水的特征,成矿金属则来自基底和盖层的变质和沉积建造,硫化物具有蒸发硫酸盐还原的性质。

广西大厂(107°35′E,24°51′N)赋存着层状交代型锡石、锑硫化物超大型矿床,该矿床位于南扬子地块内(图 4-43;黄民智等,1985),成矿作用与白垩纪(94~91 Ma)隐伏的花岗斑岩体关系密切。在白垩纪近南北向最大主压应力作用下,使近南北向的裂隙呈张剪性,从而被矿液充填,赋存锡矿体,在花岗斑岩体外接触带附近形成规模巨大的矽卡岩型锡矿床。而在离岩体较远处形成层状交代型锡石硫化物矿床,最上部则构成锡石石英脉矿床(图 4-44)。在岩体内以富含电气石、萤石为特征,以岩体为中心向外依次形成了:锌、铜(锡)-锌、铅、锑、银-锡多金属的矿化分带。在岩体顶部还叠加了钨、锑矿化,在岩体的更外围还有汞矿化。

与广西大厂锡矿相类似,在扬子板块西南边部小江断裂带南段,云南东部个旧(103.2°E,23.3°N)也赋存了超大型锡(铜)多金属矿集区(图 4-45)。此矿床的锡矿化与等粒或斑状花岗岩关系最密切,斑状花岗岩的同位素年龄在 81.2~82.8 Ma 之间,等粒花岗岩(81~77.4 Ma)均为晚白垩世侵入的(毛景文等,2012)。矿带主要受近 N-S 向—NNE 向断裂所控制,近东西向的

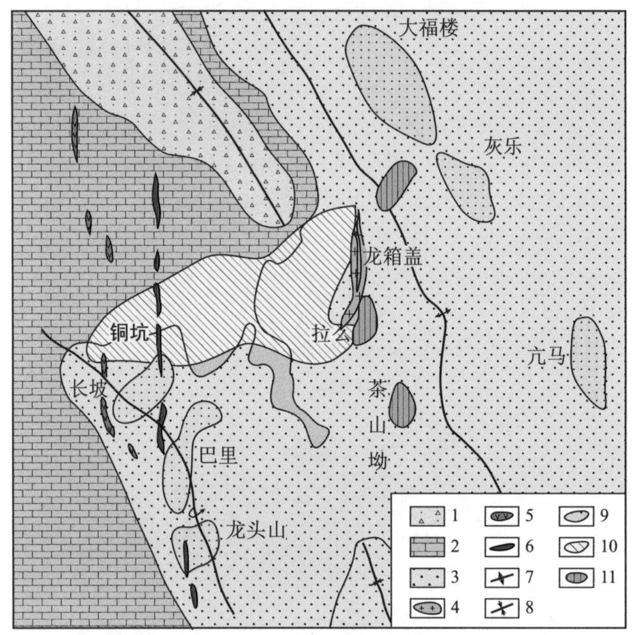

图 4-43　广西大厂锡矿田矿床分布示意图(据毛景文等,2012,经改绘)

1—石炭系灰岩;2—泥盆系灰岩、硅质岩和粉砂岩;3—白垩纪花岗岩;4—石英闪长玢岩;5—花岗斑岩脉;6—锡多金属矿化区;7—背斜轴;8—向斜轴;9—锌铜矿化区;10—钨锑矿化区;11—矽卡岩化分布区。

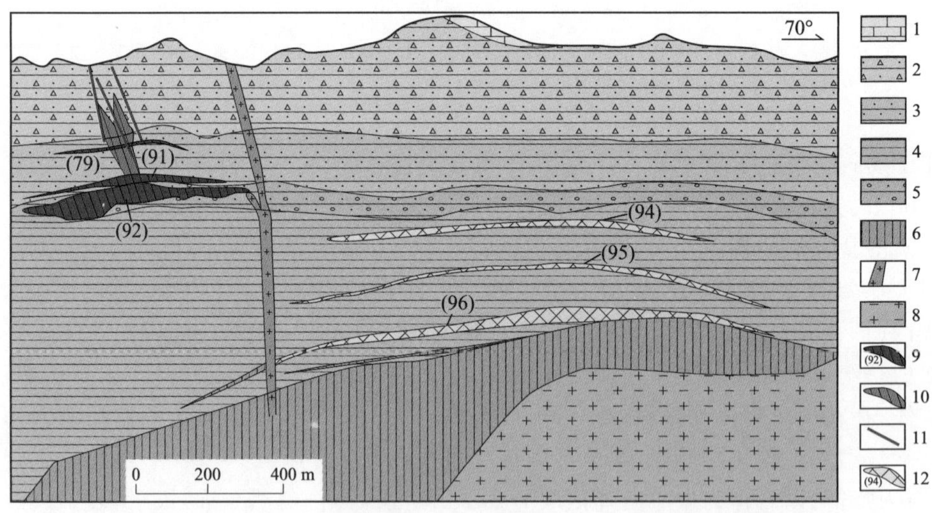

图 4-44　广西大厂锡矿田剖面示意图(据毛景文等,2012,经改绘)

1—石炭纪灰岩;2—上泥盆统砂砾岩;3—上泥盆统砂岩;4—上泥盆统页岩;5—中泥盆统泥灰岩;6—中泥盆统页岩;7—花岗斑岩脉;8—隐伏花岗质岩体;9—锡多金属矿体及编号;10—细脉型锡多金属矿体;11—大脉型锡多金属矿体;12—锌铜矿体及编号。

次级断层与褶皱控制各个矿体(图 4-45 右下角,个旧断裂附近)。无论侵入体、断层,还是褶皱都受白垩纪构造应力场的控制,在最大主压应力近 NNE 向的影响下,近 N-S 向—NNE 向的主干断裂呈张剪性,与此同时还形成一系列近东西向的次级褶皱与断裂,它们就具体地控制了侵入岩体与锡矿化。锡矿化随岩体与围岩产状的变化而形成多种类型:在岩体与围岩的接触带形成矽卡岩型矿床,在岩体外围的层间滑脱层或软弱带就构成似层状矿体,而沿断层或节理则发育脉状矿体(图 4-46)。

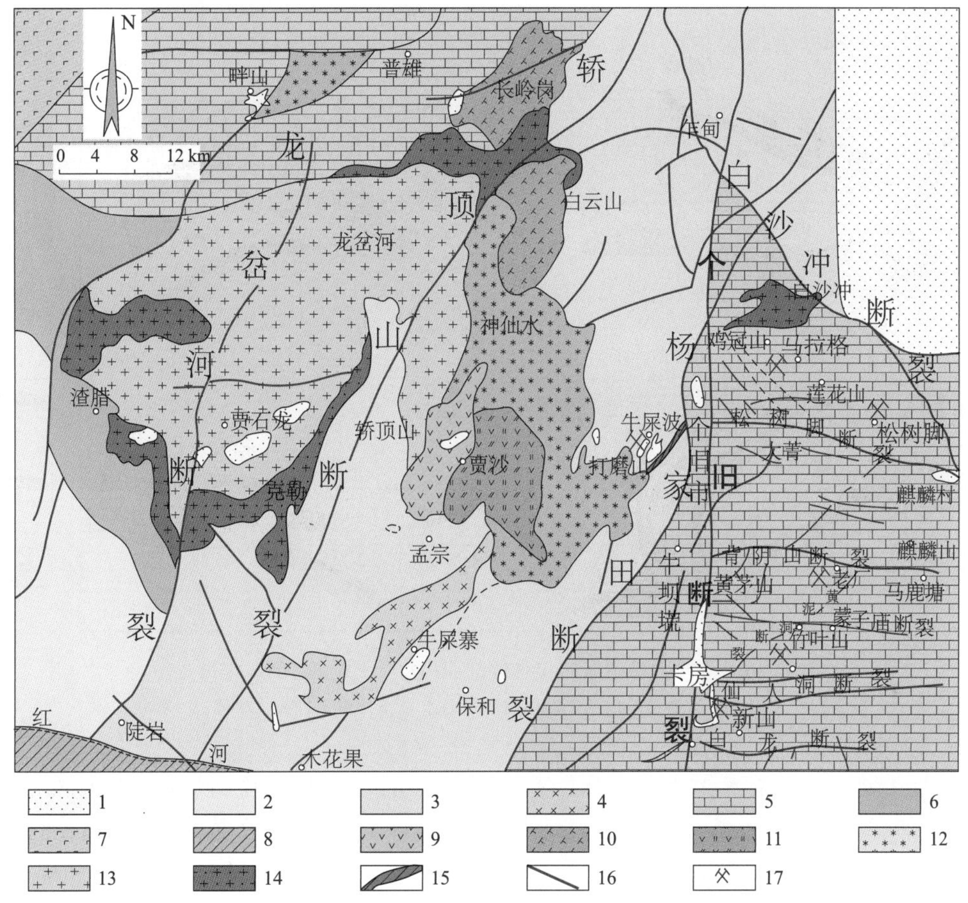

图 4-45 云南个旧锡矿集区地质略图(据毛景文等,2012,经改绘)

1—第四系沉积;2—上三叠统板岩;3—中三叠统砂岩、页岩夹玄武岩;4—中三叠统玄武质熔岩;5—中三叠统碳酸盐岩;6—下三叠统紫红色砂岩夹绿色砂岩;7—峨眉山玄武岩;8—哀牢山变质带;9—辉长岩;10—霞石正长岩;11—二长岩;12—碱性花岗岩;13—斑状黑云母花岗岩;14—等粒黑云母花岗岩;15—辉绿岩墙;16—断层;17—矿床。

与个旧锡矿床的成矿部位相近,在南北向昭通-曲靖断裂附近,云南会泽麒麟厂(103.3°E,26.4°N)赋存着超大型的铅锌(含银、锗、镉、镓、铟)热液矿床(罗大锋,2012),它发育在昭通-曲靖断裂附近的次级 NE 向断层,石炭系角砾灰岩及附近的岩溶之中(图 4-47),这是一个规模大(铅锌储量达 1520 万 t;朱训,1999)、品位高(铅锌平均出矿品位近 30%),伴生有用元素多的矿床,为世界上少有的、很富的多金属矿床(毛景文等,2012)。利用闪锌矿 Rb-Sr 等时线法测得此矿床的成矿年龄为224.8~226 Ma。受三叠纪近南北向最大主压应力的影响,在扬子板块西南部形成近N-S或NE向次级张剪性断裂带,为板内变形所控制的矿床。断裂带被含矿热液所充填,遂赋存了麒麟厂、矿山厂和银厂坡等矿床(图4-47)。有学者曾认为此矿床系与峨眉山二叠纪玄武岩相关,可能不一定妥当,因为它们的元素组合特征并不相同,形成年代也不一致。在此矿床附近,沿近南北向的安宁河断裂赋存了会理铅锌矿床,沿近南北向的云南昭通-曲靖断裂、小江断裂以及北西向的黔西南紫云-垭都断裂也都发育了十几个大中型铅锌矿床(图4-47,左上角)。

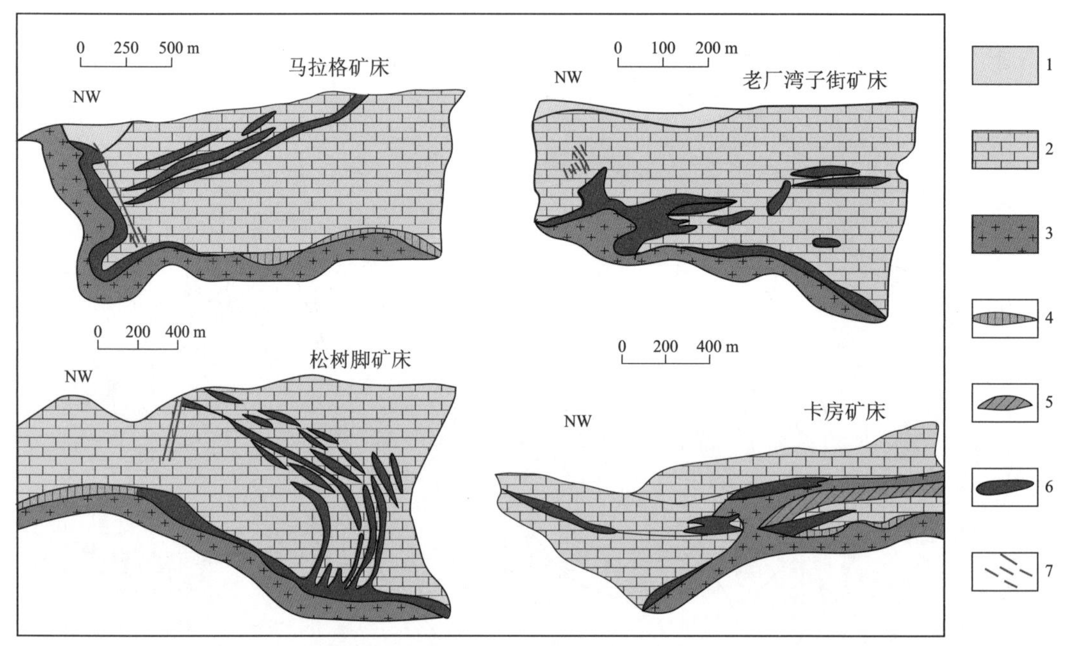

图4-46　个旧主要矿床的代表性剖面(据毛景文等,2012,经改绘)

1—砂岩;2—个旧组碳酸盐;3—白垩纪花岗岩;4—矽卡岩;5—辉绿岩;6—矿体;7—脉状矿体。

在广西恭城赋存了栗木锡铌钽矿床,它产在泥盆-石炭纪地层中,矿脉为石英脉和伟晶岩脉,主要受N-S与E-W向断裂所控制。其白云母的Ar-Ar法测年数据为(214.1±1.8) Ma(汪恕生等,2008)。湖南南部郴州之南赋存着荷花坪锡矿床,它位于南岭E-W向断裂和郴州-临武NNE向断裂的交会部位,产在花岗岩体附近,矿脉为石英脉型与矽卡岩脉,主要沿NNE向断裂展布,其辉钼矿的Re-Os法年龄为(224.1±1.9) Ma(毛景文等,2012)。上述两个矿床均受三叠纪(印支期)板内变形的控制。

在小江断裂以西,安宁河断裂以东,即云南的东川、会理和易门一带的古断陷带内,发育了沉积-改造型层状铜矿床。可以东川矿床(肖晓牛等,2012)为代表,矿床赋存在中元古界东川群因民组和落雪组内,岩性以紫红色角砾岩、砂岩为主,具有蒸发岩的特征。该层覆盖在大红山群含铁铜的海相火山岩系之上,经剥蚀、搬运,而使该沉积地层中金属元素较为富集。矿石矿物以黄铜矿、斑铜矿为主。伴生的围岩蚀变为硅化。其沉积年代为中元古代(1716~1607 Ma之间),热液改造的年代则为新元古代(794~712 Ma)。经热液改造作用,铜元素适当向上迁移,富集于因民组板岩与落雪组白云岩之间的层间滑脱带内。

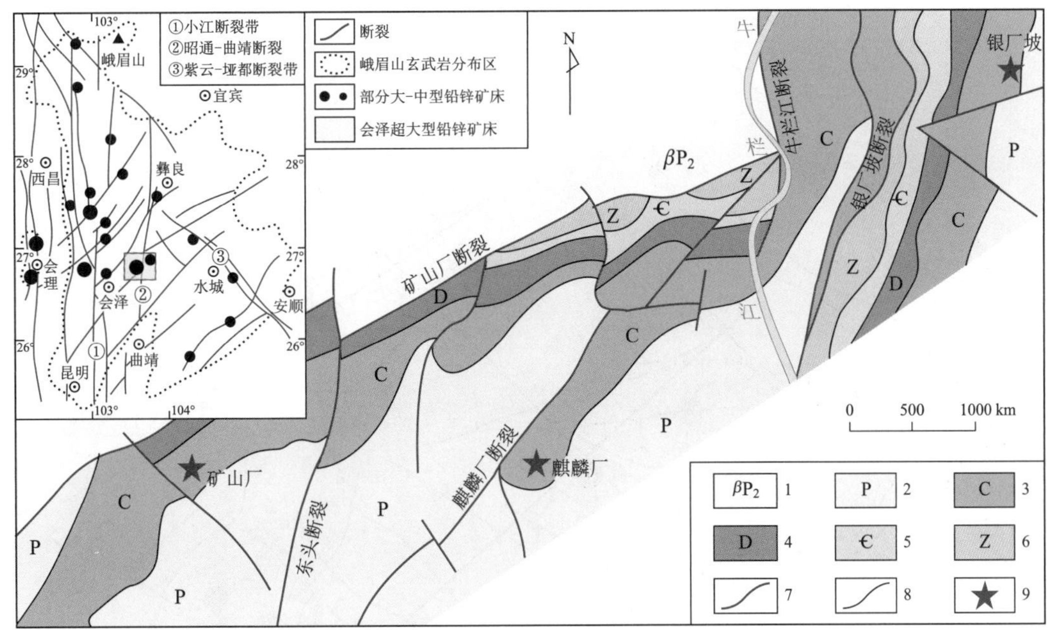

图 4-47 云南会泽超大型铅锌矿床地质略图(据毛景文等,2012,经改绘)

1—二叠纪峨眉山玄武岩;2—二叠系栖霞、茅口组灰岩夹白云岩;3—石炭系角砾灰岩、鲕状灰岩白云岩;4—泥盆系灰岩、白云岩;5—寒武系泥质页岩、砂质泥岩;6—震旦系灯影组硅质白云岩;7—断层;8—地层界线;9—铅锌矿床。

近些年来,在云南德钦金沙江构造带内发现大型羊拉铜矿床,它产在泥盆系砂页岩系内,附近有花岗闪长岩侵入,矿床为热液脉型的,主要走向为 NW 与 NNE 向(杨喜安等,2012),其辉钼矿 Re-Os 等时线年龄为(232±2.9) Ma(毛景文等,2012),是受三叠纪板内变形所控制而成矿的。

近年来,对于黔西南兴仁-安龙一带卡林型超大型层控金矿床的深部进行了地震勘探(利用石油勘探资料,图 4-48 地震勘探线 B),发现其金矿体主要赋存在相对软弱的、易滑脱的岩层(如上二叠统龙潭组煤系),不整合面(上、下二叠统之间,志留系与中泥盆统之间)附近,或凝灰岩层之中,含矿的低温热液充填在低角度冲断层或邻近的裂隙带内,形成一个典型的低温热液、板内断裂、层控金矿床(紫木凼、回龙、泥堡、大丫口、戈塘和烂泥沟等;图 4-48)。区域性断裂主要为 NE 与 NW 向,金矿体可埋在 1500~3200 m 的深处。卡林型金矿床形成于侏罗纪-白垩纪(各矿床多种方法的同位素年龄数据均在 193~60 Ma 之间)。现已勘探的灰家堡金矿田地质-地震剖面(图 4-49)就能很好地展示了软弱岩层与断层控矿的特征(胡煜昭等,2012)。紫木凼金矿床产于二叠系夜郎统泥灰岩内,其方解石的 Sm-Nd 法测年结果为(250.0±1.4) Ma(毛景文等,2012)。不过,此数据也许不能代表成矿作用的年代,其确切成矿年代有待进一步地研究。

在贵州西部晴隆(E105°10′N25°41′;图 4-48 上端)古生代岩系内还赋存了超大型热液锑矿床(沈忠义等,2010),其形成机制与金矿床相似。已知的锑矿体主要集中分布在靠近黑箐山背斜两翼,褶皱为轴向 NE 向的宽缓短轴背斜与向斜。在云南东部也形成了类似的矿床,如广南县木利(105°22′E,23°59′N)大型热液锑矿床,位于文山弧形构造带北东翼,富宁北西向断裂与广南东西向隐伏基底深断裂交会的部位,矿体以顺层分布为特征,为“沉积-改造型层控矿床”,已探明锑金属储量 17 万 t(龚洪波和陈书富,2006)。

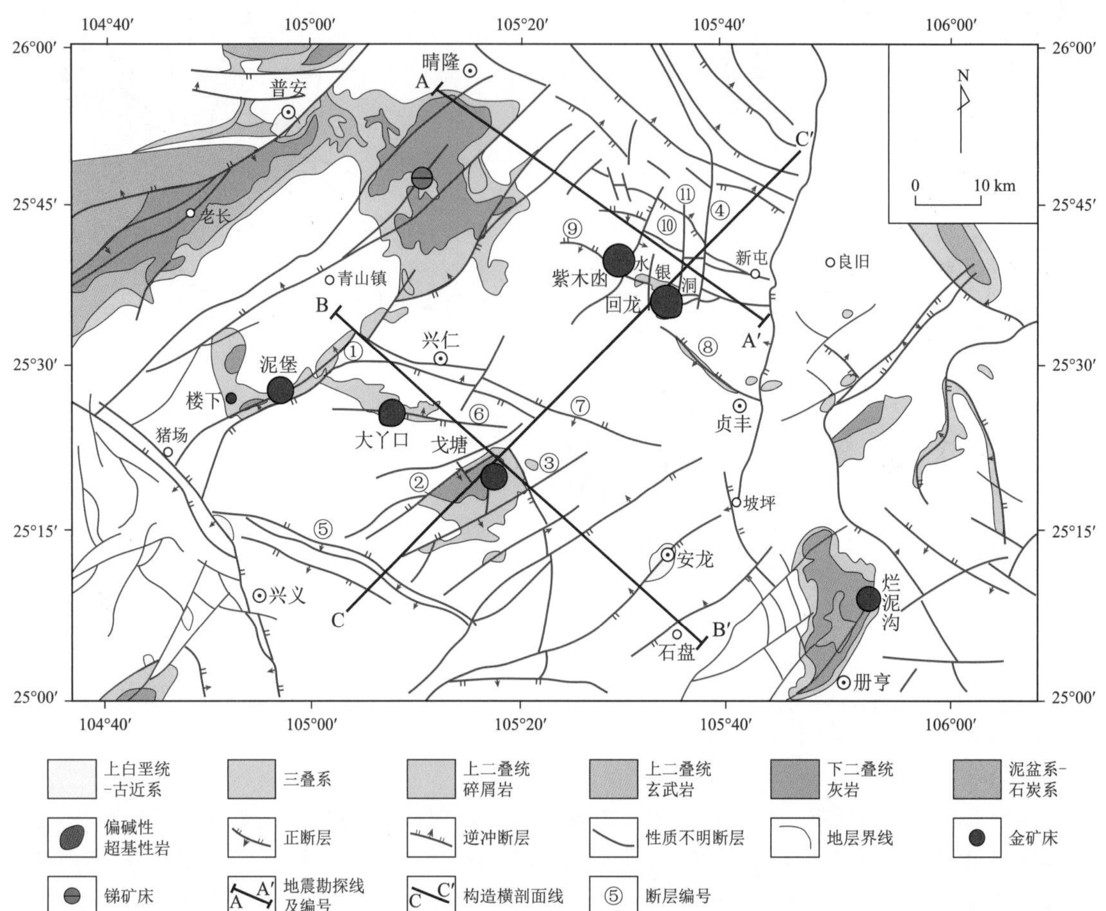

图 4-48 黔西南地质构造略图与卡林型金、锑矿床分布(据胡煜昭等,2012,经改绘)

断层:① 马场;② 海马谷;③ 上河坝;④ 永宁镇;⑤ 猪场-上寨;⑥ 大丫口;⑦ 兴仁;⑧ 核桃树;⑨ 大山-者相;⑩ 泡桐湾;⑪ 董岗。

在贵州西北部遵义-黔西-水城一带,赋存着热带气候条件下形成的海相沉积碳酸盐岩型锰矿床(高家育,2011),矿层主要形成于上二叠统的龙潭组和下二叠统的茅口组,含矿层一般厚 2~6 m。在后期构造变形的作用下,地层与矿层一起褶皱或被断层所切断。一般认为锰元素的物质来源,可能与峨眉山玄武岩被风化、剥蚀搬运到盆地内沉积的(韩忠华和潘家州,2009)。在广西西南部(~107°E,~23°N)也形成了类似的海相碳酸盐岩型沉积锰矿床,天等县下雷-胡润锰矿床(106°42′E,22°54′N)可以作为其代表(陈洪德和曾允孚,1989)。含矿层主要赋存在上泥盆统内,含矿层可厚达 10~20 m,锰的品位为 20%~40%。

扬子板块的中部为四川盆地(也称上扬子盆地)为新元古代结晶基底较稳固的地区,古生代到白垩纪长期沉降,沉积盖层厚 4~12 km 左右(图 4-50)为油气田的赋存创造了良好的条件。四川盆地现在已经发展成中国较大的油气区(图 4-51,四川油气区石油地质志编写组,1989),以产天然气为主,现有气田 125 个,油田 12 个,年产石油约 15 万 t、天然气约 160 亿 m^3。盆地内天然气资源量达 7.2 万亿 m^3,目前是中国最大的天然气工业基地。中石油还和壳牌石油公司合作发现并开采中国第一个页岩气田。

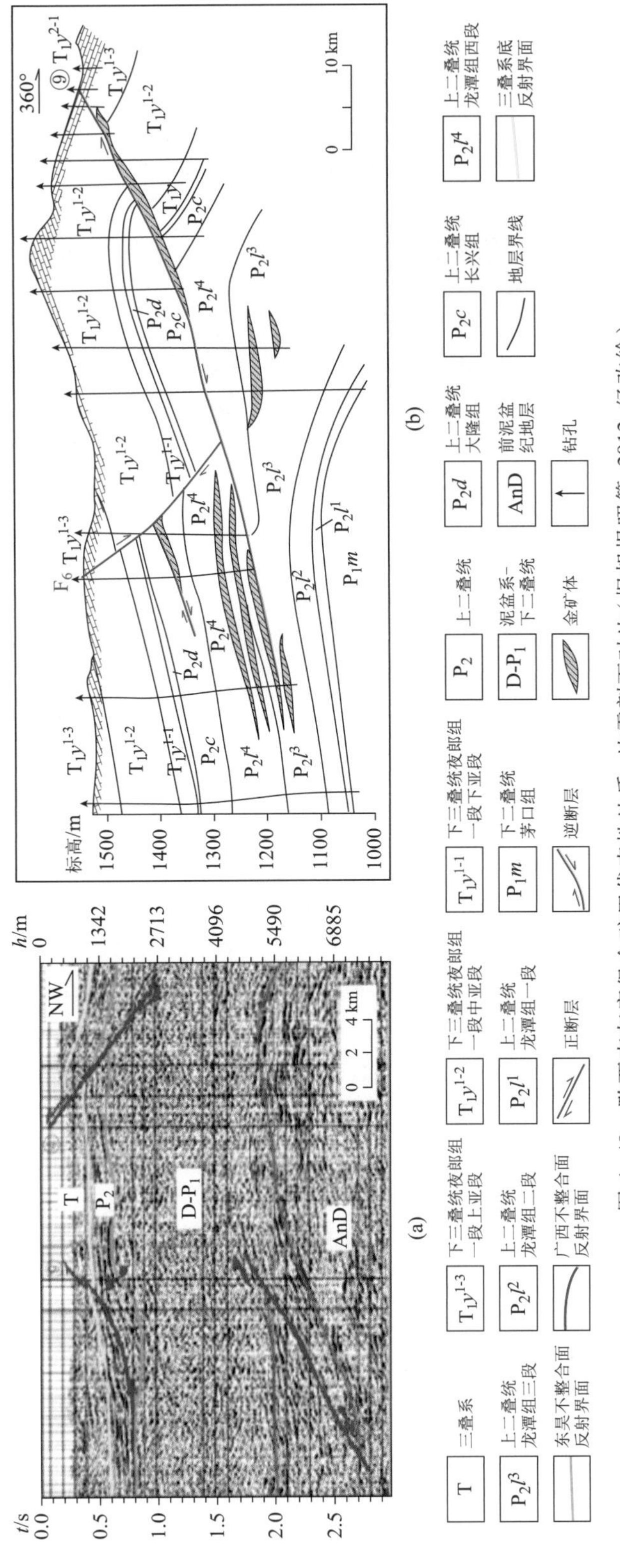

图 4-49 黔西南灰家堡金矿田代表性地质-地震剖面对比（据胡煜昭等，2012，经改绘）

（a）大山-者相断褶带地震叠前偏移剖面解释；（b）兴仁县紫木凼金矿 32 勘探线剖面。

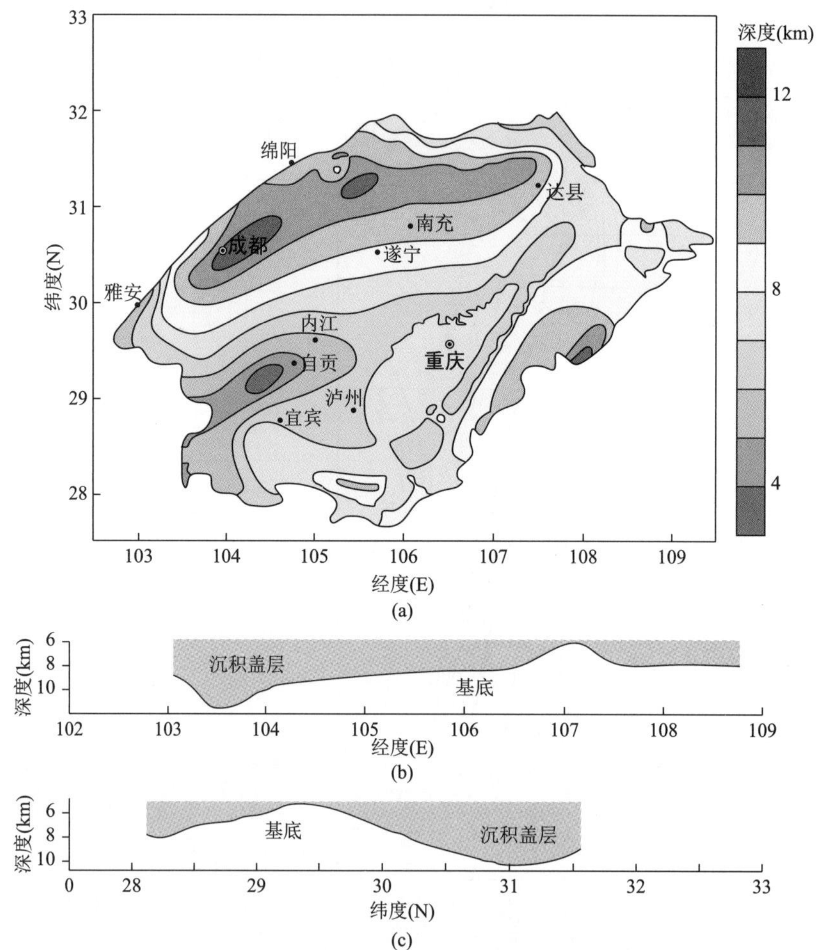

图 4-50 四川盆地沉积盖层的厚度等值线图(据 Xiong et al.,2015)

钱凯等(2003)通过与世界古生代海相油气田的对比,认为四川盆地存在古生代的海相油气层,近些年来的勘探实践已经得到证明。利用四川盆地深部地球物理、地球化学和地质等资料,刘树根等(2015)认识到:四川盆地海相油气田生烃层的分布主要受新元古代末期-早寒武世近南北向的绵阳-长宁裂陷槽(形成川中高石梯-磨溪气田,天然气储量达万亿 m^3),晚泥盆世-早三叠世北西向的广元-梁平裂陷槽等区域性陆内裂陷作用所控制(图 4-51)。而在裂陷槽边部与古隆起的结合部位后来则常常形成大型油气田,如著名的普光气田(马永生等,2005;普光气田位于达州市宣汉县,勘探开采面积为 1118 km^2,资源量为 8916 亿 m^3,是中国规模大、产量较高的特大型海相整装气田)。2014 年 3 月 21 日科技日报根据“中石油”西南油气田公司的消息,报道了四川中部遂宁-安岳气田龙王庙气藏新增天然气探明地质储量 4403.85 亿 m^3,其中可采储量 1875 亿 m^3,是目前国内单体规模最大的特大型海相碳酸盐岩整装气藏。

四川盆地东部天然气田的储气构造则主要形成于古近纪晚期,均受该时期 WNW 向区域构造缩短作用的控制。川东的储气构造以渐新纪末期形成的 NNE 向褶皱为主,而四川盆地西部则

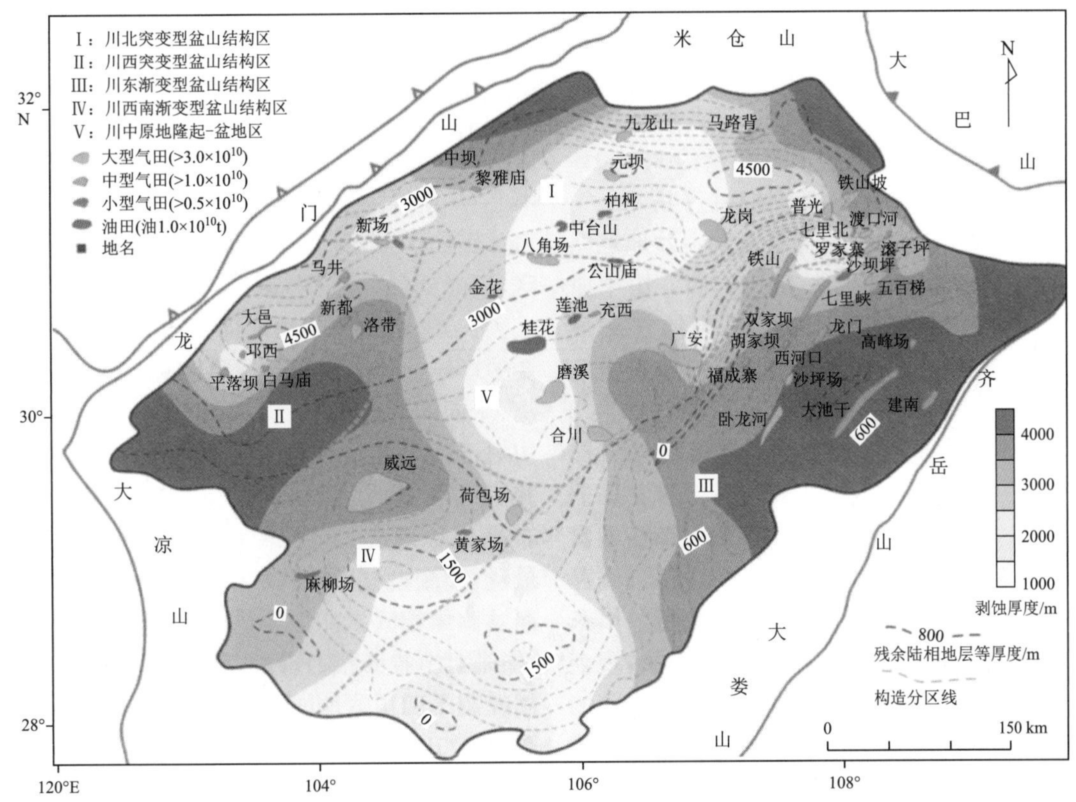

图 4-51 四川盆地油气田分布(据刘树根等,2015)

以白垩纪晚期-古新世形成的近东西向的褶皱为主。然而,值得注意的是,四川盆地现代最大主压应力则为 NW-SE 向,因而沿此方向的先存裂隙均呈张性,流体渗透率最高,最有利于天然气与页岩气的现代聚集和运移(Wan,2011)。施泽进等(1995)对四川盆地油气田的空间分布规律进行了研究,发现它们具有自相似性,可以用分形几何学来描述油气田的分布规律,用盒维数方法计算并探讨了油气田的分维值,发现盒维数法的盒子数目与尺度具有很好的相关性,其相关值达到 0.99 以上。

四川甘孜地区(康定、雅江和道孚三县交界处)甲基卡伟晶岩型稀有金属矿床(王登红等,2005),产于三叠纪西康群砂页岩系,受近南北向展布的二云母花岗岩体的控制、在其内外接触带附近,形成一系列富含 Li,Be,Nb,Ta 伟晶岩脉。矿脉内白云母 Ar-Ar 等时线法的年龄为(199.4±2.3) Ma 和(195.4±2.2) Ma(毛景文等,2012)。此矿床的成矿作用显然发生在早侏罗世,而不是三叠纪的产物。

近年来,在东昆仑青海曲麻莱县大场金矿探明金储量 115 t,该矿床形成于三叠纪,成矿作用发生在扬子板块西北缘东昆仑碰撞带活动时期。大场矿区共圈定具一定规模的金矿体 26 条,矿体分布在近东西向背斜的两翼。其中平衡表内金矿体 20 条,长度 80~3800 m,平均宽度 1.00~9.65 m,平均品位 3.45~10.53 g/t。(陈广俊,2005)。

在扬子板块的西南部,在二叠纪晚期发生显著的张裂作用,形成峨眉山大规模的玄武岩浆喷发(Wan,2011),并同时赋存了大量的金属矿床,构成了一个超大型的矿集区(刘家铎等,2004;毛景文等,2012),形成了攀枝花钒钛磁铁矿床(101°45′E,26°38′N;罗小军等,2002;Zhou et al.,2013;图4-52),该矿床所在的成矿带总体上是近南北走向的,但是含矿基性岩体和矿床却都是赋存在NNE向S型张-剪性断裂之中(Pecher et al.,2013)。

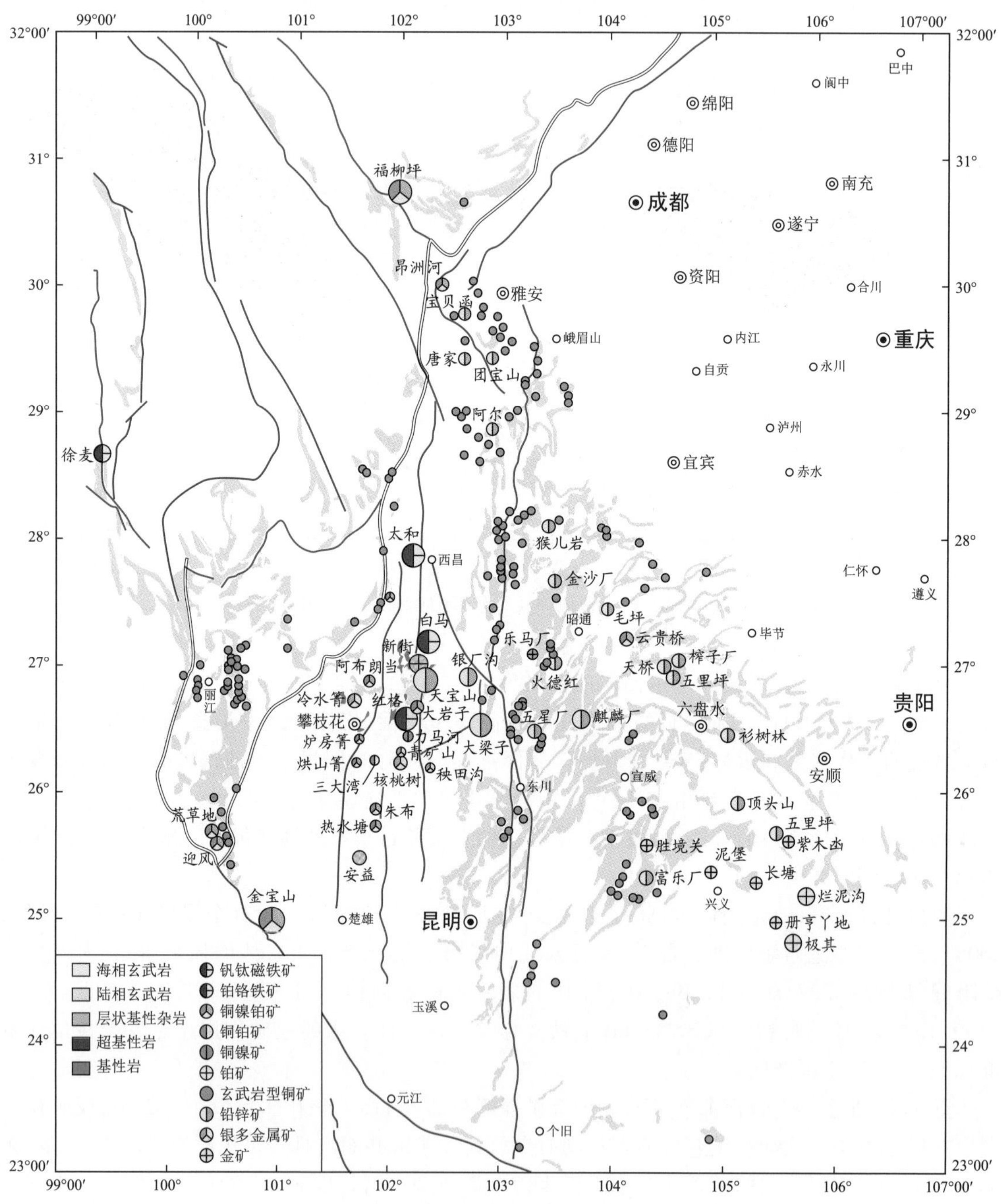

图4-52 扬子板块西南部暗色岩系成矿系列分布(据毛景文等,2012,经改绘)

图内红线为区域性断层。

云南金宝山铂矿床(陶琰等,2003;王生伟等,2007)、杨柳坪铜镍铂族元素矿床(宋谢炎等,2004),以及大量玄武岩型铜矿床等中型矿床(图 4-52)都赋存在此区。南北向或北东向断裂是与基性岩浆侵入有关的各类有色金属、贵金属矿床的导矿构造,而储矿构造则主要分布在二叠系的软弱岩系及其背斜转折端附近。玄武岩的侵入与喷发年龄为 262~251 Ma,而成矿期则主要在 226~238 Ma 之间,即三叠纪,成矿流体的富集与凝聚时期晚于成岩期约 30 Ma 左右(毛景文等,2012)。在三叠纪印支期南北向挤压作用的影响下,近南北向断裂呈张剪性,为攀枝花-西昌与峨眉山玄武岩相关的铁、钒、铂、铜等金属成矿带的形成创造了有利条件。

根据层析成像资料编制的三维速度结构图显示,在扬子板块西南部不同深度(20~300 km)出现大范围的低速异常或低速、高速异常犬牙交错的图像,在空间上组合成多级次的、复合低速地幔底辟(可能有较多的含矿超临界流体)。这些深部低速地幔底辟基本上都分布在峨眉山玄武岩范围之内。可能此地幔底辟就造成了扬子板块西南部超大型有色金属、稀有金属矿集区的原因(刘家铎等,2004)。20 世纪 80 年代曾有一些学者称此地带为“攀枝花-西昌裂谷带”,现在看来这种术语用得并不十分贴切。另外,现有的地震层析资料表明,峨眉山大火山岩省是由一个地幔底辟(见图 2-23 左上角之红色区)所造成。至今还没有任何可靠的证据,可以说峨眉山玄武岩喷发区的深部存在源自核幔边界的地幔羽(mantle plume)。

在雅砻江西侧的甘孜-理塘一带晚古生代从中泥盆世-晚三叠世,该区的洋盆曾向西俯冲,形成高 Sr/Yi 值的斑岩侵入体,并形成富含 Cu-Mo-Au 的斑岩-矽卡岩型矿床,它们可以一直延展到金沙江-哀牢山地区(Deng et al.,2014 a,b)。在金沙江碰撞带东侧,四川西部义敦(德达)呷村(99. 3°E,31. 3°N)三叠纪裂谷带内赋存着块状硫化物型银、铅、锌多金属矿床(VMS;傅德明和徐明基,1989)。该矿床与板缘岛弧附近、双峰式火山喷发活动相关(拉斑玄武岩-长英质火山岩系),火山岩带的测年结果为:下部玄武岩为 217 Ma,含矿层之上的测年数据为 213 Ma。呷村型矿床的形成是在晚三叠世板块边缘火山岛弧所派生的近南北向张性断裂带所控制的,成矿作用也可能延续到侏罗纪(Deng et al.,2014 a)。块状硫化物矿体常赋存在酸性火山岩系内,主要与喷气岩石(重晶石岩)在一起,硅质岩与碧玉岩次之。矿体具有层状矿席和层控网脉状矿带的结构特征(毛景文等,2012)。

在四川西部义敦-中甸地块发现了香格里拉普朗超大型铜矿(铜储量达 650 万 t;任光明和李佑国,2007),为斑岩型的矿床。矿床产在侵入到上三叠统图姆沟组内的北西向黑云母石英二长斑岩中,据辉钼矿 Re-Os 等时线测年,其成矿年龄为(213±3. 8) Ma,为三叠纪板块内变形阶段的产物,后期还有成矿作用。

在扬子板块西缘,金沙江-红河碰撞带东侧,近些年勘探了大型的云南鹤庆北衙金、多金属矿床,该热液矿床与新生代富碱斑岩体(石英钠长斑岩,石英正长斑岩,震碎角砾岩等)的侵入相关,矿床具斑岩型、矽卡岩型和热液脉岩型,矿床产在近南北向的向斜内。其主矿体(KT52)长 1360 m,延深 540 m,宽 0. 86~103. 76 m,金品位达 2. 68 g/t。整个矿床以金为主(平均品位为 2. 45 g/t),还伴生了铁、铜、银、铅和锌等有用元素,金储量已达 200 t。新生代富碱斑岩体的主要形成年龄为 36~32 Ma 和 26~24 Ma,成矿年代应略晚于岩体侵入年代。此矿床为新生代板内变形阶段形成的(和中华等,2013)。

在扬子板块的西缘安宁河一带,形成了四川冕宁(~102. 2°E,~28. 3°N)稀土成矿带(谢玉玲等,2005),其南北长约 150 km,宽约 15 km,沿 NNE 向安宁河断裂带分布。其中牦牛坪碱性岩-

碳酸岩型稀土金属矿床可以作为代表。其成岩、成矿时代主要为渐新世-中新世早期(31.7~15.28 Ma)(毛景文等,2012)。此类矿床显然是受古近纪晚期太平洋板块向西俯冲、碰撞的远程效应所控制,使导矿的、近南北向的断层呈现为压剪性的特征,断层面以向西的陡倾斜为主,从而使板块边部来自深部的含矿碱性流体得以向上流动并在地壳上部聚集成矿。与成矿有关的岩体主要为英碱正长岩或石英正长岩及其派生的碱性岩脉,均产于类似的压剪性断裂系内。冕宁牦牛坪稀土矿床不仅含有丰富的轻稀土,而且铕、钇等中重稀土较国内外同类型矿床高。该矿的特点是工业稀土矿物单一,矿石易采、易选、易冶。矿石中90%左右的稀土元素均呈稀土矿物产出,其中氟碳铈矿占稀土矿物总量的80%~97%。矿石中轻稀土配分值高达97.48%~98.81%(施泽民,1992)。

在四川西部石棉县赋存着新元古代(晋宁期,1000~800 Ma)与镁铁质-超镁铁质岩体相关的石棉矿床(万朴等,1988)。含石棉的镁铁质-超镁铁质岩体,呈NE向展布,倾角陡峻。有关古板块构造如何控制此类镁铁质-超镁铁质岩体和矿床的形成,尚待进一步研究,有可能是受皖南-赣东北-雪峰山-滇东新元古代碰撞带活动的影响。但是可以肯定地说,此矿床不受后期形成的安宁河断裂或大渡河断裂所控制。

在陕西南部南秦岭米仓山-安家门断层北侧、扬子板块北缘镇安-旬阳盆地内赋存着金龙山金矿床,为卡林型热液金矿床(杨涛等,2012),产在泥盆系细碎屑岩夹碳酸盐岩内E-W向展布的短轴背斜内,已发现矿脉带26条,矿脉内绢云母Ar-Ar同位素年龄为(233±7) Ma,为印支期扬子板块的板内变形阶段赋存矿床的。金的地质储量约80 t。

在扬子板块西部北缘,东昆仑山地区赋存着虎头崖多金属矿床,为一大型矽卡岩型铜、铅、锌矿床(舒晓峰等,2012),它与二长花岗岩体关系密切,此岩体侵入到古生代沉积岩系之中,主矿带呈东西向展布。矿体内辉钼矿的Re-Os等时线年龄为(230.1±4.7) Ma,为三叠纪同碰撞时期形成的矿床。

在扬子板块西部,南起云南华宁、昆阳,北到陕西勉县、湖北神农架,西起四川西昌,东到湖南西北部的石门,在新元古代晚期到早寒武世为一浅海碳酸盐台地,其间尚有不少古隆起,而四周则均为海域所围。磷的成矿作用主要发生在大陆边缘富磷海盆内和上升洋流受阻的斜坡带,形成富含磷的黑色岩系——碳酸盐岩系。其中以赋存在下寒武统的云南昆阳(102°34′E,24°44′N;杨帆等,2011)和湘鄂交界附近的石门东山峰(110°30′E,29°53′N)大型磷矿床(李雪生,1982)最为著名。

4.1.4.2 秦岭-大别-胶南-飞驒外带三叠纪增生碰撞带[24](见图2-18,图2-21)赋存的矿田、矿床

在秦岭增生碰撞带的西南部,玛曲-略阳大断裂旁,甘肃文县阳山地区形成一个超大型卡林型金矿(已探明储量308 t)。阳山金矿床赋存在安昌河-观音坝断裂带及其次级断裂内,该断裂在矿区长30 km,宽达数百米,ENE走向,朝北倾斜,倾角50°~70°,断层带内次级褶皱与剪切带很发育(图4-53)。围岩以千枚岩为主。成矿年代经多次研究,最后用微细浸染型矿石内石英细脉内锆石的SHRIMP U-Pb年龄测定结果为(197.6±2.2) Ma,即成矿在早侏罗世(齐金忠等,2003;Qi et al.,2004)。秦岭增生碰撞带在三叠纪发生强烈的近南北向的挤压、缩短作用。此矿床尽管位于秦岭增生碰撞带内,但是在早侏罗世,该区已转为板内变形阶段,受到区域性的

WNW 向的挤压、缩短作用的影响,使该区的 WNW 向断裂均略呈张剪性的特征,十分有利于矿液的运移和聚集。

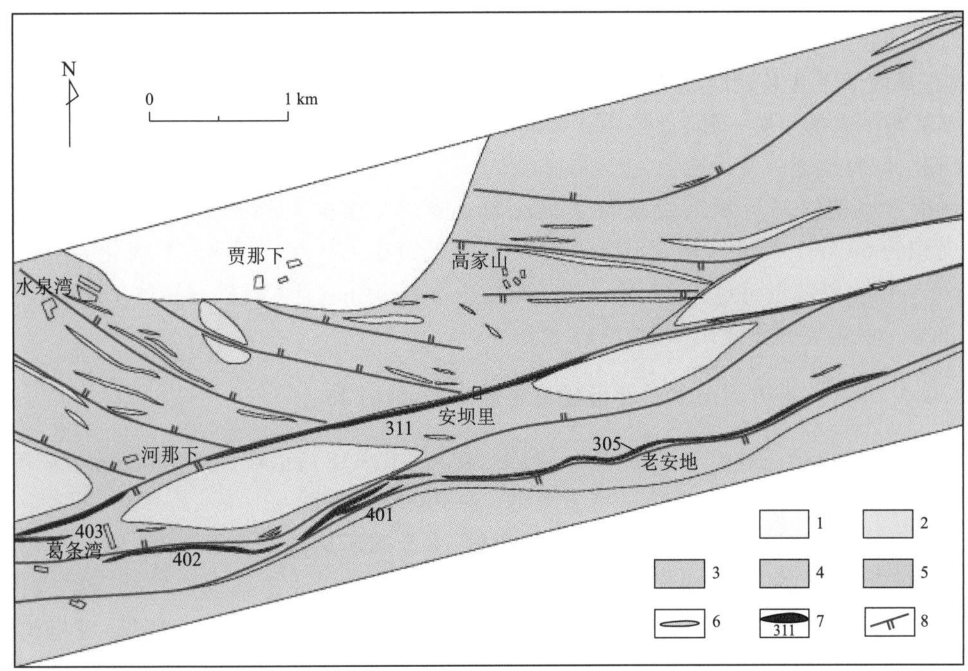

图 4-53 甘肃文县阳山金矿带葛条湾-安坝矿段地质略图(据齐金忠等,2003;Qi et al.,2004,经综合改绘)

1—第四系黄土;2—中泥盆统灰岩;3—中泥盆统砂岩夹千枚岩;4—中泥盆统千枚岩;5—中泥盆统灰岩夹硅质岩;6—花岗斑岩脉;7—金矿体及编号;8—断层。

与上述矿床相类似,近些年来,发现了甘肃礼县李坝大型金矿床,它赋存在泥盆系内,附近存在花岗岩侵入体,矿床为热液脉型,其矿脉走向以西北西向为主,矿脉内云母、石英的等时线年龄为 216.4~210.6 Ma(冯建忠等,2003)。在陕西凤县二里河大型金矿床也赋存在泥盆系内,附近存在花岗斑岩脉和闪长玢岩脉,矿床为热液脉型,矿脉以 NE 向为主,脉内闪锌矿的 Rb-Sr 等时线年龄为(220.7±7.3) Ma。甘肃武山温泉钼矿床赋存在近南北向二长花岗斑岩体内,矿脉内辉钼矿的 Re-Os 法年龄为(214.1±1.1) Ma(朱赖民等,2009)。陕西凤县八卦庙金矿床为超大型矿床(张恩等,2001),发育着热液石英脉金矿体,其中 NE 向的矿体含矿最富,其石英的 Ar-Ar 法同位素年龄为(232.58±1.59) Ma。在甘肃天水李子园金矿床赋存着斑岩型矿床(魏均启,2011),矿体以东西向为主,矿体内绢云母的 K-Ar 年龄为(206.8±1.63) Ma。四川西北部南坪马脑壳金矿床为一卡林型金矿床,热液脉以 NWW 向及 NNE-NE 向为主、为韧脆性压剪性断裂所控制,在矿脉内石英气液包裹体中,测出 Rb-Sr 等时线年龄为(210±11) Ma(毛景文等,2012)。上述六个大型矿床都是在西秦岭碰撞带形成的同时赋存的金矿床,为同碰撞期成矿的。

近年来,在秦岭地区对于许多附近存在三叠纪侵入体或地层的内生金属矿脉中的石英矿物进行了 $^{40}Ar-^{39}Ar$ 年龄测定,得到了不少三叠纪同位素年龄数据。因而,一些学者就认为秦岭地区的许多内生金属矿床都是同碰撞期形成的。对于$^{40}Ar-^{39}Ar$同位素年龄测定,需要注意的是:如果没有用激光器来瞄准石英气液包裹体内的氩来测定氩同位素,而是对整个石英矿物进行$^{40}Ar-^{39}Ar$同位素年龄测定的话,则得到的是石英矿物中残余氩的同位素比值,它们通常代表了围岩定型时期的年龄数值,而不能测得真正的含石英矿脉的形成年龄。笔者曾在祁连山地区对于奥陶-志留系内的十几条晚期石英脉内的石英矿物进行了$^{40}Ar-^{39}Ar$同位素年龄测定,结果得到的数据全部都与围岩的年龄一致,都是400~500 Ma。这就是$^{40}Ar-^{39}Ar$同位素年龄测定中所存在的一个大问题,值得重视。

在河南方城柏树岗近年来发现特大型金红石矿床(徐少康和李博昀,2003)。该矿带长30 km,面积约60 km^2,提交风化壳型金红石C+D级储量达120万t,预测远景风化壳金红石资源量1239万t,原生资源量可达4487万t,总资源量达5726万t。金红石矿石品位TiO_2 2%~5%,平均为2.22%。但若要开发此矿床,难度较大。

4.1.4.3 绍兴-十万大山中三叠世碰撞带赋存的矿床[25]

绍兴-十万大山中三叠世碰撞带[25](图4-54,见图2-18),也被称之为钦-杭成矿带(周永章等,2015;徐德明等,2015)是华南地区重要的Cu-Pb-Zn,W-Sn-Bi-Mo,Fe-Mn-S多金属成矿带。在中新元古代,此带是古海洋喷流热水沉积铜、多金属矿床的密集分布带,新元古代以形成海相沉积-变质型铁锰矿床为特征,古生代形成海相沉积-叠生改造型铜铅锌铁锰矿床为主,也形成一些与花岗岩类有关的钨钼金银多金属矿床,三叠纪发生碰撞作用的时期形成与花岗岩类有关的钨锡铌钽铀多金属矿床,为后碰撞伸展阶段成矿的,侏罗纪-白垩纪形成斑岩-矽卡岩-热液脉型铜铅锌金钨锡多金属矿床,它们与局部的岩石圈伸展作用和深部玄武岩浆底侵作用相关,常赋存在中生代盆地的边缘。大部分矿床都分布在主碰撞带或古陆的旁侧。

沿此构造带,从东北到西南,由江西永平矽卡岩型-同生喷流沉积型铜矿床(矿体受东西与北东向断裂所控制,成矿年龄为163~183 Ma;何江,1993),江西贵溪冷水坑低温热液铅锌银矿床(矿体受岩体与层状地层所控制,成矿年龄为162 Ma;左力艳,2008),江西乐安县相山大型火山岩热液型铀矿床(矿体主要沿NE断裂,其次为沿NW向断裂展布,主成矿年龄为120 Ma;周肖华等,2012),江西东乡铜、多金属热液矿床(石炭纪沉积,侏罗纪热液改造,矿体近东西向展布;朱金初和张承华,1981),江西上犹县焦里矽卡岩型银铅锌钨矿床(侏罗纪成矿;李大新和赵一鸣,2004),武功山浒坑钨矿床(侏罗纪成矿,矿脉为NE与NW向展布;钟国雄,2010),江西横峰葛源松树岗(414)特大型钨锡铌钽矿床(白垩纪成矿,矿脉以NE向为主,含矿花岗岩的K-Ar测年为124~131 Ma;黄定堂,1999),湖南浏阳七宝山斑岩铜矿床(矿体受斑岩体所控制,以近东西向为主,成矿年龄为250~227 Ma;胡祥昭等,2003),湖南桂阳宝山西部斑岩铜矿床(王和平,2005;廖廷德,2009;周伟平,2011),湖南常宁水口山大型铅锌矿床(矿体受东西向断裂所控制,花岗闪长岩的U-Pb测年为(153.0±0.9) Ma,成矿可能为较后时期;赵增霞等,2013;路睿,2013),湖南江永铜山岭斑岩铜矿床(侏罗-白垩纪成矿,斑岩体形成于139~119 Ma,矿床形成于北东和北西向走向的岩体内或接触带的矽卡岩中;谭克仁,1983),湖南郴州柿竹园特大型钨锡多金属矿田(侏罗纪成矿,王昌烈等,1987;图4-55),到广东韶关大宝山大型矽卡岩型铜钨矿床(成矿年龄为143~101 Ma,与成矿作用有关的花岗斑岩,矿带沿NNW向展布;庄明正,1986),广东凡口铅锌银多金属大型沉积-改造型热液矿床(成矿年龄为266~271 Ma,主要控矿断裂为近南

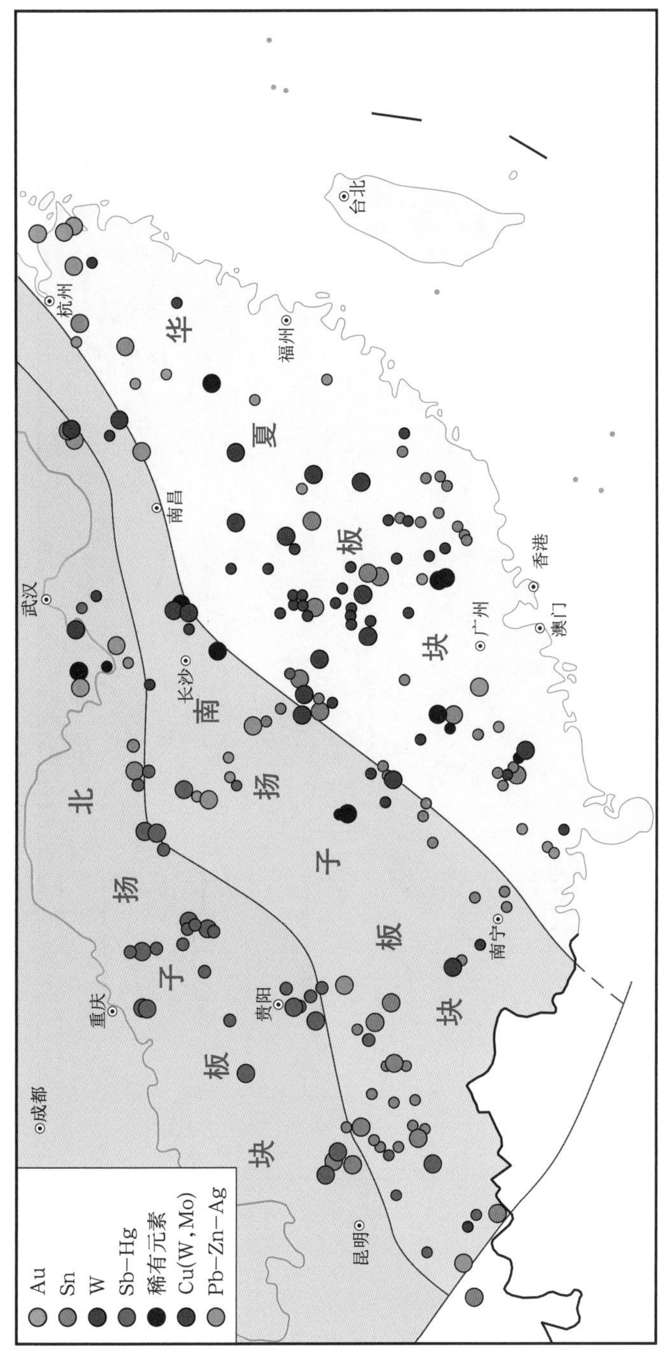

图 4-54 华南各板块的主要内生矿床的分布（据毛景文，私人通讯的原始资料改绘）

南扬子板块与华夏板块之间的碰撞带即为三叠纪绍兴-十万大山碰撞带，也即永平-韶关铜、多金属、稀有金属成矿带的分布地带。南、北扬子地块之间的断层带为皖南-赣东北-雪峰山-滇东新元古代碰撞带。

北向，孙晓明等，2002）等，构成了一条长达 1000 多千米的重要的永平－韶关铜、多金属、稀有金属成矿带（图 4-54，在南扬子与华夏板块之间，即绍兴－十万大山中三叠世碰撞带附近），它们都与高侵位的花岗闪长岩或花岗岩类相关，均属氧化度较高的磁铁矿型花岗岩系列。上述矿床大多数是在侏罗－白垩纪形成的，矿体的主要走向为 WNW 向或在斑岩体的外接触带内。在此矿带内，只有湖南浏阳七宝山铜矿床是晚三叠世形成的，广东凡口铅锌银多金属大型晚古生代沉积－改造型热液矿床。

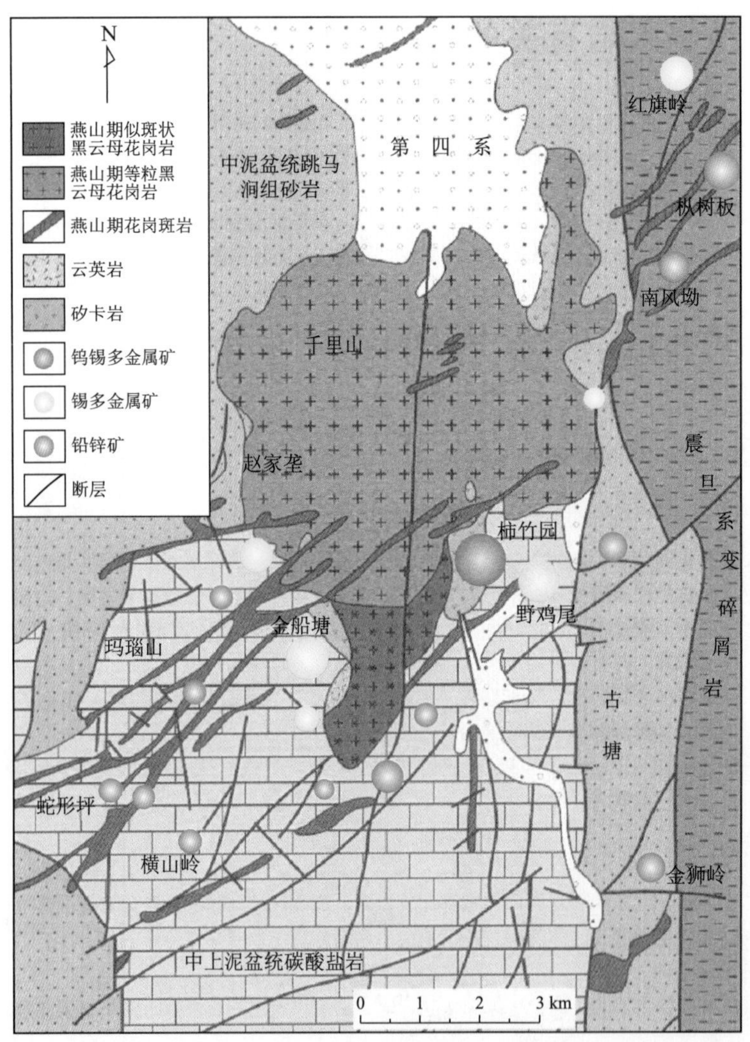

图 4-55　湖南郴州柿竹园千里山花岗岩附近地质略图（据王昌烈等，1987，经改绘）

在绍兴－十万大山碰撞带附近岩石比较破碎，这样就使壳幔过渡带附近的岩浆与超临界流体在碰撞带形成之后的构造事件发生时，易于向上运移，使上述永平－韶关大宝山铜、多金属成矿带主要都赋存在绍兴－十万大山断层带的附近。此成矿带的各个矿集区的导矿断裂可能是绍兴－十万大山中三叠世碰撞带的岩石圈或地壳断裂，但是很多矿床却在侏罗－白垩纪（见图 3-23，

图 3-25）板内局部拉张作用下形成矿床的，成矿时代也大多发生在碰撞作用之后的几千万年到一亿多年，只有个别矿床是同碰撞期形成的。

湖南郴州市柿竹园特大型钨锡多金属矿田（图 4-55）的形成，就是南扬子和华夏两板块优势元素相对富集而成矿的范例，它正好位于两板块的分界线——绍兴-十万大山碰撞带的附近。不过应该注意的是，柿竹园矿床也是在三叠纪碰撞作用结束后，在侏罗纪板内变形阶段形成的 NE 向矿带。湖南郴州市柿竹园（113°08′E，25°45′N）超大型矽卡岩型钨、锡多金属矿田（图 4-55）。含矿的千里山花岗岩的形成年龄为 151～160 Ma，多金属矿床的形成年龄为 150～157 Ma（毛景文，2012），均为侏罗纪成矿的产物。此矿田以矽卡岩型为主，还有块状云英岩型、脉状或网脉状等矿床类型。柿竹园钨锡钼铋矿床的矿化具有分带性，从岩体向外，依次为：块状云英岩内的钨锡矿、矽卡岩-稠密大网脉状云英岩型钨锡钼铋矿、矽卡岩稀疏大网脉状钨铋锡矿、大理岩中细网脉状云英岩型铍锡矿，以及在斑状黑云母花岗岩中的细网脉状云英岩型锡铜矿。此类矿床的形成与碰撞带附近地壳重熔作用有关，它兼有了南扬子板块与华夏板块都易于富集的有用元素，成为一个稀有金属的超大型矿田。

4.1.4.4 华夏板块[26]赋存的矿田、矿床

在华夏板块（见图 2-18，图 4-54）中部，即湖南南部、江西南部、福建西部以及广东北部是全球最重要的钨矿带，在诸广山东麓，崇义-大余-上犹地区 7800 km^2 内有 185 处钨矿床和矿化点，盘古山-上坪-铁山垅地区的 1100 km^2 内有 111 处钨矿床或矿化点。在此钨矿带内，赋存了许多超大型、大型钨矿床，如大余县西华山超大型钨矿床（114°15′E，25°23′N；成矿年龄为 155～140 Ma；毛景文等，2012；图 4-56），江西省全南县大吉山钨矿床（114°21′E，24°35′N，成矿年龄为 167～159 Ma，陈毓川等，1990；Re-Os 法准确测年为（161.0±1.3）Ma，张思明等，2011）。中国地质大学（北京）的师生为抢救危机矿山，曾在大吉山钨矿床进行了构造应力场的深部定量预测和详细的井下观测研究，发现该矿床深部潜力很大，按照现行的开采规模，未来 30 多年内此矿床的储量都可能得到保障（周利敏，2009）。漂塘-木梓园钨矿床（成矿年龄为 155～150 Ma；张文兰等，2007），大龙山钨矿床（成矿年龄为 156 Ma；李岩和盛继福，1990），于都县于山地区的大王山、画眉坳、盘古山钨矿床（成矿年龄为 157～158 Ma；曾载淋等，2011）、铁山垅-黄沙钨矿床（成矿年代为侏罗纪；冯志文等，1989），泰和县小龙（及上坪）等石英脉型钨矿床（张艳宜等，1998；曾庆友，2013）。在湖南有：新田岭超大型矽卡岩钨矿床（112°56′E，25°40′N；位于骑田岭北缘接触带，成矿年龄为 159～187 Ma；殷顺生和王昌烈，1994）、瑶岗仙石英脉大型钨矿床（成矿年龄为 155～160 Ma；郭伟革等，2010），在福建有宁化县行洛坑超大型钨矿床（116°55′E，26°21′N，成矿年龄为 147～156 Ma；张家菁等，2008）等。它们都与花岗岩侵入体关系密切，产在岩体的顶上带和外接触带，均为高温气成热液矿床。黑钨-石英脉的走向主要为 WNW 向，通常赋存在花岗岩体上部，由下向上，依次呈现为大脉型、细脉型或网脉型矿脉。在岩体接触带有时也可形成矽卡岩型钨矿体。

上述所有大型钨矿床的成矿时代则几乎主要都是侏罗纪，即燕山期。在侏罗纪构造应力场的作用下，其最大主压应力方向为 WNW 向，因而使花岗岩体内或外接触带大量先存的 WNW 向裂隙张开，成为含矿流体的良好通道与富集部位。大余县西华山钨矿床就是一个典型的代表（图 4-56）。

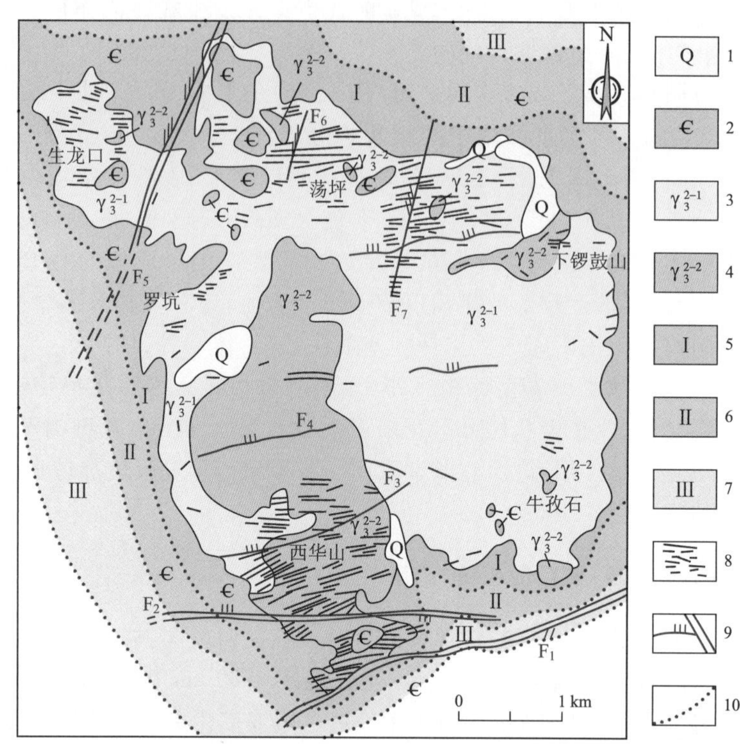

图 4-56 江西大余县西华山钨矿床地质略图(据黄慧兰私人通讯,经改绘)

1—第四系,;2—寒武系;3—白垩纪中细粒黑云母花岗岩;4—侏罗纪中细粒斑状黑云母花岗岩;5—黑云母斜长角岩带(Ⅰ);6—黑云母-白云母-石英角岩化带(Ⅱ);7—斑点板岩带(Ⅲ);8—黑钨石英脉;9—断层;10—岩相界线。

尽管在亚洲和中国不少地区都可以赋存规模不等的钨矿床或矿化点,然而在湘赣闽粤边界的南岭地区则形成了世界上规模最大、最富集的钨矿带。此矿带的形成可能与早侏罗世在该地区深部发育了近东西向的隐伏的岩石圈断裂有关(Wan,2011),使该区在地壳内产生一系列近E-W—WNW 向的构造裂隙与气成热液活动,以致有利于许多富含挥发分(特别是氟)的花岗质岩体和含矿流体向上运移,从而有利于钨元素的富集。富含钨元素是华夏板块古陆块极其重要的基本特征,可能这也是全球至今还没有找到与此相类似成矿区带的原因。

在福建西南部上杭火山岩盆地西南侧,赋存了紫金山(116.4°E,25.1°N)大型铜金矿田。白垩纪火山岩与碎屑岩覆盖在地表,该岩系与其下的震旦系结晶基底之间发育了一系列的犁式断裂(listric),并被热液作用角砾岩和 Ag-Au-Cu 矿脉所充填,矿体沿 NE 走向,长 100~700 m,沿倾向延伸达 500~1500 m。此矿田在紫金山赋存了高硫型低温热液 Au-Cu 矿床,在中寮为斑岩型铜矿床,在碧田为低硫型浅成低温热液 Ag-Au-Cu 矿床(张德全等,2003;图 4-57,图 4-58)。这些矿床都形成于白垩纪中期(104~91 Ma;毛建仁等,2004),显然,此矿田是受中白垩世 NE-SW 向缩短作用所派生的张剪性构造断裂系控制的。

江西南部安远园岭寨赋存了大型斑岩型钼矿床,钼储量达 19.9 万 t,钼品位为 0.061%,矿床赋存在 NE 与 NW 向断裂交叉点所控制的斑岩体内,成矿的同位素年龄为 160~162.7 Ma,为中侏罗世成矿的(黄凡等,2012)。广东韶关大宝山赋存着大型斑岩型钼、铼、铍、钨矿床,金属储量

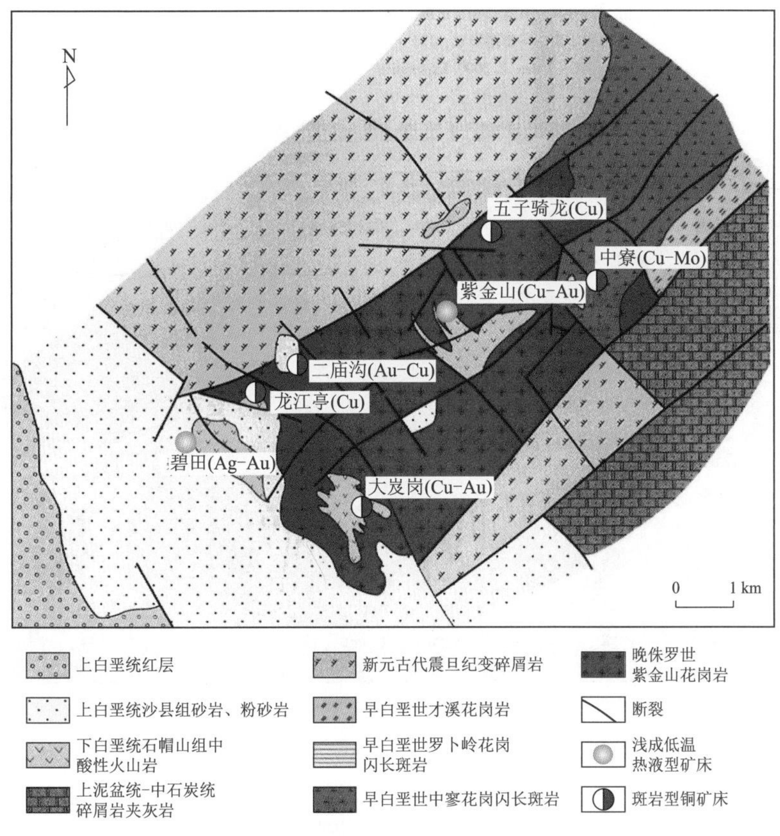

图 4-57 福建西南部紫金山矿田地质略图(据张德全等,2003)

达 21.6 万 t,金属元素的品位在 0.126%~0.028%之间,成矿的同位素年龄为 164.7 Ma,受 NNW 与近 E-W 向断层所控制,成矿时代为中侏罗世(毛景文等,2004)。在广东封开园珠顶斑岩体内外接触带,形成了铜、钼、硫、银的大型斑岩型金属矿床,金属储量达 25.9 万 t,金属元素的平均品位在 0.045%左右,矿体 Re-Os 同位素等时线年龄为 155.6 Ma,成矿时代为晚侏罗世(钟立峰等,2010)。在广东肇庆市高要鸡笼山赋存了大型斑岩型钼矿床,矿体赋存在斑岩周围外接触带,金属储量为 18.37 万 t,金属元素的平均品位在 0.03~0.1%之间,成矿时代为晚侏罗世-早白垩世(黄凡等,2014)。

在华夏板块的西南部,广东高要赋存了河台大型金矿床(112.2°E,23.3°N),为中国南方最大最富的大型金矿,以高村Ⅶ号矿体规模最大,长 1440 m,斜深 675 m,平均厚 2.98 m。过去习惯上都称此矿床为“韧性剪切带型”的。其实此矿床主要产在震旦纪的混合岩化片岩之中,围岩蚀变主要为硅化,在蚀变的糜棱岩内硅化作用不强,而在含金石英脉附近硅化作用就较强。上述两种类型矿体界线是渐变的,不易分辨,两者的矿石矿物也完全一致,说明它们是在同时、同样的含矿热液贯入微裂隙或裂隙而富集成矿的。走向 NE,几乎直立的混合岩形成的时代为三叠纪(278~224 Ma),而蚀变的糜棱岩内、金矿体中石英流体包裹体的 Rb-Sr 等时线年龄为 121.9~129.6 Ma(陈好寿和李华芹,1991),即早白垩世成矿的。这说明此矿床是在三叠纪时期形成走向 NE 混合岩化片岩的叶理面和节理的基础上,在早白垩 NNE-SSW 向的挤压、缩短作用中,转变成为张剪性的裂隙,从而有利于含金热液的贯入与聚集。

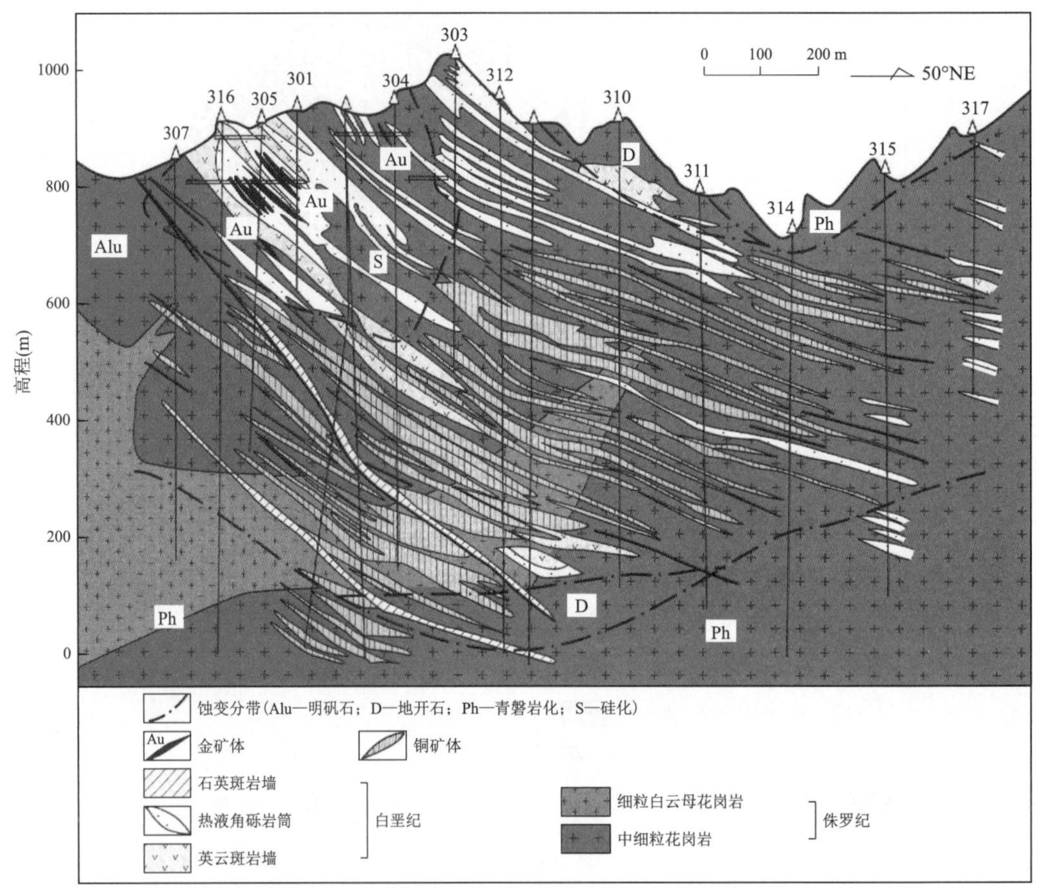

图 4-58 福建西南部紫金山高硫型热液铜金矿床地质剖面图(据张德全等,2003)

其实世界上几乎所有所谓的“韧性剪切带型”金矿,都是利用早期韧性剪切带的叶理面,后来受应力作用而张开,以致使含金热液得以贯入并聚集的。广东河台金矿床和山东焦家蚀变岩型金矿床都是此种构造-成矿机制。应该注意的是:韧性剪切带的形成深度一般在 10~20 km 处,形成温度在 500~600℃左右;而含金热液的冷凝深度一般仅为 2~4 km 深,温度在 300 ℃以下,两者根本就是在不同时间、不同温度与围限压力的条件下形成的。所谓的“韧性剪切带型”金矿床,只能说金矿体最后能以韧性剪切带的微裂隙作为这种低品位矿床的良好聚集部位,即韧性剪切带只是金矿化的良好围岩,而绝不能说是在韧性剪切过程中形成金矿床的。如果混淆了成岩作用与成矿作用的机制就很不妥当。如果“韧性剪切带型金矿床”的含义,仅仅是指“产在韧性剪切带内”的金矿床,或者说是以“韧性剪切带为围岩的金矿床”,这样的含义是比较恰当的。

在华夏板块东部的晚侏罗世-早白垩世火山岩分布区(主要分布在浙中-闽中地区),还赋存了大量低温热液的萤石矿床。萤石矿脉可切穿火山岩系及其上的白垩纪红层(碎屑岩系),萤石矿脉的形成时代为晚白垩世(90~70 Ma),比火山岩系的形成晚了约 40 Ma。萤石的$^{143}Nd/^{144}Nd$和$^{87}Sr/^{86}Sr$值表明,其特征与基底变质岩系相近,氟的主要来源也主要是基底变质岩系,少量来自火山岩与沉积岩。萤石矿脉主要走向为 NE—E-W 向。这说明萤石矿床的形成是与当时地下水的深循环（约深达 5 km）相关的，热液在向上运移过程中，在地表附近冷凝，并充填在张剪性的裂隙之中而冷凝成矿的（曹俊臣，1994；吕新前，2006；王伟等，2012）。

在华夏板块的东部，台湾岛的北部基隆附近，赋存了金瓜石高硫型浅成低温热液金铜矿床。该矿区附近火山岩的测年结果表明，其成岩成矿年龄在 1 Ma 左右，即在早更新世与中更新世之交（陶奎元，1997）。此时台湾岛早已不是岛弧了，台湾岛以东的古近纪俯冲带，在新近纪以来早已转变成台东纵谷（几乎直立的、略带张性的左行走滑断层）。因而此矿床也是一个板内局部张裂，与火山活动关系密切的热液型金矿床。此矿床金品位可达 9.5×10^{-6}，铜品位为 1%，品位都相当高。矿脉分布以近南北向为主，在第四纪以来区域性最大主压应力为 NW 向的控制下，近南北向的裂隙都呈张剪性，成为含矿热液的有利通道和聚集部位。

在华夏板块东部与南部的东海地区（许红，2001；姜亮，2014），发育了东海春晓油气田（顾宗平，1996）、平湖油气田（郑冰和高仁祥，2004；张国华和张建培，2015）、天外天油气田、断桥气田、南海珠江口油气田（何家雄等，2007；钟广见等，2010）、琼东南油气田（张功成等，2010）、海南岛西侧的莺歌海油气田（杨克绳，2000；谢玉宏等，2012），以及北部湾的涠西南油气田（孙文钊等，2007）等。尽管上述油气田现在都位于浅海大陆架上，但生油层都是新近系或古近系的陆相湖沼-河流沉积岩系。其储油构造则基本上都是受渐新世末期（近东西向缩短作用）、新近纪（近南北向缩短作用）或现在（西北或西北西向缩短作用）的构造作用所控制的，所以该区的断裂均表现为翻转构造的特征。由于基底断裂与物性存在很多差异，因而在地壳浅部的表现形式多种多样。

综上所述，大致上还可以看出，不同的板块易于富集不同的有用元素，比较容易形成一些特定的矿床，而不管它们是在何时、何地、在何种构造条件下成矿的（详见附表）。在华南地区的几个构造单元中，北扬子板块主要易于富集铁、铜、钒、汞、金和稀土金属；南扬子板块易于赋存锡、铜、铅、锌、锑及钨等矿床，华夏板块则易于形成钨、银、铅、锌、铜、铀、金、稀土金属、锡，以及氟石等。而在南北扬子板块之间的皖南-赣东北-雪峰山-滇东新元古代碰撞带[23]、南扬子与华夏板块之间的绍兴-十万大山中三叠世碰撞带[25]就兼有两侧相邻板块所易于富集的元素。

在此，笔者认为，是否可以夸张一点地简称：南扬子板块、印支板块（马来半岛东部与北苏门答腊等地块）为“富锡板块”，而华夏板块为“富钨板块”，而在两板块交界处附近的湖南柿竹园等地则可形成钨锡共生的超大型矿床。由于钨与锡是两种成矿条件十分相近的元素，而且还处在相邻板块的位置，因而在两个板块交界处附近，不排除在以钨为主的板块内形成锡矿床，或者在以锡为主的板块内形成钨矿床。

4.1.4.5 东兴都库什-北羌塘-印支板块[27]（见图 2-18）赋存的矿田、矿床

在青海省的玉树-沱沱河地区，也即进入了北羌塘地块的东部，此处地块的延伸以 WNW 方向为主，原来 WNW 向的逆掩断层在古近纪都转变为正断层，形成了一系列 WNW 向的断陷沉积盆地，沉积了古近纪的沱沱河组与雅西错组，并在正断层带附近贯入热液。近年来，新发现了一个大型低温热液铅锌银成矿带（图 4-59；杨天南，2011，私人通讯），形成了东莫扎抓、莫海拉亨、茶曲帕查等大型铅锌矿床（矿石形成的同位素测年均在 33~31 Ma）。此处之所以在古近纪形成大型低温热液铅锌银成矿带，可能也是太平洋板块向西挤压的远程效应，使该区在古近纪利用近东西向老断层的破裂、发生了近南北向的拉张作用，从而导致断陷沉积盆地的形成，并使富含铅

锌银的低温热液贯入到张性破碎带内(张洪瑞等,2013;图 4-59)。对于此类矿床的形成,如果只用印度板块向北的俯冲、挤压作用(Deng et al.,2014b)是难以解释的,也是不符合构造应力作用机理的。更何况当时印度板块向北对欧亚大陆的俯冲作用并不太强。如果真的是向北挤压作用所派生的话,那么这些东西向断层不可能变成正断层,也不可能出现南北向的拉张作用。

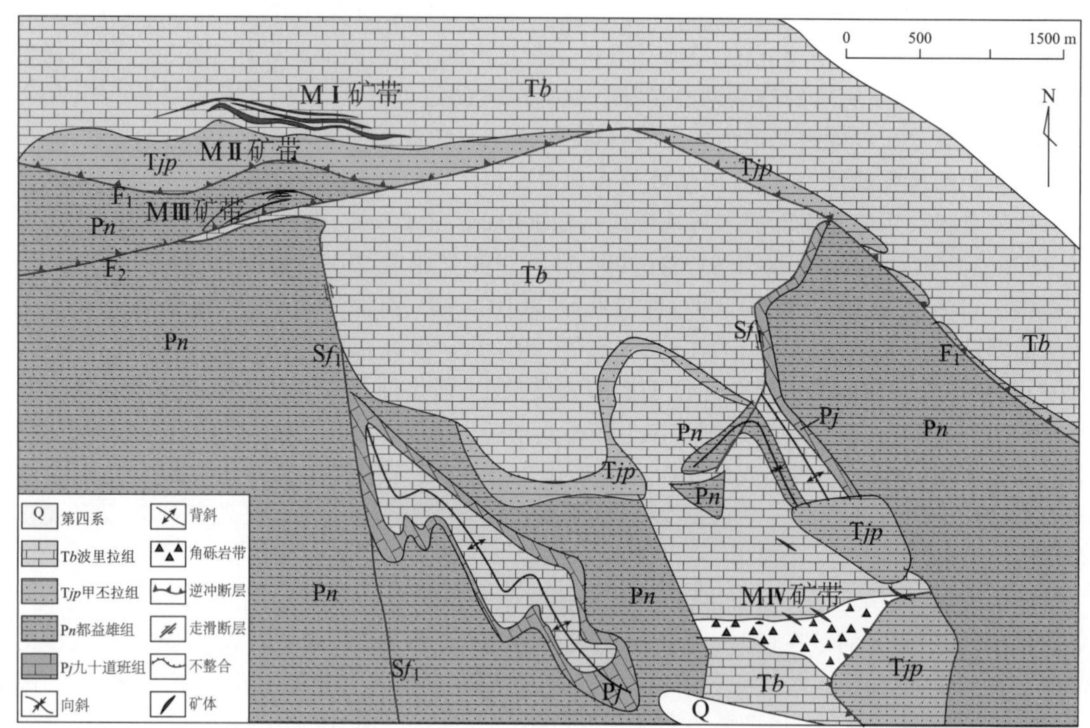

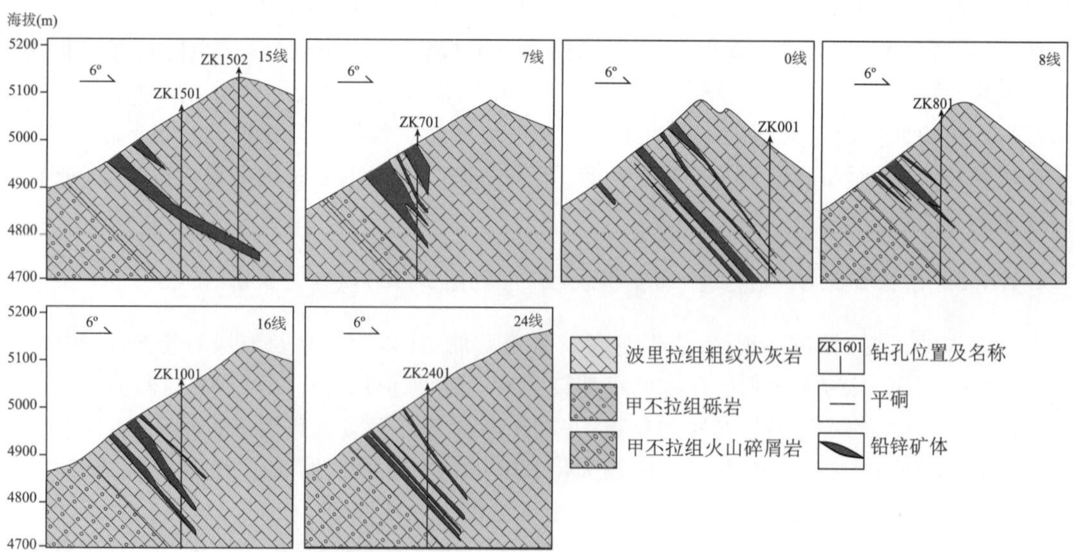

图 4-59 青海玉树地区东莫扎抓铅锌矿区地质图与部分勘探线剖面图(据杨天南,2011,私人通讯资料改绘)

在北羌塘地块的东端(西藏自治区东部宁静山脉北段、昌都东侧,大体上也即金沙江与澜沧江之间的地块),存在一个大型的斑岩铜钼矿带——玉龙铜钼矿带(图 4-60)。铜矿储量达1000 万 t 以上,矿带呈 NNW 向展布,长约 300 km,宽 15~30 km,自北向南依次分布着夏日多、恒星错、玉龙、莽总、多霞松多和马拉松多等矿床。

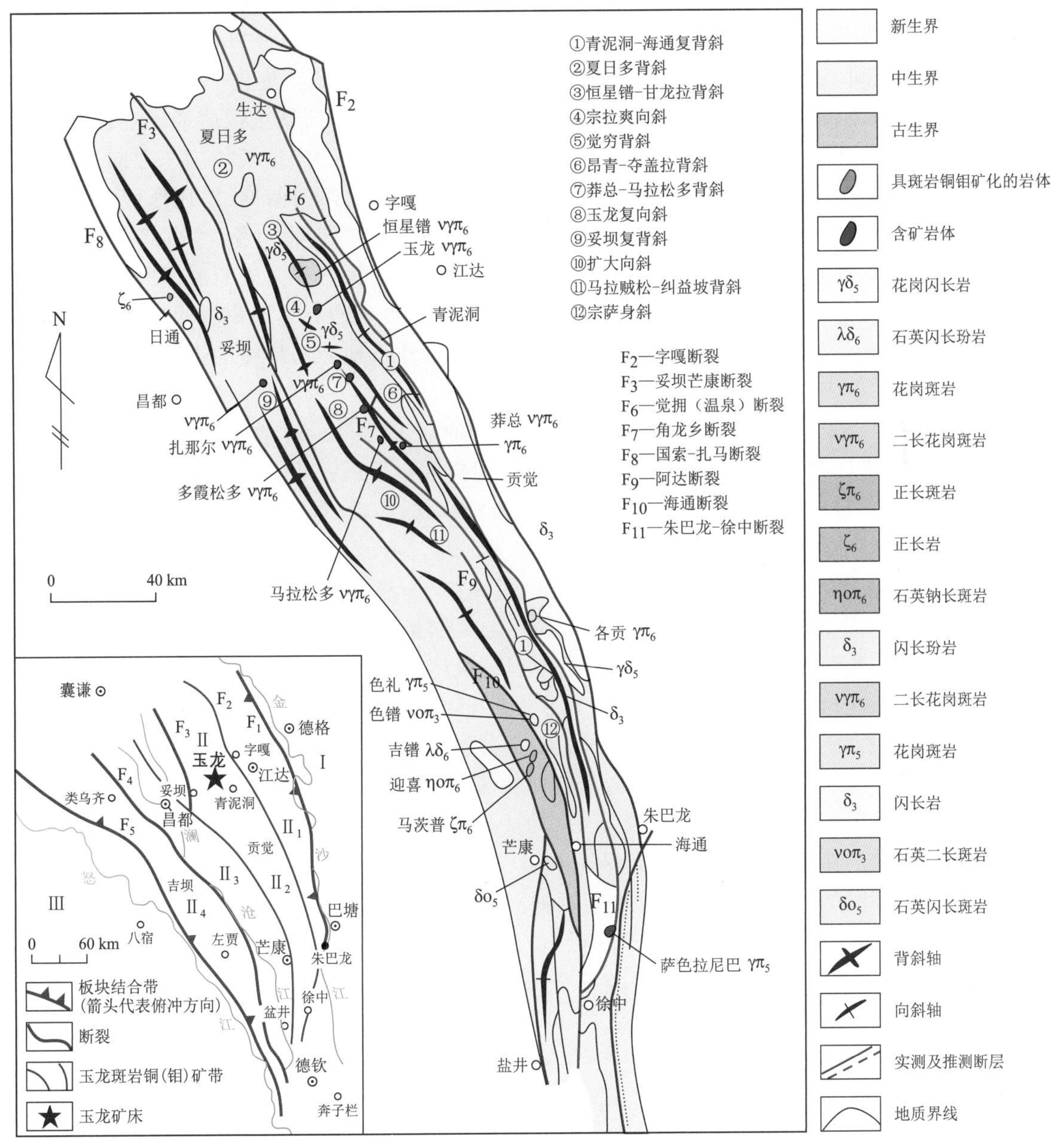

图 4-60 西藏玉龙斑岩铜矿带地质略图(据唐菊兴等,2006,经改绘)

西藏东部玉龙大型斑岩铜钼矿床(97.7°E,31.3°N)赋存在其次级褶皱——WNW 向背斜的倾伏端,在二长花岗岩体(其锆石 U-Pb 年龄为 43.6 Ma,为地幔部分熔融而成)内形成斑岩型的矿床,而在岩体与碳酸盐岩接触处构成矽卡岩型矿床(图 4-60)。铜矿化中辉钼矿的 Re-Os 年龄在 40.1 Ma 左右(马鸿文,1990;唐菊兴等,2006,2009;梁华英等,2008)。成岩年龄与成矿年龄相差很小。

玉龙铜钼矿带(图 4-60)位于北羌塘地块(结晶基底可能形成于 800 Ma),在金沙江-红河三叠纪碰撞带[31]和双湖三叠纪碰撞带[32]之间,这两条碰撞带都是朝东北倾斜的,可能为特提斯大洋板块在印支期(三叠纪)朝东北向俯冲、挤压作用的结果(Deng,et al.,2014 a,b)。玉龙铜、钼矿带赋存在北羌塘板块的东部,但是成矿作用却是一个典型的新生代(古近纪)板内变形的产物,是在上述俯冲作用结束大约两亿年后才形成的。这与安第斯新生代俯冲带上盘发育的斑岩铜矿带是完全不同的构造背景。在古近纪时期虽然也开始受到印度板块朝东北向俯冲、挤压的一些影响。但更重要的是,受到太平洋板块在古近纪时转为向西俯冲、挤压作用的远程效应,使 NNW 向的金沙江断裂在古近纪呈现为左行走滑活动的特征(钟大赉,1998;Wan,2011),导致在金沙江断裂附近发育了板内切割较深的,WNW 向次级的张剪性地壳断层(图 4-60)。此类 WNW 向断层与 NNW 向主干断层的交切点就成为斑岩体贯入的有利部位。此矿带的成矿物质显然是来源于地幔,至于有人推测:该区深部是否存在大洋型地壳与地幔的说法,则至今尚无任何可靠证据。

另外,在该区还发育了一系列 NNW 向右列雁行式的褶皱(图 4-60 的中部),它们是新近纪时期的产物(见图 3-33),是印度板块朝欧亚大陆强烈碰撞作用远程效应的结果,也是金沙江与澜沧江的各条断裂带在新近纪时期都呈现为右行走滑活动的产物(钟大赉,1998)。

青海玉树-云南金顶低温热液铅锌银成矿带是处在北羌塘地块的东部。沿北羌塘地块向南延伸,在金沙江与澜沧江之间地区,经藏东到云南西部兰坪-思茅地区,形成了近南北向的云南兰坪金顶超大型铅锌多金属矿床(图 4-61),铅锌金属储量达 1600 万 t,铅锌的品位为 8.44%(朱训,1999),其成矿年龄为 57~23 Ma,也是古近纪成矿的(薛春纪等,2002;Xue et al.,2004,2007)。它们与玉树-沱沱河地区铅锌矿床几乎同时形成。赋矿地层为古新统、白垩系及侏罗系。矿石中天青石和金属硫化物在古近纪经过低温热液作用,先后交代砂岩中的钙质胶结物而富集成矿的。由于金顶地处北羌塘地块向南延伸的部分,地块延伸方向与构造线均已转成近南北向,受古近纪太平洋板块向西挤压的远程效应的影响,故此处的矿床均受到倒转地层和逆掩断层的控制,矿体赋存在逆掩断层的两侧(图 4-61)。

附近还有白秧坪大型铜钴银矿床(古新世末-始新世初期以铜为主的矿化,始新世末-渐新世早期以铅锌为主的矿化,矿体主要赋存在近南北向的逆断层带内;田洪亮,1997)、白洋厂中型铜银多金属矿床(何文举,1987;赵大康,2000),以及金满中型铜矿床(赋存在近南北向断层带内;何明勤等,1998)等类似矿床。

综上所述,看来东兴都库什-喀喇昆仑-北羌塘-兰坪-思茅板块确实是一个规模巨大的多金属成矿带。此地块之所以赋存着大量多金属矿床,应该说跟此地块原来是一个近东西向的长条形地块,在印度板块向北俯冲、挤压的过程中使其正北方向上的东兴都库什-喀喇昆仑地块发生显著的南北向缩短,而在此地块的东段,受印度板块大幅度北移的影响,使之转成近南北向并变成很窄的地块,从而产生较强的板内构造变形,岩块较为破碎,为深部岩浆与含矿流体的向上运移创造极为有利的条件(Deng et al.,2014a)。

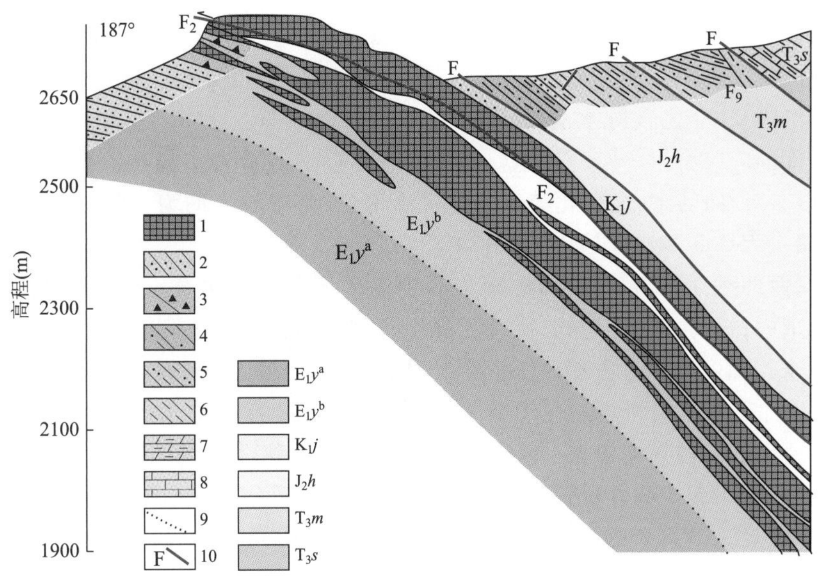

图 4-61 云南金顶铅锌矿床 12 勘探线剖面图(据薛春纪等,2002,经改绘)

1—铅锌矿体;2—砂岩;3—砾岩;4—含粉砂泥岩;5—粉砂泥岩;6—泥岩;7—泥灰岩;8—灰岩;9—地层界线;10—逆冲断层。E_1y^a—古新统云龙组下段;E_1y^b—古新统云龙组上段;K_1j—下白垩统景星组;J_2h—中侏罗统花开左组;T_3m—上三叠统麦初青组;T_3s—上三叠统三合洞组。

后来,在古近纪晚期-新近纪早期,东兴都库什-喀喇昆仑-北羌塘板块受到太平洋板块俯冲、挤压的远程效应。在这个被改造了的板块东部与南部形成玉龙铜矿带,玉树和金顶、白洋厂等铜铅锌多金属成矿带,它们的成矿时代都在古近纪-新近纪早期,但是成矿物质都来源于地壳深处,这可能是与地块原有相关的金属元素相对比较富集有关。这是一个在较强构造变形与变位的地块内形成大型成矿带的良好实例。但是矿床都不赋存在区域性主断层之内,而是在其附近的次级断层中。有些学者以为只要赋存在青藏高原的矿床,其构造成矿作用就一定与印度板块的向北运移有关。从现有的藏东北、北羌塘-兰坪-思茅地块内新生代各主要矿床的构造特征来看,说这些矿床是在古近纪受太平洋板块向西挤压作用的远程效应影响,可能比较合理些。

在印支板块的越南北部与中部地区赋存着大型矽卡岩型铁矿,铁矿的探明储量为 8.6 亿 t,其中河静省石河县石溪铁矿床储量最大(吴良士,2009),花岗岩体为侏罗纪侵入的,围岩是泥盆系、二叠系碳酸盐岩及陆缘碎屑岩,矿体顺沉积岩的层理展布。其中平均铁含量达 61%以上的矿石储量为 3.2 亿 t,总储量达 5.44 亿 t,为一隐伏矿床。该矿床离海岸较近,交通方便。此外,越南还有两个储量上亿吨的火山沉积-变质型铁矿床。

越南共有 119 个锡矿床或矿化点已做过调查或正在开采。更有 194 个砂锡矿床已被调查、勘探与开采(陈永清等,2010)。砂锡矿床品位最高的地方,达 1 kg/m³。SnO_2 的储量为 2.3 万 t,WO_3 为 1500 t,而基岩内的锡矿床已经基本采空。在越南南方西部山区西原地区多乐省和柬埔寨南部上川龙(Haut Chhlong)赋存大型优质铝土矿床,主要产在新近纪-早更新世的拉斑玄武岩红土风化壳中,面积超过 20 000 km^2,风化带深达 60 m,已探明储量为 40.5 亿 t(张鸿翔,2009)。

泰国东北部呵叻高原的那隆、孔敬和暖颂盆地、沙空那空盆地和老挝白垩系-古近系内的乌隆和廊开等地的盐类(光卤石、岩盐及钾盐)矿床十分丰富,盐层分布面积达 24 900 km^2,盐类矿床的资源总量约为 2400 亿 t(陈永清等,2010)。

在泰国北部的晚二叠世-早三叠世火山岩系内赋存了矽卡岩型与热液型金矿床,附近断裂系极为发育,以 NNE 向为主,金矿化与斑岩体关系密切,其中较大的为会甘温(Huai Kam On)金矿床,已探明储量为 200 多吨(吴良士,2011)。

在泰国中、西部赋存着锡、钨与锑矿床。原生锡矿床主要为锡石-石英脉型,多产于花岗岩体的内外接触带中,钨为其伴生矿物,此外还伴生了许多砂锡矿床。此矿带从滇西经泰国西部与缅甸东部到马来半岛,到苏门答腊,为世界上最长的锡矿带,其锡储量曾经占世界总储量的 42%。该区原生锑矿床主要为热液交代型的,地质储量约 42 万 t(陈永清等,2010)。

马来半岛原生的高温热液锡矿(锡石-硫化物-石英脉型)均产于中马来亚碰撞带以东地区或碰撞带上,即属于印支板块;而马来半岛的锡矿则主要为砂锡矿床(图 4-62),砂锡的储量与产量均占该国 95%以上,砂锡矿的源岩主要来自碰撞带及其以东之印支板块的基岩内(Hutchison and Tan,2009)。从南扬子地块,经中南半岛北部,到其南部的马来半岛-北苏门答腊就构成了全球最主要的锡矿带,扬子和印支板块就是相对富锡的板块。但是富集形成基岩内钨锡矿床的时代则主要在侏罗-白垩纪的板内变形时期,并都具有与扬子板块相类似的板内拉张成矿作用的特征。如马来半岛东部最大的林明(Sungai Lembing)锡石-石英脉矿床(图 4-62 内之 6),不过该矿山由于成本较高、需求不足,现已停产。

而马来半岛的砂锡矿床则主要赋存于上新世与早更新世的河流相与冲积扇相沙砾沉积物内。部分砂矿是砂锡与砂钨共生的,主要砂矿床赋存在 6 个矿区:Dinding, Bangka Island, Kuala Lumpur, Phuket Phangnga Takuapa, Pahang-South Terengganu(include Sungai Lembing)(图 4-62)。2004 年锡的总产量曾达到 2578 t(Hutchison and Tan,2009)。其中 Dinding, Kuala Lumpur(科伦坡)和 Phuket Phangnga Takuapa 三个大型砂锡矿场位于马来半岛的西部,属 Sibumasu 板块[34]。Pahang-South Terengganu(含 Sungai Lembing 锡矿床)位于印支板块[27]的南部。而 Bangka Island 和 Billiton,则处在苏门答腊岛的东侧,属于巽他板块[51]。

此外,据 2004 年的统计,在马来半岛还年产黄金 43.48 t,铁矿石 51 万 t,高岭土 22 万 t 和云母 13.6 万 t(Hutchison and Tan,2009)。

综上所述,从扬子和东兴都库什-北羌塘-印支板块具有十分类似的矿床,也具有同时形成的结晶基底来看,很可能它们原来根本就是同一个板块;后来由于受构造作用力的差异,发生不同的构造变形,使之具有了完全不同的形态、部位和特征。

4.1.4.6　中国南海新生代断陷盆地[28](见图 2-18,图 2-26,图 2-27)赋存的矿田、矿床

在中国南海断陷盆地四周的浅海大陆架上,赋存了丰富的油气资源(魏喜等,2005;周蒂等,2005;陈欢庆等,2009),已经开始勘探的西沙油气田就是一例,礼乐滩盆地、万安盆地、中越盆地及郑和盆地都蕴藏着丰富的油气和甲烷水合物资源。

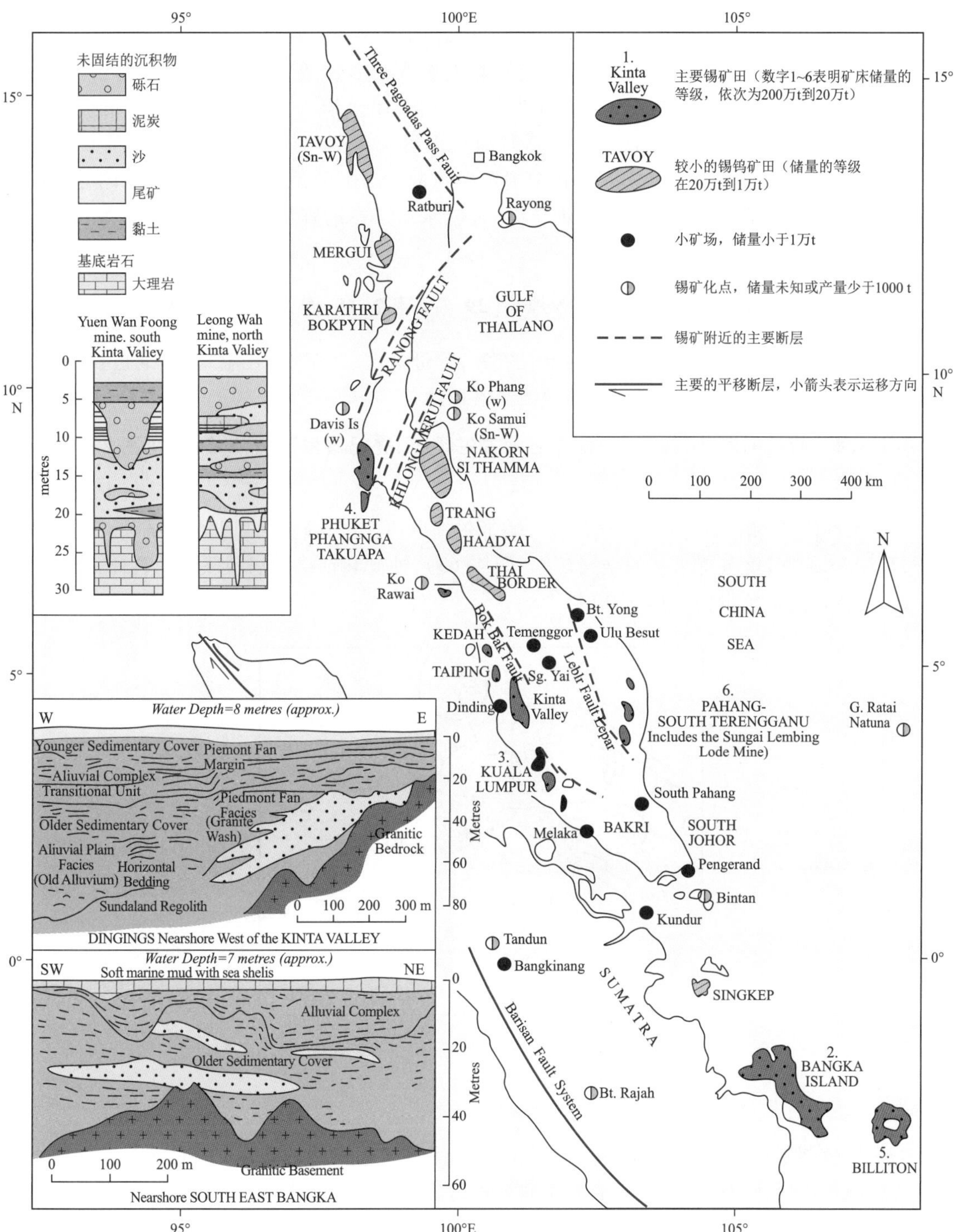

图 4-62 马来亚半岛锡矿床的分布(据 Hutchison and Tan,2009,经改绘)

图内左上方示两个矿区的剖面详图;左下方示两个矿区的地质剖面图,老沉积盖层可包含了老河流相(Old Alluvium)和山麓扇相(piedmont fan facies)。主图示马来半岛的矿床。图内左下方的沉积物岩性符号与左上方一致,其下部的"黑十字区"为花岗岩。

中国南海新生代断陷盆地在南海断陷盆地内含油气盆地的总面积约 410 000 km^2，在中国海域国界线内的面积约 260 000 km^2，沉积盆地内总的油气资源量估计约为 349.7 亿 t。其主要的生油层为始新统和中中新统的一些泥岩、黏土层及粉砂岩等，而储油层主要是渐新统，或上始新统至中新统的各类砂岩、浊积岩及生物礁灰岩，而盖层一般为中新统-上新统的泥岩（王建桥等，2005）。2006 年 6 月发现的荔湾油气田可采天然气储量约为 4 万亿至 6 万亿 ft^3（1 ft^3 = 0.0283 m^3。该油气田是迄今为止中国发现的最大海上天然气田。在南海断陷盆地内的半深海地区，已证实蕴藏了丰富的甲烷水合物（可燃冰），正在勘查和研究之中（刘坚等，2005；沙志彬等，2005）。

4.1.4.7 巴拉望-沙捞越-曾母暗沙地块[29]（见图 2-18，图 2-26）赋存的矿田、矿床

此地块北侧的陆缘海赋存了丰富的油气资源，曾母盆地、文莱-沙巴盆地、西北巴拉望盆地、安渡滩盆地等都是具有重要经济价值的含油气盆地。

4.1.4.8 西兴都库什-帕米尔-西昆仑晚古生代-三叠纪增生碰撞带[30]（见图 2-18）赋存的矿田、矿床

在西兴都库什-帕米尔-西昆仑的西段，帕米尔高原西北部，喷赤河以北的塔吉克斯坦（72°~75°E，37°~38.5°N）蕴藏着丰富的金属矿床（图 4-63），铀矿和锑矿均居独联体的首位，铅锌矿为中亚最多，金矿的资源量估计达 500 t 以上。

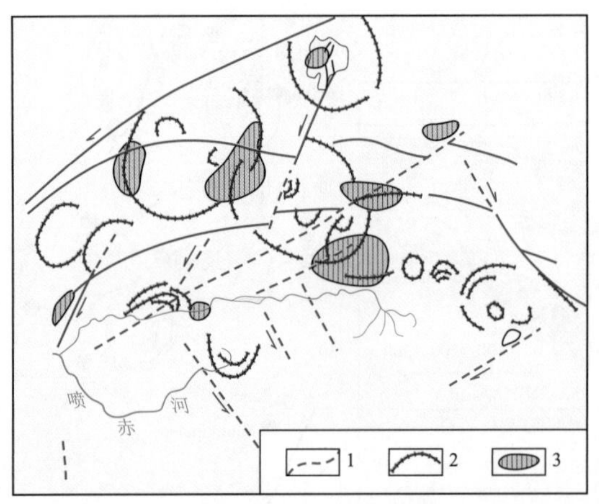

图 4-63 帕米尔西北部塔吉克斯坦区域性断裂带和环形断裂与矿化关系（据吴振寰等，1993，经改绘）
1—区域性断裂带；2—环状构造；3—金属矿化区。

大卡尼曼苏尔银矿床（Большой Канимансур）就是其代表性的矿床，它位于塔吉克斯坦东部卡尼曼苏尔矿区，赋存着银、金矿石和萤石矿的综合性矿床，其银矿石储量为 3.9 万 t，银储量达 7500 t，金储量共约 429.3 t（张鸿翔，2009），矿床为 2200 m×800 m×200 m 的网脉状矿体。银矿位于阿德拉斯曼斯克火山断陷带的东北部，并由多种方向的古断裂（主要为 WNW-NW 或 NE 向）控制火山-沉积地层的形成，可能为三叠纪以后近南北向挤压、缩短作用所控制。晚古生代中酸性火山岩和火山凝灰岩的总厚度达 6 km。该矿区矿床具有垂直分层的特点，开发该矿区可

以实现在几个采矿层上开采具有综合性成分的矿石,这些矿石含有银、铅、锌、萤石、铜和金,深处的矿层更具含有品位很高的铋矿资源。大卡尼曼苏尔银矿为火山喷发之后,经热液蚀变作用形成的含银-斑岩型矿床。

在塔吉克斯坦锑矿储量居独联体首位,在亚洲也仅次于中国和泰国而居第三。塔吉克斯坦中部的泽拉夫尚-吉萨尔汞锑矿带蕴藏着丰富的锑矿床。锑储量约有 30 万 t。锑矿床集中分布在泽拉夫尚-吉萨尔汞锑矿带西部的申戈-玛吉安、吉日克鲁特和孔乔奇三个矿区内,且分布较集中(陈超等,2012)。塔吉克斯坦最大的锑矿床是斯卡里诺耶矿床(占独联体国家锑总储量的50%以上),其锑金属量达 3.6 万 t(王晓民和王波,2010)。

该区的许多环形构造可能与深部的隐伏岩体有关。各类金属矿田主要分布在环形构造的东西两侧或与区域性断层的交叉点(图 4-63),显然,这是与晚古生代与三叠纪以来区域性近南北向缩短所派生的、近东西向伸展作用有关,使环形构造的东西两侧略呈张剪性的特征(吴振寰等,1993)。

新疆和田火烧云 Pb-Zn 矿床是喀喇昆仑地区新发现的一个超大型碳酸盐岩型 Pb-Zn 矿床,储量估算约 16 亿 t(董连慧等,2015),产于中侏罗统龙山组灰岩中。矿体呈层状产出,呈 NW 走向,与地层产状一致。矿石主要由菱锌矿与白铅矿组成,矿石类型以纹层状、块状、角砾状及交代蚀变成因为主。白铅矿 $\delta^{13}C_{PDB}=-7.28‰\sim1.19‰$,$\delta^{18}O_{SMOW}=10.78‰\sim16.81‰$,C,O 来源为岩浆热液与海水混合流体。火烧云铅锌矿床闪锌矿 Rb-Sr 等时线年龄为(186±6) Ma。火烧云 Pb-Zn 矿床为喷流-沉积成因的层控矿床,是 SEDEX 型 Pb-Zn 矿床的新类型。目前勘探仍在进行中。

参考文献

曹俊臣. 1994. 热液脉型萤石矿床萤石气液包裹体氢、氧同位素特征. 地质与勘探(4):28-29.

陈广俊. 2005. 青海阿尼玛卿—巴颜喀拉造山带动力学演化及大场金矿床成矿作用研究. 吉林大学硕士学位论文:1-73.

陈好寿,李华芹. 1991. 云开隆起金矿带流体包裹体 Rb-Sr 等时线年龄. 矿床地质,9(4):333-341.

陈洪德,曾允孚. 1989. 广西丹池盆地上泥盆统榴江组硅质岩沉积特征及成因讨论. 矿物岩石,(4):25-32,131.

陈欢庆,朱筱敏,董艳蕾,等. 2009. 深水断陷盆地层序地层分析与岩性-地层油气藏预测——以中国南海 C 盆地深水区古近系 T 组为例. 石油与天然气地质,(5):112-120.

陈永清,刘俊来,冯庆来,等. 2010. 东南亚中南半岛地质及与花岗岩有关的矿床. 北京:地质出版社,1-192.

陈毓川,裴荣富,张宏良. 1990. 南岭地区与中生代花岗岩类有关的有色、稀有金属矿床地质. 中国地质科学院院报,(1):88-94.

陈毓川,朱裕生. 1993. 中国矿床成矿模式. 北京:地质出版社,1-367.

董连慧,徐兴旺,范廷宾,等. 2015. 喀喇昆仑火烧云超大型喷流-沉积成因碳酸盐型 Pb-Zn 矿的发现及区域成矿学意义. 新疆地质,33(1):41-52.

傅德明,徐明基. 1989. 四川西部呷村超大型含金富银多金属矿床特征及其与日本黑矿的类比. 四川地质学报,(2):26-33.

高家育. 2011. 贵州省遵义县茶园锰铁矿地质特征与成因探讨. 成都理工大学硕士学位论文:1-41.

龚洪波,陈书富. 2006. 广南木利锑矿成因新解. 云南地质,(3):55-60.

顾宗平. 1996. 东海油气勘探开发现状与展望. 海洋地质与第四纪地质,16(4):113-118.

郭伟革,蒋加燥,甘先平. 2010. 湖南瑶岗仙钨矿床地质特征及成矿模式探讨. 矿产与地质,(4):25-29.

韩忠华,潘家州. 2009. 浅析贵州二叠系锰矿与峨眉山玄武岩之关系. 贵州地质,(3):37-41.
和中华,周文满,和文言,等. 2013. 滇西北北衙超大型金多金属矿床成因类型及成矿规律. 矿床地质,32(2):244-258.
何家雄,熊小斌,闫贫,等. 2007. 南海北部边缘盆地油气地质特征及勘探方向. 新疆石油地质,28(2):129-136.
何江. 1993. 江西永平铜矿床成矿地球化学研究. 地质与勘探,(8):10-14.
何明勤,宋焕斌,冉崇英,等. 1998. 云南兰坪金满铜矿床改造成因的证据. 地质与勘探,(2):4.
何文举. 1987. 云龙白洋厂银-多金属矿床成矿地质条件及控矿因素. 云南地质,(4):18-27.
冯建忠,汪东波,王学明,等. 2003. 甘肃礼县李坝大型金矿床成矿地质特征及成因. 矿床地质,22,(3):257-264.
冯志文,夏卫华,章锦统,等. 1989. 江西黄沙脉钨矿床特征及成矿流体性质讨论. 地球科学,14(4):87-96
胡祥昭,杨中宝. 2003. 浏阳七宝山铜多金属矿床成矿流体演化与成矿的关系. 地质与勘探,39(5):22-25.
胡煜昭,张桂权,王津津,等. 2012. 黔西南中部卡林型金矿冲断-褶皱构造的地震勘探证据及意义. 地学前缘,19(4):63-71.
黄定堂. 1999. 江西横峰松树岗钨锡铌钽多金属矿床成因探讨. 有色金属矿产与勘查,8(4):1-6.
黄凡,王登红,陈振宇,等. 2014. 南岭钼矿的岩浆岩成矿专属性初步研究. 大地构造与成矿学,38(2):239-254.
黄凡,王登红,曾载淋,等. 2012. 赣南园岭寨大型钼矿岩石地球化学、成岩成矿年代学及其地质意义. 大地构造与成矿学,36(3):363-376.
黄民智,陈毓川,唐绍华. 1985. 大厂长坡锡石-硫化物矿床中辉锑锡铅矿及其形成条件的研究. 南方国土资源(1):16-27.
姜亮. 2014. 东海陆架盆地油气勘探现状及含油气远景. DOC88. com:1-8.
李大新,赵一鸣. 2004. 江西焦里夕卡岩银铅锌钨矿床的矿化夕卡岩分带和流体演化. 地质论评,(1):18-26.
李培铮,邓国萍,王乾程,等. 2002. 江西德兴金铜矿集区地质特征. 矿床地质,(S1):437-440.
李雪生. 1982. 石门东山峰磷矿相旋回分析及磷块岩形成模式. 湖南地质,(1):27-35,102.
李岩,盛继福. 1990. 江西大龙山钨矿床自然铋研究. 地质论评,(4):364-369.
林黎,占岗乐,喻晓平. 2006. 江西大湖塘钨(锡)矿田地质特征及远景分析. 资源调查与环境,27(1):25-32.
梁华英,莫济海,孙卫东,等. 2008. 藏东玉龙超大型斑岩铜矿床成岩成矿系统时间跨度分析. 岩石学报,(10):170-176.
廖廷德. 2009. 论宝山西部铜钼铅锌银矿床地质特征及找矿预测. 湖南有色金属,(3):6-12.
刘家铎,张成江,刘显凡,等. 2004. 扬子地台西南缘成矿规律及找矿方向. 北京:地质出版社,1-204.
刘坚,陆红锋,廖志良,等. 2005. 东沙海域浅层沉积物硫化物分布特征及其与天然气水合物的关系. 地学前缘,12(3):258-262.
刘树根,孙伟,宋金民,等. 2015. 四川盆地海相油气田分布的构造控制理论. 地学前缘,22(3):146-160.
刘湘培,常印佛. 1988. 论长江中下游地区成矿条件与成矿规律. 地质学报,62(3):167-177.
吕新前. 2006. 浙江湖山萤石矿床成矿热源问题探讨. 浙江国土资源,(2):44-47.
路睿. 2013. 湖南省常宁市水口山铅锌矿床地质特征及成因机制探讨. 南京大学硕士学位论文:1-74.
罗大锋. 2012. 云南会泽超大型铅锌矿床成矿元素迁移和沉淀机制. 矿物学报,32(2):119-124.
罗小军,温春齐,曹志敏,等. 2002. 攀枝花钒钛磁铁矿床成因浅析. 矿床地质,21(增刊):338-341.
马鸿文. 1990. 西藏玉龙斑岩铜矿带花岗岩类与成矿. 北京:中国地质大学出版社,1-158.
马永生,郭旭升,郭彤楼,等. 2005. 四川盆地普光大型气田的发现与勘探启示. 地质论评,51(4):477-480.
毛建仁,许乃政,胡青,等. 2004. 福建上杭-大田地区中生代成岩成矿作用与构造环境. 岩石学报,20(2):285-296.
毛景文,谢桂青,李晓峰,等. 2004. 华南地区中生代大规模成矿作用与岩石圈多阶段伸展. 地学前缘,11(1):45-55.
毛景文,张作衡,裴荣富. 2012. 中国矿床模型概论. 北京:地质出版社,1-560.
齐金忠,袁士松,李莉,等. 2003. 甘肃省文县阳山金矿床地质地球化学研究. 矿床地质,(1):26-33.
钱凯,李本亮,许慧中. 2003. 从全球海相古生界油气田地质共性看四川盆地海相地层天然气勘探方向. 天然气地球科学,14(3):167-171.

任光明,李佑国. 2007. 云南中甸普朗、红卓斑岩铜矿床地质特征及找矿前景. 四川地质学报,27(4):266-268.

沙志彬,王宏斌,张光学,等. 2005. 底辟构造与天然气水合物的成矿关系. 地学前缘,12(3):283-288.

沈忠义,胡煜昭,韩润生,等. 2010. 贵州晴隆大厂锑矿田固路锑矿床控矿因素分析. 矿产与地质(4):10-15.

施泽进,罗蛰潭,彭大钧,等. 1995. 四川地区断层空间分布的多重分形特征. 现代地质(4):467-474.

施泽民. 1992. 四川昌北 M 稀土矿床稀有元素的赋存状态及其配分特征. 稀土,13(3):1-9.

四川油气区石油地质志编写组. 1989. 中国石油地质志(卷十)四川油气区. 北京:石油工业出版社,1-516.

舒晓峰,王雪萍,张雨莲,等. 2012. 青海虎头崖地区多金属矿床成因类型的厘定及找矿方向. 西北地质(1):173-181.

宋谢炎,曹志敏,罗辅勋,等. 2004. 四川丹巴杨柳坪铜镍铂族元素硫化物矿床成因初探. 成都理工大学学报(自然科学版),(3):38-48.

孙文钊,王传雷,杨希滨. 2007. 北部湾盆地涠西南凹陷始新统隐蔽油气藏类型及勘探方向. 天然气地球科学(1):90-94.

孙晓明,陆红峰,马名扬. 2002. 粤北凡口超大型铅锌矿热液碳酸盐矿物微量元素和 C、O、Sr 同位素组成及其矿床成因意义. 全国包裹体及地质流体学术研讨会论文摘要:34.

唐菊兴,黄勇,李志军,等. 2009. 西藏谢通门县雄村铜金矿床元素地球化学特征. 矿床地质,28(1):15-28.

唐菊兴,王成辉,屈文俊,等. 2009. 西藏玉龙斑岩铜钼矿辉钼矿铼-锇同位素定年及其成矿学意义. 岩矿测试,28(3):215-218.

唐菊兴,张丽,李志军,等. 2006. 西藏玉龙铜矿床——鼻状构造圈闭控制的特大型矿床. 矿床地质,25(6):652-662

谭克仁. 1983. 湖南江永铜山岭花岗闪长斑岩地质特征及其成矿作用. 大地构造与成矿学,(3):25-32.

陶奎元. 1997. 台湾金瓜石金铜矿床及其与福建紫金山铜金矿床的比较. 火山地质与矿产,18(4):260-275.

陶琰,罗泰义,高振敏,等. 2003. 云南金宝山 PGE 成矿岩体地幔柱成因研究. 峨眉地幔柱与资源环境效应学术研讨会论文及摘要:42-47.

田洪亮. 1997. 兰坪白秧坪铜银多金属矿床地质特征. 云南地质,(1):105-108.

魏均启. 2011. 天水李子园地区碎石子金矿床地质特征及成矿规律研究. 长安大学硕士学位论文:1-82.

魏喜,邓晋福,谢文彦,等. 2005. 南海盆地演化对生物礁的控制及礁油气藏勘探潜力分析. 地学前缘,12(3):245-252.

万朴,李和玉,史定一. 1988. 四川石棉县石棉矿床的蛇纹石化及成矿地球化学作用. 矿物岩石,(2):115-122,145.

万天丰. 2011. 中国大地构造学. 北京:地质出版社,1-497.

汪恕生,张起钻,覃宗光,等. 2008. 广西栗木花岗岩型锡铌钽矿床地质特征及控矿因素. 大众科技,(11):111-112.

王昌烈,罗仕徽,胥友志,等. 1987. 柿竹园钨多金属矿床地质. 北京:地质出版社,1-147.

王登红,李建康,付小方. 2005. 四川甲基卡伟晶岩型稀有金属矿床的成矿时代及其意义. 地球化学,34(6):541-547.

王和平. 2005. 湖南宝山西部铅锌矿床地质特征及找矿方向. 湖南有色金属,(5):6-9.

王建桥,姚伯初,万玲,等. 2005. 南海海域新生代沉积盆地的油气资源. 海洋地质与第四纪地质,(2):94-103.

王生伟,孙晓明,石贵勇,等. 2007. 云南金宝山和白马寨铜镍硫化物矿床铂族元素(PGE)地球化学的差异及其成因意义. 地质学报,81(1):93-108.

王伟,刘成东,刘江浩,等. 2012. 浙江松阳萤石矿床地质特征及成矿条件分析. 东华理工大学学报(自然科学版),(1):70-78.

王晓民,王波. 2010. 塔吉克斯坦矿产资源现状与开发前景. 世界有色金属,(7):25-28.

吴淦国,张达,狄永军,等. 2008. 铜陵矿集区侵入岩 SHRIMP 锆石 U-Pb 年龄及其深部动力学背景. 中国科学 D 辑:地球科学,38(5):630-645.

吴良士. 2009. 越南社会主义共和国矿产资源及其地质特征. 矿床地质,28(6):856-859.

吴良士. 2011. 泰国地质构造基本特征与矿产资源. (一)矿床地质,30(3):573-576;(二)矿床地质,30(4):194-

196;(三)矿床地质,30(5):196-200.

吴振寰,邬统旦,唐昌韩. 1993. 中国周边国家地质与矿产. 武汉:中国地质大学出版社,1-268.

肖晓牛,张少云,鞠昌荣,等. 2012. 云南东川人占石铜矿床地质特征及成因研究. 地质与勘探(2):41-53.

谢玉宏,刘平,黄志龙. 2012. 莺歌海高温超压天然气藏地质条件与成藏过程. 天然气工程,32(4):1-5.

谢玉玲,侯增谦,徐九华,等. 2005. 四川冕宁-德昌稀土成矿带铜锌、铜锡合金矿物的发现及成因意义. 中国科学 D 辑:地球科学,(6):92-97.

薛春纪,陈毓川,杨建民,等. 2002. 滇西北兰坪铅锌银铜矿田含烃富 CO_2 成矿流体及其地质意义. 地质学报,(2):244-253.

许红. 2001. 东海春晓油气田成藏条件分析与盆地动力学背景研究. 中国地质大学(武汉)博士学位论文.

徐德明,蔺志永,骆学全,等. 2015. 钦-杭成矿带主要金属矿床成矿系列. 地学前缘,22(2):7-24.

徐少康,李博昀. 2003. 柏树岗金红石矿床含矿岩系地质特征. 化工矿产地质,(1):26-38.

杨帆,肖荣阁,夏学惠. 2011. 昆阳磷矿沉积环境与矿床地球化学. 地质与勘探,(2):162-171.

杨克绳. 2000. 莺歌海盆地几个地质问题的探讨. 断块油气田,(2):10-17,1.

杨涛,朱赖民,李犇,等. 2012. 西秦岭金龙山卡林型金矿床地质-地球化学及矿床成因研究. 矿物学报,(1):118-133.

杨喜安,刘家军,韩思宇,等. 2012. 云南羊拉铜矿床矿物组成、地球化学特征及其地质意义. 现代地质,(2):27-40.

殷顺生,王昌烈. 1994. 郴县新田岭钨矿床地质特征. 湖南地质,(4):205-211.

曾庆友. 2013. 江西省泰和县小龙钨矿床地质特征及其成因探讨. 西部探矿工程,(1):111-115.

曾载淋,张永忠,陈郑辉,等. 2011. 江西于都县盘古山钨铋(碲)矿床地质特征及成矿年代学研究. 矿床地质,(5):186-195.

翟裕生. 1995. 陆内坳陷带中与中酸性侵入体有关的(大冶式)铁铜矿床模型//裴荣富,中国矿床模式. 北京:地质出版社,262-264.

赵大康. 2000. 云龙白洋厂银多金属矿区帚状构造带及其控矿作用. 中国科学院上海冶金研究所,材料物理与化学博士学位论文.

张德全,佘宏全,李大新,等. 2003. 紫金山地区的斑岩-浅成热液成矿系统. 地质学报,77(2):253-261.

张恩,周永章,郭建. 2001. 陕西八卦庙金矿床构造特征及其对成矿的控制. 矿床地质,20(3):229-233.

张鸿翔. 2009. 中国周边国家金属矿产资源调查与合作潜力分析. 地球科学进展,24(10):1159-1172.

张洪瑞,杨天南,侯增谦,等. 2013. 三江北段东莫扎抓矿区构造变形特征. 岩石学报(4):49-59.

张家菁,陈郑辉,王登红,等. 2008. 福建行洛坑大型钨矿的地质特征、成矿时代及其找矿意义. 大地构造与成矿学,32(1):92-92.

张功成,米立军,吴景富,等. 2010. 凸起及其倾没端——琼东南盆地深水区大中型油气田有利勘探方向. 中国海上油气,22(6):360-368.

张国华,张建培. 2015. 东海陆架盆地构造反转特征及成因机制探讨. 地学前缘,22(1):260-270.

张思明,陈郑辉,施光海,等. 2011. 江西省大吉山钨矿床辉钼矿铼-锇同位素定年. 矿床地质,30(6):1113-1122.

张文兰,华仁民,王汝成,等. 2007. 赣南漂塘钨矿成矿花岗岩成岩与成矿年龄的研究. 矿物学报,(21):324-325.

张艳宜,吴泳生,赵云江,等. 1998. 江西省小龙钨矿深部地球化学找矿远景预测. 地质与勘探,(3):36-39.

赵增霞,路睿,左昌虎,等. 2013. 湖南省常宁市水口山铅锌矿矿床成因探讨. 矿物学报,(S2):540-541.

郑冰,高仁祥. 2004. 东海平湖油气田某油藏几个地质问题探讨. 石油实验地质,(6):60-64.

钟大赉. 1998. 滇川西部古特提斯造山带. 北京:科学出版社,1-231.

钟广见,曾繁彩,冯常茂. 2010. 深水油气勘探发展趋势及南海北部勘探现状. 矿床地质,(S1):1086-1087.

钟国雄,刘珺,钱兵,等. 2010. 江西武功山地区浒坑钨矿床大脉区段成矿阶段划分. 矿床地质,29(增刊):351-352.

钟立峰,夏斌,刘立文,等. 2010. 粤西-桂东成矿带园珠顶铜钼矿床成矿年代学及其地质意义. 矿床地质,29(3):395-404.

周蒂,孙珍,陈汉宗,等. 2005. 南海及其围区中生代岩相古地理和构造演化. 地学前缘,12(3):204-218.

周利敏. 2009. 江西省全南县大吉山钨矿构造应力场数值模拟与成矿预测. 中国地质大学(北京)硕士学位论文:1-38.

周伟平. 2011. 湖南桂阳宝山西部铜矿床地质特征. 矿产勘查,(5):18-21.

周肖华,毛玉锋,杨松,等. 2012. 江西省乐安县相山矿田荷上铀矿床蚀变特征及其意义. 东华理工大学学报(自然科学版),35(1):1-9.

周永章,郑义,曾长育,等. 2015. 关于钦-杭成矿带的若干认识. 地学前缘,22(2):1-6.

朱金初,张承华. 1981. 江西东乡枫林石炭纪火山岩及铜、钨矿床的成因. 南京大学学报(自然科学版),(2):111-124.

朱赖民,丁振举,姚书振,等. 2009. 西秦岭甘肃温泉钼矿床成矿地质事件及其成矿构造背景. 科学通报,(16):77-87,179-181.

朱训. 1999. 中国矿产(第二卷):金属矿床. 北京:科学出版社.

朱训,黄崇柯,芮宗瑶. 1983. 德兴斑岩铜矿. 北京:地质出版社,1-336.

庄明正. 1986. 大宝山多金属矿床成矿条件及矿床成因探讨. 地质与勘探,(5):27-31.

左力艳. 2008. 江西冷水坑斑岩型银铅锌矿床成矿作用研究. 中国地质科学院博士学位论文:1-148.

Deng,J,Wang Q F,Li G J,et al. 2014a. Tethys tectonic evolution and its bearing on the distribution of inpotant mineral deposits in the Sanjiang region,SW China. Gondwana Reseach,26:419-437.

Deng,J,Wang Q F,Li G J,et al. 2014b. Cenozoic tectono-magmatic and metallogenic processes in the Sanjiang region, southwest China. Earth-Science Reviews,138:268-299.

Hutchison C S and Tan D N K(eds.). 2009. Geology of Peninsular Malaysia.Kuala Lumpur:Murphy. The University of Malaya and The Geological Society of Malaysia:1-479.

Pecher A,Arndt N,Jean A,et al. 2013. Structure of Panzhihua intrusion and its Fe-Ti-V deposit,China.Geoscience Frontiers,4(5):571-581.

Qi J Z,Yuan S S,Liu Z L,et al. 2004. U-Pb SHRIMP dating on zircon from quartz vein of Yangshan gold deposit and its geological significance. Acta Geologica Sinica,78(2):443-451.

Wan T F. 2011. The Tectonics of China—Data,Maps and Evolution.Beijing,Dordrecht Heidelberg,London and New York:Higher Education Press and Springer,1-501.

Xiong X S,Gao R,Guo L H,et al. 2015. The deep structure feature of the Sichuan basin and adjacent orogens.Acta Geologica Sinica,89(4):1153-1164.

Xu D M,Ling Z Y,Luo X Q,et al.2015.Metallogenic series of major metallic deposits in the Qinzhou-Hangzhou metallogenic belt. Earth Science Frontiers,22(2):7-24.

Xue C J,Liu S W,Chen Y C,et al. 2004. Giant mineral deposits and their geodynamic setting in the Lanping basin, Yunnan,China. Acta Geologica Sinica,78(2):1-7.

Xue C J,Zeng R,Liu S W,et al. 2007. Geological fluid inclusion and isotopic characteristics of the Jinding Zn-Pb deposit,Western Yunnan,China:a review. Ore Geology Review,31:337-359.

Zhou M F,Chen W T,Wang C W,et al. 2013. Two Stage of immiscible liquid separation in the formation of Panzhihua-type Fe-Ti-V oxide deposits,SW China. Geoscience Frontiers,4(5):481-502.

4.1.5　冈瓦纳构造域赋存的矿田、矿床

4.1.5.1　南羌塘-中缅马苏板块[34](见图 2-30)赋存的矿田、矿床

在南羌塘-中缅马苏板块北部,中国云南的保山-腾冲地块在晚二叠世到中白垩世以及晚白垩

世-古新世(~50 Ma)受到大洋板块向东俯冲作用(即班公错-怒江带)的影响,形成许多早白垩世花岗岩体及其相关的矽卡岩型 Pb-Zn 和 Sn-Fe 矿床。在腾冲地块内主要赋存了晚白垩世-古新世 S 型花岗质岩体,形成许多矽卡岩型和云英岩型的 Sn-W 矿床。与 105~81 Ma 侵入的花岗质岩体相关的矿床为 W,Mo,Ag 和 Au 等热液矿床,它们都是与俯冲作用相关而形成的(Deng et al.,2014a,b)。

在泰国西部三叠纪(250~200 Ma)和白垩纪(82~77 Ma)赋存了许多与花岗质岩浆活动相关的中型铁、铜铅锌与钨锡矿床(Ridd et al.,2011)。

缅甸东部的掸邦为金属矿床蕴藏量较丰富的地区,在莱表-瑞米、曼德勒等地金矿石储量为 368 万 t,平均品位在 0.33~4.8 g/t 之间。在掸邦西部还发育着一条近南北向的铅、锌、银成矿带,此矿带向北延伸到中国云南西部,向南可达泰国,矿带全长约 2000 km,东西宽约 300 km。其中掸邦北部的鲍德温多金属矿床远景矿石储量为 1000 万 t,铅含量约为 5.1%,锌含量为 4%,银含量约为 93 g/t。此外,该区还有较多的锡、钨和锑矿床(张鸿翔,2009;陈永清等,2010),其北部钨矿较多,而南部则锡矿较多。原生锡、钨矿床多与古近纪花岗岩附近气成热液作用相关。

位于中缅马苏板块的马来半岛西部的砂锡矿床,在前面中南-马来半岛已经阐述过了,此处不再重复。

4.1.5.2　冈底斯板块[36](见图 2-30)赋存的矿田、矿床

在冈底斯地块东段的南部驱龙赋存了超大型斑岩-矽卡岩铜矿床(图 4-64),含矿斑岩体与铜矿床受 WNW 向主断裂带及其次级 NNE 向或 NNW 向断层的控制。含矿斑岩体为黑云母二长

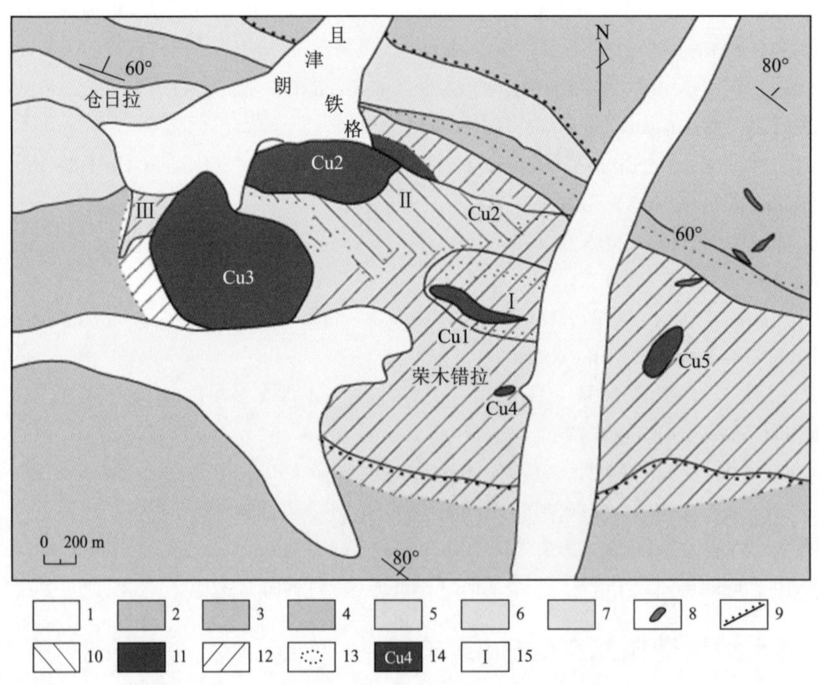

图 4-64　西藏冈底斯地块驱龙斑岩铜矿床略图(据毛景文等,2012,经改绘)

1—第四系;2~4—中侏罗统流纹质凝灰岩、安山玢岩与英安岩、含火山角砾凝灰岩;5~7—中新世黑云母二长斑岩、石英斑岩、花岗斑岩、流纹斑岩;8—脉岩;9—角砾岩化带;10—黄铁绢英岩化;11—高岭土化;12—青磐岩化;13—蚀变界线;14—铜矿化范围与编号;15—斑岩体编号。

花岗斑岩,矿体赋存在含矿岩体及其接触带上。含矿斑岩体均为钙碱性系列的,具高氧逸度。含矿斑岩体与铜矿床的同位素年龄均为 16.4~17.58 Ma(新近纪中新世),为板块碰撞后成矿的,而与板块俯冲作用无关。该矿床的铜矿石储量达 1036 万 t。

沿雅鲁藏布江碰撞带的断层附近,还赋存着许多类似的含矿岩体,如甲玛(郑文宝等,2010),冲江、白容、庁宫等含矿斑岩体(黄志英和李光明,2004),斑岩体地表出露面积一般在1 km^2左右。凡出露面积较大的岩体,由于剥蚀深度较大,则含矿的岩体顶上带已基本被剥蚀掉(毛景文等,2012)。此类矿床是在古近纪晚期雅鲁藏布江碰撞作用之后,在新近纪板内变形阶段形成的。尽管此类矿床位于雅鲁藏布江碰撞带附近,但是还不宜将它们称为“造山带型”。它与安第斯铜矿带由大洋俯冲作用所形成的斑岩铜矿的成矿条件也是完全不同的。

在冈底斯地块东段的南部谢门通一带,还赋存着雄村侏罗纪斑岩型铜金、多金属矿床(已探明金的储量为 120 t,唐菊兴等,2009;郎兴海等,2014),含矿斑岩体与铜矿床的同位素年代均为侏罗纪(辉钼矿 Re-Os 模式年龄为 172.6~161.5 Ma),矿体赋存在石英闪长玢岩体或蚀变凝灰岩内的细脉浸染带内(毛景文等,2012;Lang et al.,2014),此为碰撞期之前成矿的。

4.1.5.3 雅鲁藏布-密支那古近纪碰撞带[37](见图 2-30)赋存的矿田、矿床

在雅鲁藏布江东段南岸的蛇绿岩套内,发育着中国最大的铬铁矿床——罗布莎铬铁矿床,此矿床(图 4-65)明显地受向南倾斜的断层所控制,沿断裂发育了一系列的小矿体,矿床形成于侏罗纪-早白垩世(周肃等,2001),罗布莎的控矿断层是在雅鲁藏布-密支那古近纪晚期碰撞带形成之前 1 亿多年前受深断裂控制而形成的。雅鲁藏布江的蛇绿岩套为 MOR 型(也即洋中脊型),其熔岩为角砾状玄武岩,具有高 TiO_2特点(1.30%~1.71%),富集 LREE、活动元素和部分不活动元素,亏损部分高场强元素,具有典型的 P-MORB 特点,与大西洋 45°N 中脊的玄武岩相似,

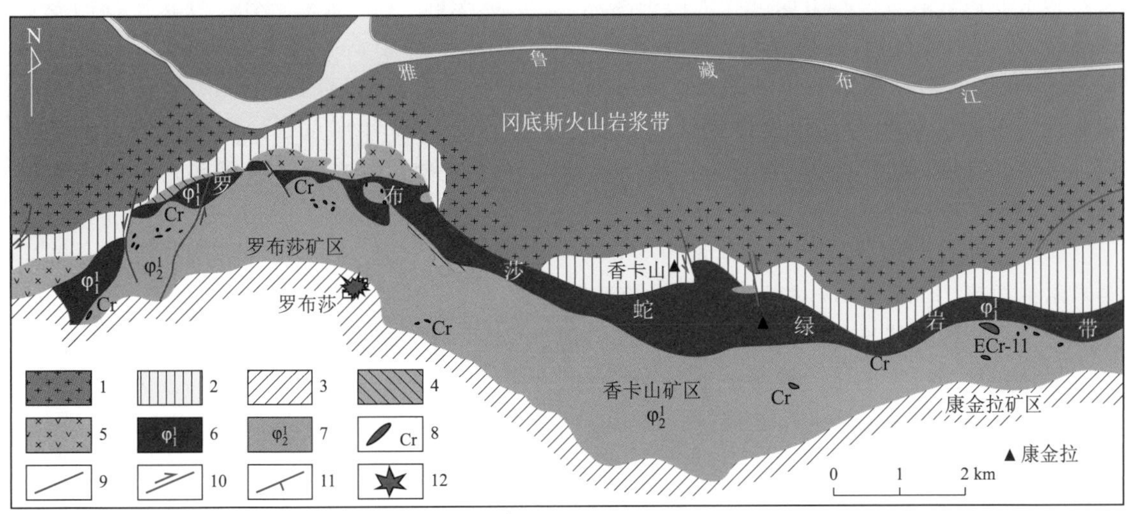

图 4-65 西藏罗布莎蛇绿岩带内铬铁矿床(据 Yang et al.,2009)

1—冈底斯花岗岩基;2—罗布莎群岩系;3—三叠纪复理石层,;4~5—蛇绿岩混合带;6—过渡带橄榄岩;7—方辉橄榄岩体;8—铬铁矿矿体;9—性质不明的断层;10—平移断层;11—逆断层;12—矿区。

估计是原始地幔岩经过部分熔融(约10%~15%)作用后的产物(杨经绥,2012)。此矿床的深部有进一步加强勘探的必要(王希斌等,2010)。此碰撞带西段的蛇绿岩内,相信也可赋存更多的铬铁矿床,但是受地形、地质条件的限制,矿床地质勘查工作进展较慢。

缅甸的东西两条蛇绿岩带(图2-33)经过强烈的风化,就可形成红土型硅酸镍矿,其最大的镍矿床为太公当(Tagaung Taung)镍矿,位于曼德勒市以北约200 km处,镍储量为80万t,可露天开采。类似的矿床在密支那附近还很多。

4.1.5.4 印度板块[40](见图2-30)赋存的矿田、矿床

印度的前寒武纪变质火山岩系内的铁矿(BIF)远景储量超过200亿t,主要集中在奥里萨邦(Orissa)、比哈尔邦(Bihar),其中辛格布姆地区奇里亚铁矿储量为19.7亿t,含铁品位TFe为62%~63%。比哈尔辛格布姆地区的铁矿床都产在2900~3200 Ma的条带状赤铁矿碧玉(BHJ)建造内,此岩系厚达305 m,在变质岩系内仍保留许多沉积作用的标志。该矿床的成因属沉积-变质类型,有学者认为铁矿物质的来源与海底火山喷发作用有关(张鸿翔,2009)。

中央邦(Madhya Pradesh)拜拉迪尔铁矿储量约30亿t,其中铁品位达65%的矿石达6亿t,卡纳塔克邦(Karnataka)库德雷美克铁矿探明铁矿储量7亿t,矿石平均品位TFe为38.6%;多里玛兰铁矿探明储量1.55亿t,平均品位TFe为64.5%(张鸿翔,2009)。

印度全国的铁金属储量约为28亿t,远景储量为62亿t。其中品位在65%以上的富矿储量约11.5亿t,主要为赤铁矿和磁铁矿,赤铁矿矿石品位均在58%以上;磁铁矿矿石品位较低,一般为30%~40%,占世界总储量的8%(据豆丁网:《关于印度与澳大利亚铁矿的介绍》)。

印度90%以上的已知铬铁矿床都集中在奥里萨邦(Orissa)Dhenkanalt和Kendujhar地区。奥里萨邦苏金达河谷的铬铁矿矿床呈连续的层状、透镜体或袋状体形式产于蚀变的纯橄榄岩-橄榄岩中,沿北东-南西向延伸约25 km(Chakraborty等,1985)。这些超镁铁质岩侵入到由燧石石英岩和条带状磁铁石英岩组成的较老的前寒武纪"铁矿超群"中。这里还有一种较年轻的超镁铁质岩,即顽火辉石岩,这种岩石完全不含铬铁矿。奥里萨邦铬铁矿储量为2600万t,远景储量为5700万t,居世界第五位。主要矿床分布在东印度地盾东南部的一个元古宙的基性岩和超基性岩带内。2000年印度全国铬铁矿产量达171万t,1999年印度出口到中国的铬铁矿为37.4万t。但是,印度北部靠近喜马拉雅山脉地区许多蛇绿岩套内的铬铁矿床则至今尚未勘查(张鸿翔,2009)。

印度金红石(TiO_2)2000年的储量为660万t,居世界第二位。主要产在喀拉拉邦(Kerala),泰米尔纳德邦(Tamil Nadu)和Trauancore的滨海砂矿。钛铁矿储量为8500万t,为世界第三位。主要产于马哈拉施特拉邦、喀拉拉邦、泰米尔纳德邦和印度半岛的西海岸。

风化残积型铝土矿床的探明储量为26.54亿t,Al_2O_3含量在45%~55%之间,多分布在印度东部沿海地区中印度地盾的东北部,马哈纳迪地堑的两侧,主要矿床为阿马坎塔克铝土矿床。该地区广泛分布着德干暗色岩,迈卡拉高原几乎全被德干暗色岩覆盖。铝土矿就是由德干暗色岩经过强风化作用而形成的。铝土矿呈大量不规则状透镜体,发育于德干暗色岩原地风化形成的红土剖面中,属于残余红土型铝土矿床(张鸿翔,2009)。沉积锰矿的探明储量为1.35亿t,年产锰矿石百万吨以上,主要产于马哈拉施特拉邦(Maharashtra)和中央邦(Madhya Pradesh)前寒武纪浅变质沉积岩系内(张鸿翔,2009)。

4.1.5.5 高加索-厄尔布尔士晚古生代与晚侏罗世增生碰撞带[41](见图 2-30)赋存的油田

在此碰撞带中部的里海西岸阿普歇伦半岛是举世闻名的巴库油田,该油田自 19 世纪晚期大规模开发以来,到 20 世纪 70 年代就已经开采了约 20 亿 t 石油,当时还保有储量 20 亿 t,主要赋存在由新近系与古近系所组成的背斜内部。近年来,在该区大力加强了附近海域的勘探,现已探明 40 亿 t 以上的油气储量。现在的含油气层主要为古近系,它们受近南北向较弱的挤压作用下,派生了相关的断裂与裂隙,形成重要的油气藏。2004 年阿塞拜疆的剩余可采储量是 9.59 亿 t,当年的产量是 1490 万 t。目前新油气田的勘探正在进行之中,该油气田将可恢复到世界级大型油气田的水平,预计每昼夜可以获得天然气 4 亿 m^3(格鲁莫夫,2007;www.cqvip.com)。经过近年来的勘探,整个南里海油气远景储量评价的结果为 18.23 亿 t(侯平等,2014)。

4.1.5.6 土耳其-伊朗-阿富汗板块[43](见图 2-30)赋存的矿田、矿床

伊朗地块内铁矿储量为 18 亿 t,主要赋存在伊朗中部与东南部元古宙变质岩系内,为火山-沉积变质型或火山矿浆型矿床,矿石品位较高,可达 50%~60%,但含硫较高。火山-沉积变质型的铁矿床赋存在伊朗中部 Choghart 矿床,该矿山年产 350 万 t 高质量磁铁矿石。在亚兹德(Yazd)东北 100 km 处的 Chadormalou 矿床可年产 510 万 t 磁铁铁矿石(矿石内铁品位达 55%),矿石总储量可达 3 亿 t。在伊朗东南部 Kerman 省火山矿浆型铁矿床,Gol-e-Gohar 矿床可年产 800 万 t 赤铁矿矿石,该矿山矿石总储量达 2.75 亿 t(www.GSI.IR)。

伊朗的铜矿资源较丰富,规模较大,铜矿石储量为 4.3 亿 t,品位多在 1%以上,伴生元素为 Mo 和 Au。主要赋存在伊朗中东部新生代火山活动带内(图 4-66)。铜矿的主要类型为斑岩型,

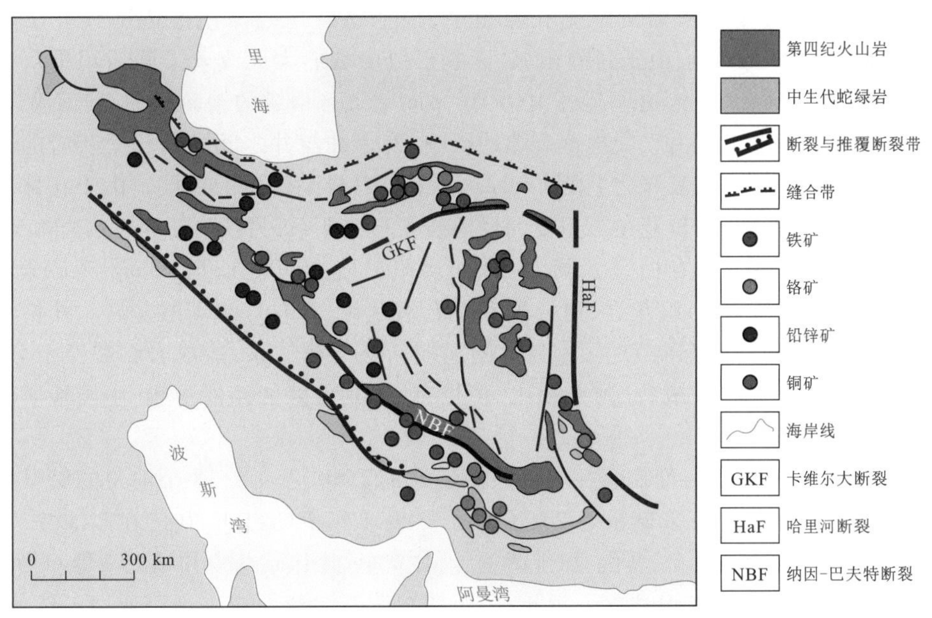

图 4-66 伊朗地质构造与矿床分布略图(据李景平和吴良士,2008,经改绘)

还有热液型、火山岩型和矽卡岩型等,属于喀尔巴阡-巴尔干-喜马拉雅成矿带。成矿时代主要为始新世-新近纪。该矿带分为两支:北支经过土耳其北缘-伊朗中部-阿富汗-喜马拉雅,近东西向展布;南支沿 NEE 向由伊朗南部到巴基斯坦南部。含矿岩体主要都沿区域性大断裂展布(毛景文等,2012)。过去,不少学者曾经都以为这些矿带都沿板块俯冲带展布的,但是实际上它们都是处在大陆板块内部,沿板块碰撞带或板内区域性断裂带附近形成的;这与安第斯-科迪勒拉带和西南太平洋岛弧带的板块俯冲带成矿作用完全不同,而与中亚-蒙古成矿带相似。

特提斯(喀尔巴阡-巴尔干)-喜马拉雅成矿带的代表性斑岩型矿床为:伊朗南部萨尔切什梅(Sar Cheshmeh)铜钼矿床,铜矿石储量为 12 亿 t,铜品位为 0.70%,年产 1400 万 t 矿石。矿化岩体为新近纪花岗闪长斑岩体和附近的安山岩,属于斑岩型矿床。在伊朗还有 Miduk 矿床(铜矿石储量为 8.383 亿 t,年产 500 万 t 矿石)、松岗铜矿床(Soungoun Ahar,年产 700 万 t 矿石,铜品位为 0.5%)和查哈尔冈巴德(Chahar Gonbad)等大型斑岩型铜矿床(李景平和吴良士,2008;www.GSI.IR)。

伊朗的铅锌矿资源也十分丰富(图 4-66),其矿石总储量约 2200 万 t,铅平均品位为 6%,锌平均品位为 10%。铅锌矿也主要赋存在古近纪沉积岩系中,为热液型矿床,其中最大的铅锌矿床为安古兰(Anguran)矿床,矿石储量为 188 万 t,铅品位为 6%,锌品位为 3%。其余矿床均以中小型为主(李景平和吴良士,2008)。

4.1.5.7 扎格罗斯-喀布尔白垩纪以来增生碰撞带[44](见图 2-30)赋存的矿田、矿床

在白垩纪的晚期,扎格罗斯碰撞带蛇绿岩套内的铬铁矿成矿作用较为强烈,矿化较连续,矿石品位大于 45%,Cr_2O_3/FeO 值大于 3,在伊朗形成了 Amir,Shahriar,Reza,Abdasht 等大型铬铁矿床(李景平和吴良士,2008)。

伊朗的扎格罗斯山前褶皱带(碰撞带内,图 4-66)地层厚度达 11 000 m 以上。伊朗最重要的油气储层是渐新统-中新统的阿斯玛里(Asmari)灰岩,在胡泽斯坦地区厚 320~488 m,产油气层厚 10~280 m。阿斯玛里灰岩的原生孔隙很小,很少超过 5%,原始渗透率只有几个毫达西(mD,1 mD=$0.98\times10^{-3}\mu m^2$),由于强烈褶皱、断裂形成的裂缝大大改善了阿斯玛里灰岩的储集性,使孔隙度可以达到 25%,渗透率超过 $100\times10^{-3}\mu m^2$。该区褶皱的轴向几乎都与 NW 走向的扎格罗斯碰撞带一致。也正是由于受构造裂隙的影响,使得井与井之间阿斯玛里灰岩的油气产量变化很大。发育在阿斯玛里灰岩之上的 Gachsaran 组蒸发岩是优质的盖层。由于扎格罗斯盆地强烈的断裂使得油储产状比较复杂。主要的烃源岩来自白垩系,另外阿斯玛里灰岩本身也生油。储层除阿斯玛里灰岩外,还有白垩系阿尔必阶、坎佩尼阶和斑基斯坦(Bangestan)群灰岩,侏罗系-下白垩统卡米(Khami)组灰岩、白云岩和二叠系达拉(Dalan)组碳酸盐岩。扎格罗斯碰撞带形成一条走向以北西-南东向为主的、弧形的逆掩断层与褶皱系,造成岩石裂隙十分发育,它们就成为海湾地区(伊朗-科威特-阿布扎比-伊拉克)极其良好的储油构造(中国地质科学院亚洲地质图编图组,1980)。

伊朗油气资源很丰富,石油剩余探明可采储量为 122.88 亿 t;有 18 个油田的储量都超过了 1.37 亿 t,天然气剩余探明可采储量为 23 万亿 m^3。2001 年伊朗有 1120 口在产油井,石油年产量为 1.56 亿 t。伊朗的阿瓦士、马伦、加奇萨兰、阿加贾里、比比哈基麦和帕里斯等 6 个油田的总产量,占伊朗全国总产量的三分之二。近年来,伊朗在波斯湾新发现一个海亚姆天然气田,其地质储量为 2600 亿 m^3(李景平和吴良士,2008;www.GSI.IR)。最近十年,在伊朗西南部新发现了

Azalegan 油田，这是近些年来世界上新发现的最大油田，其可采储量为 60 亿桶。

在扎格罗斯碰撞带西北段旁侧，伊拉克的油气资源也十分丰富，其石油储量占世界第二位。现有石油储量 157.5 亿 t，天然气储量为 3.1 万亿 m^3。主要大油田为东巴格达(East Baghdad，也称鲁迈拉油田)，探明储量 26 亿 t，年产量占全国的 60%。此外还有基尔库克(Kirkuk，探明储量 24.4 亿 t)，以及科赫马拉(Khurmala)油气田。油气藏的主要形成时期为渐新世—中新世(任收麦等，2003)。

在扎格罗斯增生碰撞带的东沿地段，巴基斯坦西部俾路支(Baluchistan)和查盖(Chagai)两条蛇绿岩带内富含铬铁矿床，其中以俾路支白垩纪蛇绿岩带含矿性最好，长 1000 多千米，宽 50 余千米，其中部的穆斯林巴格铬铁矿床的矿石储量为 400 万 t，为豆荚状铬铁矿床，Cr_2O_3 含量很高，达 45%～59%。在巴基斯坦和伊朗交界附近，查盖(Chagai)发育着钙碱性岩株带，长约 480 km，最大宽度达 136 km。在此白垩纪增生碰撞带东部、巴基斯坦的塞恩德克斑岩铜矿床，已探明铜储量为 165 万 t；而在其西侧伊朗境内，即赋存巨大的萨尔切什梅斑岩铜钼矿床(张鸿翔，2009)。

在阿富汗喀布尔(Kabul)到卢格尔省(Lowgar)一带，存在一个巨型的铜矿带，该带长 110 km，铜品位在 0.6%以上的远景矿石储量在 10 亿 t 以上。距喀布尔市区仅 50 km 的埃纳克(Aynak，图 4-67)超大型铜矿床已探明铜矿石储量 7 亿 t，铜金属量大于 500 万 t，平均品位为 1.65%，极具有经济价值。该铜矿床位于喀布尔微地块内，铜矿层赋存在新元古代-寒武纪变质岩系白云质石英云母片岩所组成的复向斜内，褶皱轴向主要为 NNE，在西南端逐渐转为东西向，矿层产状较平缓，埋藏较浅，大部分可露天开采。苏联地勘队伍曾在此进行了 10 多年的勘探与试采。近年来，中国企业已经开始与阿富汗合作投资、开发此矿山。

在阿富汗的巴米扬(Bamian)省 Hajji Gak 地区在前寒武纪变质岩系内的铁矿储量较大，远景储量为 25 亿 t，矿石由赤铁矿与磁铁矿所组成，平均品位达到 62%，但矿区大部分位于海拔 4 km 左右的山区，交通不便，开发的条件较差。

4.1.5.8 阿拉伯板块[46]赋存的矿田、矿床

阿拉伯板块(见图 2-30)的主体，构造活动性较弱，在结晶基底之上发育了厚 5000～8500 m 的古生代-中生代-古近纪海相沉积岩系，保存了十分丰富的烃源岩系，朝东北向汇聚-碰撞的作用力也远比印度板块弱得多。阿拉伯板块受扎格罗斯碰撞带的影响，在阿拉伯半岛的东部形成扎格罗斯前缘褶皱带，这是阿拉伯板块向东北与土耳其-伊朗-阿富汗板块汇聚时所形成的，造成宽缓褶皱的长垣或穹窿。该区从二叠纪到新近纪地层厚 8500 m，东厚西薄。烃源层主要分布在二叠-三叠系、侏罗系、白垩系和古近-新近系的海相碳酸盐岩地层中。二叠-三叠系内以赋存天然气为主，可采储量约 300 亿 t 油当量，主要分布在发育硬石膏夹层的部位。侏罗系油气成藏组合中，最重要的是其上部的 Arab 组合，世界上最大油气田加瓦尔油田就是赋存在此地层内，其成藏构造主要为南北向背斜。在侏罗纪成藏组合中，已探明可采储量为 480 亿 t 油当量，占全区油气储量的 22.7%。白垩纪成藏组合中发育了多个沉积坳陷，储层主要为砂岩或灰岩，成藏组合多而复杂，分布在伊拉克、伊朗和科威特，其盖层有泥岩或砂岩层，分别储集在 764 个油气藏内，已探明可采储量约 710 亿 t，占该区已探明储量的 33%。古近-新近系成藏组合主要是由中新统-渐新统灰岩与其上部的膏盐层所组成，此成藏组合已发现油气藏 142 个，可采储量约 282 亿 t 油当量(段海岗等，2014)。其中最著名的为轴向近南北的因奈拉长垣，长达 250 km，形成了世界

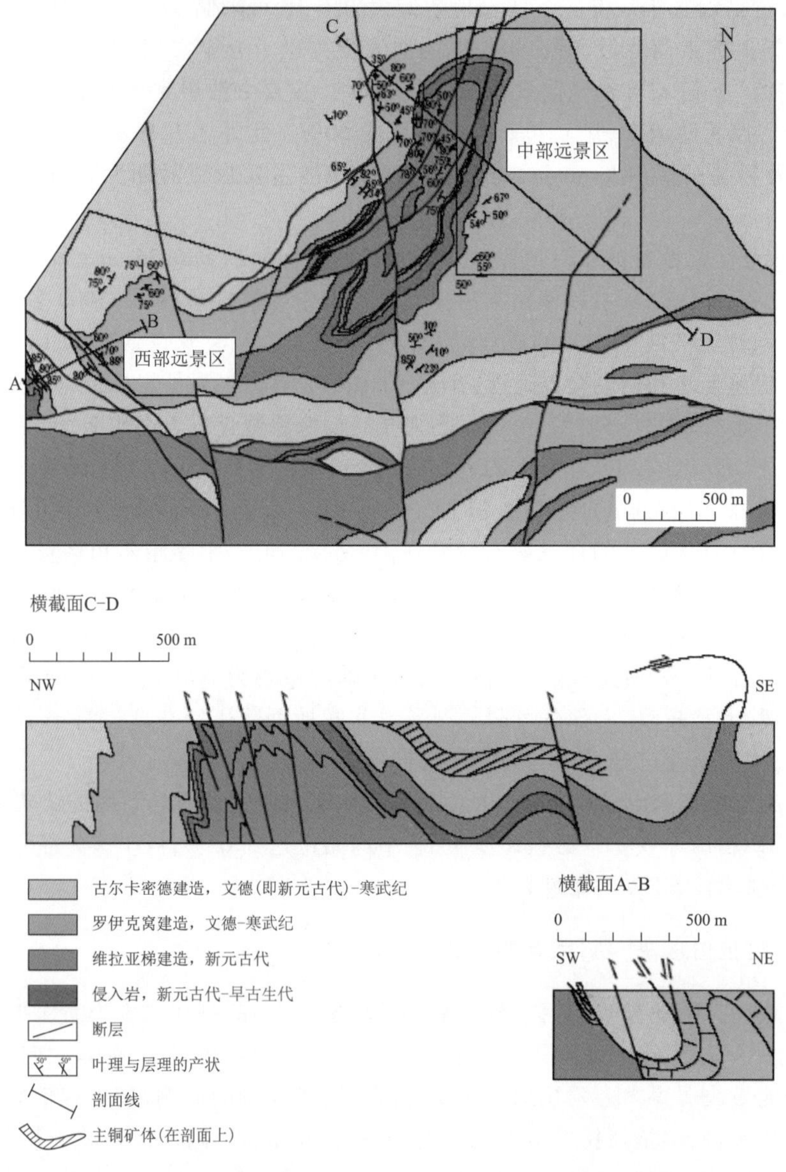

图 4-67 阿富汗埃纳克(Aynak)铜矿床地质略图(据高辉等,2012)

上最大的加瓦尔油气田(图 4-68,在 25°N,50°E 的西侧),已探明储量达 107.4 亿 t,年产量高达 2.8 亿 t,占整个波斯湾地区年产量的 30%。油井为自喷井,原油含蜡量少,多为轻质油。在新生代形成了规模巨大的油气藏。之所以形成近南北向的褶皱,那是与继承了前寒武纪变质岩系基底的近南北走向断裂构造、叶理面与冲断层有关。受区域最大主压应力方向(NE-SW)向的作用,在沉积地层中也发育了一些 NE 与 NW 向的共轭剪切断裂。这些构造都对油气的运移与聚集产生明显的影响。在半岛的东部还有少量含油气构造是与寒武纪盐层的盐丘构造相关的,其产状与区域性构造作用无关。

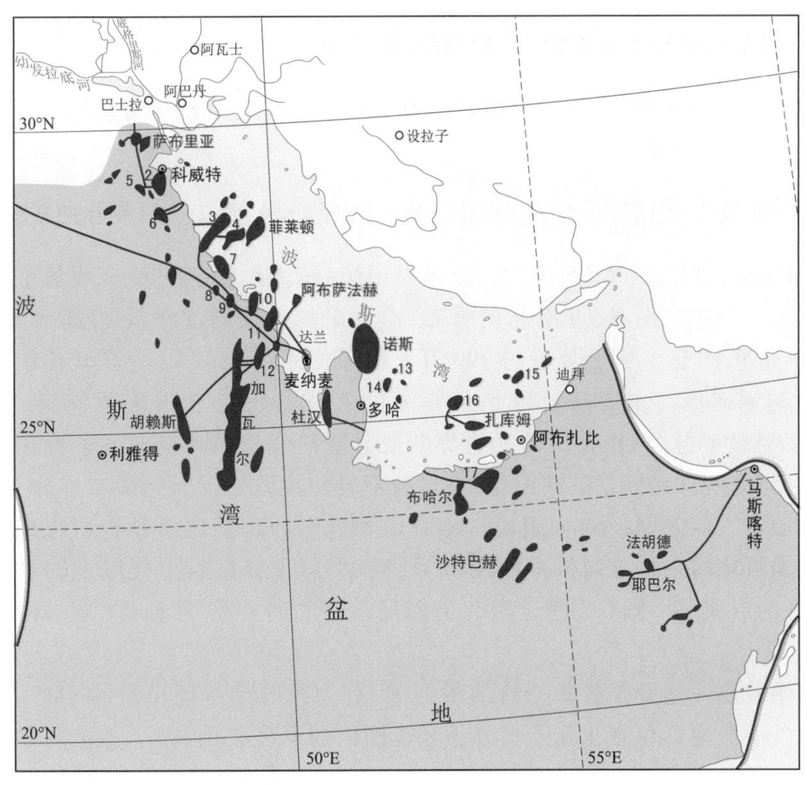

图 4-68 中东波斯湾油气田分布及盆地划分略图(据段海岗等,2014)

近些年来,在沙特阿拉伯中部宰赫兰以南 280 km 处,发现 Hazmiyab 和 Raghib 大型古生界油田(刘增洁,2009)。沙特阿拉伯石油储量现居全球之首,已探明储量超过 2640 亿桶,约占世界石油储量的四分之一,已探明天然气储量约 6.6 万亿 m^3,居世界第四位。

许多学者都认为:造成沙特阿拉伯巨大油气藏的有利条件为:① 生油层有机质含量高,分布广,储集层孔隙度高、渗透率大,生油层与储集层呈互层或在横向上相邻;② 每一个沉积序列的后期由于海退,形成良好的蒸发岩的盖层,使之具有良好的保存条件;③ 该区大地构造活动性适中,足以形成规模巨大的构造圈闭,而又没有破坏油气运移途径,并具有良好的盖岩(纪友亮,1989)。

在沙特阿拉伯东北部赋存着萨法尼亚油田,探明储量 33.2 亿 t。在阿拉伯半岛东北侧的海域,有科威特东南部的大布尔干油田,探明储量 99.1 亿 t,年产 7000 万 t 左右,原油特点与加瓦尔油田相似。在阿拉伯联合酋长国的中西部,有扎库姆油田(探明储量 15.9 亿 t),多数为自喷井,原油质量好,含蜡少。在阿拉伯半岛东侧,卡塔尔半岛的天然气资源也十分丰富,其储量为 25.60 万亿 m^3,占世界第三位(李国玉和吕鸣岗,2007)。

在沙特阿拉伯,富含稀有元素:Nb,Ta,Sn,Y,Th,U,Zr 和稀土元素的矿床,都赋存在花岗质岩体内。它们存在两种类型:① Jabal Sa'id 型的矿化作用是以高全铁、高碱值和高 K_2O/Na_2O 值为特征,其矿石储量为 2000 万 t 左右,矿床中 U 的最高平均含量为 1.30×10^{-4},Th 为 8.3×10^{-4}。② Ghurayyah 型的矿化作用是以富氧化物的碱性花岗岩,在新元古代高温缺水的熔融条件下形成的,其稀有元素矿石储量达 4.4 亿 t,矿石中 Ta 的最高含量达 2×10^{-4}。

4.1.5.9 阿曼白垩纪增生碰撞带[47]赋存的矿床

20世纪80年代,在阿曼白垩纪增生碰撞带(见图2-30)蛇绿岩套内发现了一个可露天开采的大型铜矿床(Clarke,2006)。

4.1.5.10 西缅甸(勃固山-仰光)板块[49](见图2-30,图2-33)赋存的矿田、矿床

蒙育瓦(Monywa,22°15′ N,95°05′ E,曾译为望赖)特大型铜矿田位于缅甸中部曼德勒市以西110 km处,由4个矿床组成,近南北向展布,矿区平均海拔约590 m,可露天开采,总面积为50 km^2,矿石总储量20亿t,铜金属量约700万t,铜平均品位0.37%,为高硫化物浅成低温热液型与次生富集的铜矿床。主要矿脉受矿区东界的实皆右行走滑断层所控制,它派生了走向NE40°的呈张剪性的矿脉,只是在西部受边界断层影响局部呈NW走向。蒙育瓦矿田矿化围岩为中新世斑状黑云母安山岩、石英安山岩,少量英安岩和被斑岩侵入并褶皱了的Magyigon组,流纹岩脉内矿化微弱。矿区Magyigon组由矿山火山角砾岩和南萨比塘砂岩所组成。此矿床的形成可能与印度洋板块向东北方向俯冲作用有关,NE40°就是该区新生代以来的最大主压应力方向,控制了矿脉的形成,并使区域性近南北的断层发生右行走滑的活动(陈永清等,2010;刘继顺,2012)。

缅甸北部帕敢地区是世界翡翠原料的主要来源,大约占到市场份额的98%以上,而且是世界优质翡翠的唯一产地。在缅北几千平方千米范围内的众多矿山,由于各地翡翠产出的地质条件不同而造成在工艺质量、加工性能和经济价值上的千差万别(张位及,2002)。缅甸北部的翡翠产地主要在密支那-因恩多湖以北地区,即帕敢矿区(25°~26°N,,96°~96°30′E)。帕敢地区位于西缅甸(勃固山-仰光)板块[49],班公错-怒江-曼德勒-普吉-巴里散北缘白垩纪碰撞带[35]的西侧,新近纪以来此碰撞带转成右行走滑断层,它控制了区域构造。帕敢镇东侧在古近系底部有一条最重要的断裂——帕敢断裂通过。

1934年,乔希伯尔通过地质研究和填图,提出矿区存在最古老的基岩为石炭系-二叠系高原灰岩,由于花岗岩的侵入,高原灰岩产生重结晶并形成结晶片岩。再后,侏罗-白垩纪侵入了蛇纹石化橄榄岩。据高分辨率离子探针的测定,岩浆岩内的锆石形成于三个时期:中侏罗世[(163.2±3.3) Ma]、晚侏罗世[(146.5±3.4) Ma]和早白垩世[(122.2±4.8) Ma](Shi,2008)。中侏罗世是班公错-怒江-曼德勒-普吉-巴里散北缘白垩纪碰撞带[35]开始活动的主要时期。翡翠矿床起初形成于白垩纪(100 Ma)的超基性岩浆岩。古近纪又有硬玉脉和晶洞(翡翠)及钠长石脉侵入到蛇纹石化橄榄岩中,翡翠形成的地质时代是古近纪(约45 Ma)。其形成过程主要分为两个阶段:早期成岩阶段形成硬玉岩,中晚期在走滑断层的作用下进入成玉阶段,即形成绿色翡翠。发生在硬玉岩(翡翠)中的蚀变则有铬铁矿的钠铬辉石化作用和钠长石化作用。组成翡翠的主要矿物是硬玉($NaAl[Si_2O_6]$),含有少量的其他矿物,如铬铁矿、角闪石、钠长石和绿辉石、钠铬辉石等矿物集合体组成的岩石称为硬玉岩。原生翡翠矿床在古近纪以来岩石露出地表,并受到强烈的风化剥蚀和沉积作用,形成冲积型的砾石堆积,已知其最大厚度可达150 m以上,形成次生的翡翠矿层(张位及,2002)。

4.1.5.11 阿拉干-巽他新生代俯冲-岛弧带[50](图 2-30,4-69)赋存的矿田、矿床

在巽他新生代岛弧带上,赋存了印尼松巴哇岛的巴图黑家(Batu Hijau)巨型斑岩铜金矿床(图 4-69),铜金属储量为 723 万 t,铜品位为 0.45%,金储量 572 t(Cook et al.,2005)。该矿床是通过地质与地球化学测量而于 1990 年发现的,矿床产在安山岩系的闪长玢岩体内。

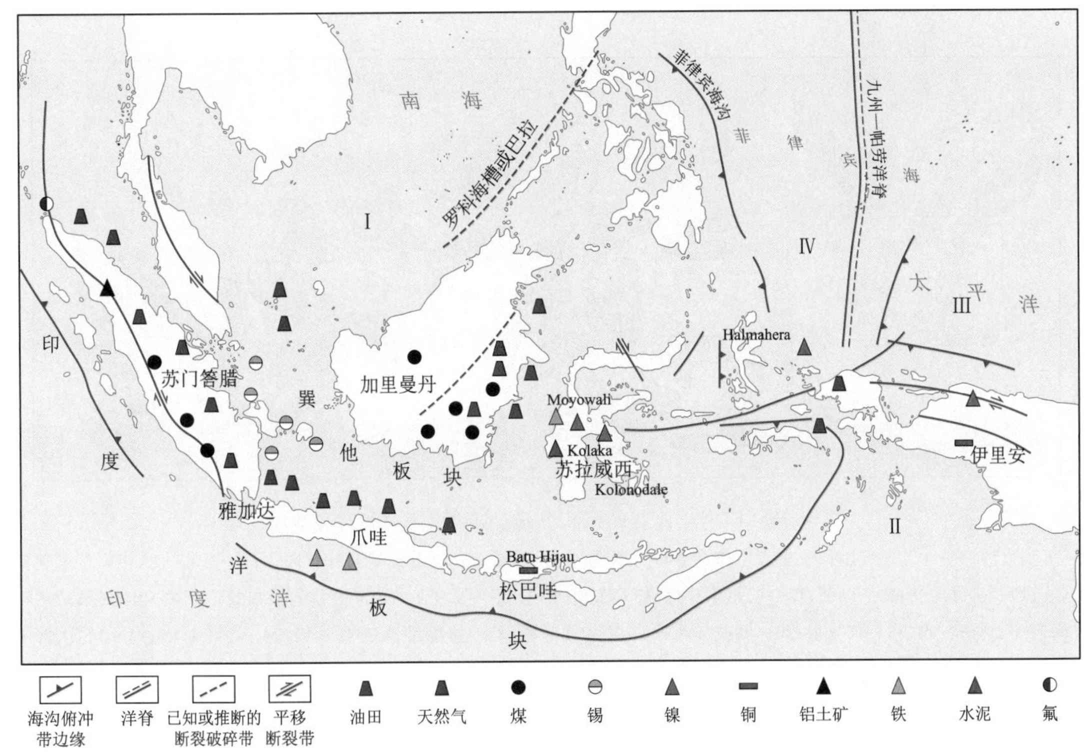

图 4-69 印度尼西亚主要矿产分布与地质背景略图(据钱惠明,1992,经改绘)

Ⅰ—南海断陷盆地;Ⅱ—印度洋板块;Ⅲ—太平洋板块;Ⅳ—菲律宾海板块。绿色长方块为松巴哇岛 Batu Hijau 特大型斑岩铜金矿床和伊里安岛格拉斯贝格(Grasberg)全球最大的、富金的斑岩铜矿床;苏拉威西岛上赋存着科罗诺达尔(Kolonodale)东海岸、科拉卡(Kolaka)西北侧、莫右瓦里(Moyowali)和哈马黑拉岛(Halmahera)等大型红土风化型镍矿床。

在巽他新生代岛弧带东部、苏拉威西岛东南部科罗诺达尔(Kolonodale)东海岸、科拉卡(Kolaka)西北侧和莫右瓦里(Moyowali)等地,赋存着红土风化型大型镍矿床(图 4-69),为新近纪以来在超基性岩体上经过热带强风化作用而形成的风化壳矿床,超基性岩内 Ni 含量为 0.16%~0.24%,风化壳内 Ni 含量可大于 1.4%。现在,此类红土型矿床占全球镍矿储量的三分之二,成为镍矿床的主要工业类型(付伟等,2010;何灿等,2008)。

4.1.5.12 巽他板块[51]赋存的矿田、矿床

巽他板块(见图 2-30)位于印度尼西亚的中部,在沉积盆地内盛产石油与砂锡矿床(图 4-69,图 4-70)。印度尼西亚约有 60 个沉积盆地,其中 73%位于海上,现已勘查的 36 个重要的含油气盆地都位于西部地域——巽他板块,重要的含油气区有苏门答腊油气区、爪哇油气

区、东加里曼丹油气区。印度尼西亚石油剩余探明可采储量为 5.96 亿 t,天然气剩余探明可采储量为 3 万亿 m^3。印尼的油气出口占政府总收入的 24%,油气出口收入占印度尼西亚出口总收入的 15%。近年来,新发现 West Seno 大型油田,Tangguh-Vorwata 大型气田($11\times10^{12}ft^3$)和 Sumpal 大型气田(图 4-70),说明该区的油气资源还有很大的潜力。印度尼西亚的油气资源都赋存在中新世、上新世的海相或三角洲内碎屑岩系、浅海碳酸盐岩系或生物礁内(钱惠明,1992)。

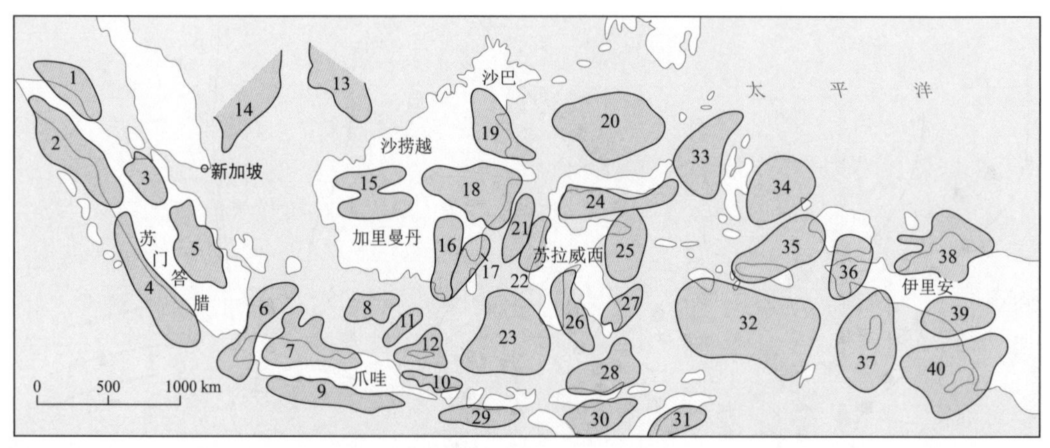

图 4-70 印度尼西亚的沉积盆地(据钱惠明,1992,经改绘)

沉积盆地:1—北苏门答腊;2—实武牙;3—中苏门答腊;4—明古鲁;5—南苏门答腊;6—巽他;7—西北爪哇;8—布里顿;9—南爪哇;10—东北爪哇;11—巴蒂;12—东北爪哇海;13—东纳土纳;14—西纳土纳;15—凯汤因/梅拉韦;16—巴里托;17—阿萨姆-阿萨姆;18—古泰;19—打拉根;20—苏拉威西;21—望加锡海峡;22—拉里昂;23—望加锡;24—哥伦打洛;25—帮盖;26—波尼;27—东南苏拉威西;28—弗洛勒斯;29—巴厘;30—萨武;31—帝汶;32—班达;33—哈马赫拉;34—卫古;35—萨拉瓦提;36—宾都尼;37—阿鲁;38—瓦鲁拜;39—阿基门格;40—萨胡尔。

截止到 2008 年年底,巽他板块内,中生界内已发现的油气储量 57.3685 亿桶当量,基岩组合中发现的油气储量 11.3194 亿桶当量,古近系中发现的油气储量 87.6182 亿桶当量,新近系中发现的油气储量 881.3314 亿桶当量,新近系中发现的储量最大,占总发现储量的 84.94%(杨福忠,2014)。

处在苏门答腊岛东侧的 Bangka Island 和 Billiton 砂锡矿场(见图 4-62,图 4-69)也是著名的锡矿床(Hutchison and Tan,2009)。

4.1.5.13 北新几内亚岛弧带[55](见图 2-30)赋存的矿田、矿床

印尼伊里安岛(新几内亚岛)西部高山区赋存着格拉斯贝格(Grasberg)全球最大的、富金的斑岩铜矿床,铜储量达 2802 万 t,铜品位为 1.10%,金储量为 2604 t(Cook et al.,2005)。此矿床形成于晚中新世-上新世,属于西南太平洋岛弧成矿带,位于高角度倒转褶皱翼上。含矿的安山质玢岩体产在走向 NW 的逆断层及其横张断裂的交叉处(图 4-71),岩体地表出露面积均很小,矿床就发育在小岩体的上部(Pollard and Taylor,2002)。在其附近还有埃茨伯格(Ertsberg,斑岩型及矽卡岩型,白云母的 $^{40}Ar/^{39}Ar$ 年龄为[(3.33±0.12) Ma 至(3.01±0.06 Ma)]、奥克特迪(Ok Tedi,斑岩型)和弗里达(Frieda,斑岩型)等大型铜金矿床,上述这三个矿

床合计铜储量超过 1121 万 t,金储量超过 800 t。其成因与特征均和格拉斯贝格矿床相似(Pollard and Taylor,2002)。

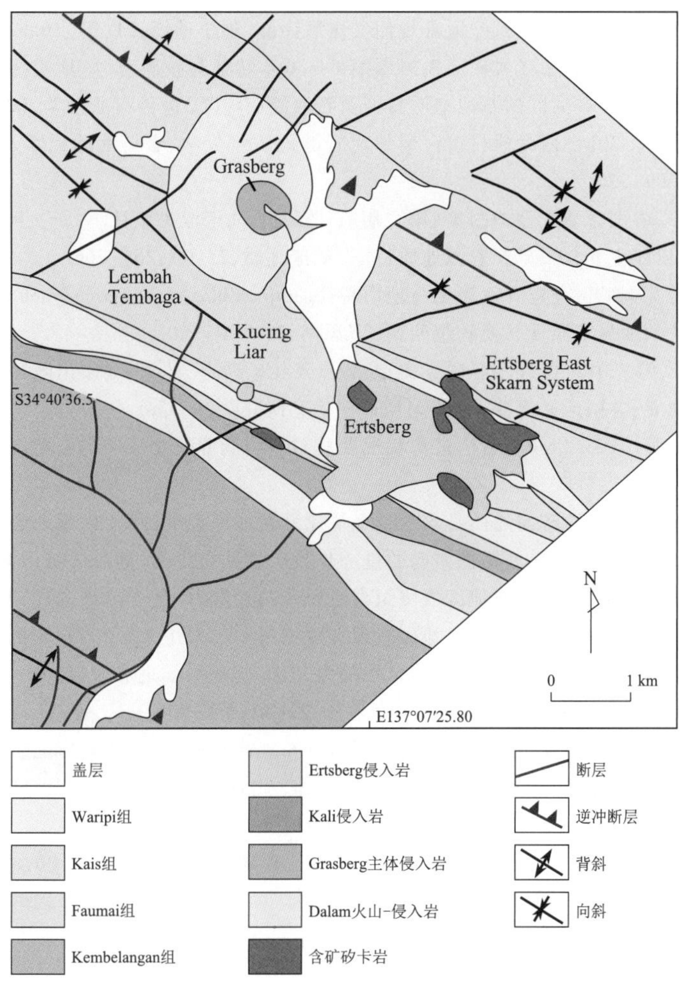

图 4-71　印度尼西亚伊里安岛格拉斯贝格(Grasberg)斑岩铜金矿田地质略图
(据 Pollard and Taylor,2002,经改绘)

印尼哈马黑拉岛(Halmahera,见图 4-69)苏巴印、马布里和卫古岛拉姆拉东侧、西富山都赋存着红土型镍矿床,也是新近纪以来在超基性岩体上经过热带强风化作用而形成的风化壳矿床,已控制与远景的镍矿石储量达 1000 万 t 以上(何灿等,2008)。

参考文献

陈永清,刘俊来,冯庆来,等. 2010. 东南亚中南半岛地质及与花岗岩有关的矿床. 北京:地质出版社,1-192.

段海岗,周长迁,张庆春,等. 2014. 中东油气富集区成藏组合特征及其勘探领域. 地学前缘,21(3):118-126.

付伟,周永章,陈远荣,等. 2010. 东南亚红土镍矿床地质地球化学特征及成因探讨——以印尼苏拉威西岛 Kolonodale 矿床为例. 地学前缘,(2):133-145.

高辉,梅燕雄,王浩琳,等. 2012. 阿富汗铜矿资料潜力与找矿方向. 矿产勘查,3(5):1-7.

格鲁莫夫·伊费著,王志欣译. 2007. 里海区域地质与含油气性. 北京:石油工业出版社,1-242.

何灿,肖述刚,谭木昌. 2008. 印度尼西亚红土型镍矿. 云南地质,27(1):20-26.

侯平,田作基,邓俊章,等. 2014. 中亚沉积盆地常规油气资源评价. 地学前缘,21(3):56.

黄志英,李光明. 2004. 西藏雅鲁藏布江成矿区斑岩型铜矿区基本特征与找矿潜力. 地质与勘探,40(1):1-6.

纪友亮. 1989. 沙特阿拉伯主要产油区的石油地质特征及石油勘探状况. 世界石油科学,(2):17-23.

郎兴海,唐菊兴,谢富伟,等. 2014. 西藏熊村矿区南部玢岩的地质年代学、岩石地球化学及其地质意义. 大地构造与成矿学,38(3):609-620.

李国玉,吕鸣岗等. 2007. 中国含油气盆地图集(第二版). 北京:石油工业出版社.

李景平,吴良士. 2008. 伊朗主要金属矿产资源地质特征. 矿床地质,27(4):265-266.

刘继顺. 2012. 缅甸蒙育瓦铜矿田勘查开发简史与地质特征. http://blog.sina.com.cn/yuelugj.2012-11-2 博文.

刘增洁. 2009. 沙特阿拉伯油气资源现状及政策回顾. 资源网,2009-05-20.

毛景文,张作衡,王义天,等. 2012. 国外主要矿床类型、特点及找矿勘查. 北京:地质出版社,1-480.

钱惠明. 1992. 印度尼西亚:各国地矿概要. 中国地质矿产信息研究院,1-55.

任收麦,乔德武,邱海峻,等. 2003. 伊拉克石油资源状况及其对中国能源安全战略的影响. 地质通报,22(3):208-214.

唐菊兴,黄勇,李志军,等. 2009. 西藏谢通门县雄村铜金矿床元素地球化学特征. 矿床地质,28(1):15-28.

王希斌,周详,郝梓国. 2010. 西藏罗布莎铬铁矿床的进一步找矿意见和建议. 地质通报(1):107-116.

杨福忠,洪国良,祝厚勤,等. 2014. 东南亚地区成藏组合特征及勘探潜力. 地学前缘,21(3):112-117.

杨经绥,许志琴,段向东,等. 2012. 缅甸密支那地区发现侏罗纪的 SSZ 型蛇绿岩. 岩石学报,28(6):1710-1730.

张鸿翔. 2009. 中国周边国家金属矿产资源调查与合作潜力分析. 地球科学进展,24(10):1159-1172.

张位及. 2002. 缅甸北部帕敢地区翡翠矿床地质. 云南地质,21(4):378-390.

郑文宝,陈毓川,宋鑫,等. 2010. 西藏甲玛铜多金属矿元素分布规律及地质意义. 矿床地质,29(5):775-785.

中国地质科学院亚洲地质图编图组. 1980. 亚洲地质资料汇编. 北京:中华人民共和国地质部情报研究所(共四册,第一册 191 页;第二册 225 页;第三册 210 页;第四册 412 页).

周肃,莫宣学,Mahoney J J,等. 2001. 西藏罗布莎蛇绿岩中辉长辉绿岩 Sm-Nd 定年及 Pb,Nd 同位素特征. 科学通报,46(16):1387-1390.

Chakraborty K L,Chakrabofty T L,谭礼国. 1985. 印度奥里萨邦苏金达河谷的铬铁矿矿床的地质特征和成因. 地球与环境,(8):20-25+19.

Clarke M H. 2006. Oman's Geological Heritage (Glennie K editor, second edition). Oman: Petroleum Development Oman, 1-247.

Cook D R, Hollings P, Walshe J I. 2005. Giant porphyry deposits: characteristics, distribution and tectonic controls. Economic Geology, 100: 801-818.

Deng, J, Wang Q F, Li G J, et al. 2014a. Tethys tectonic evolution and its bearing on the distribution of inpotant mineral deposits in the Sanjiang region, SW China. Gondwana Reseach, 26: 419-437.

Deng, J, Wang Q F, Li G J, et al. 2014b. Cenozoic tectono-magmatic and metallogenic processes in the Sanjiang region, southwest China. Earth-Science Reviews, 138: 268-299.

Hutchison C S and Tan D N K (eds.). 2009. Geology of Peninsular Malaysia. Kuala Lumpur: Murphy. The University of Malaya and The Geological Society of Malaysia, 1-479.

Lang X H, Tang J X, Li Z J, et al. 2014. U-Pb and Re-Os geochronological evidence for the Jurassic porphyry metallogenic event of the Xiongcun district in the Gangdese porphyry copper belt, southern Tibet, PRC. Journal of Asian Earth Sciences, 79: 608-622.

Pollard P J,Taylor R G. 2002. Paragenesis of the Grasberg Cu-Au deposit,Irian Java,Indonesia:Results from logging section 13. Meniralium Deposita,37:117-136.

Ridd M F,Barber A J and Crow M J. 2011. The Geology of Thailand. London:The Geological Society,1-626.

Shi G H,Cui W Y,Cao S M,et al. 2008. Ion microprobe zircon U-Pb age and geochemistry of the Myanmar jadeiteite. Journal of the Geological Society,London,165:221-234.

Yang J S,Xu Z Q,Li Z L,et al. 2009. Discovery of an eclogite belt in Lhasa block,Tibet:a new border for Paleo-Tethys? Journal of Asian Earth Sciences,34:76-89.

4.1.6 西太平洋构造域赋存的矿田、矿床

4.1.6.1 锡霍特-阿林-科里亚克白垩纪增生碰撞带[57](见图 2-44)赋存的矿田、矿床

锡霍特-阿林构造带由兴凯地块、老爷岭-格罗杰科岛弧和东锡霍特-阿林造山带 3 个构造单元组成。其金属矿床的成矿作用主要分为三个时期:古生代在兴凯地区形成了喷流-沉积为主的铁(锰)矿、铅锌矿及岩浆热液型锡矿;二叠纪中期,在老爷岭-格罗杰科岛弧地区形成了浅成低温热液型金(银)矿和变质热液型金矿(Khomich et al.,1997);侏罗纪至古近纪末,在东锡霍特-阿林构造带中形成了矽卡岩型钨床、浅成低温热液型金(银)矿、矽卡岩型及脉状硼矿和铅锌矿、脉状金矿等矿床(冯坚等,2012)。

俄罗斯远东地区已开发的钨矿主要分布在滨海边区和锡霍特-阿林,代表性大型矿床是“东方 2 号”和列蒙尔托夫,都是与中生代花岗岩有关的矽卡岩型白钨矿-硫化物矿床,部分为白钨矿-石英脉型矿床。在锡霍特山区,该区的赫鲁斯塔利内矿山联合企业是全俄最大的采钨企业,其产量为全俄的 80%,但是 WO_3的平均含量只有 0.15%。20 世纪 80 年代,俄罗斯学者在兴凯湖以南的远东地区发现了晚古生代、与火山-侵入杂岩体相关的低温热液金银矿床,不过详情尚未公开发表(Khomich et al.,1997)。

在西伯利亚最东端的楚科奇半岛是俄罗斯新的重要汞矿产地。主要矿床普拉缅诺耶和西波梁斯科耶矿床,其储量大,含汞量高,矿床形成于新生代。楚科奇半岛赋存了锡石-硫化物型的原生锡矿(储量约 35 万 t),尚待开发(张鸿翔,2009)。滨海边疆区的尼古拉耶夫铅锌矿床规模不大,矿床也形成于新生代。其储量仅占全国总储量的 4%,铅含量小于 3%,但其铅矿石产量却占俄罗斯全国总产量的 50%以上。

4.1.6.2 阿留申-堪察加半岛-千岛群岛-库页岛-日本东北部新生代俯冲-岛弧带[59](见图 2-44)赋存的矿田、矿床

萨哈林岛(库页岛)共有 77 个油气田,以中小型油气田为主,已发现可采储量为 4.8 亿 t,天然气储量 1.3 亿 m^3(梁英波等,2014)。现正在开采的油田有 9 个,其中油气田为 7 个、气田为 2 个。油气藏主要赋存在萨哈林岛东侧海域的古近纪与新近纪地层内,油气藏的展布方向以 NNW 向为主,它们均在以右行走滑兼张裂作用为主的控制下赋存(贺正军等,2015)。萨哈林原油的含硫量为 0.3%左右,芳香烃比重大,属优质油;但其他成分各不相同。萨哈林油田开发较早,从 1928 年开始采油,但产量很低,后来逐步增多,目前年产量约为 3000 万 t。萨哈林海域中大陆架的油气资源十分丰富,石油的预测储量可能达 50 亿 t,其中约有 30 亿 t 蕴藏在水深 100 m 以内的大陆架里,萨哈林大陆架海水较浅,为石油开采提供了方便条件。

在日本列岛的岛弧带内,赋存着秋田县上向(Uwamuki)多金属黑矿型(Kuroko 型)矿床。此类黑矿型矿床系形成于海底,与海底火山活动、海底喷泉关系密切,形成富含多金属的块状硫化物矿床,矿床内也有一些细脉状与网脉状的矿体。它通常保存在古近纪岛弧的裂陷带内,为岛弧带内很具特色的矿床。根据锇同位素的研究,侯增谦等(2001)认为此矿床具有清楚的垂向韵律性变化,估计其物质来源中,幔源的贡献约为 57%~89%,壳源的贡献约为 11%~43%。

4.1.6.3　本州南部-四国南部-琉球新近纪俯冲-岛弧带[62](见图 2-44)的赋存矿田、矿床

日本南部九州岛菱刈(Hishikari)金矿田为日本主要的金成矿区的南部,为一低硫化物、浅成低温热液矿床。该区下部基岩为 Shimanto 岩系,其上不整合地覆盖了与金矿化密切相关的早更新世-中更新世流纹英安岩系(1.10~0.66 Ma)。围岩蚀变主要为绿泥石化和伊利石化。累计金储量为 260 t。矿脉受张剪性节理所控制,矿脉总体走向 NE50°,几乎直立。单条矿脉长 300~400 m,宽度在 0.5~4 m 之间(李欢,2013-6-5,个人博客:日本最大金矿——菱刈(Hishikari)金矿考察记,http://blog.sciencenet.cn/u/lihuan1022)。

4.1.6.4　菲律宾-马鲁古新生代双俯冲-岛弧带[64](见图 2-44)赋存的矿田、矿床

从菲律宾吕宋岛北部地区,经伊里安岛-巴布亚新几内亚岛,再到所罗门群岛为西太平洋岛弧南部的重要斑岩铜矿带。在吕宋岛北部地区 Lepanto 铜金矿区为菲律宾最主要的斑岩型铜金和低温热液铜金银矿区。该矿区位于吕宋岛北部西侧的 Pinatubo 火山岩地区,金储量为 550 t,铜储量大于 360 万 t,铜矿的品位均大于 1%。与矿化相关的围岩蚀变(明矾石)年龄为(1.44±0.8) Ma,可代表该区的主要矿化时期。矿脉以 NW-SE 向为主,推测是受菲律宾海板块朝北西方向俯冲、运移时派生的张裂隙所控制(Hedenquist et al.,1998)。1988 年发现远东南(Far Southeast)铜金矿床,铜金属量为 336 万 t,铜品位为 0.73%。该矿床是通过老矿区、地质填图和重点地区的资料分析而发现的。该矿床产于石英闪长岩与火山碎屑岩中的斑岩体内。近年来,学者们都认为吕宋岛上的斑岩铜金矿床的形成与菲律宾海板块的 Scarborough 洋脊俯冲到吕宋岛之下有关(Cook et al.,2005)。

菲律宾迪纳加特岛(Dinagat)红土型镍矿床是白垩纪蛇绿岩套内超基性岩经热带强烈风化作用,而镍在风化壳底部富集,形成红土型风化残余镍矿床。超基性杂岩体形成年龄为 84.8 Ma,橄榄岩中的镍含量为 0.2%~0.3%。超基性岩沿 NE 断裂分布,晚期被许多 NW 向断裂切断,分布面积达 600 km^2。风化壳的厚度在 5~35 m 之间。镍的品位一般在 1%左右,下部可达 1.5%,最富的镍矿石为褐铁矿化的红土矿石,品位为 1.5%(王志刚,2010)。

参 考 文 献

冯坚,梁一鸿,刘雪松,等. 2012. 锡霍特-阿林成矿带金属矿床成矿作用的演化. 地质与资源,(3):266-271.

贺正军,张光亚,王兆明,等. 2015. 俄罗斯东北萨哈林盆地油气分布及成藏主控因素. 地学前缘,22(1):291-300.

侯增谦,杜安道,孙卫东. 2001. 黑矿型矿床成矿物质来源:日本上向黑矿铼-锇和氦同位素证据. 地质学报,75(1):97-105.

梁英波,赵喆,张光亚,等. 2014. 俄罗斯主要含油气盆地油气成藏组合及资源潜力. 地学前缘,21(3):38-46.

王志刚. 2010. 菲律宾迪纳加特岛红土型镍矿床地质特征及找矿勘查方法. 地质与勘探,42(2):361-366.

张鸿翔. 2009. 中国周边国家金属矿产资源调查与合作潜力分析. 地球科学进展,24(10):1159-1172.

Cook D R, Hollings P, Walshe J I. 2005. Giant porphyry deposits: characteristics, distribution and tectonic controls. Economic Geology,100:801-818.

Hedenquist J W, Arribas A, Reynolds T J. 1998. Evolution of an intrusion-centered hydrothermal system; Far Southeast-Lepanto porphyry and epithermal Cu-Au deposits, Philippines. Economic Geology,93(4):373-404. DOI:10.2113/gsecongeo.93.4.373.

Khomich V G, Ivanov V V, Zinkov A V, et al. 1997. Epithermal gold-silver mineralization of Late Paleozoic volcano-Plutonic complexes of South-West Primorye (Far East Russia). Late Paleozoic and Early Mesozoic Circum-Pacific Events: Biostratigraphy, Tectonic and Ore Deposiys of Primoryie (Far East Russia). IGCP Project 272. Memoires de Geologie (Lausanne) (30):195-182.

4.2 各构造域的矿种特征

综上所述,尽管各个地块所赋存的矿床种类繁多,现象十分复杂(详见附表),初看起来好像没有什么规律性一样。但是仔细研究一下,还是可以看出有些构造域的板块或地块易于赋存某些种类的矿床,尤其是内生金属矿床。

本书共收录了亚洲的 242 个大型或超大型矿集区、矿田或矿床的资料(详见附表),其中内生金属矿床 187 个,沉积矿床 50 个,风化残积矿床 5 个(图 4-72)。

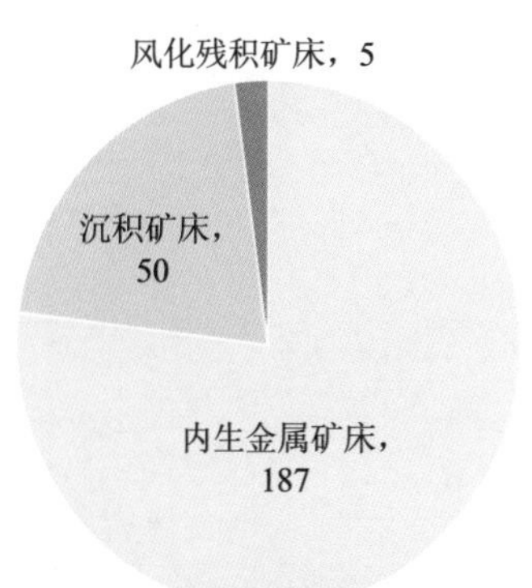

图 4-72 亚洲大型矿集区、矿田或矿床成因类型统计

在此,首先讨论在各大构造域所具有的内生金属矿集区、矿田或矿床的矿种类型的特征(图 4-72)。从宏观的角度来说,地壳上各个地方似乎都可以含有一百多种元素的,但是实际上它们的含量是各不相等的。在各大构造域中的板块或地块都是在地质演化过程中相对早期定型的,它们都是地球演化的较早时期由原始星子经多次聚集而成的(欧阳自远等,2002)。不同星子一般均具有不同的物质组成,即由含量不等的、不同的元素及化合物所组成。尽管各个地块存在一些共性,但是也必然存在着一些差异。因而,在后期构造作用中,实际上是将每一个地块原来所特有的元素和化合物不断地进行化合与分解,并在一定的条件下富集成矿。因而在特定的地块内,总是有的元素原始含量相对较高,有的元素原始含量相对较低。当某些元素与化合物富集到能够比较经济地为人类所利用时,于是这些元素、化合物与晶体就构成了有用矿物与矿床。从这个角度来看,在某些地块内易于赋存某类内生矿床是有道理的。

至于,沉积矿床与矿田的分布,它们主要受陆内断陷-沉积盆地的控制,此时盆地都受到一定程度的伸展构造作用的控制。至于形成何种矿床,则主要受气候与纬度的控制。

在中、新生代时期,除印度板块之外,冈瓦纳构造域各板块的运移速度都比较小,构造变形较弱,再加上它们都处在热带或温带的温暖潮湿气候区就形成了大型煤田或油气田。因而在此构造域内很多地区,形成并保存了全球规模最大的油气田,即中东(波斯湾)、伊朗、里海(阿塞拜疆)、中亚、印度尼西亚等油气田。西西伯利亚的大油气田之所以形成并保存下来,那是与该区多次发育了密度较大的基性岩浆活动,使该区自新元古代以来长期处于缓慢沉降的过程,十分有利于油气资源、甲烷水合物或煤田的形成、聚集与保存。

在亚热带干旱气候区易形成膏盐类矿床。在温带潮湿气候下,发生黏土风化作用,易于形成铝土矿床和高岭土矿床。而在热带强化学风化作用下,则易于富集极耐风化的铁、钛、锰、镍等氧化物的风化残积矿床。风化残积矿床之所以能保存,后期必须具备相对稳定的构造条件,既没有大幅度的隆升或沉降,也没有强烈的构造变形。因而,现在保存下来的大型风化残积矿床主要都是新生代或中新世以来形成的,早期形成的矿床则多半已经被破坏或剥蚀。

因此,本节就重点讨论各构造域内形成的大型内生金属矿集区、矿田或矿床的矿种特征。

4.2.1 西伯利亚构造域的矿种特征(图 4-73,见图 2-1)

在西伯利亚板块的主体部分,受地幔羽和岩石圈断裂-裂谷控制,形成与基性、超基性岩浆活动相关的诺里尔斯克镍(铜)硫化物型超大型矿床(见图 4-1,图 4-2),以及与金伯利岩岩管相关的金刚石矿床(见图 2-2)。上述两种矿床的形成显然都与岩石圈板块之下的地幔强烈热活动相关。含金刚石的金伯利岩岩管主要分布在陆核边缘断裂或陆核内放射状断裂构造内(图 2-2)。

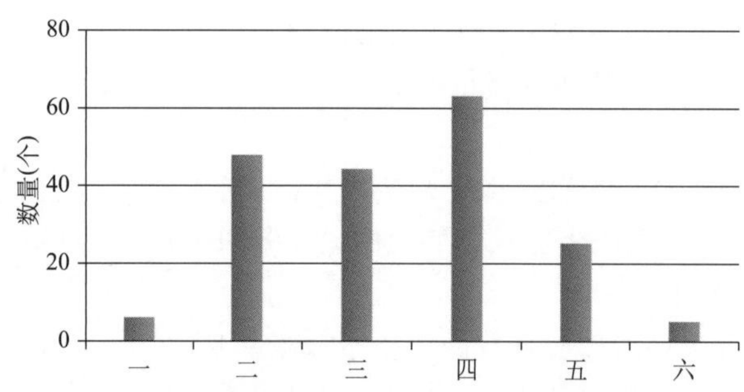

图 4-73 亚洲各构造域所统计的大型内生金属矿集区、矿田数或矿床数

一—西伯利亚构造域(6 个);二—中亚-蒙古构造域(48 个);三—中朝板块构造域(44 个);四—扬子板块构造域(63 个);五—冈瓦纳构造域(25 个);六—西太平洋构造域(5 个);共统计了 191 个内生金属矿集区、矿田数或矿床数。

而在西伯利亚板块东部,受侏罗纪碰撞带的影响形成萨利拉克金-锑矿床,西伯利亚板块以东的科累马金、银、锡等矿集区。在西伯利亚板块东南侧的外贝加尔侏罗纪碰撞带内形成金矿带(见图 4-4,图 4-5)。这就是说在西伯利亚构造域,易于富集金、银、锑、锡等内生金属矿床。这些矿床主要受侏罗纪朝 WSW 方向的挤压、碰撞作用所控制。而在白垩纪,则受到太平洋板块朝北挤压所派生的近东西向伸展作用所控制进一步地产生成矿作用。

4.2.2 中亚-蒙古构造域的矿种特征(图 4-73,见图 2-6)

该构造域是以古生代增生碰撞作用为主的,赋存着 41 个大型和超大型内生金属矿集区、矿田或矿床。尽管此构造域北部的阿尔泰-中蒙古-海拉尔早古生代增生碰撞带和卡拉干达-吉尔吉斯斯坦早古生代增生碰撞带是以早古生代碰撞作用为主,而南部则是晚古生代增生碰撞带(西天山和巴尔喀什-天山-兴安岭),其主体的碰撞作用时间为晚泥盆世-早石炭世(385~318 Ma)。但是其主要成矿作用却主要都发生在晚古生代的晚石炭世-早二叠世(318~260 Ma),有的则为三叠纪（如蒙古额尔登特斑岩铜钼矿床（见图 4-9，图 4-10）和新疆白山斑岩型金钼铼矿床（见图 4-20）。其中，晚古生代晚期（晚石炭世-早二叠世），在后碰撞作用阶段，成为成矿作用的高峰期，此时区域性大断层主要表现为走滑，北西向的转为左行走滑，近东西向的则为右行走滑。正是这种不太强烈的、适度的构造活动，控制了区域的岩浆活动，造就了大批内生金属矿床（见图 4-15，图 4-16，图 4-18，图 4-20；Wan et al.，2015）。

另外该地区在古生代的不少地段发现深部地幔存在上隆现象，也即莫霍面有点相对隆起。许多岩浆活动都表明在此构造域形成了一些新生的地壳（韩宝福等，1998）。因而，在此增生碰撞带内形成了许多壳幔物质混合来源的、富含有色金属（Cu，Pb，Zn，如图 4-8 至图 4-10，图 4-18，图 4-20，图 4-22）、贵金属（Au，Ag，如图 4-11，图 4-15，图 4-20）、稀有金属（Li，Be，Nb，Ta，U，如图 4-7，图 4-16）和稀土元素（如图 4-7，图 4-27）的内生金属矿床，矿床以规模大、品位高为特征，构成了全球一个极其重要的中亚-蒙古内生金属成矿带，形成了从哈萨克斯坦、乌兹别克斯坦、塔吉克斯坦、吉尔吉斯斯坦、阿尔泰、蒙古、天山、到兴安岭等地区的许多超大型内生金属矿集区和矿田。

在中亚-蒙古构造域，除了大量赋存了有色金属、贵金属、稀有金属和稀土元素等内生金属矿床之外，还有一个重要的特色就是形成了大量沉积型砂岩铀矿田（图 4-74）。这可能与此构造域内形成了含铀较多的花岗质侵入岩体，经过风化淋滤，使铀元素在盆地的砂岩系内相对富集。该地区在新生代以来，又一直处在干旱气候区，致使铀元素得以保存，而散失得较少，成为沉积铀矿床赋存的良好条件。

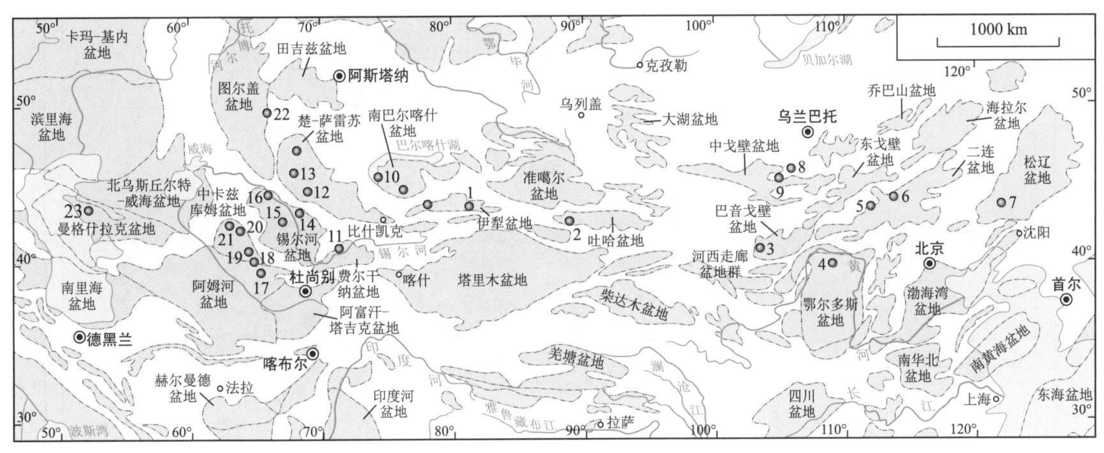

图 4-74 中亚-蒙古构造域沉积型铀矿田空间分布（据焦养泉等，2015）

1—伊犁盆地南缘铀矿田；2—吐哈盆地南缘十红滩铀矿床；3—巴音戈壁盆地塔木素铀矿床；4—鄂尔多斯盆地北部东胜铀矿田；5—二连盆地努和廷铀矿床；6—二连盆地赛罕高毕-巴彦乌拉铀矿床；7—松辽盆地钱家店铀矿床；8—海尔罕铀矿床；9—哈拉特铀矿床；10—南巴尔喀什湖铀矿带（煤岩型）；11—玛利苏伊铀矿田；12—坎茹干-乌瓦纳斯铀矿带；13—英凯-门库杜克铀矿带；14—卡拉克套铀矿田；15—基细尔柯里-卡尼麦赫铀矿田；16—卡拉木伦铀矿田；17—克特门奇-萨贝尔萨伊铀矿田；18—布基纳伊-卡尼麦赫铀矿田；19—列夫列亚坎-比什凯克铀矿；20—苏格拉雷铀矿田；21—乌奇库杜克铀矿田；22—拉扎列夫斯科耶铀矿田；23—曼格什拉铀矿带。未标注说明者，均为砂岩型铀矿。

4.2.3　中朝构造域的矿种特征

中朝构造域的地块(见图 2-14,图 4-73),在古元古代形成统一结晶基底之后,在板块边缘裂陷作用以及后期的板内张裂作用中形成了许多特有的矿床,形成以富含铁、金(见图 4-73)、钼、铌、稀土、镁和硼等元素的大型和超大型矿集区、矿田和矿床。它们主要分布在中朝板块的边部或内部的某些地壳断裂带附近,它们构成了中国最著名的矿集区、矿田或矿床,如辽宁鞍山-本溪与河北东北部迁安-迁西铁矿田,辽宁营口滑石菱镁矿矿床、辽宁营口翁泉沟和吉林集安硼矿床,内蒙古包头白云鄂博铌、稀土矿床(见图 4-27)、内蒙古努鲁儿虎山中部金厂沟梁特大型金钼矿床、内蒙古宝格达乌拉钼矿床和乌兰德勒钼矿床,河南东秦岭东沟、黄龙铺钼铅矿床和栾川南泥湖-三道庄等大型钼矿床(见图 4-28),以及河南灵宝-陕西潼关小秦岭金矿田和河南东秦岭嵩县祁雨沟等大型金矿田(图 4-28)、山东莱州三山岛-焦家-招远玲珑金矿集区(见图 4-29)。中国两个最大的金矿集区,胶东与小秦岭附近地区显然都处在金元素的区域地球化学异常之中(图 4-75,图 4-76,见图 4-29)。

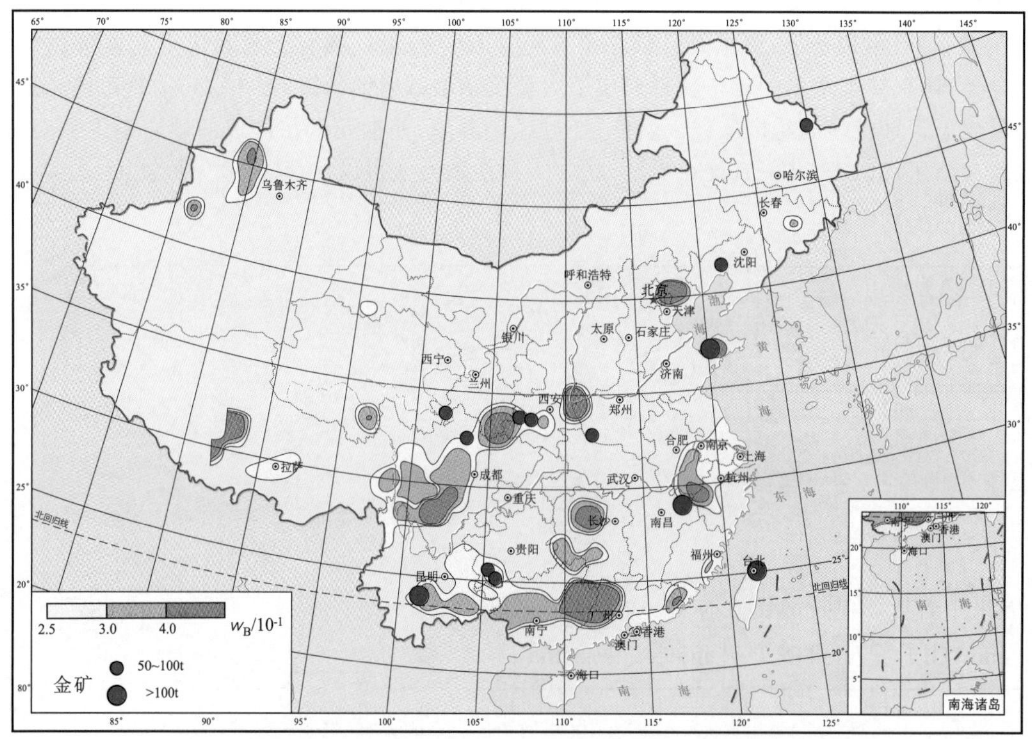

图 4-75　中国大陆金的地球化学块体与大中型金矿床

(依据 1∶1 000 000 水系沉积物区域地球化学异常测量,据王学求和谢学锦,2000)

金元素的分布比较广泛,在中国各地块内都有富集成矿床的机会,山东与秦岭附近地区就形成规模巨大的金矿床与矿集区。

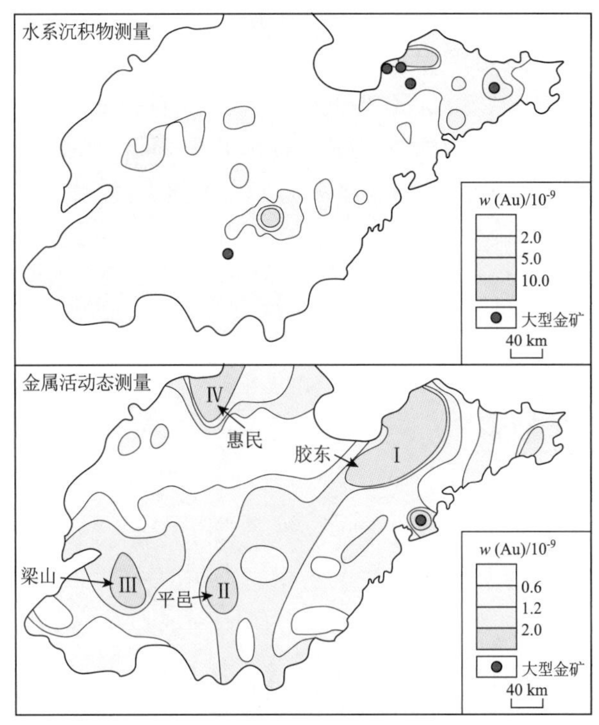

图 4-76 山东省 1∶200 000 水系沉积物测量、金属活动态测量的金元素异常与大型金矿床分布
(据王学求,1998)
Ⅰ—胶东招远-平度异常区;Ⅱ—平邑异常区;Ⅲ—梁山异常区;Ⅳ—惠民异常区。

在中朝板块的中、新元古代边缘裂陷槽内发现一系列与热卤水作用相关的铅锌矿,如辽东铁岭关门山铅锌矿床,内蒙古狼山、东升庙、霍各乞、炭窑口铅锌矿床和朝鲜北部检德铅锌矿床等。在阿拉善-敦煌地块南缘裂陷带内,赋存了甘肃金川铜镍(含铂)硫化物矿床(见图 4-32),而在祁连山碰撞带内则发育了甘肃白银厂折腰山铜铅锌矿床和肃南县石居里沟铜锌矿床(见图 4-33,图 4-34)。在中朝板块内的许多金矿田的深部都富含铅锌,有的甚至已构成铅锌矿床。预计在一些金矿田的深部今后很可能找到一些成矿温度较高的气成热液矿床。

根据张本仁等(1994)的区域地球化学研究,中朝板块的南部上地幔内,铁、镁、钼等相对富集[ΣFeO(12.0% ~ 12.28%),MgO(7.75% ~ 5.84%),Mo(0.64 ~ 0.58×10^{-6})]和 Zr/Hf 值较高(54.4~44)。钼与钨、锡全球的地化特征虽然很相近,虽然同是高温成矿元素。但在中朝板块构造域内钨锡的含量就很低,很少发现大型钨、锡矿床,但是却形成了许多大型钼矿床(如金堆城大型斑岩型钼矿床,河南栾川南泥湖-三道庄斑岩-矽卡岩型超大型钼钨矿床,河南殷家沟 Mo-Cu-矽卡岩型钼(铁)矿床,上房沟斑岩黄龙铺碳酸盐岩型钼铅矿床、东沟大型斑岩钼矿床等),这可能与中朝板块钼元素的背景值较高有关。

4.2.4 扬子构造域的矿种特征(见图 2-18,图 4-73)

在新元古代以前,扬子板块可分为北扬子与南扬子板块,它们以皖南-赣东北-雪峰山-滇东(也称“江南”)新元古代碰撞带[23]为界。南、北扬子板块所赋存的矿床是不大一样的。张本仁等

(1994)研究了北扬子板块的元素地球化学特征,认为具有:Li(26.3×10^{-6})相对富集,Rb[$(27\sim30)\times10^{-6}$]相对富集,Sc[$(34\sim46.7)\times10^{-6}$]相对富集,Cu[$(80\sim126)\times10^{-6}$]相对富集(图 4-77),Nb/Ta值(16~25)相对高,Zr/Hf 值(40)低,ΣFeO 较低(9.14%),MgO 较低(5.19%~6.84%),Mo 也较低[$(0.3\sim0.54)\times10^{-6}$]。它与相邻的中朝板块显然具有很不相同的元素地球化学特征。根据他们的研究,北扬子板块是有利于铜元素的富集(图 4-77),而不利于钼元素的富集。

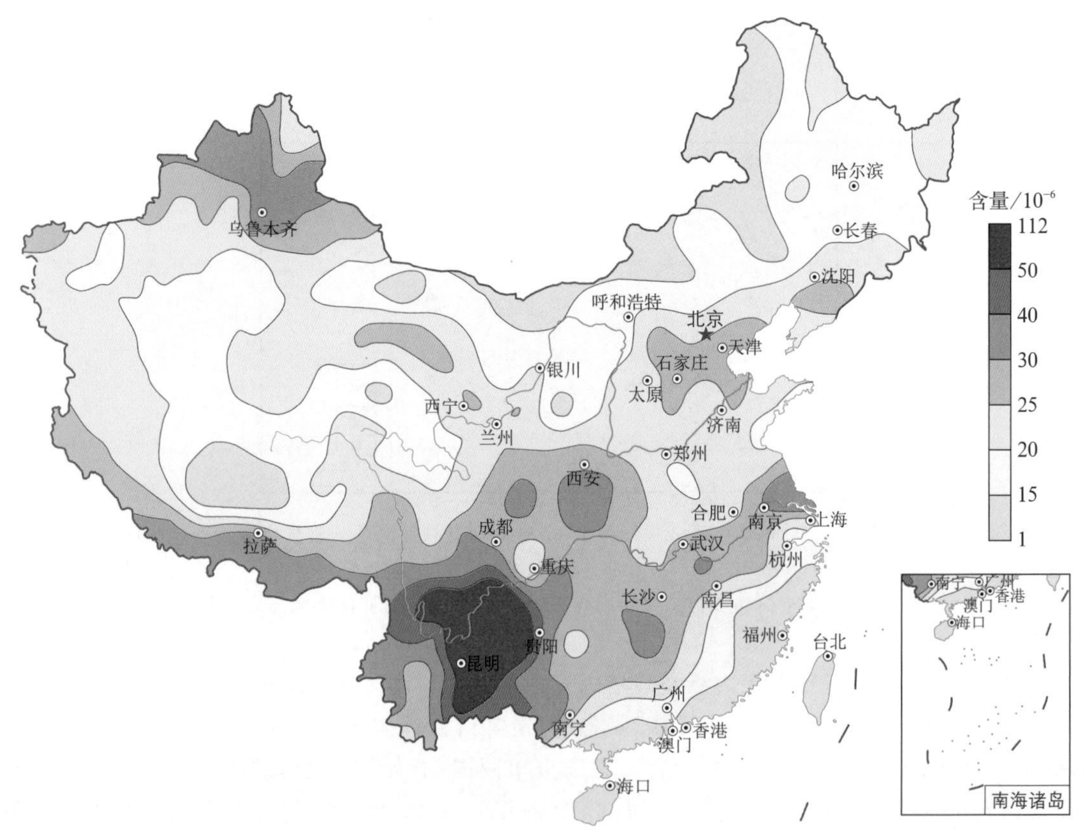

图 4-77 中国大陆铜的地球化学块体

(依据 1:1 000 000 水系沉积物测定的区域地球化学异常,据谢学锦和向运川,1999;Xie and Cheng,2001)

以水系沉积物地球化学测量的 76 种元素测试资料为基础,谢学锦等(2008)对扬子板块西南部进行了系统的地球化学研究,并很清晰地用图件展示它们的特征。他们发现:川、滇、黔三省交界处地带(即扬子板块的西缘)明显地具有铁族元素异常区与大型矿床(铁、钛、钒、铬、镍、钴),形成了攀枝花钒钛磁铁矿床,也同时赋存着铂族元素的区域性异常(铂、钯、锇、钌、铑),如形成了以弥渡金宝山大型铂矿床为代表的矿床,它们的富集显然都与板块边部近南北向岩石圈断裂及其基性、超基性岩浆活动相关,也即与峨眉山玄武岩大火山岩省的活动有关。川西、黔西和滇东(北扬子板块的西部)相当广泛地存在着金元素的区域性异常与许多大型矿床,形成了贵州西南兴仁-安龙一带大型金矿田(图 4-48,图 4-49)。在北扬子板块,尤其在其西南部广泛分布着有色金属(铜、铅、锌)异常区(图 4-77,图 4-79,见图 4-59,图 4-60,图 4-61)和许多大型有色金属矿床(见图 4-47,图 4-48,图 4-49),如云南会泽麒麟厂铅锌(含银、锗、镉、镓、铟;见

图 4-47)热液矿床、云南东川铜矿床,以及四川西部义敦(德达)呷村银、铅、锌多金属矿带。是否也可将北扬子板块称之为“富多金属地块”。由图 4-77 还可以看出,铜元素的富集主要分布在藏南地区、扬子板块与新疆北部地区(刘大文,2002)。

在北扬子板块内的湘西、贵州东部和广西西部(即以北扬子板块为主)存在显著的汞异常(图 4-78)和大型汞矿田(见图 4-42)。而锑的区域性异常主要集中在滇东和桂西,硒的区域性异常在贵州和广西普遍存在,滇东和桂西南也存在碲元素较显著的异常等。在北扬子板块的川西-黔西南-桂西存在稀土元素(镧、铈、铌、钽、钪、铕、钕、钐、钇、铒、钆、铽、镝等)的区域性异常,它们以四川冕宁牦牛坪大型稀土成矿带为代表。

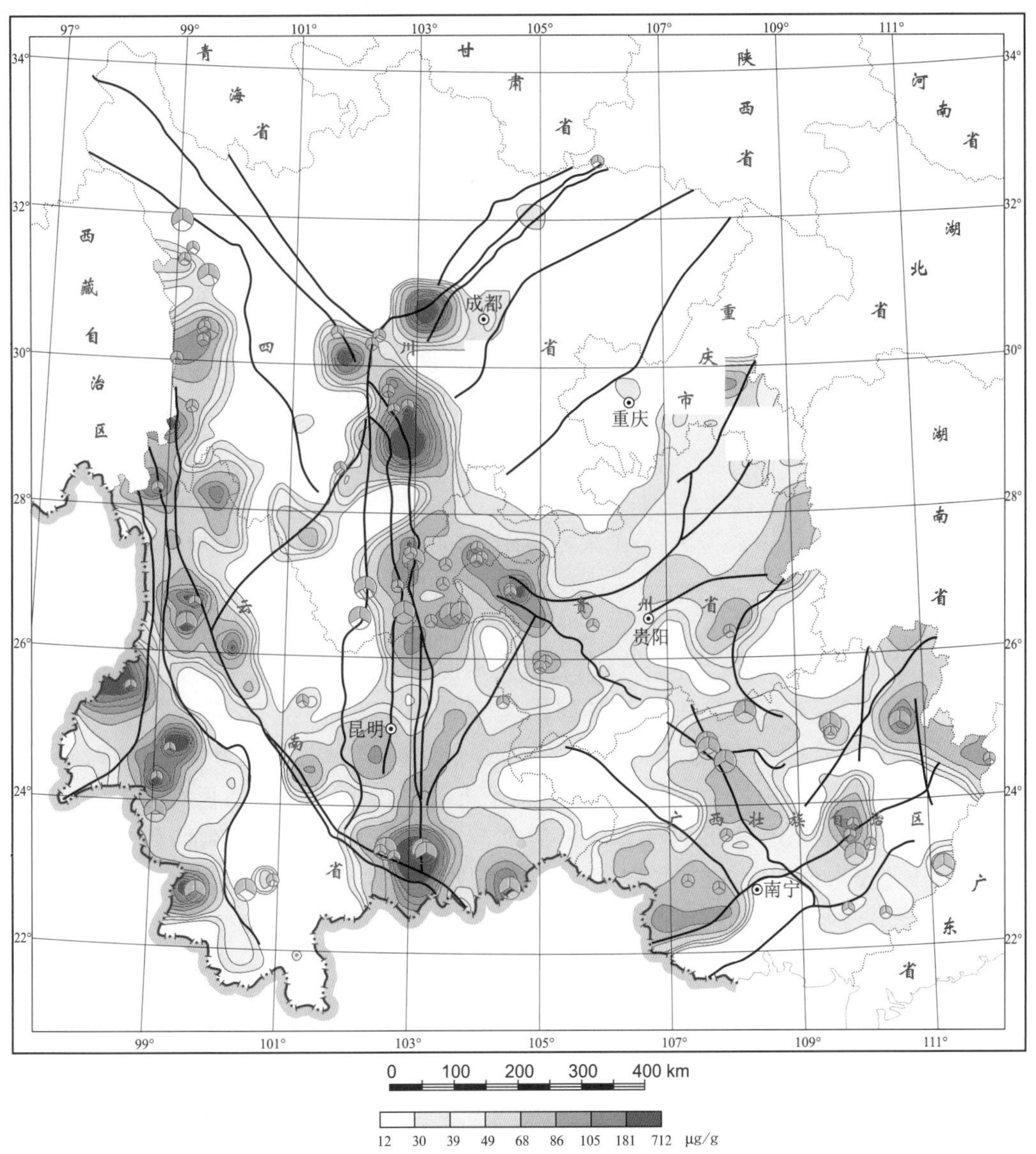

图 4-78 中国西南地区汞地球化学异常与大型汞矿床分布(谢学锦等,2008)

属于南扬子板块的广西与滇东地区，主要赋存了世界最大的锑、锡异常区和锑、锡矿田，如广西大厂锡石、锑硫化物超大型矿床（见图 4-43，图 4-44），湖南冷水江市锡矿山超大型锑矿床和云南个旧锡（铜）多金属矿集区（见图 4-45，图 4-46）等。而在北扬子板块内，则既没有锡元素的异常区，更没有形成任何大型的锡或锑矿床。上述各种元素的异常区中，元素含量经常比背景值高几十倍甚至几百倍。已经在扬子构造域西南地区勘探并开发了许多相关的大型矿床。

由上述资料可以看出，地块内区域性的元素异常富集确实是成矿作用的基础，能够为找矿勘探指出方向。以水系分散流资料为基础的区域性地球化学异常研究揭示了地块内元素原始的分布状态，它确能为该区矿产资源找寻和勘探指出方向。在元素异常区附近，去重点寻找相关的矿产资源显然是合理的。不过，水系分散流的元素异常区与大型矿床的富集部位，一般说不一定能完全重合。应该从元素异常区出发，逆着水系沉积物的迁移方向去找寻矿床赋存的可能部位。另外，由于中国各省所具有的类似的资料（如 1∶20 万水系沉积物地球化学测量）多数尚未公开发表，因而笔者在探讨大范围区域成矿规律和找矿方向时还存在一些困难。不过就现有的资料来看，已经能够说明矿床的形成是与其所在地块区域元素富集和背景值有着密切的关系。

北扬子板块以易于形成 Fe，Cu，V，Hg，Au 和稀土等大型矿床为特色。在其东部主要形成了鄂东南铁铜金矿集区、安徽铜陵铁铜金矿集区（见图 4-35 至图 4-36）、江西城门山（铜）-阳储岭（钨）矿田和江西德兴（铜厂、朱砂红、富家坞）铜多金属矿集区和金山剪切带型热液金矿床（见图 4-40），以及云南西北部鹤庆北衙金、多金属矿床。因此，北扬子板块似乎可以称为富铁铜板块。

在皖南-赣东北-雪峰山-滇东新元古代碰撞带[23]以南地区，即南扬子板块（见图 2-15）和扬子板块以西和以南的东兴都库什-喀喇昆仑-北羌塘-印支板块[27]的成矿作用具有类似的特征，以富含 Sn，Cu，Pb，Zn，Sb 以及 W 等矿床为特征，形成了广西与滇东超大型锡矿田（见图 4-43 至图 4-46）、马来半岛东部林明（Sungai Lembing）锡矿床和马来半岛锡矿带（见图 4-62）。因此，南扬子板块似乎可称为富锡板块。

在东兴都库什-喀喇昆仑-北羌塘板块[27]内，形成了塔吉克斯坦大卡尼曼苏尔银、金、多金属矿床（见图 4-63），青海玉树东莫扎抓、莫海拉亨、茶曲帕查铅锌矿带（见图 4-59），西藏东部玉龙铜、钼斑岩型矿带（见图 4-60），云南兰坪金顶铅锌多金属矿带（见图 4-61，图 4-77，图 4-79）等。看来，东兴都库什-喀喇昆仑-北羌塘板块，似乎也可称之为“有色金属板块”。

而华夏板块则更是另有特征，华夏板块以形成 W，Ag，Pb，Zn，Cu，U，Au，F，稀土，以及 Sn 等矿床为主，形成了全球最大的钨矿带（图 4-80）（如江西大余西华山钨矿床（见图 4-56），江西全南大吉山钨矿床，江西漂塘-木梓园钨矿床，江西于都县大王山、画眉坳、盘古山、铁山垅-黄沙钨矿田，湖南新田岭钨矿床、湖南瑶岗仙钨矿床，福建宁化行洛坑钨矿床）。所以，将华夏板块称之为“富钨板块”（图 4-80）可能是比较恰当的。在华夏板块内也形成了福建上杭紫金山大型铜金矿田（见图 4-57，图 4-58），广东高要河台金矿等大型矿床。

处在中朝板块与北扬子板块之间的秦岭增生碰撞带[24]，则可能兼有中朝与北扬子板块的成矿特征。目前已发现的矿床以西秦岭的甘肃文县阳山特大型金矿床（见图 4-53）和河南方城金红石矿床为代表。真正在碰撞作用发生时期——三叠纪形成的矿床其实较少。阳山特大型金矿床就是在碰撞作用结束之后的侏罗纪形成的。真正在碰撞作用发生时期形成的并产在碰撞带

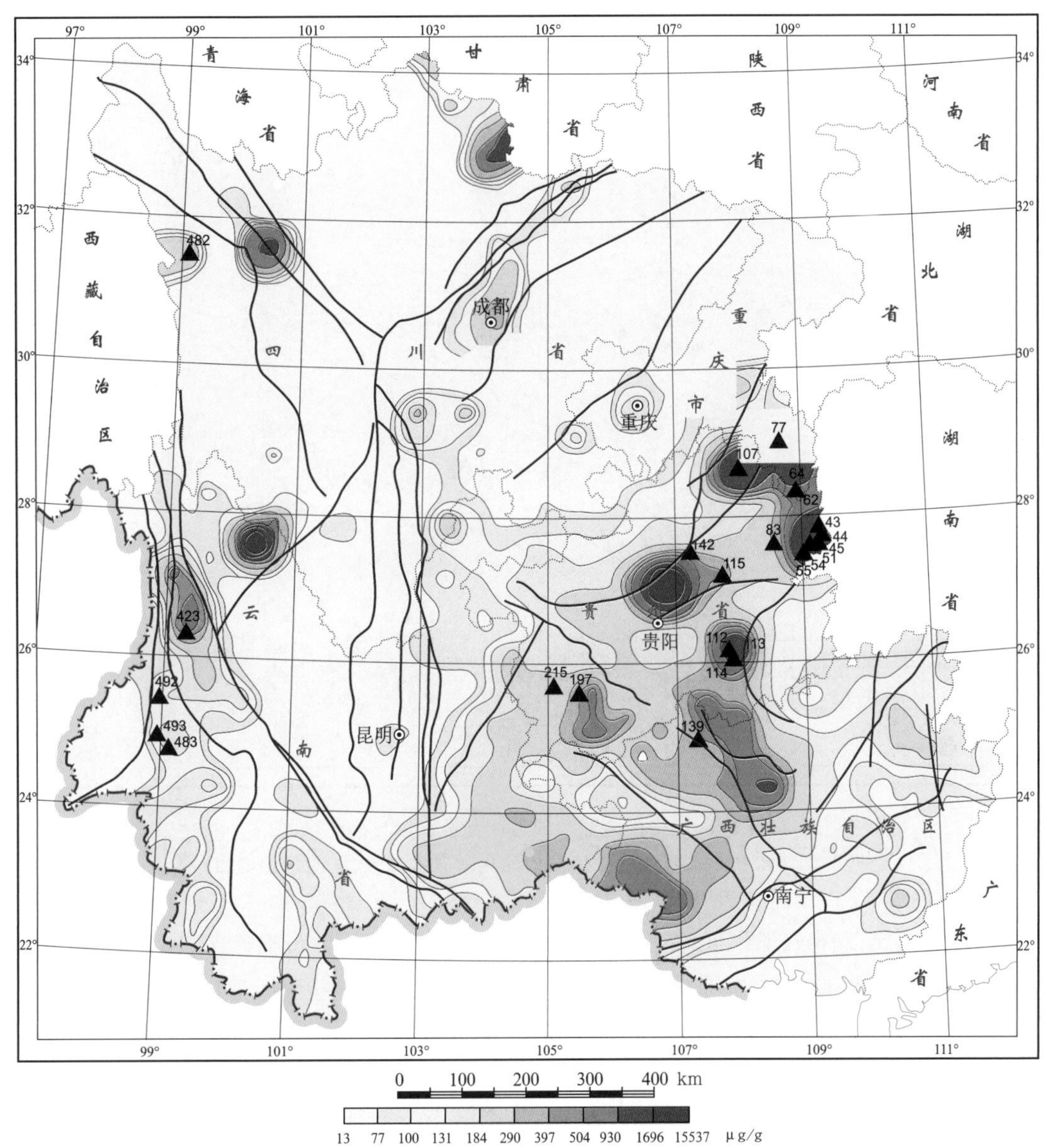

图 4-79 中国西南地区铅锌地球化学异常与大型铅锌矿床分布(谢学锦等,2008)

内的矿床明显相对较少。而在秦岭-大别碰撞带北侧属于中朝板块南缘的小秦岭、东秦岭成矿带,以及其南侧属于北扬子板块的南秦岭-大巴山、鄂东南铁铜金矿集区、安徽铜陵铁铜金矿集区和陕西汉中马元铅锌矿床,倒是形成了许多大型或超大型矿床。

在南扬子板块与华夏板块之间的绍兴-十万大山中三叠世碰撞带[25]附近(见图 4-54),赋存了江西永平铜矿床江西贵溪冷水坑铅锌银矿床,江西乐安相山铀矿床,江西东乡铜、多金属热液矿床,江西上犹县焦里银铅锌钨矿床,江西武功山浒坑钨矿床,江西 414 铌钽矿床,湖南浏阳七宝山铜矿床,湖南常宁水口山铅锌矿床,湖南江永铜山岭铜矿床,广东韶关大宝山铜矿,广东凡口

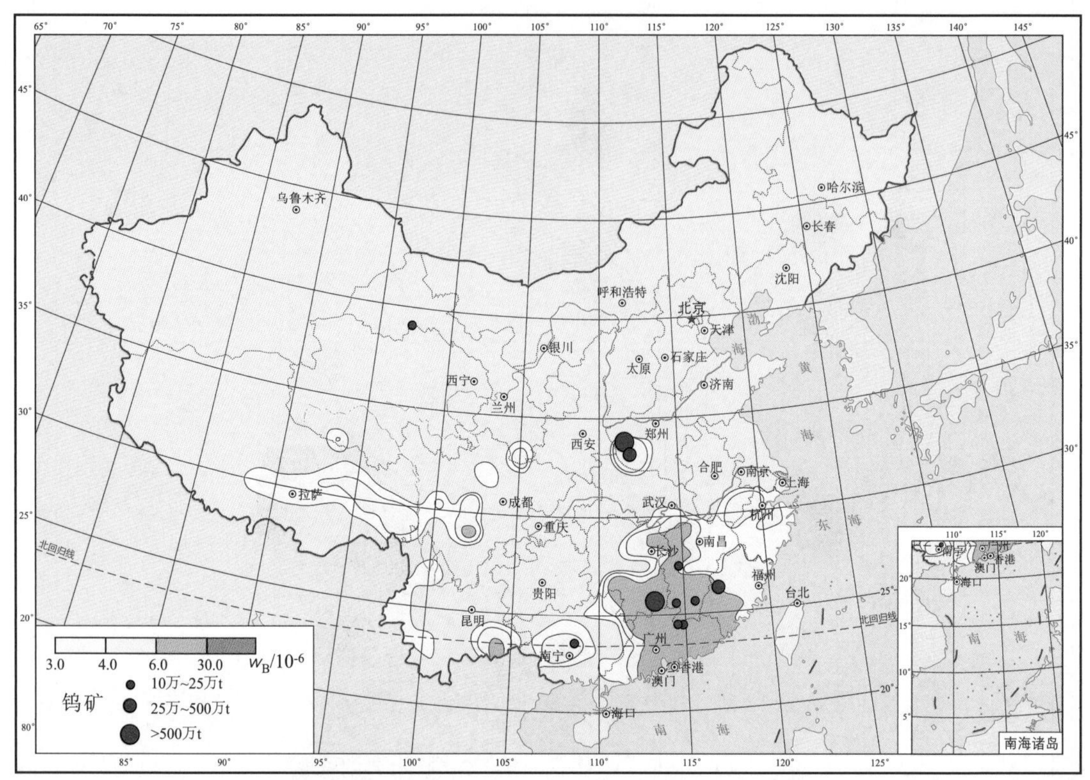

图 4-80 中国大陆钨的地球化学块体与钨矿床

（依据 1：1 000 000 水系沉积物区域地球化学异常测量，据谢学锦等，1999）

铅锌银多金属矿床，湖南柿竹园钨锡多金属矿田（见图 4-55）等。此带显然兼有南扬子与华夏两板块的元素富集特征，而其成矿期则基本上都是碰撞作用之后的侏罗-白垩纪。

4.2.5 冈瓦纳构造域的矿种特征（见图 4-73）

在印度、沙特阿拉伯和伊朗的结晶基底、古陆块内主要赋存铁、铬、钛，以及稀有元素等大型矿床。在新生代碰撞带和俯冲带附近则形成了许多世界级的有色金属矿床，如印尼伊里安岛格拉斯贝格（Grasberg）富金、铜矿床（见图 4-71），印度尼西亚埃茨伯格（Ertsberg）、奥克特迪（Ok Tedi）、弗里达（Frieda）和松巴哇岛的 Batu Hijau 等铜金矿床，伊朗萨尔切什梅（Sar Chesmeh）铜钼矿床（见图 4-66），伊朗安古兰（Anguran）铅锌矿床（见图 4-66），巴基斯坦塞恩德克斑岩铜矿床，阿富汗喀布尔埃纳克（Aynak）铜矿床（见图 4-67），阿曼铜矿床，缅甸实皆省蒙育瓦 Monywa 铜矿田和中国西藏驱龙铜矿床（见图 4-64）等。此外，还形成了世界唯一的、缅甸帕敢翡翠矿床。

4.2.6 西太平洋构造域的矿种特征（见图 4-73）

西太平洋构造域，即新生代以来的俯冲-岛弧带，主要的内生金属矿田为锡霍特-阿林东方 2 号和列蒙尔托夫白钨矿-硫化物矿床，菲律宾 Lepanto 斑岩型铜金矿田、远东南（Far Southeast）

铜金矿床,日本秋田县上向(Uwamuki)黑矿型(Kuroko 型)矿床和九州岛菱刈(Hishikari)金矿田。看来西太平洋构造域也是以富铜金为特征的。在菲律宾新生代的蛇绿岩套经过强风化形成了迪纳加特岛(Dinagat)红土型大型镍矿床。此外,在萨哈林岛附近海域还形成了丰富的油气田。

在东亚大陆东部较薄的陆壳洋幔型岩石圈[67](鄂霍次克-大兴安岭西侧-山西中部-武陵山-泰国达府一线以东)分布区是十分有利于赋存内生金属矿床的。据笔者统计(详见附表)在东亚岩石圈分布区共赋存了 121 个大型矿集区、矿田或矿床,占亚洲大陆所有大型矿田、矿床总数的一半,其中内生金属矿床为 81 个、表生矿床(含沉积与风化残积矿床)40 个(之所以东亚地区大矿床数量较多,也可能与笔者对于此区域较熟悉,原始资料较多有关)。

在陆壳洋幔型岩石圈的分布区,之所以能形成大量内生金属矿床,这是和该区岩石圈厚度较薄,地温梯度较高,受古大洋的侧向挤压作用的影响,形成了较强的板内构造变形,在地壳内构成局部的减压增温部位,从而导致岩浆房的形成和超临界流体的聚集,使岩浆活动较强,含矿流体易于向上运移。但是该区毕竟不是在俯冲带附近,也不在板块碰撞带内,构造变形作用远没有那么强烈。这种适度的板内构造变形是岩浆和含矿流体运移和聚集的极好条件,使其既有利于运移、富集,又不至于散失得太多。从而使这个地区成为十分有利的内生金属矿床赋存地区。根据研究(万天丰等,2008),控制东亚内生金属矿床的岩浆起源深度和含矿流体的起源深度主要都在地壳底部的莫霍面附近或者在中地壳附近(详见图 4-91),岩浆或含矿流体都是沿地壳断裂或基底断裂而向上运移,并在地壳浅部冷凝、富集成矿的。而不是如 Goldfarb 和 Santosh(2014)所说的,内生金属矿床是由俯冲到 500~600 km 深处的大洋板块派生了软流圈上升、去氢作用(dehydration)、去碳酸盐化(decarbonization),并向上形成具交代作用的地幔楔(metasomatized mantle wedge),以致沿断裂带向上,形成受断裂控制的内生金属矿床。不过,至今无论是地球物理,还是地球化学的研究,都没有在亚洲东部古生代-中生代时期找到深部大洋板块诱发软流圈上升和发生深部岩浆或地幔运移的任何证据,上述说法仅为一种猜想。看来,也不是如陈衍景(1996,2000,2006)、侯增谦(2010)、毛景文等(2012)所述的那样,造山带是最有利于内生金属矿床形成的。

东亚地区为亚洲人口稠密、地形较低、经济发达、交通方便、工业基础很好的地区。尽管在这个地区有相当一批著名的老矿山的探明储量已经不足未来 5 年的需求,属于危机矿山,但是鉴于过去的内生金属矿床的勘探深度一般仅为 500 m,个别可达 800~1000 m,油气田的勘探深度普遍仅为 2000 m 左右。根据现有的技术经济条件,在东亚地区进一步勘探深度为 2000 m 以内的内生金属矿床和深 5000 m 以内的天然气田、煤成气田和页岩气田肯定是具有经济效益的,是大有可为的。因而在这些老矿区附近的矿集区内,进行深部勘探的潜力很大,前景光明。由于这些地区原有矿业基础较好,选冶设备齐全,技术力量雄厚,交通方便,在东亚地区开发深部盲矿床,投入的成本较低,经济效益将会较好的,当然就寻找盲矿床来说,技术上的难度自然也会较大一些。

所以,就以上这些资料而言,是否可以夸张一点地说:中亚-蒙古构造域是“富含多种金属和铀的构造域”,中朝板块是“富钼板块”,扬子板块北部和东兴都库什-喀喇昆仑-北羌塘板块可称为“铁铜、有色金属板块”,而扬子板块南部是“富锡板块”,华夏板块则为“富钨板块”,西太平洋构造域可以称之为“铜金镍矿带”。

综上所述,从现有的、不太完备的资料来看,显然,各个构造域的结晶基底背景不同,又经历了不同的地质构造-岩浆-变质-热事件,因而就形成了各具特色的不同矿种的矿床。也就是说各个构造单元相对富集的元素和化合物是后期成矿作用的基础。它们就好像生物的“基因”一样遗传给后代,后期形成的矿床可以继承构造单元内具有特征的、相对富集的元素和化合物。正如裴荣富等(2004,2007)、Pei(2009)所指出的:一定的大陆构造带内的构造单元确实可以形成一些特定矿种的矿床。

因而,在找矿时,应该首先考虑不同构造单元可能赋存何种矿床。而不是说能在一个构造域内去找寻所有种类的矿床。然后,应关注该构造单元在构造定型过程与定型之后一系列的地质构造作用,研究它们对于矿床形成、演化和保存的条件。超大型矿床的形成、演化和保存条件,尤其特殊。因而必须特别关注各个构造期内成矿作用的特殊条件与特色。

参考文献

陈衍景. 1996. 准噶尔造山带碰撞体制的成矿作用及金等矿床的分布规律. 地质学报,70(3):253-261.

陈衍景. 2000. 中国西北地区中亚型造山-成矿作用研究意义和进展. 高校地质学报,6(1):17-22.

陈衍景. 2006. 造山型矿床、成矿模式及找矿潜力. 中国地质,33(6):1181-1195.

侯增谦. 2010. 大陆碰撞成矿论. 地质学报,84(1):30-56.

焦养泉,吴立群,彭云彪,等. 2015. 中国北方古亚洲构造域中沉积型铀矿形成发育的沉积-构造背景综合分析. 地学前缘,22(1):189-205.

刘大文. 2002. 地球化学块体理论与方法技术应用于矿产资源评价的研究. 中国地质科学院博士学位论文,1-80.

毛景文,周振华,丰成友,等. 2012. 初论中国三叠纪大规模成矿作用及其动力学背景. 中国地质,(6):5-39.

欧阳自远,刘建忠,张福勤,等. 2002. 行星地球不均一成因和演化的理论框架初探. 地学前缘,9(3):23-30.

裴荣富,李进文,梅燕雄,等. 2007. 中国大陆边缘构造属性与超巨量金属工业堆积. 高校地质学报,13(2):137-147.

裴荣富,梅燕雄,李进文. 2004. 特大型矿床与异常成矿作用. 地学前缘,11(2):323-331.

万天丰,王亚妹,刘俊来. 2008. 中国东部燕山期和四川期岩石圈构造滑脱与岩浆起源深度. 地学前缘,15(3):1-35.

王学求. 1998. 寻找和识别大型特大型矿床的勘查地球化学理论方法与应用. 物探与化探,22(2):81-89.

王学求,谢学锦. 2000. 金的勘查地球化学:理论与方法、战略与战术. 济南:山东科学技术出版社,1-309.

谢学锦,程志中,张立生,等. 2008. 中国西南地区 76 种元素地球化学图集. 北京:地质出版社,1-219.

谢学锦,邵跃,王学求,等. 1999. 走向 21 世纪,矿产勘查地球化学. 北京:地质出版社,1-256.

谢学锦,向运川. 1999. 巨型矿床地球化学预测方法.//谢学锦,邵跃,王学求. 走向 21 世纪的矿产勘查地球化学. 北京:地质出版社,35-47.

张本仁,骆庭川,高山,等. 1994. 秦巴岩石圈、构造及成矿规律地球化学研究. 武汉:中国地质大学出版社,1-446.

Goldfarb R J, Santosh M. 2014. The dilemma of the Jiaodong gold deposits: are they unique? Geoscience Frontiers, 5(2):139-153.

Pei R F. 2009. Institute of Mineral Resources, Chinese Academy of Geological Sciences, 1 : 25 000 000 World Metallogenic Map of Large and Superlarge Deposits, with Explanatory Notes. Beijing: Geological Published House, 1-76.

Xie X J, Cheng H X. 2001. Global geochemical mapping and its implementation in the Asia-Pacific region. Applied Geochemistry, 16(11-12):1309-1321.

Wan T F, Zhao Q L, Wang Q Q. 2015. Paleozoic Tectono-Metallogeny in the Tianshan-Altay Region, Central Asia. Acta Ceologica Sinica, 89(4):1120-1132.

4.3 各构造期的构造成矿作用

在本书中,笔者统计了亚洲大陆的 242 个大型矿集区、矿田或矿床,然而,由于有一些矿床或矿田为多阶段形成的,一个矿田或矿床的成矿期可被统计 2~3 次。现在统计出各个构造时期形成的矿田或矿床次数为:太古宙-古元古代 13 个,中-新元古代 24 个,早古生代 14 个,晚古生代 46 个,中生代-古新世 156 个(三叠纪 42 个、侏罗纪-早白垩世早期 61 个、早白垩世中期-古新世 53 个),始新世以来 129 个(始新世-渐新世 51 个、新近纪-早更新世 63 个、中更新世-全新世 15 个)。因而,按成矿期统计的矿床成矿的总次数则为 382 次(图 4-81)。

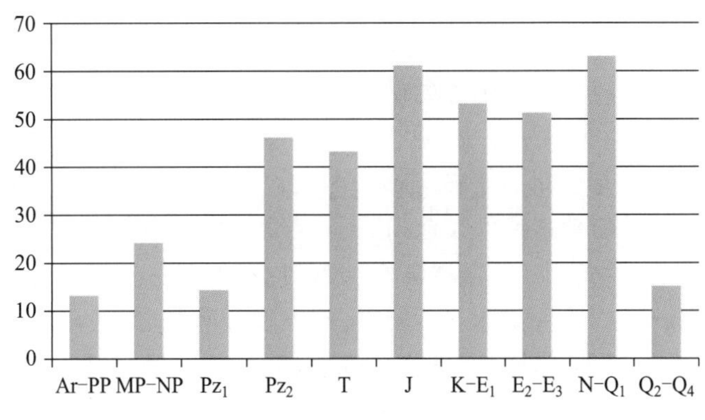

图 4-81 亚洲各大矿田、矿床的成矿地质年代

从统计结果来看,太古宙、元古宙和早古生代形成的矿床数都比较少(共 51 个),仅占各个成矿期形成矿床数的 13.5%,其他的(86.6%)均为晚古生代以来成矿的。晚古生代的(46 个)占 12%,中生代-古新世形成的矿床最多(156 个),约占四成,占 40.8%,始新世以来形成的(129 个)占三分之一多一点,33.76%,显然中生代、新生代是亚洲大陆成矿作用的高潮,所有大型矿床有 70%多,是在中生代、新生代形成的。

上述资料并不是说太古宙、元古宙和早古生代等较早的地质历史时期不能形成矿床,很可能是由于早期形成的矿床被后期构造作用所改造、破坏或被埋藏在地壳深部。其实应该说,对于亚洲大陆来说,晚古生代以来,在大陆内部形成的矿床保存条件较好,被破坏得较少或埋藏深度不大,因而现在发现、勘探和开发的矿床数目较多。

从全球来看,在稳定的古陆块内部,古生代以来的板块的碰撞作用与板内构造作用相当微弱的地区,例如北美、南非和澳大利亚克拉通等稳定地块,成矿作用则以太古宙与元古宙为主,而不是晚古生代与中、新生代。不同地区构造演化特点不同,不能一概而论。在地球科学中,各地域的差异性是必须认真对待的,绝对不能简单地照搬其他地区的成果或规律。这完全不像数理化等基础学科,在那些学科中很多定理与规律都具有普适性的,绝对没有什么地区差异性。

各个构造期对于成矿作用的影响,不是控制其矿种类型,而由于各个构造时期的构造动力作用特征不同、强度不同、方向不同,从而控制了内、外生矿床的空间分布位置、形态、产状与保存条件。在深部寻找隐伏矿床时,最关键的问题就是要探明隐伏矿床的空间分布特征。此时弄清各个构造期构造动力作用的特征就成为十分关键的课题。不过有关资料现在还不够充分,尤其是较早时期构造成矿作用机制的资料有限,只能进行概略地探讨。晚古生代和中生代以来的资料较为充足,可以讨论得较多一些。

4.3.1 太古宙与古元古代构造成矿作用

此时期的变质岩系中,主要形成各类海底沉积的变质矿床(详见附表和图 3-1):与海底火山喷发作用相关的条带状铁矿床(BIF)、滑石菱镁矿矿床、海底喷气沉积硼矿床与铅锌矿床。由于此时期保存下来的矿床均已变质,其构造变形相当复杂,上述海底沉积变质矿床赋存的空间主要分布在活动性较强的构造凹陷带或稳定陆块的边缘裂陷带。太古宙与古元古代时期形成的大型矿田或矿床,在亚洲仅有 13 个,占总数的 3.4%。形成的矿种以结晶温度较高的、相对稳定的元素为主,并且主要是后期改造作用不强的矿床。

太古宙与古元古代时期在中朝板块(见图 2-14)太古宇分布区赋存了辽宁鞍山-本溪铁矿床(122°57′E,41°02′N),河北东北部迁安-迁西、内蒙古中部、山西北部、山东西部以及朝鲜茂山等地,赋存着许多大型硅铁质建造型铁矿床(BIF)(毛景文等,2012)。

在辽宁营口(122.4°E,40.6°N)-吉林集安(126°E,41.1°N)一带发育着古元古代古陆裂陷槽内沉积岩系中的硼成矿带,主要矿床有:翁泉沟超大型硼矿床、后仙峪和砖庙大型硼矿床等,硼矿床主要形成于 1852~1923 Ma,即早元古代的晚期(张秋生,1984;毛景文等,2012)。在辽宁中南部海城至营口,大石桥一带(122.4°E,42.6°N)长达 40 km。目前已探明有 6 个大-特大型(1 亿~5 亿 t 以上)优质菱镁矿矿床和 1 个大型滑石矿床,东侧古元古代时期发育了一条近东西向裂陷海槽,在此裂陷的北缘断层附近就形成了大石桥镁质碳酸盐岩中的大型滑石菱镁矿矿床(朱国林,1984)。与此相类似,在朝鲜半岛北部也有大型菱镁矿矿床。

在中朝板块的东部朝鲜半岛北部,赋存着许多铅锌和铜金矿床,可以检德(Komdok)铅锌超大型矿床为代表,矿床产在古元古代近东西向裂陷带的变质岩系中(张红军等,2012)。

印度的前寒武纪(以古元古代为主)变质火山岩系内的铁矿(BIF)主要集中在奥里萨邦(Orissa)、比哈尔邦(Bihar)辛格布姆地区奇里亚铁矿(张鸿翔,2009);印度中央邦(Madhya Pradesh)拜拉迪尔铁矿和卡纳塔克邦(Karnataka)库德雷美克铁矿;多里玛兰铁矿(张鸿翔,2009)。

4.3.2 中、新元古代构造成矿作用

在亚洲大陆中部地区以形成稳定陆块边部或陆缘张裂带的海底喷气沉积作用所造成的多金属矿床和稀有元素矿床为特征。中、新元古代时期形成的矿田、矿床,在亚洲大型矿床中仅有 24 个(详见附表),占总数的 6.3%。冈瓦纳构造域(见图 3-4)在中、新元古代仍旧处在结晶基底形成过程之中,也可保存一些相对稳定的矿床。

此阶段的代表性矿床为内蒙古包头白云鄂博超大型稀土(REE)矿床(见图 4-27),这也是世界上最大的铌(Nb)矿床。此矿床位于中朝板块的北缘近东西向的张裂带中,邻近天山-兴安

岭晚古生代增生碰撞带，此后在新元古代（1.1~0.8 Ga）经过叠加富集形成了此超大型 REE-Fe-Nb 矿床（毛景文等，2012）。在白云鄂博以西的狼山地区（107°E，41.5°N），在中元古代大陆边缘凹陷发育了与海底热卤水活动有关的块状硫化物型铅锌矿床，形成了东升庙、白乃庙、霍各乞、炭窑口等矿床。

在中朝构造域西南部的阿拉善-敦煌地块北山地区的南缘（见图 2-14）形成了甘肃金川铜镍（含铂）硫化物超大型矿床（见图 4-32），还赋存了 Au，W，Sn，Mo，稀土等一些稀有金属矿床，它们都与花岗岩密切相关，它们在某种程度上均受近南北向晚古生代基底裂谷构造的控制。矿体与含矿岩体为中元古代（1508~1043 Ma）地壳深部熔离-贯入而形成的，产于稳定地块的边缘张裂带内（汤中立和李文渊，1995）。中新元古代的沉积盆地内还形成了辽东铁岭关门山铅锌矿床（毛景文等，2012）。

在北祁连山碰撞带西段，赋存了规模较大的镜铁山铁矿床（见图 4-34），以桦树沟为代表，有几十个中小型铁矿床发育在元古宙（1777 Ma）大陆边缘中基性火山岩凹陷槽内，为热水沉积型的铁矿床（毛景文等，2012），此类型为古生代碰撞作用前形成的沉积矿床。

在扬子板块西部云南的东川、会理和易门一带的古断陷带内，发育了沉积-改造型层状铜矿床。可以东川矿床为代表（肖晓牛等，2012），矿床赋存在中元古界（1716~1607 Ma）东川群内，热液改造的年代则为新元古代（794~712 Ma）。在四川西部石棉县赋存着新元古代（晋宁期，1000~800 Ma）与镁铁质-超镁铁质岩体相关的石棉矿床（万朴等，1988）。

印度 90%以上的中新元古代铬铁矿床都集中在奥里萨邦（Orissa）Dhenkanalt 和 Kendujhar 地区（Chakraborty，1985；张鸿翔，2009）。此外在印度还形成了马哈拉施特拉邦（Maharashtra）和中央邦（Madhya Pradesh）沉积锰矿床，都产于前寒武纪（中新元古代）浅变质沉积岩系内（张鸿翔，2009）。

伊朗地块内铁矿主要赋存在伊朗中部（Choghart 矿床）与东南部元古宙变质岩系内，为火山沉积-变质型或火山矿浆型矿床（见图 4-66）。在亚兹德（Yazd）东北 100 km 处赋存了 Chadormalou 矿床，在伊朗东南部 Kerman 省赋存了 Gol-e-Gohar 火山矿浆型铁矿床。

在阿富汗喀布尔（Kabul）省到卢格尔省（Lowgar）赋存了一个巨型的铜矿带，其中埃纳克（Aynak，见图 4-67）超大型铜矿床为最大。在阿富汗的巴米扬省（Bamian）Hajji Gak 地区前寒武纪变质岩系内也赋存了铁矿床。在沙特阿拉伯，富含稀有元素：Nb，Ta，Sn，Y，Th，U，Zr 和稀土元素的矿床都赋存在元古宙的花岗质岩体内。

总之，此构造阶段形成并保存下来的矿床，主要是产在地块边缘裂陷带中，成矿元素较稳定的矿床。

4.3.3 早古生代构造成矿作用

在亚洲大型矿床中，早古代时期形成的矿田、矿床，仅有 14 个（详见附表），占总数的 3.7%。在亚洲陆块群的中部地块（见图 2-7）内以形成一些热液型多金属矿床和稀有元素矿床为特征，在甘肃祁连山早古生代增生碰撞带（见图 2-14）的北部赋存着白银厂折腰山块状硫化物型（VMS）铜铅锌矿床（见图 4-33）。在北祁连、甘肃肃南县石居里沟和小柳沟还赋存着大型矽卡岩型钨钼铁铜多金属矿床，与成矿关系密切的侵入岩体为早古生代晚期（462 Ma）的，均为同碰撞期形成的矿床。在中祁连北侧的塔尔沟（见图 4-34；毛景文等，2012），在早古生代晚期形成矽卡岩-石英脉型钨矿床,这也是祁连山早古生代碰撞作用时期形成的矿床。陕西汉中马元赋存了铅锌矿床。在阿尔金走滑-碰撞带的蚀变蛇绿岩套内赋存了青海芒崖和新疆若羌县巴州蛇纹石石棉矿床。

在早古生代的沉积岩系内,在亚洲陆块群的中南部的潮湿气候区赋存了不少油气田、页岩气田,如新疆塔北油田、四川盆地内的气田(见图 4-51),沙特阿拉伯中部 Hazmiyab 和 Raghib 油田(详见图 4-87)。在云南昆阳形成了大型沉积磷矿床,在湘鄂交界的石门形成了东山峰沉积磷矿床。而在当时的干旱地区——西伯利亚南部,则赋存了超大型涅帕钾盐矿床。

4.3.4 晚古生代构造成矿作用

在中亚-蒙古构造域(见图 2-6)内,赋存了 46 个大型、超大型有色金属、稀有金属、贵金属矿集区、矿田或矿床(图 4-82),占亚洲大型矿床总数的 12%。很有意思的是它们所在的碰撞带(中亚-蒙古构造域)的形成时期,绝大多数都处在早古生代(见图 2-10,图 3-9)或晚古生代早期(晚泥盆世-早石炭世,385~323 Ma;见图 2-10,图 3-13),但是成矿作用却主要发育在主碰撞作用之后,在乌拉尔碰撞带向东挤压、运移的远程效应作用下富集成矿的,也即主要在晚石炭世-早中二叠世(323~260 Ma;图 4-82,见图 2-11,图 3-14;Wan et al.,2015;详见以下各部位、不同时期形成的矿床及其形成年代的资料,可查阅附表)。

晚古生代晚期(晚石炭世-二叠纪,323~260 Ma)在亚洲大陆中部地区的构造动力作用以适度的向东挤压为特征(为乌拉尔碰撞带向东挤压的远程效应),从而使先存的 NW 向的断层呈现为左行走滑活动,近东西向的断层则转变为显著的右行走滑活动,此时绝大多数的成矿作用,显然是在该地带晚泥盆世-早石炭世近南北向的碰撞作用之后形成的。当然,构造作用的强度显然不如主碰撞阶段。正是在晚石炭世-早二叠世区域性断裂附近,在近东西向挤压作用所派生的近东西向右行走滑断裂带附近的张剪性或压剪性构造裂隙带内或 NW 向左行走滑断层附近,成为成矿的有利条件,从而赋存了大量超大型内生金属矿田和矿床(图 4-82)。而在早古生代或晚泥盆世-早石炭世近南北向主要的挤压、碰撞作用阶段,只仅形成了少数几个大型内生金属矿床(Wan et al.,2015)。

在西西伯利亚地区,由于长期沉积和凹陷,赋存了大量的煤田与油气田(如通古斯卡煤田、西西伯利亚秋明油气田、乌连戈伊气田、波瓦尼柯夫气田、亚姆堡气田;见图 4-3),在哈萨克斯坦形成卡拉干达沉积铀矿田和卡沙甘油气田,在中国鄂尔多斯和塔里木北部赋存了油气藏(详见图 4-87)。而在扬子板块气候炎热的地区形成了贵州遵义-黔西-水城和广西西南部天等县下雷-胡润沉积锰矿床。沙特阿拉伯中部的 Hazmiyab 和 Raghib 油田也在此阶段第一次形成烃类的聚集(见图 4-68)。

4.3.5 三叠纪构造成矿作用

值得注意的是,在亚洲大陆内三叠纪形成的矿床,与前三叠纪相比是显著增多了(详见附表),在所统计的 382 次大型矿田、矿床的形成时期中,有 42 个是在三叠纪形成的,占亚洲大型矿床总数的 11%。但是与中新生代的其他各时期相比,则并不是最多的。从过去经常以为三叠纪很少成矿,现在转而认识到三叠纪也可形成许多很有价值的大型矿床,自然是认识上的一大进步。不过,毛景文等(2012)说“三叠纪是中国大规模成矿作用的时期”,此说法与事实就有些出

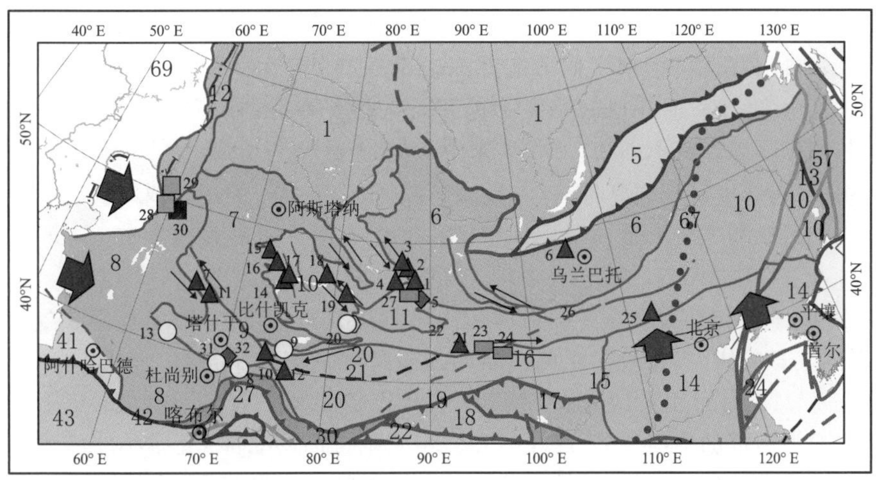

图 4-82 晚古生代晚期(323~260 Ma)中亚-蒙古构造域内生金属矿床分布图

图中黑色数字为构造单元编号,为本书统一的编号,与本书目录及图 1-1,图 2-6 相同;红色线段为晚古生代碰撞带的界线与主要断层。红色箭头示板块运移方向。棕色数字为内生金属矿集区、矿田或矿床的编号。矿种符号:红三角为铜铅锌多金属,橙色长方块为超基性岩内的铜镍,浅黄色圆形为贵金属,粉红色菱形为稀有或稀土金属,黑色方块为铁,深绿色方块为铬铁矿。

矿集区、矿田或矿床编号:1—阿尔泰-斋桑金多金属及稀有金属矿集区;2—哈萨克尼古拉耶夫 VMS 型铜锌矿床;3—哈萨克斯坦孜良诺夫斯克铅锌多金属矿床;4—阿尔泰阿舍勒硫化物铜锌矿床;5—新疆富蕴可可托海稀有金属和稀土金属矿;6—蒙古额尔登特斑岩铜(钼)矿床;7—哈萨克斯坦西南卡拉套铅锌多金属矿带;8—塔吉克斯坦大卡尼曼苏尔银矿床;9—吉尔吉斯斯坦库姆托尔金矿;10—吉尔吉斯斯坦波济穆恰克矽卡岩型铜金矿床;11—吉尔吉斯斯坦卡拉套多金属矿带;12—乌兹别克斯坦阿尔马雷克斑岩铜金矿田;13—乌兹别克斯坦穆龙套金矿床;14—哈萨克斯坦科翁腊德铜钼金矿床;15—哈萨克斯坦阿克沙套铜矿床;16—哈萨克斯坦扎涅特铜钼矿床;17—哈萨克斯坦东科翁腊德铜矿床;18—哈萨克斯坦阿克斗卡铜矿田;19—新疆西北包古图铜矿床;20—中国天山西部伊犁阿希金矿带;21—东天山土屋铜矿床;22—东天山康古尔金矿床;23—东天山香山铜镍矿床;24—东天山黄山东铜镍矿床;25—内蒙古白乃庙多金属矿床;26—蒙古国欧玉陶勒盖铜金矿床;27—新疆喀拉通克铜镍硫化物矿床;28—哈萨克斯坦阿克托比铬铁矿床;29—哈萨克斯坦肯皮尔塞铬铁矿床;30—哈萨克斯坦图尔盖铁矿床;31—塔吉克斯坦大卡尼曼苏尔金、多金属矿床;32—塔吉克斯坦斯卡里诺耶锑、银、金、多金属矿床。

在阿尔泰-中蒙古-海拉尔和卡拉干达-吉尔吉斯斯坦早古生代碰撞带内、而在晚古生代形成的内生金属矿床(即后碰撞期成矿的):阿尔泰-斋桑金、多金属和稀有金属矿集区(泥盆-石炭纪;见图 4-6),哈萨克斯坦尼古拉耶夫 VMS 型铜锌矿床(泥盆-石炭纪),哈萨克斯坦孜良诺夫斯克铅锌多金属矿床(泥盆-石炭纪),新疆富蕴可可托海稀有金属和稀土金属矿床(280~270 Ma,可延续到三叠纪;见图 4-7),阿尔泰阿舍勒硫化物铜锌矿床(262~242 Ma;见图 4-8),哈萨克斯坦西南卡拉套铅锌多金属矿带(晚泥盆世),塔吉克斯坦大卡尼曼苏尔银矿床(晚古生代),吉尔吉斯斯坦库姆托尔金矿床(288~284 Ma;见图 4-12),吉尔吉斯斯坦波济穆恰克矽卡岩型铜金矿床(晚古生代),吉尔吉斯斯坦卡拉套多金属矿带(晚泥盆世)。

在西天山和巴尔喀什-天山-兴安岭晚古生代碰撞带内形成的内生金属矿床:晚泥盆-早石炭世(385~323 Ma)同碰撞期形成的矿床,仅有哈萨克斯坦西南卡拉套晚泥盆世铅锌多金属矿带和蒙古国欧玉陶勒盖铜金矿床(373~370 Ma;见图 4-9,图 4-21 至图 4-23)。

晚石炭世-二叠纪成矿(323~260 Ma)后碰撞期形成的矿床:吉尔吉斯斯坦库姆托尔金矿(288~284 Ma;见图 4-12),乌兹别克斯坦阿尔马雷克斑岩铜金矿田(320~290 Ma;见图 4-14),乌兹别克斯坦穆龙套金矿床(290~270 Ma;见图 4-15),哈萨克斯坦科翁腊德铜钼金矿床(284 Ma;见图 4-18),哈萨克斯坦阿克沙套铜矿床(285~289 Ma;见图 4-18),哈萨克斯坦扎涅特钼矿床(295 Ma;见图 4-18),哈萨克斯坦博尔雷铜钼矿床(315.9 Ma;见图 4-18),哈萨克斯坦东科翁腊德铜矿床(284 Ma;见图 4-18),新疆西北包古图铜矿床(~322 Ma),新疆伊犁阿希金矿带(晚石炭世),新疆乌恰萨瓦亚尔顿金矿床(261 Ma),新疆东天山土屋铜矿床(322 Ma;见图 4-20),东天山康古尔金矿床(261~252 Ma;见图 4-20),东天山香山和黄山东铜镍矿床(261~252 Ma;见图 4-20),香山西与黄山东铜镍矿床等为代表的矿床(图 4-20 之第 13~18 号矿床),白山斑岩型金钼铼矿床,Re-Os 等时线年龄为(224±4.5) Ma 和(231.0±6.5) Ma(见图 4-20)。

晚石炭世-三叠纪的后碰撞期形成的矿床:阿尔泰阿舍勒硫化物铜锌矿床(热液成矿年龄为 262~242 Ma;见图 4-8),塔吉克斯坦吉日克鲁特热液汞锑矿床、卡达姆扎依锑矿床和海达尔肯汞锑矿等均为晚古生代晚期-三叠纪成矿(但缺乏准确同位素年龄)。

晚古生代成矿,但缺乏准确的成矿年龄的矿床:哈萨克斯坦阿克斗卡铜矿田(二叠纪;见图 4-18),塔吉克斯坦晚古生代大卡尼曼苏尔银矿床,吉尔吉斯斯坦波济穆恰克矽卡岩型铜金矿床、卡拉套多金属矿带,哈萨克斯坦阿克托比(肯皮尔塞)铬铁矿床(可能为 360~260 Ma),哈萨克斯坦图尔盖铁矿床。

此外在西伯利亚北部受深部地幔羽活动的影响,形成了较多的含金刚石金伯利岩矿床(在古元古代结晶基底内,矿床就位年龄为 360 Ma);还有诺里尔斯克镍(铜)硫化物型矿床,它产于二叠纪晚期板内张裂带中(见图 4-1,图 4-2)。

入。他们把许多中型矿床与大型矿床一起统计,因而按他们的统计,三叠纪时期共形成了 100 个矿床,其中中型矿床(按国际标准它们可能应该属于小型矿床)为 62 个,据笔者估计,其大型内生金属矿床可能为 38 个。而在他们所统计的 38 个三叠纪形成的大型内生金属矿床中,有 10 个矿床的资料其实并不妥当或不确切,那些矿床中,有的至今还没有获得同位素测年数据,与三叠纪的沉积作用无关,或者误把 200 Ma 以后形成的矿床,都算作三叠纪形成的。笔者认为,在他们所统计的三叠纪形成的大型或超大型矿床中,有 28 个矿床的资料是可靠的,本书均已引用(详见附表)。

他们认为"三叠纪构造演化在中国地质历史过程中具有强度大、影响广泛的特点",这一点确实如此,根据笔者的研究,此时在亚洲大陆的大多数地块完成了拼合,形成了六条碰撞带(见图 3-16,图 3-17),三叠纪印支构造事件(以现代磁北方位为准,发生了向北的挤压和运移作用)的影响范围从亚洲南部的中南半岛,向北一直影响到蒙古国的北部。强烈的构造作用使大陆岩石圈内部的构造裂隙比较发育,岩石较为破碎。但是在陆陆碰撞带内,由于构造破碎十分强烈,致使含矿流体物质不仅易于运移,而且也易于流到地表,散失到大气圈或水圈中去,这样反而并不见得很有利于矿床的形成。

就现在亚洲已知的三叠纪形成的 42 个大型、超大型内生金属矿田、矿床的赋存条件(详见附表;图 4-83)来看,当时真正形成于三叠纪碰撞带内、并与碰撞作用直接相关的矿床仅为 7 个(即东昆仑山虎头崖多金属矿床,甘肃李坝大型金矿床、甘肃二里河大型金矿床、甘肃温泉钼矿床、甘肃礼县八卦庙金矿床、甘肃礼县李子园金矿床、甘肃文县马脑壳金矿床,不过它们的测年方法与数据尚有待进一步地核实)。而其他 35 个矿床或矿田,均赋存在三叠纪时期的亚洲大陆板块内部(含古生代碰撞带内),受适度的板内变形而富集成矿的。它们经常在碰撞带附近,或受古老碰撞带形成之后较强的板内构造变形所控制。

三叠纪时期,在亚洲大陆板块内部构造作用不太强烈的部位,在近南北方向缩短与碰撞作用的影响下,可产生近 N-S 向、NNE 或 NNW 向的张剪性构造裂隙带(见图 3-16,图 3-17),分布范围很广,成为岩浆和含矿流体运移与储集的有利部位,形成较多的大型和超大型矿床(见图 4-83)。也有少数成为贯入压剪性断裂的矿床,则多半为近东西走向,尤其易于充填在近东西向的压剪性逆断层下盘的构造裂隙带内。

内生成矿作用对于构造作用强度的要求,与发生火山与地震的构造作用的强度要求是很不相同的。板块碰撞作用越强,构造作用越强烈,岩石越破碎,就越有利于火山与地震的发生。而内生金属成矿作用则需要适度的构造作用,也就是说,既要产生断裂使含矿流体能够易于运移,构造活动性又不宜过分强烈,以致使含矿流体散失到大气圈或水圈中去。显然,不十分强烈的、适度的构造作用对于岩浆矿床、气成热液矿床和油气田的形成是至关重要的。在这里,真的用得上"中庸之道"了。不过,对于受流体作用影响不大的变质矿床与固体沉积矿床而言,构造作用的强度对于成矿作用的影响就比较小一些。

在矿床学界中,经常有不少学者强调"造山带型矿床"(Kerrich and Wyman,1990;Barley and Groves,1992;陈衍景,1996,2000,2006;Goldfarb et al.,2001;邱小平,2002;毛景文等,2004,2012;侯增谦等,2006;侯增谦,2010)。其实,如果所说的只是矿床在空间上储存在山区或造山带(意即碰撞带)内而已,并不意味着在碰撞造山作用时期形成矿床,倒也不为过。在矿床学中,常常见到把矿床产出的部位与围岩特征,当作矿床类型命名的依据,如"韧性剪切带型金矿""变质岩

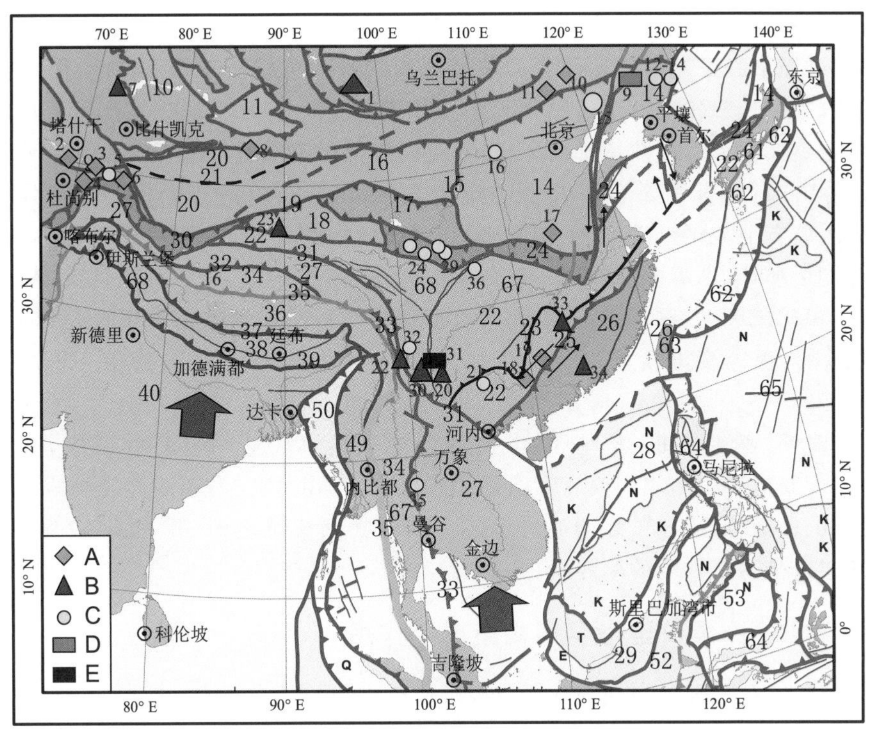

图 4-83　三叠纪亚洲内生金属矿床分布图

黑色数字为构造单元的编号,为本书统一的编号,与本书目录及图 1-1,图 2-6 相同;紫色粗线指示了三叠纪碰撞带;紫色箭头示板块运移方向。矿种符号:A—稀有金属、钼铼汞锑等;B—铜铅锌等多金属;C—金银等贵金属;D—铜镍,超基性岩体内;E—铁、铬等。棕色数字为内生金属矿集区、矿田或矿床的编号:1—蒙古额尔登特斑岩铜(钼)矿床(见图 4-10);2—塔吉克斯坦吉日克鲁特热液汞锑矿床;3—塔吉克斯坦卡达姆扎依锑矿床;4—塔吉克斯坦海达尔肯汞锑矿床;5—塔吉克斯坦大卡尼曼苏尔银矿床;6—塔吉克斯坦斯卡里诺耶锑矿床;7—哈萨克斯坦博尔雷铜钼矿床(见图 4-18);8—白山斑岩型金钼铼矿床(见图 4-20);9—红旗岭铜镍矿床;10—宝格达乌拉钼矿床;11—乌兰德勒钼矿床;12—夹皮沟金矿床;13—八家子大型金矿床;14—青城子大型金、银、铅、锌矿床;15—金厂沟梁特大型金钼矿床;16—哈达门沟大型金钼矿床;17—河南东秦岭黄龙铺钼铅矿床(见图 4-29);18—广西恭城栗木锡铌钽矿床;19—湘南荷花坪锡矿床;20—云南德钦羊拉铜矿床;21—广西紫木凼金矿床(见图 4-48,图 4-49);22—四川普朗超大型铜矿;23—东昆仑山虎头崖多金属矿床;24—甘肃李坝大型金矿床;25—甘肃二里河大型金矿床;26—甘肃温泉钼矿床;27—甘肃礼县八卦庙金矿床;28—甘肃礼县李子园金矿床;29—甘肃文县马脑壳金矿床;30—云南会泽麒麟厂铅锌(含银、锗、镉、镓、铟、)热液矿床(见图 4-47);31—四川西部铁、钒、铂、铜等金属成矿带(攀枝花钒钛磁铁矿床,见图 4-52);32—四川西部义敦(德达)呷村银、铅、锌多金属矿带;33—湖南浏阳七宝山铜矿床;34—广东凡口铅锌银多金属矿床;35—泰国北部会甘温金矿床;36—陕南金龙山金矿床。

型金矿"等。这里强调的只是矿床围岩的种类而已,并没有成因的含义。其实"韧性剪切带型金矿"是韧性剪切带形成之后,在较浅的部位、较低的温度下,在中温热液作用的条件下富集成金矿床的,后期有点张性的微裂隙成为金元素聚集的良好部位。韧性剪切带其实只是金矿床的一个良好围岩而已。"变质岩型金矿"也是如此,变质岩系只是金元素赋存的良好围岩而已,而不是变质作用造成了金元素富集的。这一点应该特别注意,不少学者常常误解或曲解了它们的含义。在矿床学界内,不少学者常把产出部位与形成时期混为一谈,这是一种很容易发生的误解。

另外,还有许多产在阿尔泰-中蒙古-海拉尔早古生代增生碰撞带、卡拉干达-吉尔吉斯斯坦早古生代增生碰撞带和巴尔喀什-天山-兴安岭晚古生代增生碰撞带的部位内,但是在三叠纪时期形成的矿床,如蒙古额尔登特斑岩铜钼矿床(240 Ma,见图 4-10),塔吉克斯坦吉日克鲁特热液汞锑矿床、塔吉克斯坦卡达姆扎依锑矿床、塔吉克斯坦海达尔肯汞锑矿床、塔吉克斯坦大卡尼曼苏尔银多金属矿床、塔吉克斯坦斯卡里诺耶锑多金属矿床,哈萨克斯坦博尔雷铜钼矿床(见图 4-18),白山斑岩型金钼铼矿床(见图 4-20)、红旗岭铜镍矿床、宝格达乌拉钼矿床、乌兰德勒钼矿床、夹皮沟金矿床、八家子金矿床、青城子金-银-铅-锌矿床、金厂沟梁特大型金钼矿床、哈达门沟大型金钼矿床等(见图 4-82),它们的成矿作用与板块碰撞造山作用也毫无关系,而是在板块碰撞之后的、板内变形阶段形成的矿床,如果把它们都当作碰撞造山-成矿作用就很不妥当。

在三叠纪时期,亚洲大陆一些地区处在干燥炎热气候的盆地,如土库曼斯坦卡尔柳克-卡拉比尔和泰国素可泰地块内形成规模巨大的钾盐矿床。而当时处在温暖潮湿气候的鄂尔多斯盆地则开始了烃类的聚集,形成鄂尔多斯油气田的一个油气储集层位(详见图 4-87)。在四川盆地内,三叠纪地层也是一个重要的生烃层。

4.3.6 侏罗纪-早白垩世早期构造成矿作用

在亚洲大陆上,此时期是板块内部形成内生成矿作用的一个高潮,共计形成了 61 个大型、超大型矿田或矿床(详见附表;图 4-84),占本书所统计的亚洲大型矿田、矿床各期成矿总数的 16%,接近六分之一,形成了大量的有色金属(Cu,Pb,Zn)、贵金属(Au,Ag)、稀有金属(W,Mo,Hg Sb,Sn)、稀土元素矿床以及一些矽卡岩型的富铁矿床(计 45 个)。它们受东亚大陆地壳逆时针转动所派生的构造变形所控制,在亚洲东南部地区最大主压应力方向为 WNW 向,沿此方向构造裂隙易于适度张开,成为东亚地区含矿流体贯入与储存的良好部位。如矿床赋存的部位在环形构造或近圆形岩株侵入体的边缘时,则此时主要产在环形构造或岩株的东北侧或西南侧,如湖北大冶和安徽铜陵(见图 4-36 至图 4-39)、赣北九江、江西德兴(见图 4-40)等。根据笔者的统计,侏罗纪-早白垩世早期的矿田与矿床延展方向的 70%~80%都与上面所述的一致,即以 WNW 向为主。当然,含矿流体也有少数可沿着 NNE 或 NE 向的逆断层贯入。

侏罗纪-早白垩世早期(燕山期)在华夏板块形成大量钨矿床的原因,除了前面已经提到过的,受原始地块元素富集的先天条件所控制之外,还与南岭地区(赣南-闽西南-粤北)存在近东西向隐伏岩石圈断裂有关(万天丰等,2008),使该区地壳易于破碎,而此时区域最大主压应力方向正好与此断裂走向相当接近,为 WNW-ESE 向,沿此方向在地壳内形成了许多张剪性破碎带,致使晚侏罗世花岗岩浆易于沿此带侵入,从而在花岗岩体的内外接触带附近赋存了大量富钨的高温气成热液矿床,矿脉走向以 WNW-ESE 向为主;而后期的地壳隆升幅度又正好与成矿深度比较接近,因而使赣南-闽西南-粤北大量的大型钨矿床现在正好处在地表之下的浅部(见图 4-54)。在绍兴-十万大山三叠纪碰撞带附近,利用早期岩石破碎的条件,也形成许多花岗岩株,携带了许多钨、锡元素,形成好几个大型钨锡矿床(见图 4-54),其矿脉带的走向也是 WNW-ESE 向[如湖南郴州柿竹园特大型钨锡多金属矿田(见图 4-55),江西大湖塘钨矿区(见图 4-41)、江西武功山浒坑钨矿床、江西 414 特大型铌钽矿床,湖南江永铜山岭斑岩铜矿床]。

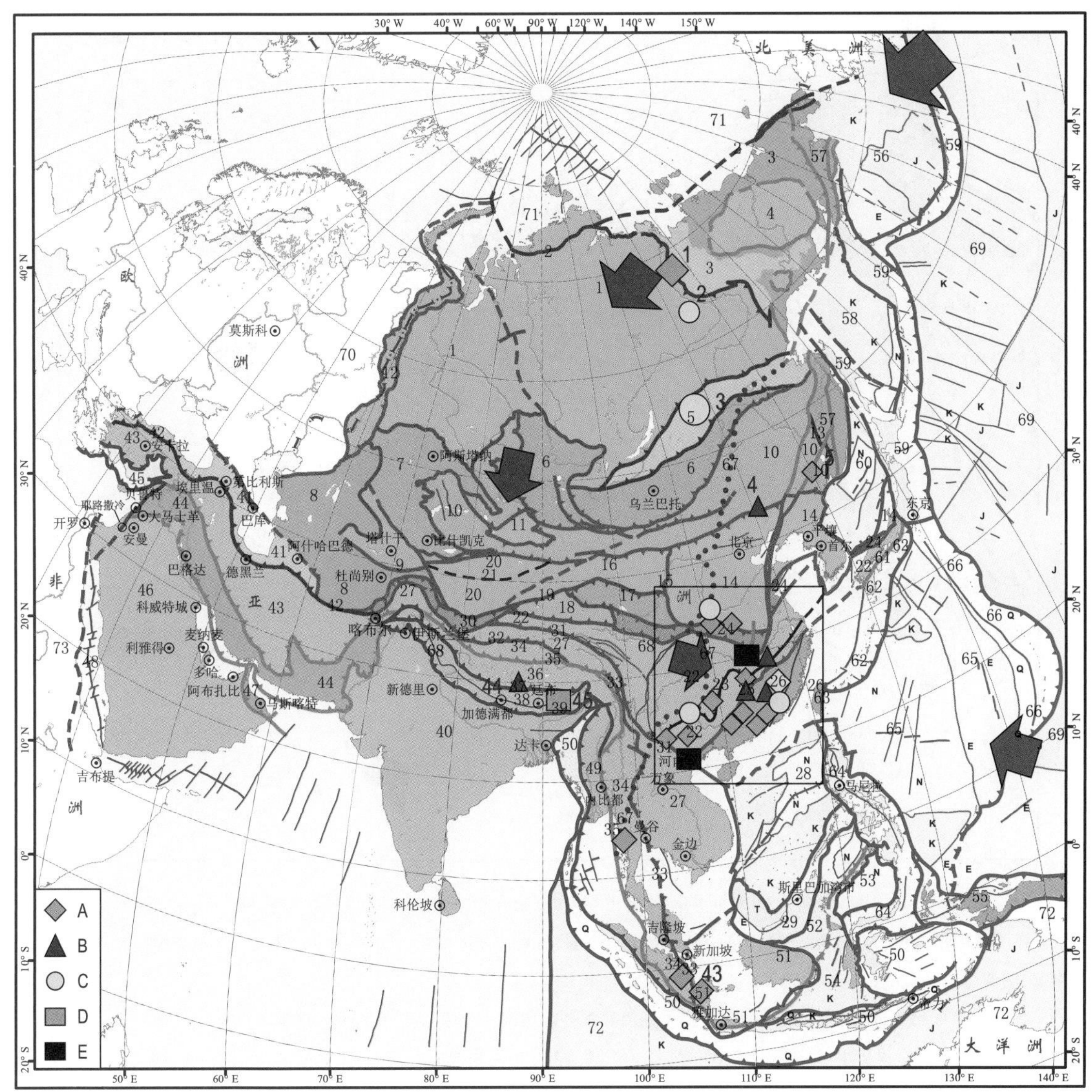

图 4-84 侏罗纪-早白垩世早期亚洲内生金属矿床分布图

黑色数字为构造单元的编号，为本书统一的编号，与本书目录及图 1-1，图 2-6 相同；蓝色箭头示板块运移方向，其大小示作用力与运移速度的大小；棕色数字为内生金属矿集区、矿田或矿床的编号。矿种符号：A—稀有金属，钨钼铼汞锑等；B—铜铅锌等多金属；C—金银等贵金属；D—铬；E—铁。矿田或矿床的编号（第 1~5，43~45 号矿床在本图内）：1—东西伯利亚钨和铌热液矿床；2—萨利拉克金-锑矿床；3—外贝加尔金矿带（见图 4-5，图 4-6）；4—内蒙古大兴安岭白音诺尔铅锌矿床；5—吉林永吉县大黑山钼矿床（见图 4-24）；43—马来半岛锡矿带（见图 4-62）；44—西藏谢门通雄村铜金、多金属矿床；45—西藏罗布莎铬铁矿床（见图 4-65）。鉴于中国东部大型矿床数目较多（在方框内），在此图内难以表现，第 6~42 号矿田、矿床详见图 4-85。

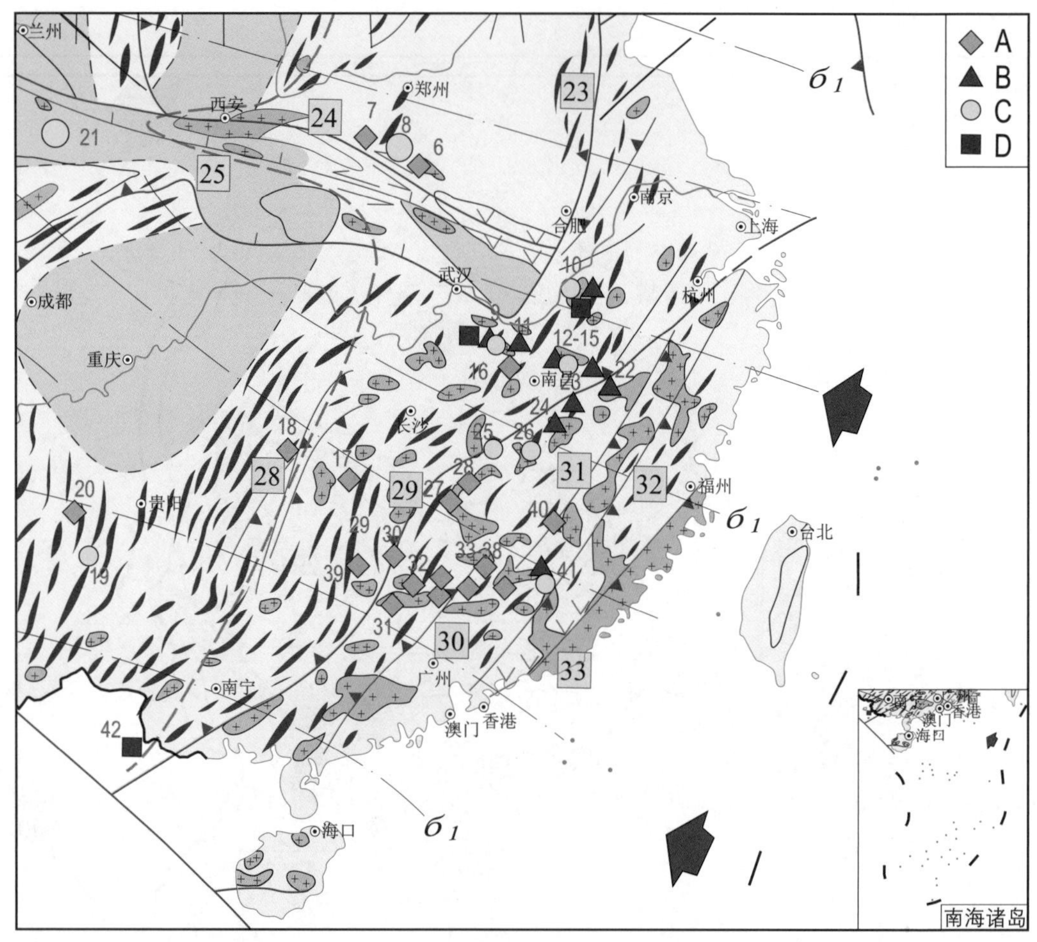

图 4-85　侏罗纪-早白垩世早期中国东南部内生金属矿床分布图

蓝色方框内黑色数字为构造单元的编号，为本书统一的编号，与本书目录及图 1-1，图 2-6 相同；此图的底图为图 3-23 的东南部，图例与图 3-23，图 4-84 一致。

矿种符号：A—稀有金属，钨锡钼铼汞锑等；B—铜铅锌等多金属；C—金银等贵金属；D—铁。

蓝色数字为内生金属矿集区、矿田或矿床的编号：6—河南东秦岭栾川南泥湖-三道庄钼钨矿床（见图 4-28）；7—金堆城大型钼矿床（见图 4-28）；8—河南灵宝-陕西潼关小秦岭金矿田（见图 4-28）；9—鄂东南铁铜金矿集区（见图 4-35 至图 4-39）；10—安徽铜陵铁铜金矿集区（见图 4-38，图 4-39）；11—江西城门山（铜）-阳储岭（钨）矿田；12～15—江西德兴铜厂铜矿田（见图 4-40），朱砂红铜矿田，富家坞铜多金属铜矿田（见图 4-40），金山剪切带型热液金矿床（见图 4-40）；16—江西九江市武宁县大湖塘钨矿田（见图 4-41）；17—湖南冷水江市锡矿山锑矿床；18—贵州万山汞矿床（见图 4-42）；19—贵州西南兴仁-安龙一带金矿田（见图 4-48，图 4-49）；20—贵州西部晴隆与云南东部富宁县锑矿床；21—甘肃文县阳山金矿床（见图 4-53）；22—江西永平铜矿床；23—江西贵溪冷水坑铅锌银矿床；24—江西东乡铜多金属热液矿床；25—江西上犹县焦里银铅锌钨矿床；26—江西横峰葛源特大型铌钽矿床；27—江西武功山浒坑钨矿床；28—江西 414 铌钽矿床；29—湖南江永铜山岭铜矿床；30—湖南柿竹园钨锡多金属矿田（见图 4-55）；31—江西大余西华山钨矿床（见图 4-56）；32—江西全南大吉山钨矿田；33—江西漂塘-木梓园钨矿田；34—湖南新田岭钨矿田；35—江西于都县大王山钨矿田；36—江西画眉坳钨矿床；37—江西盘古山钨矿床；38—江西铁山垅-黄沙钨矿田；39—湖南瑶岗仙钨矿田；40—福建宁化行洛坑钨矿床；41—福建上杭紫金山铜金矿田（见图 4-57，图 4-58）；42—越南河静石河县石溪铁矿床。

而在中亚与中东地区侏罗纪时期最大主压应力方向为近南北向-北东向(见图3-21,图3-23,图3-39),因而,含矿流体易于沿着近南北向或北东向的裂隙带充填,此方向也经常成为矿田与矿床的长轴方向。在外贝加尔碰撞带,此时形成的金矿床或矿脉则经常为NE走向,与区域最大主压应力方向几乎平行。与此同时,侏罗纪-早白垩世早期,在中亚(乌兹别克斯坦,中国新疆、鄂尔多斯)和中东地区的构造活动相对稳定的盆地区域,正处于温湿气候带,则形成许多油气田、煤田和沉积铀矿床(计13个),如乌兹别克斯坦卡拉库姆油气田(见图4-13),中国新疆克拉玛依油田(见图4-26)、鄂尔多斯长庆油气田的主要油气层,沙特阿拉伯加瓦尔油气田、萨法尼亚油田、Hazmiyab和Raghib油田(见图4-68),科威特大布尔干油田,阿拉伯联合酋长国中西部扎库姆油田,卡塔尔半岛天然气田(见图4-68,详见图4-87),中国内蒙古东胜-神府煤田和内蒙古东胜铀矿床(图4-30)、鄂尔多斯、四川盆地和新疆北部、吐哈盆地等,也是成煤和聚烃的一个重要的时期。上述含油气、含煤和含铀断陷盆地的轴向,在中亚地区基本上都与区域最大主压应力的方向比较接近,沿张剪性的断裂为近南北向或NNE与NNW向,而沿压剪性的断裂则为近东西向、ENE或WNW向。上述控盆断裂,基本上都是壳内断裂,因而这些断陷盆地都不属于裂谷。

4.3.7 早白垩世中期-古新世构造成矿作用

这是亚洲大陆板块内部形成内生与外生矿床的另一个高潮时期(详见附表),据笔者统计,共有53个大型、超大型的内、外生矿田与矿床在此阶段形成,占亚洲各期大型矿床总数的13.8%,即接近七分之一,赋存了有色金属、贵金属、稀有金属、稀土元素、放射性元素、铁、铬和金刚石等内生金属和非金属矿田、矿床37个(图4-86)。几乎所有种类的元素、化合物都可以在此阶段富集形成内生矿床,并得以保存。

与此同时,在北亚、中亚和中东地区的海域赋存了全球规模最大的、分布最集中的大型海相油气田(图4-87),如西伯利亚的亚姆堡气田(见图4-3)、泰梅尔和叶尼塞-喀坦卡(滨北冰洋)油气田及天然气水合物储层,乌兹别克斯坦卡拉库姆油气田(见图4-13),科威特大布尔干油田,伊朗阿瓦士、马伦、加奇萨兰、阿加贾里、比比哈基麦、帕里斯、海亚姆和Azalegan等油气田(见图4-68),伊拉克的East Baghdad和Kirkuk及科赫马拉油气田,沙特阿拉伯的加瓦尔油气田、沙特阿拉伯东北部萨法尼亚油田、沙特阿拉伯中部Hazmiyab和Raghib油田(见图4-68),阿拉伯联合酋长国中西部扎库姆油田,以及卡塔尔半岛天然气田等。在西伯利亚、中东与阿拉伯地区,白垩纪时期大多为浅海相沉积,是主要的聚烃、生油时期。储油构造基本上都是后期构造变形所控制的。西伯利亚地区的油气分布则主要受近南北向的张性断裂所控制(见图4-3)。

20世纪50~60年代,中国曾经套用国际上白垩纪可形成大油田的经验,结果发现在中国绝大部分地区的白垩系均为炎热、干旱气候下形成的陆相红色碎屑岩系,有利于形成膏盐矿床,而没有任何生油的条件。只是在东北的大庆附近,白垩纪当时处在湿润气候下才能形成陆相大油田。

在亚洲大陆南部,当时处在干旱、炎热气候的泰国呵叻高原的那隆、孔敬和暖颂盆地,泰国沙空那空盆地乌隆和廊开则形成盐类矿床的堆积。在濒临北冰洋的泰梅尔地区则形成了沉积铅锌矿床。

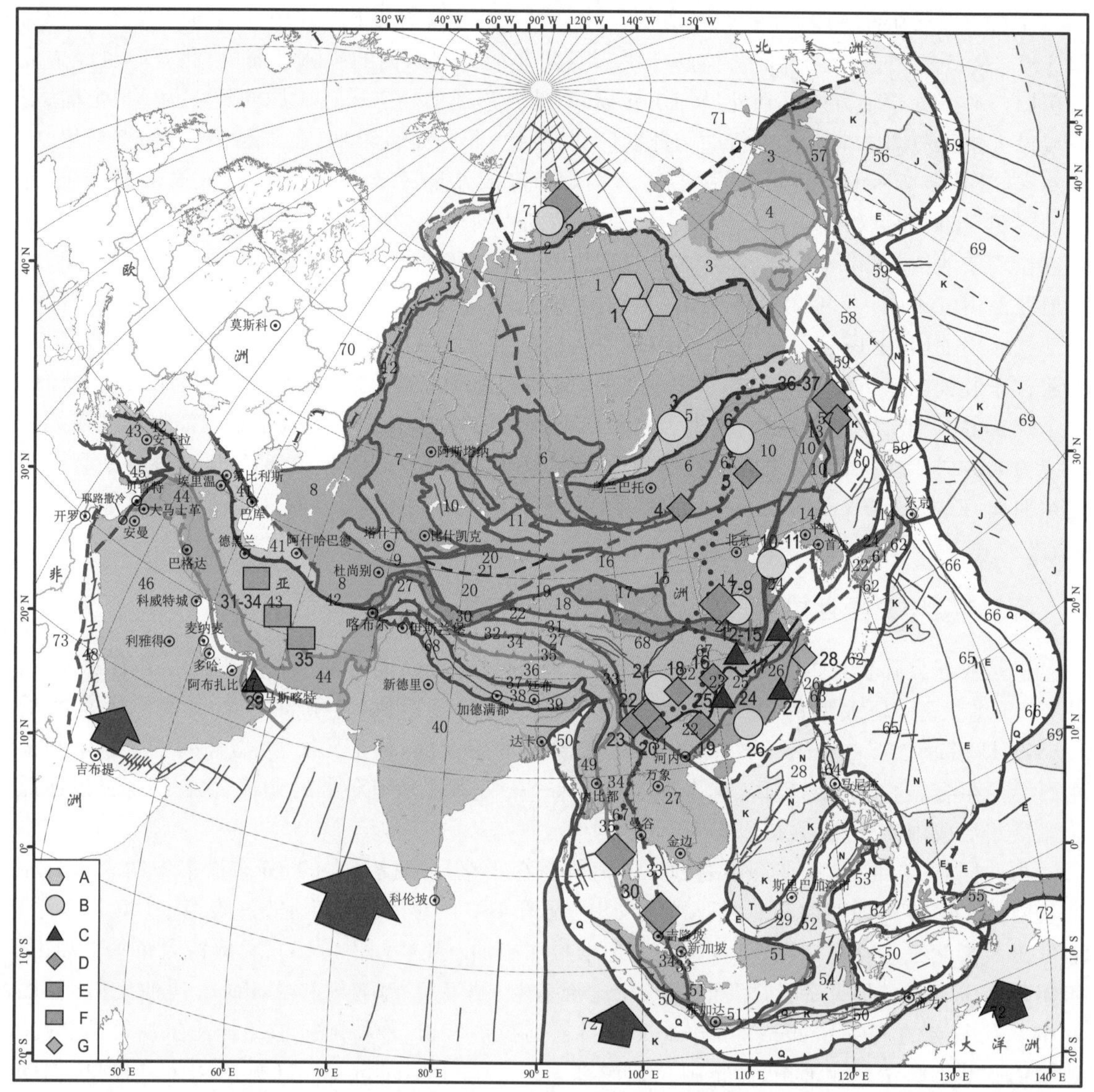

图 4-86　早白垩世中期-古新世亚洲内生金属矿床分布略图

黑色数字为构造单元的编号，为本书统一的编号，与本书目录及图 1-1，图 2-6 相同；红色箭头示板块运移方向，其大小示作用力与运移速度的大小。矿种符号：A—金刚石；B—金银等贵金属；C—铜铅锌等多金属；D—稀有金属锡钼钨汞锑等；E—铀；F—铬；G—萤石。

棕色数字为内生金属矿集区、矿田或矿床的编号：1—西伯利亚含金刚石金伯利岩矿床（见图 2-2）；2—泰梅尔（滨北冰洋）汞、锡与含金石英脉；3—外贝加尔金矿带（见图 4-4）；4—内蒙古克什克腾旗黄岗锡铁矿床；5—内蒙古大兴安岭扎鲁特旗巴尔哲稀土金属矿床；6—大兴安岭北部额仁陶勒盖银矿床；7—陕西金堆城大型钼矿床（见图 4-28）；8—河南东秦岭东沟钼矿床（见图 4-28）；9—河南东秦岭嵩县祁雨沟金矿床（见图 4-28）；10—山东招远三山岛-焦家金矿田（见图 4-29）；11—招远玲珑金矿田（见图 4-29）；12—鄂东南铁铜金矿集区（见图 4-35 至图 4-39）；13—安徽铜陵铁铜金矿集区（见图 4-35 至图 4-39）；14—江西城门山（铜）-阳储岭（钨）矿田；15—江西德兴铜厂、朱砂红、富家坞铜多金属矿集区（见图 4-40）；16—湖南冷水江市锡矿山锑矿床；17—金山剪切带型热液金矿床（见图 4-40）；18—贵州万山汞矿床（见图 4-42）；19—广西大厂锡石、锑硫化物矿床（见图 4-43，图 4-44）；20—云南个旧锡（铜）多金属矿集区（见图 4-45，图 4-46）；21—贵州西南兴仁-安龙一带金矿田（见图 4-48，图 4-49）；22—贵州西部晴隆锑矿床；23—云南东部富宁县锑矿床；24—江西乐安相山铀矿床；25—广东韶关大宝山铜矿；26—广东高要河台金矿床；27—福建上杭紫金山铜金矿田（见图 4-57，图 4-58）；28—浙东萤石矿田；29—阿曼碰撞带铜矿床；30—马来半岛锡矿带（见图 4-62）；31—伊朗 Amir 铬铁矿床（见图 4-66）；32—Shahriar 铬铁矿床；33—Reza 铬铁矿床；34—Abdasht 铬铁矿床；35—巴基斯坦 Baluchistan 穆斯林巴格铬铁矿床；36—锡霍特-阿林东方 2 号白钨矿-硫化物矿床；37—列蒙尔托夫白钨矿-硫化物矿床。

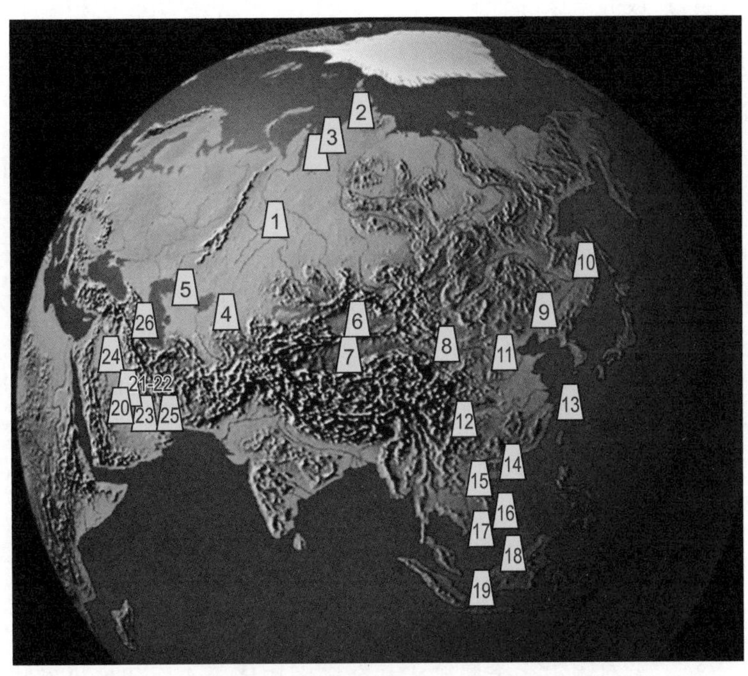

图 4-87 亚洲大陆油气田分布略图

1—亚姆堡气田(见图 4-3;生油层为石炭-二叠系与白垩系,储油构造形成于侏罗-白垩纪);2—泰梅尔油气田(生油层为石炭-二叠系与白垩系,储油构造形成于侏罗-白垩纪);3—叶尼塞-喀坦卡(滨北冰洋)油气田及天然气水合物(生烃层为三叠-白垩系,储油构造形成于白垩纪);4—乌兹别克斯坦卡拉库姆油气田(见图 4-13;生烃层为侏罗-白垩系,储油构造形成于白垩纪);5—里海东北岸卡沙甘油气田(生烃层为侏罗-白垩系,储油构造形成于白垩纪);6—新疆克拉玛依油田(见图 4-26;生烃层为石炭-侏罗系,储油构造形成于中侏罗世);7—塔里木油气田(生烃层为奥陶-古近系,储油构造形成于新近纪);8—鄂尔多斯长庆油气田(生烃层为侏罗-白垩系,储油构造形成于白垩纪);9—大庆油气田(见图 4-25;生烃层为侏罗白垩系,储油构造形成于古近纪);10—俄罗斯远东库页岛滨海油气田(生烃层为古近-新近系,储油构造形成于新近纪以来);11—环渤海含油气盆地:大港、辽河、冀东、蓬莱 19-3、中原等(见图 4-31;生烃层为古近系,储油构造形成于古近纪以来);12—四川盆地油气田(气田 125 个,油田 12 个)(见图 4-51;西部:生烃层为三叠-侏罗系,储油构造形成于白垩纪以来;东部:生烃层为三叠-侏罗系,储油构造形成于古近纪末);13—东海春晓与平湖油气田(生烃层为古近系,储油构造形成于新近纪以来);14—珠江口油气田(生烃层为古近系,储油构造形成于新近纪以来);15—莺歌海油气田、琼东南和北部湾涠西南油气田(生烃层为新近系,储油构造形成于新近纪以来);16—南海含油气盆地(生烃层为白垩-新近系,储油构造形成于新近纪以来);17—湄公河三角洲油气田(生烃层为古近-新近系,储油构造形成于新近纪以来);18—文莱与东马来西亚油气田(生烃层为新近系,储油构造形成于新近纪以来);19—印尼巽他油气田(见图 4-70;生烃层为新近系,储油构造形成于新近纪以来);20—沙特阿拉伯加瓦尔油气田、东北部萨法尼亚油田、沙特阿拉伯中部 Hazmiyab 和 Raghib 等油田(见图 4-68;生烃层为侏罗-古近系,储油构造形成于新近纪以来);21—科威特大布尔干油田(见图 4-68;生烃层为侏罗-古近系,储油构造形成于新近纪以来);22—阿拉伯联合酋长国中西部扎库姆油田(见图 4-68;生烃层为侏罗-古近系,储油构造形成于新近纪以来);23—卡塔尔半岛天然气田(见图 4-68;生烃层为侏罗-古近系,储油构造形成于新近纪以来);24—伊拉克 East Baghdad,Kirkuk,科赫马拉等油气田(生烃层为侏罗-古近系,储油构造形成于新近纪以来);25—伊朗阿瓦士、马伦、加奇萨兰、阿加贾里、比比哈基麦、帕里斯,海亚姆和 Azalegan 等油气田(生烃层为古近-新近系,储油构造形成于新近纪以来);26—里海巴库油田(生烃层为古近-新近系,储油构造形成于新近纪以来)。

此阶段由于印度-澳大利亚板块向北运移,亚洲大陆总体上也在缓慢地向北滑移,使大陆板块内部产生近南北向的缩短(万天丰,2011;见图 3-25,图 3-26),最大主压应力方向以近南北向为主,使矿田或矿床的走向也大体上沿着此方向,从而在近南北向与 NNE 或 NNW 方向上,易于产生张剪性的构造裂隙,成为岩浆和含矿流体运移与储集的良好部位,也控制了含油气盆地的长轴方向及盆内烃类沉积的分布。

4.3.8 始新世-渐新世构造成矿作用

始新世-渐新世形成的矿田、矿床(图 4-88),在亚洲大型矿床中有 51 个,占各期成矿作用总数的 13.3%。此时亚洲大陆东部主要受太平洋板块向西俯冲、挤压作用的影响,而南亚地区则继续受印度-澳大利亚板块向北俯冲、碰撞的影响(见图 3-30,图 3-31),而在亚洲大陆的中、北部则所受到的影响十分微弱。因而在亚洲大陆不同地区的区域最大主压应力方向都不相同。

由于内生成矿作用大多形成于地下 2~5 km 的深部,而现在发现的并能开发的矿床则多半产在接近地表的浅部,这就要求在最近的几千万年内该区上升了几千米。因而,现在发现的始新世-渐新世时期所形成的内生金属矿床多半保存在高山地区,如青藏-帕米尔高原,伊朗-阿富汗高原或海岛上较高的山区。此时形成的矿种也还是繁多的,包括了铜铅锌多金属、贵金属、汞锑和稀土元素等。

受太平洋板块向西俯冲、挤压作用的远程效应的影响,形成了西藏东部玉龙铜、钼斑岩型矿带(见图 4-60),四川冕宁牦牛坪稀土成矿带,湖南常宁水口山铅锌矿床,青海玉树东莫扎抓、莫海拉亨、茶曲帕查等铅锌矿床(见图 4-59),云南兰坪金顶铅锌多金属矿床(见图 4-61),白秧坪大型铜钴银矿床,白洋厂大型铜银多金属矿床和金满铜矿床等。而印尼松巴哇岛的 Batu Hijau 铜金矿床,俄罗斯普拉缅诺耶和西波梁斯科耶汞矿床,日本秋田县上向(Uwamuki)黑矿型(Kuroko 型)等矿床则分布在西太平洋岛弧带上。而受印度-澳大利亚板块向北俯冲、碰撞和挤压的远程效应的影响则形成了伊朗萨尔切什梅(Sar Chesmeh)铜钼矿床、伊朗 Miduk 铜矿床、松岗和查哈尔冈巴德铜矿床、伊朗安古兰(Anguran)铅锌矿床(见图 4-66),巴基斯坦塞恩德克斑岩铜矿床和缅甸的帕敢翡翠矿床。至于,推测在 35 Ma 年前小行星撞击地表而形成深部幔源物质上涌而形成的西伯利亚 Popigai Astroblem 金刚石矿床,其分布位置则可能仅仅受小行星撞击作用的因素控制而随机分布。

早期的蛇绿岩套经过湿热气候下很强的化学风化作用、又没有被侵蚀掉的残留部分,就形成了红土型镍矿床(为当前镍矿的主要成因类型),如缅甸 Tagaung Taung 镍矿床。在现代地形较低的地区,即使具备了成矿的构造和物源条件,由于新生代以来地壳上升幅度有限,可能形成的内生金属矿床至今只能埋在地下深处,属于盲矿床,今后还是有可能被发现并开发的。

至于,在古近纪构造活动性较弱的沉降地区,又是气候较湿润的沉积盆地,而新近纪以来又有适度的抬升(幅度在 1 km 左右),就经常在地下 1 km 以下的部位形成很有价值的油气田,中亚、中东和东亚地区的许多油气田的储油气构造都是在此阶段形成了烃类的大量聚集、运移或储存的,如松花江盆地的大庆油田(见图 4-25),环渤海含油气盆地(胜利、辽河、冀东、大港、蓬莱 19-3 等油气田;见图 4-31)、四川盆地东部油气田(见图 4-51)、东海春晓与平湖油气田、珠江口油气田、南海含油气盆地,阿塞拜疆的巴库油气田,伊朗的阿瓦士、马伦、加奇萨兰、阿加贾里、比比哈基麦、帕里斯,海亚姆和 Azalegan 等油气田,伊拉克的 East Baghdad, Kirkuk,科赫马拉油气田,沙特阿拉伯的加瓦尔油气田、沙特阿拉伯东北部萨法尼亚油田(见图 4-68),科威特大布尔干油田,阿拉伯联合酋长国中西部扎库姆油田,卡塔尔半岛天然气田,俄罗斯远东的萨哈林(39 个)油气田等(见图 4-87)。

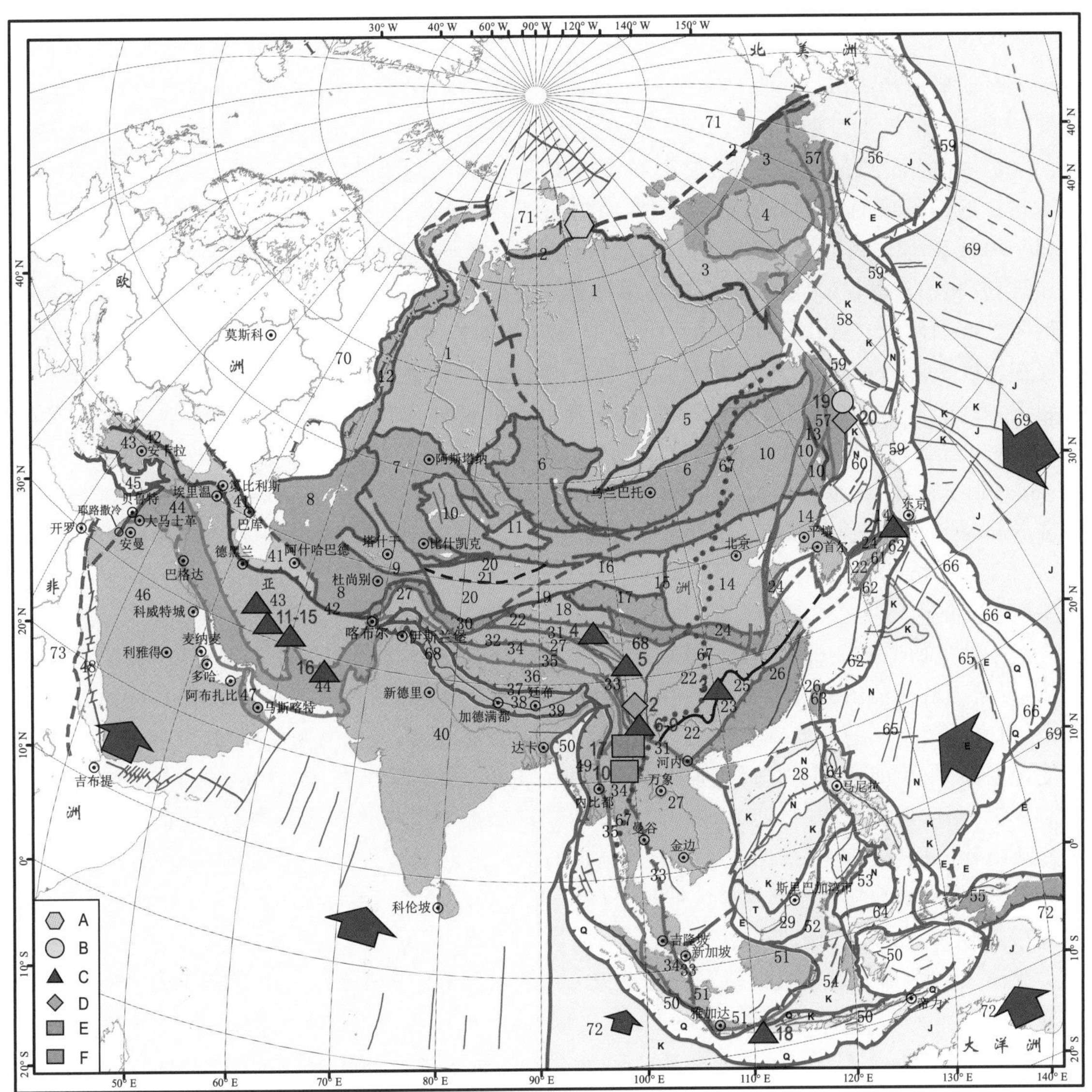

图 4-88　始新世-渐新世亚洲内生金属矿床分布略图

黑色数字为构造单元的编号，为本书统一的编号，与本书目录及图 1-1，图 2-6 相同；红色粗线段为新生代以来的碰撞带或俯冲带；红色箭头为板块运移方向，其大小示作用力与运移速度的大小。

矿种符号：A—金刚石；B—金银等贵金属；C—铜铅锌等多金属；D—稀有金属锡钼汞锑与稀土元素等；E—翡翠；F—红土型镍矿床。

棕色数字为内生金属矿集区、矿田或矿床的编号：1—西伯利亚 Popigai Astroblem 金刚石矿床；2—四川冕宁牦牛坪稀土成矿带；3—湖南常宁水口山铅锌矿床；4—青海玉树东莫扎抓、莫海拉亨、茶曲帕查铅锌矿床；5—西藏东部玉龙铜、钼斑岩型矿带；6—云南兰坪金顶铅锌多金属矿床；7—云南白秧坪大型铜钴银矿床；8—云南白洋厂大型铜银多金属矿床；9—云南金满铜矿床等；10—缅甸 Tagaung Taung 镍矿；11—伊朗萨尔切什梅(Sar Chesmeh)铜钼矿床；12—伊朗 Miduk 铜矿床；13—伊朗松岗铜矿床；14—伊朗查哈尔冈巴德铅锌矿床；15—伊朗安古兰(Anguran)铅锌矿床；16—巴基斯坦塞恩德克斑岩铜矿床；17—缅甸帕敢翡翠矿床；18—印尼松巴哇岛的 Batu Hijau 铜金矿床；19—俄罗斯远东普拉缅诺耶铜金矿床；20—西波梁斯科耶汞矿床；21—日本秋田县上向(Uwamuki)黑矿型(Kuroko 型)矿床。

4.3.9　新近纪-早更新世构造成矿作用

此时期形成的矿田、矿床(图 4-89),在亚洲大型矿田、矿床中有 63 个,占总数的 16.4%,这又是一个成矿的高潮时期。此时亚洲大陆东缘仍受太平洋板块向西俯冲、挤压作用的影响,而亚洲大陆的主体部分则继续受印度-澳大利亚板块向北俯冲、碰撞的影响(见图 3-33,图 3-34)。

与古近纪形成的内生金属矿床类似,现在开发的、新近纪形成的内生金属都保存在高山区(海拔 3 km 以上),属于近期强烈抬升的地区(成矿深度与剥蚀深度相近),包括西藏驱龙、甲马、冲江、白容和厅宫等铜矿床,四川冕宁牦牛坪稀土成矿带;伊朗的 Miduk 铜矿床、松岗铜矿床和查哈尔冈巴德铜矿床,它们都受印度板块向北挤压作用的控制。缅甸实皆省蒙育瓦(Monywa)铜矿田处在印度板块的东北侧,90°E 海岭以东的板内地区,因而在 90°E 海岭较强的右行剪切作用的控制下,发育了一系列张剪性裂隙成为铜元素聚集的良好部位。而印尼伊里安岛格拉斯贝格(Grasberg)富金、铜矿床(见图 4-71),印尼埃茨伯格(Ertsberg)、奥克特迪(Ok Tedi)和弗里达(Frieda)铜金矿床,印尼松巴哇岛的 Batu Hijau 铜金矿床和菲律宾 Lepanto 铜金矿田和远东南(Far Southeast)铜金矿床等都属于西太平洋岛弧所控制的超大型的斑岩型矿床。中国台湾北部基隆的金瓜石金铜矿床,在成矿时已经不属于岛弧的构造背景,而是受菲律宾海板块向西北方向挤压所控制的。

至于油气田与其他沉积矿床则都赋存于相对沉降地区。在亚洲大陆新近纪储集、就位的油气田有:新疆塔北油田、环渤海含油气盆地的大港和蓬莱 19-3 油气田、珠江口油气田、琼东南油气田、海南岛西南侧的莺歌海油气田、北部湾涠西南油气田、南海含油气盆地,阿塞拜疆巴库油田新发现的部分,伊朗阿瓦士、马伦、加奇萨兰、阿加贾里、比比哈基麦、帕里斯、海亚姆和 Azalegan 等油气田,印度尼西亚苏门答腊油气田、爪哇油气区和东加里曼丹等含油气盆地,以及俄罗斯远东的萨哈林(39 个)油气田(见图 4-87)。新近纪赋存的油气藏,现在一般都保存在地下 1~2 km 的部位,如过浅则油气易于泄漏,不利于保存。这就是说在油气藏形成后该区地壳相对比较稳定,没有再发生大幅度的隆升或沉降。

亚洲大陆南部赤道附近的湿热气候带内,大量赋存着超大型红土型镍矿床,如缅甸太公当(Tagaung Taung)镍矿床;印尼哈马黑拉岛苏巴印、马布里和西富山红土型镍矿床,印尼苏拉威西东南部 Kolonodale 东海岸、Kolaka 和 Moyowali 等镍矿床(见图 4-69,图 4-70);菲律宾迪纳加特岛(Dinagat)红土型镍矿床等,它们都保存在地壳相对稳定的近代风化壳内。红土型镍矿床已经成为当前镍元素的主要来源。强风化作用还可在越南西原多乐和柬埔寨南部上川龙形成大型的铝土矿床。很耐风化的矿物——锡石,经强风化、剥蚀与搬运作用,在马来半岛上形成许多沉积砂锡矿床,如 Kuala Lumpur,Dinding,Phuket Phangnga Takuapa,Bangka Island 和 Billiton 砂锡矿场(见图 4-62)。

在青海柴达木大风山、尖顶山等地赋存着天青石锶矿床,它们是在干旱气候条件下与其他盐类矿物一起在盐湖内沉淀富集的,后在新近纪构造裂隙的控制下可进一步迁移和聚集。在侏罗系劣质煤层中所含的铀元素,经地下水的溶解与运移,新近纪在氧化与还原界面附近富集成矿,遂形成了新疆伊犁砂岩铀矿床。

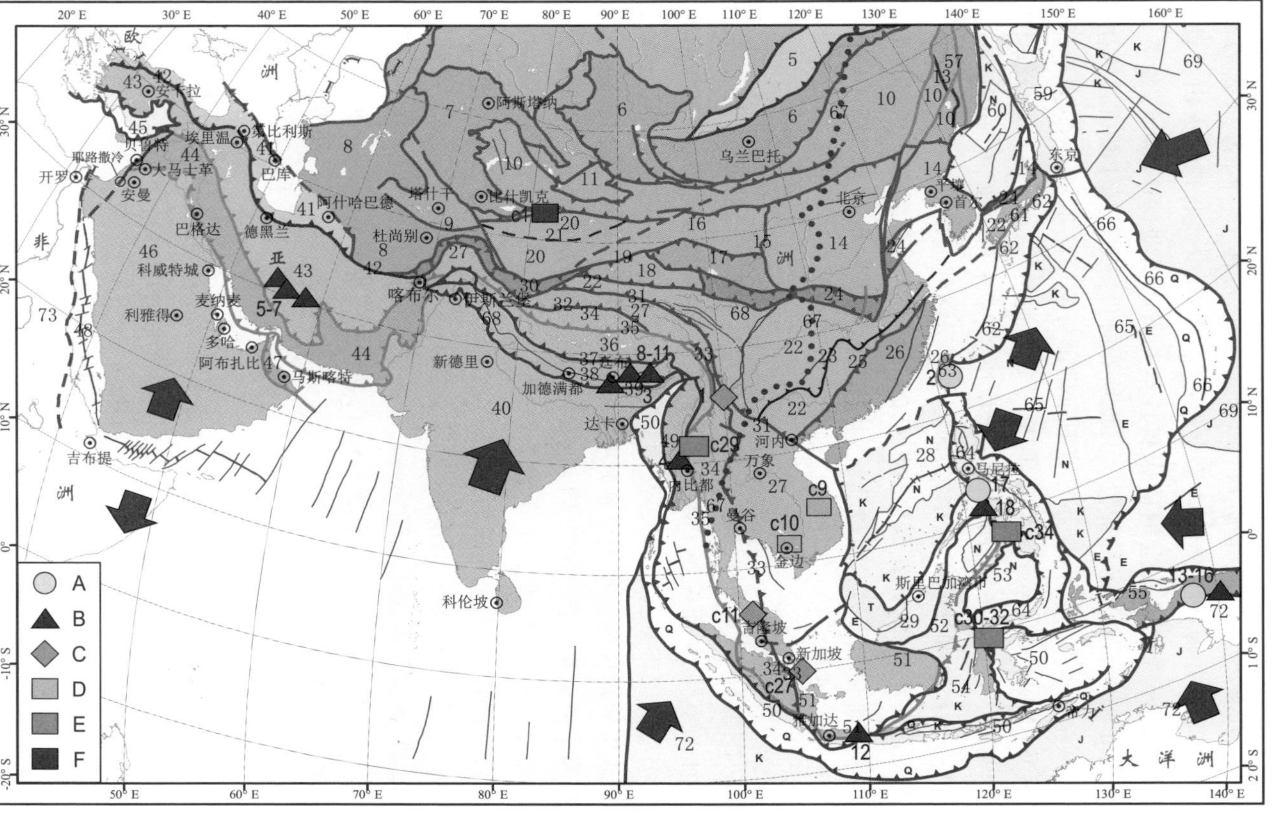

图 4-89 新近纪-早更新世亚洲内生金属矿床分布略图

黑色数字为构造单元的编号，为本书统一的编号，与本书目录及图 1-1，图 2-6 相同；红色粗线段为新生代以来的碰撞带或俯冲带；红色箭头为板块运移方向，其大小示作用力与运移速度的大小。

矿种符号：A—金银等贵金属；B—铜铅锌等多金属；C—稀有金属锡汞锑与稀土元素等；D—铝土矿；E—红土型镍矿床；F—沉积铀矿床。

棕色数字为矿床编号。内生金属矿床：1—四川冕宁牦牛坪稀土成矿带；2—中国台湾北部基隆金瓜石金铜矿床；3—西藏驱龙铜矿床；4—缅甸实皆省蒙育瓦 Monywa 铜矿田；5—伊朗 Miduk 铜矿床；6—松岗铜矿床；7—查哈尔冈巴德铜矿床；8—西藏甲马铜矿床；9—冲江铜矿床；10—白容铜矿床；11—厅宫铜矿床；12—印尼松巴哇岛的 Batu Hijau 铜金矿床；13—印尼伊里安岛格拉斯贝格(Grasberg)富金、铜矿床；14—印尼埃茨伯格(Ertsberg)；15—奥克特迪(Ok Tedi)；16—弗里达(Frieda)铜金矿床；17—菲律宾 Lepanto 铜金矿田；18—远东南(Far Southeast)铜金矿床。

沉积金属矿床：c1—伊犁砂岩铀矿床；c9—越南西原多乐铝土矿床；c10—柬埔寨南部上川龙铝土矿床；c11—马来半岛西部 Kuala Lumpur，Dinding，Phuket Phangnga Takuapa 砂锡矿；c27—印度尼西亚 Bangka Island；c28—Billiton 砂锡场；c29—缅甸太公当(Tagaung Taung)镍矿；c30—印尼哈马黑拉岛苏巴印；c31—马布里；c32—卫古岛拉姆拉以东、西富山红土型镍矿床；c34—菲律宾迪纳加特岛(Dinagat)红土型镍矿床。

总之,亚洲大陆在新近纪-早更新世受其特定的区域构造与气候、地理条件的影响,形成了多种多样的大型的内外生矿床。

4.3.10 中更新世以来构造成矿作用

此时期形成的矿田、矿床,在亚洲各期大型矿田、矿床总数中只有 15 个,占总数的 4%(图 4-90)。在现代地表附近能形成并保持下来的内生金属矿床,只有少数与现代火山活动关系密切的矿床,如中国台湾省北部基隆金瓜石金铜矿床和日本九州岛菱刈(Hishikari)金矿田。近代刚形成的内生金属矿床仍处在地下数千米的部位。其他所有有价值的矿床主要都是表生的红土型风化残积镍矿,如缅甸 Tagaung Taung,印尼苏拉威西东南部科罗诺达尔(Kolonodale)东海岸、科拉卡(Kolaka)和莫右瓦里(Moyowali)等红土型镍矿床,菲律宾迪纳加特岛(Dinagat)红土型镍矿床等,马来半岛的沉积砂锡矿(见图 4-62),印度海滨喀拉拉邦、泰米尔纳德和 Trauancore 的钛铁矿、印度半岛西岸的金红石砂矿床和钛铁矿砂矿床,印度东部沿海的沉积铝土矿床和中国河南方城金红石砂矿床。上述风化残积矿床,或在风化残积基础上形成的河流沉积矿床都分布在赤道附近的湿热或温湿气候带。而青海柴达木和藏北盐湖内的锂、硼、钾、镁等盐类矿床则主要赋存于干旱气候区。可以看出所有风化残积或沉积矿床的形成主要都与气候带相关。至于形成何种矿床,则受附近母岩的成分所控制。

综上所述,可以看出在各个构造阶段由于板块(地块)运动模式和汇聚方向的不同,造成碰撞带与板块内部构造变形特征的不同,从而控制了内生金属矿床的类型、赋存部位、形态与产状。如果只知道矿床可能的成因类型是很难去找矿的,还必须知道可能的成矿时代,当时的区域构造作用的背景和剥蚀深度等。新生代形成的内生金属矿床则一般都在近代相对隆升的部位,其隆升的幅度一般应小于或几乎等于矿床形成的深度,所以近代的构造地貌学研究也必须与其配合之。而对于表生矿床则更需要关注古气候、古地理等条件。

因而,如果想要编制有实用价值的成矿规律图的话,就应该详细地编制出各个不同构造阶段的成矿规律图。混合了多个构造阶段的"成矿规律图",其实意义不大,也没有什么实用价值。受资料、任务与笔者能力的限制,本书作者仅仅做了一些初步的、概略的尝试,供读者参考。希望在此基础上,今后能编制出亚洲各个地质构造时期更加详细、更有实用价值的内生金属矿床或外生矿床的矿产分布图与成矿规律图件。

参考文献

陈衍景. 1996. 准噶尔造山带碰撞体制的成矿作用及金等矿床的分布规律. 地质学报,70(3):253-261.

陈衍景. 2000. 中国西北地区中亚型造山-成矿作用研究意义和进展. 高校地质学报,6(1):17-22.

陈衍景. 2006. 造山型矿床、成矿模式及找矿潜力. 中国地质,33(6):1181-1195.

侯增谦,莫宣学,高永丰,等. 2006. 印度大陆与亚洲大陆早期碰撞过程与动力学模型——来自西藏冈底斯新生代火成岩证据. 地质学报,80(9):5-20.

侯增谦. 2010. 大陆碰撞成矿论. 地质学报,84(1):30-58.

毛景文,谢桂青,李晓峰,等. 2004. 华南地区中生代大规模成矿作用与岩石圈多阶段伸展. 地学前缘,11(1):45-55.

毛景文,张作衡,裴荣富. 2012. 中国矿床模型概论. 北京:地质出版社,1-560.

毛景文,张作衡,王义天,等. 2012. 国外主要矿床类型、特点及找矿勘查. 北京:地质出版社,1-480.

邱小平. 2002. 碰撞造山带与成矿区划. 地质通报,21(10):675-681.

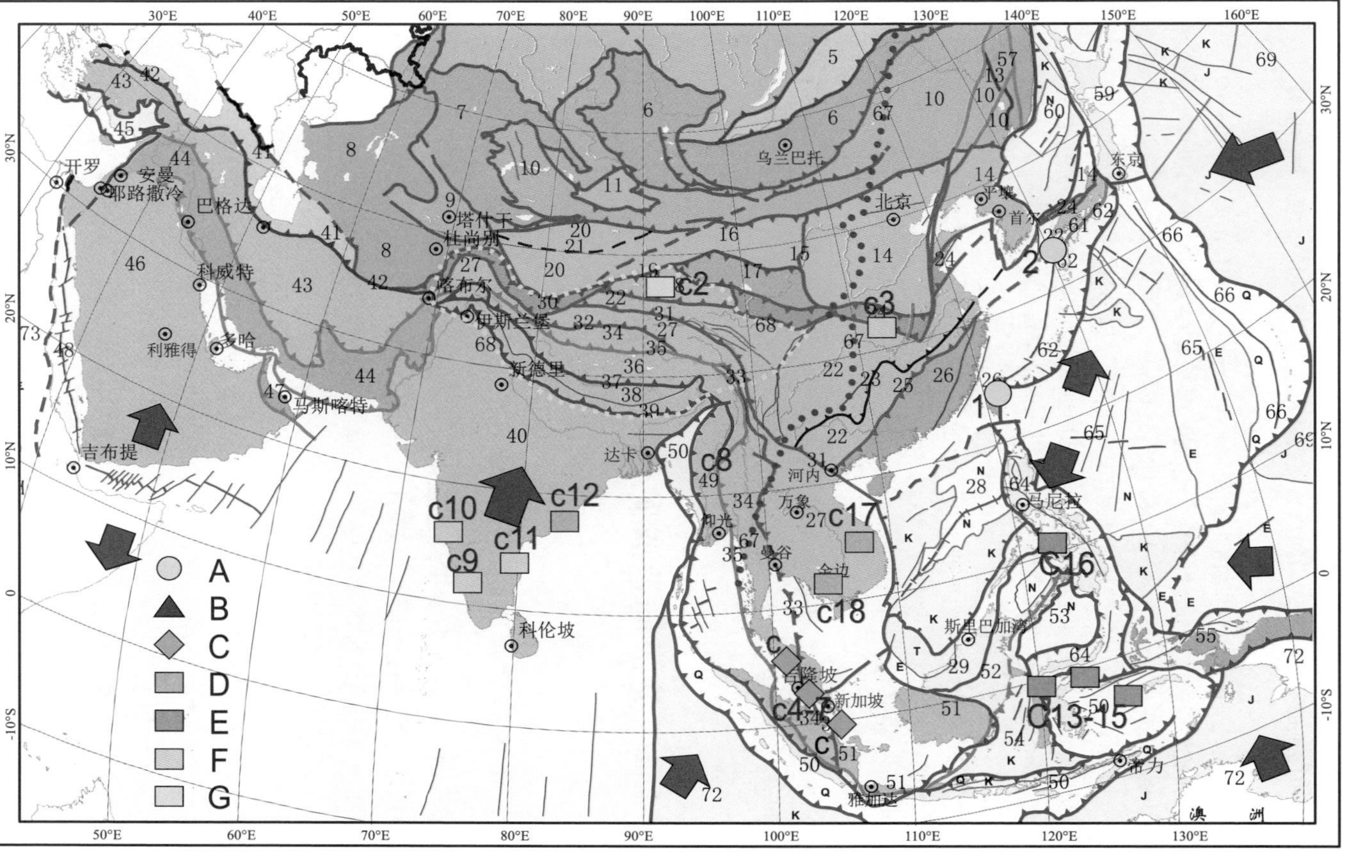

图 4-90 中更新世以来亚洲内生金属矿田、矿床分布略图

黑色数字为构造单元的编号，为本书统一的编号，与本书目录及图 1-1，图 2-6 相同；红色粗线段为中更新世以来的碰撞带或俯冲带；红色箭头为板块运移方向，其大小示作用力与运移速度的大小。矿种符号：A—金银等贵金属；B—铜铅锌等多金属；C—砂锡矿；D—沉积铝土矿；E—红土型镍矿床；F—金红石或钛铁矿砂矿；G—盐类。

棕色数字为矿床编号：1—中国台湾北部基隆金瓜石金铜矿床；2—日本九州岛菱刈(Hishikari)金矿田；c2—青海柴达木盐湖锂、硼、钾镁盐类矿床；c3—河南方城金红石矿床；c4—马来半岛西部 Kuala Lumpur；c5—Dinding；c6—Phuket；c7—Phangnga Takuapa 砂锡矿；c8—缅甸太公当(Tagaung Taung)镍矿；c9—印度喀拉拉邦、泰米尔纳德；c10—Trauancore 金红石矿床；c11—印度半岛西海岸钛铁矿床；c12—印度东部沿海铝土矿床；c13—印尼苏拉威西东南部科罗诺达尔 Kolonodale 东海岸镍矿床；c14—科拉卡 Kolaka；c15—莫右瓦里(Moyowali)镍矿床；c16—菲律宾迪纳加特岛(Dinagat)红土型镍矿床；c17—越南西原多乐铝土矿床；c18—柬埔寨南部上川龙铝土矿床。俄罗斯远东的科累马金、银、锡等砂矿床在此图上未加表示。

汤中立,李文渊. 1995. 金川硫化物铜镍(含铂)矿床成矿模型及地质对比. 北京:地质出版社,1-209.

万朴,李和玉,史定一. 1988. 四川石棉县石棉矿床的蛇纹石化及成矿地球化学作用. 矿物岩石,(2):115-122,145.

万天丰. 2011. 中国大地构造学. 北京:地质出版社,1-497.

万天丰,王亚妹,刘俊来. 2008. 中国东部燕山期和四川期岩石圈构造滑脱与岩浆起源深度. 地学前缘,15(3):1-35.

张红军,吴昊,赵海玲. 2012. 辽宁青城子铅锌矿床与朝鲜检德铅锌矿床对比研究. 现代产业,(1):66-69.

张鸿翔. 2009. 中国周边国家金属矿产资源调查与合作潜力分析. 地球科学进展,24(10):1159-1172.

张秋生. 1984. 中国早前寒武地质及成矿作用. 长春:吉林人民出版社,1-544.

朱国林. 1984. 辽东半岛滑石——菱镁矿矿床地质特征及其成因. 长春地质学院学报,(2):77-94.

Barley M E,Groves D I. 1992. Supercontinent cycles and the distribution of metal deposits through time. Geology,20:291-294.

Chakraborty K L,Chakrabofty T L,谭礼国. 1985. 印度奥里萨邦苏金达河谷的铬铁矿矿床的地质特征和成因. 地球与环境,(8):20-25+19.

Goldfarb B J,Groves D I,Gardoll S. 2001. Orogenic gold and geologic time:a global synthesis. Ore Geology Reviews,18:1-75.

Kerrich R and Wyman D A. 1990. The geodynamic setting of mesothermal gold deposits:an association with accretionary tectonic regions. Geology,18:882-885.

Wan T F,Zhao Q L,Wang Q Q. 2015. Paleozoic Tectono-Metallogeny in the Tianshan-Altay Region,Central Asia. Acta Geologica Sinica,89(4):1120-1132.

4.4 关于构造成矿作用的讨论

4.4.1 构造断裂对于内生金属成矿作用的影响

把成矿作用当作一个运动变化的动力学系统过程来研究,这是近代矿床学研究的重大进展(翟裕生等,2011)。这是在学习石油地质研究的基础上发展起来的。现在,一般都认为,对于所有成矿作用都必须从成矿物质的来源、有用元素的运移、储集过程和保存条件四个方面来研究。此节首先将讨论构造断裂对成矿元素运移的控制作用。

固体矿床在形成过程中,通常认为,成矿元素在相对富集之后的垂直运移量是不太大的,尤其是沉积和变质矿床成矿元素在富集之后,其垂直迁移量更是相对较小。但是,岩浆和气成热液矿床的成矿过程中,其实原来有用元素在岩石圈内的深部都处在固态岩石、超临界流体或岩浆之中,当它们被岩浆或超临界流体所携带时,就可以发生较大的垂直向上的运移量,不亚于标准的流体矿床(石油、天然气和地下水)的运移量。切割深度不同的断裂可以控制不同类型的岩浆活动和不同的超临界流体运移,以致形成富含金属元素的气成热液矿床(图 4-91;万天丰,2011)。

岩石圈断裂(图 4-91,左侧)经常与来自软流圈的超镁铁质岩体或包体关系密切。以后成矿物质常常是以冷侵位的方式(断层错动作用)向上运移到地表附近,形成的矿床主要是铁族、铂族元素、金刚石和刚玉(红蓝宝石)等类。

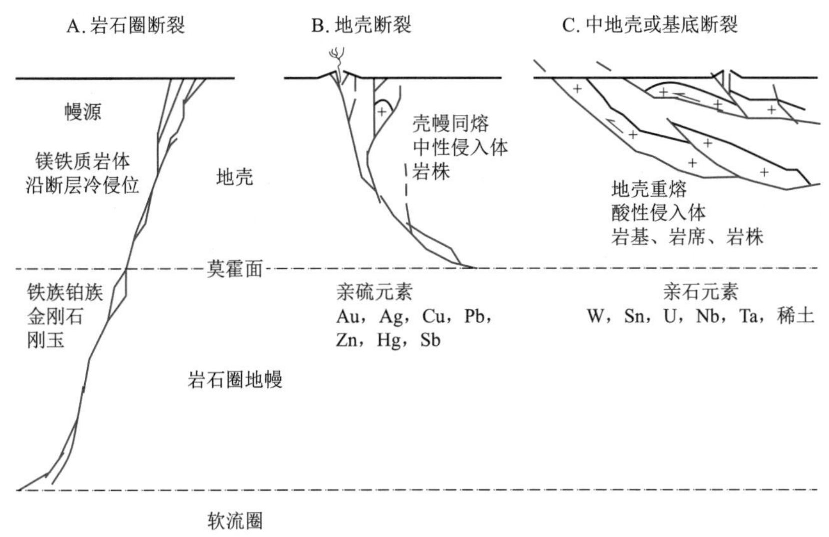

图 4-91 切割深度不同的断裂可以诱发不同类型的岩浆活动和形成不同类型的内生金属矿床

切割到莫霍面附近的地壳断裂(图 4-91,中部)常诱发壳幔混源(或称壳幔同熔)的岩浆活动,岩浆在向上运移过程中,通过同化、混染作用,在到达地表附近时经常变成以中性岩类为主的特征,它们通常具有较高的镁铁比和锶同位素初始比值[$N(^{87}Sr)/N(^{86}Sr)$]较低的特点(通常小于 0.710),形成的矿床以富含“亲硫元素”为特征,以硫化物为主。许多贵金属、有色金属和稀有金属(如 Au,Ag,Mo,Cu,Pb,Zn,Hg,As,Sb 等)的富集均与此类断裂关系密切。

切割到中地壳低速高导层(地震波速较低,导电率较高)附近的断裂,或切割到结晶基底与沉积盖层底界面附近的基底断裂(图 4-91,右侧),它们常诱发与地壳重熔相关的 S 型、酸性岩浆活动,形成花岗质的岩席(即过去常称之为岩基,近年来地震反射剖面资料已经证明:呈面状分布的花岗质岩体,都是“无根”的岩席;Wan and Zeng,2000)及其上的岩株,它们常含有较低的镁铁比和较高的锶同位素初始比值[$N(^{87}Sr)/N(^{86}Sr)$](通常大于 0.710),与其相关的矿床主要为富含亲石元素的,如 W,Sn,U,Nb,Ta 等稀有元素和稀土元素(REE)等,形成的有用矿物主要为氧化物和含氧酸盐(万天丰,2011)。

形成上述现象的机制,可能是切割深度不同的断裂活动,可以在不同深度部位出现局部的减压、增温现象,使岩石内发生局部熔融,形成岩浆房,同时发育超临界热流体,它们在不同深度部位溶解了大量的成矿元素,从而使赋存于不同深度的、不同的成矿元素沿断裂带上升到地表附近,冷凝、聚集成矿。

以上的认识是笔者对于断裂活动与成矿作用关系的一点看法,提出来希望能引起重视和讨论。上述认识告诉我们,对于绝大多数内生金属矿床来说,控矿断裂是以地壳断裂和基底断裂为主的,我们现在所知的绝大多数的内生金属成矿作用主要起源于地壳内部及壳幔过渡带,而不是岩石圈底部,至今还没有任何直接证据可说明现已发现的内生金属矿床的形成是与深部的地幔或地核相关的。

还需要指出的是,由于亚洲大陆构造应力场的作用呈现为多期次、多方向的特点,中地壳低速层和莫霍面经常发生不同方向、不同程度的构造滑脱(高锐等,2011),多数地区壳幔之间都已经处于解耦状态。现代亚洲大陆岩石圈内上地壳之下的部分,不一定就是原来的下地壳;现代地壳之下的部分,更不一定是原来的岩石圈地幔。这一点在研究亚洲大陆岩石圈地区时,尤其应该值得重视。

根据亚洲现有已知矿床的成矿深度资料,真正和岩石圈下部地幔或软流圈关系密切的矿床是并不太多的,主要是含金刚石的金伯利岩矿床、刚玉和富含铜镍铂的岩浆矿床。其他绝大部分内生矿床都是与岩石圈内部的莫霍面、中地壳高速低导层或结晶基底顶部附近的滑脱面等相关。因而,如果只想采用加强岩石圈底部构造的研究,来指导找矿的想法,似乎益处有限。这里不是说,不要进行岩石圈构造研究,而是说,应该实事求是地分析深部地质构造对于找矿的价值,大力加强地壳与岩石圈上部构造的地球物理、地球化学与地质的综合研究可能更为重要。不能以为:研究的深度愈大,找矿成功的概率就愈大。

4.4.2 构造变形与内生金属矿床储集空间

在许多矿床学和矿田构造学教科书与专著(陈国达,1978;翟裕生和林新多,1993;翟裕生等,1996,1997,2011)中,对于构造变形与内生金属矿床储集空间的关系,都已经论述得很详细。可以这么说,在构造变形过程中,凡是在地下存在局部空隙和裂隙的部位,也即产生局部压力减小的部位,就都有可能聚集、形成内生金属矿床。这是过去半个多世纪以来矿床构造与矿田构造学的基本内容,是很重要的经验总结。

不同类型(张、压、剪性)的构造变形是否具有成矿专属性?这是一个引人注意的问题。例如,能不能说正断层(伸展、剥离断层)就一定与铅锌银矿床有关,韧性剪切带就一定能形成金矿床。据笔者的了解,大量的事实告诉我们,不同类型(张、压、剪性)的构造变形并不是具有成矿专属性的。这与岩浆岩是很不相同的,不同的岩浆岩一般都具有不同的成矿专属性。

构造变形对于成矿过程中始终保持固体状态的矿床来说,其主要作用只是使矿体形状复杂化;对于岩浆和气成热液矿床来说,构造变形的作用则主要是构造破碎所造成的减压增温现象,有利于形成岩浆房,提供了含矿流体和超临界流体的运移通道和聚集空间,当然也可以提供使含矿流体散失的通道。

构造变形不会制造出新的元素;除了形成断层岩(极个别的条件下也可形成矿床)之外,构造作用也不会产生新的岩石和新的矿床。所以“动力成岩成矿”(杨开庆,1986)的说法是欠妥的,有点过分夸大了构造变形在成岩、成矿中的作用。当然由于构造变形的出现,岩浆或含矿热流体在温度、压力或化学组成上,是有可能发生一些相应的变化的。不管是何种类型的构造变形,只要有空隙或裂隙,任何种类的流体都有可能在其中运移或聚集。因而,如果以为存在“构造变形的成矿专属性”,这本身就是一个认识上的误区。

不同尺度的构造变形对成矿作用倒是可以产生不同的影响的。一般说来,构造变形的规模大一些,形成的矿床自然可能大一些。例如,大型构造盆地内,其有机质或膏盐类物资堆积的规模就可能大一些。大型背斜圈闭可能总比小型背斜圈闭储集的成矿物质多一些。

然而,大型断裂带(长几百至几千千米,宽几百米到几千米),即区域性大断裂,一般情况下,它们控制着成矿带内流体的运移,可以控制成矿带或矿集区的分布。例如本书曾经谈到,东亚地区燕山期成矿带常常可以是北北东向展布的。但是成矿带内一系列的矿床和矿体却基本上并不是沿区域性主干断裂带分布的，而是沿着 WNW 向的次级张剪性断裂赋存的。一般情况下，大型断裂带，由于其过于破碎，岩石内空隙和裂隙较多，具有较好的开放性，岩石渗透率较高，十分有利于流体的运移和散失，但是并不一定都有利于流体与成矿物质的沉淀和聚集。所以，真正的大型主断裂构造带内，尤其是呈张性或张剪性的大型正断层与走滑断层内，经常不仅不能形成大型气成热液矿床，就连赋存中小型气成热液矿床的可能性都比较小。在大型断裂带内形成结晶温度较高、有用元素活动性较弱的铁族元素矿床或石棉矿床则是完全有条件的（如乌拉尔碰撞带内的阿克托比、肯皮尔塞、图尔盖等超大型铁、铬矿床，我国阿尔金断裂带内的芒崖和新疆巴州大型石棉矿床）。但是，例如郯城-庐江大型断裂带内，在三叠纪大走滑阶段，侏罗纪逆断层时期或白垩纪张-剪性活动时期，都没有赋存任何大型内生金属矿床。可是在始新世-渐新世时期在断裂带附近的盆地中聚集了大量的有机烃类物质，其后的新近纪-早更新世，此断裂受到近南北向的挤压作用，而使断裂带略微张开了一点，使烃类物质向上运移、聚集，当然也会散失掉不少，但是还没有将深部的烃类物质全部散失掉，然而，在最近时期（中更新世以来）却受到近东西向挤压作用的影响、使其变成封堵性较好的压剪性断裂时，结果就在断裂带内就可形成了很大规模的油气田，例如近十几年来在郯庐断裂带 1 号断层内成功地勘探了大型的蓬莱 19-3 油气田（油气储量达 6 亿 t；Hofer R，Conoco Phillips，私人通讯）。在渤海湾内近期还发现了一些与之类似的油气田。

至于大型逆断层与逆掩断层，通常由于上盘覆盖层的保护，含矿流体倒是可以在其下盘得以较好的富集与储存，形成一些大型内生金属矿床（如云南金顶铅锌矿床；见图 4-61）。总之，大型构造并不一定都可以形成大型矿床，对此必须实事求是地具体分析。

实际上，控制各类大、中、小型矿床形成的断裂构造变形，大多是以中型断裂构造为主的。它们常常可以在地下提供许多长几十米到几十千米，宽几十厘米到几百米，埋深几十米到数千米的空隙或裂隙带，成为赋存矿床的良好空间。对于绝大部分矿石品位要求在百分之几十到千分之几的内生金属矿床来说，现有矿床的大小，基本上都与中型断裂构造变形（断层、破碎带或褶皱内的层间滑脱带）的尺度相当。与它们相关的侵入岩体在地表附近的直径经常只有几千米，在深部则可能规模很大。

至于小型（或称显微）断裂构造，只有当微裂隙密布、分布范围较大，并且对于成矿物质的品位要求也不太高时，它们才可以成为细脉浸染型矿床赋存的良好空间，并可构成大型或超大型的 Cu，Mo，W，Au，U 等矿床。近年来，随着选冶技术的提高，许多过去所谓的低品位的“平衡表外矿床”现在都可能成为极具工业价值的矿床，在中国和世界各国近些年来发现并勘探成功的许多大型或超大型矿床中，经常可能找到此类成功的范例。

总之，应该说，构造变形类型和尺度的大小与成矿作用的类型也不一定具有什么必然的相关性，必须具体问题具体分析。

4.4.3 后期构造作用、适度的抬升或沉降对矿床保存条件的影响

在矿床形成之后的保存条件中，保持矿床的完整性和适当的埋藏深度是很重要的因素。这两个因素都与构造作用关系密切。一般在矿床形成之后，不宜再有较强的构造作用。如果后期构造作用很强，则早期形成的矿床就很容易遭受破坏。亚洲大陆正好就常常出现此种状况。早古生代及其以前形成的矿床，其大多数已被剥蚀破坏，只有少数得以保存，有的则深埋到很厚的

沉积盖层之下,成为"呆矿"。晚古生代以来,特别是中、新生代构造作用,既能通过元素的进一步富集形成了许多新矿床,同时后期的破坏作用又不太强烈。所以,不宜说亚洲大陆中、新生代形成的矿床特别多,其实应该说,中、新生代保存下来的矿床比较多。这可能是亚洲大陆晚古生代和中、新生代成为主要成矿期的重要原因。

古生代及其以前形成的矿床主要残留在中、新生代构造作用比较微弱的地区,即亚洲大陆的中部和北部,如西伯利亚中部、中亚-蒙古地区,中朝与扬子构造域的鄂尔多斯和四川盆地等。

在中、新生代成矿期形成的控矿构造,大部分是在先存构造弱化带的基础上发展起来的,中新生代构造应力场的作用方向又有多次变化,从而使地块切割得比较破碎,板内构造变形的规模比较局限,这可能是在亚洲大陆上常见大量"小而富"矿床的原因。

能够成为工业矿床,其实条件是相当苛刻的,除了要具有良好的地质条件之外,还要符合技术经济条件的要求。其中固体矿体的埋深,在目前的技术经济条件下一般不超过 2 km。流体(石油、天然气)矿床的埋深一般不超过 5 km。埋深太大,开采成本过高,目前就失去了经济价值,矿床就成为呆矿;埋深太浅,出露地表,则又可能遭受风化、剥蚀。

矿床形成的初始深度,与现在的埋深经常是不一致的。因而,现在我们所见到的内生金属矿床在形成之后,总有一个适度的隆升作用过程。例如在中国中南部不少中生代形成的中深成内生金属矿床,其成矿深度经常在地下 2~3 km,成矿后隆升了 2 km 左右,使矿体正好处在现代地表之下不太深度部位,成为近代矿床开发的极佳条件。而在中国东部,即大兴安岭-太行山-武陵一线以东地区,一些中浅成的内生金属矿床,其成矿深度大致在 1~2 km,成矿后地壳隆升幅度和剥蚀深度在 1 km 左右,也使矿体处在现代地表之下不太深度部位,遂使矿床易于开发。中国东北松辽平原上的大庆油田也如此,生油层形成深度在 2 km 左右,其后地壳上升了 1 km 左右,使该区主要油气藏的埋深在 1 km 左右,这样就十分有利于大庆油气田的开发。

现代已经开发的新生代内生金属矿床,为什么基本上都分布在海拔 3~4 km 以上的高原山区?这就因为这些矿床的形成深度与成矿后的地壳隆升高度几乎一致,使这些矿床能够在较短的时间内快速隆升、使矿体以上的岩石遭受剥蚀,从而使矿体保存在地表附近,以便开发。因而,在找矿过程中,应该注意矿床形成深度与后期隆升、剥蚀深度的研究。这就是构造地貌学对于内生金属矿床找矿工作的重要性。

对于风化残积的铝土和镍矿床而言,它们都是在炎热潮湿气候条件下形成,需要地壳相对稳定或仅有微弱的上升。上升幅度过快,则矿床易遭受侵蚀,而使有用元素流失。反之,沉降速度太大,则这种表生矿床可能埋藏到地下,使开采成本大幅度上升,也不利于开发。

总之,在矿床保存条件的研究中,亟须把成矿流体的温压测试、即矿床形成深度的研究和矿区构造地貌研究(特别是近期隆升或沉降的垂直位移量)紧密地结合起来。可惜,至今对于这方面的研究,总的来说还比较薄弱,亟待大力加强之。

4.4.4 板内拉张成矿作用

笔者通过对亚洲大陆 242 个各类内、外生大型矿床控矿断裂构造的力学性质原始资料的统计(详见附表),认识到在区域伸展作用或张剪性构造控制下形成的矿床为 203 个,占 83.8%;在挤压作用(压剪性断裂)构造控制下形成的矿床为 19 个,占 7.9%;与构造控制作用无关、不显著或情况不明的为 20 个,占 8.3%(图 4-92)。当然,含石油、天然气和煤田的盆地,则全部都与区域伸展作用或局部伸展构造的控制有关。

另外，笔者还对亚洲大陆191个大型或超大型内生矿床或矿田的成矿期与构造变形阶段的关系进行了统计（详见附表），分为：形成于前碰撞期（或结晶基底形成之前）为16个（占8.4%）；同碰撞期（包括同俯冲期）为36个（占18.8%）；板内变形期（包括矿床的位置虽然处在碰撞带内，但是成矿期却在主碰撞作用之后，即"碰撞期后"，或者称之为"后碰撞期"成矿的52个）共计为137个（占71.7%）；另有2个矿床未能确定与构造作用的关系（图4-93；详见附表）。

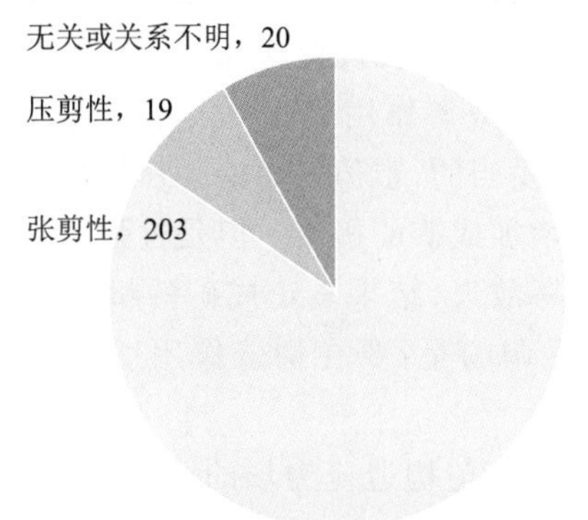

图4-92 亚洲大陆各类矿田、矿床与张剪性或压剪性构造的关系

共统计了242个大型内、外生矿田或矿床，与张剪性构造环境相关的为203个，与压剪性构造环境相关的为19个，关系不明的为20个。详见附表。

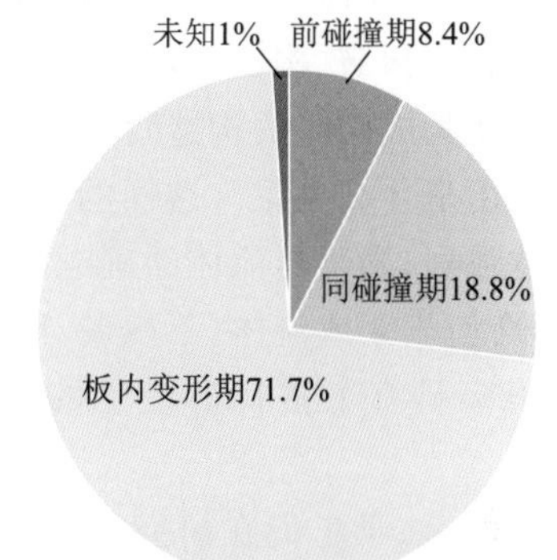

图4-93 亚洲大陆内生金属矿床成矿期与构造碰撞、俯冲期或板内变形期的关系

由上述统计可以看出，板块内部构造变形并具有局部张剪性的构造环境控制下形成矿床是亚洲大陆内生成矿作用的最主要的构造背景。这里指的是绝大多数的充填到张性或张剪性断裂（断层或节理）的岩浆或气成热液矿床。而在压剪性构造作用控制下形成的矿床，指的是碰撞带内、与超镁铁质岩体侵位作用相关的铬、铂矿床以及区域变质作用下形成的铁矿、石棉矿床等。至于沉积矿床的形成基本上都受板内拉张作用的控制而形成沉积盆地的，它们更是在相对伸展条件下成矿的。

综合上述资料的研究，笔者认为：亚洲大陆最主要的成矿作用是板内伸展成矿作用，而主要不是与俯冲、碰撞造山作用或与其他构造作用相关。由上面的统计也可以看出：即使赋存在碰撞带内的矿床，其中一半以上都不是在碰撞时期成矿的，而是在碰撞作用结束之后，在后期构造应力场控制下成矿的。同碰撞期成矿的，仅占赋存在碰撞带部位内矿床的少数。这里要特别强调的是，就亚洲的实际地质条件来看，与碰撞造山作用相关的成矿机会是比较少的，形成大型矿床的机会尤其少，特别是与含矿流体作用相关的气成热液矿床。十分强烈的构造断裂，既能促进流体运移，也能使含矿流体穿过地壳，散失到大气圈或水圈中去。即使在碰撞时期形成矿床，矿床的多数也不聚集在主要断裂带内，而经常是赋存于其旁侧的分支断裂系统内。

上面所述的板内伸展作用，也包括矿床虽处在碰撞带内，但是在碰撞作用完成之后在板内伸展作用时期成矿的。根据本书对亚洲大型矿床资料（详见附表）统计的结果，看来在构造作用强度适当的地区,成矿的机会就比较多,尤其是形成大型矿床的机会更多一些,对此应该给予必要的重视。这一点与火山、地震发育的构造条件是大不相同,火山、地震是在构造作用最强烈部位发生的,而矿床则是在构造作用适度的部位储集的。

上述认识与国内外相当流行的、认为造山作用是主要成矿作用的观点是不同的。有一些知名的学者认为:很多矿床都是"造山带型"的矿床(Kerrich and Wyman,1990;Barley and Groves,1992;陈衍景,1996,2000,2006;Goldfarb et al.,2001;侯增谦等,2006;侯增谦 2010;毛景文等,2012),甚至还以为"成矿规模与碰撞强度呈正相关关系"的想法(邱小平,2002)。不少学者认为:只要矿床产在碰撞带或者说是在造山带内,完全不考虑成矿作用与碰撞带是否同时形成,甚至只要地层有些褶皱、构造变形较强的地区内,地形上属于山区,就说此矿床是"造山带型"的,完全不考虑在其成矿时的构造背景与大地构造属性,不考虑成矿作用到底与发生强构造变形的板块碰撞作用是什么关系。这样的一些认识,看来是不大妥当的,很值得商榷。在板块碰撞时的构造作用越强烈,岩浆与流体的确越容易运移,似乎可以增加成矿的机会。但是过强的碰撞构造作用,通常会使岩浆或流体,不仅易于运移,而且还更容易散失,结果真正成矿的机会反而变少了。所以很多具有丰富找矿经验的地质工程师,经常强调的是:要在构造作用适度的部位去找矿。

笔者与同事、学生们在研究山东及中国东部地区金矿床与构造应力场的关系时,曾多次发现:矿床的赋存部位,既不是在构造作用力最强的地区,也不是最弱的地区,而是在差应力值适度的部位,例如在山东几个金矿田差应力值均约为 20 MPa 左右(主要研究成果均提交给矿山有关部门[①~⑥])。以后在研究油气田深部预测时,也得到类似的成果[⑦~⑨],即油气藏主要储集在差应力值适度的部位。

在这里,应该强调的是,陆陆碰撞与板块俯冲作用存在很大的区别,千万不能混为一谈。大家都知道,板块在俯冲过程中,当洋壳下插到大陆之下 100 km 左右的深处时,经常产生局部熔融,发生了壳幔物质的交换,从而形成一系列与中性岩浆活动相关的超大型斑岩型矿床,构成许多世界著名的特大型或超大型内生金属矿床。在亚洲东部的沟弧体系内,从远东堪察加、日本、菲律宾到印度尼西亚,受太平洋板块俯冲作用的影响就形成了一些重要的、超大型内生金属矿

---

① 万天丰,褚明记,李书兵. 1988. 浙江省临海市括苍山附近构造应力场、古温度场及成矿预测. 东南沿海火山岩地质矿产研究项目(86017-331):1-96.

② 万天丰,林建平,张永利,等. 1990. 长江中、下游铜、金、硫、铁成矿带构造演化. 应力场研究与构造成矿预测:1-157.

③ 万天丰,郑子恒,郑宽喜,等. 1992. 山东沂南铜井、金场金矿田成矿规律与成矿预测. 山东省黄金工作领导小组地质工作办公室与山东省黄金工业局课题项目:1-148.

④ 颜丹平,万天丰,栾久春,等. 1995. 山东招远北截金矿深部成矿预测. 冶金工业部黄金管理局地质科研项目(93-95-08):1-90.

⑤ 齐金忠. 2001. 河南祁雨沟金矿床成矿规律研究. 中国地质大学(北京)博士学位论文:1-123.

⑥ 万天丰. 2003. 山东乳山金矿田深部构造成矿预测意见:2000~2003.

⑦ 万天丰,王云山,贾庆军,等. 2001. 大庆油田古龙地区古构造应力场研究与裂缝发育状态预测:1-154.

⑧ 张守仁,万天丰. 2003. 四川孝泉-新场三叠系油气层的构造应力场研究与裂缝发育带预测. 中石化西南石油地质局地质综合研究院项目:1-90.

⑨ 王明明,万天丰,刘吉余,等. 2003. 渤海湾盆地陆上石油预探区带与目标评价(010107-9-4).中石油勘探与生产分公司项目:1-225.

床。然而，在亚洲大陆内部的陆陆碰撞带，如前面所述，经常出现的是陆内双向俯冲和碰撞作用，两个陆块的地壳通常是在三度空间上互相楔入、穿插，并且陆壳经常在莫霍面附近发生大规模的构造滑脱作用，岩石圈断裂经常被改造，反而，并不十分有利于壳幔之间的相互作用和物质交换。在岩石圈内部或岩石圈地幔内即使存在局部熔融，被地壳底部或内部构造滑脱面所阻隔，也不容易直接向上侵位到地表附近。而地壳内特别强烈的岩浆活动与构造断裂作用又能直接与地表贯通，使得与壳幔源相关的含矿流体溢出地表，以至于很难在地下某个部位聚集下来富集成矿。看来，简单地把国外的俯冲带或造山带成矿模式套用到亚洲大陆内部的碰撞带上，就经常会碰钉子的，这也是一个很值得重视的问题。

总的来说，碰撞带的碰撞作用是使岩石趋于混合、元素趋于混杂，它有利于元素大规模的迁移，而不是特别有利于元素的富集和保存。当然在一定条件下，还是可以富集成矿的，但是对于绝大多数与流体作用相关的大型和超大型内生金属矿床来说，赋存机会就比较少了一些。这一点，国外许多学者是不大理解的。在亚洲以外，不少大陆板块内部的构造变形十分微弱，甚至几乎没有，陆陆碰撞带也很少有。因而他们习惯于信奉 50 多年前板块学说初创时期的一些粗浅的概念，以为构造-岩浆事件仅仅发生在俯冲带或碰撞带附近，大陆板块似乎都是像铁板一样，甚至说是具有"刚性"的特点。国内不少学者，其实他们并没有认真考察亚洲大陆成矿作用与成矿时的构造背景，而只是习惯性地套用国外流行的看法与观点。

当然，在碰撞带内，与蛇绿岩套有关的磁铁矿、铬铁矿、钛铁矿、蛇纹石石棉等矿床受后期流体影响较少，成矿元素相对稳定，则它们就可以在碰撞作用发生时定型，并能继续保存下来。如在乌拉尔碰撞带、雅鲁藏布-密支那碰撞带所影响的内生金属矿床、祁连山-阿尔金碰撞带等。西秦岭也有几个大型金矿床是同碰撞期成矿的。这些就是真正的碰撞带型（或者也可称为"造山带型"）矿床。由碰撞作用所控制形成的矿床常常兼有两盘地块所易于富集的元素，因而矿种类型比较复杂，其构造控制因素也与碰撞作用的派生构造变形相关。

在亚洲大陆许多碰撞带内所发现的矿床，其中有少数几个矿床其实是在碰撞作用发生之前，洋底张裂或裂陷槽张裂、海底热液、喷气作用所富集而成的"前碰撞期矿床"。更多的则是碰撞造山作用之后形成的矿床（见图 4-93），很多学者称之为"后造山成矿作用"。此时其实已经不能再叫作"造山带"，造山作用已经结束，它们与碰撞作用无关，它们与其他的板内变形并无本质的差别。只是可以利用早期形成了构造断裂、裂隙，构成后期含矿流体运移通道和储集的部位。

当然，值得注意的是，碰撞作用常常造成岩石普遍的叶理化，各类断裂也十分发育，一旦后期构造应力的最大主压应力方向与先存的叶理面和断裂几乎平行或小角度相交，它们就很容易适度地张开，成为矿液运移和储集的良好部位。例如，在亚洲中部的西天山和巴尔喀什-阿尔泰-天山地区晚古生代晚期（晚石炭世-早二叠世）区域应力作用方向的截然改变，从近南北向汇聚转变为近东西向挤压与剪切，就使该区形成了大量的与岩浆活动关系密切的、超大型内生金属矿床。然而，在该区各条碰撞带形成时期（阿尔泰-中蒙古-海拉尔和卡拉干达-吉尔吉斯斯坦早古生代碰撞带，或西天山和巴尔喀什-天山-兴安岭晚古生代早期碰撞带）形成的矿床则十分有限。

另外，秦岭-大别碰撞带及其两侧临近地区，在印支期（三叠纪）碰撞作用发生时期形成的矿床也很少，但是在碰撞作用之后，在燕山期和四川期（以侏罗-白垩纪为主的时期）就可形成许多大型矿床，这也是很好的实例。而在秦岭碰撞带南北两侧的小秦岭、东秦岭与南秦岭（大巴山地区)，这些地区的构造作用显然稍弱于秦岭碰撞带，却形成了大量的内生金属矿床，成为中国重要的内生金属矿集区。有人将它们都归属于秦岭碰撞-成矿带，其实小秦岭与东秦岭在构造单元上是属于中朝板块南部的边缘地区，而南秦岭、大巴山则属于扬子板块的北部边缘地区。尽管它们在地理名称上都带上了“秦岭”的字样。秦岭碰撞带仅能局限在两条岩石圈断裂之间，也即在北秦岭俯冲杂岩带(商县-丹凤)和勉县-略阳-耀岭河-大别北侧-胶南增生碰撞带(见图 2-21)之间。其南北两侧构造作用较强的地区则应分别属于相对稳定的板块。

应该说，曾经发生过强烈构造变形的碰撞造山带，在一定条件下可以为后期成矿作用提供一个较为良好的围岩环境。在成岩和成矿的同位素年代学研究没有及时跟上的时候，很容易产生误解，以为矿床与碰撞带好像是同时形成的，以至于把所有位于碰撞带内的矿床都叫作“造山带型”的矿床，这在当时条件下是可以理解的。这种命名的方法，虽然似乎比较简单，但其实是不确切的、也并不妥当，很容易使人产生误解。

亚洲大陆中部的古碰撞带，在喜马拉雅期(新近纪)以来逐渐隆升、成为山脉，使阿尔泰-天山-帕米尔附近，许多内生矿床被抬升到地表附近(海拔 2000~4000 m)，变得易于发现、勘探和开采。而碰撞带之间的稳定地块，目前主要呈现为沉积盆地，即使形成了内生矿床，现在大多深埋在中、新生代沉积岩系之下，也只不过是个呆矿而已。由于矿床保存条件的不同，使我们在中亚、南亚的很多地区只能在古碰撞带及其附近找矿。但是，不能因此而得到结论，说：“碰撞作用是最有利于成矿的”。它们真正的成矿期都在碰撞造山作用之后，而非同时的。亚洲东部和其他地区的成矿资料都已说明了这一点(万天丰，2004，2011)。

至于，在古陆核(片麻岩穹窿)和早期板块形成时赋存的内生金属矿床，由于陆核与地块均早已发生过转动，其构造控制作用的研究需要格外小心，比较复杂，应该进行小区域详细的构造研究，才有可能起到指导找矿的作用。在板块形成后，还经常在板块四周的边部发生局部的张裂现象，在这些张裂带内也经常形成许多重要的内生金属矿床。

笔者在此强调板内拉张成矿作用(见图 4-92)，就是希望在未来的找矿勘探中，对于板内变形过程中发生的、局部拉张条件下的成矿作用，能给予格外的重视。这里并没有否定碰撞过程中还是有可能发生成矿作用的，也没有否定前碰撞期可能存在的成矿过程。而只是说，对于多期碰撞挤压、发生强板内变形的亚洲大陆来说，千万不要忽视板内变形过程中局部拉张作用形成大量大型矿床的事实。这是亚洲大陆岩石圈板块的大地构造特性所决定的，而在其他大陆板块内则是比较罕见的。

4.4.5　构造成矿作用与进一步的找矿建议

讨论矿床的特征、研究成矿作用与进行找矿是性质完全不同的两个问题，是完全不同的两个研究层次的问题。找矿工作，犹如大海捞针，又如侦探破案。单靠撒开大网、只是努力埋头工作，经常成效甚微。通过精心研究已知矿床的特征：研究它们是什么类型的矿床，在什么时候形成，在什么地方形成，以及为什么会形成，以此为基础与参照物对比，去找寻类似的矿床，采用综合地质、地球化学和地球物理的方法去找寻新的隐伏的矿床，实在是一种比较可行的办法。国外不少学者在研究地质和矿床问题，以及进行找矿时，喜欢强调要回答“四个 W”——“What? When? Where? Why?”的问题，即找矿时要问：“找什么样的矿床，什么时候形成的矿床，在何处形成的矿床,以及为什么会形成此矿床",并以此来指导新矿床的找寻。这种思路是很有道理的。

在本书内,笔者就是想尽可能客观地划分了亚洲大地构造单元,阐述了各构造单元内各种代表性大型矿床的成矿时期,弄清成矿时构造背景和成矿构造部位,以及概略地介绍构造成矿机制等内容,以期对区域找矿勘探工作能够有一点帮助。

关于利用数理统计方法,进行矿产定量预测的思路、方法和流程,各类矿床预测方法的实施,及其矿产定量预测方法等,在叶天竺等(2010)的专著中,已经有了较全面的论述,本书不再赘述。

在此,笔者想根据个人对于几十个矿床的矿田构造研究的实际经验和向野外地质勘探工作者学习到的体会,拟从构造成矿作用的角度,对于在亚洲大陆内生金属矿床进一步的找矿工作,深部和外围的定量预测发表一些粗浅意见,供读者参考,现就两类问题进行讨论。

(1) 关于在已知矿床深部与外围找矿的建议

由于亚洲大陆多数已开发的矿床,过去对于金属矿山与煤田的勘探和开采深度,一般在500~1000 m之间,而油气田大多在1000~3000 m之间。随着采矿、选冶技术的提高,现在金属矿山与煤田的开采深度通常在2000 m以内都有可能成为极具经济价值的,南非的金刚石矿床的开采深度甚至已达到4500多米,仍具有经济价值。而现在很多气田(天然气、页岩气和煤成气)的探采深度都在5000 m以内仍具有较好的经济价值。因而,在已知矿床深部、地质构造条件相近的外围地区进行深部与外围找矿自然就成为一种很有价值的选择。尽管近期内,由于全球经济不景气和财团的特意操纵,油气与金属矿产的价格都降低了不少,但是这并不代表社会发展已经不再需要各类矿产资源,或者矿产资源业已经是夕阳产业了。其实人类社会对于地球科学与矿产资源的需求是永恒的,只不过具体需求的类别是会有变化的。

在老矿山附近,勘探和开发新的矿床或矿体,可以充分利用现成的技术人才、选冶设备和现成的交通等优越条件,延长一批老矿山城市的寿命更可解决劳动就业的社会问题,其价值远远大于在边远地区发现新矿床。近年来,由于选冶技术的改进、综合利用水平的提高,在现有矿山附近,过去的一些"平衡表外矿床",现在常常都变成具有经济价值的,因而常可以大幅度地增加相关矿产的储量。近年来,我们不断见到很多低品位、超大型矿床的发现,常常就是由于勘探、选冶技术提高和勘探、开采成本降低的结果。例如条带状硅铁质矿床(BIF),50年前含铁量达到30%才能达到可采品位的要求,现在由于电磁选成本的降低,铁硅两种元素均有开采价值,我国此类铁矿床的最低可采品位仅为10%左右,从而使大量过去"平衡表外"矿床变成了可采矿床。

对于沉积矿床而言,总的来说沿着沉积矿层的走向与倾向去扩展矿床的范围,无疑是正确的,也是可行的。当然还必须考虑地层的褶皱、断裂,以及沉积盆地范围的制约等影响。一般说,沉积矿床的深部与外围找矿,从找矿技术上来看,难度不太大。但是,内生金属矿床深部与外围找矿的难度却大得多。笔者曾见到过有些地质人员在没有深入研究矿田构造的情况下,就在已知金矿体的四周都进行了钻探,结果全都落空,一无所获。

笔者认为:在对内生金属矿床进行深部与外围勘探时,有以下六点值得关注与重视:

① 矿体之间存在"无矿间隔"。

由于较大的内生金属矿体经常充填在张剪性裂隙或破碎带内,它们不会像沉积矿层那样稳定地沿走向或倾向朝两侧或深部延伸。一个矿体经常向下延伸了几百米或上千米之后就尖灭了。如果存在两个以上的、产状基本一致的矿体的话,经常在两个矿体之间存在着"无矿间隔"。

之所以出现这种情况，是由于构造断裂很难无限延伸，每条断裂都有一定的长度与宽度。在同一构造应力作用下，同一方向的断裂经常都是断断续续展布的。上面所提到的例子，那位地质人员就是把钻井都布置在矿体周围的无矿间隔之中，其结果必然失败。

② 矿体的雁列与侧伏问题。

内生金属矿体受到断裂分布的影响，在平面上通常具有雁行的排列方式，而向深部延伸则具有侧伏的特点，各个矿床的雁列角度与侧伏角度都是不相同的，需要具体研究其构造应力状态来向下或向侧面推断的。这也是因为内生金属矿体（脉）多半充填在张剪性的剪切带内的缘故，这是剪切带常见的空间分布形态。这就是说内生金属矿体无论在平面上，还是在剖面上都是斜列的，而不是沿直线延伸的。

③ 矿体深部的产状变化。

对于充填在逆断层或逆掩断层内的内生金属矿带，在向下延伸时，很少能一直保持地表附近的产状，倾角总是呈舒缓波状而变化的特征。经常可见的趋势是矿体倾角向下变缓，并可在其深部（数千米之下）与某一低角度的层间滑脱面相连；再向下，则还可能变陡。

④ 深部矿床的品位与矿种变化。

在进行深部勘探时，由于深部矿体或矿床的成矿温度一般比浅部的要高一些，因而更有利于结晶温度较高的金属元素的富集，经常见到深部矿体内有用金属元素的品位比浅部的高一些。再向深处去，甚至可以发生矿种的变化。例如，山东玲珑金矿田深部矿体的结晶温度明显地高于浅部的，金品位明显地高于浅部。在河南东秦岭洛宁地区，在海拔 2000 m 左右的山上，赋存着陡倾斜的含金石英矿脉，但是向下延伸，在海拔 1700 m 以下的地段就形成了富含方铅矿的矿脉，深部的有用金属矿物成矿温度显著地高于浅部的。再例如，江西乐安县相山大型热液型铀矿床，近年来在深处则钻探到形成温度较高的方铅矿脉，而不再是铀矿体。类似的实例还很多，在此不一一列举。

⑤ 矿体的空间组合形态。

如果矿床主要形成在某一成矿时期、受某一种构造应力场的控制，矿体不仅可以主要只沿一种方向延伸，也可以沿两种方向分布、即经常受共轭剪切断裂带所控制。如果存在两期或两期以上不同的构造-成矿作用的话，则矿区内矿体的组合形态常构成复杂多变的四组网脉状样式。再加上岩石物性差异、岩层厚度变化等因素的影响，在一个矿田内矿体的形态通常都是非常复杂的，如本书前面所列举的实例。因而在深部探测时，必须充分考虑矿床在深部形态变化的多样性，必须从多个角度来考虑矿体的深部延伸。

⑥ 已知矿床附近的深部定量预测。

除了上述定性的预测方法和定量的数理统计方法（叶天竺等，2010）之外，还可采用以下几种比较有效的地质、地球化学与地球物理的定量预测方法：如构造应力场数值模拟（万天丰，1988；梁良等，1994；邓军等，1995；张拴宏等，2007；马德云等，2003；徐浩，2007），古温度场研究（金益，1977；庄新国，1995；席先武等，2003；杨瑞琰等，2005；徐毅，2008；丁清峰等，2010），地球化学原生晕研究（李惠，1991；李惠等，1999；李惠和张文华，2000；李有柱，1999；刘大文，2002），高精度重、磁三维反演及重、磁资料的三维成像研究（姚长利等，2002；陈召曦等，2012；吴文鹏，2014），遥感地质研究（刘鹤峰和马友谊，2006），可控源声频大地电磁探测（CSAMT；中国地质调查局地质调查技术标准：电性可控源频大地电磁法技术规程送审稿；可控源音频大地电磁法；杨金中等,2000;黄力军等,2007;董泽义等,2010)等。

有关上述定量探测与预测研究方法的细节,请查阅相关的文献。通常选择两种以上的方法做定量预测,以利验证。在上述研究、探测的基础上,才能有效地布置钻探工程,否则盲目性较大,容易造成不必要的浪费。

(2) 在已知成矿带内的未知区域的找矿建议

优先在已知成矿区带内的未知地区布置进一步的找矿,显然是比较合理的,也是十分必要的措施。中国地质调查局近些年一直在大力推动此项找矿工作。此类找矿工作难度较大,需要参照成矿区带内已知矿床的特征,在原来的无矿地区找出新的矿床。这实际上是一种"从无到有"的找矿工作,显然比在已知矿床附近找矿难得多。通常需要将地质研究、地球化学探测、地球物理探测与钻探验证等其他手段有机地结合起来,寻找含矿的隐伏小岩体和进行深部矿体的探测。

① 寻找含矿的隐伏小岩体。

这类小岩体是找寻深部大型内生金属矿床很关键的研究工作。对于内生金属矿床来说,侵入岩体的顶上带显然是富集含矿流体的最佳部位,可以形成斑岩型、矽卡岩型、气成热液脉型以及岩浆型等各种大型、超大型矿床(图 4-94)。而在侵入体四周形成的矿床通常都是以中小型为主。我国现在已经开发的内生金属矿床,绝大多数都是赋存在岩体周围的。

侵入岩体的顶部,由于岩浆侵入的热动力作用使之先发生体积膨胀,后来随岩浆的冷凝,岩体体积缩小(经常缩小 5%~10%),因而很容易在侵入体顶部造成岩石破碎,形成裂隙发育带或角砾岩带,即通常所说的"隐爆角砾岩"之类。地下侵入岩体顶上带的岩石破碎,就可成为含矿流体冷凝、聚集的极为良好的部位。寻找隐伏岩体顶上带的内生金属矿床,常可发现超大型的矿床。因而,找寻隐伏的含矿岩体就成为深部找矿的一个重要的命题。

根据现有资料,形成超大型矿床的隐伏含矿岩体,在地表来看通常都是"小岩体",其岩株的直径一般仅为 1~2 km,大一点的也不过 3~4 km。所以,不少学者都说"小岩体成大矿"。就临近地表的岩体大小来看,此说法的确很有道理。但是,为什么一定要在小岩体内才能成大矿呢?大量金属元素为什么一定要富集到小岩体中,而不在大岩体中富集呢?当然,大岩体附近其所含的金属元素总量其实总应该更多一些,上述的地表所看到的小岩体实际上是大岩体上部的突出部位而已,因而含矿流体易于在大岩体上部突出部位的小岩株顶上带聚集并富集之。由此就给人以"小岩体成大矿"的印象。

另外,我们希望找到的矿体深度,即小岩体含矿顶上带的埋藏深度目前需要在 2000 m 之内。因而,就必须找寻埋深在数千米之内隐伏的含矿小岩体。

为此,我们最佳的选用方法是,首先运用遥感技术来找环形构造。应该把关注点集中到直径约在 4 km 之内、呈负地形的环形构造。正地形的环形构造通常都被后期火山岩所充填和占据。隐伏岩体由于岩浆先热胀,后冷缩的结果,在地表经常表现为具有一定程度塌陷的环形断裂,从而呈现为负地形的环形构造。这种负地形的环形构造容易被第四纪沉积物所覆盖,其界线与地质界线完全无关。为此最好选择高精度的、大比例尺(1∶10 000)的卫星影像资料,进行精细的搜索,以便发现隐伏岩体存在的平面位置。近些年来,河北省地质矿产勘查开发局刘鹤峰和马友谊(2006)以现代构造理论为依据,做了大量的隐伏矿床找寻和勘查工作,取得了十分可喜的成果。其中利用遥感环形构造为线索,进行了深入的研究,得到了十分有价值的成果。其找矿的成功经验值得推广。

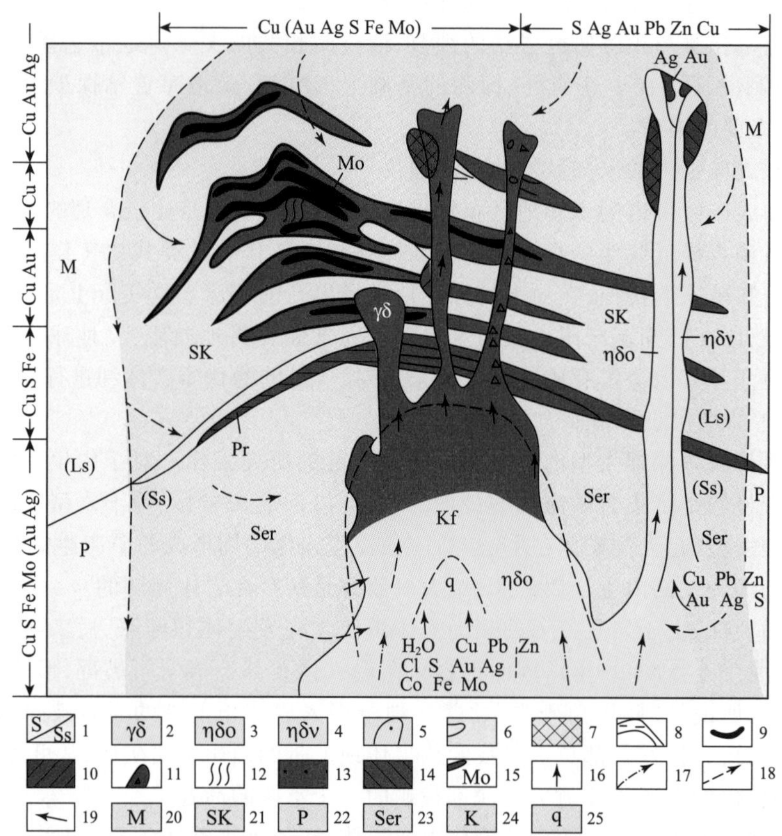

图 4-94 隐伏含矿岩体的成矿模式

（以安徽铜陵狮子山矿田成矿模式为例，据 321 地质队，1995 年的原始资料改绘）

1—灰岩/砂岩；2—花岗闪长岩；3—石英二长闪长岩；4—辉石二长闪长岩；5—隐爆角砾岩；6—层控矽卡岩；7—块状矽卡岩；8—层控矽卡岩/沉积变质型铜矿床（冬瓜山矿床）；9—层间矽卡岩型铜矿床；10—接触矽卡岩型铜矿床；11—角砾岩筒矽卡岩型铜矿床；12—脉状热液型铜金矿床；13—斑岩型铜矿床；14—黄铁矿；15—钼矿；16—成矿元素迁移方向；17—岩浆热液运移方向；18—地层水运移方向、天水；19—成矿流体运移方向；20—大理岩化带；21—矽卡岩化带；22—青磐岩化带；23—绢云母化带；24—钾化带；25-硅化带（石英核）。

找到呈负地形的环形构造，不等于就找到含矿岩体。并不是每一个环形构造的深部都有含矿岩体的，应该说多数岩体是没能富集成矿的。此种隐伏岩体是否含矿？则需通过地表岩石露头的围岩蚀变研究来确定。在松散沉积物覆盖区则需采用浅钻取样和原生晕研究来确定岩体是否具有含矿的围岩蚀变。如发现可能含矿，才能进行隐伏岩体埋深的研究（图 4-94）。

关于隐伏岩体的埋深，则需采用高精度（比例尺为 1∶10 000 或 1∶25 000）重、磁测量，进行重、磁资料的三维反演及成像研究（已有专门的软件和处理的方法，前面已经提及）来判断。采用高精度重、磁测量与反演研究的方法，仅用较少的费用就可预测隐伏岩体的大致埋深，以减少盲目性。当弄清隐伏岩体的埋深在现行勘探深度附近（一般在 3 km 以内）的情况下，才可展开进一步的找矿工作。

在研究环形构造的同时，还必须注意其附近是否存在适度规模（长几千米至几十千米）的线性构造,即断裂构造。这些断裂构造有可能成为赋矿断裂,例如在蒙古国南部著名的欧玉陶勒盖(Oyu Tolgoi)铜金矿田(见图 4-23),它并不是赋存在岩体内,而是在其旁侧的 NNW 向断裂带内。通常与成矿期的最大主压应力方向几乎平行的断裂,常呈张剪性,有利于含矿流体的流动与聚集,欧玉陶勒盖铜金矿田在晚泥盆世成矿,当时正是天山-兴安岭碰撞带南北向汇聚、碰撞的时期,此 NNW 向的断裂呈现为张剪性的特征,从而成为含矿流体贯入与赋存的良好部位。

而与成矿期的最大主压应力方向几乎垂直的断裂,呈压剪性,断裂较为闭合,并不十分有利于含矿流体的流动与聚集。但是有的地区也照样能赋存金属矿床(如东天山土屋大型斑岩铜矿床;毛景文等,2012;见图 4-20,第 9 号矿床),只是此种部位成矿的机会稍小一点。但是在地层倒转地区逆掩断层的下盘,就可形成含矿热液良好的运移与储集部位(如云南兰坪金顶超大型铅锌多金属矿床,见图 4-61)。所以还必须认真预判工作区可能的成矿时期,可能的最大主压应力方向与构造变形的关系,以及矿床可能的赋存部位。如本书前面所述,各个地质时期在各地区的最大主压应力方向都是不相同的,必须事前进行区域地质构造的研究。

② 深部矿体的探测。

对于内生金属矿床的深部探测,根据现有的勘查经验,已经证明,可控源音频大地电磁技术(CSAMT)是勘查埋深 2000 m 以内金属硫化物矿体的相对比较有效的手段之一。对于在 2000 m 以内的深处可能存在隐伏矿床的地段,可以在地表布置若干条垂直于矿体推测走向的可控源音频大地电磁的测线,这样做是必要而又可行的。

在测线布置时,对于可能的成矿期当时的区域构造线方向和矿体走向的判断是十分关键的。由于在板内变形较强地区,矿体经常仅仅赋存于环形构造周边的某一侧,也可能仅仅保存在附近的某一条断裂内,因而推测研究区可能的成矿时期及其可能的构造应力状态,就成为布置可控源音频大地电磁的测线的关键。因为只有当测线几乎垂直于未知矿体产状时,电磁法勘探才容易奏效,否则常易失之交臂。例如在中亚-天山地区,如为晚古生代早期(晚泥盆世)或三叠纪可能成矿的,在当时近南北向最大主压应力的影响下,在环形构造的东西两侧或近南北向的断裂内就易于赋存大型矿床,此时的测线就应该布置成近东西向。如在晚古生代晚期(晚石炭世-早二叠世)成矿,则在近东西向最大主压应力的影响下,在环形构造的南北两侧或近东西向的断裂内就易于赋存大型矿床,此时的测线就应该布置成近南北向。有关各成矿期在各地的构造背景与应力状况,在本书前述的各构造域大型矿床的实例中,已有所讨论,在此就不一一赘述。在证实可控源音频大地电磁法所测得的异常可能为矿体后,才可布置钻探工程,进行勘探工程,以探明矿床形态、大小与矿石的储量。采用"野猫式"的盲目布置钻探工程,偶尔也会碰上好运气,但是其代价常常较大。

至于,如果到事前完全没有任何信息的地区去找矿,其难度更大,把握更小。应该事先尽量做好各种资料收集和研究的准备工作,以力求减少盲目性。

参考文献

陈国达. 1978. 成矿构造研究法. 北京:地质出版社,1-413.

陈衍景. 1996. 准噶尔造山带碰撞体制的成矿作用及金等矿床的分布规律. 地质学报,70(3):253-261.

陈衍景. 2000. 中国西北地区中亚型造山-成矿作用研究意义和进展. 高校地质学报,6(1):17-22.

陈衍景. 2006. 造山型矿床、成矿模式及找矿潜力. 中国地质,33(6):1181-1195.

陈召曦,孟小红,郭良辉. 2012. 重磁数据三维物性反演方法进展. 地球物理学进展,7(2):503-511.

邓军,方云,周显强,等. 1995. 山东胶西北金矿带成矿构造应力场反演及其控矿作用. 中国区域地质,(3):252-260.

丁清峰,王冠,孙丰月,等. 2010. 青海省曲麻莱县大场金矿床成矿流体演化:来自流体包裹体研究和毒砂地温计的证据. 岩石学报,(12):281-291.

董泽义,汤吉,周志明. 2010. 可控源音频大地电磁法在隐伏活动断裂探测中的应用. 地震地质,32(3):442-452.

高锐,王海燕,张中杰,等. 2011. 切开地壳上地幔,揭露大陆深部结构与资源环境效应——深部探测技术实验与集成(Sino Probe-02)项目简介与关键科学问题. 地球学报,32(S1):34-48.

黄力军,孟银生,陆桂福. 2007. 可控源音频大地电磁测深在深部地热资源勘查中的应用. 物探化探计算技术,增刊(1):60-64.

侯增谦,莫宣学,高永丰,等. 2006. 印度大陆与亚洲大陆早期碰撞过程与动力学模型——来自西藏冈底斯新生代火成岩证据. 地质学报,80(9):5-20.

侯增谦. 2010. 大陆碰撞成矿论. 地质学报,84(1):30-58.

马德云,高振敏,杨世瑜,等. 2003. 北衙金矿区构造应力场数值模拟. 大地构造与成矿学,(2):62-68.

金益. 1977. 地热法在多金属矿床勘探中的应用. 地质与勘探,(4):92-93.

李惠. 1991. 石英脉型和蚀变岩型金矿床地球化学异常模式. 北京:科学出版社.

李惠,张文华,刘宝林,等. 1999. 中国主要类型金矿床的原生晕轴向分带序列研究及其应用准则. 地质与勘探,35(1):32-35.

李惠,张文华. 2000. 大型、特大型金矿盲矿预测的原生叠加晕理想模型//中国矿山地质找矿与矿产经济——中国矿山地质找矿和矿产经济研讨会论文集.

李有柱. 1999. 穆龙套金矿床上的地球化学原生晕. 国外铀金地质,(3):35-39.

梁良,刘成东,李建红. 1994. 6124 矿床构造应力场研究. 矿产与地质,(4):262-265.

刘大文. 2002. 地球化学块体理论与方法技术应用于矿产资源评价的研究. 中国地质科学院博士学位论文:1-80.

刘鹤峰,马友谊. 2006. 创新思维与找矿实践:用现代构造理论指导河北找矿. 地质出版社:1-177.

毛景文,周振华,丰成友,等. 2012. 初论中国三叠纪大规模成矿作用及其动力学背景. 中国地质(6):5-39.

邱小平. 2002. 碰撞造山带与成矿区划. 地质通报,21(10):675-681.

万天丰. 1988. 古构造应力场. 北京:地质出版社,1-156.

万天丰. 2004. 中国大地构造学纲要. 北京:地质出版社,1-387.

万天丰. 2011. 中国大地构造学. 北京:地质出版社,1-497.

吴文鹏. 2014. 重磁三维反演技术. 百度文库,ppt.,1-65.

席先武,杨立强,王岳军,等. 2003. 构造体制转换的温度场效应及其耦合成矿动力学数值模拟. 地学前缘,10(1):47-55.

肖晓牛,张少云,鞠昌荣,等. 2012. 云南东川人占石铜矿床地质特征及成因研究. 地质与勘探,48(2):237-249.

徐浩. 2007. 云南北衙金矿床构造应力场数值模拟.中国地质大学(北京)硕士学位论文.

徐毅. 2008. 豫西地区内生金属矿床成矿多样性分析与成矿预测.中国地质大学(北京)博士学位论文:1-117.

杨金中,沈远超,李光明,等. 1999. 山东乳山蓬家夼金矿矿体变化特征及深部成矿预测. 大地构造与成矿学,23(2):61-67.

杨开庆. 1986. 动力成岩成矿理论的研究内容和方向//中国地质科学院地质力学研究所文集. 北京:地质出版社,5-19.

杨瑞琰,马东升,潘家永. 2005. 大气降水量对成矿流体热场的影响——以锡矿山锑矿床成矿流体为例. 地球科学:中国地质大学学报,30(3):70-78.

杨金中,沈远超,刘铁兵,等. 2000. 山东蓬家夼金矿床成矿流体地球化学特征. 矿床地质,19(3):235-243.

姚长利,郝天珧,管志宁. 2002. 重磁反演约束条件及三维物性反演技术策略. 物探与化探,26(4):253-258.

叶天竺,肖克炎,成秋明,等. 2010. 矿产定量预测方法. 北京:地质出版社,1-191.

翟裕生,林新多. 1993. 矿田构造学. 北京:地质出版社,1-173.

翟裕生,姚书振,蔡克勤. 2011. 矿床学(第三版). 北京:地质出版社,1-413.

翟裕生,姚书振.崔彬,等. 1996. 成矿系列研究. 武汉:中国地质大学出版社,1-198.

翟裕生,张湖,宋鸿林等. 1997. 大型构造与超大型矿床. 北京:地质出版社,1-180.

张拴宏,赵越,刘健,等. 2007. 华北地块北缘晚古生代-中生代花岗岩体侵位深度及其构造意义. 岩石学报(3):99-112.

庄新国. 1995. 桂西北地区古地热场特征及其在微细粒浸染型金矿床形成中的作用. 矿床地质,(1):82-89.

Barley M E and Groves D I. 1992. Supercontinent cycles and distribution of metal deposits through time. Geology(20):291-294.

Goldfarb R J, Groves D I and Gardol L S. 2001. Orogenic gold and geologic time: a global synthesis. Ore Geology Reviews, 18:1-75.

Kerrich R and Wyman D.1990.Geodynamic setting of mesothermal gold deposits: an association with accretionary tectonic regions. Geology, 18:882-885.

亚洲各构造单元内的大型矿床

序号	大型、超大型矿床	构造单元	构造部位	成矿时代(年龄)	构造成矿类型
1	西伯利亚含金刚石金伯利岩矿床	西伯利亚板块[1]	Ar古陆核边缘的岩管,或陨击作用诱发的岩管	360 Ma,白垩纪(127~90 Ma)和35 Ma	板内变形成矿
2	涅帕光卤石钾镁盐矿床		干旱炎热沉积盆地	早古生代寒武纪	板内沉积、变形成矿
3	诺里尔斯克镍(铜)硫化物型矿床		板内张裂带,NNW或NNE向	二叠纪晚期	板内变形成矿
4	通古斯卡煤田		板内张裂盆地	石炭-二叠纪	板内沉积成矿
5	东西伯利亚钨和铌热液矿床		板缘褶皱、断裂	侏罗纪	板内变形成矿
6	萨利拉克金-锑矿床		NW向断裂裂隙	侏罗纪	板内变形成矿
7	秋明(萨莫洛特尔)油气田		近南北向张剪性断陷盆地	石炭纪、二叠纪与白垩纪	板内沉积、变形成矿
8	乌连戈伊气田				
9	波瓦尼柯夫气田				
10	亚姆堡气田				
11	泰梅尔和叶尼塞-喀坦卡(滨北冰洋)油气田及天然气水合物			早白垩世	板内褶皱、断裂成矿
12	泰梅尔(滨北冰洋)沉积铅锌矿,汞、锡与含金石英脉				
13	科累马金、银、锡等砂矿矿集区	科累马-奥莫隆板块[4]	砂矿	第四纪	板内沉积成矿
14	外矿贝加尔金矿带	侏罗纪碰撞带[5]	断裂,NE或NW向	侏罗-白垩纪	碰撞时与碰撞后成矿

续表

序号	大型、超大型矿床	构造单元	构造部位	成矿时代(年龄)	构造成矿类型
15	阿尔泰-斋桑金、多金属和稀有金属矿集区	阿尔泰-中蒙古-海拉尔早古生代增生碰撞带[6]	NW 向矿带	泥盆-石炭纪	碰撞后成矿
16	哈萨克斯坦尼古拉耶夫VMS 型铜锌矿床		NW 向矿带与南北向断层交点	泥盆-石炭纪	碰撞后成矿
17	哈萨克斯坦孜良诺夫斯克铅锌多金属矿床		NW 向矿带与南北向断层交点	泥盆-石炭纪	碰撞后成矿
18	新疆富蕴可可托海稀有金属和稀土金属矿		早石炭世(345~325 Ma)花岗伟晶岩脉,NW-E-W 向	280~270 Ma;二叠纪	碰撞后成矿
19	阿尔泰阿舍勒硫化物铜锌矿床		火山岩 352.3~386 Ma,NNW 向断裂	热液成矿,262~242 Ma	碰撞后成矿
20	蒙古额尔登特斑岩铜(钼)矿床		NW 向断裂控制岩体与矿体	240 Ma	碰撞后成矿
21	卡拉干达铀矿田	卡拉干达-吉尔吉斯斯坦早古生代增生碰撞带[7]	砂岩沉积型	早、晚古生代	板内沉积成矿
22	哈萨克斯坦西南卡拉套铅锌多金属矿带		NW 向断裂,层状火山沉积型	晚泥盆世	碰撞后成矿
23	塔吉克斯坦大卡曼苏尔银矿床		中酸性火山岩系内,受 E-W 与 NW 向断裂控制	晚古生代	碰撞后成矿
24	吉尔吉斯斯坦库姆托尔金矿		ENE 向,热液脉型	288~284 Ma	碰撞后成矿
25	吉尔吉斯斯坦波济穆恰克矽卡岩型铜金矿床		矽卡岩型	晚古生代	碰撞后成矿
26	吉尔吉斯斯坦卡拉套多金属矿带		层状火山沉积型矿床	晚泥盆世	碰撞后成矿
27	哈萨克斯坦卡沙甘油气田(里海北侧)	土兰-卡拉库姆板块[8]	晚古生代沉积岩系	泥盆-石炭纪和二叠纪	板内沉积成矿
28	土库曼斯坦卡尔柳克-卡拉比尔钾盐矿床		沉积盆地	三叠纪	板内沉积成矿
29	乌兹别克斯坦卡萨干油气田		海相礁碳酸盐岩,碎屑岩系,古隆起	中-晚侏罗世,早白垩世	板内沉积成矿

续表

序号	大型、超大型矿床	构造单元	构造部位	成矿时代(年龄)	构造成矿类型
30	乌兹别克斯坦阿尔马雷克斑岩铜金矿田	西天山 晚古生代 增生碰 撞带[9]	赋存在斑岩体顶部,E-W向与NW向断裂带交点	32 ~ 290 Ma,晚石炭世	碰撞后成矿
31	乌兹别克斯坦穆龙套金矿床		碎屑岩系内热液脉型,东西向及NW向次级断裂	270 ~ 290 Ma,早二叠世	碰撞后成矿
32	塔吉克斯坦吉日克鲁特热液汞锑矿床		热液脉型,近东西向	中生代(T?)	碰撞后成矿
33	塔吉克斯坦卡达姆塞锑矿床		热液脉型,近东西向	中生代(T?)	碰撞后成矿
34	塔吉克斯坦海达尔肯汞锑矿床		热液脉型,近东西向	中生代(T?)	碰撞后成矿
35	哈萨克斯坦科翁腊德铜钼金矿床	巴尔喀什- 天山-兴安岭 晚古生代 (345~325 Ma) 增生碰 撞带[10]	斑岩型,NW与NE向断裂交点	284 Ma	碰撞后成矿
36	哈萨克斯坦阿克沙套矿床		斑岩型,NW与NE向断裂交点	285~289 Ma	碰撞后成矿
37	哈萨克斯坦扎涅特钼矿床		斑岩型,NW与NE向断裂交点	295 Ma	碰撞后成矿
38	哈萨克斯坦博尔雷铜钼矿床		斑岩型,NW与NE向断裂交点	315.9 Ma	碰撞后成矿
39	哈萨克斯坦东科翁腊德铜矿床		斑岩型,NW与NE向断裂交点	284 Ma	碰撞后成矿
40	哈萨克斯坦阿克斗卡铜矿田		斑岩型,WNW与NE向断裂交点	二叠纪	碰撞后成矿
41	新疆西北包古图铜矿床		沿NE向断裂,斑岩型	~322 Ma	同碰撞期成矿
42	新疆乌恰县萨瓦亚尔顿金矿床		热液型,矿体走向NE30°	(210.59±0.99) Ma,三叠纪	碰撞后成矿
43	中国伊犁阿希金矿带		浅成低温热液型	晚石炭世	碰撞后成矿
44	伊犁砂岩铀矿床		J_{1-2}湖相含煤碎屑岩系,褶皱轴向为N-S向	12~2 Ma	碰撞后成矿
45	东天山土屋铜矿床		斑岩型,东西走向	322 Ma	同碰撞期成矿

续表

序号	大型、超大型矿床	构造单元	构造部位	成矿时代(年龄)	构造成矿类型
46	东天山康古尔金矿床	巴尔喀什-天山-兴安岭晚古生代(345~325 Ma)增生碰撞带[10]	剪切带型,东西向断层,右行走滑	261~252 Ma	碰撞后成矿
47	东天山香山铜镍矿床		热液型,东西向断层,右行走滑	261~252 Ma	碰撞后成矿
48	东天山黄山东铜镍矿床		热液型,东西向断层,右行走滑	261~252 Ma	碰撞后成矿
49	内蒙古白乃庙多金属矿床		热液型,东西向断裂	未定,新元古代?晚古生代	未定
50	蒙古国欧玉陶勒盖铜金矿床		斑岩型,控矿断层走向 NNE	373~370 Ma	同碰撞期成矿
51	内蒙古大兴安岭白音诺尔铅锌矿床		矽卡岩型	171~140 Ma	碰撞后成矿
52	内蒙古克什克腾旗黄岗锡铁矿床		矽卡岩型	137~122 Ma	碰撞后成矿
53	内蒙古大兴安岭扎鲁特旗巴尔哲稀土金属矿床		碱性花岗岩型	125~127 Ma	碰撞后成矿
54	大兴安岭北部额仁陶勒盖银矿床		浅成低温热液型	~120 Ma	碰撞后成矿
55	俄罗斯布列雅特、奥泽尔和霍洛德纳锌、铅矿床		超大型低品位,黄铁矿型热液矿床	不详	不详
56	吉林永吉县大黑山钼矿床		斑岩型	侏罗纪	板内变形成矿
57	松花江盆地大庆油田		沉积型,早白垩世生油	古近纪末期形成储油构造	板内变形成矿
58	新疆克拉玛依油田	准噶尔地块[11]	断陷盆地陆相沉积	中侏罗世储油	板内变形成矿
59	新疆富蕴县喀拉通克铜镍硫化物矿床		镁铁质岩浆型	(285±17) Ma	板内变形成矿
60	哈萨克斯坦阿克托比(肯皮尔塞)铬铁矿床	乌拉尔晚古生代增生碰撞带[12]	蛇绿岩套内	360~260 Ma	同碰撞期成矿
61	哈萨克斯坦图尔盖铁矿床		火山岩型	360~260 Ma	同碰撞期成矿

续表

序号	大型、超大型矿床	构造单元	构造部位	成矿时代(年龄)	构造成矿类型
62	辽宁鞍山-本溪铁矿床	中朝板块[14]	变质火山岩硅铁建造	3.1~2.9 Ga 和 2.7~2.5 Ga	同变质变形期成矿
63	河北东北部 迁安-迁西				
64	晋北、内蒙古南部				
65	朝鲜茂山				
66	辽宁营口翁泉沟后仙峪和砖庙硼矿床		大陆裂陷带海底热液作用	1852~1923 Ma，古元古代辽河群	同变质变形期成矿
67	吉林集安硼矿床				
68	辽宁营口大石桥滑石菱镁矿矿床		东西向大陆裂陷带海槽，构造滑脱		同变质变形期成矿
69	朝鲜检德铅锌矿床		近东西向裂谷带	古元古代	
70	内蒙古哈达门沟大型金钼矿床		斑岩型	(239±3) Ma	板内变形成矿
71	吉林桦甸夹皮沟大型金矿床		新太古界片麻岩系的石英脉系内	Rb-Sr 法年龄为(244±9) Ma	板内变形成矿
72	吉林桦甸八家子大型金矿床		中元古代高于庄组含碎屑白云质碳酸盐岩的石英脉系内	Ar-Ar 法测年为(204±0.53) Ma	板内变形成矿
73	辽宁青城子大型金、银、铅、锌矿床		古元古代-太古宙变质岩系内的石英脉系	Ar-Ar 法年龄为(238±0.6) Ma	板内变形成矿
74	内蒙古努鲁儿虎山中部金厂沟梁特大型金钼矿床		古元古代-太古宙变质岩系内的花岗岩和闪长岩体中，为斑岩型矿床	Re-Os 法年龄为(244±2.5) Ma	碰撞后成矿
75	辽东铁岭关门山铅锌矿床		古元古代热卤水初步成矿	467 Ma 定型	板内变形期成矿
76	吉林南部红旗岭铜镍矿床		基性岩浆熔离型	磁黄铁矿 Re-Os 等时线年龄为(208±21) Ma	板内变形成矿
77	内蒙古宝格达乌拉钼矿床		太古宙变质岩系内，斑岩型	辉钼矿 Re-Os 法年龄为(235±2.3) Ma	碰撞后变形成矿

续表

序号	大型、超大型矿床	构造单元	构造部位	成矿时代(年龄)	构造成矿类型
78	内蒙古乌兰德勒钼矿床	中朝板块[14]	太古宙变质岩系内斑岩型	辉钼矿 Re-Os 年龄为(239±2.8) Ma	碰撞后变形成矿
79	内蒙古包头白云鄂博稀土(REE-Fe-Nb)矿床		东西向陆缘裂谷,幔源碱性、碳酸盐海底岩浆热液活动	新元古代,1.1~0.8 Ga	板内变形成矿
80	内蒙古狼山、东升庙、霍各乞、炭窑口铅锌矿床		大陆边缘凹陷,块状硫化物型	中元古代	板内变形成矿
81	河南东秦岭栾川南泥湖-三道庄钼钨矿床		斑岩-矽卡岩型,张剪性断裂	145~141 Ma	板内变形成矿
82	金堆城大型钼矿床		高温热液,斑岩型	辉钼矿,(141±4) Ma~(127±7) Ma	板内变形成矿
83	河南东秦岭黄龙铺钼铅矿床		碳酸盐岩型,张剪性断裂	222~216 Ma	板内变形成矿
84	河南东秦岭东沟钼矿床		斑岩型,张剪性断裂	115~112 Ma	板内变形成矿
85	河南灵宝-陕西潼关小秦岭金矿田		东西向中低温热液含金石英脉	182~148 Ma	板内变形成矿
86	河南东秦岭嵩县祁雨沟金矿床		角砾岩筒型及脉状,断裂交点	130~115 Ma	板内变形成矿
87	山东省招远三山岛-焦家-玲珑金矿集区(仓上、三山岛、新城),乳山蓬家夼以及平邑归来庄;乳山金矿带:(金青顶、定格庄等)		中温热液矿床,形成韧性剪切带内细脉浸染状贫矿体或共轭剪切断裂控制大脉型富矿体	120~114 Ma,主要受中白垩世 NE 向最大主压应力控制	板内变形成矿
88	鄂尔多斯长庆油气田		沉积盆地	中生代-古生代沉积岩系	板内沉积成矿
89	内蒙古东胜-神府煤田		沉积盆地	侏罗纪	板内沉积成矿
90	内蒙古东胜铀矿床		砂岩型,北西向砂岩体和构造裂隙控制矿体	晚侏罗世	板内沉积、变形成矿
91	环渤海含油气盆地(胜利、辽河、冀东、大港、蓬莱 19-3 等)		断陷伸展沉积盆地	古近纪-新近纪	板内沉积成矿

续表

序号	大型、超大型矿床	构造单元	构造部位	成矿时代(年龄)	构造成矿类型
92	甘肃金川铜镍(含铂)硫化物矿床	阿拉善-敦煌地块[16]	陆缘南北向张裂带,深部橄榄质拉斑玄武岩浆侵入	中元古代,1508~1043 Ma	板内变形成矿
93	甘肃白银厂折腰山铜铅锌矿床(VMS)	祁连山早古生代增生碰撞带[17]	古火山口附近,块状硫化物型	420~460 Ma	同碰撞期成矿
94	甘肃肃南县石居里沟铜锌矿床	祁连山早古生代增生碰撞带[17]	基性火山岩,块状硫化物型	中奥陶世,462 Ma	同碰撞期成矿
95	北祁连镜铁山铁矿床	祁连山早古生代增生碰撞带[17]	Sedex 型铁矿床	1777 Ma	碰撞前沉积成矿
96	甘肃塔尔沟钨矿床	祁连山早古生代增生碰撞带[17]	矽卡岩-石英脉型	早古生代晚期	同碰撞期成矿
97	青海柴达木盐湖锂硼、钾镁盐类矿床	柴达木地块[18]	陆相盐类沉积	新近纪-现代	板内沉积成矿
98	青海柴达木大风山、尖顶山天青石锶矿床	柴达木地块[18]	内陆湖泊相碳酸盐岩-硫酸盐岩建造,构造裂隙控制再富集	上新统	板内沉积成矿
99	青海芒崖石棉矿床	阿尔金早古生代左行走滑-碰撞带[19]	蛇绿岩套,超基性岩体群内	早古生代,543~397 Ma	同碰撞期成矿
100	新疆若羌县巴州石棉矿床	阿尔金早古生代左行走滑-碰撞带[19]	蛇绿岩套,超基性岩体群内	早古生代,543~397 Ma	同碰撞期成矿
101	新疆塔北油气田	塔里木地块[20]	冲断-褶皱系内逆断层下三角带或古隆起上之构造裂隙	古生代-古近纪沉积生油,新近纪储油	板内沉积、变形成矿
102	鄂东南铁铜金矿集区	扬子板块[22]	WNW 和 NNE 向断裂,矽卡岩型与热液脉型	侏罗-白垩纪两期成矿	板内变形成矿
103	安徽铜陵铁铜金矿集区	扬子板块[22]	WNW 和 NNE 向断裂,矽卡岩型与热液脉型	侏罗-白垩纪两期成矿	板内变形成矿
104	江西城门山(铜)-阳储岭(钨)矿田	扬子板块[22]	WNW 和 NNE 向断裂,矽卡岩型与热液脉型	侏罗-白垩纪两期成矿	板内变形成矿
105	江西德兴(铜厂、朱砂红、富家坞)铜多金属矿集区及金山剪切带型热液金矿床	扬子板块[22]	WNW 和 NE 向断裂控制,斑岩型与脉型	侏罗-白垩纪两期成矿	板内变形成矿
106	江西九江市武宁县大湖塘钨矿田	扬子板块[22]	WNW 和 NE 向断裂控制,脉型与斑岩型	成矿年龄为 149.9~134 Ma	板内变形成矿

续表

序号	大型、超大型矿床	构造单元	构造部位	成矿时代(年龄)	构造成矿类型
107	湖南冷水江市锡矿山锑矿床	扬子板块[22]	侏罗-白垩纪 NNE 及 WNW 向背斜、断裂控制,热液成矿	155~156 Ma, ~124 Ma	板内变形成矿
108	贵州万山汞矿床			侏罗-白垩纪两期成矿	板内变形成矿
109	陕西汉中马元铅锌矿床		盆地低温、热卤水成矿,密西西比河谷型(MVT)	Rb-Sr 法年龄为(486±12) Ma	碰撞前成矿
110	广西大厂锡石、锑硫化物矿床		层状热液交代型,石英脉型,N-S 向断裂控制	白垩纪, 94~91 Ma	板内变形成矿
111	云南个旧锡(铜)多金属矿集区		近 N-S—NNE 向张剪性断裂控制,与花岗岩关系密切	白垩纪, 81~77.4 Ma	板内变形成矿
112	云南会泽麒麟厂铅锌(含银、锗、镉、镓、铟、)热液矿床		含矿热液充填型,近 NW 或 NE 向次级张剪性断裂带控制	224.8~226 Ma	板内变形成矿
113	广西恭城栗木锡铌钽矿床		石英脉和伟晶岩脉形,N-S 与 E-W 向断裂控制	(214.1±1.8) Ma	板内变形成矿
114	湘南郴州荷花坪锡矿床		石英脉与矽卡岩脉,NNE 向为主	(224.1±1.9) Ma	板内变形成矿
115	云南东川铜矿床		中元古代东川群碎屑岩系,具蒸发岩,沉积-改造型	新元古代热液改造,794 ~ 712 Ma	板内变形成矿
116	云南金沙江羊拉铜矿床		NW 与 NNE 向热液脉	(232±2.9) Ma	板内变形成矿
117	贵州西南 兴仁-安龙一带金矿田		卡林型矿床,层控、近水平构造滑脱	侏罗-白垩纪, 193~60 Ma	板内变形成矿
118	贵州西部晴隆与云南东部广南县木利锑矿床		层控热液型,NE 向背斜	侏罗-白垩纪	板内变形成矿

续表

序号	大型、超大型矿床	构造单元	构造部位	成矿时代(年龄)	构造成矿类型
119	贵州西北部遵义-黔西水城锰矿床	扬子板块[22]	海相碳酸盐岩沉积型	P_2龙潭组、P_1茅口组	板内沉积成矿
120	广西西南部天等县下雷-胡润锰矿床		海相碳酸盐岩沉积型	晚泥盆世	板内沉积成矿
121	四川油气田(气田 125 个,油田 12 个)		赋存于古生代、三叠纪与侏罗纪地层内	储气构造形成于白垩纪或古近纪,现代可再次运移	板内沉积成矿
122	四川甘孜地区甲基卡稀有金属矿床		近南北向花岗岩体内外接触带的伟晶岩脉内	(199.4±2.3) Ma (195.4±2.2) Ma	板内变形成矿
123	四川西部铁、钒、铂、铜等金属成矿带(攀枝花钒钛磁铁矿床)		沿南北向或北东向断裂,与基性岩浆侵入有关(262 ~ 251 Ma)	成矿期为三叠纪,226~238 Ma	板内变形成矿
124	四川西部义敦(德达)呷村银铅锌多金属矿带(块状硫化物型)		板块边缘火山岛弧所派生的近南北向张性断裂带	三叠纪,217~213 Ma	板内变形成矿
125	川西义敦-中甸地块香格里拉 普朗铜矿		北西向黑云母石英二长斑岩体内	(213±3.8) Ma	板内变形成矿
126	云南鹤庆北衙金、多金属矿床		为热液矿床,与新生代近南北向富碱斑岩体相关	岩体侵入年龄为 36 ~ 32 Ma 和 26 ~ 24 Ma,稍后成矿	板内变形成矿
127	四川冕宁牦牛坪稀土成矿带		碱性岩-碳酸岩型,NNE 向压剪性断裂	渐新世-中新世,31.7~15.28 Ma	板内变形成矿
128	四川西部石棉县石棉矿床		NE 向镁铁质-超镁铁质岩体内	新元古代,1000~800 Ma	板内变形成矿
129	陕南金龙山金矿床		卡林型热液成矿东西向细脉带	(233±7) Ma	板内变形成矿
130	东昆仑山虎头崖铜、铅、锌多金属矿床		矽卡岩型,近东西向展布	(230.1±4.7) Ma	板内变形成矿
131	云南昆阳磷矿床		浅海碳酸盐台地沉积	早寒武世	板内沉积成矿
132	湘鄂交界东山峰磷矿床		浅海碳酸盐台地沉积	早寒武世	板内沉积成矿

续表

序号	大型、超大型矿床	构造单元	构造部位	成矿时代(年龄)	构造成矿类型
133	甘肃文县阳山卡林型金矿床	秦岭增生碰撞带[24]	受 WNW-ENE 向张剪性断裂控制	(197.6±2.2) Ma	碰撞后成矿
134	甘肃礼县李坝大型金矿床		西北西向热液脉型	216.4~210.6 Ma	同碰撞期成矿
135	陕西凤县二里河大型金矿床		NE 向为主，热液脉型	(220.7±7.3) Ma	同碰撞期成矿
136	甘肃武山温泉钼矿床		南北向二长花岗斑岩体内热液脉	(214.1±1.1) Ma	同碰撞期成矿
137	陕西凤县八卦庙金矿床		NE 向热液石英脉含矿性最好	(232.58±1.6) Ma	同碰撞期成矿
138	甘肃天水李子园金矿床		斑岩型，矿体以东西向为主	(206.8±1.63) Ma	同碰撞期成矿
139	四川西北南坪马脑壳金矿床		类卡林型，NWW 向及 NNE 向矿脉	(210±11) Ma	同碰撞期成矿
140	河南方城金红石矿床		含金红石变辉长辉绿岩体风化壳	第四纪	板内风化残积
141	江西永平矽卡岩型-同生喷流沉积型铜矿床	绍兴-十万大山中三叠世碰撞带[25]	受东西与北东向断裂所控制	163~183 Ma	碰撞后成矿
142	江西贵溪冷水坑铅锌银矿床		充填裂隙，低温热液，受岩体与层状地层所控制	162 Ma	碰撞后成矿
143	江西乐安相山大型铀矿床		火山岩热液型，矿体主要沿 NE 断裂，其次为沿 NW 向断裂展布	120 Ma	碰撞后成矿
144	江西东乡铜、多金属热液矿床		石炭纪沉积，矿体近东西向展布	侏罗纪热液改造	碰撞后成矿
145	江西上犹县焦里银铅锌钨矿床		岩体周围矽卡岩型	侏罗纪成矿	碰撞后成矿
146	江西武功山浒坑钨矿床		断裂控制，矿脉为 NE 与 NW 向展布	侏罗纪成矿	碰撞后成矿
147	江西横峰葛源松树岗(414)特大型钨锡铌钽矿床		受断裂控制，矿脉以 NE 向为主	侏罗纪成矿	碰撞后成矿

续表

序号	大型、超大型矿床	构造单元	构造部位	成矿时代(年龄)	构造成矿类型
148	湖南浏阳七宝山斑岩型铜矿床	绍兴-十万大山中三叠世碰撞带[25]	矿体受斑岩体所控制，以近东西向为主	250～227 Ma	同碰撞期
149	湖南常宁水口山铅锌矿床		断裂控制，东西向矿脉	古近纪成矿	碰撞后成矿
150	湖南江永铜山岭铜矿床		产于NE与NW向斑岩体内	侏罗纪成矿	碰撞后成矿
151	广东韶关大宝山铜矿		矽卡岩型，矿带沿NNW向展布	143～101 Ma	碰撞后成矿
152	广东凡口铅锌银多金属矿床		沉积改造型，热液矿床，控矿断裂主要为近南北向	266～271 Ma	碰撞前成矿
153	湖南柿竹园钨锡多金属矿田		高温热液脉型、矽卡岩型，主矿带以NE向为主	150～157 Ma	碰撞后成矿
154	江西大余西华山钨矿床	华夏板块[26]	WNW向高温热液脉带	155～140 Ma	板内变形成矿
155	江西全南大吉山钨矿床			167～159 Ma	板内变形成矿
156	江西漂塘-木梓园钨矿床			155～150 Ma	板内变形成矿
157	江西于都县大王山、画眉坳、盘古山、铁山垅-黄沙钨矿田			侏罗纪 157～158 Ma	板内变形成矿
158	湖南新田岭钨矿		花岗岩体北缘矽卡岩型	159～187 Ma	板内变形成矿
159	湖南瑶岗仙钨矿		WNW向石英脉型	155～160 Ma	板内变形成矿
160	福建宁化行洛坑钨矿床		WNW向岩体顶上带细脉浸染型	147～156 Ma	板内变形成矿
161	福建上杭紫金山铜金矿田		火山岩盆地，NE向中低温热液矿脉	104～91 Ma	板内变形成矿
162	江西安远园岭寨钼矿床		NW-NE向断裂交叉点的斑岩体内	160～162.7 Ma	板内变形成矿
163	广东韶关大宝山钼、铼钨等多金属矿床		斑岩型，NNW与E-W向断层控制	164.7 Ma	板内变形成矿

续表

序号	大型、超大型矿床	构造单元	构造部位	成矿时代(年龄)	构造成矿类型
164	广东封开园珠顶铜钼矿床	华夏板块[26]	斑岩体内外接触带	155.6 Ma	板内变形成矿
165	广东肇庆高要鸡笼山钼矿床		矿体赋存在斑岩周围外接触带	晚侏罗世-早白垩世	板内变形成矿
166	广东高要河台金矿床		NE 向含矿热液贯入糜棱岩微裂隙	121.9~129.6 Ma	板内变形成矿
167	浙中-闽中萤石矿田		白垩世火山岩系内,低温热液贯入 NE-EW 向裂隙	晚白垩世,90~70 Ma	板内变形成矿
168	台湾岛北部基隆金瓜石金铜矿床		高硫型浅成低温热液脉,近南北向	~ 1 Ma	板内变形成矿
169	东海春晓与平湖油气田		陆相湖沼-河流沉积岩系	古近纪-新近纪	板内沉积成矿
170	珠江口油气田				
171	琼东南油气田				
172	海南岛莺歌海油气田				
173	北部湾涠西南油气田				
174	青海玉树东莫扎抓、莫海拉亨、茶曲帕查铅锌矿床	东兴都库什-北羌塘-印支板块[27]	WNW 向正断层控制,低温热液	33~31 Ma	板内变形成矿
175	西藏东部玉龙铜、钼斑岩型矿带		与二长花岗斑岩相关,断裂交点,中温热液	40.1 Ma	板内变形成矿
176	云南兰坪金顶铅锌多金属矿床,以及白秧坪大型铜钴银矿床、白洋厂大型铜银多金属矿床、金满铜矿床等		南北向逆断层面之下,倒转地层中	57~23 Ma	板内变形成矿
177	越南河静省石河县石溪铁矿床		矽卡岩型	侏罗纪	板内变形成矿
178	越南南方西原多乐铝土矿床		拉斑玄武岩红土风化壳	新近纪-早更新世	板内沉积成矿
179	柬埔寨南部上川龙铝土矿床				板内沉积成矿

续表

序号	大型、超大型矿床	构造单元	构造部位	成矿时代(年龄)	构造成矿类型
180	泰国呵叻高原的那隆、孔敬和暖颂盆地盐类矿	东兴都库什-北羌塘-印支板块[27]	陆相干旱气候盆地沉积(光卤石、岩盐及钾盐)	白垩纪	板内沉积成矿
181	泰国沙空那空盆地乌隆和廊开盐类矿床				板内沉积成矿
182	泰国北部会甘温金矿床		火山岩系内矽卡岩型与热液型	晚二叠世-早三叠世	板内变形成矿
183	马来半岛东部林明(Sungai Lembing)锡矿床		锡石-石英脉	侏罗纪-白垩纪两次成矿作用叠加	板内变形成矿
184	马来半岛东部砂矿 Pahang-South Terengganu		河流相与冲积扇相沙砾沉积	第四纪	板内沉积成矿
185	素可泰地块内大型钾盐矿床		形成于干热气候	二叠-三叠纪	板内变形成矿
186	南海含油气盆地	中国南海新生代断陷盆地[28]	沉积型,油气资源量约为 349.7 亿 t	白垩纪以来	板内变形成矿
187	塔吉克斯坦 大卡尼曼苏尔银矿床	西兴都库什-帕米尔-西昆仑晚古生代-三叠纪增生碰撞带[30]	WNW-NW 或 NE 向古断裂控制,火山-沉积地层	晚古生代以后近南北向挤压、缩短作用	板内变形成矿
188	塔吉克斯坦斯卡里诺耶矿床				
189	马来半岛西部 Kuala Lumpur, Dinding, Phuket Phangnga Takuapa 砂锡矿	南羌塘-中缅马苏板块[34]	河谷盆地	新近纪以来河流沉积	板内沉积成矿
190	西藏驱龙铜矿床及甲马、冲江、白容、厅宫等矿床	冈底斯板块[36]	斑岩-矽卡岩型,WNW 向断裂带及横向断层控制	中新世,16.4~17.58 Ma	板内变形成矿
191	西藏谢门通雄村铜金、多金属矿床		斑岩型	侏罗纪,172.6~160.1 Ma	板内变形成矿
192	西藏罗布莎铬铁矿床	雅鲁藏布-密支那古近纪晚期碰撞带[37]	受南倾断层所控制,蛇绿岩套内	晚侏罗世-早白垩世	碰撞前成矿
193	缅甸太公当(Tagaung Taung)镍矿		蛇绿岩套风化,红土型	新生代-现代	板内风化残积成矿

续表

序号	大型、超大型矿床	构造单元	构造部位	成矿时代(年龄)	构造成矿类型
194	印度奥里萨邦、比哈尔邦、中央邦等铁矿床	印度板块[40]	变质火山岩系内	前寒武纪	同变质、变形期成矿
195	印度奥里萨邦铬铁矿床 Dhenkanalt, Kendujhar		基性岩和超基性岩带	元古宙	同变质、变形期成矿
196	印度喀拉拉邦、泰米尔纳德、Trauancore 金红石矿床		滨海砂矿	现代	板内沉积成矿
197	印度马哈拉施特拉邦、喀拉拉邦、泰米尔纳德和印度半岛西海岸钛铁矿床		基性岩和超基性岩带,及海滨砂矿	元古宙及现代	板内沉积、变形成矿
198	印度东部沿海铝土矿床		风化残积型	现代	板内残积成矿
199	印度马哈拉施特拉邦和中央邦锰矿		沉积型	元古宙	板内沉积成矿
200	阿塞拜疆巴库油田	高加索-厄尔布尔士碰撞带[41]	沉积盆地,断裂、裂隙控制	古近纪与新近纪	板内沉积成矿
201	伊朗中部 Choghart 磁铁矿床	土耳其-伊朗-阿富汗板块[43]	变质火山岩系	元古宙	同变质、变形期成矿
202	伊朗中部 Chadormalou 磁铁矿床		变质火山岩系	元古宙	同变质、变形期成矿
203	伊朗东南部 Kerman 省 Gol-e-Gohar 赤铁矿床		火山矿浆型	元古宙	同变质、变形期成矿
204	伊朗萨尔切什梅(Sar Chesmeh)铜钼矿床		斑岩型	始新世-新近纪	板内变形成矿
205	伊朗 Miduk 铜矿床,松岗铜矿床,查哈尔冈巴德		斑岩型	始新世-新近纪	板内变形成矿
206	伊朗安古兰(Anguran)铅锌矿床		热液型	古近纪	板内变形成矿
207	伊朗 Amir, Shahriar, Reza, Abdasht 铬铁矿田	扎格罗斯-喀布尔增生碰撞带[44]	蛇绿岩套,超基性岩体	白垩纪	同碰撞期成矿
208	伊朗阿瓦士、马伦、加奇萨兰、阿加贾里、比比哈基麦、帕里斯,海亚姆和 Azalegan 等油气田		扎格罗斯山前褶皱带,裂隙油气藏	渐新世-中新世	碰撞期后成矿

续表

序号	大型、超大型矿床	构造单元	构造部位	成矿时代(年龄)	构造成矿类型
209	伊拉克东巴格达(East Baghdad,也称鲁迈拉油田)、基尔库克(Kirkuk)、科赫马拉油气田	扎格罗斯-喀布尔增生碰撞带[44]	扎格罗斯山前褶皱带,裂隙油气藏	白垩纪-古近纪	碰撞期后成矿
210	巴基斯坦西部俾路支(Baluchistan)穆斯林巴格铬铁矿床		蛇绿岩带,超基性岩体	白垩纪	同碰撞期成矿
211	巴基斯坦塞恩德克斑岩铜矿床		斑岩型	古近纪	碰撞期后成矿
212	阿富汗喀布尔埃纳克(Aynak)铜矿床		喀布尔微地块内	新元古代-寒武纪	同结晶基底形成期成矿
213	阿富汗巴米扬 Hajji Gak 铁矿床		变质岩系	前寒武纪	同结晶基底形成期成矿
214	沙特阿拉伯加瓦尔油气田	阿拉伯板块[46]	基底断层、长垣褶皱与共轭节理控制	侏罗纪-古近纪海相碳酸盐岩地层	板内沉积、变形成矿
215	沙特阿拉伯东北部萨法尼亚油田		褶皱与节理控制		板内沉积、变形成矿
216	沙特阿拉伯中部 Hazmiyab 和 Raghib 油田		褶皱与节理控制	古生代海相碳酸盐岩地层	板内沉积、变形
217	科威特大布尔干油田		褶皱与节理控制	侏罗纪-古近纪海相碳酸盐岩地层	板内沉积、变形
218	阿拉伯联合酋长国中西部扎库姆油田		褶皱与节理控制		板内沉积、变形成矿
219	卡塔尔半岛天然气田		褶皱与节理控制		板内沉积、成矿
220	沙特阿拉伯 Jabal Sa'id 稀有元素矿床		富氧、富钾花岗岩	新元古代	同结晶基底形成期成矿
221	沙特阿拉伯 Ghuray-yah 稀有元素矿床		碱性花岗岩		
222	阿曼碰撞带铜矿床	阿曼增生碰撞带[47]	蛇绿岩套	白垩纪	同碰撞构造期成矿
223	缅甸实皆省蒙育瓦 Monywa,铜矿田	西缅甸(勃固山-仰光)板块[49]	右行走滑断层[35]控制,浅成低温热液型及次生富集	中新世	板内变形成矿
224	缅甸帕敢翡翠矿床		右行走滑断层[35]控制,纯橄榄岩蚀变	古近纪	板内变形成矿

续表

序号	大型、超大型矿床	构造单元	构造部位	成矿时代(年龄)	构造成矿类型
225	印尼松巴哇岛的 Batu Hijau 铜金矿床	阿拉干-巽他新生代俯冲-岛弧带[50]	闪长玢岩体内,斑岩型	新生代	同俯冲期成矿
226	印尼苏拉威西东南部、科罗诺达尔(Kolonodale)东海岸、科拉卡(Kolaka)和莫右瓦里(Moyowali)镍矿床		超基性岩的红土风化壳	新近纪以来	板内风化-残积成矿
227	印度尼西亚苏门答腊油气田、爪哇油气区、东加里曼丹油气区等 36 个含油气盆地	巽他板块[51]	碎屑岩或碳酸盐岩系海相沉积盆地	中新世-上新世	板内沉积、变形成矿
228	印度尼西亚 Bangka Island 和 Billiton 砂锡场		海滨沉积	新近纪-第四纪	板内风化-沉积成矿
229	印尼伊里安岛格拉斯贝格(Grasberg)富金、铜矿床	北新几内亚岛弧带[55]	NW 逆断层及其横张断裂交叉处,斑岩型	晚中新世-上新世	同俯冲构造期成矿
230	印尼埃茨伯格(Ertsberg)奥克特迪(Ok Tedi)和弗里达(Frieda)铜金矿床		NW 逆断层及其横张断裂交叉处,斑岩型、矽卡岩型	$^{40}Ar-^{39}Ar$ 法年龄为 3.33 ~ 3.01 Ma	同俯冲构造期成矿
231	印尼哈马黑拉岛苏巴印、马布里和卫古岛拉姆拉以东、西富山镍矿床		超基性岩红土风化壳型	新近纪以来	板内风化-残积成矿
232	锡霍特-阿林东方 2 号和列蒙尔托夫白钨矿-硫化物矿床	锡霍特-阿林-科里亚克白垩纪增生碰撞带[57]	与花岗岩有关的矽卡岩型	白垩纪	同俯冲期成矿
233	普拉缅诺耶和西波梁斯科耶汞矿床		热液型	新生代	同俯冲期成矿
234	萨哈林(39 个)油气田	千岛群岛-库页岛-日本东北部新生代俯冲-岛弧带[59]	受南北向断陷带控制	新生代	同俯冲期成矿
235	日本秋田县上向(Uwamuki)黑矿型(Kuroko 型)矿床		海底火山活动,裂陷带,块状硫化物矿床	古近纪	同俯冲期成矿

续表

序号	大型、超大型矿床	构造单元	构造部位	成矿时代(年龄)	构造成矿类型
236	日本九州岛菱刈(Hishikari)金矿田	四国南部-琉球新近纪俯冲-岛弧带[62]	与火山活动相关,受张剪性节理控制	1.10~0.66 Ma	同俯冲期成矿
237	菲律宾 Lepanto 铜金矿田和远东南(Far Southeast)铜金矿床	菲律宾-马鲁古新生代双俯冲-岛弧带[64]	斑岩型,铜金和低温热液铜金银矿	(1.44±0.8) Ma	同俯冲期成矿
238	菲律宾迪纳加特岛(Dinagat)红土型镍矿床		白垩纪蛇绿岩套内超基性岩经热带强烈风化作用	新近纪以来	板内风化-残积成矿

注:资料来源详见正文。

索　　引

J

K

T

W

X

Y

致　谢

中国地质科学院李廷栋院士、肖序常院士、裴荣富院士、许志琴院士、任纪舜院士以及他们的科研集体，乔秀夫研究员、李锦轶研究员、毛景文研究员、张作衡研究员，中国地质大学（北京）路凤香、朱鸿、刘少峰、张长厚、王瑜、李亚林、刘俊来、余心起等教授、王小牛副教授，中国科学院地质与地球物理研究所肖文交研究员、张继恩副研究员，中国科技大学刘德良教授和吉林大学葛肖虹教授等，对本项研究工作曾直接给予了很大的帮助，介绍相关的参考资料，从学术研究的角度，提出了很多宝贵的意见与建议，展开了很多有益的学术讨论，在此一并致谢。

中国地质大学（北京）刘湘南教授及其硕士研究生刘达、夏小鹏和地大景华制图工作室帮助笔者绘制了亚洲大地构造单元图以及本书的全部插图。曹秀华同志承担了与此研究项目相关的许多实验和事务性工作。他们不辞辛苦的工作，为本研究成果的完成提供了必要的保证，特此致谢。

Barber A. J.教授和 Hall R.教授（Royal Holloway University of London，U. K.），Pospelov I. I.博士（Geological Institute，Rusian Academy of Sciences，Commission for the Geological Map of the World），Tay Thye Sun 博士（Far East Geomological Laboratory，Singapore），于杰高级地质师（壳牌公司）和越南地质与矿业大学武能乐教授，韩国章基宏（K. H. Chang）教授等，将他们自己或同事的关于亚洲各国地质构造和矿床的最新专著或地质构造图件赠送给笔者，他们的馈赠有力地推动了亚洲大地构造研究的进展与本书的完成，在此也特向他们表示衷心的感谢。

笔者在此还要感谢中国地质调查局资助了此课题的研究经费，国家科学技术学术著作出版基金资助了本书的部分印刷出版的费用，在此一并致谢。

在完成此稿的时候，我还要特别感谢我的夫人——赵光希的通力支持。没有她的全力配合和周到的呵护，为我创造了温馨、舒适的生活环境，我就不可能在年届耄耋之际，仍能不断学习，静心思索，安心写作。对于本书的写作，她确实有一半的功劳。

最后，在完成此专著并回顾笔者一生的学术研究道路时，还应该特别感谢我的恩师——庄培仁教授。早在 1960 年，他就指导我：要求我必须首先从看得见、摸得着的小构造入手，从扎实的实际工作出发；先研究中、新生代构造，然后去探讨古老的构造变形；先做一些看来好像是“雕虫小技”的实际工作，使我能较好地掌握构造变形的力学分析原理和地质构造演化历史的研究方法，从而进一步逐渐扩大自己的视域,从一个小区域的构造演化分析,逐步走向关注较大地区、全中国以致亚洲大陆岩石圈的构造与成矿作用的研究。显然,庄先生在50多年前向我指出的上述构造地质学术研究方针是十分正确的,也是极具远见的。可以说,我一生的学术研究道路,用一句话来概括,即:庄先生挥手,我前进。正是在他的指引下,以后又在国内外许多老专家、同事、朋友和学生们的热情帮助下,后来又赶上改革开放的大好时机,使我的学术研究道路比较顺畅,少走了很多弯路。在这里,充分体现了贵人相助的重要性,我将永远铭记。